化学电源技术丛书

锂离子电池原理与关键技术

黄可龙　王兆翔　刘素琴　编著

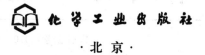

化学工业出版社

·北京·

内 容 提 要

本书是《化学电源技术丛书》的一个分册。书中介绍了锂元素的物理化学性质；锂离子电池的基本概念与组装技术；正极材料的微观组成与电化学性能；负极材料、电解液、电极材料的研究方法以及锂离子电池的应用与展望。本书汇集了国内外研究者的最新科技成果与相关技术，体现了锂离子电池当今发展和研究的趋势，是化学、物理、材料等学科的基础理论研究与应用技术的前沿集成反映。

本书适合于高等学校、科研院所、相关企业从事化学电源研发的科研人员、管理工作者和生产技术人员等，同时可作为相关专业的师生学习参考用书。

图书在版编目（CIP）数据

锂离子电池原理与关键技术/黄可龙，王兆翔，刘素琴编著．—北京：化学工业出版社，2007.12 （2025.4重印）
（化学电源技术丛书）
ISBN 978-7-122-01672-0

Ⅰ．锂…　Ⅱ．①黄…②王…③刘…　Ⅲ．锂电池
Ⅳ．TM911

中国版本图书馆 CIP 数据核字（2007）第 192315 号

责任编辑：成荣霞　梁　虹　　　　　　文字编辑：刘志茹　孙凤英
责任校对：李　林　　　　　　　　　　装帧设计：郑小红

出版发行：化学工业出版社（北京市东城区青年湖南街 13 号　邮政编码 100011）
印　　装：河北延风印务有限公司
720mm×1000mm　1/16　印张 23½　字数 469 千字　　2025 年 4 月北京第 1 版第 22 次印刷

购书咨询：010-64518888　　　　　　售后服务：010-64518899
网　　址：http://www.cip.com.cn
凡购买本书，如有缺损质量问题，本社销售中心负责调换。

定　　价：68.00 元

序

　　化学电源又称电化学电池，是一种直接把化学能转变成低压直流电能的装置。太极图是各种化学电源很好的示意图（见图1），最外的圆圈是电池壳；阴阳鱼是两个电极，白色是阳极，黑色是阴极；它们之间的"S"是电解质隔膜；阴阳鱼头上的两个圆点是电极引线。用导线将电极引线和外电路联结起来，就有电流通过（放电），从而获得电能。放电到一定程度后，有的电池可用充电的方法使活性物质恢复，从而得到再生，又可反复使用，称为蓄电池（或二次电池）；有的电池不能充电复原，则称为原电池（或一次电池）。化学电源具有使用方便，性能可靠，便于携带，容量、电流和电压可在相当大的范围内任意组合等许多优点。在通讯、计算机、家用电器和电动工具等方面以及军用和民用等各个领域都得到了广泛的应用。

图1　电池示意图（太极图）

　　到了21世纪，化学电源与能源的关系越来越密切。能源与人类社会生存和发展密切相关。持续发展是全人类的共同愿望与奋斗目标。矿物能源会很快枯竭，这是大家的共识。我国是能源短缺的国家，石油储量不足世界的2％，仅够再用40余年；即使是占我国目前能源构成70％的煤，也只够用100余年。我国的能源形势十分严峻，能源安全将面临严重挑战。矿物燃料燃烧时，要放出 SO_2、CO、CO_2、NO_x 等对环境有害物质，随着能源消耗量的增长，CO_2 释放量在快速增加，是地球气候变暖的重要原因，对生态环境造成严重的破坏，危及人类的生存。21世纪，解决日趋短缺的能源问题和日益严重的环境污染，是对科学技术界的挑战，也是对电化学的挑战，各种高能电池和燃料电池在未来的人类社会中将发挥它应有的作用。为了以电代替石油，并降低城市污染，发展电动车是当务之急，而电动车的关键是电池。现有的可充电池有铅酸电池、镉镍电池（Cd/Ni）、金属氢化物镍电池（MH/Ni）和锂离子电池四种。储能电池有两方面的意义，一是更有效地利用现有能源；另一方面是开发利用新能源，电网的负载有高峰和低谷之分，有效储存和利用低谷电，对于能源短缺的中国，太重要了。储存低谷电有多种方案，用电池储能是最可取的。当前正大力发展太阳能和风能等新能源，由于太阳能和风能都是间隙能源，有风（有太阳）才有电，对于广大农村和社区，用电池来储能，构建分散能源，是最好的解决方案。

正因为化学电源在国民经济中起着越来越重要的作用，我国化学电源工业发展十分迅速。目前，国内每年生产各种型号的化学电源约 120 亿只，占世界电池产量的 1/3，为世界电池生产第一大国。我国已经成为世界上电池的主要出口国，锌锰电池绝大部分出口；镍氢电池一半以上出口；铅酸电池，特别是小型铅酸电池出口量增长很大；锂离子电池的世界市场已呈日、中、韩三足鼎立之势。

我国是电池生产大国，但不是电池研究开发强国。化学电源面临难得的大发展机遇和严峻挑战，走创新之路是唯一选择。但是，目前国内图书市场上尚缺乏系统论述各类化学电源技术和应用方面的书籍，这套《化学电源技术丛书》（以下简称为《丛书》）就是在这种形势下编辑出版的。《丛书》从化学电源发展趋势和国家持续发展的需求出发，选择了一些近年来发展迅速且备受广大科研工作者和工程技术人员广泛关注的重要研究领域，力求突出重要的学术意义和实用价值。既介绍这些电池的共性原理和技术，也对各类电池的原理、现状和发展趋势进行了专题论述；既对相关材料的研究开发情况有详细叙述，也对化学电源的测试原理和方法有详细介绍。《丛书》共有 9 个分册，分别为《化学电源设计》、《化学电源概论》、《锂离子电池原理与关键技术》、《锂离子电池电解质》、《电化学电容器》、《锌锰电池》、《镍氢电池》、《省铅长寿命电池》、《化学电源测试原理与技术》。相信《丛书》的出版将对科研单位研究人员、高校相关专业的师生、电池应用人员、企业技术人员有所裨益。更希望《丛书》的出版，能够推动和促进我国化学电源的研究、开发以及化学电源工业的快速发展。

中国科学院物理研究所研究员
陈立泉
中国工程院院士
2006 年 6 月

前　言

自 1958 年美国加州大学的一名研究生提出了锂、钠等活泼金属做电池负极的设想后，人们开始了对锂电池的研究。当锂电极被碳材料代替时，即开始了锂离子电池的工业化革命。锂离子电池的研究始于 1990 年日本 Nagoura 等人研制成以石油焦为负极，以钴酸锂为正极的锂离子电池；同年日本 Sony 和加拿大 Moli 两大电池公司宣称将推出以碳为负极的锂离子电池；1991 年，日本索尼能源技术公司与电池部联合开发了以聚糖醇热解碳（PFA）为负极的锂离子电池；1993 年，美国 Bellcore 公司首先报道了聚合物锂离子电池。

与其他充电电池相比，锂离子电池具有电压高、比能量高、充放电寿命长、无记忆效应、对环境污染小、快速充电、自放电率低等优点。作为一类重要的化学电池，锂离子电池由手机、笔记本电脑、数码相机及便捷式小型电器所用电池和潜艇、航天、航空领域所用电池，逐步走向电动汽车动力领域。在全球能源与环境问题越来越严峻的情况下，交通工具纷纷改用储能电池为主要动力源，锂离子电池被认为是高容量、大功率电池的理想之选。

近年来，锂离子电池中正负极活性材料、功能电解液的研究和开发应用，在国际上相当活跃，并已取得很大进展。低成本、高性能、大功率、长寿命、高安全、环境友好是锂离子电池的发展方向。锂离子电池是一类不断更新的电池体系，涉及物理学和化学的许多新的研究成果，将会对锂离子电池产业产生重大影响。本书的编写过程正值锂离子电池的发展处于一个崭新局面时期，新的电极材料与功能电解液体系促使研究方向与领域不断拓展与深入，其研究数据与新成果层出不穷。本书荟萃了国内外许多研究者多年的心血；反映出锂离子电池作为储能体系的重要组成部分，不断地从一个阶段发展到新的高度；也是锂离子电池最新科研成果的集中表现。

在本书的编写过程中，笔者的研究生们做了大量的文献收集、图表绘制、数据整理等方面的工作，他们是：唐联兴、王海波、黄承焕、唐爱东、李世采、张戈、龚本利、杨赛、李永坤、方东、赵薇、史晓虎等。在此，对他们的工作表示感谢！

此外，我们特别要感谢化学工业出版社的相关编辑在本书的编写过程中所给予的帮助和支持！

由于锂离子电池涉及化学、物理、材料等学科的概念和理论，是基础研究与应用技术的前沿反映与集成。限于作者的知识、能力，疏漏与不足之处在所难免，敬请同行与读者不吝赐教。

编　者
2008 年 1 月

目　　录

第1章　锂元素的物理、化学性质

　　锂元素的英文名为 Lithium，化学符号 Li，其处于元素周期表的 s 区，碱金属；原子序数 3；相对原子质量 6.941(2)。锂金属在 298K 时为固态，其颜色为银白或灰色。在空气中，锂很快失去光泽。

　　锂为第一周期元素，含一个价电子 $(1s^2 2s^1)$，固态时其密度约为水的一半。锂元素的原子半径（经验值）为 145pm，原子半径（计算值）167pm，共价半径（经验值）134pm，范德华半径 182pm，离子半径 68pm。锂元素的化学性质见表 1-1。

表 1-1　锂元素的化学性质

元素	电子构型	金属半径/nm	离子化焓/(kJ/mol)		熔点/℃	沸点/℃	$E^{\ominus①}$/V	$-\Delta H_{diss}^{②}$/(kJ/mol)
			1级	2级/×10^{-3}				
Li	[He]2s	0.152	520.1	7.296	180.5	1326	-3.02	108.0

① 反应式 $Li^+(aq)+e=Li(s)$。
② 双原子分子 Li_2 的离解能。

　　由于锂元素只有一个价电子，所以在紧密堆积晶胞中它的结合能很弱。锂金属很软，熔点低，故锂钠合金可作原子核反应堆制冷剂。

　　锂的熔点、硬度高于其他碱金属，其导电性则较弱。锂的化学性质与其他碱金属化学性质变化规律不一致。锂的标准电极电势 $E^{\ominus}$（Li^+/Li）在同族元素中非常低，这与 Li^+(g)的水合热较大有关。锂在空气中燃烧时能与氮气直接作用生成氮化物，这是由于它的离子半径小，因而对晶格能有较大贡献的缘故。锂在岩石圈中含量很低，主要存于一些硅酸矿中。锂的密度只有 $0.53g/cm^3$，在碱金属中锂具有最高的熔点和沸点以及最长的液程范围，具有超常的高比热容。这些特性使其在热交换中成为优异的制冷剂。然而锂的腐蚀性比其他液态金属要强，它常被用作还原、脱硫、铜以及铜合金的除气剂等。

　　由于锂外层电子的低的离子化焓，锂离子呈球形和低极性，故锂元素呈 +1 价。与二价的镁离子相比较，一价的锂离子的离子半径特别小，因此具有特别高的电荷半径比。相比其他第一主族的元素，锂的化合物性质很反常，与镁化合物的性质类似。这些异常的特性是因为其带有低电荷阴离子的锂盐高的晶格能而特别稳定，而对于高电荷、高价的阴离子的盐相对不稳定。如氢化锂的热稳定性比其他碱金属的要高，LiH 在 900℃时是稳定的，LiOH 相比其他氢氧化物是较难溶的，氢氧化锂在红热时分解；Li_2CO_3 不稳定，容易分解为 Li_2O 和 CO_2。锂盐的溶解性和镁盐类似。LiF 是微溶的（18℃时，0.17g/100g·水），可从氟化铵溶液中沉淀出来；Li_3PO_4 难溶于水；$LiCl$、$LiBr$、LiI 尤其是 $LiClO_4$ 可溶于乙醇、丙酮和乙酸乙酯中，$LiCl$ 可溶于嘧啶中。$LiClO_4$ 高的溶解性归结于锂离子的强溶解性。高浓度的 $LiBr$ 可溶解纤维素。与其他碱金属的硫酸盐不同，Li_2SO_4 不形成同晶化合物。

金属锂的低电极电势显示了它在电池上的应用前景。比如负极为锂片，正极为复合过渡金属氧化物材料组成的锂离子二次电池。

在第一主族元素中，与其他物质（除氮气外）反应的活性，从锂到铯依次升高。锂的活性通常是最低的，如锂与水在 25℃ 下才反应，而钠反应剧烈，钾与水发生燃烧，铷和铯存在爆炸式的反应；与液溴的反应，锂和钠反应缓和，而其他碱金属则剧烈反应。锂不能取代 $C_6H_5C \equiv CH$ 中的弱酸性氢，而其他碱金属可以取代。

锂与同族元素一个基本的化学差别是与氧气的反应。当碱金属置于空气或氧气中燃烧时，锂生成 Li_2O，还有 Li_2O_2 存在，而其他碱金属氧化物（M_2O）则进一步反应，生成过氧化物 M_2O_2 和（K、Rb 和 Cs）超氧化物 MO_2。锂在过量的氧气中燃烧时并不生成过氧化物，而生成正常氧化物。

锂能与氮直接化合生成氮化物，锂和氮气反应生成红宝石色的晶体 Li_3N（镁与氮气生成 Mg_3N_2）；在 25℃ 时反应缓慢，在 400℃ 时反应很快。利用该反应，锂和镁均可用来在混合气体中除去氮气。与碳共热时，锂和钠反应生成 Li_2C_2 和 Na_2C_2。重碱金属亦可以与碳反应，但生成非计量比间隙化合物，这是碱金属原子进入薄层石墨中碳原子间隙而致。

锂与水反应均较缓慢。锂的氢氧化物都是中强碱，溶解度不大，在加热时可分别分解为氧化锂。锂的某些盐类，如氟化物、碳酸盐、磷酸盐均难溶于水。它们的碳酸盐在加热下均能分解为相应的氧化物和二氧化碳。锂的氯化物均能溶于有机溶剂中，表现出共价特性。

锂和胺、醚、羧酸、醇等形成一系列的化合物。在众多的锂化合物中，锂的配位数为 3～7。

锂的热力学数据如表 1-2 所示。

表 1-2　金属锂的某些热力学数据

状态	$\Delta H_f^{\ominus}$ /(kJ/mol)	$\Delta G_f^{\ominus}$ /(kJ/mol)	$\Delta S^{\ominus}$ /[J/(K·mol)]	ΔC_p /[J/(K·mol)]	$\Delta H_{298.15}^{\ominus} - H_0^{\ominus}$ /(kJ/mol)
固态	0	0	29.12±0.20	24.8	4.632±0.040
气态	159.3±1.0	126.6	138.782±0.010	20.8	6.197±0.001
气态(Li_2)	215.9	174.4	197.0	36.1	

锂的晶体结构的有关数据见表 1-3。

在 298K（25℃）条件下锂金属的体心立方结构（bcc）是最稳定，通常情况下，所有第一主族（碱金属）元素都是基于 bcc 结构；Li-Li 原子间的最短距离为 304pm，锂金属的半径为 145pm，说明锂原子间比钾原子间的距离要小。在 bcc 晶胞中，每个锂原子被最邻近的八个锂原子所包围，如图 1-1 所示。

表 1-3　锂的晶体结构的有关数据

空间群	Im-3m(空间群序号:229)					
结构	*bcc*(体心立方)					
晶胞参数	a/pm	b/pm	c/pm	α/(°)	β/(°)	γ/(°)
	351	351	351	90.0	90.0	90.0

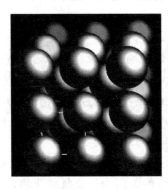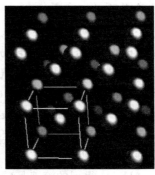

图 1-1　锂金属的体心立方结构（*bcc*）示意

锂的最大用途在于其可提供一种新型能源。如锂的几种同位素 $^6_3\mathrm{Li}$、$^7_3\mathrm{Li}$ 在核反应中很容易被中子轰击而"裂变"产生另一种物质氚，这类反应是用高速粒子（如质子、中子等）或用简单的原子核（如氘核、氦核）去轰击一种原子核，导致核反应，例如：

$$^6_3\mathrm{Li} + ^1_0\mathrm{n} \longrightarrow ^3_1\mathrm{H} + ^4_2\mathrm{He}$$

这个反应表示用中子轰击 $^6_3\mathrm{Li}$ 生成氚和氦。

氚在热核聚变反应中能放出非常巨大的能量。锂在核聚变或核裂变反应堆中作堆心冷剂，如在氘-氚核聚变反应中产生的能量 80％ 以上以中子动能形式释放；锂的熔点低，沸点高，热容量及热传导系数大，所以将液态锂在反应堆堆心吸收中子能，然后循环通过热交换器，使其中的水变成蒸汽，推动涡轮发电机发电；另外在中子照射锂时有氚生成，在不断增殖氚的过程中，锂是必不可少的热核反应堆燃料。通常所说的氢弹爆炸即是这种核聚变反应。据计算：1kg 锂具有的能量，大约相当于两万吨优质煤炭，至少可以发出 340 万千瓦时的电力，一座 100 万千瓦的发电站，一年也不过消耗 5t 锂。

碱土金属镁的密度为 1.74g/cm³，约为金属铝密度的 2/3。由镁和锂制成的镁锂合金，当锂含量达 20％ 时，其密度仅为 1.2g/cm³，成为最轻的合金；当锂含量超过 5％ 时，能析出 β 相而形成（α＋β）两相共存组织；锂含量超过 11％ 时，镁锂合金变成单一的相，因而改善了镁锂合金的塑性加工性能。向镁锂合金中添加第三种元素（如 Al、Cu、Zn、Ag 或 Ce、La、Nd、Y 等稀土元素），不仅细化了合金组织，而且大幅度提高了室温抗拉强度及延伸率，并且在一定的变形条件下出现高温塑性。

金属锂是合成制药的催化剂和中间体，如合成维生素 A、维生素 B、维生素 D、肾上腺皮质激素、抗组织胺药等。在临床上多用锂化合物，如碳酸锂、醋酸锂、酒石酸锂、草酸锂、柠檬酸锂、溴化锂、碘化锂、环烷酸锂、尿酸锂等，其中以碳酸锂为主。因为碳酸锂在一般条件下稳定，易于保存，制备也较容易，其中的锂含量较高，口服吸收较快且完全。如前所述，制成一种添加抗抑郁药的复方锂盐对躁狂抑郁症疗效明显。

锂的某些化学反应如下。

(1) 锂与空气的反应　用小刀可轻易地切割锂金属。可以看到光亮的有银色光泽的表面但很快会变得灰暗，因其与空气中的氧及水蒸气发生了反应。锂在空气中点燃时，主要产物是白色锂的氧化物 Li_2O。某些锂的过氧化物 Li_2O_2 也是白色的。

$$4Li(s) + O_2(g) \longrightarrow 2Li_2O(s)$$
$$2Li(s) + O_2(g) \longrightarrow Li_2O_2(s)$$

(2) 锂与水反应　锂金属可与水缓慢地反应生成无色的氢氧化锂溶液 (LiOH) 及氢气 (H_2)，得到的溶液是碱性的。因为生成氢氧化物，所以反应是放热的。如前所述，反应的速度慢于钠与水的反应。

$$2Li(s) + 2H_2O \longrightarrow 2LiOH(aq) + H_2(g)$$

(3) 锂与卤素反应　锂金属可以与所有的卤素反应生成卤化锂。所以，它可与 F_2、Cl_2、Br_2 及 I_2 等反应依次生成一价的氟化锂 (LiF)、氯化锂 (LiCl)、溴化锂 (LiBr) 及碘化锂 (LiI)。反应式如下。

$$2Li(s) + F_2(g) \longrightarrow 2LiF(s)$$
$$2Li(s) + Cl_2(g) \longrightarrow 2LiCl(s)$$
$$2Li(s) + Br_2(g) \longrightarrow 2LiBr(s)$$
$$2Li(s) + I_2(g) \longrightarrow 2LiI(s)$$

(4) 锂与酸反应　锂金属易溶于稀硫酸，形成的溶液含水及水化的一价锂离子、硫酸根离子及有氢气产生，如与硫酸反应。

$$2Li(s) + H_2SO_4(aq) \longrightarrow 2Li^+(aq) + SO_4^{2-}(aq) + H_2(g)$$

(5) 锂与碱反应　锂金属与水缓慢反应生成无色的氢氧化锂溶液及氢气 (H_2)。当溶液变为碱性时反应亦会继续进行。随着反应的进行，氢氧化物浓度升高。

锂是最轻的金属，具有高电极电位和高电化学当量，其电化学比能量密度也相当高。锂的这些独特的物理化学性质，决定了其重要作用。锂化合物用作高能电池的正极材料性能显著，如用于充电的锂二次电池，如锂-MnO_2、锂-Mn_2O_4 和锂-CoO_2 电池正极材料等。这类电池寿命长、功率大、能量高，并可在低温下使用，在国防上已应用于弹道导弹，并将用于电动汽车等民用领域；LiCl-KCl 体系和铝锂合金-FeS 体系亦用作生产电解液的大容量电池；氢氧化锂用作 Ni-Cd 等碱性电池用的电解质氢氧化钾添加剂。

20 世纪 90 年代初，日本 Sony 能源开发公司和加拿大 Moli 能源公司分别研制成功了新型的锂离子蓄电池，不仅性能良好，而且对环境无污染。随着信息技术、手持式机械和电动汽车的迅猛发展，对高效能电源的需求急剧增长，锂电池已成为目前发展最为迅速的领域之一。由于锂离子电池的比能量密度和比功率密度均为镍镉电池的 4 倍以上，近年来，锂离子二次电池以年均 20% 的速度迅速发展。美国最近开发成功的新型聚合物锂离子电池具有体积小、安全可靠的特点，其价格仅为现锂离子电池的 1/5。目前正在开发重量比能量密度为 $180W \cdot h/kg$，体积比能量密度为 $360W \cdot h/L$，充放电次数大于 500 次的高能量密度二次锂电池，将用于电动汽车。预计在本世纪前十年左右，用于锂电池的碳酸锂将超过 2 万吨。与此同时，以锂盐作为电解质的熔融碳酸盐燃料电池，可望成为继磷酸盐型燃料电池后的第二代燃料电池，其发展引人注目。

参 考 文 献

[1] Albert Cotton F., Geoffrey Wilkinson, Murillo Carlos A., Manfred Bochmann. Advanced Inorganic Chemistry (sixth edition), 1999.

[2] Moock K, Seppelt K. Angew. Chem. Int. Ed. Engl. 1989, 28: 1676.

[3] Addison C C. The Chemisty of Liquid Alkali Metals. New York: Wiley, 1984.

[4] Greenwood N N, Earnshaw, A. Chemistry of the Elements. 2nd edition. Oxford, UK: Butterworth Heinemann, 1997.

[5] Douglas B., McDaniel D H., Alexander J J. Concepts and models of Inorganic Chemistry. 2nd edition. New York, USA: John Wiley & Sons, 1983.

[6] Shriver D F, Atkins, P W., Langford C H., Inorganic Chemstry. 3rd edition. Oxford, UK: Oxford University Press, 1999.

[7] Huheey J E., Keiter E A., Keiter R L. Inorganic Chemistry: Principles of Structure and Reactivity, 4th edition, New York, USA: Harper Collins, 1993.

[8] 刘仁辅. 生产低铁锂辉石的工艺流程及特点. 矿产综合利用, 1989 (6): 20-23.

[9] 冯安生. 锂矿物的资源、加工和应用. 矿产保护和应用, 1993, (3): 39-46.

[10] 汪镜亮. 锂矿物的综合利用. 矿产综合利用, 1992, (5): 19-26.

第2章 锂离子电池的基本概念与组装技术

2.1 锂离子电池的工作原理和特点

锂电池的研究历史可以追溯到 20 世纪 50 年代,于 70 年代进入实用化,因其具有比能量高、电池电压高、工作温度范围宽、储存寿命长等优点,已广泛应用于军事和民用小型电器中,如便携式计算机、摄录机一体化、照相机、电动工具等。锂离子电池则是在锂电池的基础上发展起来的一类新型电池。锂离子电池与锂电池在原理上的相同之处是:两种电池都采用了一种能使锂离子嵌入和脱出的金属氧化物或硫化物作为正极,采用一种有机溶剂-无机盐体系作为电解质。不同之处是:在锂离子电池中采用可使锂离子嵌入和脱出的碳材料代替纯锂作为负极。锂电池的负极(阳极)采用金属锂,在充电过程中,金属锂会在锂负极上沉积,产生枝晶锂。枝晶锂可能穿透隔膜,造成电池内部短路,以致发生爆炸。为克服锂电池的这种不足,提高电池的安全可靠性,于是锂离子电池应运而生。

纯粹意义上的锂离子电池研究始于 20 世纪 80 年代末,1990 年日本 Nagoura 等人研制成以石油焦为负极、以钴酸锂为正极的锂离子二次电池。锂离子电池自 20 世纪 90 年代问世以来迅猛发展,目前已在小型二次电池市场中占据了最大的份额,另外日本索尼公司和法国 SAFT 公司还开发了电动汽车用锂离子电池。

2.1.1 工作原理

锂离子电池是指其中的 Li^+ 嵌入和脱逸正负极材料的一种可充放电的高能电池。其正极一般采用插锂化合物,如 $LiCoO_2$、$LiNiO_2$、$LiMn_2O_4$ 等,负极采用锂-碳层间化合物 Li_xC_6,电解质为溶解了锂盐(如 $LiPF_6$、$LiAsF_6$、$LiClO_4$ 等)的有机溶剂。溶剂主要有碳酸乙烯酯(EC)、碳酸丙烯酯(PC)、碳酸二甲酯(DMC)和氯碳酸酯(ClMC)等。在充电过程中,Li^+ 在两个电极之间往返脱嵌,被形象地称为"摇椅电池"(rocking chair batteries,缩写为 RCB),如图 2-1 所示。

锂离子电池的化学表达式为:

$$(-)C_n\,|\,LiPF_6\text{-}EC+DMC\,|\,LiM_xO_y(+)$$

其电池反应则为:

$$LiM_xO_y+nC \underset{\text{放电}}{\overset{\text{充电}}{\rightleftharpoons}} Li_{1-x}M_xO_y+Li_xC_n$$

锂离子二次电池实际上是一种锂离子浓差电池,充电时,Li^+ 从正极脱出,经过电解质嵌入到负极,负极处于富锂状态,正极处于贫锂状态,同时电子的补偿电

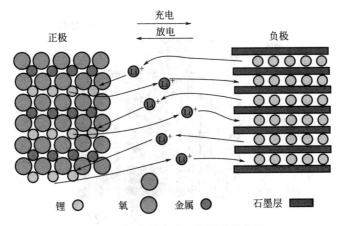

图 2-1 锂离子电池工作原理示意图

荷从外电路供给到碳负极，以确保电荷的平衡。放电时则相反，Li^+ 从负极脱出，经过电解液嵌入到正极材料中，正极处于富锂状态。在正常充放电情况下，锂离子在层状结构的碳材料和层状结构氧化物的层间嵌入和脱出，一般只引起材料的层面间距变化，不破坏其晶体结构，在充放电过程中，负极材料的化学结构基本不变。因此，从充放电反应的可逆性看，锂离子电池反应是一种理想的可逆反应。

以钴酸锂为正极的锂离子电池为例，从电池工作原理示意图可见，充电时，锂离子从 $LiCoO_2$ 晶胞中脱出，其中的离子 Co^{3+} 氧化为 Co^{4+}；放电时，锂离子则嵌入 $LiCoO_2$ 晶胞中，其中的 Co^{4+} 变成 Co^{3+}。由于锂在元素周期表中是电极电势最负的单质，所以电池的工作电压可以高达 3.6V，是 Ni-Cd 和 Ni-MH 电池的三倍。如 $LiCoO_2$ 为正极的锂离子电池的理论容量高达 $274mA \cdot h/g$，实际容量为 $140 mA \cdot h/g$。

锂离子电池的工作电压与构成电极的锂离子嵌入化合物和锂离子浓度有关。用作锂离子电池的正极材料是过渡金属的离子复合氧化物，如 $LiCoO_2$、$LiNiO_2$、$LiMn_2O_4$ 等，作为负极的材料则选择电位尽可能接近锂电位的可嵌入锂化合物，如各种碳材料包括天然石墨、合成石墨、碳纤维、中间相小球碳素等和金属氧化物，包括 SnO、SnO_2、锡的复合氧化物 $SnB_xP_yO_z[x=0.4\sim0.6, y=0.6\sim0.4, z=(2+3x+5y)/2]$ 等。

已经商品化的锂离子电池，以圆柱形为例（如图 2-2 所示），采用 $LiCoO_2$ 复合金属氧化物作为正极材料在铝板上形成阴极，$LiCoO_2$ 容量一般限制在 $125mA \cdot h/g$ 左右，且价格高，占锂离子电池成本的 40%；负极采用层状石墨，在铜板上形成阳极，嵌锂石墨属于离子型石墨层间化合物，其化合物分子式为 LiC_6，理论比容量为 $372mA \cdot h/g$。电解质采用 $LiPF_6$ 的碳酸乙烯酯（EC）、碳酸丙烯酯（PC）和低黏度碳酸二乙烯酯（DEC）等烷基碳酸酯搭配的混合溶剂体系。隔膜采用聚烯微孔膜，如聚乙烯（PE）、聚丙烯（PP）或者其复合膜，尤其是 PP/PE/PP 三层隔膜，

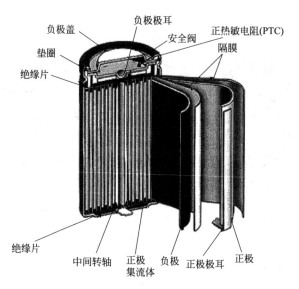

图 2-2 圆柱形锂离子电池的构造示意

不仅熔点较低，而且具有较高的抗穿刺强度，起到了热保险作用。外壳采用钢或者铝材料，盖体组织具有防爆断电的功能，目前市场上也有采用聚合物作为外壳的软包装电池。

阴极锂离子插入反应式为：

$$LiCoO_2 \longrightarrow xLi^+ + Li_{1-x}CoO_2 + xe$$

阳极采用碳电极，从理论上讲，每 6 个碳原子可吸藏一个锂离子，锂离子插入反应式为：

$$xe + xLi^+ + 6C \longrightarrow Li_xC_6$$

2.1.2 锂离子电池的主要特点

锂离子电池的优点表现在容量大、工作电压高。容量为同等镉镍蓄电池的两倍，更能适应长时间的通讯联络；而通常的单体锂离子电池的电压为 3.6V，是镍镉和镍氢电池的 3 倍。

荷电保持能力强，允许工作温度范围宽。在（20±5）℃下，以开路形式贮存 30 天后，电池的常温放电容量大于额定容量的 85%。锂离子电池具有优良的高低温放电性能，可以在 −20～+55℃ 工作，高温放电性能优于其他各类电池。

循环使用寿命长。锂离子电池采用碳阳极，在充放电过程中，碳阳极不会生成枝晶锂，从而可以避免电池因为内部枝晶锂短路而损坏。在连续充放电 1200 次后，电池的容量依然不低于额定值的 60%，远远高于其他各类电池，具有长期使用的经济性。

安全性高、可安全快速充放电。与金属锂电池相比较，锂离子电池具有抗短路、抗过充、过放，抗冲击（10kg 重物自 1m 高自由落体），防振动、枪击、针刺（穿透），不起火，不爆炸等特点；由于其阳极采用特殊的碳电极代替金属锂电极，因此允许快速充放电，可在 1C 充电速率的条件下进行充放电，所以安全性能大大提高。

无环境污染。电池中不含有镉、铅、汞这类有害物质，是一种洁净的"绿色"化学能源。

无记忆效应。可随时反复充、放电使用。尤其在战时和紧急情况下更显示出其优异的使用性能。

体积小、重量轻、比能量高。通常锂离子电池的比能量可达镍镉电池的 2 倍以上，与同容量镍氢电池相比，体积可减小 30%，重量可降低 50%，有利于便携式电子设备小型轻量化。

锂离子电池与镍氢电池、镉镍电池主要性能对比见表 2-1。

表 2-1 锂离子电池与镍氢电池、镉镍电池主要性能比较

项　　目	锂离子电池	镍氢电池	镉镍电池
工作电压/V	3.6	1.2	1.2
重量比能量/(W·h/kg)	100～140	65	50
体积比能量/(W·h/L)	270	200	150
充放电寿命/次	500～1000	300～700	300～600
自放电率/(%/月)	6～9	30～50	25～30
电池容量	高	中	低
高温性能	优	差	一般
低温性能	较差	优	优
记忆效应	无	无	有
电池重量	较轻	重	重
安全性	具有过冲、过放、短路等自保护功能	无前述功能,尤其是无短路保护功能	无前述功能,尤其是无短路保护功能

锂离子电池的主要缺点如下。

① 锂离子电池的内部阻抗高。因为锂离子电池的电解液为有机溶剂，其电导率比镍镉电池、镍氢电池的水溶液电解液要低得多，所以，锂离子电池的内部阻抗比镍镉、镍氢电池约大 11 倍。如直径为 18mm、长 50mm 的单体电池的阻抗大约达 90mΩ。

② 工作电压变化较大。电池放电到额定容量的 80% 时，镍镉电池的电压变化很小（约 20%），锂离子电池的电压变化较大（约 40%）。对电池供电的设备来说，这是严重的缺点，但是由于锂离子电池放电电压变化较大，也很容易据此检测电池的剩余电量。

③ 成本高，主要是正极材料 $LiCoO_2$ 的原材料价格高。

④ 必须有特殊的保护电路，以防止其过充。

⑤ 与普通电池的相容性差，由于工作电压高，所以一般的普通电池用三节情况下，才可用一节锂离子电池代替。

同其优点相比，锂离子电池的这些缺点都不是主要问题，特别是用于一些高科

技、高附加值的产品中。因此，其具有广泛的应用价值。以世界可充电电池份额的变化情况（见表2-2、表2-3）可以明显看出其经济价值，因此世界上许多大公司竞相加入到该产品的研究、开发行列中，如索尼、三洋、东芝、三菱、富士通、日产、TDK、佳能、永备、贝尔、富士、松下、日本电报电话、三星等。目前主要应用领域为电子产品，如手机、笔记本电脑、微型摄像机、IC卡、电子翻译器、汽车电话等。另外，对其他一些重要领域也在进行渗透。当然，正如以上所述，它也存在一些不足之处，因此在现在条件下也限制了锂离子电池的普遍应用。

表2-2　1994～2003年世界锂离子电池的产量及增长率

年　　份	产量/亿只	增长率/%
1994	0.12	
1995	0.33	175.0
1996	1.20	264.0
1997	1.96	63.3
1998	2.95	50.5
1999	4.08	38.3
2000	5.46	33.8
2001	5.73	4.9
2002	8.31	45.0
2003	13.93	67.6

表2-3　锂离子电池、MH/Ni电池和Cd/Ni电池2000～2005年的市场竞争情况

年　　份	电池类型及其产量/亿只		
	锂离子电池	Cd/Ni电池	MH/Ni电池
2000	5.46	12.96	12.68
2001	5.73	11.85	9.27
2002	8.31	13.41	8.54
2003	13.93	13.06	6.58
2004	19.51	12.55	6.0
2005	20.5	11.2	5.1

2.2　锂离子电池的电化学性能

2.2.1　锂离子电池的电动势

电池是一种能量转换器，它可将化学能转化为电能，亦可把电能转化为化学能。它包含正极、负极和电解液。锂电池中负极是锂离子的来源，正极是锂离子的接收器，在理想的电池中，电解液中锂离子的迁移数应为1。电动势由正负极锂之间的化学势之差决定，$\Delta G = -EF$。

以锂离子电池的正极材料 $LiCoO_2$ 为例，设正极材料的电极电位 φ_c。在 CoO_2 中插入 Li^+ 和电子 e 时，电池正极反应吉布斯自由能变化为

$$\Delta G_c = -F\varphi_c$$

式中，ΔG_c 为反应的吉布斯自由能；φ_c 为正极的电极电位；F 为法拉第常数，$96485C \cdot mol^{-1}$，即因电极反应而生成的或溶解的物质的量和通过的电量与该物质的化学当量成正比；生成或溶解 1mol 的物质需要 1F 的电量。

锂离子电池负极常用相对于锂 $0 \sim 1V$ 的碳负极，因此，要获得 3V 以上电压，必须使用 4V 级（相对于 Li^+/Li 电极）正极材料。

图 2-3（a）为正极电极电位的吉布斯自由能变化的博恩-哈伯循环图；图 2-3（b）是负极电极电位 φ_a 的吉布斯自由能变化（$\Delta G_a = -F\varphi_a$）的循环图。图中 g 代表气体，s 代表固体，solv 代表液体或者溶剂。

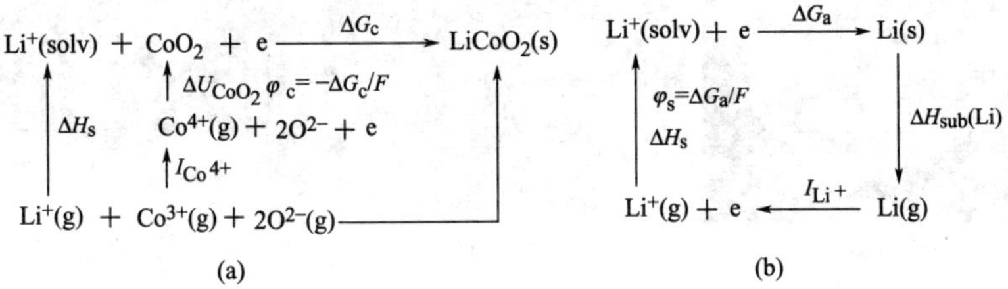

图 2-3　博恩-哈伯循环表示的锂离子电池的正极（a）、负极（b）与其电位关系图

因此，以锂负极为基准，锂离子电池的电动势为：

$$E = \varphi_c - \varphi_a$$

从图可见，其吉布斯自由能 ΔG 变化为：

$$\Delta G = \Delta G_c - \Delta G_a = -F(\varphi_c - \varphi_a) = -FE$$
$$= \Delta U_{LiCoO_2} - \Delta U_{CoO_2} - I_{Co^{4+}} I_{Li^+} + \Delta H_{sub}$$

式中　ΔH_{sub}——锂离子溶剂化能；

I——离子化能；

ΔU_{LiCoO_2}——$LiCoO_2$ 的晶格能；

ΔU_{CoO_2}——CoO_2 的晶格能。

2.2.2　电池开路电压

电池的开路电压为：

$$U_{0c} = U + IR_b$$

式中　U——正负电极之间的电压；

I——工作电流；

R_b——内阻；

U_{0c}——I 为 0 时的电压。

其中

$$U_{0c} = (\mu_A - \mu_B) \ln F$$

式中　U_{0c}——开路电压（当电压小于 5V 时）；

μ_A——阳极电化学电位；

μ_B——阴极电化学电位。

2.3 锂离子电池的类型

锂离子电池可以应用到各种领域中，因此，其类型也同样具有多样性。按照外形分，目前市场上的锂离子电池主要有三种类型，即钮扣式、方形和圆柱形（如图2-4所示）。

(a) 钮扣式   (b) 方形   (c) 圆柱形

图 2-4　锂离子电池的类型

国外已经生产的锂离子电池类型有圆柱形、棱柱形、方形、钮扣式、薄型和超薄型。可以满足不同用途的要求。

圆柱形的型号用 5 位数表示，前两位数表示直径，后两位数表示高度。例如：18650 型电池，表示其直径为 18mm，高度为 65mm，用 $\phi18\times65$ 表示。方形的型号用 6 位数表示，前两位为电池的厚度，中间两位为电池的宽度，最后二位为电池的长度，例如 083448 型，表示厚度为 8mm，宽度为 34mm，长度为 48mm，用 $8\times34\times48$ 表示。

电池的外形尺寸、重量是锂离子电池的一项重要指标，直接影响电池的特性。而锂离子电池的电化学性能参数主要包括以下几个方面。

额定电压：商品化的锂离子电池额定电压一般为 3.6V（目前市场上也出现了部分 4.2V 的锂离子电池产品，但是所占比例不大），工作时电压范围为 4.1～2.4V，也有下限终止电压设定为其他值，如 3.1V 等。

额定容量：是指按照 0.2C 恒流放电至终止电压时所获得的容量。

1C 容量：是指按照 1C 恒流放电至终止电压所获得的容量。1C 容量一般较额定容量小，其差值越小表明电池的电流特性越好，负载能力越强。

高低温性能：锂离子电池高温可达 +55℃，低温可达 -20℃。在此环境温度区间下，电池容量可达额定容量的 70% 以上。特别是高温环境下一般对电池性能几乎没有什么影响。

荷电保持能力：电池在充满电后开路搁置 28 天，然后按照 0.2C 放电所获得的容量与额定容量比的百分数。数值越大，表明其荷电保持能力越强，自放电越小。一般锂离子电池的荷电保持能力在 85% 以上。

循环寿命：随着锂离子电池充电、放电，电池容量降低到额定容量的 70% 时，所获得的充放电次数称为循环寿命。锂离子电池循环寿命一般要求大于 500 次。

表 2-4 给出了国内某电池生产商的电池规格以及型号。

表 2-4　某些型号的锂离子电池规格

电池型号	外形尺寸/mm	质量/g	额定容量/(mA·h)	额定电压/V	循环寿命/次	适用温度/℃
18650	ϕ18×65	41	1400			
17670	ϕ17×67	39	1200			
14500	ϕ14×50	19	550	3.6	≥500	−20～+60
083448	8×34×48	35	900			
083467	8×34×67	30	900			
083048	8×30×48	20	550			

按照锂离子电池的电解质形态分，锂离子电池有液态锂离子电池和固态（或干态）锂离子电池两种。固态锂离子电池即通常所说的聚合物锂离子电池，是在液态锂离子电池的基础上开发出来的新一代电池，比液态锂离子电池具有更好的安全性能，而液态锂离子电池即通常所说的锂离子电池。

聚合物锂离子电池的工作原理与液态锂离子电池相同。主要区别是，聚合物的电解液与液态锂离子电池的不同。电池主要的构造同样包括有正极、负极与电解质三项要素。所谓的聚合物锂离子电池是在这三种主要构造中至少有一项或一项以上采用高分子材料作为电池系统的主要组成。在目前所开发的聚合物锂离子电池系统中，高分子材料主要是被应用于正极或电解质。正极材料包括导电高分子聚合物或一般锂离子电池所采用的无机化合物，电解质则可以使用固态或胶态高分子电解质，或是有机电解液。目前锂离子电池使用液体或胶体电解液，因此需要坚固的二次包装来容纳电池中可燃的活性成分，这就增加了其重量，另外也限制了电池尺寸的灵活性。聚合物锂离子制备工艺中不会存有多余的电解液，因此它更稳定，也不易因电池的过量充电、碰撞或其他损害以及过量使用而造成危险情况。

锂离子电池在结构上主要有五大块：正极、负极、电解液、隔膜、外壳与电极引线。锂离子电池的结构主要分卷绕式和层叠式两大类。液锂电池采用卷绕结构，聚锂电池则两种均有。卷绕式将正极膜片、隔膜、负极膜片依次放好，卷绕成圆柱形或扁柱形，层叠式则将正极、隔膜、负极、隔膜、正极这样的方式多层堆叠。将所有正极焊接在一起引出，负极也焊成一起引出。

新一代的聚合物锂离子电池在形状上可做到薄形化（如广州东莞某公司 ATL 生产的电池最薄可达 0.5mm，相当于一张卡片的厚度）、任意面积化和任意形状化，大大提高了电池造型设计的灵活性，从而可以配合产品需求，做成任何形状与容量的电池，为应用设备开发商在电源解决方案上提供了高度的设计灵活性和适应性，从而可最大化地优化其产品性能。

聚合物锂离子电池适用行业有手机、移动 DVD、笔记本电脑、摄像机、数码相机、数码摄影机，个人数码助理（PDA）、3G 移动电话、电动车、携带式卫星定位系统，以及汽车、火车、轮船、航天飞机、智能机器人、电动滑板车、儿童玩具车、剪草机、采棉机、野外勘探工具、手动工具等移动设备在未来均可能使用聚合物锂离子电池。

同时，聚合物锂离子电池的单位能量比目前的一般锂离子电池提高了 50%，其容量、充放电特性、安全性、工作温度范围、循环寿命（超过 500 次）与环保性能等方面都较锂离子电池有大幅度的提高。

表 2-5 给出了国内某电池生产商的电池规格以及性能比较。

表 2-5　一些电池的有关性能比较

电池类型	酸性电池	镍镉电池	镍氢电池	液态锂电池	聚合物锂电池
安全	好	好	好	好	优
工作电压/V	2	1.2	1.2	3.7	3.7
重量比能量/(W·h/kg)	35	41	50～80	120～160	140～180
体积比能量/(W·h/L)	80	120	100～200	200～280	>320
循环寿命	300	300	500	>500	>500
工作温度/℃	−20～60	20～60	20～60	0～60	0～60
记忆效应	无	有	无	无	无
自放电	<0	<10	<30	<5	<5
毒性	有毒	有毒	轻毒	轻毒	无毒
形状	固定	固定	固定	固定	任意形状

聚合物锂离子电池具有如下优点。

① 安全性能好　聚合物锂离子电池在结构上采用铝塑软包装，有别于液态电池的金属外壳，一旦发生安全隐患，液态电池容易爆炸，而聚合物电池则只会出现气鼓。

② 电池厚度小，可制作得更薄　普通液态锂离子电池采用先定制外壳，后塞正负极材料的方法，厚度做到 3.6mm 以下存在技术瓶颈，聚合物电池则不存在这一问题，厚度可做到 1mm 以下，符合时尚手机需求方向。

③ 重量轻　聚合物电池重量较同等容量规格的钢壳锂电轻 40%，较铝壳电池轻 20%。

④ 电池容量大　聚合物电池较同等尺寸规格的钢壳电池容量高 10%～15%，较铝壳电池高 5%～10%，成为彩屏手机及彩信手机的首选，现在市面上新出的彩屏和彩信手机也大多采用聚合物电池。

⑤ 内阻小　聚合物电池的内阻较一般液态电池小，目前国产聚合物电池的内阻甚至可以做到 35mΩ 以下，这样可极大地减低电池的自耗电，延长手机的待机时间，这种支持大放电电流的聚合物锂电更是遥控模型的理想选择，成为最有希望

替代镍氢电池的产品。

⑥ 电池的形状可定制　聚合物电池可根据需求增加或减少电池厚度，开发新的电池型号，价格便宜，开模周期短，有的甚至可以根据手机形状量身定做，以充分利用电池外壳空间，提升电池容量。

⑦ 放电性能好　聚合物电池采用胶体电解质，相比较液态电解质，胶体电解质具有平稳的放电特性和更高的放电平台。

⑧ 保护板设计简单　由于采用聚合物材料，电池不起火、不爆炸，电池本身具有足够的安全性，因此聚合物电池的保护线路的设计可考虑省略 PTC 和保险丝，从而节约了电池成本。

除上面介绍的电池外，还有一种所谓的"塑料锂离子电池"，最早的塑料锂离子电池是 1994 年由美国 Bellcore 实验室提出，其外形与聚合物锂离子电池完全一样，其实是传统的锂离子电池的"软包装"，即采用铝/PP 复合膜代替不锈钢或者铝壳进行热压塑封装，电解液吸附于多孔电极中。几种锂离子电池结构比较见表2-6。

表 2-6　锂离子电池结构比较

电池类型	电解液	壳体/包装	隔膜	集流体	电解液是否固定胶体中
方形锂离子电池	液态	不锈钢、铝	25μPE	铜箔和铝箔	否
膜锂离子电池	液态	铝/PP 复合膜	25μPE	铜箔和铝箔	否
聚合物锂离子电池	胶体聚合物	铝/PP 复合膜	没有隔膜或 μPE	铜箔和铝箔	是

2.4　锂离子电池的设计

电池的结构、壳体及零部件、电极的外形尺寸及制造工艺、两极物质的配比、电池组装的松紧度对电池的性能都具有不同程度的影响。因此，合理的电池设计、优化的生产工艺过程，是关系到研究结果准确性、重现性、可靠性与否的关键。

锂离子电池作为一类化学电源，其设计亦需适合化学电源的基本思想及原则。化学电源是一种直接把化学能转变成低压直流电能的装置，这种装置实际上是一个小的直流发电器或能量转换器。按用电器具的技术要求，相应地与之相配套的化学电源亦有对应的技术要求。制造商们均设法使化学电源既能发挥其自身的特点，又能以较好的性能适应整机的要求。这种设计思想及原则使得化学电源能满足整机技术要求的过程，被称为化学电源的设计。

化学电源的设计主要解决问题是：

① 在允许的尺寸、重量范围内进行结构和工艺的设计，使其满足整机系统的用电要求；

② 寻找可行和简单可行的工艺路线；

③ 最大限度地降低电池成本；

④ 在条件许可的情况下，提高产品的技术性能；

⑤ 最大可能实现绿色能源，克服和解决环境污染问题。

随着锂离子电池的商品化，越来越多的领域都使用锂离子电池。由于技术问题，目前使用的锂离子电池还是以钴酸锂为主作为其正极材料，而钴是一种战略性资源，其价格相当贵，同时由于其高毒性存在着环境污染问题，科研工作者正在进行这方面的努力，值得庆幸的是，锰酸锂及其掺杂化合物正作为最具有挑战替代钴酸锂正极材料越来越引起人们的关注而将面世。

本节电池的设计主要从电池的设计原理、设计原则及一般的计算方法进行介绍。简要地阐述电池壳体材料的选择原则、制作工艺和环境保护等。

电池设计传统的计算方法是在通过化学电源设计时积累的经验或试验基础上，根据要求条件进行选择和计算，并经过进一步的试验，来确定合理的参数。

另外，随着电子计算机技术的发展和应用，也为电池的设计开辟了道路。目前已经能根据以往的经验数据编制计算机程序进行设计。预计今后将会进一步发展到完全用计算机进行设计，对缩短电池的研制周期，有着广阔的前景。

2.4.1 电池设计的一般程序

电池的设计包括性能设计和结构设计，所谓性能设计是指电压、容量和寿命的设计。而结构设计是指电池壳、隔膜、电解液和其他结构件的设计。

设计的一般程序分为以下三步。

第一步：对各种给定的技术指标进行综合分析，找出关键问题。

通常为满足整机的技术要求，提出的技术指标有工作电压、电压精度、工作电流、工作时间、机械载荷、寿命和环境温度等，其中主要的是工作电压（及电压精度）、容量和寿命。

第二步：进行性能设计。根据要解决的关键问题，在以往积累的试验数据和生产实际中积累的经验的基础上，确定合适的工作电流密度，选择合适的工艺类型，以期做出合理的电压及其他性能设计。根据实际所需要的容量，确定合适的设计容量，以确定活性物质的比例用量。选择合适的隔膜材料、壳体材质等，以确定寿命设计。选材问题应根据电池要求在保证成本的前提下尽可能地选择新材料。当然这些设计之间都是相关的设计时要综合考虑，不可偏废任何一方面。

第三步：进行结构设计。包括外形尺寸的确定，单体电池的外壳设计，电解液的设计隔膜的设计以及导电网、极柱、气孔设计等。对于电池组还要进行电池组合、电池组外壳、内衬材料以及加热系统的设计。

设计中应着眼于主要问题，对次要问题进行折中和平衡，最后确定合理的设计方案。

2.4.2 电池设计的要求

电池设计是为满足对象（用户或仪器设备）的要求进行的。因此，在进行电池设计前，首先必须详尽地了解对象对电池性能指标及使用条件的要求，一般包括以下几个方面：电池的工作电压及要求的电压精度；电池的工作电流，即正常放电电流和峰值电流；电池的工作时间，包括连续放电时间、使用期限或循环寿命；电池的工作环境，包括电池工作时所处状态及环境温度；电池的最大允许体积和重量。

现以生产方型锂离子电池为例，来说明和确定选择的电池材料组装的 AA 型锂离子电池的设计要求：

电池在放电态下的欧姆内阻不大于 40Ω；电池 $1C$ 放电时，视不同的正极材料而定，如 $LiCoO_2$ 的比容量不小于 $135mA \cdot h/g$；电池 $2C$ 放电容量不小于 $1C$ 放电容量的 96%；在前 30 次 $1C$ 充放电循环过程中，3.6V 以上的容量不小于电池总容量的 80%；在前 100 次 $1C$ 充放电循环过程中，电池的平均每次容量衰减不大于 0.06%；电池荷电时置于 135℃ 的电炉中不发生爆炸。

按照 AA 型锂离子电池的结构设计和组装工艺过程组装的电池，经实验测试，若结果达到上述要求，说明进行的结构设计合理、组装工艺过程完善，在进行不同正极材料的电池性能研究时，就可按此结构设计与工艺过程组装电池；若结果达不到上述要求，则说明结构设计不够合理或工艺过程不够完善，需要进行反复的优化，直至实验结果符合上述要求。

锂离子电池由于其优异的性能，被越来越多地应用到各个领域，特别时一些特殊场合和器件，因此，对于电池的设计有时还有一些特殊的要求，比如振动、碰撞、重物冲击、热冲击、过充电、短路等。

同时还需考虑：电极材料来源；电池性能；影响电池特性的因素；电池工艺；经济指标；环境问题等方面的因素。

2.4.3 电池性能设计

在明确设计任务和做好有关准备后，即可进行电池设计。根据电池用户要求，电池设计的思路有两种：一种是为用电设备和仪器提供额定容量的电源；另一种则只是给定电源的外形尺寸，研制开发性能优良的新规格电池或异形电池。

电池设计主要包括参数计算和工艺制定，具体步骤如下。

(1) 确定组合电池中单体电池数目、单体电池工作电压与工作电流密度　根据要求确定电池组的工作总电压、工作电流等指标，选定电池系列，参照该系列的"伏安曲线"（经验数据或通过实验所得），确定单体电池的工作电压与工作电流密度。

$$单体电池数目 = \frac{电池工作总电压}{单体电池工作电压}$$

(2) 计算电极总面积和电极数目　根据要求的工作电流和选定的工作电流密度，计算电极总面积（以控制电极为准）。

$$电极总面积 = \frac{工作电流（mA）}{工作电流密度（mA/cm^2）}$$

根据要求电池外形最大尺寸，选择合适的电极尺寸，计算电极数目。

$$电极数目=\frac{电极总面积}{极板面积}$$

（3）计算电池容量　根据要求的工作电流和工作时间计算额定容量。

$$额定容量=工作电流×工作时间$$

（4）确定设计容量

$$设计容量=额定容量×设计系数$$

其中设计系数是为保证电池的可靠性和使用寿命而设定的，一般取 1.1～1.2。

（5）计算电池正、负极活性物质的用量

① 计算控制电极的活性物质用量，根据控制电极的活性物质的电化学当量、设计容量及活性物质利用率计算单体电池中控制电极的物质用量。

$$电极活性物质用量=\frac{设计容量×活性物电化学当量}{活性物质利用率}$$

② 计算非控制电极的活性物质用量　单体电池中非控制电极活性物质的用量，应根据控制电极活性物质用量来定，为了保证电池有较好的性能，一般应过量，通常取系数为 1～2。锂离子电池通常采用负极碳材料过剩，系数取 1.1。

（6）计算正、负极板的平均厚度　根据容量要求来确定单体电池的活性物质用量。当电极物质是单一物质时，则：

$$电极片物质用量=\frac{单体电池物质用量}{单体电池极板数目}$$

$$电极活性物质平均厚度=\frac{每片电极物质用量}{物质密度×极板面积×（1-孔率）}+集流体厚度$$

$$其中集流体厚度=\frac{网格重量}{物质密度×网格面积}（或选定厚度）$$

如果电极活性物质不是单一物质而是混合物时，则物质的用量与密度应换成混合物质的用量与密度。

（7）隔膜材料的选择与厚度、层数的确定　隔膜的主要作用是使电池的正负极分隔开来，防止两极接触而短路。此外，还应具有能使电解质离子通过的功能。隔膜材质是不导电的，其物理化学性质对电池的性能有很大影响。锂离子电池经常用的隔膜有聚丙烯和聚乙烯微孔膜，Celgard 的系列隔膜已在锂离子电池中应用。对于隔膜的层数及厚度要根据隔膜本身性能及具体设计电池的性能要求来确定。

（8）确定电解液的浓度和用量　根据选择的电池体系特征，结合具体设计电池的使用条件（如工作电流、工作温度等）或根据经验数据来确定电解液的浓度和用量。

常用锂离子电池的电解液体系有：1mol/L $LiPF_6$/PC-DEC（1∶1），PC-DMC（1∶1）和 PC-MEC（1∶1）或 1mol/L $LiPF_6$/EC-DEC（1∶1），EC-DMC（1∶1）和 EC-EMC（1∶1）。

锂离子电池原理与关键技术

注：PC，碳酸丙烯酯；EC，碳酸乙烯酯；DEC，碳酸二乙酯；DMC，碳酸二甲酯；EMC，碳酸甲乙酯。

（9）确定电池的装配比及单体电池容器尺寸　电池的装配比是根据所选定的电池特性及设计电池的电极厚度等情况来确定。一般控制为80%～90%。

根据用电器对电池的要求选定电池后，再根据电池壳体材料的物理性能和力学性能，以确定电池容器的宽度、长度及壁厚等。特别是随着电子产品的薄型化和轻量化，给电池的空间愈来愈小，这就更要求选用先进的电极材料，制备比容量更高的电池。

2.4.4　AA型锂离子电池的结构设计

从设计要求来说，由于电池壳体选定为AA型（$\phi14mm\times50mm$），则电池结构设计主要指电池盖、电池组装的松紧度、电极片的尺寸、电池上部空气室的大小、两极物质的配比等设计。对它们的设计是否合理将直接影响到电池的内阻、内压、容量和安全性等性能。

（1）电池盖的设计　根据锂离子电池的性能可知，在电池充电末期，阳极电压高达4.2V以上。如此高的电压很容易使不锈钢或镀镍不锈钢发生阳极氧化而被腐蚀，因此传统的AA型Cd/Ni、MH/Ni电池所使用的不锈钢或镀镍不锈钢盖不能用于AA型锂离子电池。考虑到锂离子电池的正极集流体可以使用铝箔而不发生氧化腐蚀，所以在AA型Cd/Ni电池盖的基础上，可进行改制设计。首先，在不改变AA型Cd/Ni电池盖的双层结构及外观的情况下，用金属铝代替电池盖的镀镍不锈钢底层，然后把此铝片和镀镍不锈钢上层卷边包合，使其成为一个整体，同时在它们之间放置耐压为1.0～1.5MPa的乙丙橡胶放气阀。通过实验证实，改制后的电池盖不但密封性、安全性好，而且耐腐蚀，容易和铝制正极极耳焊接。

（2）装配松紧度的确定　装配松紧度的大小主要根据电池系列的不同，电极和隔膜的尺寸及其膨胀程度来确定。对设计AA型锂离子电池来说，电极的膨胀主要由正负极物质中的添加剂乙炔黑和聚偏氟乙烯引起，由于其添加量较小，吸液后引起的电极膨胀亦不会太大；充放电过程中，由Li^+在正极材料，如$LiCoO_2$和电解液中的嵌/脱而引起的电极膨胀也十分小；电池的隔膜厚度仅为$25\mu m$，其组成为Celgard2300PP/PE/PP三层膜，吸液后其膨胀程度也较小。综合考虑以上因素，锂离子电池应采取紧装配的结构设计。通过电芯卷绕、装壳及电池注液实验，并结合电池解剖后极粉是否脱落或黏连在隔膜上等结果，可确定的AA型锂离子电池装配松紧度为$\eta=86\%～92\%$。

2.4.5　电池保护电路设计

为防止锂离子电池过充，锂离子电池必须设计有保护电路，锂离子电池保护器IC有适用于单节的及2～4节电池组的。在此介绍保护器的要求，同时介绍单节锂离子电池电路保护器电路。

对锂离子电池保护器的基本要求如下：

① 充电时要充满，终止充电电压精度要求在±1％左右；

② 在充、放电过程中不过流，需设计有短路保护；

③ 达到终止放电电压要禁止继续放电，终止放电电压精度控制在±3％左右；

④ 对深度放电的电池（不低于终止放电电压）在充电前以小电流方式预充电；

⑤ 为保证电池工作稳定可靠，防止瞬态电压变化的干扰，其内部应设计有过充、过放电、过流保护的延时电路，以防止瞬态干扰造成不稳定；

⑥ 自身耗电省（在充、放电时保护器均应是通电工作状态）。单节电池保护器耗电一般小于 $10\mu A$，多节的电池组一般在 $20\mu A$ 左右；在达到终止放电时，它处于关闭状态，一般耗电 $2\mu A$ 以下；

⑦ 保护器电路简单，外围元器件少，占空间小，一般可制作在电池或电池组中；

⑧ 保护器的价格低。

2.4.5.1 单节锂离子电池的保护器

现以 AICI811 单节锂离子电池保护器为例来说明保护器的电路及工作原理。该器件主要特点为：终止充电电压有 4.35V、4.30V 及 4.25V（分别用型号 A、B、C 表示），充电电压精度为 $\pm 30mV$（$\pm 0.7\%$），在 3.5V 工作电压时，工作电流为 $7\mu A$，到达终止放电后耗电仅为 $0.2\mu A$；有过充、过放、过流保护，并有延时以免瞬态干扰；过放电电压 2.4V，精度 $\pm 3.5\%$；工作温度 $-20 \sim +80℃$。

正常充、放电时，V_1、V_2 都导通。充电电流从阴极（＋）流入，经保险丝向电池充电，经 V_1、V_2 后由阳极（一）流出。正常放电时，电流由＋端经负载 R_L（图 2-5 中未画出）后，经一端及 V_2、V_1 流向电池负极，其电流方向与充电电流方向相反。由于 V_1、V_2 的导通电阻极小，因此损耗较小。几种保护电路的工作状态分别参看图 2-6 和图 2-7。

（1）过充电保护 如图 2-6 所示，P_1 为控制过充电的带滞后的比较器，R_6、R_7 组成的分压器接在锂离子电池两端，其中间检测电池的电压并接在 R_1 的同相端，P_1 的反相端接 1.2V 基准电压。充电时，当电池电压低于过充电阈值电压时，P_1 的反相端电压大于同相端电压，P_1 输出低电平，使 Q_1 导通，V_2 的偏置电阻 R_3 有电流流过使 V_2 也导通（V_1 在充电时是导通的），这样形成充电回路。当充电到达并超过充电阈值电压时，P_1 同相端电压超过 1.2V，P_1 输出高电

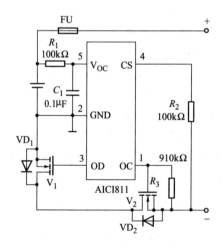

图 2-5 单节锂离子电池
保护器电路示意图

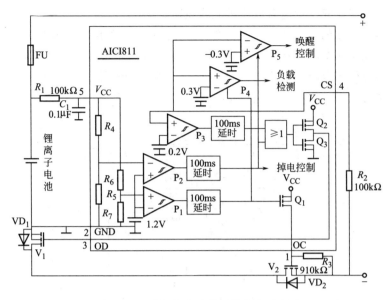

图 2-6 几种保护电路的工作状态示意图

平，经 100ms 延时后使 Q_1 截止，R_3 无电压使 V_2 截止，充电电路断开，防止过充电。

（2）过放电保护 过放电保护电路是由 R_4、R_5 组成的分压器、带滞后的比较器 P_2、100ms 延时电路、或门及由 Q_2、Q_3 组成的 CMOS 输出电路组成。当电池放电达到 2.4V 时，P_2 输出高电平，经延时后使 OD 输出低电平，V_1 截止，放电回路断开，禁止放电。

（3）过流保护 以放电电流过流保护为例，CS 端为放电电流检测端，它连续地检测放电电流。这是利用 CS 端的电压 VCS 与放电电流 IL 有一定关系，如图 2-7 所示。如果把导通的 V_1、V_2 看做一个电阻，则放电回路如图 2-7 所示。

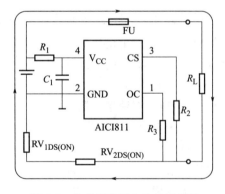

图 2-7 单节锂离子电池过流保护

过流保护电路由比较器 P_3、延时电路或门等组成。若放电电流超过设定阈值而使 VCS 超过 0.2V，则 P_3 输出高电平，其结果与过放电情况相同使 V_2 截止，禁止放电。该器件的其他功能，这里不再介绍。

2.4.5.2 3～4 节锂离子电池的保护

现以 MAX1894/MAX1924 为例说明其功能及特点。MAX1894 设计用于 4 节锂离子电池组，而 MAX1924 适用于 3 节或 4 节的电池组。两个保护器可监控串联电池中每一个电池的电压，避免过充电及过放电，从而能有效地延长电池的寿命。

另外，它也能防止充、放电时电流过大或短路。

两个器件组成的保护器电路如图 2-8 所示。它是一种用于 4 节锂离子电池组的保护器。串联的 4 个电池在充电时每一个电池的电压基本相等（均压），所以增加了内部电路及外部电阻、电容等元件；另外，由微控制器（μC）来控制，可以输出电池的状态信号，使功能更完善。

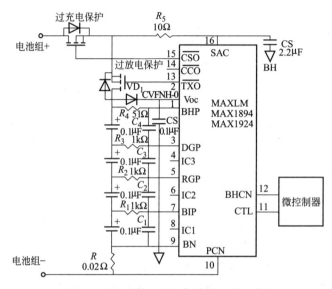

图 2-8　两个器件组成的保护器电路示意图

两个器件的主要特点是：每个电池的过压阈值可以设定，其电压精度可达 ±0.5%；终止放电电压阈值亦能设定，精度可达 ±2%；有关闭模式，关闭状态时耗电 0.8μA，可防止电池深度放电；工作电流典型值为 30μA；工作温度范围 −40～+85℃。

2.4.6　锂离子电池监控器

锂离子电池监控器除了有保护电路外（可保护电池在充电、放电过程中免于过充电、过放电和过热），还能输出电池剩余能量信号（用 LCD 显示器可形象地显示出电池剩余能量），这样可随时了解电池的剩余能量状态，以便及时充电或更换电池。它主要用于有 μC 或 μP 的便携式电子产品中，如手机、摄像机、照相机、医疗仪器或音、视频装置等。

现以 DS2760 为例说明该器件的特点、内部结构及应用电路。该器件有温度传感器，能检测双向电流的电流检测器及电池电压检测器，并有 12 位 ADC 将模拟量转模成数字量；有多种存储器，能实现电池剩余能量的计算。它是将数据采集、信息计算与存储及安全保护于一身。另外，它具有外围元件少、电路简单、器件封装尺寸小（3.25mm×2.75mm，管芯式 BGA 封装）的特点。

DS2760 的内部有 25mΩ 检测电阻，能检测双向（充电及放电）电流（但自身阻值极小，损耗极小）；电流分辨率为 0.625mA，动态范围为 1.8A，并有电流累加计算；电压测量分辨率为 48mV；温度测量分辨率可达 0.125℃；由 ADC 转换的数字量存储在相应的存储器内，通过单线接口与主系统连接，可对锂离子电池组成的电源进行管理及控制，即实现与内部存储器进行读、写访问及控制。器件功耗低，工作状态时最大电流 80μA，节能状态（睡眠模式）时小于 2μA。

DS2760 的功能结构框图如图 2-9 所示。它由温度传感器、25mΩ 电流检测电阻、多路器、基准电压、ADC、多种存储器、电流累加器及时基、状态/控制电路、与主系统单线接口及地址、锂离子保护器等组成。

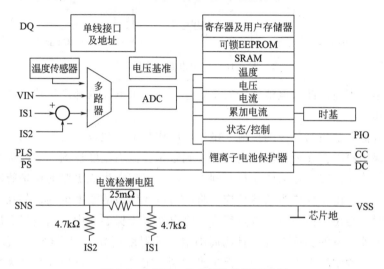

图 2-9　DS2760 的功能结构框示意图

DS2760 有 EEPOM、可锁 EEPROM 及 SRAM 三种形式的存储器，EEPROM 用于保护电池的重要数据，可锁 EEPROM 用作 ROM，SRAM 可暂供作数据的存储。

应用电路并不复杂，如图 2-10 所示。两个 P 沟道功率 MOSFET 分别控制充电及放电，BAT＋、BAT－之间连接锂离子电池，PACK＋、PACK－为电池组的正负端，DATA 端与系统接口。该电路适用于单节锂电池，若采用贴片式元器件占空间很小，亦可做在电池中。

2.4.7　锂离子电池体系热变化与控制

电池体系的温度变化由热量的产生和散发两个因素决定，其热量的产生可以通过热分解和（或）电池材料之间的反应所致。

当电池中某一部分发生偏差时，如内部短路、大电流充放电和过充电，则会产生大量的热，导致电池体系的温度增加。当电池体系达到一定的温度时，就会导致系列分解等反应，使电池受到热破坏。同时由于锂离子电池中的液体电解质为有机化合物而易燃，因此体系的温度达到较高时电池会着火。当产生的热量不大时，电

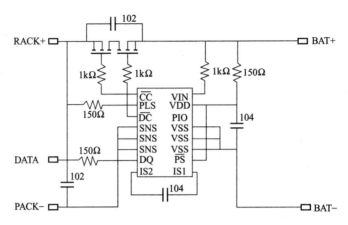

图 2-10　应用电路示意图

池体系的温度不高，此时电池处于安全状态。锂离子电池内部产生热量的原因主要由以下所述。

（1）电池电解质与负极的反应　虽然电解质与金属锂或碳材料之间有一层界面保护膜，保护膜的存在使得其间的反应受到限制。但当温度达到一定高度时，反应活性增加，该界面膜不足以防止材料间的反应，只有在生成更厚的保护膜时才能防止反应的发生。由于反应为放热反应，将使得电池体系的温度增加，如在进行电池的热测试时则会说明体系发生放热反应。将电池置于保温器中，当空气温度升高到一定时，电池体系的温度上升，且比周围空气的温度更高，但是经过一段时间后，又恢复到周围的空气温度。表明当保护膜达到一定厚度后，反应停止。无疑不同类型的保护膜与反应温度有关。

（2）电解质中存在的热分解　锂离子电池体系达到一定温度时，电解质会发生分解并产生热量。对于 EC-PC/LiAsF$_6$ 电解质，开始分解温度为 190℃ 左右。加入2-甲基四氢呋喃后，电解质的分解温度开始下降。

如对于 EC-(2-Me-THF)（50/50）/LiAsP$_6$ 和 PC-EC-(2-Me-THF)（70/15/15）LiAsP$_6$ 体系而言，它们的分解温度分别为 145℃ 和 155℃。而用 LiCF$_3$SO$_3$ 取代 LiAsP$_6$，热稳定性明显提高。PC-EC-(2-Me-THF)（70/15/15）/LiCF$_3$SO$_3$ 的分解温度达 260℃。当其氧化后，电解质体系的热稳定性明显下降。

表 2-7 给出了 PC/DME 电解液体系的开始分解温度。可见，LiCF$_3$SO$_3$ 盐最为稳定。

（3）电解质与正极的反应　由于锂离子电池电解质的分解电压高于正极的电压，因此电解质与正极反应的情况很少发生。但是当发生过充电时，正极将变得不稳定，与电解质发生氧化反应而产生热。

（4）负极材料的热分解　作为负极材料，金属锂在 180℃ 时会吸热而熔化，负极加热到 180℃ 以上时，电池温度将停留在 180℃ 左右。必须注意的是熔化的锂易

表 2-7 PC/DMC 电解液体系的开始分解温度数据

溶剂	电解质盐	添加剂	分解温度/℃	溶剂	电解质盐	添加剂	分解温度/℃
	无	无	265		无	MnO_2	132
	$LiClO_4$	无	217		$LiClO_4$	MnO_2	138
	$LiCF_3SO_3$	无	268		$LiCF_3SO_3$	MnO_2	144
PC/DMC	$LiPF_6$	无	156	PC/DMC	无	金属锂/MnO_2	187
	无	金属锂	185		$LiClO_4$	金属锂/MnO_2	173
	$LiClO_4$	金属锂	149		$LiCF_3SO_3$	金属锂/MnO_2	171
	$LiCF_3SO_3$	金属锂	155				

流动，而导致短路。

对于碳负极而言，碳化锂在 180℃ 发生分解产生热量。通过针刺实验表明，锂的插入安全限度为 60%，插入量过多时，易导致在较低的温度下负极材料发生放热分解。

（5）正极材料的热分解　工作电压高于 4V 时，正极材料将呈现不稳定，特别是处于充电状态时，正极材料会在 180℃ 时发生分解。与其他正极材料相比较，V_2O_5 正极比较稳定，其熔点（吸热）为 670℃，沸点为 1690℃。对于 4V 正极材料，处于充电状态时，它们分解温度按如下顺序降低：$LiMnO_4 > LiCO_2 > LiNiO_2$。$LiNiO_2$ 的可逆容量高，但是不稳定，通过掺杂如加入 Al、Co、Mn 等元素，可有效提高其热稳定性。

（6）正极活性物和负极活性物的熔变　锂离子电池充电时吸热，放电时放热，主要是由于锂嵌入到正极材料中的熔发生改变。

（7）电流通过内阻而产生热量　电池存在内阻（R_c），当电流通过电池时，内阻产生的热可用 I^2R_c 进行计算。其热量有时亦为极化热。当电池外部短路时，电池内阻产生的热占主要地位。

（8）其他　对于锂离子电池而言，负极电位接近金属锂的电极电位，因此除了上述反应外，与胶黏剂等的反应亦须考虑。如含氟胶黏剂（包括 PVDF）与负极发生反应产生的热量。当采用其他胶黏剂如酚醛树脂基胶黏剂可大大减少电池热量的产生。此外，溶剂与电解质盐也会导致反应热的生成。

降低电池体系的热量和提高体系的抗高温性能，电池体系则安全。此外，在电池制作工艺中采用不易燃或不燃的电解质，如陶瓷电解质、熔融盐等，亦可提高电池的抗高温性能。表 2-8 列出了不同锂离子电池体系的热反应数据。

表 2-8　不同锂离子电池体系的热反应数据

温度范围/℃	反应类型	热反应结果	放出热/(J/g)
120～150	Li_xC_6＋电解质（液体）	破坏钝化膜	350
130～180	聚乙烯隔膜融化	吸热	−190
160～190	聚丙烯隔膜融化	吸热	−90
180～500	$LiNiO_2$＋电解质	析热峰位约 200℃	600

温度范围/℃	反应类型	热反应结果	放出热/(J/g)
220~500	$LiCoO_2$＋电解质	析热峰位约230℃	450
150~300	$LiMn_2O_4$＋电解质	析热峰位约300℃	450
130~220	$LiPF_6$＋溶剂	能量较低	250
240~350	Li_xC_6＋PVDF 胶黏剂	剧烈反应	1500

2.5　锂离子电池的基本组成及关键材料

锂离子电池是化学电源的一种。我们知道，化学电源在实现能量转换过程中，必须具备以下条件。

① 组成电池的两个电极进行氧化还原反应的过程，必须分别在两个分开的区域进行，这有别于一般的氧化还原反应。

② 两种电极活性物进行氧化还原反应时，所需要的电子必须由外电路传递，它有别于腐蚀过程的微电池反应。

为了满足以上条件，不论电池是什么系列、形状、大小，均由以下几个部分组成：电极（活性物质）、电解液、隔膜、黏结剂、外壳；另外还有正、负极引线，中心端子，绝缘材料，安全阀，PTC（正温度控制端子）等也是锂离子电池不可或缺的部分。下面扼要介绍锂离子电池中的主要几个组成部分，即电极材料、电解液、隔膜和黏结剂。

2.5.1　电极材料

电极是电池的核心，由活性物质和导电骨架组成。正负极活性物质是产生电能的源泉，是决定电池基本特性的重要组成部分。如在锂离子电池中，目前商品化的锂离子电池的正极活性物质一般为 $LiCoO_2$，目前科学研究的热点正在朝着无钴材料努力，市场上也有部分正极材料采用 $LiMn_2O_4$ 等。

电源内部的非静电力是将单位正电荷从电源负极经内电路移动到正极过程中做的功。电动势的符号是 ε，单位是伏（V）。电源是一种把其他形式能转变为电能的装置。要在电路中维持恒定电流，只有静电场力还不够，还需要有非静电力。电源则提供非静电力，把正电荷从低电势处移到高电势处，非静电力推动电荷做功的过程，就是其他形式能转换为电能的过程。

电动势是表征电源产生电能的物理量。不同电源非静电力的来源不同，能量转换形式也不同。如化学电动势（干电池、钮扣电池、蓄电池、锂离子电池等）的非静电力是一种化学作用，电动势的大小与电源大小无关；发电机的非静电力是磁场对运动电荷的作用力；光生电动势（光电池）的非静电力来源于内光电效应；而压电电动势（晶体压电点火、晶体话筒等）来源于机械功造成的极化现象。

当电源的外电路断开时，电源内部的非静电力与静电场力平衡，电源正负极两端的电压等于电源电动势。当外电路接通时，端电压小于电动势。

对锂离子电池而言，其对活性物质的要求是：首先组成电池的电动势高，即正极活性物质的标准电极电位越正，负极活性物质标准电极电位越负，这样组成的电池电动势就越高。

以锂离子电池为例，其通常采用 $LiCoO_2$ 作为正极活性物质，碳作为负极活性物质，这样可获得高达 3.6V 以上的电动势；其次就是活性物质自发进行反应的能力越强越好；电池的重量比容量和体积比容量要大，$LiCoO_2$ 和石墨的理论重量比容量都较大，分别为 $279mA \cdot h/g$ 和 $372mA \cdot h/g$；而且，要求活性物质在电解液中的稳定性高，这样可以减少电池在储存过程中的自放电，从而提高电池的储存性能；此外，对活性物质要求有较高的电子导电性，以降低其内阻；当然从经济和环保方面考虑，要求活性物质来源广泛，价格便宜，对环境友好。

2.5.1.1　正极材料

锂离子电池正极活性物质的选择除上述要求外，还有其特殊的要求，具体来说，锂离子电池正极材料的选择必须遵循以下原则。

① 正极材料具有较大的吉布斯自由能，以便与负极材料之间保持一个较大的电位差，提供电池工作电压（高比功率）。

② 锂离子嵌入反应时的吉布斯自由能改变 ΔG 小，即锂离子嵌入量大且电极电位对嵌入量的依赖性较小，这样确保锂离子电池工作电压稳定。

③ 较宽的锂离子嵌入/脱嵌范围和相当的锂离子嵌入/脱逸量（比容量大）。

④ 正极材料需有大的孔径"隧道"结构，以利在充放电过程中，锂离子在其中的嵌入/脱逸。

⑤ 锂离子在"隧道"中有较大的扩散系数和迁移系数，来保证大的扩散速率，并具有良好的电子导电性，以提高锂离子电池的最大工作电流。

⑥ 正极材料具有大的界面结构和多的表观结构，以增加放电时嵌锂的空间位置，提高其嵌锂容量。

⑦ 正极材料的化学物理性质均一，其异动性极小，以保证电池良好的可逆性（循环寿命长）。

⑧ 与电解液不发生化学或物理的反应。

⑨ 与电解质有良好的相容性，热稳定性高，来保证电池的工作安全。

⑩ 具有重量轻，易于制作适用的电极结构，以便提高锂离子电池的性价比。

⑪ 无毒、价廉、易制备。

常用的正极活性物质除了 $LiCoO_2$ 外，还有 $LiMn_2O_4$ 等。表 2-9 列出了部分正极材料的有关性能数据。

用于商品化的锂离子电池正极材料 $LiCoO_2$，它属于 $\alpha-NaFeO_2$ 型结构。层状岩盐钴酸锂的合成方法主要有高温固相法、低温共沉淀法和凝胶法，比较成熟的是高温固相法，有关方法在以后章节中详细介绍。

钴是一种战略元素，全球的储量十分有限，其价格昂贵而且毒性大，因此，以

表 2-9　部分正极材料的工作电压和能量数据

正极材料	电压 (vs. Li$^+$/Li)/V	理论容量 /(A·h/kg)	实际容量 /(A·h/kg)	理论比能量 /(W·h/kg)	实际比能量 /(W·h/kg)
LiCoO$_2$	3.8	273(1)	140	1037	532
LiNiO$_2$	3.7	274(1)	170	1013	629
LiMn$_2$O$_4$	4.0	148(1)	110	592	440
V$_2$O$_5$	2.7	440(3)	200	1200	540
V$_6$O$_{13}$	2.6	420(8)	200	1000	520
Li$_x$Mn$_2$O$_4$	2.8	210(0.7)	170	588	480
Li$_4$Mn$_5$O$_{12}$	2.8	160(3)	140	448	392

说明：表中括号内的数值是锂离子最大嵌入/脱出数；表中数据是用金属锂作为负极材料参比。

LiCoO$_2$ 作为正极活性物质的锂离子电池成本偏高；另外，LiCoO$_2$ 中，可逆地脱嵌锂的量为 0.5～0.6mol，过充电时所脱出的锂大于 0.6mol 时，过量的锂以单质锂的形式沉积于负极，亦会带来安全隐患。LiCoO$_2$ 过充后所产生的 CoO$_2$ 对电解质氧化的催化活性很强，同时，CoO$_2$ 起始分解温度低（约 240℃），放出的热量大（1000J/g）。因此以 LiCoO$_2$ 作锂离子电池正极材料亦存在严重的安全隐患，只适合小容量的单体电池单独使用。

相对于金属钴而言，金属镍要便宜得多，世界上已经探明镍的可采储量约为钴的 14.5 倍，而且毒性也较低。由于 Ni 和 Co 的化学性质接近，LiNiO$_2$ 和 LiCoO$_2$ 具有相同的结构。两种化合物同属于 α-NaFeO$_2$ 型二维层状结构，适用于锂离子的脱出和嵌入。LiNiO$_2$ 不存在过充电和过放电的限制，具有较好的高温稳定性，其自放电率低，污染小，对电解液的要求低，是一种很有前途的锂离子电池正极材料；然而 LiNiO$_2$ 在充放电过程中，其结构欠稳定，且制作工艺条件苛刻，不易制备得到稳定 α-NaFeO$_2$ 型二维层状结构的 LiNiO$_2$。

LiNiO$_2$ 通常采用高温固相法反应合成，以 LiOH、LiNO$_3$、Li$_2$O、Li$_2$CO$_3$ 等锂盐和 Ni(OH)$_2$、NiNO$_3$、NiO 等镍盐为原料，Ni 与 Li 的摩尔比为（1∶1.1）～（1∶1.5），将反应物混合均匀后，压制成片或丸，在 650～850℃下富氧气氛中煅烧 5～16h 制得。

同锂钴氧化物和锂镍氧化物相比，锂锰氧化物具有安全性好、耐过充性好。原料锰的资源丰富、价格低廉及无毒性等优点，是最具发展前途的正极材料之一。锂锰氧化物主要有两种，即层状结构的 LiMnO$_2$ 和尖晶石结构的 LiMn$_2$O$_4$。

尖晶石型的 LiMn$_2$O$_4$ 属立方晶系，具有 Fd3m 空间群；其理论容量为 148mA·h/g。其中氧原子构成面心立方紧密堆积（ccp），锂和锰分别占据 ccp 堆积的四面体位置（8a）和八面体位置（16d），其中四面体晶格 8a、48f 和八面体晶格 16c 共面构成互通的三维离子通道，适合锂离子自由脱出和嵌入。

尖晶石 LiMn$_2$O$_4$ 的制法有高温固相法、融盐浸渍法、共沉淀法、pechini 法、喷雾干燥法、溶胶-凝胶法、水热合成等。

在充放电过程中，LiMn$_2$O$_4$ 会发生有立方晶系到四方晶系的相变，导致容量衰减严重，循环寿命低。目前，研究者通过掺杂其他半径和价态与 Mn 相近的金属原子（Co、Ni、Cr、Zn、Mg 等）来改善其电化学性能，效果明显。但是总的来说，这些掺杂元素的加入量不宜过多，过多的掺杂物将使得电池的容量明显降低。其次，在化学计量的 $LiMn_2O_4$ 中添加适度过量的锂盐亦可以提高其晶体结构的稳定性。

尖晶石型的 LiM_2O_4（M＝Mn、Co、V 等）中 M_2O_4 骨架是一个有利于 Li^+ 扩散的四面体和八面体共面的三维网络。其典型代表是 $LiMn_2O_4$。因为在加热过程中易失去氧而产生电化学性能差的缺氧化合物，使高容量的 $LiMn_2O_4$ 制备较复杂，尖晶石型特别是掺杂型 $LiMn_2O_4$ 的结构与性能的关系仍是今后锂离子电池电极材料研究的方向。

层状 $LiMnO_2$ 同 $LiCoO_2$ 一样，具有 α-$NaFeO_2$ 型层状结构，理论容量为 286mA·h/g。在空气中稳定，是一种具有潜力的正极材料。它的制备方法也是多种多样的。如通过高温固相法制备的层状 $LiMnO_2$ 在 2.5～4.3V 间充放电，可逆容量可达 200mA·h/g，经过第一次充电，正交晶系的 $LiMnO_2$ 会转变成尖晶石型的 $LiMn_2O_4$，因此可逆容量很差。

除上述过渡金属氧化物作为锂离子电池正极材料外，目前研究关注的热点正极材料还有多元酸根离子体系 $LiMXO_4$、$Li_3M_2(XO_4)_3$（其中 M＝Fe、Co、Mn、V 等；X＝P、S、Si、W 等）。

自从 1997 年，有人报道了锂离子可在 $LiFePO_4$ 中可逆地脱嵌以来，具有有序结构的橄榄石型 $LiMPO_4$ 材料就受到了广泛的关注，美国的 Valence 公司已将类似材料应用于该公司的聚合物电池之中。

磷酸铁锂（$LiFePO_4$）具有规整的橄榄石晶体结构，属于正交晶系（Pmnb），每个晶胞中有四个 $LiFePO_4$ 单元。其晶胞参数为 $a＝0.6008nm$，$b＝1.0324nm$ 和 $c＝0.4694nm$。图 2-11 为 $LiFePO_4$ 的立体结构示意图。

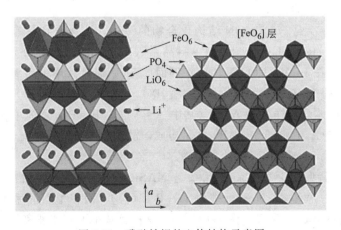

图 2-11　磷酸铁锂的立体结构示意图

在 $LiFePO_4$ 中，氧原子以稍微扭曲的六方紧密堆积方式排列，Fe 与 Li 各自处于氧原子八面体中心位置，形成 FeO_6 八面体和 LiO_6 八面体。交替排列的 FeO_6 八面体、LiO_6 八面体和 PO_4 四面体形成层状脚手架结构。在 bc 平面上，相邻的 FeO_6 八面体通过共用顶点的一个氧原子相连，构成 FeO_6 层。在 FeO_6 层之间，相邻的 LiO_6 八面体在 b 方向上通过共用棱的两个氧原子相连成链。每个 PO_4 四面体与 FeO_6 八面体共用棱上的两个氧原子，同时又与两个 LiO_6 八面体共用棱上的氧原子。

纯相的 $LiFePO_4$ 橄榄石理论比容量为 $170mA \cdot h/g$，实际比容量可以到达 $160mA \cdot h/g$ 左右。稳定的橄榄石结构使得 $LiFePO_4$ 正极材料具有以下优点：①较高的理论比容量和工作电压，1mol $LiFePO_4$ 可以脱嵌 1mol 锂离子，其工作电压约为 3.4V（相对于 Li^+/Li）；②优良的循环性能，特别是高温循环性能，而且提高使用温度还可以改善它的高倍率放电性能；③优良的安全性能；④较高的振实密度（$3.6mg/cm^3$），其质量、体积能量密度较高；⑤世界铁资源丰富、价廉并且无毒，$LiFePO_4$ 被认为是一种环境友好型正极材料。

尽管如此，$LiFePO_4$ 正极材料也有它的不足之处，该材料的离子和电子传导率都很低、合成过程中 Fe^{2+} 极易被氧化成 Fe^{3+}，同时需要较纯的惰性气氛保护等工作条件，目前 $LiFePO_4$ 的研究难点是，合成工艺困难、电极材料的高倍率充放电性能较差。

作为锂离子电池正极材料最基本的条件就是：在结构稳定的前提下，在电池充放电过程中 Li^+ 能够可逆地从该材料结构中脱出和嵌入。许多磷酸盐都是具有类似于 Na 快离子导体（NASICON，sodium super ion conductor）的结构，在这类化合物中，存在足够的空间可以传导 Na^+、Li^+ 等碱金属离子，而且最重要的一点是该类化合物具有比过渡金属氧化物稳定得多的结构，即使在脱出 Li^+ 与过渡金属原子摩尔比大于 1 的时候仍然具有超乎寻常的稳定性。$Li_3V_2(PO_4)_3$ 则是这样一种具有 NASICON 结构的化合物。

$Li_3V_2(PO_4)_3$ 是 NASICON 结构化合物的一种，该化合物具有两种晶型，即斜方（Trigonal/Rhombohedral）和单斜晶系（Monoclinic），其分别如图 2-12（a）和（b）所示。在 $Li_3V_2(PO_4)_3$ 中 PO_4 四面体 VO_6 通过共用顶点氧原子而组成三维骨架结构，每个 VO_6 八面体周围有六个 PO_4 四面体，而每个 PO_4 四面体周围有四个 VO_6 八面体。这样就以 A_2B_3（其中 $A=VO_6$、$B=PO_4$）为单元形成三维网状结构，每个单晶中由四个 A_2B_3 单元构成，晶胞中共 12 个锂离子。图 2-12（c）给出了单斜晶系 $Li_3V_2(PO_4)_3$ 的立体图。

上述两种晶型中，只有斜方晶系是 NASICON 结构的化合物，在斜方晶系 $Li_3V_2(PO_4)_3$ 中 A_2B_3 单元平行排列［图 2-12（a）］，而在单斜晶系 $Li_3V_2(PO_4)_3$ 中 A_2B_3 单元排列成 Z 字形［图 2-12（b）］，这样就减小了客体锂离子嵌入所占据的空间。这两种晶型都存在三个相，主要是在不同的温度下存在着不同相的转变。低

锂离子电池原理与关键技术

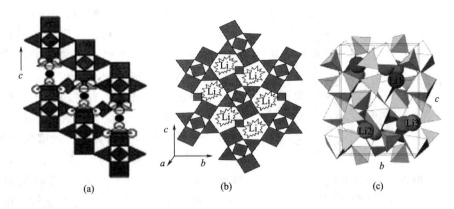

图 2-12 两种不同晶型 $Li_3V_2(PO_4)_3$ 的示意图

温时为 α 相，中温时为 β 相，高温时为 γ 相，相与相之间的转化是可逆的，α→β、β→γ 的相变仅仅是由于锂原子在占据位置上的分布不同，尤其是 β→γ 相的转变就是一种从有序到无序相的转变。120℃ 时 $Li_3V_2(PO_4)_3$ 从 α 相转变为 β 相；180℃ 时候则从 β 相转变为 γ 相。

锂离子电池正极通常由活性物质，如 $LiCoO_2$、$LiNi_xCo_{1-x}O_2$ 或 $LiMn_2O_4$ 中的一种物质与导电剂（如石墨、乙炔黑）及胶黏剂（如 PVDF、PTFE）等混合均匀，搅拌成糊状，均匀地涂覆在铝箔的两侧，涂层厚度为 $15\sim20\mu m$，在氮气流下干燥以除去有机物分散剂，然后用辊压机压制成型，再按要求剪切成规定尺寸的极片。各厂家的极片配方略有不同，表 2-10 是常见正极活性物质组成。

表 2-10 正极活性物质配方

配方	$LiCoO_2$	$LiNiO_2$	$LiNi_xCo_{1-x}O_2$	$LiMn_2O_4$	石墨	乙炔黑	PTFE	PVDF
1	80					15	5	
2		83.3				12.2		4.5
3			85($x=0.8$)			10		5
4				65	28			7

2.5.1.2 负极材料

在锂离子电池中，以金属锂作为负极时，电解液与锂发生反应，在金属锂表面形成锂膜，导致锂枝晶生长，容易引起电池内部短路和电池爆炸。

当锂在碳材料中的嵌入反应时，其电位接近锂的电位，并不易与有机电解液反应，并表现出良好的循环性能。

采用碳材料作负极，充放电时，在固相内的锂发生嵌入-脱嵌反应。

$$C_6 + Li^+ + e \longrightarrow LiC_6$$

除碳基负极材料外，非碳基负极材料的发展也十分引人注目。图 2-13 列出了碳基与非碳基负极材料的分类。

石墨化碳材料的理论容量为 $372mA \cdot h/g$，但其制备温度高达 2800℃。无定

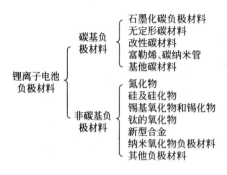

图 2-13 锂离子电池负极
材料分类一览图

形碳则是在低温方法下制备，并具有高理论容量的一类电极材料。无定形碳材料的制备方法较多，最主要有两种：①将高分子材料在较低的温度（＜1200℃）下于惰性气氛中进行热处理；②将小分子有机物进行化学气相沉积。高分子材料的种类比较多，例如聚苯、聚丙烯腈、酚醛树脂等。小分子有机物包括苊、六苯并苯、酚酞等。这些材料的 X 射线衍射图中没有明显的（002）面衍射峰，均为无定形结构，由石墨微晶和无定形区组成。无定形区中存在大量的微孔结构。其可逆容量在合适的热处理条件下，均大于 $372mA \cdot h/g$，有的甚至超过 $1000mA \cdot h/g$。主要原因在于微孔可作为可逆贮锂的"仓库"。

锂嵌入无定形碳材料中，首先嵌入到石墨微晶中，然后进入石墨微晶的微孔中。在嵌脱过程中，锂先从石墨微晶中发生嵌脱，然后才是微孔中的锂通过石墨微晶发生嵌脱，因此锂在发生嵌脱的过程中存在电压滞后现象。此外，由于没有经过高温处理，碳材料中残留有缺陷结构，锂嵌入时首先与这些结构发生反应，导致电池首次充放电效率低；同时，由于缺陷结构在循环时不稳定，使得电池容量随循环次数的增加而衰减较快。尽管无定形碳材料的可逆容量高，由于这些不足目前尚未解决，因此还不能达到实际应用的要求。

新型负极材料包括薄膜负极材料、纳米负极材料和新型核/壳结构负极材料等。薄膜负极材料主要用于微电池中，包括复合氧化物、硅以及其合金等，主要的制备方法有射频磁控喷射法、直流磁控喷射法和气相化学沉积法等，其应用领域主要是微电子行业。纳米负极材料的开发是利用材料的纳米特性，减少充放电过程中体积膨胀和收缩对结构的影响，从而改进循环性能。研究表明，纳米特性的有效利用可改进这些负极材料的循环性能，然而离实际应用还有距离。关键原因是，纳米粒子随充放电循环的进行而逐渐发生结合，从而又失去了纳米粒子特有的性能，导致其结构被破坏，可逆容量发生衰减。对于纳米氧化物而言，首次充放电效率不高，需要消耗较多的电解液；所以纳米材料主要集中于金属或金属合金。制备的负极材料膜厚度一般不超过 $500nm$，因为过厚的膜容易导致结构发生变化，容量发生衰减。据有关报道，通过改善沉积基体的表面结构，在膜厚度高达 $615\mu m$ 的时候，膜的可逆容量还在 $1600mA \cdot h/g$ 以上，同时具有较好的循环性能。由于应用到化学溅射法或真空蒸发法，其制备工艺成本高。

表 2-11 为锂离子电池负极材料的中间相碳微球（MCMB）的性能；表 2-12 列出不同热处理温度及不同类别的碳负极材料的物理性能；表 2-13 是各种碳材料的充放电容量性能比较。

表 2-11　锂离子电池负极材料中间相碳微球（MCMB）的性能

表 2-11　锂离子电池负极材料中间相碳微球（MCMB）的性能

项目	真密度/(g/cm³)	振实密度/(g/cm³)	比表面积/(m²/g)	平均粒径 D_{50}/μm	比容量/(mA·h/g)		首次放电效率/%
					充电	放电	
控制指标	≥2.16	≥1.25	0.3～3.0	6～25	≥330	≥300	≥90

表 2-12　各种负极材料的物理性能

碳样品	HTT[①]/℃	d_{002}/nm	L_c[②]/nm	比表面积/(m²/g)	密度/(g/cm³)
碳纤维	900	0.347	1.8	4.98	1.85
碳纤维	1500	0.347	4.5	3.0	2.1
碳纤维	2000	0.347	13	2.14	2.17
碳纤维	2300	0.340	16	4.36	2.2
碳纤维	3000	0.3375	34	1.8	2.22
石油焦	1300	0.345	3.3	9	2.1
人造石墨	3000	0.3354	>100	3.3	2.25
天然石墨		0.3355	>100	5	2.25

① HTT 表示热处理温度。

② L_c 表示激光 Raman 光谱，用 514nm 的 Ar 激光（JASCO，NR1800）测定。

表 2-13　各种碳材料的充放电容量性能

碳材料	放电容量/(mA·h/g)	充电容量(至 1V)/(mA·h/g)	充电容量(至 2.5V)/(mA·h/g)
热解碳	210.5	163.5	175.8
沥青基碳	262.5	189.5	219.3
中间相沥青碳(球状)	181.3	147.8	157.9
中间相沥青碳(纤维状)	226.3	183.1	212.8

　　负极片的制作是将负极活性物质碳或石墨与约 10％的胶黏剂（如 PVDF，或聚亚胺添加剂等），混合均匀，制成糊状，均匀涂敷在铜箔两侧，干燥，辊压至 25μm，按要求剪成规定尺寸。

2.5.1.3　电解质

　　电解质是电池的主要组成之一，其功能与电池装置是无关的。电解质在电池、电容器、燃料电池的设备中，承担着通过电池内部在正、负电极之间传输离子的作用。它对电池的容量、工作温度范围、循环性能及安全性能等都有重要的影响。由于其物理位置是在正负极电极的中间，并且与两个电极都要发生紧密联系，所以当研发出新的电极材料时，与之配套电解液的研制也需同步进行。在电池中，正极和负极材料的化学性质决定着其输出能量，对电解质而言，在大多数情况下，则通过控制电池中质量流量比，控制电池的释放能量速度。

　　根据电解质的形态特征，可以将电解质分为液体和固体两大类，它们都是具有高离子导电性的物质，在电池内部起着传递正负极之间电荷的作用。不同类型的电池采用不同的电解质，如铅酸电池的电解质都采用水溶液；而作为锂离子电池的电解液不能采用水溶液，这是由于水的析氢析氧电压窗口较小，不能满足锂离子电池

第 2 章　锂离子电池的基本概念与组装技术

高电压的要求；此外目前所采用的锂离子电池正极材料在水体系中的稳定性较差。因此，锂离子电池的电解液都是采用锂盐的有机溶液作为电解液（如 $LiPF_6/EC+DMC$）。但由于水溶液体系的来源较为方便及其电导率较高等优势，研究工作者们也正在努力开发这方面的新型电解液。

（1）非水溶液体系电解液　在锂离子电池的制造工艺中，选择电解液的一般原则如下：

① 化学和电化学稳定性好，即与电池体系的电极材料，如正极、负极、集流体、隔膜黏结剂等基本上不发生反应；

② 具有较高的离子导电性，一般应达到 $1\times10^{-3}\sim2\times10^{-2}\,S/cm$，介电常数高，黏度低，离子迁移的阻力小；

③ 沸点高、冰点低，在很宽的温度范围内保持液态，一般温度范围为 $-40\sim70℃$，适用于改善电池的高低温特性；

④ 对添加其中的溶质的溶解度大；

⑤ 对电池正负极有较高的循环效率；

⑥ 具有良好的物理和化学综合性能，比如蒸气压低，化学稳定性好，无毒且不易燃烧等。

除上述要求外，用于锂离子电池的电解液一般还应满足以下基本要求：

① 高的热稳定性，在较宽的温度范围内不发生分解；

② 较宽的电化学窗口，在较宽的电压范围内保持电化学性能的稳定；

③ 与电池其他部分例如电极材料、电极集流体和隔膜等具有良好的相容性；

④ 组成电解质的任一组分易于制备或购买；

⑤ 能最佳程度促进电极可逆反应的进行。

能够溶解锂盐的有机溶剂比较多。表 2-14 给出了部分有机溶剂的物理性能，包括熔点、沸点、相对介电常数、黏度、偶极矩、给体数 D. N. 和受体数 A. N. 等。

表 2-14　部分有机溶剂的物理性能数据

溶　剂	熔点 /℃	沸点 /℃	相对介电常数	黏度 /mPa·s	偶极矩 /3.33564×10⁻³⁹ C·m	D. N.	A. N.	密度(20℃) /(g/cm³)	闪点 /℃
乙腈	-44.7	81.8	38	0.345	3.94	14.1	18.9	0.78	2
EC	39	248	89.6 (40℃)	1.86 (40℃)	4.80	16.4		1.41	150
PC	-49.2	241.7	64.4	2.530	4.21	14.1	18.3	1.21	135
BC	-53	240	53	3.2					
1,2-BC	-53	240	55.9					1.15	80
BEC		167		1.3		7.7	2.3	0.94	
BMC		151		1.1		8.4	2.5	0.96	
DBC		207		2.0			3.8	0.92	
DEC	-43	127	2.8	0.75				0.97	33
DMC	3	90	3.1	0.59				1.07	15

溶剂	熔点/℃	沸点/℃	相对介电常数	黏度/mPa·s	偶极矩/3.33564×10⁻³⁹ C·m	D. N.	A. N.	密度(20℃)/(g/cm³)	闪点/℃
ClEC		121	8.81						>110
CF₃-EC	-3	101	5.01						134
DPC		168	1.4		7.0		0.94		
DIPC		146	1.3		7.6	2.1	0.91		
EMC	-55	108	2.9	0.65				1.0	23
EPC		145		1.1		6.4	2.4	0.95	
EIPC		90		1.0		8.2	4.8	0.93	
MPC	-43	130	2.8	0.78				0.98	36
MIPC	-55	118	2.9	0.7		7.4	5.3	1.01	
γ-丁内酯	-42	206	39.1	1.751	4.12	18.0	18.2	1.13	104
甲酸甲酯	-99	32	8.5	0.33				0.97	-32
甲酸乙酯	-80	54	9.1					0.92	34
乙酸甲酯	-98	58	6.7	0.37		16.5			
乙酸乙酯	-83	77	6.0					0.90	-4
丙酸甲酯	-88	80	6.2					0.91	6.2
丙酸乙酯	-74	99						0.89	5
丁酸甲酯	-84	103	5.5					0.90	14
丁酸乙酯	-93	121	5.2					0.88	25
DME	-58	84.7	4.2(7)	0.455	1.07	24	10.2	0.87	-6
DEE		124							
THF	-108.5	65	4.25(30℃)	0.46(30℃)	1.71	20	8	0.89	-21
MeTHF		80	6.24	0.457					
DGM		162	4.40	0.975		19.5	9.9		
TGM		216	4.53	1.89		14.2	10.5		
TEGM			4.71	3.25		16.7	11.7		
1,3-DOL	-95	78	6.79(30℃)	0.58		18.0		1.07	-4
4-甲基-1,3-DOL	-125	85	6.8	0.6					
环丁砜	28.9	284.3	42.5(30℃)	9.87(30℃)	4.7	14.8	19.3	1.26	
DMSO	18.4	189	46.5	1.991	3.96	29.8	19.3	1.1	

注：表中 EC—碳酸乙烯酯；PC—碳酸丙烯酯；BC—碳酸丁烯酯；1,2-BC—1,2-二甲基乙烯碳酸酯；BEC—碳酸乙丁酯；BMC—碳酸甲丁酯；DBC—碳酸二丁酯；DEC—碳酸二乙酯；DMC—碳酸二甲酯；ClEC—氯代乙烯碳酸酯；CF₃-EC—三氟甲基碳酸乙烯酯；DPC—碳酸二正丙酯；DIPC—碳酸二异丙酯；EMC—碳酸甲乙酯；EPC—碳酸乙丙酯；EIPC—碳酸乙异丙酯；MPC—碳酸甲丙酯；MIPC—碳酸甲异丙酯；DME—二甲氧基乙烷；DEE—二乙氧基乙烷；THF—四氢呋喃；MeTHF—2-甲基四氢呋喃；DGM—缩二乙二醇二甲醚；TGM—缩三乙二醇二甲醚；TEGM—缩四乙二醇二甲醚；1,3-DOL—1,3-二氧戊烷；DMSO—二甲基亚砜；D. N.—给体数；A. N.—受体数。

电解质锂盐是供给锂离子的源泉，合适的电解质锂盐应具有以下条件：热稳定性好，不易发生分解；溶液中的离子电导率高；化学稳定性好，即不与溶剂、电极材料发生反应；电化学稳定性好，其阴离子的氧化电位高而还原电位低，具有较宽的电化学窗口；分子量低，在适当的溶剂中具有良好的溶解性；能使得锂在正、负极材料中的嵌入量高和可逆性好等；电解质成本低。

常用的锂盐有 $LiClO_4$、$LiBF_6$、$LiPF_6$、$LiAsF_6$ 和某些有机锂盐，如 $LiCF_3SO_3$、$LiC(SO_2CF_3)_3$ 等。在配制电解液工艺中，取上述锂盐按照一定比例溶入表 2-15 中的溶剂体系来组成锂离子电池用电解液。锂离子电池常用的电解液体系有 $1mol \cdot L^{-1} LiPF_6/PC-DEC (1:1)$、$PC-DMC (1:1)$ 和 $PC-MEC (1:1)$ 或 $1mol \cdot L^{-1} LiPF_6/EC-DEC (1:1)$、$EC-DMC (1:1)$ 和 $EC-EMC (1:1)$。

表 2-15　部分溶剂体系

溶　剂		电导率/(mS/cm)	黏度/(mPa·s)	溶　剂		电导率/(mS/cm)	黏度/(mPa·s)
环状碳酸酯及其混合溶剂（电解质为1mol/L LiClO₄）	EC+DME(体积分数为50%)	16.5	2.2	环状碳酸酯与链状碳酸酯混合溶剂（电解质为1mol/L LiPF₆）	EC+DMC(体积分数为50%)	11.6	
	PC+DME(体积分数为50%)	13.5	2.7		EC+EMC(体积分数为50%)	9.4	
	BC+DME(体积分数为50%)	10.6	3.0		EC+DEC(体积分数为50%)	8.2	
	PC+DMM(体积分数为50%)	7.9	3.3		PC+DMC(体积分数为50%)	11.0	
	PC+DMP(体积分数为50%)	10.3	2.9		PC+EMC(体积分数为50%)	8.8	
					PC+DEC(体积分数为50%)	7.4	

由于电解液的离子电导率决定电池的内阻和在不同充放电速率下的电化学行为，对电池的电化学性能和应用显得很重要。一般而言，溶有锂盐的非质子有机溶剂电导率最高可以达到 $2 \times 10^{-2} S/cm$，但是与水溶液电解质相比则要低得多。许多锂离子电池中使用混合溶剂体系的电解液，这样可克服单一溶剂体系的一些弊端，有关电解液配方说明了这一点。当电解质浓度较高时，其导电行为可用离子对模型进行说明。表 2-16 列出了部分电解液体系组成及其电导率的数据。

表 2-16　部分电解液体系组成及其电导率的数据

溶　剂	组成	电解质锂盐	浓度/(mol/L)	温度/℃	电导率/(mS/cm)
DEC	—	LiAsF₆	1.5	25	5
DMC	—	LiAsF₆	1.9	25	11
EC/DMC	1:1(体积比)	LiAsF₆	1	25	11
EC/DMC	1:1(体积比)	LiAsF₆	1	55	18
EC/DMC	1:1(体积比)	LiAsF₆	1	−30	0.26
EC/DMC	1:1(体积比)	LiPF₆	1	25	11.2
EC/DMC	1:1(质量比)	LiPF₆	1	−20	3.7
EC/DMC	1:1(质量比)	LiPF₆	1	25	10.7
EC/DMC	1:1(质量比)	LiPF₆	1	60	19.5
EC/DMC	1:1(质量比)	Li[(C₂F₅)₃PF₃]	1	−20	2.0
EC/DMC	1:1(质量比)	Li[(C₂F₅)₃PF₃]	1	25	8.2
EC/DMC	1:1(质量比)	Li[(C₂F₅)₃PF₃]	1	60	19.5
EC/DMC	1:1(体积比)	LiCF₃SO₃	1	25	3.1
EC/DMC	1:1(体积比)	LiN(CF₃SO₂)₂	1	25	9.2
EC/DMC	1:1(体积比)	LiN(CF₃SO₂)₂	1	55	14
EC/DMC	1:1(体积比)	LiCF₃SO₃	1	−30	0.34

溶　剂	组成	电解质锂盐	浓度/(mol/L)	温度/℃	电导率/(mS/cm)
EC/DMC	1∶1(体积比)	$LiC(SO_2CF_3)_3$	1	25	7.1
EC/DMC	1∶1(体积比)	$LiC(SO_2CF_3)_3$	1	55	11
EC/DMC	1∶1(体积比)	$LiC(SO_2CF_3)_3$	1	−30	1.1
EC/DME	1∶1(体积比)	$LiPF_6$	1	25	16.6
EC/DME	1∶1(体积比)	$LiCF_3SO_3$	1	25	8.3
EC/DME	1∶1(体积比)	$LiN(CF_3SO_2)_2$	1	25	13.3
THF	—	$LiCF_3SO_3$	1.5	25	9.4
EC/DEC	1∶1(体积比)	$LiN(CF_3SO_2)_2$	1	25	6.5
EC/DEC	1∶1(体积比)	$LiPF_6$	1	25	7.8
EC/DEC	1∶1(体积比)	$LiCF_3SO_3$	1	25	2.1
PC	—	$LiBF_4$	1	25	3.4
PC	—	$LiClO_4$	1	25	5.6
PC	—	$LiPF_6$	1	25	5.8
PC	—	$LiAsF_6$	1	25	5.7
PC	—	$LiCF_3SO_3$	1	25	1.7
PC	—	$LiN(CF_3SO_2)_2$	1	25	5.1
PC	—	$LiC_4F_9SO_3$	1	25	1.1
PC/DEC	1∶1(体积比)	$LiN(CF_3SO_2)_2$	1	25	1.8
PC/DEC	1∶1(体积比)	$LiPF_6$	1	25	7.2
PC/DMC	1∶1(体积比)	$LiN(CF_3SO_2)_2$	1	25	2.5
PC/DMC	1∶1(体积比)	$LiPF_6$	1	25	11.0
PC/EMC	1∶1(摩尔比)	$LiBF_4$	1	25	3.3
PC/EMC	1∶1(摩尔比)	$LiClO_4$	1	25	5.7
PC/EMC	1∶1(摩尔比)	$LiPF_6$	1	25	8.8
PC/EMC	1∶1(摩尔比)	$LiAsF_6$	1	25	9.2
PC/EMC	1∶1(摩尔比)	$LiCF_3SO_3$	1	25	1.7
PC/EMC	1∶1(摩尔比)	$LiN(CF_3SO_2)_2$	1	25	7.1
PC/EMC	1∶1(摩尔比)	$LiC_4F_9SO_3$	1	25	1.3
EC/DMC	1∶1(质量比)	$LiPF_6$	12.0%(质量分数)	25	12
EC/DMC	2∶1(质量比)	$LiPF_6$	11.3%(质量分数)	25	11
EC/DMC	1∶2(质量比)	$LiPF_6$	12.1%(质量分数)	25	12
EC/DEC	1∶1(质量比)	$LiPF_6$	12.4%(质量分数)	25	8.2
EC/EMC	1∶1(质量比)	$LiPF_6$	12.0%(质量分数)	25	9.5
EC/DEC/DMC	2∶1∶2(质量比)	$LiPF_6$	12.5%(质量分数)	25	11
EC/DEC/DMC	1∶1∶1(质量比)	$LiPF_6$	12.4%(质量分数)	25	9.8
EC/DEC/DMC	1∶1∶3(质量比)	$LiPF_6$	12.6%(质量分数)	25	9.7
EC/DEC/DMC	1∶1∶1(质量比)	$LiPF_6$	12.4%(质量分数)	−30	2.2
EC/DEC/DMC	1∶1∶1(质量比)	$LiPF_6$	12.4%(质量分数)	25	14.5

　　除了电解液的电导率影响其电化学性能外，电解液的电化学窗口及其与电池电极的反应对于电池的性能亦至关重要。

　　所谓电化学窗口是指发生氧化的电位 E_{ox} 和发生还原反应的电位 E_{red} 之差。作为电池电解液，首先必备的条件是其与负极和正极材料不发生反应。因此，E_{red} 应低于金属锂的氧化电位，E_{ox} 则须高于正极材料的锂嵌入电位，即必须在宽的电位范围内不发生氧化（正极）和还原（负极）反应。一般而言，醚类化合物的氧化电位比碳酸酯类的要低。溶剂 DME 一般多用于一次电池。而二次电池的氧化电位较低，常见的 4V 锂离子电池在充电时必须补偿过电位，因此电解液的电化学窗口要求达到 5V 左右。另外，测量的电化学窗口与工作电极和电流密度有关。电化学窗口与有机溶剂和锂盐（主要是阴离子）亦有关。部分溶剂发生氧化反应电位的高低顺序是：DME（5.1V）＜THF（5.2V）＜EC（6.2V）＜AN（6.3V）＜MA（6.4V）＜PC（6.6V）＜DMC（6.7V）、DEC（6.7V）、EMC（6.7V）。对于有机阴离子而言，其氧化稳定性与取代基有关。吸电子基，如 F 和 CF_3 等的引入有利于负电荷的分散，提高其稳定性。以玻璃碳为工作电极，阴离子的氧化稳定性大小顺序为：$BPh_4^- < ClO_4^- < CF_3SO_3^- < [N(SO_2CF_3)_2]^- < C(SO_2CF_3)_3^- < SO_3C_4F_9^- < BF_4^- < AsF_6^- < SbF_6^-$。

电解液与电极的反应，主要针对与负极反应，如石墨化碳等。从热力学角度而言，因为有机溶剂含有机型基团，如 C—O 和 C—N 等，负极材料与电解液会发生反应。例如，以贵金属为工作电极，PC 在低于 1.5V（以金属锂为参比）时发生还原，产生烷基碳酸酯锂。由于负极表面生成对锂离子能通过的保护膜，防止了负极材料与电解液进一步还原，因而在动力学上是稳定的。如果使用 EMC 和 EC 的混合溶剂，保护膜的性能会进一步提高。对于碳材料而言，结构不同，同样的电解液组分所表现的电化学行为也是不一样的；同样对于同一种碳材料，在不同的电解液组分中所表现的电化学行为也不一样。例如对于合成石墨，在 PC/EC 的 1mol/L 的 $Li[N(SO_2CF_3)_2]$ 溶液中，第一次循环的不可逆容量为 1087mA·h/g，而在 EC/DEC 的 1mol/L $Li[N(SO_2CF_3)_2]$ 溶液中的第一次不可逆容量仅为 108mA·h/g。与水反应则生成 LiOH 等，有可能丧失保护膜的性能作用，从而引起电解液的继续还原。因此在有机电解液中，水分的含量一般控制在 20×10^{-6} 以下。

溶剂与杂质在碳负极上发生的部分反应，其反应式如下：

$$C_3O_3H_4 + e \longrightarrow (C_3O_3H_4)^- + e + 2Li^+ \longrightarrow Li_2CO_3(s) + CH_2{=\!=}CH_2(g)$$

$$2(C_3O_3H_4)^- + 2Li^+ \longrightarrow LiOCO_2CH_2CH_2CH_2CH_2OCO_2Li$$

$$CH_2{=\!=}CH_2 + H_2 \longrightarrow CH_3CH_3(g)$$

$$PC + 2e + 2Li^+ \longrightarrow Li_2CO_3(s) + CH_3CH{=\!=}CH_2(g)$$

$$DMC + Li^+ + e \longrightarrow CH_3OCO_2Li(s) + CH_3 \cdot$$

$$DEC + Li^+ + e \longrightarrow CH_3CH_2OCO_2Li(s) + CH_3CH_2 \cdot$$

$$2EMC + 2Li^+ + 2e \longrightarrow CH_3CH_2OCO_2Li(s) + CH_3OCOO_2Li(s) + CH_3 \cdot + CH_3CH_2 \cdot$$

$$R \cdot + Li^+ + e \longrightarrow RLi$$

$$ROCO_2Li + Li^+ + e \longrightarrow R \cdot + Li_2CO_3(s)$$

$$\frac{1}{2}O_2 + Li^+ + 2e \longrightarrow Li_2O$$

$$H_2O + 2Li^+ + 2e \longrightarrow LiOH + \frac{1}{2}H_2$$

$$Li + HF \longrightarrow LiF + \frac{1}{2}H_2$$

$$Li_2CO_3 + 2HF \longrightarrow LiF + H_2O + CO_2$$

$$LiOH + HF \longrightarrow LiF + H_2O$$

$$Li_2O + 2HF \longrightarrow 2LiF + H_2O$$

电解液与正极材料的反应，主要是考虑电解液的氧化性。表 2-17 给出了丙烯酸碳酸酯基电解液的氧化分解电位随盐的种类、电极材料的变化。对于设计电池的电解液体系，提供了重要的信息数据。

表 2-17　不同的盐、电极材料对丙烯酸碳酸酯基电解液的氧化分解电位的影响

电　　极	电解液的氧化分解电位(相对于 Li^+/Li)/V				
	$LiClO_4$	$LiPF_6$	$LiAsF_6$	$LiBF_4$	$LiCF_3SO_3$
Pt	4.25	—	4.25	4.25	4.25
Au	4.20	—	—	—	—
Ni	4.20	—	4.45	4.10	4.50
Al	4.00	6.20	—	4.60	—
$LiCoO_2$	4.20	4.20	4.20	4.20	4.20

电解质锂盐比较活泼，优先发生还原反应，其作为界面保护膜的主要成分。发生的分步反应如下：

$$Li[N(SO_2CF_3)_2] + ne + nLi^+ \longrightarrow Li_3N + Li_2S_2O_4 + LiF + Li_yC_2F_x$$

$$Li[N(SO_2CF_3)_2] + 2e + 2Li^+ \longrightarrow Li_2NSO_2CF_3 + LiSO_2CF_3$$

$$Li_2S_2O_4 + 4e + 4Li \longrightarrow Li_2SO_3 + Li_2S + Li_2O$$

上述各电解液体系将会在本书的以后其他章节进行具体的讨论，在此不再一一详述。

（2）固体电解质　聚合物电解质用于锂离子电池已达到商品化程度。聚合物电解质可分为纯聚合物电解质及胶体聚合物电解质。纯聚合物电解质由于室温电导率较低，难于商品化。胶体聚合物电解质则利用固定在具有合适微结构的聚合物网络中的液体电解质分子来实现其离子传导，这类电解质具有固体聚合物的稳定性，又具有液态电解质的高离子传导率，显示出良好的应用前景。表 2-18 列出了部分聚合物电解质的组成及其电导率数据。胶体聚合物电解质既可用于锂离子电池的电解质，又可以起隔膜的作用，但是由于其力学性能较差、制备工艺较复杂或常温导电性差，且胶体聚合物电解质在本质上是热力学不稳定体系，在敞开的环境中或长时间保存时，溶剂会出现渗出表面，从而导致其电导率下降。因此胶体聚合物电解质完全取代聚乙烯、聚丙烯类隔膜而单独作为锂离子电池的隔膜，还有许多问题需要解决。

电池体系中的电解质是离子载流子（对电子而言必须是绝缘体），用于锂离子电池的聚合物电解质除满足锂离子电池液态电解质部分要求外，如化学稳定性和电化学稳定性等，还应满足下述要求：聚合物膜加工性优良；室温电导率高，低温下

表 2-18　部分聚合物电解质组成及电导率数据

聚合物主体	组　　成	电导率/(S/cm)
PEO	PEO/盐	$10^{-8}\sim10^{-4}(40\sim100℃)$
PEO	PEO/LiCF$_3$SO$_3$/PEG	$10^{-3}(25℃)$
PEO	PEO/LiBF$_4$/12-冠-4	$7\times10^{-4}(25℃)$
PAN	PAN/LiClO$_4$/(EC+PC+DMF)	$10^{-5}\sim10^{-4}(25℃)$
PAN	PAN/LiAsF$_6$/(EC+PC+MEOX)	$2.98\times10^{-3}(25℃)$
PMMA	PAN/LiClO$_4$/PC	$3\times10^{-3}(25℃)$
PVDF	PVDF/LiN(SO$_2$CF$_3$)$_2$/PC	$1.74\times10^{-3}(30℃)$
PVDF~HFP	PVDF~HFP/LiPF$_4$/PC+EC	$0.2(25℃)$

锂离子电导率较高；高温稳定性好，不易燃烧；弯曲性能好，机械强度佳。

2.5.1.4　隔膜

隔膜本身既是电子的非良导体，同时具有电解质离子通过的特性。隔膜材料必须具备良好的化学、电化学稳定性，良好的力学性能以及在反复充放电过程中对电解液保持高度浸润性等。隔膜材料与电极之间的界面相容性、隔膜对电解质的保持性均对锂离子电池的充放电性能、循环性能等有着重要影响。

锂离子电池常用的隔膜材料有纤维纸或者无纺布、合成树脂制的多孔膜。常见的隔膜有聚丙烯和聚乙烯多孔膜，对隔膜的基本要求是在电解液中稳定高。

由于聚乙烯、聚丙烯微孔膜具有较高孔隙率、较低的电阻、较高的抗撕裂强度、较好的抗酸碱能力、良好的弹性及对非质子溶剂的保持性能，故商品化锂离子电池的隔膜材料主要采用聚乙烯、聚丙烯微孔膜。

聚乙烯、聚丙烯隔膜存在对电解质亲和性较差的缺陷，对此，需要对其进行改性，如在聚乙烯、聚丙烯微孔膜的表面接枝亲水性单体或改变电解质中的有机溶剂等。目前所用到的聚烯烃隔膜（如图 2-14 所示）厚度都较薄（<30μm）。采用其他材料作为锂离子电池隔膜，如有人研究发现，纤维素复合膜材料具有锂离子传导性良好及力学强度佳等性能，亦作为锂离子电池隔膜材料。

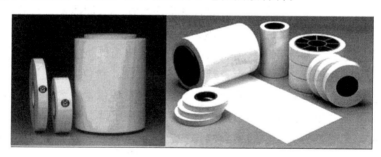

图 2-14　锂离子电池用聚烯烃隔膜

锂离子电池隔膜的制备方法主要有熔融拉伸（MSCS），又称为延伸造孔法，或者干法和热致相分离（TIPS）或者湿法两大类方法。由于 MSCS 法不包括任何的相分离过程，工艺相对简单且生产过程中无污染，目前世界上大都采用此方法进行生产，如日本的宇部、三菱、东燃及美国的塞拉尼斯等。TIPS 法的工艺比 MSCS 法复杂，需加入和脱除稀释剂，因此生产费用相对较高且可能引起二次污染，目前世界上采用此法生产隔膜的有日本的旭化成、美国的 Akzo 和 3M 公司等。图 2-15 给出了锂离子电池隔膜生产的流程示意图。

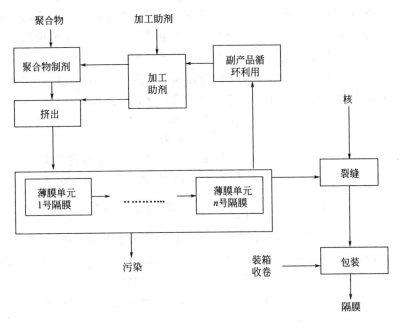

图 2-15　锂离子电池隔膜生产的流程示意图

锂电池中，隔膜的基本功能就是阻止电子传导，同时在正负极之间传导离子。锂一次电池中通常使用聚丙烯微孔膜；锂离子二次电池通用的隔膜则是聚丙烯和聚乙烯微孔膜，在二次电池中都具有较好的化学和电化学稳定性。

综上所述，对锂离子电池用的隔膜材料要求如下。

① 厚度　通常所用的锂离子电池使用的隔膜较薄（<25μm）；而用在电动汽车和混合动力汽车上的隔膜较厚（约 40μm）。一般来说，隔膜越厚，其机械强度就越大，在电池组装过程中穿刺的可能性就越小，但是同样型号的电池，如圆柱形电池，能加入其中的活性物质则越少；相反，使用较薄的隔膜占据空间较少，则加入的活性物质就多，这样可以同时提高电池的容量和比容量（由于增加了界面面积），薄的隔膜同样阻抗也较低。

② 渗透性　隔膜对电池的电化学性能影响小，如隔膜的存在可使电解质的电阻将增加 6～7 个量级，但对电池的性能影响甚小。通常将电解液流经隔膜有效微孔所产生的阻抗系数和电解液电阻阻抗系数区分开来，前者称为麦氏（MacMullin）系数。在商品电池中，MacMullin 系数一般为 10～12。

③ 透气率 对于给定形态的隔膜材料而言，其透气率和电阻成一定比例。锂离子电池用的隔膜需应具有良好的电性能，较低的透气率。

④ 孔积率 孔积率和渗透性具有较紧密的关联，锂离子电池隔膜的孔积率为40%左右。对锂离子电池来说，控制隔膜的孔积率是非常重要的。规范的孔积率是隔膜标准的不可分割的一部分。

高的孔积率和均一的孔径分布对离子的流动不会产生阻碍，而不均匀的孔径分布则会导致电流密度的不均匀，进而影响工作电极的活性，由于电极的某些部分与其他部分的工作负荷不一致，最终导致其电芯损坏较快。

隔膜的孔积率定义为隔膜的空体积与隔膜的表观几何体积之比，计算隔膜孔积率通常采用材料的密度、基体的质量和材料的尺寸，公式如下：

$$孔积率 = \left(1 - \frac{样品质量/样品体积}{聚合物密度}\right) \times 100\%$$

标准的测试方法如下：首先称出纯隔膜的质量，然后向隔膜中滴如液体（比如十六烷），再称其质量，依次估算十六烷所占体积和隔膜中的孔积率。

$$孔积率 = \frac{十六烷所占体积}{隔膜体积 + 十六烷所占体积} \times 100\%$$

⑤ 润湿性 隔膜在电池电解液中应具有快速、完全的润湿的特点。

⑥ 吸收和保留电解液 在锂离子电池中，隔膜能机械吸收和保留电池中的电解液而引起不溶胀。因为电解液的吸收是离子传输的需要。

⑦ 化学稳定性 隔膜在电池中能够长期稳定地存在，对于强氧化和强还原环境都呈化学惰性，在上述条件下不降解，机械强度不损失，亦不产生影响电池性能的杂质。在高达75℃的温度条件下，隔膜应能够经受得住强氧化性的正极的氧化和强腐蚀性的电解液的腐蚀。抗氧化能力越强，隔膜在电池中的寿命就越长。聚烯烃类隔膜（如聚丙烯、聚乙烯等）对于大多数的化学物质都具有抵抗能力，良好的力学性能和能够在中温范围内使用的特性，聚烯烃类隔膜是商品化锂离子电池隔膜理想的选择。相对而言，聚丙烯膜与锂离子电池正极材料接触具有更好的抗氧化能力。因此在三层隔膜（PP/PE/PP）中，将聚丙烯（PP）置于外层而将聚乙烯（PE）置于内层，这样增加了隔膜的抗氧化性能。

⑧ 空间稳定性 隔膜在拆除的时候边缘要平整不能卷曲，以防使电池组装变得复杂。隔膜浸渍在电解液中时不能皱缩，电芯在卷绕的时候不能对隔膜孔的结构有负面影响。

⑨ 穿刺强度 用于卷绕电池的隔膜对于其穿刺强度具有较高的要求，以免电极材料透过隔膜，如果部分电极材料穿透了隔膜，就会发生短路，电池也就废了。用于锂离子电池的隔膜比用于锂一次电池的隔膜要求更高的穿刺强度。

⑩ 机械强度 隔膜对于电极材料颗粒穿透的灵敏度用机械强度来表征，电芯在卷绕过程中在正极-隔膜-负极界面之间会产生很大的机械应力，一些较松的颗粒

可能会强行穿透隔膜，使得电池短路。

⑪ **热稳定性**　锂离子电池中的水分是有害的，所以电芯通常都会在80℃真空干燥条件下干燥。因此，在这种条件下，隔膜不能有明显的皱缩。每家电池制造商都有其独特的干燥工艺，对于锂离子二次电池隔膜的要求是：在90℃下干燥60min，隔膜横向和纵向的收缩应小于5%。

⑫ **孔径**　对锂离子电池隔膜来说，由于最关键的要求就是不能让锂枝晶穿过，所以具有亚微米孔径的隔膜适用于锂离子电池。

要求隔膜有均匀的孔径分布，以防止由于电流密度不均匀而引起的电性能损失。亚微米的隔膜孔径可防止锂离子电池内部正负极之间短路，尤其当隔膜向25μm或者更薄的方向发展时，短路问题更易发生。这些问题会随着电池生产商继续采用薄隔膜，增加电池容量而越来越受到重视。孔的结构受着聚合物的成分和拉伸条件，如拉伸温度、速度和比率等的影响。在湿法工艺中，隔膜在经过提炼之后再进行拉伸，这种工艺生产的隔膜孔径更大（0.24～0.34μm），孔径分布比经过拉伸再进行提炼的工艺生产的隔膜（0.1～0.13μm）要更宽。

锂离子电池隔膜的测试和微孔特性的控制都非常重要。通常采用水银孔径测试仪以孔积率百分数的形式来表征隔膜，亦表示其孔径和孔径分布。按这种方法，水银可以通过加压注入到孔中，通过确定水银的量来确定材料的孔的大小和体积。水银对于大多数材料都是不润湿的，所施加的外力必须克服表面张力而进入到孔中。

疏水类隔膜（如聚烯烃类）可以通过溶剂（非汞孔径测试仪）技术进行表征，对于锂离子电池用聚烯烃隔膜来说，这是一种非常有用的表征方法。通过孔径测试仪可以获得其孔体积、表面积、中值孔径数据以及孔径分布等。在实验过程中，将样品置于仪器中，随着压力的增加，压入水量随着不同的孔体积而变化。因此，施压于一定孔径分布的隔膜就可以得到与压力一一对应体积或者是孔径，设将水注入一定孔径的微孔所需要的压力为 P，这样孔径 D 可按下式进行计算：

$$D = \frac{4\gamma\cos\theta}{P}$$

式中　D——假设孔为圆柱形的孔径；

　　　P——微分压力；

　　　γ——非润湿液体的表面张力；

　　　θ——水的接触角。

隔膜的微孔通常不是具有一定直径的球面形状，而是有各种各样的形状和尺寸，因此，任何关于孔径的表述都是基于上述假设。

扫描电子电镜（SEM）也被用来表征隔膜的形貌，图2-16给出了商品隔膜（PE）的扫描电镜图。

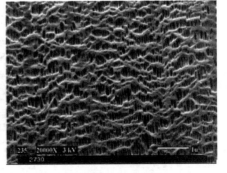

图 2-16　锂离子电池中单层 Celgard 隔膜（PE）的扫描电镜图

43

图 2-16 所示为 Celgard 2730 的 SEM 图，可以看出孔径分布非常均匀，适合于高倍率设备。图 2-17 为 Celgard 2325 的表面和横截面 SEM 图，表面只能看到 PP 的孔，而 PE 中的孔在横截面 SEM 图中可以看到，从横截面 SEM 图可清楚地看到三层隔膜的厚度是一样的。图 2-18 是通过湿法工艺制备的隔膜材料的 SEM 图，可见，所有这些隔膜的结构都非常相似，而 Hipore-1 隔膜 [图 2-18(b)] 的孔径明显大于其他的隔膜。

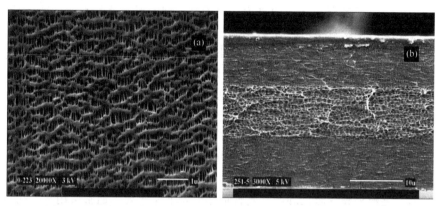

图 2-17　锂离子电池用隔膜 Celgard 2325（PP/PE/PP）扫描电镜图

（a）表面 SEM；（b）横截面 SEM

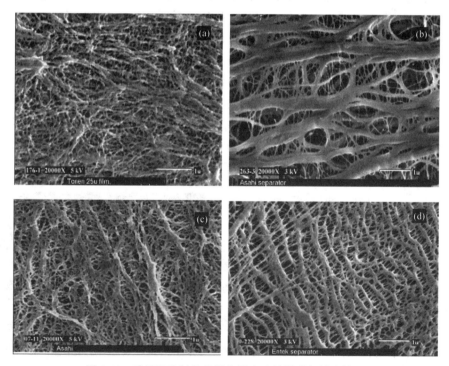

图 2-18　采用湿法制备的锂离子电池的隔膜扫描电镜图

（a）Setela（Tonen）；（b）Hipore-1（Asahi）；（c）Hipore-2（Asahi）；（d）Teklon（Entek）

⑬ 抗张强度　隔膜是在拉紧的情况下与电极卷绕在一起的，为了保证其宽度不会收缩，在拉伸过程中隔膜长度不能有明显的增加。拉伸强度中"杨氏模量"是主要的参数。由于"杨氏模量"测量较难，以 2％的残余变形屈服作为一个估量标准。

⑭ 扭曲率　展开一张隔膜，理想情况下它是笔直的，不会弯曲或者扭曲，然而，在实际应用中会遇到扭曲的隔膜，如果扭曲得过于厉害，那么电极材料和隔膜之间装备则带来不准。隔膜扭曲的程度可以将其置于水平桌面上用直尺测量，对于锂离子电池隔膜来说扭曲度应当小于 0.2mm/m。

⑮ 遮断电流　在锂离子电池隔膜中还可设计电池在过充电、短路情况下的保护带，即隔膜在大约 130℃时电阻会突然增大，从而阻止锂离子在电极之间传输，隔膜在 130℃以上时，其保护带越安全，隔膜的作用就保持得越优异。当隔膜破裂时，电极间就可能直接接触，发生反应，放出巨大的热量。隔膜的遮断电流行为可以通过将隔膜加热到高温，然后测定其电阻来进行表征。

对于限制温度和防止电池短路来说，遮断电流温度是一种非常有用而且行之有效的机制。遮断电流温度通常是选取在聚合物隔膜熔点附近，这时隔膜的孔洞坍塌，在电极之间形成一层无孔绝缘层，在该温度下，电池的电阻也急剧增加，电池中电流的通道也就阻断了，从而阻止了电池中电化学反应的进一步发生，因此，在电池发生爆炸之前可将电池反应中断。

PE 电池隔膜阻断电流的性能是由其分子量、密度分数和反应机理所决定的。材料的性质和制造工艺需经过考究，以便遮断电流能即时而全面地反馈回来。在允许温度范围内和不影响材料力学性能的前提下再进行优化设计，对于 Celgard 制造的三层隔膜来说是非常容易做到的，因为在 Celgard 隔膜中，有一层用于遮断电流的反馈，而其他两层则只要求其力学性能，由 PP/PE/PP 三层碾压的隔膜对于阻止电池的热失控非常有意义。130℃的遮断电流温度对于阻止锂离子电池热失控和过热已经足够了，如果不会对隔膜的力学性能和电池的高温性能产生负面影响，那么较低的遮断电流温度也是可行的。

隔膜的遮断电流性质是通过测量随着温度线性升高隔膜电阻的变化确定的，图 2-19 为 Celgard 2325 隔膜的测定曲线，升温速率为 60℃/min，并在 1kHz 下测定隔膜电阻。由图 2-19 可知，在隔膜熔点附近（130℃），隔膜电阻急剧升高，这是因为在熔点附近隔膜的孔洞坍塌所引起的，为了防止电池热失控，隔膜电阻需要增加 1000 倍以上才行。随着温度的升高，电阻有下降趋势，是由于聚合物聚集导致隔膜移位或者是电极活性物质渗透隔膜所致，该现象通常称为"软化完整性"的损失。

隔膜材料的遮断电流温度由其熔点决定，达到熔点的隔膜会在正负极电极之间形成一层无孔薄膜。如图 2-20 所示隔膜的 DSC（差示扫描量热法）图可以说明这一点。

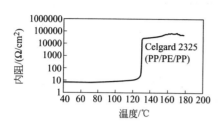

图 2-19　Celgard 2325（PP/PE/PP）隔膜
内阻（1kHz）随着温度变化曲线
（升温速率为 60℃/min）

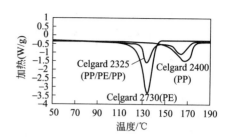

图 2-20　Celgard 2730（PE）、2400（PP）
和 2325（PP/PE/PP）的 DSC 图

由图 2-20 可知，Celgard 2730、2400 和 2325 的熔点分别是 135℃、165℃ 及 135/165℃。无论是薄的隔膜（<20μm）还是厚的隔膜，它们的遮断电流行为都是相似的。

⑯ 高温稳定性能　在高温条件下，要求隔膜能够阻止电极间的互相接触。隔膜的高温稳定性采用热机械分析（TMA）来进行表征。所谓 TMA 就是在加一定的负载条件下，测定隔膜增长量和温度的比。

⑰ 电极界面　隔膜和电极之间应为电解液流动提供一个较好的界面。

除上述要求外，隔膜还应克服以下缺陷：针孔、皱褶、胶状、污物等。在应用装备锂离子电池之前，隔膜上述所有的特性都应得到优化。表 2-19 总结了用于锂离子二次电池的隔膜的基本性能。

表 2-19　锂离子二次电池用隔膜的基本性能

参　　数	标　　准	参　　数	标　　准
厚度/μm	<25	抗拉强度/%	<2%
电阻(麦氏系数)	<8	遮断电流温度/℃	约 130
电阻/(Ω/cm²)	<2	高温软化完整温度/℃	>150
孔径/μm	<1	润湿性	在电解液中完全润湿
孔积率/%	约 40	化学稳定性	长时间保留于电池中
穿刺强度/(g/mil)	>300	空间稳定性	摊开平整，稳定存在
机械强度/(kgf/mil)	>100		于电解液中
收缩量/%	<5%	扭曲率	<0.2

注：1mil=25.4μm，1kgf=9.80N。

虽然电池隔膜材料在电池内部，不影响电池的能量储备和输出，但是其力学性质却对电池的性能和安全性能有着至关重要的作用。对于锂离子电池尤其如此，因此电池生产商在设计电池的时候已经开始越来越多地关注隔膜的性能。电池设计时隔膜是不会影响电池性能的，除非是因为隔膜的性质不均匀或者其他什么原因使得电池的性能和安全性受到影响。表 2-20 总结了用于锂离子电池不同安全型号和性能测试的隔膜，及其如何影响电池的性能和安全性的。

表 2-20　锂离子电池用不同型号隔膜对电池性能和安全性的影响

电池特性	隔膜性质	备　注
容量	厚度	可通过使用薄的隔膜提高电池容量
内阻	电阻	隔膜的阻是其厚度、孔径、孔隙率和弯曲率的函数
高倍率性能	电阻	隔膜的阻是其厚度、孔径、孔隙率和弯曲率的函数
快速充电	电阻	较低的隔膜电阻有利于全局的快速充放
高温储存	抗氧化性	隔膜氧化会导致电池储存性能差和储存寿命的降低
高温循环	抗氧化性	隔膜的氧化导致电池循环性能较差
自放电	针孔	
循环性能	电阻、收缩率、孔径	隔膜的高电阻、收缩率和孔径较小，则使得电池的循环性能差
过充电	电流遮断行为(遮断电流)高温软化完整性	在高温条件下隔膜应该完全电流遮断且保持其软化完整性
外部短路	电流遮断行为	隔膜的电流遮断性能可以防止电池的过热
过热	高温软化完整性	较高温度时隔膜应当能保证两个电极隔开
重物撞击	电流遮断	电池内部短路的情况下，隔膜是唯一能够防止过热的安全设备
针刺	电流遮断	电池内部短路的情况下，隔膜是唯一能够防止过热的安全装置

电池使用不当（如短路、过充等）致使其温度的升高将使得隔膜的电阻可能增加 2～3 个量级。隔膜不仅要求在 130℃ 左右能够电流遮断，而且要求其在更高的温度下能够保持其软化完整性，如果隔膜能够完全遮断电流，那么电池可能在过充电测试中继续升温从而导致热失控。高温的软化完整性对于在长时间的过充或者是长时间暴露在高温环境下的电池安全性能来说同样十分重要。

图 2-21 为带有遮断电流功能隔膜的 18650 型锂离子电池典型的短路曲线，其正极材料为 $LiCoO_2$、负极为 MCMB 碳负极材料。电池没有其他能够在隔膜遮断电流之前发生作用的安全设备，如激活电流阻断设备（CID）、正温系数电阻器（PTC）等。在使用一个很小的分路电阻将电池外部短路的瞬间，由于很大的电流通过电池，电池开始升温，隔膜的遮断电流功能在 130℃ 左右发生作用阻止了电池的进一步升温。电池电流开始减小，这是由于隔膜的遮断电流功能使得电池内阻增加所致，电池隔膜的电流遮断功能阻止了电池的热失控。

电池充电控制系统未能即时正确地反馈电池电压时或者电池充电器损坏等原因，这时候电池就会存在过充电现象。当过充电发生时，留在正极材料中的锂离子继续被脱出而嵌入到负极材料中去，如果达到了碳负极嵌锂的最大限度时，那么多余的锂则会以金属锂的形式沉积在碳负极材料上，这样使得电池的热稳定性能大大降低。因为焦耳热是与 I^2R 成正比的，所以在较高的倍率充放条件下，产生的热量就会大量的增加。随着温度的升高，电池内部的几个放热反应（如锂和电池电极间的反应，正负极材料的热分解反应以及电解液的热分解反应等）可能发生。隔膜的电流遮断功能在电池温度达到聚乙烯的熔点附近时发生作用如图 2-22 所示。将18650 型锂离子电池的 CID 和 PTC 拆除，留下隔膜进行过充电测试，同图 2-21 一

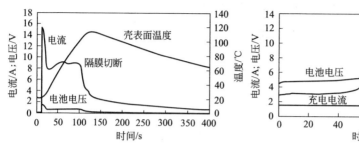
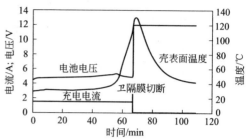

图 2-21　18650 型锂离子电池的短路曲线　　　　图 2-22　18650 型锂离子电池过充电
　　　　　　　　　　　　　　　　　　　　　　　过程中隔膜的电流遮断功能曲线图

样，电流的减少是由于电池内阻的增加所致。隔膜的微孔一旦由于其软化而坍塌或封闭时，电池则不能再进行充放电了。如再继续进行过充，虽然隔膜能够保持其电流遮断特性，但这时电池不允许再升温。

　　为防止内部短路，隔膜不能允许任何枝晶穿透。当电池发生内部短路时，如果这种故障不是瞬间发生的，那么隔膜就是唯一能够防止电池热失控的装置。但是，如果升温速率太快，故障在瞬间发生，隔膜就不能起到遮断电流的作用；如果升温速率不是很高，则隔膜的电流遮断功能就能够起到控制升温速率进一步阻止电池热失控的作用。

　　在针刺测试过程中，当钉子钉入电池时就会发生瞬间内部短路。这是因为在钉子和电极之间形成的回路间的电流会产生大量的热所致。钉子和电极间的接触面积是根据针刺深度的不同而不同，针刺越浅，接触面积就越小，局部电流密度和产生的热量也就越大。当局部产生的热量导致电解液和电极材料分解时，热失控就会发生。另一方面，如果电池被完全穿透，那么接触面积的增加就会减小电流密度，由于电极与钉子间的接触面积小于其与金属集流体之间的接触面积，所以内部短路电流比外部短路时要大得多。

　　图 2-23 为带有隔膜电流遮断功能的 18650 型电池的针刺测试图，其中正极材料为 $LiCoO_2$，负极材料为碳。可以明显看出当钉子穿过时，电压从 4.2V 瞬时突降至 0V，同时电池的温度升高。当升温速率较低时，在电池温度接近隔膜的电流遮断温度时就会停止升温［图 2-23(a) 所示］；如果升温速率太快，会在达到隔膜电流遮断温度时，电池还将继续升温，隔膜的电流遮断也就失去了其功能［如图 2-23(b)］。这种情况下，隔膜的电流遮断来不及发生作用阻止电池的热失控。因此，在模拟针刺和撞击测试中隔膜的作用仅仅是延迟内部短路造成的热失控。具有高温软化完整性和电流遮断功能的隔膜需通过内部短路测试。用在高容量电池中的薄隔膜（<20μm）所展示的各种性能也必须与较厚的隔膜相似。隔膜的机械强度损失需通过电池的设计进行平衡，而隔膜在横向和纵向的性质也必须一致以保证电池在非正常使用时的安全性。

　　目前努力研究开发微孔膜在电池隔膜中的应用，凝胶电解质和聚合物电解质也

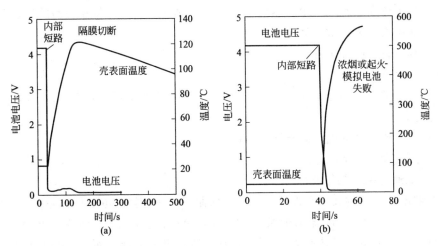

图 2-23　模拟 18650 型锂离子电池的针刺时内部短路电压温度与时间的关系

(a) 电池通过针刺测试；(b) 电池没有通过针刺测试

在进一步的探索中。特别是聚合物电解质的开发，在电池中没有液体有机电解质的挥发，因而电池的安全性更高了。

2.5.1.5　黏结剂

黏结剂通常都是高分子化合物，黏结剂的作用及其主要性能如下。

① 保证活性物质制浆时的均匀性和安全性；

② 对活性物质颗粒间起到黏结作用；

③ 将活性物质黏结在集流体上；

④ 保持活性物质间以及与集流体间的黏结作用；

⑤ 有利于在碳材料（石墨）表面上形成 SEI 膜。

电池中常用的黏结剂包括。

① PVA（聚乙烯醇）；

② PTFE（聚四氟乙烯）；

③ CMC（羧甲基纤维素钠）；

④ 聚烯烃类（PP、PE 以及其他的共聚物）；

⑤ PVDF/NMP 或者与其他溶剂体系；

⑥ 改性 SBR；

⑦ 氟化橡胶；

⑧ 聚氨酯等。

在锂离子电池中，由于使用电导率低的有机电解液，因而要求电极的面积大，而且电池装配时采用卷式结构，电池性能的提高不仅对电极材料提出了新的要求，而且对电极制造过程使用的黏结剂也提出了新的指标。就锂离子电池来说，对黏结剂的性能要求如下：

① 在干燥和除水过程中加热到130~180℃情况下仍能保持相当高的热稳定性；

② 能被有机电解液所润湿；

③ 具有良好的加工性能；

④ 不易燃烧；

⑤ 对电解液中的添加剂，如 $LiClO_4$、$LiPF_6$ 等以及副产物 $LiOH$、$LiCO_3$ 等比较稳定；

⑥ 具有比较高的电子离子导电性；

⑦ 用量少，价格低廉。

2.5.2　电池组装工艺与技术

按照电池的结构设计和设计参数，如何制备出所选择的电池材料并将其有效地组合在一起，并组装出符合设计要求的电池，是电池生产工艺所要解决的问题。由此可见，电池的生产工艺是否合理，是关系到所组装电池是否符合设计要求的关键，是影响电池性能最重要的步骤。

参考 AA 型 Cd/Ni、MH/Ni 电池的生产工艺过程，结合对 AA 型锂离子电池的结构设计和锂离子电池材料的性能特点及反复的试验，来确定的 AA 型锂离子电池生产工艺过程。

AA 型锂离子电池生产工艺过程涉及四个工序：①正负极片的制备；②电芯的卷绕；③组装；④封口。这与传统的 AA 型 Cd/Ni 电池的生产过程并无太大区别，但在工艺上，锂离子电池要复杂得多，并且对环境条件的要求也要苛刻得多。锂离子电池的制造工艺技术非常严格、要求复杂。表 2-21 列出了石墨/$LiCoO_2$ 系圆柱形锂离子电池制造工艺有关参数。

表 2-21　石墨/$LiCoO_2$ 系圆柱形锂离子电池制造的有关参数

电池组分	材料	厚度/μm
负极活性物质	非石墨化的碳	单面 90
负极集体流	Cu	25
正极活性物质	$LiCoO_2$	单面 80
正极集体流	Al	25
电解液/隔膜	PC/DEC/$LiPF_6$/Celgard	25

其中正负电极浆料的配制、正负极片的涂布、干燥、辊压等制备工艺、电芯的卷绕对电池性能影响最大，是锂离子电池制造技术中最关键的步骤。下面对这些工艺过程作简要的介绍。以有机液体为电解质的锂离子电池生产流程如图 2-24 所示。

为防止金属锂在负极集体流上铜部位析出而引起安全问题，需要对极片进行工艺改进，铜箔的两面需用碳浆涂布。

锂离子电池的工艺流程的主要工序如下。

① 制浆　用专用的溶剂和黏结剂分别与粉末状的正负极活性物质混合，经高速搅拌均匀后，制成浆状的正负极物质。

② 涂装　将制成的浆料均匀地涂覆在金属箔的表面，烘干，分别制成正、负极极片。

③ 装配　按正极片—隔膜—负极片—隔膜自上而下的顺序放好，经卷绕制成电池芯，再经注入电解液、封口等工艺过程，即完成电池的装配过程，制成成品电池。

④ 化成　用专用的电池充放电设备对成品电池进行充放电测试，对每一只电池都进行检测，筛选出合格的成品电池，待出厂。

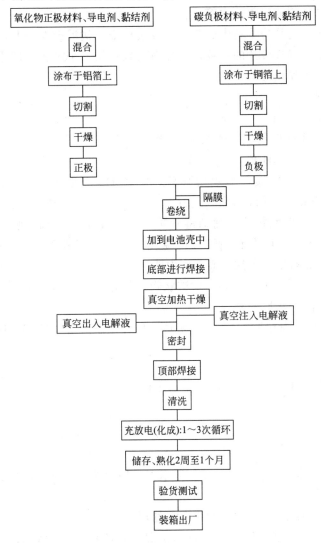

图 2-24　锂离子电池生产流程示意图

2.5.2.1　制浆

用专用的溶剂和黏结剂分别与粉末状的正负极活性物质按照一定比例混合，经过高速搅拌均匀后，制成浆状的正负极物质。在锂离子电池中通常采用的黏结剂有PVDF和PTFE。

在整个制浆过程中，电极活性物质、导电剂和黏结剂的配制是最为重要的环节。以钴酸锂作为正极活性物质，石墨为负极为例，下面介绍部分配料基本知识。

通常情况下电极都是由活性物质、导电剂、黏结剂和引线组成，所不同的是正负极材料的黏结剂类型不一样，以及在负极材料中需要加入添加剂不同，加入添加剂主要是提高黏结剂的黏附能力等。

配料过程实际上是将浆料中的各种组成按标准比例混合在一起，调制成浆料，以利于均匀涂布，保证极片的一致性。配料大致包括五个过程，即原料的预处理、掺和、浸湿、分散和絮凝。

（1）正极配料

① 原料的理化性能

a. 钴酸锂：非极性物质，不规则形状，粒径 D_{50} 一般为 $6\sim8\mu m$，含水量 $\leqslant0.2\%$，通常为碱性，pH 值为 $10\sim11$。

锰酸锂：非极性物质，不规则形状，粒径 D_{50} 一般为 $5\sim7\mu m$，含水量 $\leqslant0.2\%$，通常为弱碱性，pH 值为 8 左右。

b. 导电剂：非极性物质，葡萄链状物，含水量 $3\%\sim6\%$，吸油值约为 300，粒径一般为 $2\sim5\mu m$；主要有普通炭黑、超导炭黑、石墨乳等，在大批量应用时一般选择超导炭黑和石墨乳复配；通常为中性。

c. PVDF 黏结剂：非极性物质，链状物，其分子量为 $300000\sim3000000$ 不等；吸水后分子量下降，黏性变差。

d. NMP（N-甲基吡咯烷酮）：弱极性液体，用于溶解/溶胀 PVDF，同时作为溶剂稀释浆料。

② 原料的预处理

a. 钴酸锂：脱水。一般用 120℃ 常压烘烤 2h 左右；

b. 导电剂：脱水。一般用 200℃ 常压烘烤 2h 左右；

c. 黏结剂：脱水。一般用 $120\sim140$℃ 常压烘烤 2h 左右，烘烤温度视分子量的大小决定；

d. NMP：脱水。使用干燥分子筛脱水或采用特殊取料设施，直接使用。

③ 原料的掺和

a. 黏结剂的溶解（按标准浓度）及热处理；

b. 钴酸锂和导电剂球磨：将粉料初步混合，使钴酸锂和导电剂黏结在一起，提高其团聚作用和导电性。配成浆料后不会单独分布于黏结剂中，球磨时间一般为 2h 左右；为避免混入杂质，通常使用玛瑙球作为球磨介质。

④ 干粉的分散和浸湿　固体粉末放置在空气中，随着时间的推移，将会吸附部分空气在固体的表面上，液体黏结剂加入后，液体与气体争相逸出于固体表面；

如果固体与气体吸附力比与液体的吸附力强，液体不能浸湿固体；如果固体与液体吸附力比与气体的吸附力强，液体可以浸湿固体，将气体挤出。

当润湿角≤90°，固体浸湿。

当润湿角＞90°，固体不浸湿。

正极材料中的所有组分均能被黏结剂溶液浸湿，所以正极粉料分散相对容易。

分散方法对分散的影响：静置法（特点是，分散时间长，效果差，但不损伤材料的原有结构）；搅拌法 自转或自转加公转（时间短，效果佳，但有可能损伤个别材料的自身结构）。

搅拌桨对分散速度的影响。搅拌桨大致包括蛇形、蝶形、球形、桨形、齿轮形等。一般蛇形、蝶形、桨形搅拌桨用来对付分散难度大的材料或配料的初始阶段；球形、齿轮形用于分散难度较低的状态，效果佳。

搅拌速度对分散速度的影响。一般说来搅拌速度越高，分散速度越快，但对材料自身结构和对设备的损伤就越大。

浓度对分散速度的影响。通常情况下浆料浓度越小，分散速度越快，但浆料太稀将导致材料的浪费和浆料沉淀的加重。

浓度对黏结强度的影响。浓度越大，黏结强度越大；浓度越低，黏结强度越小。

真空度对分散速度的影响。高真空度有利于材料缝隙和表面的气体排出，降低液体吸附难度；材料在完全失重或重力减小的情况下分散均匀的难度将大大降低。

温度对分散速度的影响。适宜的温度下，浆料流动性好、易分散。太热浆料容易结皮，太冷浆料的流动性将大大降低。

⑤ 稀释　将浆料调整为合适的浓度，便于涂布。

（2）负极配料

其原理大致与正极配料原理相同。

① 原料的理化性能

a. 石墨：非极性物质，易被非极性物质污染，易在非极性物质中分散；不易吸水，也不易在水中分散。被污染的石墨，在水中分散后，容易重新团聚。一般粒径 D_{50} 为 $20\mu m$ 左右。颗粒形状多样且多不规则，主要有球形、片状、纤维状等。

b. 水性黏结剂（SBR）：小分子线性链状乳液，极易溶于水和极性溶剂。

c. 防沉淀剂（CMC）：高分子化合物，易溶于水和极性溶剂。

d. 异丙醇：弱极性物质，加入后可减小黏结剂溶液的极性，提高石墨和黏结剂溶液的相容性；具有强烈的消泡作用；易催化黏结剂网状交链，提高黏结强度。

e. 乙醇：弱极性物质，加入后可减小黏结剂溶液的极性，提高石墨和黏结剂溶液的相容性；具有强烈的消泡作用；易催化黏结剂线性交链，提高黏结强度（异丙醇和乙醇的作用从本质上讲是一样的，大批量生产时可考虑成本因素然后选择哪种添加剂）。

f. 去离子水（或蒸馏水）：稀释剂，酌量添加，改变浆料的流动性。

② 原料的预处理

a. 石墨：经过混合使原料均匀化，然后在 $300 \sim 400℃$ 常压烘烤，除去表面油性物质，提高与水性黏结剂的相容能力，修圆石墨表面棱角（有些材料为保持表面特性，不允许烘烤，否则效能降低）。

b. 水性黏结剂：适当稀释，提高分散能力。

③ 掺和、浸湿和分散

a. 石墨与黏结剂溶液极性不同，不易分散。

b. 可先用醇水溶液将石墨初步润湿，再与黏结剂溶液混合。

c. 应适当降低搅拌浓度，提高分散性。

d. 分散过程为减少极性物与非极性物间的距离，提高它们的势能或表面能，所以其为吸热反应，搅拌时总体温度有所下降。如条件允许应该适当升高搅拌温度，使吸热变得容易，同时提高流动性，降低分散难度。

e. 搅拌过程如加入真空脱气过程，排除气体，促进固-液吸附，效果更佳。

f. 分散原理、分散方法同正极配料中的相关内容，在上文中有详细论述，在此不予详细解释。

④ 稀释　将浆料调整为合适的浓度，便于涂布。

（3）配料注意事项

① 防止混入其他杂质；② 防止浆料飞溅；③浆料的浓度（固含量）应从高往低逐渐调整；④在搅拌的间歇过程中要注意刮边和刮底，确保分散均匀；⑤浆料不宜长时间搁置，以免其沉淀或均匀性降低；⑥需烘烤的物料必须密封冷却之后方可以加入，以免组分材料性质变化；⑦搅拌时间的长短以设备性能、材料加入量为主设计考虑；⑧搅拌桨的使用以浆料分散难度进行更换，无法更换的可将转速由慢到快进行调整，以免损伤设备；⑨出料前对浆料进行过筛，除去大颗粒以防涂布时造成断带；⑩对配料人员要加强培训，确保其掌握专业技术和安全知识；⑪ 配料的关键在于分散均匀，掌握该中心，其他方式可自行调整。

2.5.2.2　涂膜

将制成的浆料均匀地涂覆于金属箔的表面，烘干，分别制成正负极极片。大约有 20 多种涂膜的方法可能用于将液体料液涂布于支持体上，而每一种技术都有许多专门的配置，所以有许多种涂布形式可供选择。通常使用的涂布方法包括挤出机、反辊涂布和刮刀涂布。

在锂离子电池实验室研究阶段，可用刮棒、刮刀或者挤压等自制的简单涂布实验装置进行极片涂布，这只能涂布出少量的实验研究样品。相对于刮刀涂布而言，一般在大型生产线时倾向于选择缝模和反辊涂布过程，因为它们容易处理黏度不同的正负极浆料并改变涂布速率，而且很容易控制网上涂层的厚度。这对于电极片涂层厚度要求较高的锂离子电池生产来说是非常有用的，这样可以将涂层的厚度偏差控制在±3μm。其中辊涂又有多种形式，按照辊涂的转动方向可区分为顺转辊涂和逆转辊涂两种。此外还有配置 3 辊、4 辊等多达 10 多种辊涂方式。图 2-25 和图 2-26给出了缝模和反辊涂布的过程示意图。锂离子电池正、负极材料涂膜的制备过程如图 2-27 所示。

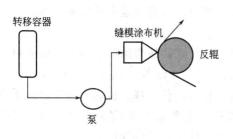

图 2-25　缝模的涂布过程示意图

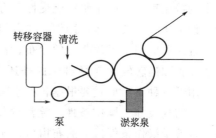

图 2-26　锂离子电池正、负极
反辊式涂膜操作示意

　　浆料涉及电池的正极和负极，即活性物质往铝箔或铜箔上涂敷的问题，活性物质涂敷的均匀性直接影响电池的质量，因此，极片浆料涂布技术和设备是锂离子电池研制和生产的关键之一。

　　一般选择涂布方法需要从下面几个方面考虑，包括涂布的层数、湿涂层的厚度、涂布液的流变性、需要的涂布精度、涂布支持体或基材、涂布的速度等。

　　如何选择合适极片浆料的涂布方法？除要考虑上述因素外，还必须结合极片涂布的具体情况和特点综合分析。电池极片涂布特点是：双面单层涂布；浆料湿涂层较厚（100～300μm）；浆料为非牛顿型

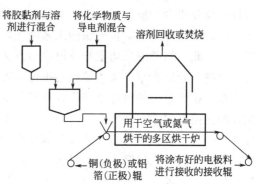

图 2-27　锂离子电池正、负极
涂膜的制备过程示意

高黏度流体；相当于一般涂布产品而言，极片涂布精度要求高，和胶片涂布精度相近；涂布支持体厚度为 10～20μm 的铝箔和铜箔；和胶片涂布速度相比，极片涂布速度不高。

　　极片需要在金属箔两面均涂浆料。涂布技术路线决定选用单层涂布，另一方面在干燥后再进行一次涂布。考虑到极片涂布属于厚涂层涂布。刮棒、刮刀和气刀涂布只适用于较薄涂层的涂布，不适用于极片浆料涂布。其涂布厚度受涂布浆料黏度和涂布速度影响，难于进行高精度涂布。

　　综合考虑极片浆料涂布的各项要求，挤压涂布或辊压可供选择。

　　挤压涂布可以用于较高黏度流体涂布，可获得较高精度的涂层。要获得均匀的

涂层，采用条缝挤压涂布，必须使挤压嘴的设计及操作参数在一个合适的范围内，也就是必须在涂布技术中称为"涂布窗口"的临界条件范围内，才能进行正常涂布。

设计时需要有涂布浆料流变特性的详细数据。而一旦按提供的流变数据设计加工出的挤压嘴，在涂布浆料流变性质有较大改变时，就有可能影响涂布精度，挤压涂布设备比较复杂，运行操作需要专门的技术。

辊涂可应用于极片浆料的涂布。辊涂有多种形式，按辊涂的转动方向区分可分为顺转辊和逆转辊涂布两种。此外还有配置3辊、4辊等多达10多种辊涂形式。究竟用哪一种辊涂形式要根据各种浆料的流变性质进行选择。也就是所设计的辊涂形式、结构尺寸、操作条件、涂液的物理性质等各种条件必须在一个合理的范围内，也就是操作条件进入涂布窗口，才能涂布出性能优良的涂层。

极片浆料黏度极高，超出一般涂布液的黏度，而且所要求的涂量大，用现在常规涂布方法无法进行均匀涂布。因此，应该依据其流动机理，结合极片浆料的流变特性和涂布要求，选择适当的极片浆料的涂布方法。

不同型号锂离子电池所需要的每段极片长度也是不同的。如果采用连续涂布，再进行定长分切生产极片，在组装电池时需要在每段极片一端刮除浆料涂层，露出金属箔片。用连续涂布定长分切的工艺路线，效率低，不能满足最终进行规模生产的需要。因此，如考虑采用定长分段涂布方法，在涂布时按电池规格需要的涂布及空白长度进行分段涂布。采用单纯的机械装置很难实现不同电池规格所需要长度的分段涂布。在涂布头的设计中采用计算机技术，将极片涂布头设计成光、机、电一体化智能化控制的涂布装置。涂布前将操作参数用键盘输入计算机，在涂布过程中由计算机控制，自动进行定长分段和双面叠合涂布。

极片浆料涂层比较厚，涂布量大，干燥负荷大。采用普通热风对流干燥法或烘缸热传导干燥法等干燥方法效率低，可采用优化设计的热风冲击干燥技术，这样能提高干燥效率，可以进行均匀快速干燥，干燥后的涂层无外干内湿或表面皱裂等弊病。

在极片涂布生产流水线中从放卷到收卷，中间包含有涂布、干燥等许多环节，极片（基片）有多个传动点拖动。针对基片是极薄的铝箔、铜箔，刚性差，易于撕裂和产生折皱等特点，在设计中采取特殊技术装置，在涂布区使极片保持平展，严格控制片路张力梯度，使整个片路张力都处于安全极限内。在涂布流水线的传输设计中，宜采用直流电机智能调速控制技术，使涂布点片路速度保持稳定，从而确保涂布的纵向均匀度。

极片涂布的一般工艺流程如下：

放卷→接片→拉片→张力控制→自动纠偏→涂布→干燥→自动纠偏→张力控制→自动纠偏→收卷

涂布基片（金属箔）由放卷装置放出进入涂布机。基片的首尾在接片台连接成连续带后由拉片装置送入张力调整装置和自动纠偏装置，再进入涂布装置。极片浆料在涂布装置按预定涂布量和空白长度进行涂布。在双面涂布时，自动跟踪正面涂布和空白长度进行涂布。涂布后的湿极片送入干燥道进行干燥，干燥温度根据涂布速度和涂布厚度设定。

2.5.2.3　分切

分切就是将辊压好的电极带按照不同电池型号切成装配电池所需的长和宽度，准备装配。

2.5.2.4　卷绕

将正极片、负极片、隔膜按顺序放好后，在卷绕机上把它们卷绕成电芯。为使电芯卷绕得粗细均匀、紧密，除了要求正负极片的涂布误差尽可能小外，还要求正负极片的剪切误差尽可能小，尽可能使正负极片为符合要求的矩形。此外，在卷绕过程中，操作人员应及时调整正负极片、隔膜的位置，防止电芯粗细不匀、前后松紧不一、负极片不能在两侧和正极片对正，尤其是电芯短路情况的发生。卷绕要求隔膜、极片表面平整，不起折皱，否则增大电池内阻。卷后正负极片或隔膜的上下偏差均为 $\delta < -0.5mm$。卷绕松紧度要符合松紧度设计要求，电芯容易装壳但也不太松。只有这样，才能使得用此电芯组装的电池均匀一致，保证测试结构具有较好的准确性、可靠性和重现性。

最后需要说明的是：除了机片的涂布工艺过程外，其他工艺过程均在干燥室内进行，尤其室电芯的卷绕装壳后，要在真空干燥箱中，80℃真空干燥 12h 左右后，于相对湿度 5％以下的手套箱中注液；注液后的电池至少要放置 6h 以上，待电极、隔膜充分润湿后才能化成、循环。

2.5.2.5　装配

按照正极片-隔膜-负极片-隔膜自上而下的顺序放好，经卷绕制成电芯，再经注入电解液、封口等工艺过程，即完成电池的装配过程，制成成品电池。

2.5.2.6　化成

用专用的电池充放电设备对成品电池进行充放电测试，筛选出合格的成品电池，待出厂。

锂离子电池的化成主要有两个方面的作用：一是使电池中活性物质借助于第一次充电转化成具有正常电化学作用的物质；二是使电极主要是负极形成有效的钝化膜或 SEI 膜，为了使负极碳材料表面形成均匀的 SEI 膜，通常采用阶梯式充放电的方法，在不同的阶段，充放电电流不同，搁置的时间也不同，应根据所用的材料和工艺路线具体掌握，通常化成时间控制在 24h 左右。负极表面的钝化膜在锂离子电池的电化学反应中，对于电池的稳定性扮演着重要的角色。因此电池制造商除将材料及制造过程列为机密外，化成条件也被列为各公司制造电池的重要机密。电池化成期间，最初的几次充放电会因为电池的不可逆反应使得电池的放电容量在初期会有减少。待电池电化学状态稳定后，电池容量即趋稳定。因此，有些化成程序包含多次充放电循环以达到稳定电池的目的。这就要求电池检测设备可提供多个工步设置和循环设置。以 BS9088 设备为例，可设置 64 个工步参数，并最多可设置 256 个循环且循环方式不限；可以先进行小电流充放循环，然后再进行大电流充放循环，反之亦可。

参 考 文 献

[1] Stanley Whittingham M. Lithium Batteries and Cathode Materials, Chem. Rev. 2004，104：4271.

[2] 戴永年，杨斌，姚耀春，马文会，李伟宏. 锂离子电池的发展状况，电池，2005，35（3）：193.

[3] 陈立泉. 混合动力车及其电池. 电池，2000，30（3）：98.

[4] 郭明，王金才，吴连波，李洪锡. 锂离子电池负极材料纳米碳纤维研究. 电池，2004，34（5）：384.

[5] 郭炳焜，徐徽，王先友等. 锂离子电池. 长沙：中南大学出版社，2002.1～33.

[6] Churl Kyoung Lee, Kang-In Rhee. Preparation of LiCoO₂ from spent lithium-ion batteries, Journal of Power Sources，109（2002）：17.

[7] Pankaj Arora, Zhengming (John) Zhang. Battery Separators. Chem. Rev. 2004，104：4419.

[8] 吴川，吴锋，陈实. 锂离子电池正极材料的研究进展. 电池，2000，30（1）：36.

[9] 刘景，温兆银，吴梅梅等. 锂离子电池正极材料的研究进展. 无机材料学报，2002，17（1）：1.

[10] Martin Winter, Ralph J. Brodd, What Are Batteries, Fuel Cells, and Supercapacitors. Chem. Rev, 2004，104：4245.

[11] 郭炳焜，李新海，杨松青. 化学电源. 长沙：中南大学出版社，2000.

[12] 吴宇平，万春荣，姜长印，方世璧. 锂离子二次电池. 北京：化学工业出版社，2002.

[13] http：//www. atlbattery. com/chs/batteryworld.

[14] 王力臻，化学电源设计. 电池，1995，25（1）：46.

[15] 陈立泉. 锂离子电池正极材料的研究进展. 电池，2002，32（6）：6.

[16] 余仲宝，张胜利，杨书廷等. 烧结温度对锂离子电池正极材料 LiCoO₂ 结构与电化学性能的影响. 应用化学，1999，16（4）：102.

[17] 王兴杰，杨文胜，卫敏等. 柠檬酸溶胶凝胶法制备 LiCoO₂ 电极材料及其表征. 无机化学学报，2003，19（6）：603.

[18] 吴宇平，方世璧，刘昌炎. 锂离子电池正极材料氧化钴锂的进展. 电源技术，1997，21（5）：208.

[19] 黄可龙，赵家昌，刘素琴等. Li，Mn 源对 LiMn₂O₄ 尖晶石高温电化学性能的影响. 金属学报，2003，39（7）：739.

[20] 吴宇平，戴晓兵，马军旗等. 锂离子电池——应用与实践. 北京：化学工业出版社，2004.

[21] Brodd R J, Huang W, A kridge J R. M acromol. Symp，2000，159：229.

[22] Song J Y, Wang Y Y, Wan C C. J. Power Sources，1999，77：183.

[23] Berthier C, Gorecki W, M inier M, et al. Solid State Ionics，1983，11：91.

[24] Ito Y, Kanehori K, M iyauchi K, et al. J M ater Sci，1987，2：1845.

[25] N agasubrammanian G, Stefano S D. J. Electrochem Soc，1990，137：3830.

[26] Watanabe M, Kanaba M, N agoka K, et al. J Polym Sci, Polym Phys Ed，1983，21：939.

[27] Peramunage D, Pasquariello D M, A braham K M. J Electrochem Soc，1995，142：1789.

[28] Bohnke O, Rousselot C, Gillet P A, et al. J Electrochem Soc，1992，139：1862.

[29] Choe H S, Giaccai J, A lamgir M, et al. Electrochim A cta，1995，40：2289.

[30] Tarascon J M, Gozdz A S, Warren P C. Solid State Ionics，1996，（86～88）：49.

[31] Venugopal G, Moore J, Howard J, et al. Characterization of microporous eparators for lithium ion

batteries. J. Power Sources, 1999, 77: 34.

[32] Weight. M J. J. Power Source, 1991, 34: 257.

[33] A braham K M. Electrochim. A cta, 1993, 38: 1233.

[34] Gineste J L, Pourcelly G. J M embr Sci, 1995, 107: 155.

[35] Wen2Tong P L. European Patent, 0262846 (1988).

[36] Kuribayashi I. J. Power Sources, 1996, 63: 87.

[37] Pankaj Arora, Zhengming Zhang. Chem Rev. 104: 4419.

[38] PMI Conference 2000 Proceedings, PMI short course, Ithaca, NY, Oct 16-19, 2000.

[39] Porous Materials Inc, http: //www. pmiapp. com.

[40] Norin L, Kostecki R, McLarnon F. Electrochem. Solid State Lett. 2002, 5: A67.

[41] Laman F C, Sakutai Y, Hirai T, Yamaki J, Tobishima S, Ext. Abstr. , 6th Int. Meet. Lithium Batteries 1992, 298.

[42] Laman F C, Gee M A, Denovan J. J. Electrochem. Soc. 1993, 140, L51.

[43] Spotnitz R, Ferebee M, Callahan R W, Nguyen K, Yu W C, Geiger M, Dwiggens C, Fischer H, Hoffman, D. Proceedings of the 12th International Seminar on Primary and Secondary Battery Technology and Applications; Fort Lauderdale, FL, Florida Educational Seminars, Inc. : Fort Lauderdale, FL, 1995.

[44] Spotnitz R, Ferebee M, Callahan R W, Nguyen K, Yu W C, Geiger M, Dwiggens C, Fischer H, Hoffman D. Proceedings of the 12th International Seminar on Primary and Secondary Battery Technology and Applications; Fort Lauderdale, FL, Florida Educational Seminars, Inc. : Fort Lauderdale, FL, 1995.

[45] Venugopal G. The role of plastics in lithium-ion batteries. Proceedings of the 3rd Annual Conference on Plastics for Portable and Wireless Electronics; Philadelphia, PA, 1997, 11.

[46] Zeng S, Moses P R. J. Power Sources 2000, 90: 39.

[47] Norin L, Kostecki R, McLarnon F. Electrochem. Solid State Lett. 2002, 5: A67.

[48] Hazardous Materials Regulations; Code of Federal Regulations, CFR49 173. 185.

[49] UL1640, Lithium Batteries. Underwriters Laboratories, Inc.

[50] UL2054, Household and Commercial Batteries. Underwriters Laboratories, Inc.

[51] Secondary Lithium Cells and Batteries for Portable Applications. International Electrotechnic Commission, IEC 61960-1 and IEC 61960.

[52] Recommendations on the Transport of Dangerous Goods, Manual of Tests and Criteria. United Nations: New York, 1999.

[53] Safety Standard for Lithium Batteries, UL 1642, Underwriters Laboratories Inc, Third Edition, 1995.

[54] Standard for Household and Commercial Batteries, UL 2054, Underwriter Laboratories, Inc. , 1993.

[55] UN Recommendations on the Transport of Dangerous Goods, December 2000.

[56] A Guideline for the Safety Evaluation of Secondary Lithium Cells. Japan Battery Association, 1997.

[57] Venugopal, G. J. Power Sources 2001, 101: 231.

[58] 李国欣主编. 新型化学电源. 上海: 复旦大学出版社, 1992.

[59] 宋文顺主编. 化学电源工艺学. 北京: 轻工业出版社, 1998.

[60] 中国电池网, http: //www. battery. com. cn/.

第3章　正极材料

3.1　正极材料的微观结构

3.1.1　LiCoO₂ 材料

正极材料组成式 $LiMO_2$（M＝Ni、Co）均为层状岩盐结构（α-$NaFeO_2$ 结构），属于 $R3m$ 群，如图 3-1 所示。它们都具有氧离子按 ABC 叠层立方密堆积排列的基本骨架，$LiNiO_2$ 和 $LiCoO_2$ 的阴离子数和阳离子数相等，其中的氧八面体间隙被阳离子占据，具有二维结构，Li^+ 和 Co^{3+}（或 Ni^{3+}）交替排列在立方结构的（111）面，并引起点阵畸变为六方对称，Li^+ 和 Co^{3+}（或 Ni^{3+}）分别位于（$3a$）和（$3b$）位置，O^{2-} 位于（$6c$）位置。以 $LiCoO_2$ 为例，由于 Li、Co 与 O 原子的相互作用而存在差异性，因此在…Li—O—Co—O—Li—O… 层中，Co^{3+} 与 O^{2-} 之间存在着最强的化学键，O—Co—O 层之间通过 Li^+ 静电相互作用束缚在一起，从而整个晶胞结构稳定。相比而言，O 层更靠近 Co 层（层间距 $\mu＝0.260$ nm），其中（003）表面是它的最可几解理面。

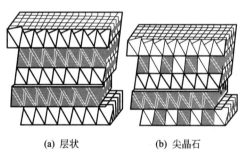

(a) 层状　　　　(b) 尖晶石

图 3-1　正极材料 $LiCoO_2$ 的结构示意图

由图 3-1 可知，在这种组成式材料的结构中，锂和中心过渡金属原子分别形成与氧原子层平行的单独层，通过它们的相互层叠堆积，形成六方晶系的超点阵。它们的晶格常数在表 3-1 中给出。

表 3-1　$LiMO_2$（M＝Ni，Co）晶格常数数据

化合物	a_0/nm	c_0/nm	体积/nm³	$r_{Li^+}/r_{M^{3+}}$	晶体对称性
$LiCoO_2$	0.2805	1.406	0.0319	1.314	六方晶系（$R3m$）
$LiNiO_2$	0.2885	1.420	0.0341	1.286	六方晶系（$R3m$）

$LiCoO_2$ 具有三种物相，即层状结构的 HT-$LiCoO_2$、尖晶石结构 LT-$LiCoO_2$ 和岩盐相 $LiCoO_2$。层状结构的 $LiCoO_2$ 中氧原子采取畸变的立方密堆积，钴层和锂层交替分布于氧层两侧，占据八面体孔隙；尖晶石结构的 $LiCoO_2$ 氧原子为理想立方密堆积排列，锂层中含有 25% 钴原子，钴层中含 25% 锂原子。岩盐相晶格中

Li^+ 和 Co^{3+} 随机排列，无法清晰地分辨出锂层和钴层。

层状的 CoO_2 框架结构为锂原子的迁移提供了二维隧道。电池充放电时，活性材料中的 Li^+ 的迁移过程可用下式表示：

充电：$LiCoO_2 \longrightarrow xLi^+ + Li_{1-x}CoO_2 + xe$

放电：$Li_{1-x}CoO_2 + yLi^+ + xe \longrightarrow Li_{1-x+y}CoO_2$ （$0 < x \leqslant 1$，$0 < y \leqslant x$）

HT-$LiCoO_2$ 和 LT-$LiCoO_2$ 在充放电过程中结构的变化及电化学性能并不一致。充电时，随 x 由 0 增大到 0.5，HT-$LiCoO_2$ 的晶胞参数 c/a 由 5.00 增加到 5.14。在 $x \approx 0.5$ 处 HT-$LiCoO_2$ 由六方晶胞向单斜晶胞转化；而 LT-$LiCoO_2$ 晶胞参数 c/a 几乎不变（见表 3-2）。

表 3-2 HT-$LiCoO_2$ 和 LT-$LiCoO_2$ 及其脱锂态时的晶胞参数数据

样 品	a/nm	c/nm	c/a
HT-$LiCoO_2$	0.2816(2)	1.408(1)	5.00
HT-$Li_{0.74}CoO_2$	0.2812(2)	1.422(1)	5.06
HT-$Li_{0.49}CoO_2$	0.2807(2)	1.442(1)	5.14
LT-$LiCoO_2$	0.28297(6)	1.3868(4)	4.90
LT-$Li_{0.71}CoO_2$	0.28304(4)	1.3866(2)	4.90
LT-$Li_{0.49}CoO_2$	0.28273(2)	1.3851(1)	4.90

与 HT-$LiCoO_2$/Li 组装的电池相比，LT-$LiCoO_2$/Li 电池工作电压低，在某些非水电解质中稳定。但是 LT-$LiCoO_2$ 锂层中的钴原子会阻碍锂原子的可逆脱嵌，造成 LT-$LiCoO_2$ 中 Li^+ 的传质速度较慢；脱锂时的 LT-$Li_{1-x}CoO_2$ 反应活性高，容易在电极表面形成钝化膜，所以难以实现 LT-$LiCoO_2$ 材料的实用化。

3.1.2 $LiNiO_2$ 材料

理想的 $LiNiO_2$ 属于六方晶系，氧原子以稍微扭曲的立方紧密结构堆积排列，锂原子和和镍原子交替分布于氧原子层两侧，占据其八面体空隙，如图 3-2 所示。层状的 NiO_2 为锂原子提供了可供迁移的二维隧道。因此，该层状结构的稳定性决定了 $LiNiO_2$ 循环性能的优劣。对于 $LiNiO_2$ 型的层状化合物，其结构稳定性与晶格能有关，因此，O—M—O 键能大小对 $LiNiO_2$ 的电化学性能起着至关重要的作用。Ni^{3+} 的最外层 3d 电子排布为 $t_{2g}^6 e_g^1$，由分子轨道理论（MOT）可知，能量较低的成键轨道已经占满，另一电子只能占据与氧原子中的 σ_{2p} 轨道形成的能量较高的反键轨道上，这导致 Ni—O 键键能削弱。此外，$LiNiO_2$ 的六方层状结构中，NiO_6 八面

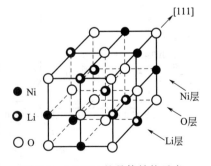

图 3-2 $LiNiO_2$ 的晶体结构示意

体受 Jahn-Teller 效应影响而容易变形。因此，相对而言，LiNiO₂ 的六方层状结构没有 LiCoO₂ 稳定。在研究 Li$_x$NiO₂ 型的结构及其脱锂过程时发现：在 $x=0.7$ 时，晶格从六方晶型 R3 向单斜转变，在 $x=0.3$ 时，又从单斜晶型向六方晶型 R3′ 转变，同时其晶胞体积收缩。这是因为在充放电过程中，Ni³⁺ 被氧化成 Ni⁴⁺（t$_{2g}^6$e$_g^0$），NiO₂ 层的层间引力变大，在 Jahn-Teller 效应的作用下，NiO₂ 层收缩使 LiNiO₂ 发生相变。因此，LiNiO₂ 不耐过充。同时，由于 Ni⁴⁺ 氧化性强，易与电池中的电解液发生反应，使其热稳定性差。

现以镍酸锂为例，讨论其能带变化与其电化学间的关联。以嵌锂的石墨作为电池负极，则在放电过程中 LiC₆/NiO₂ 电池的反应式为

$$LiC_6(s) + NiO_2(s) \longrightarrow 6C + LiNiO_2(s)$$

$$\Delta E_r = E(LiNiO_3) + 6E(C) - E(NiO_2) - E(LiC_6)$$

Deiss 等人用全势能线性化扩增平面波方法计算了 LiC₆/LiNiO₂ 的平均开路电压（3.05V），比实验值（3.57V）低约 15%。

有人应用 CRYSTAL98 程序包中的 Hartree-Fock 方法，计算了以 LiC₆/LiNiO₂ 锂离子二次电池的平均电压为 4.10V，与实验值 3.57V 相比，相对误差 +15%。计算给出 NiO₂ 中 Ni 和 O 原子的净电荷分别为 2.068 和 −1.034；LiNiO₂ 中 Li、Ni 和 O 原子的净电荷分别为 0.982、1.872 和 −1.427。比较 NiO₂ 和 LiNiO₂ 的相应原子上的净电荷说明，在放电过程中，Li 嵌入 NiO₂ 后几乎完全电离（净电荷 +0.982），负电荷主要从 Li 原子转移到 O 原子上，只有少量（−0.196）转移到 Ni 原子上，因此 Ni 的电荷变化很小，这就解释了 LiNiO₂ 的 Jahn-Teller 效应很微弱的这一实验结果。另外，嵌锂中间产物 Li$_{0.5}$NiO₂ 中的锂离子在晶体中有直线和折线两种可能的扩散途径。计算结果表明，经由折线扩散的势垒较小，很可能是锂离子扩散的途径。

NiO₂ 和 LiNiO₂ 的电子态密度示于图 3-3 中。由图 3-3 可见，对于 NiO₂ [见图 3-3(a)]，费米能级为 −3.8a.u.。费米能级以下能量最低的 Ni 和 O 的内层轨道，位于 −0.8～−0.36a.u. 区间的是由成键轨道 e$_g$、a$_{1g}$ 和 t$_{1u}$（主要是 O 的 2p 轨道

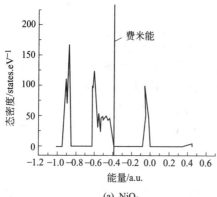

(a) NiO₂

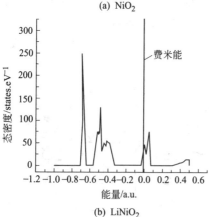

(b) LiNiO₂

图 3-3　NiO₂ 和 LiNiO₂ 的电子态密度

的贡献）和非键轨道 t_{2g}（Ni 的 d_{xy}、d_{xz} 和 d_{yz} 轨道）构成的能带，这些能带是全充满的。由反键轨道 e_g^*（Ni 的 $d_{x^2-y^2}$，d_{z^2} 轨道）组成的能带位于费米能以上（$-0.2\sim0.4$a.u. 区域），没有电子占据。可以看出，能量最高的全充满能带与能量最低的全空能带之间有一个很大的能隙（0.33a.u.，约为 9eV），所以可认为 NiO_2 是绝缘体。

从 $LiNiO_2$ 的电子态密度图（b）中可以看出，随着一个锂原子嵌入 NiO_2，e_g 能带向下移动，O 的 p 能带的低能则部分向上移，表明 O—Ni 键被削弱。即 Ni—O 键长由 189.9pm 拉长为 197.9pm 说明了这一点。O 与 Ni 间的 σ 成键作用减弱导致反键能带 e_g^* 下移，费米能位于部分占据的 e_g^* 能带的中间。表明 $LiNiO_2$ 是导体。从电子结构阐述了锂离子二次电池充放电的可能机理。

3.1.3　$LiMn_2O_4$ 材料

Li—Mn—O 系形成的化合物较多，可作为正极材料的主要有 $LiMn_2O_4$、$LiMnO_2$、$Li_4Mn_5O_9$ 和 $Li_4Mn_5O_{12}$，这些化合物在合成和充放电过程中，容易发生结构转变，对材料的电化学性能产生不利的影响。这里介绍尖晶石型的 $LiMn_2O_4$ 中 ［Mn_2O_4］骨架构型，该骨架是四面体与八面体共面的三维网络，这种网络有利于其中的 Li 原子扩散，如图 3-4 所示。

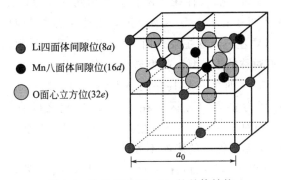

图 3-4　尖晶石 $LiMn_2O_4$ 的晶体结构

如图 3-4 所示，尖晶石型的 $LiMn_2O_4$ 属于 $Fd3m$ 空间群，锂占据四面体（8a）位置，锰占据八面体（16d）位置，氧（O）占据面心立方（32e）位，因此，其结构可表示为 $Li_{8a}[Mn_2]_{16d}O_4$。由于尖晶石结构的晶胞边长是普通面心立方结构的两倍，因此一个尖晶石结构实际上可以认为是一个复杂的立方结构，包含了 8 个普通的面心立方晶胞。所以，一个尖晶石晶胞有 32 个氧原子，16 个锰原子占据 32 个八面体间隙位（16d）的一半，另一半八面体（16c）则空着，锂占据 64 个四面体间隙位（8a）的 1/8。可知，锂原子通过空着的相邻四面体和八面体间隙沿 8a-16c-8a 的通道在 Mn_2O_4 的三维网络中脱嵌。

在该构型中，氧原子呈立方紧密堆积，75% 的 Mn 原子交替位于立方紧密堆积的氧层之间，余下的 25% 的 Mn 原子位于相邻层。因此，在脱锂状态下，有足够的 Mn 离子存在每一层中，以保持氧原子理想的立方紧密堆积状态，锂离子可以直接嵌入由氧原子构成的四面体间隙位。

在 $Li_xMn_2O_4$ 中，锂原子的脱嵌范围是 $0 < x \leqslant 2$。当锂嵌入或脱逸的范围为 $0 < x \leqslant 1.0$ 时，发生反应：

$$LiMn_2O_4 \Longrightarrow Li_{1-x}Mn_2O_4 + xe + Li^+$$

这时，Mn 的平均价态是 $3.5 \sim 4.0$，Jahn-Teller 效应不是很明显，因而晶体仍旧保持其尖晶石结构，对应的 $Li/Li_xMn_2O_4$ 输出电压是 4.0V。而当 $1.0 < x \leqslant 2.0$ 时，有以下反应发生：

$$LiMn_2O_4 + ye + yLi \Longrightarrow Li_{1+y}Mn_2O_4$$

充放电循环电位在 3V 左右，即 $1 < x \leqslant 2$ 时，锰的平均价态小于 +3.5（即锰离子主要以 +3 价存在），这将导致严重的 Jahn-Teller 效应，使尖晶石晶体结构由立方相向四方相转变，c/a 值也会增加，这种结构上的变形破坏了尖晶石框架，当这种变化范围超出一定极限时，则会破坏三维离子迁移通道，锂脱嵌困难，导致宏观上材料的电化学循环性能变差。

尖晶石结构的 $Li_xMn_2O_4$ 中，在 $0 < x \leqslant 1.0$ 区域，锂离子嵌入的过程中并不能完全地保持单一的尖晶石结构，而是伴随有多种相变发生。锂离子插入分为三个过程：当 $0.27 < x < 0.6$ 时，插入存于两种立方相间的反应；$0.6 < x < 1.0$ 时，为一种立方相内的插入过程；$1.0 < x < 2.0$ 时，发生立方相与四方相间的相变。当 $x > 1$ 时，电压剧降 1V 左右，这主要是由 Jahn-Teller 畸变导致，即 [MnO_6] 由对称的 O_{4h} 型转变为不对称的 D_{4h} 型。晶型转变存在三相模型：$0 < x < 0.2$ 时为立方单相区 A；$0.2 < x < 0.4$ 时为双相共存区 A+B；$0.45 < x < 0.55$ 时为立方单相区 B；$0.55 < x < 1$ 时则为立方单相区。在 B 相和 C 相之间存在一个双相共存区（$0.55 < x < 0.95$）；而对于 $x = 1.0$ 处发生的 Jahn-Teller 畸变来说，晶格构型的破坏较小，对 $LiMn_2O_4$ 循环性能的影响不大。

锂离子的嵌入过程并不是按顺序一个一个地占据 $8a$ 位置，而是有更为复杂的模式。这是因为锂离子嵌入 [Mn_2O_4] 的晶格时，伴随有部分 Mn^{4+} 还原为 Mn^{3+}，但尖晶石骨架保持不变，由于四面体 $8a$ 位置与四面体空位 $48f$ 和八面体空位 $16c$ 共面，而四面体空位 $8a$ 与被 Mn^{4+} 占据的八面体 $16d$ 共四个面，四面体空位 $48f$ 与 $16d$ 共两个面，八面体空位 $16c$ 与邻近的 6 个 $16d$ 共边。在静电力的作用下，嵌入的锂离子先进入四面体 $8a$ 位置。而进入其他空位将需要更大的活化能，由于每个八面体位置在相对的两个面上与 $8a$ 共面，在 $x < 0.5$ 时锂离子先占据其中一半的 $8a$ 位置，这与 [Mn_2O_4] 晶格的超结构有关，也即存在亚晶格，此时整个晶体表现为长程有序而不再处于短程有序状态，正好是一个亚晶格全满而另一个全空。锂离子嵌入一半的 $8a$ 位置，将有效地减小相邻锂离子间的斥力，从而使嵌入锂离子后的尖晶石结构保持最低的能量状态，宏观表现为在 $x = 1/2$ 时，晶胞参数有一突跃。这时表现出两相立方密堆积的嵌入过程，其反应式

如下：

$$[\square][Mn_2]_{16d}O_4 + 1/2Li^+ \longrightarrow [\square_{1/2}Li_{1/2}Mn_2]_{16d}O_4$$

而在 $0.5<x<1$ 时，锂离子嵌入另一半的 $8a$ 位置：

$$[\square_{1/2}Li_{1/2}Mn_2]_{16d}O_4 + 1/2Li^+ \longrightarrow [Li_{8a}][Mn_2]_{16d}O_4$$

当其嵌入量进一步增大，$8a$ 位置已经填满，这时嵌入的锂就必然进入八面体的 $16c$ 位置；这时 [Mn$_2$O$_4$] 的晶格结构由立方晶体转变为四方晶体，空间群由 $Fd3m$ 转变为 $F4_1/adm$，发生 Jahn-Telle1 畸变，由立方相转变为四方相。

$$[Li_{8a}][\square_{16c}][Mn_2]_{16d}O_4 + Li^+ \longrightarrow [Li_{8a}][Li_{16c}][Mn_2]_{16d}O_4$$

3.1.4 磷酸体系化合物

磷酸体系化合物正极材料以橄榄石结构的 $LiFePO_4$ 和 NASICON 结构的 $Li_3V_2(PO_4)_3$ 为代表。

$LiFePO_4$ 具有规整的橄榄石结构，属于正交晶系（D_{2h}^{16}，Pmnb），其结构如图 2-11 所示。

$Li_3V_2(PO_4)_3$ 是三斜晶系，在其三维结构中，PO_4^{3-} 代替了比较小的 O^{2-}，这有助于增加结构的稳定性并加快锂离子迁移，而且离子取代能够通过两个方面来改变电位。一是诱导效应，改变离子对，改变金属离子的能级；另一个是通过提供比较多的电子，改变锂离子的浓度，易于氧化还原反应的发生。在三维结构中，金属八面体和磷酸根四面体分享氧原子，每个金属钒原子被 6 个四面体的磷原子包围，同时四面体磷被 4 个钒八面体所包围，这种构造形成三维的网状结构，锂原子处于这个框架结构的孔穴里，3 个四重的晶体位置为锂原子存在，导致在一个结构单元中有 12 个锂原子的位置。其结构如图 2-12(b～c) 所示。

3.2 正极材料的分类及电化学性能

正极材料按材料种类可分类为无机材料、复合材料和聚合物材料三大类型。无机材料占其中的主要部分。根据材料的结构分，无机材料又可分为无机复合氧化物、阴离子型材料等；复合氧化物中，有层状、尖晶石型、反尖晶石型等；阴离子型材料中，结构涉及多种离子导体，如 NASICON 系和橄榄石型化合物。其中 NASICON 的化学式为 $Na_3Zr_2Si_2PO_{12}$，是 $NaZr_2P_3O_{12}$～$Na_4Zr_2Si_3O_{12}$ 系统中的一个中间化合物，NASICON 的骨架是由 ZrO_6 八面体和 PO_4 四面体构成；有关材料类型分类如下。

在本章中，将重点介绍有关无机复合氧化物、多阴离子型等材料的电化学性能。

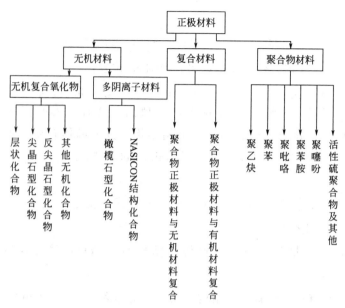

3.2.1 层状锂钴氧化物

$LiCoO_2$ 中锂离子的扩散常数为 $5×10^{-9}\,cm^2/s$，而对于 $LiTiS_2$ 材料，锂离子的扩散常数为 $10^{-8}\,cm^2/s$，两种正极材料的扩散常数值与其循环性能是一致的（$LiCoO_2$ 为 $4mA/cm^2$，$LiTiS_2$ 为 $10mA/cm^2$）。然而，Li_xCoO_2 的导电性则不一致，导电性随组分的不同而变化很大，如 $x=0.6$ 时，Li_xCoO_2 表现出金属性，$x=1.1$ 时则表现出经典的半导体性质（用在商业电池上为富锂材料）；室温下其数值变化 2（$x=1.1$ 化合物）～4（$x=1.0$ 化合物）个量级，低温下达到 6 个量级。

自 1991 年锂离子电池出现以来，其能量密度增加了一倍；1999 年以后，体积能量密度从 $250W·h/L$ 增大到 $400W·h/L$。当放电电压超过 $4.8V$ 时，碳酸锂分解出二氧化碳，因而削弱了电池的电流强度。钴酸锂以富锂化合物为主，化学式为 $Li_{1+x}Co_{1-x}O_2$。

在 $LiCoO_2$ 颗粒的表面包覆金属氧化物或金属磷酸盐能改善和提高其容量，于 $2.75～4.4V$ 范围内充放电，容量可以达到 $170mA·h/g$，循环 70 次无衰减。表面包覆机理是由于在充电时降低了 Co^{4+} 与电解液中 $LiPF_6$ 分解产生 HF 的反应。减少生成 HF 可以避免电池的容量损失，如对于尖晶石型 $LiMn_2O_4$ 材料，电解质用 LiBOB［$LiB(C_2O_4)_2$ 的简写式］代替 $LiPF_6$，可以降低锰离子在其中的溶解及电池的容量损失。对于 $LiCoO_2$ 体系来说亦是一样的，用 LiBOB 代替 $LiPF_6$，或将 $LiCoO_2$ 加热至 550℃ 至干燥，使得它在 $4.5V$ 处的容量增大到 $180mA·h/g$。当工作电压高于 $4.5V$ 时，三维块状立方密堆的 Li_xCoO_2 则转变为一维块状六方密堆结构的 CoO_2 化合物；这就导致氧原子层从 ABCA 到 ABA 堆积序列的移动。所以，$LiCoO_2$ 的容量在循环了数百次以后仍保持在 $180mA·h/g$ 从理论上分析是不可能的。

尽管 $LiCoO_2$ 正极材料主导了整个可充放电锂电池市场，$LiCoO_2$ 专利中包含了很多正极材料，描述了具有 α-$NaFeO_2$ 结构的所有层状过渡金属（从钒到镍）氧化物。此外，还描述了过渡金属的复合氧化物，如 $LiCo_{1-y}Ni_yO_2$，另外一些专利包含了生成碱金属化合物 A_xMO_2（这里 A 代表锂、钠和钾等，$x<1$）的电极嵌入机理，这些化合物也具有 α-$NaFeO_2$ 结构。但材料中钴的价格比较昂贵，限制了它只能用作小电池，如用在计算机、手机和照相机上。因此，必须选择一种正极材料用于大规模应用，作为理想的混合电动汽车（HEV）电池或用作负载。

3.2.2 层状锂镍氧化物

锂镍氧化物，化学式为 $LiNiO_2$，与锂钴氧化物是同分异构体，它们的部分物理性质见表 3-3。但目前仍然没有合成纯的稳定结构的锂镍氧用作正极材料。第一，没有严格化学计量比的 $LiNiO_2$ 合成出来，很多报道都是富镍化合物形式的 $Li_{1-y}Ni_{1+y}O_2$，在微观结构上部分镍原子处于锂离子层的位置上，与 NiO_2 层连接在一起，从而减小了锂的扩算系数和电极的能量容量；第二，缺锂型化合物因平衡氧分压高而不稳定，与有机溶剂结合容易发生危险，以至于这类电池亦不稳定。结构为 $Li_{1.8}Ni_{1+y}O_2$ 的非计量化合物，实际上是 $LiNiO_2$ 和 Li_2NiO_2 的混合物。

表 3-3　$LiMO_2$（M=Ni，Co）部分物理性质数据

化合物	d电子数	Li^+ 扩散系数/$cm^2 \cdot s^{-1}$	电导率/$S \cdot cm^{-1}$	晶体结构
$LiNiO_2$	7	2×10^{-7}	10^{-1}	层状岩盐
$LiCoO_2$	6	5×10^{-9}	10^{-2}	层状岩盐

我们将在后面的章节讨论用其他元素取代部分镍进行材料的修饰。其他元素的取代将维持其结构的规整性，确保镍能在镍原子层位置上；取代不发生氧化还原反应，使得锂离子能稳定脱嵌，从而保持材料结构的稳定性，阻止发生在锂含量低或为零时的任何晶相变化。与钴和镍不同，锰不能形成稳定的与 $LiCoO_2$ 结构相同的 $LiMnO_2$，但可以形成稳定的尖晶石型，有很多结构的 Mn/O 比为 1/2，其他结构可能在不同的锂含量下是稳定的。

镍系材料的非化学计量缺陷主要表现为锂缺陷和氧缺陷。因为在空气中，当温度低于 $600℃$ 时，二价镍离子不能完全氧化为三价镍离子；高于 $600℃$ 时，三价镍离子还原为二价镍离子又不可避免，因此在空气中很难制得真正化学计量的 $LiNiO_2$。

有人用 β-$Ni_{1-x}Co_xOOH$ 与 LiOH 于 $450℃$ 下制备的样品表现出了良好的电化学性能。研究发现电极的阻抗随 $Li_{1-x}Ni_{1+x}O_2$ 样品锂缺陷的增加而增加，样品的锂缺陷越高，循环过程中结构变化越大。合成产物的锂缺陷值越大，其放电比容量

越小，循环稳定性越差。Ni^{2+} 难以全部氧化为 Ni^{3+} 和高温下 Li_2O 的蒸发是锂缺陷形成的主要原因。

不同起始原料对合成 $LiNiO_2$ 的电化学性能影响很大。用 $LiOH \cdot H_2O$ 与 $Ni(OH)_2$ 合成的 $LiNiO_2$ 电化学性能最好；而采用碳酸盐为原料时，即使在氧气气氛下所合成的 $LiNiO_2$ 电化学性能也明显变差，具体原因尚不清楚。

非计量比产物 $[Li_{1-y}^{+}Ni_y^{2+}]_{3b}[Ni_{1-y}^{3+}Ni_y^{2+}]_{3a}O_2$ 层间二价镍离子在脱锂后期将被氧化成离子半径更小的三价镍离子，造成该离子附近结构的塌陷，在随后的嵌锂过程中，锂离子将难以嵌入已塌陷的位置上，从而造成嵌锂量减少，致使第一次循环容量损失。

层间和层中二价镍离子应在脱锂前期同时发生氧化，而且层间二价镍离子周围的锂离子会优先脱出，容量损失主要发生在第一次循环脱锂前期。另外，如果脱锂充电至高电压，生成高脱锂产物，那么此时 Ni-O 层结构将由数量占大多数而半径较小的 Ni^{4+} 决定，同时具有 Jahn-Teller 效应的少量 Ni^{3+} 将通过四面体空隙转移到锂离子空位，从而造成更大的容量损失。合成产物非计量比偏移值越大，电极首次循环容量损失和高电压下充电容量损失越大。因此合成 $LiNiO_2$ 要尽可能接近理想计量比。

通过掺杂来改变或修饰 $LiNiO_2$ 的结构取得较好了的效果。

由于 Al^{3+} 与 Ni^{3+} 具有相近的离子半径，价态非常稳定，引入约 25% 的铝离子可控制高电压区脱嵌的容量，从而提高其耐过充与耐循环性能。如采用 $LiOH \cdot H_2O$、$Ni(OH)_2$ 为原料与铝粉于 $700℃$ 空气中合成的纯相材料 $LiAl_yNi_{1-y}O_2$，铝的引入能改变 Li 脱嵌时的晶体结构变化，使在 $0 < x < 0.75$ 整个区域为单相嵌入-脱出反应，其循环性能得到改善。对完全充电状态下（4.8V）的 Li_xNiO_2 与 $LiAl_{1/4}Ni_{3/4}O_2$ 的 DSC 谱研究表明铝的掺杂亦有利于改善其热稳定性。

通过掺杂 Ga 合成的 $LiGa_{0.02}Ni_{1.98}O_2$ 材料在循环性能与比容量两方面都获得了明显提高。其可逆比容量达 $200mA \cdot h/g$，循环 100 周后仍能保持 95% 的初始容量，且耐过充。不同充电状态下的 XRD 谱显示，掺杂 Ga 稳定了 $LiNiO_2$ 的层状结构。引入 Mg、Ga、Sr 等碱土金属元素不仅可改善 $LiNiO_2$ 的循环性能，还可提高 $LiNiO_2$ 的导电性能，有利于快速充放电。碱土金属元素的掺杂导致了缺陷的产生，有利于电荷的快速传递，从而使其循环性能与快速充放能力得到改善。

掺杂 Mg 和 F 对 $LiNiO_2$ 固溶体电化学性能的影响，F 掺杂阻止了 Ni^{3+} 的迁移，部分 Mg 占据锂位可减小充电末期 c 轴较大的变化，稳定结构，提高性能，但是掺杂量过大，则导致较大的容量衰减。

由于单靠掺杂某一种元素无法解决 $LiNiO_2$ 所有的不利因素，选择多种元素组合掺杂就成为目前的主要研究方向。表 3-4 列出了复合掺杂产物与其他正极材料的热分解温度和分解热量。由表 3-4 可知，组合掺杂既有利于改善循环性能，又有利于其热稳定性的提高。其中 $LiNi_{0.7}Co_{0.2}Ti_{0.05}Mg_{0.05}O_2$ 的综合性能最佳。

表 3-4　各种正极材料充电状态失氧时的起始温度

正极材料组成	分解温度/℃	分解热量/J·g^{-1}
$LiNiO_2$，$Li_{0.3}NiO_2$	180～225	1600
$LiCoO_2$，$Li_{0.4}CoO_2$	220～240	1000
$LiMn_2O_4$，$\lambda\text{-}MnO_2$	355～385	640
$LiFePO_4$	210～410	210
$LiNi_{0.7}Co_{0.2}Ti_{0.05}Mg_{0.05}O_2$	221	41.4
$LiNi_{0.7}Co_{0.2}Ti_{0.05}Al_{0.05}O_2$	223	72.9
$LiNi_{0.7}Co_{0.2}Ti_{0.05}Zn_{0.05}O_2$	215	78.3
$LiNi_{0.75}Co_{0.2}Ti_{0.05}O_2$	221	62.0

3.2.3　尖晶石型氧化物

3.2.3.1　尖晶石锂锰氧相图

尖晶石锂锰氧化物种类繁多，在锂离子电池正极材料研究中，受到重视的锂锰氧化物主要有尖晶石型 $LiMn_2O_4$、$Li_2Mn_4O_9$ 和 $Li_4Mn_5O_{12}$。选用不同的 Li/Mn 配比、通过控制气氛和工艺条件可以得到不同化学组成的锂锰氧固溶体。图 3-5 为锰化合物相图及局部放大图。由图 3-5 可知，锂锰氧所形成的化合物比较多，而且在不同的条件下相互之间可以发生转化，这正是锂锰氧作为正极材料的复杂性所在。图 3-5(b) 为图 3-5(a) 中 $MnO\text{-}Li_2MnO_3\text{-}\lambda\text{-}MnO_2$ 相区的放大部分，图(c) 为图(b) 中阴影部分相区的放大图。图中 $MnO\text{-}Li_2MnO_3$ 连接线表示化学计量岩盐组分；$Mn_3O_4\text{-}Li_4Mn_5O_{12}$ 连接线表示化学计量尖晶石组分。

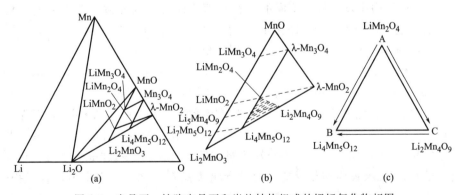

图 3-5　尖晶石、缺陷尖晶石和岩盐结构组成的锂锰氧化物相图

由 $Mn_3O_4\text{-}Li_4Mn_5O_{12}\text{-}\lambda\text{-}MnO_2$ 所构成的三角形区域为有缺陷的尖晶石型相区，区域内任一点组成的锂锰氧均具有尖晶石结构。

由 $MnO\text{-}Li_2MnO_3\text{-}Li_4Mn_5O_{12}\text{-}Mn_3O_4$ 所构成的四边形区域为有缺陷的岩盐（层状结构）相区。由 $LiMn_2O_4\text{-}Li_4Mn_5O_{12}\text{-}\lambda\text{-}MnO_2$ 所构成的三角形区域内的缺陷

型锂锰氧组分可由化学计量尖晶石锂锰氧 $Li_{1+x}Mn_{2-x}O_4$ 通过化学脱锂而得，这样沿连接线 $\lambda\text{-}MnO_2\text{-}Li_4Mn_5O_{12}$ 表示 Li_2O 与 $\lambda\text{-}MnO_2$ 能形成完全互溶的固溶体。$LiMn_2O_4\text{-}\lambda\text{-}MnO_2$ 连接线表示 $LiMn_2O_4$ 的电化学脱锂过程。$\lambda\text{-}MnO_2\text{-}LiMn_2O_4\text{-}LiMnO_2$ 连接线表示 $LiMn_2O_4$ 的电化学嵌锂过程及相变。

图 3-5(c) 为人们感兴趣的尖晶石结构，可分为计量型尖晶石 $Li_{1+x}Mn_{2-x}O_4$ （$0 \leqslant x \leqslant 0.33$）和非计量型尖晶石两类。后者包括富氧（如 $LiMn_2O_{4+\delta}$，$0 < \delta \leqslant 0.5$）和缺氧（如 $LiMn_2O_{4-\delta}$，$0 < \delta \leqslant 0.14$）型两种。图 3-5(c) 中从 A 向 C 变化，氧浓度增加，从 A 向 B，从 C 向 B 变化，锂离子浓度增加。可见，氧分压及锂/锰比值对非计量型尖晶石的组成与结构产生直接影响。富氧（如 $LiMn_2O_{4+\delta}$，$0 < \delta \leqslant 0.5$）和缺氧（如 $LiMn_2O_{4-\delta}$，$0 < \delta \leqslant 0.14$）型尖晶石锂锰氧中的 δ 值不同，引起锰的平均化合价变化，从而使非计量型尖晶石具有不同的放电比容量。

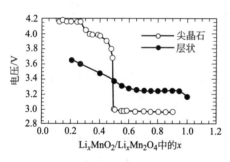

图 3-6　不同掺杂量的锂锰复合氧化物材料的电压特性

严格控制气氛压力与温度使反应达到平衡后，可以获得化学计量化合物，因此，研究非化学计量化合物，如 $LiMn_2O_{4+\delta}$ 中的 δ 值可通过控制一定的氧分压和温度，获得系列化学计量化合物，借助 TG，结合 XRD 以及元素分析确定非化学计量化合物结构模型中的非化学计量 δ 值。不同锂含量的尖晶石锂锰氧会因化学位的不同而表现出不同的化学反应活性及电化学性能。

尖晶石型化合物 $LiMn_2O_4$ 正极材料，其中的阴离子晶格包含立方密堆氧离子，与 $\alpha\text{-}NaFeO_2$ 结构比较相似，不同的是在八面体位置和四面体位置上阳离子的分布。放电过程主要分为两步，即在 4V 左右，另一平台在 3V 以下，如图 3-6 所示。

充电：$LiMn_2O_4 \longrightarrow Mn_2O_4 + Li$（嵌入负极，如石墨碳）

尖晶石锂锰氧的本征缺陷主要是指 Li 和 O 偏离化学计量比的情形。因为合成条件对 $LiMn_2O_4$ 中 Li、Mn、O 的含量影响非常大，所以控制合成过程中的各种工艺是十分重要的。化学计量尖晶石首次放电容量高，可达 $140mA \cdot h/g$，但循环过程中在 $x < 0.45$ 的高电压区，由于不稳定的两相结构共存，引起容量衰减；非化学计量尖晶石 $Li_{1+y}Mn_2O_{4+\delta}$ 虽然首次容量较低，只有 $110 \sim 120mA \cdot h/g$，但循环稳定性很好，脱/嵌锂为均相反应。化学计量尖晶石在循环过程中出现容量损失，使 Mn 进入 $8a$ 位，使计量尖晶石转变为缺陷型尖晶石，在 $16d$ 位出现空位，与此对应，在 $x < 0.45$ 的高电压区，充放电曲线由 L 型变 S 型。这说明锂过量及富氧两种情形均有利于提高固溶体结构和稳定性。

有人基于 DSC 及原位 XRD 结果，分析了 $Li_{1+y}Mn_{2-y}O_{4-\delta}$ 在冷却至 210K 过程，发生从立方结构向四方结构转变的原因，认为氧缺陷的存在是发生相变唯一的必要条件。合成温度、热处理时间、冷却方式等都能造成不同程度的氧缺陷，氧缺陷浓度不同，相变温度不同。计量型尖晶石 $LiMn_2O_4$ 没有氧缺陷，因此无相变出现。随氧缺陷的增大，Mn 的平均化合价降低，晶胞参数 a 增大，相转变温度升高。在氩气气氛中低温焙烧 $LiMn_2O_4$，可能产生氧缺陷或间隙锰离子两种类型的点缺陷，如果在氧气气氛中再次焙烧氧缺陷样品又可以恢复原来的结构，这就是氩气气氛中低温焙烧 $LiMn_2O_4$ 产生了氧缺陷的直接证明。可见，合成温度、热处理时间、冷却方式等工艺都能造成不同程度的氧缺陷。

材料的循环性能决定于其立方晶格参数值，而立方晶格参数值与锰的平均化合价态有关。如立方晶格参数值 0.823nm 左右，该值与富锂材料 $Li_{1+x}Mn_{2-x}O_4$ 的晶格参数值是一致的；在富锂材料中，锰的平均化合价约为 3.58；化合价为数值的材料能减少锰的溶解及防止由 Mn^{3+} 引起的 Jahn-Teller 扭曲效应，化学组成 $Li_{1+x}Mn_{2-x}O_2$ 中晶格参数 a_0 等有关的数值见图 3-7（a）中，其参数计算的一般式为 $a_0 = 8.4560 - 0.21746x$。

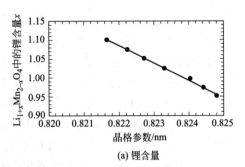

(a) 锂含量

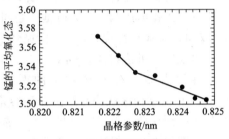

(b) 锰的平均氧化态

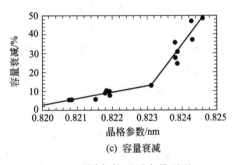

(c) 容量衰减

图 3-7　不同条件下对尖晶石型 $Li_{1+x}Mn_{2-x}O_4$ 晶格参数的影响

晶格参数可用来间接计算锰的氧化态，如图 3-7（b）所示。另外，图 3-7（c）清楚地显示了晶格参数对超过前 120 次循环后容量损失率的影响。同时掺杂铝离子和氟离子可以保持高温下循环容量的稳定性，如 $Li_{1+x}Mn_{1-x-y}Al_yO_{4-z}F_z$。这里 y 与 z 的值为 0.1～0.3。此外，如果尖晶石表面的电压保持在高于 $Li_2Mn_2O_4$ 相的生成电压，则其不均匀表面上的 Mn^{3+} 生成 Mn^{2+} 的反应就会减少，如下式的平衡向左移动 $2Mn^{3+} \Longleftrightarrow Mn^{2+} + Mn^{4+}$。由于二价锰离子容易溶解在酸性电解液中，因此必须设法防止二价锰离子的生成，一旦其溶解到电解液中，二价锰离子将会扩散到阴极，并在阴极被还原成锰金属，从而耗尽锂离子，降低电池的电化学容量。

尖晶石型化合物是混合动力汽车（HEV）所用高能锂离子电池正极材料的研发热点，尽管在高倍率下其容量只能达到 $90mA \cdot h/g$ 左右。这种类型的材料在满电荷放置时会自放电，尤其在高温下。可用 LiBOB 代替在湿气状态下容易分解生成 HF 的 $LiPF_6$ 电解质来解决了该技术难题。使用的尖晶石中，锂取代部分锰可得到稳定的结构，如 $Li_{1.06}Mn_{1.95}Al_{0.05}O_4$。一种替代方法是用某些材料，如 ZrO_2 或 $AlPO_4$ 包覆尖晶石颗粒的表面，亦可起到吸附 HF 的作用。

尖晶石型 $Li_4Ti_5O_{12}$ 亦可用作高能电池的正极材料，它的充电电压（锂嵌入）约为 1.55V。因此，在高倍率下，锂金属沉积发生在石墨碳上时，没有任何危险。当倍率高达 12C 时，60℃ 下该材料的纳米结构和微米结构共存，如将该电极与高倍率正极材料如复合层状氧化物或尖晶石 $LiMn_2O_4$ 结合，则能制备出成本低、安全性好的工作电压为 2.5V 电池；也可以与橄榄石 $LiFePO_4$ 结合，得到的电池在 1.8V 电压下循环性优良，100 次循环后无容量损失的电池；如与高电位尖晶石结合，电池电压可达到 3.5～4V。

在提高尖晶石 $LiMn_2O_4$ 的循环性能方面，利用杂质离子来稳定尖晶石 $LiMn_2O_4$ 的结构被认为是解决循环容量衰减的最有效方法之一。杂质离子的选择直接影响到掺杂的效果，可供掺杂尖晶石 $LiMn_2O_4$ 选择的金属离子很多，在众多的掺杂离子中，选择哪一些离子可能会有较好的效果呢？

3.2.3.2 引入价态稳定的阳离子

通过引入化合价小而稳定的阳离子（如 Mg^{2+}、Al^{3+}、Ga^{3+} 等）取代尖晶石结构中的部分 Mn^{3+}，以降低尖晶石中 Mn^{3+} 的含量，从而达到抑制 Jahn-Teller 效应的目的。

引入 Al^{3+} 使得 $LiAl_yMn_{2-y}O_4$（$y=0$、1/12、1/9、1/6、1/3）中 $y=1/12$ 的样品循环 200 次，容量保持率仍达 90%，锂离子扩散系数增加了一个数量级。但是 Al^{3+} 掺杂导致容量明显下降。掺杂 Mg^{2+} 可以提高放电比容量，锂离子扩散系数可提高到 10^{-8} cm²/s，但是随着 $LiMg_yMn_{2-y}O_4$（$0 \leqslant y \leqslant 0.15$）中 y 增大，放电比容量减小。以上研究表明在尖晶石结构中引入 Mg^{2+}、Al^{2+} 等阳离子均能提高锂离子扩散系数。

3.2.3.3 变价阳离子掺杂

少量掺杂 Ti、Fe、Co、Ni、Cu 等变价阳离子，虽然使尖晶石锂锰氧 4V 区容量有所下降，但大大提高其循环稳定性。如掺杂 Fe 阳离子，在 $Li_{0.9}Fe_xMn_{2-x}O_4$（$0 \leqslant x \leqslant 0.2$）及 $LiFe_xMn_{2-x}O_4$（$0 \leqslant x \leqslant 0.5$）中，Fe 以高自旋 Fe^{3+} 为主，Fe^{4+} 依次占据尖晶石结构中的 16d 位，随着 y 增大，Fe 掺杂产物的晶胞参数增大，热稳定性提高。

提高镍掺杂量，$LiNi_{0.5}Mn_{1.5}O_4$ 在 4.66V 可获得 114mA·h/g 的放电容量，并具有相当好的循环稳定性。$LiNi_{0.5}Mn_{1.5}O_4$ 薄膜电极的循环伏安曲线中没有出现 4V 区的 Mn^{3+}/Mn^{4+} 氧化还原电对，在 4.7V 表现出 155mA·h/g 的放电比容量，循环 50 次，容量保持率为 91%。增大 Cr、Co 或 Cu 掺杂量也出现类似的情况，如 $LiCrMnO_4$ 和 $LiCoMnO_4$ 的理论放电比容量分别为 151mA·h/g 和 145mA·h/g，实验测得其放电比容量分别为 75mA·h/g 和 95mA·h/g。在 $LiCu_{0.5}Mn_{1.5}O_4$ 的 CV 图中，在高电位区 4.9V 也出现了一对明显的氧化还原峰，这个峰对应的容量是总容量的 1/3，由于不存在 CuO 分解，因此，这个峰对应于 Cu^{2+}/Cu^{3+} 氧化还原电对。由于锂离子电池的正负材料都是嵌锂化合物，因此如果负极选用工作电压为 1.55V 的 $Li_4Ti_5O_{12}$，组成 $Li_4Ti_5O_{12}/LiM_{0.5}Mn_{1.5}O_4$ 电池，获得稳定的 3V 工作电压，有可能进一步改善锂离子电池的性能，基于这一点，这类 5V 材料将具有非常好的应用前景。

3.2.3.4 阴离子掺杂

阴离子掺杂同样能稳定尖晶石结构，对氧离子掺杂，离子局限于性质与氧离子接近的一价或二价阴离子，如 F^-、Cl^-、S^{2-} 等。由于 F 的原子量比氧小，如果掺入适量的 F，可以提高尖晶石 $LiMn_2O_4$ 的容量。另外用一价离子取代氧离子掺杂可降低锰的平均化合价，这样使得对锰离子进行阳离子掺杂的范围更大。掺杂 Al、F 有效地提高 $LiAl_yMn_{2-y}O_{4-z}F_z$（$0 \leqslant y \leqslant 1/12$，$0 \leqslant z \leqslant 0.04$）的放电比容量和循环稳定性，EIS 结果表明掺 F 后材料电化学阻抗明显变小。

掺杂离子的种类、掺杂离子的量和掺杂的工艺方法是决定掺杂效果的三个重要因素。阴、阳离子掺杂及复合掺杂的效果主要体现在以下几个方面：

① 掺杂阳离子的价态低于或等于 3 时会降低 Mn^{3+} 在尖晶石中的含量，抑制 Jahn-Teller 效应，增强尖晶石结构的稳定性，在充、放循环过程中，掺杂尖晶石锂锰氧固溶体体积变化减小，从而提高尖晶石 $LiMn_2O_4$ 循环性能。

② 通过阳离子掺杂使晶格常数变小，Mn^{3+} 和 Mn^{4+} 之间的距离会缩短，从而提高 D_{Li^+} 和电子电导率，提高 $LiMn_2O_4$ 的大电流充放电性能。

③ 阴、阳离子掺杂都会对尖晶石 $LiMn_2O_4$ 的氧化还原电位产生影响。

④ 由于过渡金属离子具有变价，当掺杂 Ni、V、Cr、Cu 和 Co 等过渡金属离子后，尖晶石 $LiMn_2O_4$ 会在 5V 左右产生另外一个放电平台。

⑤ 阳离子掺杂的负面效果是导致 4V 区容量降低，但掺杂后，固溶体的结构稳定性提高了，可以这样认为，掺杂离子实际上起到了过充、过放指示剂的作用，在过充、过放之前，即达到终止电压，从而保证了固溶体的结构稳定性和循环稳定性。

3.2.3.5 尖晶石锂锰氧容量衰减的原因

尖晶石锂锰氧固溶体作为锂离子二次电池正极材料的最大缺点是容量衰减较为严重，其容量衰减的原因均源于尖晶石结构的变化，归纳为如下几个方面。

（1）Jahn-Teller 效应及钝化层的形成 尖晶石 $LiMn_2O_4$ 在充、放电过程中发生的 Jahn-Teller 效应，导致尖晶石晶格畸变，并伴随着较大的体积变化，尖晶石结构的 c/a 比率增加了 16%，从而导致尖晶石结构的塌陷。尤其是在接近 4V 放电平台的末端，表面的尖晶石锂锰氧颗粒过放电成 $Li_2Mn_2O_4$，由于表面畸变的四方晶系与颗粒内部的立方晶系不相容，严重破坏了结构的完整性和颗粒间的有效接触，因而影响了锂离子扩散和颗粒间的电导性，造成容量损失。

循环过程中容量损失是由于 Jahn-Teller 扭曲引起的物理效应和高温储存化学效应协同作用的结果。在中倍率放电情况下，活性物质离子表面可能存在局部的 Li^+ 的浓度梯度，导致 Jahn-Teller 扭曲相 $Li_2Mn_2O_4$ 的形成。晶格常数的不匹配造成表面断裂和粉化，比表面的增大和富 Mn^{3+} 相 $Li_2Mn_2O_4$ 的形成有利于 Mn^{3+} 歧化溶解。离子表面形成离子和电子导电性比较低的钝化层，是 $LiMn_2O_4$ 容量衰减的原因之一。离子交换反应从活性物质离子表面向其核心推进，形成的新相包覆了原来的活性物质，使得离子表面形成了离子和电子导电性低的钝化层，这种钝化层是含锂和锰的水溶性物质，并且随着循环次数的增加而增厚。锰的溶解及电解液的分解导致了钝化层的形成，高温条件更有利于这些反应的进行。这将造成活性物质粒子间接触电阻及 Li^+ 迁移电阻的增大，从而使电池的极化增大，放电容量不完全，容量减小。

　　(2) 锰溶解使尖晶石结构遭到破坏　尖晶石 $LiMn_2O_4$ 在电解液中的溶解是造成尖晶石 $LiMn_2O_4$ 容量衰减的主要原因。尖晶石 $LiMn_2O_4$ 在循环过程中溶解的直接原因是 Mn^{3+} 的歧化反应：

$$H_2O + LiPF_6 \longrightarrow POF_3 + 2HF + LiF$$
$$4H^+ + 2LiMn^{3+}Mn^{4+}O_4 \longrightarrow 3\lambda\text{-}MnO_2 + Mn^{2+} + 2Li^+ + 2H_2O$$

由于电解液中存在着少量水分，与电解液中的 $LiPF_6$ 反应生成 HF 酸，导致尖晶石 $LiMn_2O_4$ 发生歧化反应，Mn^{2+} 溶解到电解液中，尖晶石结构遭到破坏。Mn^{3+} 的溶解亦是造成产生 Jahn-Teller 效应的根本原因，当 $n(Mn^{3+})/n(Mn^{4+})$ 大于 1 时，尖晶石晶格将由三方相向四方相转化，引起材料晶格体积有较大的变化，致使晶格破坏甚至崩溃。另外，电解液的积累性氧化分解必然导致电解液性能恶化，欧姆极化增加，电池性能下降。

　　(3) 电解液在高电位下分解导致尖晶石结构遭到破坏　锂离子电池中所用电解液的溶剂大多是有机碳酸酯，如 PC、EC、BC、DMC、DEC、EMC、DME 或它们的混合液等。在充放电循环过程中，这些溶剂会发生分解反应，其分解产物可能在活性物质表面形成 Li_2CO_3 膜，使电池极化增大，从而造成尖晶石 $LiMn_2O_4$ 正极材料循环过程中的容量衰减。在充电至高电压时，$\lambda\text{-}MnO_2$ 的催化作用使有机电解液分解，然后 $\lambda\text{-}MnO_2$ 被还原为 MnO，最终导致 Mn 的溶解，尖晶石结构遭到破坏。电解液的分解不但与导电剂、充放电状态有关，而且与温度关系密切，随着温度的升高，电解液的分解加剧。

　　在高温条件下容量损失主要发生在高电压区（4.1V），随着材料中锰的溶解，该区的两相结构逐渐变为稳定的单相结构（$LiMn_{2-x}O_{4-x}$），且同时整个 4V 区发生 Mn_2O_3 的直接溶解，这一结构变化构成容量损失的主要部分。锰溶解的产物 $LiMnO_3$ 和 $Li_2Mn_4O_9$ 在 4V 区没有电化学活性，此外，Mn^{3+} 的歧化溶解形成了缺阳离子型尖晶石相，使晶格受到破坏，并堵塞 Li^+ 扩散通道。不管结构究竟发生了怎样的变化，锰的溶解造成了活性物质离子之间接触时电阻的增大，高温情况下，电解质氧化分解的速度加快，锰的浓度变化亦加快，容量损失更加严重。

尖晶石的比表面对锰的溶解速度影响很大，因此，改善高温性能的最容易的方法是减小材料的比表面，从而减小电极材料与电解液的接触面积。这虽在一定程度上能够改善尖晶石的高温性能，但大的粒径可能造成锂离子扩散困难，降低电池的倍率特性及放电容量，且材料的加工性变差，容易造成隔膜穿孔，因此需要探索更加切实可行的办法。如对 $Li_{1.05}Mn_{1.95}O_4$ 进行表面处理，采用锂硼氧化物（LBO）玻璃相将立方尖晶石包覆，减小了材料的比表面，以减缓氟化氢的侵蚀；用乙酰丙酮处理尖晶石，该试剂与尖晶石表面的锰络合作用抑制了锰的溶解。这两种方法亦能很好地改善尖晶石的高温性能；在锂锰氧化物的表面制备一层质量分数为 $0.4\%\sim1.5\%$ 的金属碳酸盐钝化层。先用 LiOH 将富氧型尖晶石 $Li_{1+x}Mn_2O_4$ 包覆，后在 CO_2 中高温处理，使得在材料表面形成 Li_2CO_3 包覆层，从而改善该材料的充放电态下的高温储存性能，且比容量有所提高。相比较之下，以 LiOH 包覆，在空气中处理时会由于 Li^+ 的扩散至材料内部形成 $Li_{1+x}Mn_2O_4$ 而使得其容量降低。另外用醋酸钴包覆、CO_2 处理能有效地减小 $60℃$ 放电平台储存时的不可逆容量损失。

3.2.4　复合层状氧化物

3.2.4.1　非计量镍钴锂复合氧化物

许多不同性质的元素可以掺杂到 α-$NaFeO_2$ 结构中，对层状结构，锂离子脱嵌时结构的稳定性及其循环容量的保持都有影响，有人研究了在 $LiNi_{1-y}Co_yO_2$ 体系的具体构型和其物理性质，认为其结构随钴浓度的增加将变得更加规则，同时，发现随 y 从 0 增到 0.4，$c/3a$ 的值也由 1.643 增大到 1.652，并且当 $y\geqslant0.3$ 时，位于锂离子位置的镍不再存在。因此，钴的掺入限制了混合锂镍钴的化合物中镍向锂离子位的迁移；在锂镍锰钴化合物中也具有相似的行为。有报道指出，钴的存在有利于结构中铁原子的氧化，其他离子，如铁，就没有钴的这种作用。所以，在 $LiNi_{1-y}Fe_yO_2$ 化合物中，随铁离子浓度的增加，容量不断减小，铁离子对层状结构亦无积极作用。例如，$750℃$ 下制得的复合化合物材料中，当 y 分别等于 0.10、0.20、0.30 时，锂离子层中 $3d$ 金属的含量分别为 6.1%、8.4% 和 7.4%。$LiFeO_2$ 化合物虽是理想的低成本电池材料，但在锂电池的正常电压下不能够容易脱嵌锂离子，这种现象可以解释为，FeO_6 八面体的紧缩力减小，使得 Fe^{3+} 很难被还原。

电子传导性是所有层状氧化物存在的共同问题，相对其中的锂组分或镍取代组分而言，电子的传导性并不一样。钴在 $LiNiO_2$ 中取代生成 $LiNi_{0.8}Co_{0.2}O_2$ 时，其电子传导性下降。此外，随 $Li_xNi_{0.1}Co_{0.9}O_2$ 或 Li_xCoO_2（x 从 1 增到 6）结构中锂离子的脱嵌，发现电子传导率增大 6 个量级，达到 $1S/cm$。

研究表明，钴取代镍氧化物时其结构更稳定，与纯镍氧化物相比，很少失去氧。另外一些氧化还原活性差的元素如镁取代化合物中 $LiNi_{1-y}Mn_yO_2$ 则可以降低循环中容量的衰减。镁元素能阻止锂离子的完全脱去，使得减小可能的结构变形。

25℃条件下，达到一定高的氧分压（平衡氧分压超过 1atm），其中的 NiO_2 出现热力学不稳定现象。

EPR 结果表明 $LiCo_{1-y}Al_yO_2$（$y<0.7$）中 Al 以八面体配位和四面体形式存在，即有一部分 Al 处在氧的间隙位，阻碍了锂离子的扩散。掺 Mg 后 $LiCoO_2$ 的电子导电性能得到极大的提高，在室温下比未掺 Mg $LiCoO_2$ 提高了近 2 个量级。这是由于由于 Mg 进入到 CoO_2 层八面体中，提高了电子电导率，因此改善了材料的循环性能，而且进入到 LiO_2 八面体中的 Mg 也未引起容量衰减。

在过量锂盐存在的条件下于 900～1000℃下合成了具有层状结构的 $LiCoO_2$-Li_2MnO_3 固溶体 $Li(Li_{x/3}Mn_{2x/3}Co_{1-x})O_2$，随着 x 的增大，晶胞参数 a 和 c 值均线性增加，其充放电工作曲线与 $LiCoO_2$ 相似，循环稳定性很好，但其放电容量小于 160mA·h/g，且随着 Li_2MnO_3 含量的增加而容量明显减小。采用离子交换法可合成具有层状结构的 $LiCo_{1-x}Fe_xO_2$ 材料，随着 x 的增大，晶胞参数 a 和 c 值均增大，充电平台升高，放电容量显著下降，表明 Fe 的掺杂恶化了 $LiCoO_2$ 性能，而离子交换法所得 $LiCoO_2$ 与固相法合成产物相比，由于结晶度下降，循环性能也较差。过量的锂源能使产物 $LiFe_{0.1}Co_{0.9}O_2$、$LiFe_{0.2}Co_{0.8}O_2$ 和 $LiFe_{0.2}Co_{0.6}Ni_{0.2}O_2$ 中的 Fe 和 Ni 都分布在八面体位，$3a$ 位没有 Fe 存在。这说明锂过量能阻止 Fe 进入 $3a$ 位，有助于 Fe 进入 $3b$ 位。

掺杂取代的复合镍氧化物，如 $LiNi_{1-y-z}Co_yAl_zO_2$ 是当前用作 HEV (hybird electric vehicle) 大规模系统的锂电池正极材料的主要替代品，充电时，复合氧化物中的镍首先氧化成 Ni^{4+}，而后其中的钴氧化成 Co^{4+}，SAFT 公司已经生产出这种取代镍氧化物的电池，循环 1000 次，能量密度为 120～130W·h/kg，达到最大放电容量的 80%。

3.2.4.2　层状锂锰氧化物

$LiMnO_2$ 因其价格较低，对环境无污染，越来越引起人们的关注，但它在高温下热稳定性差。一般不能采用制备 $NaMnO_2$ 的方法制备。Bruce 和 Delmas 应用离子交换法从钠化合物中得到 $LiMnO_2$，研究了堆积序列对电化学性能的影响。低温合成亦是一种制备方法，例如，水热法合成或分解碱的高锰酸盐，在锂存在条件下生成 $Li_{0.5}MnO_2·nH_2O$，剧烈加热除去水后，得到层状 Li_xMnO_2；继续加热到 150℃，则生成尖晶石 $LiMn_2O_4$。通过酸处理锰氧化物亦可制得 Birnessite-type 晶相。

Li_xMnO_2 在循环过程中容易转变成热稳定性好的尖晶石结构。这种转变要求结构中有 ccp 氧晶格，且无氧扩散，ccp 晶格中有氧离子层，排列为 AcB｜aCbA｜cBaC｜bA，有三个堆积块——MnO_2 块（上层为氧，下层为锰，斜下层为锂），有以下两种方式可以加强层状 $LiMnO_2$ 结构的稳定性。

(1) 几何稳定方式　将非 ccp 结构转变成隧道结构，两块结构或其他非 ccp 密堆结构，或者占据两层之间的柱形空间均可提高其稳定性。$KMnO_2$ 和

$(VO)_y MnO_2$ 化合物则是这类柱状结构的例子。前者在低电流密度下以稳定的尖晶石构型存在，后者稳定性高，但比容量低，Dahn 和 Doeff 课题组通过观察 $Li_{0.44}MnO_2$ 隧道结构已经研究了非 ccp 结构，通过离子交换层状钠锰氧化物得到非 ccp 堆积的氧薄片化合物，这些薄片在离子交换后不能再重组，而是变成了 ccp 堆积。采用离子交换法也会出现断层形式的层堆积结构，阻止不规则层堆积转变成热稳定好的 O3 相，但这种晶相可以在很宽的电压范围内嵌入锂，在电化学曲线上表现出有超过两个电压的台阶。

（2）电子稳定方式　主要是通过用含有多电子的元素如镍取代其中的锰使得锰的电子性更与钴相似。这种成功用钴和镍取代锰的例子已有报道。通过对 $LiNi_{1-y}Mn_yO_2$（$0 < y \leqslant 0.5$）的研究发现，这种材料的容量低，循环性能差。Spahr 等人示范了一种高容量和高循环性能的 $LiNi_{0.5}Mn_{0.5}O_2$（以下简称为 550 材料），并具有和经典 $LiNiO_2$ 相似的放电曲线。$LiNi_{1-y-z}Mn_yCo_zO_2$ 化合物具有优良的电化学性能，可替代 $LiCoO_2$ 使用。除了具有高的电化学容量和循环性能外，这类化合物还显示出良好的热稳定性。从理论上分析 Li_xMnO_2 中层状向尖晶石相的转变过程，可以总结为两步机理，第一步，部分锂离子和锰离子快速移到四面体位置；第二步开始有规则地进行阳离子的尖晶石排列。

3.2.4.3　复合锂锰钴氧化物

钴取代化合物 $LiNiMn_{1-y}Co_yO_2$ 可以通过离子交换法从钠同类物中合成 $LiNiMn_{1-y}Co_yO_2$。y 的值达到 0.5 时，这类取代材料具有 α-$NaFeO_2$ 结构。非取代材料 $LiMnO_2$ 在较低的循环电流密度 $0.1 mA/cm^2$ 下可转变成尖晶石结构；$y = 0.1$ 时，第一次循环即发生这种结构转变；$y = 0.3$ 时，直到数十次时才发生很明显的变化，但在 3V 电压平台下这种材料的循环性能好。

钴、铁或镍离子取代部分锰离子，能明显地增加锰氧化物材料的电导率，在纯的 $LiMnO_2$ 或 $KMnO_2$ 中，电导率仅为 $10^{-5} S/cm$ 左右，图 3-8 的数据清晰地说明了掺入钴后的导电性，这时其电导率增大了 2 个量级，掺镍的锰氧化物材料效果差一些。

掺钴材料同样可以用水热法制备，而且循环性能与富钴材料相比有很大提高。在第一次循环中，以 $1 mA/cm^2$ 的电流充电，即使有如钾

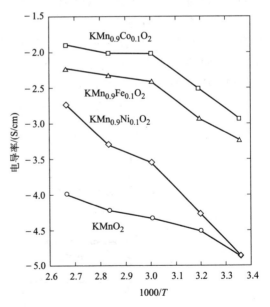

图 3-8　不同温度下 10% 的 Co、Ni 和 Fe 取代锰时的 $KMnO_2$ 电导率图

等半径较大的阳离子为支撑嵌入其结构中，掺钴化合物的构型仍向尖晶石型转化。

3.2.4.4 复合锂镍锰氧化物，多电子氧化还原体系

Li-Mn-Cr-O_2 体系为 $NaFeO_2$ 结构，当部分的过渡金属被 Li 离子取代后，如 Li_3CrMnO_5 或层状 $Li[Li_{0.2}Mn_{0.4}Cr_{0.4}]O_2$，其循环性能很好。放电曲线显示了其单相而非两相的特性。过渡金属层结构中的锂离子团簇在锰离子周围，如在 Li_2MnO_3 中。

在 $LiNi_{1-y}Mn_yO_2$ 体系中。电化学性能最优的组成为 $LiNi_{0.5}Mn_{0.5}O_2$。XPS 和磁性数据与目前的解释相符，其化合物中元素的价态为 Ni^{2+} 和 Mn^{4+}，而非 Ni^{3+} 和 Mn^{3+}，有人报道其比 $LiNiO_2$ 具有更好的电化学循环性能，称这种化合物为 550 材料（即化合物的分子比为 0.5Ni，0.5Mn，0.0Co）。而在 $LiNi_yMn_yCo_{1-2y}O_2$ 体系中，当 $0.33 \leqslant y \leqslant 0.5$，发现这是一类 $LiNi_{0.5}Mn_{0.5}O_2$ 与 $LiCoO_2$ 的固溶体。

$LiNi_{0.5}Mn_{0.5}O_2$ 为六边形晶格时，$a=0.2894nm$，$c=1.4277nm$[139]，$a=0.2892nm$，$c=1.4301nm$，$c/3a=1.647$。插入过量锂可以引起晶胞六边形发生细微的膨胀，其晶格常数为 $a=0.2908nm$，$c=1.4368nm$；这可能是生成了 $Li_2Ni_{0.5}Mn_{0.5}O_2$ 分子式的化合物。这引起了另一问题，即如果说锂占据了四面体位，那么镍在锂层中占据什么样的位置？

550 材料经 25 次循环后容量由 150mA·h/g 降为 125mA·h/g，50 次循环后降为 75mA·h/g；当合成温度由 450℃ 升至 700℃，该材料的容量和容量保持力均有增加，这是到目前为止所知的具有适宜电化学性能材料的最低温度。有人在 1000℃ 下制备了 550 材料，以电流为 $0.1mA/cm^2$，充电截止电压为 4.3V，循环 30 次，得到恒定的容量 150mA·h/g。电池的工作电压变化范围为 4.6～3.6V，如图 3-9 所示；图中显示了在 $Li_xNi_{0.5}Mn_{0.5}O_2$ 中随 x 值变化的工作电压数据。反应属单相机理。对于 $LiNi_{0.25}Mn_{0.75}O_4$ 来说，其结构更趋近尖晶石结构，这是典型的两相反应机理，存在有两个放电平台。

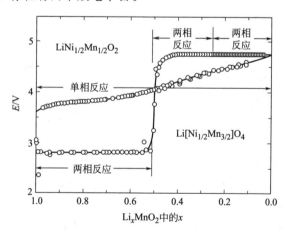

图 3-9　不同含量锂的层状和尖晶石的锂镍锰氧的工作电压曲线

900℃烧结并在室温下退火合成的550材料在制成薄膜电极经50次循环后，其容量仍超过150mA·h/g。恒流充电到4.4V后再以4.4V恒压过充，首次过充容量达170mA·h/g，但是20循环后其容量衰竭低于150mA·h/g。与大多数锂电材料一样，550样品的锂离子扩散系数约为3×10^{-10} cm²/s。550材料可以插入第二个锂，特别是掺杂一定量钛后，使得Mn（Ⅳ）还原为Mn（Ⅱ），得到分子式为yLiNi$_{0.5}$Mn$_{0.5}$O$_2$·$(1-y)$Li$_2$TiO$_3$的材料；用

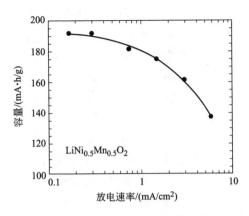

图3-10 LiNi$_{0.5}$Mn$_{0.5}$O$_2$材料的放电速率与其容量间的Ragone曲线图

锂取代部分过渡金属可得Li[Ni$_{1/3}$Mn$_{5/9}$Li$_{1/9}$]O$_2$，其容量可以由160mA·h/g提高到200mA·h/g，所组装的电池以电流为0.17mA/cm²，电压为4.5V充放并维持19h；阴极活性物质含量约为15mg/cm²。这些数据在图3-10中可以看出，其放电电流可超过10mA/cm²。

在这类化合物中，电化学活性元素为镍，其价态位于+2和+4价之间，其中锰不受锂含量的影响始终为+4价。应用第一原理量子理论计算以及结构测定证实了这种氧化还原机制。由于其中的锰保持+4价，不会生成Mn³⁺，所以不存在Jahn-Teller效应。为了验证这个模型，应用离子交换法与类似的Na化合物反应，来合成具有α-NaFeO$_2$结构的化合物Li$_{0.9}$Ni$_{0.45}$Ti$_{0.55}$O$_2$，发现在高温下才使得阳离子进行了错位排列生成了岩盐结构，由这类材料组装的电池中大约一半的锂可以脱出，同时只有50%的锂在放电时可以重新嵌入；这归因于阳离子的取代，可能是钛离子往锂层中迁移。显然，这时的锰离子对于α-NaFeO$_2$结构的稳定性起了关键作用。

用X衍射测定Li$_x$Ni$_{0.5}$Mn$_{0.5}$O$_2$结构的精确信息是非常复杂。现已通过发射电子显微镜测定了它的长程有序，并且随着其中锂含量的增加，550材料逐渐转变为Li$_2$MnO$_3$，其序列尺寸而从1nm增至2nm。显然在结构中的锂层总是存在8%～10%镍，相应地过渡金属中也含有一定量的锂。用NMR研究表明锂在过渡金属中是被6个锰离子包围，如在Li$_2$MnO$_3$中。通过计算和实验的验证，过渡金属层中需要约8%的锂；锰离子在六边形晶格上则依次被镍离子包围，为$2\sqrt{3}\times2\sqrt{3}$超点阵。在充电过程中，锂首先从锂层中脱出，但是当某一层中两个邻近的锂位全部空出时，过渡金属层中的锂离子便会从八面体位向下移动到空的四面体位置。这与NMR中所观测到的在材料充电过程中锂能可逆地从过渡金属层中脱出结果是相一致的。处于四面位的锂只有在最高电压状态下，且当所有的八面位的锂全部脱出后，它方能脱出。这种反应机理与缺锂四面体Li$_{0.5}$Ni$_{0.5}$Ni$_{0.5}$O$_2$材料的锂脱嵌机理是相符合。

纵上所述，550 材料有如下的电化学特性：

① 在温和循环条件下，至少 50 次循环中，它的比容量较高，约为 $180mA \cdot h/g$；

② 过充会加快容量衰减，但表面包覆能有助于防止其容量衰减；

③ 合成温度为 $700 \sim 1000℃$，最佳温度一般约为 $900℃$；

④ 化合物中有一定量镍离子存在于锂层中，含量达约 10%，这将会限制材料的比容量，降低其能量密度；

⑤ 钴的加入能有助于减少锂层中的镍，如化合物 $LiNi_{1-y}Co_yO_2$；

⑥ 在过渡金属层中的锂是材料结构组成的必然成分；

⑦ 镍是化合物中的电化学活性元素。

3.2.4.5 复合锂镍锰钴氧化物

上述 Ni-Mn-Co 氧化物在理论上可以合成得到这三种过渡金属的复合物，向 $LiMn_{1-y}Ni_yO_2$ 中加入钴可以在二维方向上提高结构稳定性。有人发现锂层中过渡金属含量由在 $LiMn_{0.2}Ni_{0.8}O_2$ 中的 7.2% 降到在 $LiMn_{0.2}Ni_{0.5}Co_{0.3}O_2$ 中的 2.4%，且钴掺杂后的化合物嵌锂后其容量达 $150mA \cdot h/g$。合成温度为 $1000℃$ 得到的均相化合物 $LiNi_{0.33}Mn_{0.33}Co_{0.33}O_2$，$30℃$ 时以 $0.17mA/cm^2$ 充放电，电压范围为 $2.5 \sim 4.2V$，比容量亦达到 $150mA \cdot h/g$；升高充电截止电压至 $5.0V$ 可使容量增至 $220mA \cdot h/g$，但是容量衰减很明显。这种材料亦称作是 333 材料。

有人利用第一性原理计算和通过实验研究了 $LiNi_{1/3}Co_{1/3}Mn_{1/3}O_2$ 的电子结构以及各过渡元素的化合价分布，认为 $LiNi_{1/3}Co_{1/3}Mn_{1/3}O_2$ 中镍、钴、锰的化合价分别为 $+2$、$+3$、$+4$ 价；从比较 M—O 键的键长、键能和 XPS、XANES 等能谱分析表明在 $LiNi_{1/3}Co_{1/3}Mn_{1/3}O_2$ 中 Co 的电子结构与 $LiCoO_2$ 中的 Co 一致，而 Ni 和 Mn 的电子结构却不同于 $LiNiO_2$ 和 $LiMnO_2$ 中 Ni 和 Mn 的电子结构。

采用 $Ni_{1-x-y}Mn_xCo_y(OH)_2$ 和锂盐在空气和氧气中于 $750℃$ 合成了 $LiNi_{1-x-y}Mn_xCo_yO_2$，但其最优合成温度为 $800 \sim 900℃$。放电温度对 $LiNi_{3/8}Co_{2/8}Mn_{3/8}O_2$ 的放电容量与倍率特性、锂离子扩散及电荷传递等有较大影响，升高放电温度可显著改善 $LiNi_{3/8}Co_{2/8}Mn_{3/8}O_2$ 的放电容量与倍率放电性能，这是由于温度的升高，有助于材料电荷传递速率加快，电子嵌入-逸出反应加快，使得其放电容量与倍率放电性能显著改善。

采用镍、钴、锰三元氢氧化物前驱体和 $LiOH \cdot H_2O$ 为原料在 $1000℃$ 烧结 14h 所得的 $LiNi_{1/3}Co_{1/3}Mn_{1/3}O_2$ 正极材料，在电流密度为 $0.17mA/cm^2$，充放电电压为 $2.5 \sim 4.6V$ 时，该材料的首次可逆比容量可达 $200mA \cdot h/g$，较 $LiCoO_2$ 高，循环性能也令人满意，而且比 $LiCoO_2$、$LiNiO_2$ 有更好的热稳定性。

图 3-11 为前驱体分别在 $920℃$、$950℃$ 和 $980℃$ 下煅烧 8 h 后产物的 XRD 图。从图可见，$920 \sim 980℃$ 合成得到的 $Li_{1.15-x}Ni_{1/3}Co_{1/3}Mn_{1/3}O_{2+\delta}$ 的 XRD 衍射线形尖锐，表明结晶完整，呈单一相，所有衍射峰均可按层状 α-$NaFeO_2$ 结构指标化，产物属 $R\bar{3}m$ 空间群。

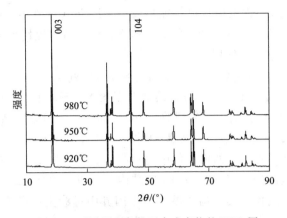

图 3-11　不同温度条件下合成产物的 XRD 图

表 3-5 列出了不同温度条件下合成产物的有关晶体结构参数。图 3-12 为不同温度下合成的 $Li_{1.15-x}Ni_{1/3}Co_{1/3}Mn_{1/3}O_{2+\delta}$ 的 SEM 照片。

表 3-5　不同温度下合成产物的晶体结构参数

样　品	合成温度 /℃	a/ nm	c/ nm	c / a	I_{003}/I_{104}	晶胞体积 / 10^{-33} m^3
$Li_{1.15-x}Ni_{1/3}Co_{1/3}Mn_{1/3}O_{2+\delta}$	920	0.27864	1.41591	5.0816	1.3262	95.2008
	950	0.28666	1.42582	4.9739	1.4025	101.4651
	980	0.28633	1.42377	4.9724	1.3350	101.0861

图 3-12　不同温度下合成的 $Li_{1.15-x}Ni_{1/3}Co_{1/3}Mn_{1/3}O_{2+\delta}$ 的 SEM

(a) 920℃；(b) 950℃；(c) 980℃

采用喷雾热解法合成的 $LiNi_{1/3}Co_{1/3}Mn_{1/3}O_2$ 在 0.2C、2.8～4.6V 电压下首次放电容量为 188mA·h/g，在 30℃和 55℃循环 50 次后容量仍分别保持为 163mA·

h/g 和 173mA·h/g，大电流放电性能也较好。Li-Ni-Co-Mn-O 正极材料有着稳定的电化学性能，高的放电容量和好的放电倍率，而且放电电压范围很宽，安全性很好，适合于在电动汽车中使用。

典型的 $LiNi_{1-y-z}Mn_yCo_zO_2$ 的制备方法是将 $Ni_{1-y-z}Mn_yCo_z(OH)_2$ 与锂盐复合，然后在空气或氧气反应而得，其最佳温度 800～900℃。在此条件下得到的是一种层状 O3 型的单相结构。典型的衍射参数符合 α-$NaFeO_2$ 结构的 $R3m$ 均匀分布，如图 3-13 所示。它的结构是由其中的氧离子排列成的一种封闭立方体组成。结构中过渡金属离子占据了八面体位中的夹层。氢氧化物复合物前驱体的结构和性质已有研究；这是一种类似 TiS_2 的 CdI_2 结构，但扭曲的层状结构发生错位且加热时会转变为尖晶石结构。其结构的晶胞参数因其中过渡金属所影响，如图 3-14 所示。参数 a 和 c 在锰含量一定的情况下，随其中镍含量的增加而增大；随钴含量的增加而减小。对于 $LiNi_yMn_yCo_{1-2y}O_2$ 体系而言，参数 a 和 c 遵从 Vegard 定律，即随钴含量的增加而呈线性递减。当镍含量恒定时，参数 a 直接与其中的锰含量成正比，和钴含量成反比。

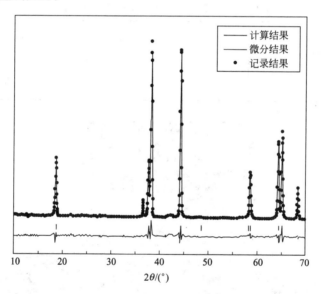

图 3-13　层状 $LiNi_{0.4}Mn_{0.4}Co_{0.2}O_2$ 材料粉末衍射图

晶格常数比值 $c/3a$ 可以直观地反映晶格偏离立方晶格程度。一个理想的 ccp 晶格的 $c/3a$ 比是 1.633，然而 $LiNi_yMn_yCo_{1-2y}O_2$ 体系的 $c/3a$ 比是 1.672。如在 TiS_2 中，其嵌锂后分子式转变 $LiTiS_2$，其晶格的 $c/3a$ 会增加到 1.793。比值低的 CoO_2 的 $c/3a$ 亦由 1.52 增大到 $LiCoO_2$ 的 1.664。ZrS_2 也是异常低，同样其 $c/3a$ 由 1.592 增大到 $LiZrS_2$ 的 1.734。$c/3a$ 比值越接近 1.633，锂层中的过渡金属的含量就越多。因此，$LiNiO_2$ 的 $c/3a$ 比为 1.639，和尖晶石型 $LiNi_2O_4$ 接近。对于 $LiNi_{0.5}Mn_{0.5}O_2$ 而言，其 $c/3a$ 比值为 1.644～1.649；当增加第二个锂时，如在

Li₂NiO₂ 和 Li₂Ni₀.₅Mn₀.₅O₂ 中，c/a 比值变化则非常小，分别为 1.648 和 1.647。

由图 3-14 可见，随着钴的加入，$c/3a$ 比值变化非常明显，表明钴提供了类似层状的特性。然而 [Mn]＝0.3 的曲线则显示随着钴含量的减少（即 Ni 含量随之增加），其比值更接近理想立方值 1.633，且当 [Ni]＝0.4 时，比值几乎不变化。可见，化合物的 $c/3a$ 值取决于镍的浓度，钴的存在减少了锂层中的镍。图 3-14 中 (d) 可见，当 [Ni]＝[Mn] 时，$c/3a$ 值随钴含量的增加而不断增大。当其中锰含量为 $0.1 \leqslant y \leqslant 0.5$ 时，$c/3a$ 值没有发生变化，其值为 1.644±0.005。LiNi₀.₃₃Mn₀.₃₃Co₀.₃₃O₂ 的 $c/3a$ 平均数值为 1.657，其与化合物 LiNi₀.₅Mn₀.₅O₂ 的平均数比值为 1.647 相比较，更加层状化。对于 333 材料来说，其 $c/3a$ 比值随合成温度 900～1100℃ 的增加而递减，遵循 $c/3a＝(1.680～2.35)×10^{-5}\ T$，说明升温将增加锂层中的镍含量。

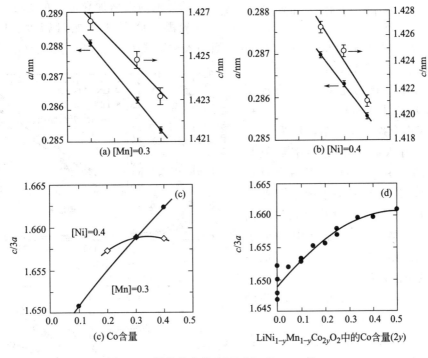

图 3-14　层状化合物 LiNi$_y$Mn$_z$Co$_{1-y-z}$O₂
和 LiNi$_{1-y}$Mn$_{1-y}$Co$_{2y}$O₂ 的晶胞参数的 $c/3a$ 之比值

图 3-15 给出了化合物的组分随其合成温度的变化关系。数据清楚地表明了钴含量的增加有利于抑制过渡金属的错位，但是难以得到分子式为 LiNi$_{1-y}$Co$_y$O₂ 的化合物，其中只有在 $y \leqslant 0.3$ 时，才可观察到镍的错位，而且这种情况随着镍含量的增加而增大。合成温度与化合物组分有着同样显著的影响，同样在图 3-15 中给出 LiNi₀.₄Mn₀.₄Co₀.₂O₂（以下简称为 442 材料）的例子亦可见，其中在 1000℃ 下合成并迅速冷却到常温制得的样品几乎有 10％镍填充在锂层。在 950℃ 下合成的

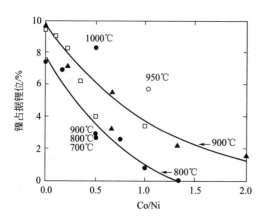

图 3-15 不同温度下合成的 $LiNi_yMn_zCo_{1-y-z}O_2$ 材料的钴镍比与占据锂位间的百分比关系

333 材料，占据锂位的镍有 5.9%；只有在 800℃ 合成的样品中，随钴含量的增加，镍的错位可以减少到 0。在 900℃ 时，即使钴比镍多也同样会存在镍错位，所有合成温度为 900℃ 的样品比 800℃ 的样品的锂层中的镍约多 2%，显然高温增加了镍离子的错位。

尽管上述材料有良好的电化学性能，但是作为大倍率的正极材料，它们的电子电导率仍然很低，因此需要寻求一种在无需添加大量如炭黑之类的导电剂来增加导电率的方法，因为炭黑会降低体积能量密度。$LiNi_{0.5}Mn_{0.5}O_2$ 的电导率为 $6.2×10^{-5}S/cm$；当加入钴制成 $LiNi_{0.4}Mn_{0.4}Co_{0.2}O_2$ 后，样品的电导率会增至 $1.4×10^{-4}S/cm$。不含钴化合物的电导率值约等于 $KMnO_2$ 或 $LiMnO_2$，$2\%\sim10\%$ 钴的加入将会提高 100 倍，约为 10^{-3} S/cm。有人报道的电导率数值为 $(2\sim5)×10^{-4}S/cm$。当钴含量达 0.5 时，其电导率是不随组分变化而变化的。增加钴含量可以提高倍率，这可能是由于锂层中减少了 Ni^{2+} 的限制，这样的限制会降低锂离子的扩散系数。

关于多元过渡金属氧化物体系的物理性质和化学键的性质已经有了大量的研究，完全由氧化锂构成的化合物中钴是 +3 价，镍是 +2 价，而锰则为 +4 价。因此，电化学活性元素主要是镍，钴只在脱锂后期有活性，锰在电化学反应过程中并不起作用。对于这类化合物的磁性研究给出了镍离子位置的信息，当锂层中有镍离子存在时，会在瞬间磁性中导致一种回路磁滞现象。在 $Li(NiMnCo)O_2$ 和

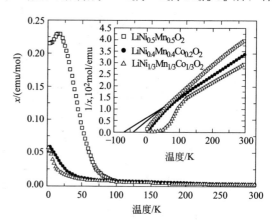

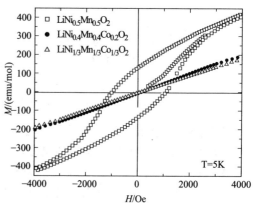

图 3-16 $LiNi_{0.5}Mn_{0.5}O_2$、$LiNi_{0.4}Mn_{0.4}Co_{0.2}O_2$ 和 $LiNi_{0.33}Mn_{0.33}Co_{0.33}O_2$ 材料的磁性

$LiNi_{1-y}Al_yO_2$ 体系中均存在这种现象。这些磁性规律如图 3-16 所示。图中显示在高温条件下，当钴的添加量由 0.0 增至 0.2、0.33 时，它们遵循 Curie-Weiss 规律，磁滞现象减少，表示锂层中的 Ni^{2+} 含量的降低。

基于这些过渡金属氧化物作了大量 XPS 研究，均表明其中的 Ni^{2+} 起主导作用。因此，对于 442 材料来说，钴的光谱无疑是 Co^{3+} 的作用，而锰的光谱约 80% 是 Mn^{4+} 产生，20% 为 Mn^{3+} 所产生。镍的光谱特征非常强烈且复杂，约 80% 归于 Ni^{2+}，20% 归于 Ni^{3+}。对于 $LiNi_{0.33}Mn_{0.33}Co_{0.33}O_2$、$LiNi_{0.5}Mn_{0.5}O_2$ 和 $LiNi_yCo_{1-2y}Mn_yO_2$ 的研究，发现当 $y=1/4$ 和 3/8 时，同样表明分别是 +2 和 +4 价的镍、锰氧化态起主导作用，其中电化学活性关键元素是镍。

对于不同组分化合物在一系列电流密度下的电化学性质来说，纯 $Li_{1-y}Ni_{1+y}O_2$ 的容量最低。如在 900℃ 合成的一种 442 化合物测得电化学性能如图 3-17，当测试温度为 22℃，电流为 $1\sim2mA/cm^2$，电压范围为 2.5~4.3V；这相当于倍率为 44mA/g 和 104mA/g，所有样品的初始电压约为 3.8V。合成温度对容量及容量保持性能非常重要，最佳温度为 800~900℃，1000℃ 时合成样品容量极低。442 材料比容量信息在图 3-17 中给出，可见不同研究者所得样品结构重现性都非常优秀。如一种容量恒定的 442 材料，以 $0.2mA/cm^2$（20mA/g 或 $C/8$）充放，循环 30 次，电压范围为 2.8~4.4V，其容量为 175mA·h/g；当电流密度增至 40mA/g、80mA/g、160mA/g（$1.6mA/cm^2$ 或 $1C$ 倍率）时，容量分别为 170mA·h/g、165mA·h/g、162mA·h/g，稍有衰竭。具有优异性能的材料 $LiNi_{0.375}Mn_{0.375}Co_{0.25}O_2$，其中被镍占据的锂位约 5.5%，30℃ 时容量为 160mA·h/g，倍率为 40mA/g，50 次循环后，容量衰减至 140mA·h/g；升温到 55℃，容量则提升至 170mA·h/g，50 次循环后容量只衰减到 160mA·h/g。当样品中只含 3.2% 镍占据锂位时，它的容量低一些，30mA/g 充放，截止电压为 4.2V，50 次循环后容量只有 130~135mA·h/g；截止电压增加到 4.4V 时，其容量增加 20~30mA·h/g。这说明了充电电压非常关键。

对于 333 材料，提高其充电电压则可以提高其容量。如有人报道合成温度由 800℃ 升至 900℃，则可以使初始容量由 173mA·h/g 增至 190mA·h/g。0.3C 充放，电压范围为 3.0~4.5V，循环 16 次后，容量由 160mA·h/g 增至 180mA·h/g。同样有报道，在截止电压为 4.2V 时容量为 150mA·h/g，4.6V 和 5.0V 时为 200mA·h/g，即电压的提高可以增加比容量。

随着锂原子的脱嵌，材料结构发生相应的变化。在 $LiNi_{0.4}Mn_{0.4}Co_{0.2}O_2$ 中，晶胞体积收缩 2%，远低于 $Li_xNi_{0.75}Co_{0.25}O_2$ 和 Li_xTiS_2 中的 5%，从而使它在循环过程中更难发生机械形变而碎裂。333 材料在脱锂过程中晶胞体积收缩同样小于 2%。体积变化这么小的原因是在此过程中晶胞参数 a 和 c 的改变相互抵消，当 c 增大时，a 便收缩。如图 3-18 所示的 442 材料，其中 X 射线衍射参数被强行调整为适合于 $LiMO_2$ 的六边形晶格。

研究表明，333 材料至少相当于甚至优于纯 $LiCoO_2$ 正极材料。在棱形电池结

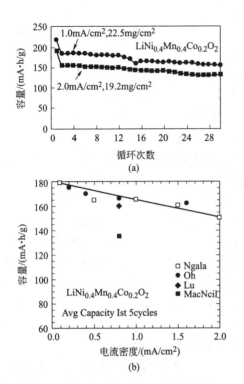

图 3-17　$LiNi_{0.4}Mn_{0.4}Co_{0.2}O_2$ 材料的
电化学性能
（a）容量与循环次数的关系；
（b）容量与放电速率间的关系

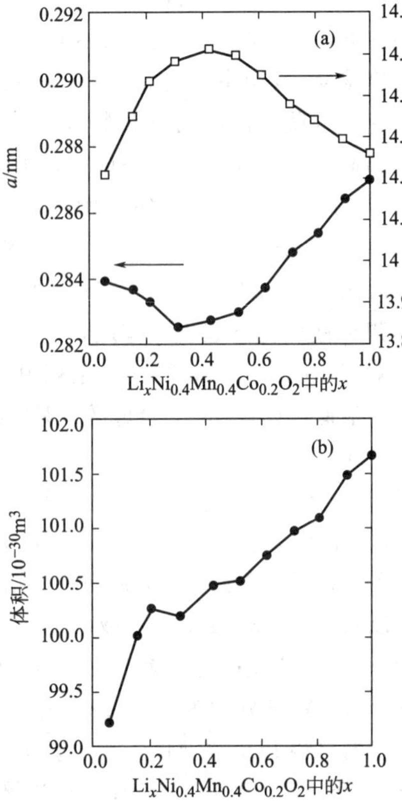

图 3-18　$Li_xNi_{0.4}Mn_{0.4}Co_{0.2}O_2$ 的晶胞参数

构中，1C 条件下，30 次循环后仍能维持 $600mA\cdot h$ 的恒定容量。对所有这些层状氧化物在脱锂过程中的热力学稳定性进行研究。发现尽管 MnO_2 在常温下、空气中很稳定，而 CoO_2 和 NiO_2 表现不稳定。氧化物体系中的锰、钴、镍稳定氧化物价态分别是 4、2 和 2；当加热超过 500℃时，则变成 Mn_2O_3，继续升温则变化为 Mn_3O_4。因此，在电池中，随外部任何热偏移都会造成其中的元素的价态变化而导致动力学稳定性发生问题。

表 3-6 总结了部分组成正极材料的晶胞参数、工作电压及理论电化学容量。

表 3-6　不同组成正极材料的晶胞参数、工作电压及理论电化学容量比较

化合物	a_0/nm	b_0/nm	c_0/nm	晶体对称性	工作电压/V	理论容量
$LiCoO_2$	0.2805	0.2805	1.406	六方晶系（$R3m$）	3.5-4.5	274
$LiNiO_2$	0.2885	0.2885	1.420	六方晶系（$R3m$）	2.5-4.1	276
$LiMnO_2$	0.54388	0.28085	0.53878（$\beta=116°$）	单斜晶系（$C2/m$）	3	286
$LiMn_2O_4$	0.8239	0.8239	0.8239	立方晶系（$Fd3m$）	4	148
$LiFePO_4$	1.0329	0.6011	0.4699	正交晶系（$Pnma$）	3.4-3.5	170

锂离子电池原理与关键技术

对于以下四种氧化物，$Li_xNi_{1.02}O_2$、$Li_xNi_{0.89}Al_{0.16}O_2$、$Li_xNi_{0.70}Co_{0.15}O_2$ 和 $Li_xNi_{0.90}Mn_{0.10}O_2$，在 x 小于等于 0.5 时，结构首先会转变成尖晶石相，然后再转变成岩盐结构。第二步变化是失去氧。而第一步可能是由于组分的原因，通常是当 x 小于 0.5 时；第二步氧的释放发生在低温条件下，如对于锂含量较低的 $Li_{0.3}Ni_{1.02}O_2$，当温度低于 190℃ 时便会发生。铝和钴的掺杂可以提高其稳定性。化合物 $Li_{0.1}NiO_2$ 在 200℃ 时会失重形成岩盐结构。用镍取代锰似乎可以提高成尖晶石相的转变温度。因此，$Li_{0.5}Ni_{0.5}Mn_{0.5}O_2$ 即使在 200℃ 环境中放置 3 天后仍为层状，而在 400℃ 以上生成尖晶石相，且与分子中镍锰比为 1:1 的化合物相比较，其高温稳定性更好，在空气中最终会生成尖晶石和镍氧化物复合物，氮气中会以 $NiO+Mn_3O_4$ 复合物形式存在。

化合物 $Li_{0.5}Ni_{0.4}Mn_{0.4}Co_{0.2}O_2$ 和 $Li_{0.5}Ni_{0.33}Mn_{0.33}Co_{0.33}O_2$ 失重温度都在 300℃ 以上，失重 7%～8%；只有在 450℃ 以上，钴才会相应地由 Co^{3+} 生成 Co^{2+}，由 Ni^{4+} 生成 Ni^{2+}；锰仍是 Mn^{4+}。在 350℃ 时化合物会变成尖晶石结构，且尖晶石结构将一直保持到 600℃。

总结 550 固溶体材料和 $LiCoO_2$ 可知具有以下性质：

① 温和条件下充放，循环 50 次后容量可达 170mA·h/g，$2mA/cm^2$ 充放时容量超过 150mA·h/g，提高充电截止电压可以提升容量；

② 合成温度应该大于 700℃ 而小于 1000℃，最佳温度约为 900℃；

③ 钴可以减少锂层中的镍离子，Co/Ni 的比值应该大于 1，从而排除锂层中的镍；

④ 最终加热温度不能高于 800℃，如果最终稳定温度为 900℃，那将会有镍离子存在于锂层中；一定量的镍离子可以在锂浓度较低时阻止形成块状结构；

⑤ 充电循环过程中生成块状结构的可能性越少，其容量保持性能就越好；

⑥ $Li_x(NiMnCo)O_2$ 体系中，当 $0 \leqslant x \leqslant 1$ 时，所有材料不仅仅是单相；442 化合物只有在 $x=0.05$ 时才会形成块状结构；

⑦ 低 x 值时的材料结构需要研究；

⑧ 低电势下，镍是电化学活性中心离子；

⑨ 电子电导率需要提高；

⑩ 对于材料的容量、功率、寿命之间综合性能仍需要确定最优化关系。

3.2.4.6 复合金属的富锂氧化物

额外的锂能以 Li_2MnO_3 和 $LiMO_2$（M＝Cr、Co）固溶体形式与层状结构成为一体。过渡金属离子也可以是镍或锰离子，包括如 $LiNi_{1-y}Co_yO_2$、Li_2MnO_3 可以被类似金属替代的体系，如 Li_2TiO_3 和 Li_2ZrO_3 等。Li_2MnO_3 可以重新生成富锂层状化合物 $Li[Li_{1/3}Mn_{2/3}]O_2$。这些固溶体因此可以生成分子式为 $LiM_{1-y}[Li_{1/3}Mn_{2/3}]_yO_2$ 的化合物，其中 M 可以是 Cr、Mn、Fe、Co、Ni 或它们的复合物。过量的锂可以增加锰由＋3 价向＋4 价变化的趋势，因此可以将由 Mn^{3+} 产生的 Jahn-Teller 效应降低到最小值。

令人特别感兴趣的是当 Li_2MnO_3 体系中，锰呈 +4 价氧化态时，它会在充电中表现出很意外的电化学活性。这种"过充"与以下两个方面有关，一是脱锂过程中会伴随着氧的损失，从而形成氧晶格缺陷；二是当脱锂过程发生并使之在电解液中溶解时，会增加电解液中的阳离子数，这样能与材料间进行锂离子的交换。究竟哪一方面占据主导地位取决于温度和氧化物晶格化学组分。锰氧化物在二者中都无变化。当一定量的氢参加了离子交换，MO_2 层状结构便会滑动形成棱镜形，夹层间距会收缩约 0.03nm，形成氢键。当氧化物被加热到 150℃ 时，这些质子便会消失。用酸过滤 Li_2MnO_3 同样可以使得脱锂存在，有利于质子交换。用酸过滤后可形成按一定化学计量比的化合物，如 $LiNi_{0.4}Mn_{0.4}Co_{0.2}O_2$，同样可以脱去锂且可进行少量的离子交换。

在 200℃ 时，用氢还原尖晶石 $Li[Li_{1/3}Mn_{5/3}]O_4$，证实了当锂过量时，氧很容易从其紧密堆积晶格中脱出。同时，研究表明其中的氧可以在充电电压约为 4.3V 时通过电化学方法充电脱出；然后显示出典型尖晶石材料的放电特性，放电电压为 4V。这类还原的材料的研究过程同样可以类推至 $Li[Li_{1/3}Mn_{5/3}]O_{4-\delta}$ 体系。

对于 Li_2MnO_2-$LiNiO_2$ 固溶体体系来说，可以写成 $Li[Ni_yLi_{(1/3-2y/3)}Mn_{(2/3-y/3)}]O_2 = yLiNiO_2 + (1-y)Li[Li_{1/3}Mn_{2/3}]O_2$。当镍加入时，晶格参数 a 和 c 呈线性增加，即 $0.08 \leqslant y \leqslant 0.5$ 时，$c/3a$ 值线性减小，表明正如预期的镍的加入可以减少分层现象。这些材料组装成电池后显示出一个约 4.5V 的不可逆电压平台，这应该是如上文所述的氧缺陷造成的。在这个平台前，化合物中所有的镍都氧化成了 Ni^{4+}。"过充"之后，30℃ 条件下，在 2.0~4.6V 电压范围内，循环性能很好，当随着 y 值的变大，如 $y=1/2$、5/12、1/3，容量反而增加了，具体分别为 160mA·h/g、180mA·h/g、200mA·h/g。当循环温度升至 55℃，$y=1/3$ 的材料容量增至 220mA·h/g。它虽然充电效果很好，但是热稳定性却很差。在 550 材料中添加过量锂，$Li_{1+x}(Ni_{0.5}Mn_{0.5})_{1-x}O_2$ 的热稳定性有所提高。

Li_2MnO_3-$LiNiO_2$-$LiMnO_2$ 体系已有研究，结果表明，其可沿 Li_2MnO_3-$LiNiO_2$ 线至完全相溶；当充电电压低于 4.3V，镍含量减少时，容量快速下降。

Li_2TiO_3 与 $LiNi_{0.5}Mn_{0.5}O_2$ 亦可形成固溶体，钛可以增强其在结构中嵌入第二个锂。在层状材料中添加 Li_2MnO_3 即是富锰材料，相比较而言，它会形成尖晶石相从而降低稳定性。$Li[Li_{0.2}Ni_{0.2}Mn_{0.6}]O_2$ 以 0.1mA/cm^2 充放电，电压为 2.0~4.6V，10 次循环后，容量为 200mA·h/g 左右的恒定值。高倍率下的稳定性和电化学特性未作报道。

综上所述，过量的锂含量，考虑镍、钴和锰的添加比等可以设计出合适组分的理想正极材料。这种材料具有稳定晶格（Mn），存在作为电化学活性中心（Ni），使得过渡金属有序化或提高倍率性能和电导率（Co），以及增加电池容量（Li）的功能作用，其中每一个因素都有其自身的作用。是否还有其他元素能起到关键作用还有待于进一步确认。

3.2.5 其他层状氧化物

3.2.5.1 钒和钼的高价氧化物

V_2O_5 和 MoO_3 是最早研究的两种氧化物。化合物 MoO_3 中的一个钼很容易与约 0.5 个锂反应，但是反应速率慢。当把 MoO_3 固体加入到正丁基锂中时，这个反应的速率可以很容易地通过温度上升的速率来测定。图 3-19 给出了三种正极材料 TiS_2、V_2O_5 和 MoO_3 的反应热。温度越高，材料的功率越大。

V_2O_5 是层状结构，层间的钒氧键很弱，与锂反应是通过嵌入机理反应：$xLi + V_2O_5 = Li_xV_2O_5$。$V_2O_5$ 在锂嵌入时其结构特性相当复杂，最初只是锂嵌入到结构中，开始形成 α 相（$x<0.01$），然后形成 ε 相（$0.35<x<0.7$），ε 相中层更多的被折叠。在 $x=1$ 时，两层中有一层发生了移位，导致了 δ 相形成。但当不止一个锂被充入时，就会发生结构大的改变，γ 相在 $0<x<2$ 的范围内存在。在 α-相、ε-相和 δ-相中，组成 V_2O_5 结构以正方锥形排列，顶点在上、上、下方排列。与之不同的是，在高度折叠的 γ

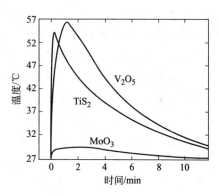

图 3-19 TiS_2、V_2O_5、MoO_3 三种
正极材料的反应热

相中，这些顶点上、下、上、下排列。当更多锂嵌入时，形成了氯化钠结构，这种化合物被称为 ψ-$Li_3V_2O_5$ 相。在单一的固溶体相中 ψ-相进行电化学循环时，最后锂的脱出在 4V 左右，这清楚地表明这种相与初始的 V_2O_5 相（开路电压为 3.5V）是不同的（图 3-20）。如图 3-21 所示，Ψ-物质为四面体结构，经过长时间的循环就变成了简单的氯化钠结构，化学式为 $Li_{0.6}V_{0.4}O$，其晶胞参数 $a=0.41nm$。

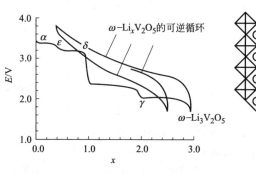

图 3-20 V_2O_5 化合物的放电性能

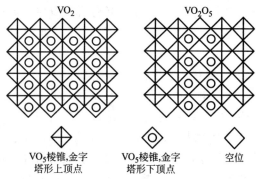

图 3-21 V_2O_5 的结构示意

3.2.5.2 混合价态钒氧化物

部分还原性钒氧化物如 V_6O_{13} 具有良好的电化学性能，在锂钒氧化合物的制备中，按 Li:V 摩尔比为 1 与锂结合，其中 V:O 摩尔比在钒氧化物与锂反应的容

量控制方面起主要作用。这类化合物是一种交错的单双层结构，其中单层钒氧化物是变形的 VO_6 八面体。其中有很多的位置便于锂离子的嵌入，一旦这些位置被填满，就会进行放电曲线上显示的有关步骤，研究表明，化合物的晶格首先沿 c 轴扩展，然后沿 b 轴扩展。

钒氧化物 LiV_3O_8 是由八面体和三角双锥体组成的层状结构，像其他层状结构一样可以增大嵌入锂离子。同样，制备方法对 LiV_3O_8 的电化学性能具有很大的影响；在低电流范围下（$6\sim200\mu A/cm^2$），相同 Li/V 分子比的 LiV_3O_8 无定形材料的容量每摩尔从 2 增大到 3～4 以上。

3.2.5.3 双层结构：干凝胶、δ-钒氧化物和纳米管

通过酸化钒酸钠溶液可得到钒氧化物。例如，钒酸钠通过酸性离子交换，干燥后的橙色凝胶的分子结构式是 $H_xV_2O_5 \cdot nH_2O$。在真空或适度加热条件下，基于它具有较高的阳离子交换能力，脱去约 1.1mol 水后，变成 $H_{0.3}V_2O_5 \cdot 0.5H_2O$，内层间距约为 0.88nm，在有 $1.8H_2O$ 存在下，间距增大为 1.15nm，质子和水被锂离子和极性溶剂交换。此外，钒氧化物干凝胶也可以通过用过氧化氢处理 V_2O_5 制得。该法得到的五氧化二钒含有两层钒氧化物组成的薄片，在外面钒氧键作用下，结晶 V_2O_5 结构内形成的四方锥形变成扭曲的八面体结构。采用气凝胶过程在 CO_2 和丙酮存在的超临界干燥条件下制得的活性产物 $H_yV_2O_5 \cdot 0.5H_2O \cdot$ 碳，具有较好的电化学性能，其中碳所占的质量比约为 3.9%；干燥后，晶格间距可达到 1.25nm，在单一可持续放电曲线上与锂反应的中间电动势为 3.1V 左右，每 2.8 个 V 可结合 4.1 个锂，如图 3-22 所示，其容量远高于结晶态的 V_2O_5。

干凝胶中钒氧化物双层结构形成了双面层，钒占据扭曲的 VO_6 八面体位置，氧化物表现出优良的电化学容量，某种情况下可超过 $200mA \cdot h/g$，如图 3-23 所示。但是，化合物的比容量仍受某种程度上的限制，因此，更多的钒氧化物纳米管被合成利用。钒氧化物纳米管含有双层钒氧化物结构，表现出令人感兴趣但却繁杂的电化学行为。某种条件下，容量在循环过程中增大，锰离子取代部分钒离子生成的化合物的电化学行为如图 3-23 中所示。

3.2.6 层状二硫族化物正极材料

将一组给电子分子和离子化合物嵌入到层状二硫族化物（特别是 TaS_2）中，这些主客体材料的嵌入反应改变了它们原有的物理性质，特别是发现了它可以把超导转变温度从 0.8K 提高到 3K 以上。TaS_2 嵌入到碱金属氢氧化物中时，表现出有最高的超导转变温度，对这一形成的研究导致发现了这些碱金属离子与层状物质反应有非常高的自由能。因此，$K_x(H_2O)\text{-}TaS_2$ 的稳定性可能被解释为它们的类盐性，这一点与相应的石墨化合物的类金属性是相反的。

在所有层状的二硫族化物中，TiS_2 用来做储能电极是最有吸引力的。TiS_2 是一种半导体，因此正极结构中不需要导电稀释剂。Li_xTiS_2 在 $0 \leqslant x \leqslant 1$ 整个范围内都与锂形成了单一的相，相的改变不能使得所有锂能够可逆地脱出时，不伴随新相

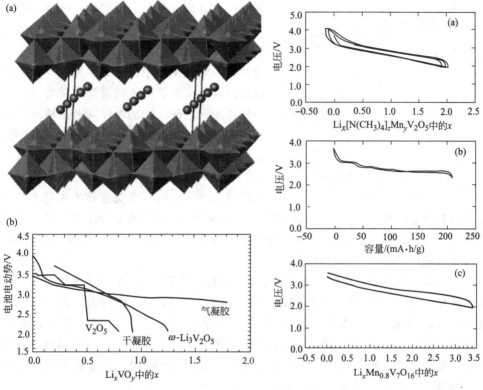

图 3-22 气凝胶制得的双层钒氧化物
结构示意图 (a) 及不同结晶状的
V₂O₅ 的电化学性能 (b)

图 3-23 δ-Mn$_y$V$_2$O$_5$ (a)、δ-NH$_4$V$_4$O$_{10}$
(b) 和锰钒氧化合物 (c) 的电化学性能

成核的能量损耗，也不可能由于锂含量变化使得主体重排时反应迟缓造成的能量损耗。而在 LiCoO₂ 体系中，相改变导致大约只有 0.5 个锂容易在循环时从化合物中脱出和嵌入。用二硫化物作钠电池的正极材料还是相当有吸引力的，当 Na$_x$TiS₂ 或 Na$_x$TaS₂ 中钠含量改变时，由于 x 值为 0.5 时更有利于三角双锥配位形成，而在 x 接近于 1 时采取八面体配位，所以此类体系的相变化非常复杂。

硫是六方紧密堆积格子，钛离子位于交替的硫层间的八面体位置上。硫离子以 ABAB 堆积，TiS₂ 层直接堆积在另一个 TiS₂ 层的上部。对于非化学计量的硫化物 Ti$_{1+y}$S₂ 或 TiS₂，发现一些钛存在于空的范德华层内。这些不规整的钛离子阻止了大分子离子的嵌入，同时也阻止了像锂一样的小离子的嵌入，因此降低了锂离子的扩散系数。因此，锂的高性能反应性材料应该有一个规整的结构，这就要求在小于 600℃ 的条件下制备。

锂在 TiS₂ 中脱嵌的静电循环如图 3-24 所示，设置的电流为 10mA/cm²。可以看出，由 TiS₂ 到 LiTiS₂ 自始至终都是典型的单相行为，因此没有能量消耗在新相

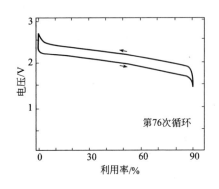

图 3-24 Li/TiS₂ 在 $10mA/cm^2$ 条件下的充放电曲线

的成核上面。但是，用首次增容的方法对嵌入电位作更为精密的检测表明，锂离子存在局部的调整。使用的电解液为 $2.5mol/L$ $LiClO_4$/二氧环戊烷体系，这种溶剂不会与锂共嵌入到硫化物中。与之不同的是，当用碳酸丙烯酯作溶剂时，微量湿气将会导致碳酸丙烯酯的共嵌入，从而伴随有晶格增大膨胀的趋势。在合适的非嵌入溶剂被发现之前，溶剂的共嵌入阻碍了石墨用作锂负极。这种非嵌入溶剂最初是二氧环戊烷，然后是碳酸酯的混合物。二氧环戊烷也被发现是 $NbSe_3$

电池的有效电解液。但是，二氧环戊烷中的电解质 $LiClO_4$ 本身是不安全的，这种清洁的电解液体系允许这些嵌入反应很容易通过原位 X 射线和光学显微镜跟踪，这些手段能揭示嵌入过程的微观细节。

大多数其他二硫族化合物也具有电化学活性，并且它们与锂嵌入时也表现出相似的单相行为。VSe_2 是一个例外，它表现出如图 3-25 的两相行为。最初，VSe_2 处于与 Li_xVSe_2（$x = 0.25$）的平衡中，然后 Li_xVSe_2 与 $LiVSe_2$ 平衡，最后 $LiVSe_2$ 与 Li_2VSe_2 平衡。最初的两相行为可能与 c/a 比相关，这可能是第五副族元素一般易与硫或硒三角双锥配位的结果。但是在 VSe_2 中，钒是正八面体的配位。当锂嵌入时有一个标准的 c/a 比，结构变成典型的八面体。VSe_2 中锂快速的可逆性表明单相性对能有效的用作电池正极不是最关键的。但是，VSe_2 中成相仅仅有轻微的八面体变形的差别，而不是像 Li_xCoO_2 脱锂时转化为含氧阴离子层，使得其在整个范围内发生移动。

VSe_2 表现出可以嵌入一个锂到其晶格中，$LiVSe_2$/Li_2VSe_2 体系是两相的，因为 $LiVSe_2$ 中的锂是八面体配位，而 Li_2VSe_2 中锂移动到四面体配位或者同时占据两个位置。用丁基锂可以采用化学或电化学方式实现两个锂的嵌入，其余如 Li_2NiO_2 一样的二锂层状物质也可以用四氢呋喃中的苯甲酮锂电化学或者化学形成。它的结构从 3R-$LiNiO_2$

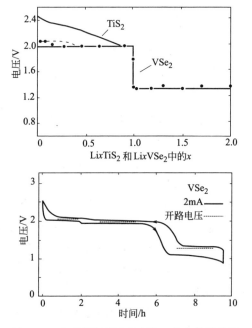

图 3-25 具有两相行为的 VSe_2 的电化学性能

相转变为与 Li_2TiS_2 和 Li_2VSe_2 等同的结构，即锂原子处于 NiO_2 层间的所有四面体位置，形成了 1T 结构。以相似的方式，也可以在采用电化学方式合成出 $Li_2Mn_{0.5}Ni_{0.5}O_2$，而且当部分锰被钛原子取代时，两个锂原子仍可以循环脱嵌。

第Ⅵ族的层状二硫化物如在自然界以辉钼矿出现的 MoS_2，如果其配位方式可以从三角双锥改变为八面体，那么形成的 MoS_2 亦可以被有效地用作正极材料。通过针对每个 MoS_2 插入一个锂到其晶格中，然后让其转化为新相来实现这种转化。

尽管 Li/TiS_2 电池通常在充电时用纯锂或 LiAl 负极来构造，但它们也可以像现在使用的所有 $LiCoO_2$ 电池一样用 $LiTiS_2$ 正极放电来实现。在这种构想中，电池首先必须通过锂离子的脱出来充电。尽管 $LiVS_2$ 和 $LiCrS_2$ 都是文献中所熟知的，但是由于 VS_2 和 CrS_2 在通常的合成温度下热力学上是不稳定的，所以它们的无锂化合物还没有成功地被合成。这些化合物可以通过室温下锂的脱嵌来形成，这方面的工作导致了亚稳化合物合成的新路线——稳定相的脱出的出现。

硫离子以立方紧密堆积的亚稳型尖晶石 TiS_2 化合物可以类似地从 $CuTi_2S_4$ 脱出铜离子来实现，这种立方结构也能可逆脱嵌锂，尽管扩散系数没有像层状结构那样高。例如，当考虑采用 TiS_2 时，实验室块状的钛用来合成电子级的 TiS_2，海绵状的钛用来提供电池研究级的 TiS_2，其比表面积为 $5m^2/g$，允许电流密度达到 $10mA/cm^2$。但是，当钛与硫元素反应时，海绵状金属只要数小时，而块状金属则要数天。通过对图 3-26 所示的商业化的海绵二硫化钛生产过程的观察显示，前驱体是室温下为液态的 $TiCl_4$。吨位级数量的四氯化钛是可以得到的，因为它被用在含 TiO_2 油漆颜料中。设计的加工过程，即是通过 $TiCl_4$ 与 H_2S 的气相反应沉积得到化学计量的 TiS_2，这样得到的硫化物表现出优良的电化学性能，其形貌是从一个单一的中心点在三维方向生长得到的许多面。

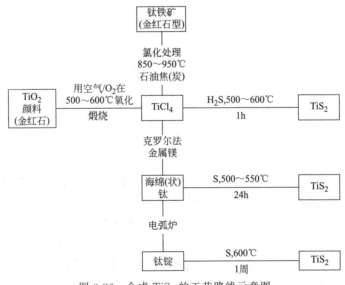

图 3-26　合成 TiS_2 的工艺路线示意图

钛的计量和规整性对 TiS_2 的电化学性能是非常关键的，如果温度保持在 $600℃$ 以下，化学计量和规整的 TiS_2 存在且有金属导电性。钛的无序可以很容易地通过设法嵌入像 NH_3 或吡啶这样的弱键物质来测定。实际上，稍过量（$\leqslant 1\%$）的钛是有益的，它可以降低硫的腐蚀性，但不会明显影响电池的电压或者锂原子的扩散系数。当然最好是额外加入金属钛到最初的反应介质中。

3.2.7　三硫族化物及相关材料

$NbSe_3$ 具有电化学性能，这是因为 $NbSe_3$ 能可逆地与三个锂离子反应形成单相的 Li_3NbSe_3。其余的三硫族化物也易与锂反应。在化学式中，TiS_3 可表示为 $TiS(S-S)$ 的形式，在两相反应中，它的多硫基能与两个锂反应，硫硫键断裂形成 Li_2TiS_3。接着是钛在一个与 TiS_2 相似的单相反应中由 Ti^{4+} 还原为 Ti^{3+}。与在 Li_3NbSe_3 中三个锂离子都是能可逆脱嵌相比较，TiS_3 只有第二步是可逆的，但其机理不同。

许多别的富含硫族元素的材料具有很高的容量，但是它们的反应速率或电导率很低。通过混合像 TiS_2 或 VSe_2 一样的高速率和高导电的材料，可以在一定程度上对材料加以改善。由于电池必须满足高功率和高能量的要求，所以混合正极的方法可能会再度出现。

设计出的一系列化学试剂来模仿锂离子脱嵌的电化学反应，可得到关于反应深度和容易度的新观念。最为普通的锂化剂是在己烷中的正丁基锂，它是浅黄色的液体，清彻透明，容易与反应产物，如辛烷、丁烷、丁烯等区别。尽管这种反应物电压在 $1V$（相对于锂电极）左右，有很高的化学反应性，但它比以前用萘或液氨溶剂可以得到更纯的产物。一系列已知氧化还原电位的化学试剂可用于控制材料的还原或氧化嵌入。

3.2.8　磷酸盐体系

3.2.8.1　橄榄石相

1997 年，橄榄石晶型材料的问世，特别是发现 $LiFePO_4$ 化合物后，$LiFePO_4$ 成为一种具有低成本、多元素、同时又对环境友好的最具挑战的正极材料之一。它在锂离子的电化学能量储存上起到了重要的作用。由其组装的电池放电电压达到了 $3.4V$，并且在几百个循环之后也看不到明显的容量衰减，另外该电池的容量达到了 $170mA \cdot h/g$，其性能要优于 $LiCoO_2$ 和 $LiNiO_2$。而且在充放电测试中该材料具有很好的稳定性。

$LiFePO_4$ 可以通过水溶液条件下的高温合成法或溶胶凝胶法合成。不过虽然橄榄石具有在水溶液环境下仅仅几分钟就可以容易合成，但其电化学性能却比较差。结构分析表明：将近 7% 的铁原子集中在锂离子周围，这使得晶体的点阵参数受到一定程度的影响，与有序排列的 $LiFePO_4$ 中 $a=1.0333nm$，$b=0.6011nm$，$c=0.4696nm$ 相比较，合成的橄榄石相材料参数分别为 $a=1.0381nm$，$b=0.6013nm$，$c=0.4716nm$。其中的铁原子实质上阻碍了锂离子的传质扩散。因此采取相关措施使该材料中的锂离子和铁原子能有序地排列是非常关键的。在水热条件下将上述材料加热到700℃可以解决离子的杂乱排列问题。近来的研究发现，通过合成条件的优化可以进一步改善水热合成法制得的材料性能。例如，添加一种能阻止材料表面生成铁的惰性薄膜的抗坏血酸后，该材料即使在没有碳包覆层的条件下也能表现出优异的电化学性能。

在室温下上述材料的电导率比较低，所以只有在非常小的电流密度或提高温度的条件下才能达到它的理论容量。其原因是由于界面上锂离子的扩散速度太慢。研究发现碳覆层能显著地提高该材料的电化学性能。采用蔗糖作为碳的前驱体，并用于水热合成的样品中。得到纯 $LiFePO_4$ 样品的电导率为 10^{-9} S/cm，而由具有层碳结构试剂的材料制成的样品，其电导率可达 $10^{-5} \sim 10^{-6}$ S/cm。在合成阶段用碳凝胶对材料进行涂层处理时，如果采用的是 $5mg/cm^2$ 较低的碳含量，其容量可以达到 100%，在碳含量较高情况下仅仅只有 20%。在较高的循环速率下可得到800次的循环，材料的电化学容量维持在 $120mA \cdot h/g$。对含碳的材料充分研磨后，在高温条件下也能提高其容量。在 $LiFePO_4$ 中掺杂铌等元素后也能表现出良好的电化学性能。究竟是什么原因使得其材料的电导性能发生改变？可能是其电导率的增加与材料中高导电性的物质 Fe_2P 薄膜层的形成有关，该薄膜能在高温环境下形成，特别是在有还原剂如碳存在的条件下。

图 3-27　正交的 $LiFePO_4$ 和类石英
三角锥形 $FePO_4$ 的结构示意图

橄榄石结构见图3-27，可以看出在锂离子迁移面上形成了 $FePO_4$。而实质上 $FePO_4$ 和 $LiFePO_4$ 具有一样的结构，并且这种 $FePO_4$ 与另一种化合物 $Fe_{0.65}Mn_{0.35}PO_4$ 也属于同结构的晶体。由图3-28(a) 的循环曲线可以看到在 $LiFePO_4$ 和 $FePO_4$ 的平衡状态下存在一个两相体系。

由图3-28可见，当测试的控制温度为60℃，电流密度为 $1mA/cm^2$，即使在含 $80mg/cm^2$ 活性物质的电极中，电池在循环过程中材料的利用率仍可达 100%；室温下，电流密度分别为 $1mA/cm^2$ 和 $0.1mA/cm^2$ 时，则分别可达 70% 和 100%；甚至在电流密度为 $10mA/cm^2$ 以及填充密度较低时，仍然可以达到 70%。如图3-28(b)所示。

$LiFePO_4$ 的电化学性能主要取决于其化学反应、热稳定以及放电后的产物 $FePO_4$。在组装电池测试或是差示量热扫描的实验中，在 $25 \sim 85℃$ 的范围内都没有发现热的偏移现象。然而这种橄榄石结构不稳定，因为它的空间位置处在八面体晶体和四面体晶体结构的边缘，在外部压力作用下容易转换成尖晶石型。$LiFePO_4$ 点

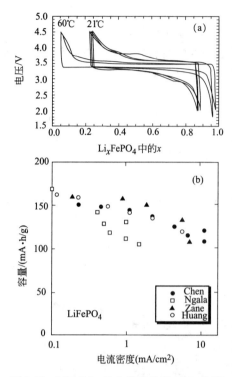

图 3-28 LiFePO₄ 的电化学性能 （a）电流
密度为 1mA/cm²，温度分别为 21℃，
6℃下的循环曲线；（b）不同报道的
LiFePO₄ 容量与电流密度的关系图

阵中有关斜方晶系向橄榄石型的转化也已经有所报道，这种构型材料的电化学活性不活泼。另外，已经知道 $FePO_4$ 有超过两种以上的晶体排列形式：一种是与 LiFePO₄ 同结构的斜方晶系排列，其离子存在于 FeO_6 的八面体结构中；另一种是三角形晶系，其离子存在于 FeO_4 的四面体结构中。研究的重点是八面体晶形结构。三角形排列由 FeO_4 和 PO_4 组成，每一个 FeO_4 四面体通过其四个棱角与四个 PO_4 四面体相连并出现了晶体缺陷，产生一种类似石英的结构。不过所有四面体排列的电化学反应活性都不高，主要因为在四面体结构中的 Fe^{2+} 不稳定。

电池及其电极材料的稳定性都关系到使用寿命的长短，因此更好的去了解 LiFePO₄ 和 $FePO_4$ 的斜方晶系结构就显得非常重要。比方说，当 LiFePO₄ 处于过放状态时会发生什么现象，究竟斜方晶系的 $FePO_4$ 会不会缓慢地转变为石英结构呢？有文献报道当磷酸铁盐与过量正丁基锂反应形成磷酸锂和铁化合物，可参考表 3-7。显而易见，在放电电位很低的时候，磷酸盐空间点阵结构容易受到破坏。相对于纯锂而言，正丁基锂离子的电位约为 1V。用 LiFePO₄ 做正极材料，在 0.4mA/cm² 的电流密度下，放电压下降到 1.0V，证实锂离子与结构被破坏了的 LiFePO₄ 发生反应，并导致了容量的损失。5 个循环以后就衰减了 80%。因此磷酸锂盐电池如果要实现商业应用的话还需要过充的保护。从另一个角度，现在还没有证据能表明在常规的电化学条件下亚稳态斜方晶系结构 $FePO_4$ 能向石英三角结构转变。更重要的是，在空间点阵锂离子的迁移过程中没有失氧的趋势。

表 3-7 磷酸铁锂化学反应特性

化 合 物	合成条件/构型	与正丁基锂的反应特性
LiFePO₄	高温	1.85
LiFePO₄	水热	0.29
FePO₄	正交系	3.25
FePO₄	三角锥（700℃，四面体铁）	2.90
FePO₄·2H₂O	无定形相	7.20
LiFePO₄（OH）	水热	3.24

由于 $LiFePO_4$ 黏度比较低，体积密度比较小，因此有必要在电极材料中添加小体积、高密度的碳和有机联结剂。$LiFePO_4$、Teflon、炭黑的密度分别为 $3.6g/cm^3$、$2.2g/cm^3$、$1.8g/cm^3$，如果在电极中添加 10% 的碳和 5% 的 Teflon，则能得到比理论值少 25% 的单位体积能量密度。这表明电极结构中的所有粒子都能均衡有效地排列。在与碳，尤其是与被分解后的纤维素复合后不会出现结构杂乱的情况。有研究报道上述的碳原子排列杂乱，因此单位体积密度的减少就显得很重要了。为了优化电极的电化学性能，不同种类的碳已经用于这方面的研究以便找出碳的最优添加量，对于炭黑来说，在添加量为 6%～15% 的电极上，只有在含量为 6% 时电极的极化稍微有点高，其他基本上观察不到什么差别。不过不管是炭黑、碳凝胶、葡萄糖，还是水凝胶，添加碳的方法看起来并不是很好。而反应混合物的煅烧温度似乎更有效，因为煅烧能够决定 $LiFePO_4$ 表面上石墨碳化合物的物质的量。实验发现 sp^2 杂化的碳比 sp^3 结构的更有效，另外反应物质中的碳基本上可以控制结构颗粒的大小。同时，反应温度对材料的性能影响非常大，其中最佳温度为 $650\sim700℃$。

上述对 $LiMPO_4$ 橄榄石型结构系列材料的讨论主要集中在铁的掺杂上，实际上可利用的过渡金属还包括锰、镍、钴等。它们的放电电压相对较高，但这几种掺杂元素材料的电化学性能均较掺铁化合物差。铁锰复合物与单独铁和锰氧化物的放电曲线平台是不一样的。由于 Mn^{3+} 的 Jahn-teller 效应，$LiMPO_4$ 不能释放出锂，使得变成在热力学上更不稳定的橄榄石型 $MnPO_4$；由直接沉淀法制备的 $LiMPO_4$ 进行研究，采用炭黑对材料进行球磨使电极覆碳以后可得到容量为 $70mA \cdot h/g$，并且也是可逆的。上述说明 $MnPO_4$ 的热力学性质是稳定的。对由 $LiMnPO_4(OH)$ 热分解产物 $LiMnPO_4$ 进行研究，发现 Mn^{2+}/Mn^{3+} 的电极电势在 4.1V 左右变化，电极容量很低并且出现了高的极化峰。添加炭黑加热后对电极的容量没有显著的提高。采用理论的方法计算开路电压和磷酸盐中的能带隙，发现它们都比较高，$LiFePO_4$ 的开路电压为 3.5V，$LiMnPO_4$ 为 4.1V，$LiCoPO_4$ 为 4.8V，$LiNiPO_4$ 为 5.1V。这就可以解释为什么 $LiNiPO_4$ 在常规的循环电势范围内其电化学活性不高。而计算得到 $LiFePO_4$ 和 $LiMnPO_4$ 分别为 3.7eV，3.8eV 的能带隙正好与其的颜色以及漫反射光谱是一致的，这也揭示了不同能带隙并不能解释不同的电极材料的电化学行为，并且电子电导率很可能与极化机理有关。

图 3-29 为惰性气氛条件下，600℃ 烧结时的 $LiFePO_4$ 的 SEM 图。

3.2.8.2 其他 Fe 的磷酸盐相

其他几种磷酸铁盐的结构，如 $Li_3Fe_2(PO_4)_3$ 的

图 3-29 惰性气氛条件下，600℃ 烧结的 $LiFePO_4$ 的 SEM 图

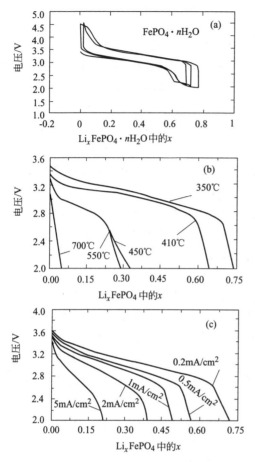

图 3-30　不同方法制备的
$FePO_4(nH_2O)$ 的电化学性能

（a）热解法制得的 $FePO_4 \cdot nH_2O$ 的电化学性能；

（b）不同烧结温度下的 $FePO_4$ 的放电曲线；

（c）在 350℃ 烧结温度下 $FePO_4$ 的放电速率容量

放电电压低于 3V，与 $LiFePO_4$ 相比较，该材料的有利用价值的成分要低。采用水热法，对 $FePO_4(nH_2O)$ 分别对含结晶水和无水相态进行电化学的性能研究，在不同的温度范围下加热干燥分别得到了无定形和晶体结构的 $FePO_4$ (nH_2O)，研究发现无定形结构的 $FePO_4(nH_2O)$ 制成的材料，其电化学容量要比晶体结构制做的高出 2 倍多。这可能与前者是呈无定形结构，而后者是晶体结构有关系。不论是无定形结构还是晶形材料，Li_xFePO_4 的化学行为主要是单相的反应，而 $LiFePO_4$-$FePO_4$ 体系属两相反应。在不同的温度范围内，电流密度为 $0.2mA/cm^2$，电极电势从 $2\sim4V$ 的条件下得到无定形结构的 $FePO_4$ 的放电曲线见图 3-30。图中还给出了材料的循环性能和倍率性能。

另外一种磷酸铁盐主要来自称为 Giniit 和 Lipscombite 的矿石原料。其结构由彼此正交堆积的共面的 FeO_6 八面体组成，所以能提供锂离子扩散的通道。不过上述材料的放电平台略为倾斜，而且电压值也比 $LiFePO_4$-$FePO_4$ 体系低一些。

3.2.8.3 钒的磷酸盐

作为一类潜在的正极材料，研究者们对许多的磷酸钒盐也作了大量的研究。包括那些具有稳定结构的 $Li_3V_2(PO_4)_3$、$VOPO_4$ 和 $LiVPO_4$ 等。$Li_3V_2(PO_4)_3$ 主要存在两种形态，一种为热力学性质稳定的单斜晶系，另一种为菱形晶系，该晶系在稳定的钠离子和 Nasicon 结构中通过离子的交换可以形成。在约 $3.80V$ 的电压下，菱形晶系中两个锂离子会发生脱嵌，不过在逆过程的时候只有约 1.3 个能重新嵌入。单斜晶系目前是作为负极材料研究的热点，其中的三个锂离子都能很好地脱嵌，并能以较高的比率逆向地重新插入。然而这种阳极材料的电化学活性比较复杂，在充电过程中，会出现一系列的扫描曲线。

钒磷酸化合物的合成采用固相合成法，以计量比的磷酸二氢铵、五氧化二钒、碳酸锂混合，在空气中加热到 300℃ 恒温 4h 以释放出其中的水蒸气和氨气；得到的产物重新被研磨、压片，在850℃流动的氢气中加热8h，冷却。然后按照后一过程条件再加热16h，以保证完全反应。另一种方法是使用CTR（carbonthermal reduction）反应，用碳做还原试剂，使化学计量比的磷酸二氢铵、五氧化二钒、碳酸锂反应，生成磷酸钒。

磷酸钒锂的充电电位很高，可达4.8V，具有快速的离子迁移和高比容量，因为它能够可逆地从晶格中脱嵌三个锂离子。其中的两个锂脱嵌位于3.64V、4.08V，第一个锂分两步脱嵌，分别在3.60V、3.68V位置，在$Li_x V_2(PO_4)_3$中，$x=2.5$时出现了有序的锂相。第二个锂经过一步完成。放电过程中，嵌入前两个锂时，出现一滞后现象。当两个锂脱嵌时，其充电比容量为130mA·h/g，（理论值为133mA·h/g），其放电比容量为128mA·h/g，平台相对于V^{3+}/V^{4+}，在约4.1V脱嵌第二个锂后材料比只脱嵌第一个锂稳定。脱嵌第三个锂与有关V^{4+}/V^{5+}。锂离子扩散速度起初很快，只有当$x>2$才减慢。即使在快速充电下，也可以全部可逆地嵌入/脱嵌锂离子。锂离子脱嵌是分步进行的，并且每脱嵌一个锂离子均存在相转移，所以其充放电性能与充放电时所设定的电位有关，在电压为3.0～4.8V时，其充电比容量可以达到175mA·h/g，放电比容量可以达到160mA·h/g。充放电50次后，放电比容量达140mA·h/g。在3.0～4.5V充放电，充电20周的比容量达130mA·h/g，在3.0～4.3V时，20周充电的比容量达100mA·h/g。在$Li_3 V_2(PO_4)_3$中由于有三个锂离子，在不同的电压下，脱锂的程度不同，所以其充电的比容量也不同。同时循环效率与充电电压有关，在高的充电电压下，其充电效率也很好。在23℃，$Li_3 V_2(PO_4)_3$实际质量比容量比锂钴氧化物高10%，理论体积比容量比锂钴氧化物低，可以达到550W·h/kg，优于锂钴氧化合物的质量比容量。即使在低温至10℃充放电时，$Li_3 V_2(PO_4)_3$的质量比容量也能达到393W·h/kg，高于锂钴氧化物的质量比容量315W·h/kg，因此$Li_3 V_2(PO_4)_3$有在低温贮存释放能量的可能。通过XRD分析，在放电后，其单斜结构可以恢复，可逆性比较好。

近年来，钒的磷酸盐作为锂离子蓄电池正极材料的研究逐渐增多，已报道的还有$Li_4 P_2 O_7$、$VOPO_4$均可以作为锂离子电池的正极材料，且充电电位较高。

$VOPO_4$化合物具有独特的且非常有吸引力的性能，它的放电平台大约4V，比$LiFePO_4$材料要高出0.5V左右，另外它还具有更高的电子电导率，能够作为一种比$LiFePO_4$比能量更高的体系。可以通过加热或是电化学脱去等方法使$VPO_4·2H_2O(=H_2VOPO_4)$中的氢原子去除而合成。将H_2VOPO_4置于$LiPF_6$/EC-DMC溶液中进行电化学氧化可以得到$VOPO_4$，在循环的扫描电流下$VOPO_4$会首先被还原成$LiVOPO_4$，然后又可以得到$Li_2 VOPO_4$。具体的情况见图3-31(a)。根据这些反应进程的设计，上述四种化合物的结构是有一定的关联的，见图3-31(b)。另外在左下边还可以看到它们的积木图形结构，由VO_6八面体和PO_4四面体结构组成。

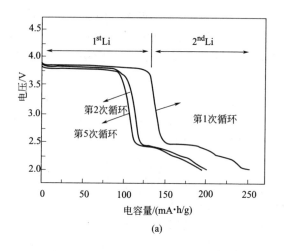

(a)

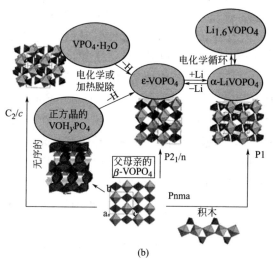

(b)

图 3-31 ε-VOPO$_4$ 脱嵌锂的电化学性能

（a）和不同结构的 VOPO$_4$ 体系间的关系 （b）

欲使材料的氧化还原电位更高一点，则只需要将 VOPO$_4$ 放在氟化锂和炭黑的混合物中于 550℃ 的温度下加热 15min，然后在室温下慢慢冷却，就能得到一种为 LiVPO$_4$F 的物质，这种物质结构与 LiMPO$_4$(OH)(M＝Fe、Mn) 相似，电极电位为 4.2V，电化学容量每摩尔物质中能有 0.55mol 的锂脱嵌，用数值表示则等于 156mA·h/g。

第一个作为锂离子蓄电池正极材料的氟磷酸化合物 LiVPO$_4$F 属于三斜晶系，其结构包括一个三维结构的框架，组建位于在磷酸四面体和氧氟次格子里，在这个结构中，有两个晶胞位置可使锂离子嵌入。

利用 CTR 反应，可通过两步反应合成 LiVPO$_4$F。在第一步反应中，五氧化二钒、磷酸氢二铵和高表面的碳按照化学计量比（其中碳过量 25%）在惰性气体的保护下合成中间体 VPO_4。精确的碳热反应制备 VPO_4 的条件是根据自由能-温度关系的半经验关系决定的，由于碳、一氧化碳的还原作用可完成 V^{5+} 向 V^{3+} 的转化。通过 XRD 可以看出，用这种方法合成的 VPO_4 与传统的合成方法得到的谱图是一致的。CTR 反应中，有过量的碳剩余，它可以保持 V^{3+} 的稳定性，并且有利于以后的电化学过程；使用这种方法，反应时间短且所需温度较其他方法所需的温度低，结构为立方晶系。通过元素分析，V、P 有确定的化学计量比，即为 VPO_4。

在第二步的反应中，VPO_4 和氟化锂在氩气气氛中生成单相 $LiVPO_4F$ 产物。在 750℃下，中间体与氟化锂反应 15min，快速冷却，生成黑色的 $LiVPO_4F$，此反应没有失重现象出现。

XRD 分析表明，产物中没有氟化锂衍射峰的出现，可确定它与 VPO_4 完全发生了反应，$LiVPO_4F$ 为三斜晶系。粒径分析表明，微粒大小在 $10 \sim 40 \mu m$ 之间。该材料是复合产物，产物中有过量的碳存在。通过元素分析可知，它的确定的化学计量比分子式为 $LiVPO_4F$。

在约 23℃下 0.2C 充电时，其充电比容量为 135mA·h/g（理论比容量 156mA·h/g），这相当于在化合物 $LiVPO_4F$ 分子中有 0.87 个锂离子在活动；且有一个可逆的放电比容量为 115mA·h/g，相当于 $Li_{1-x}VPO_4F$（$x=0.74$）的放电比容量；在 $LiVPO_4F$ 中，锂离子的脱出/嵌入与 V^{3+}/V^{4+} 氧化还原电对有关，且钒的 V^{3+}、V^{4+} 是稳定氧化态，即

$$LiV^{3+}PO_4F \longrightarrow V^{4+}PO_4F + Li + e$$

在 60℃，0.2C 条件下，其比容量为 150mA·h/g 以上（理论比容量 156mA·h/g），说明其动力学参数与温度有关，并且可以全部脱锂生成 VPO_4F 化合物。与其他的钒的磷酸盐充电电位相比，其充电电位要高 0.3V 以上。正是它具有如此优点，很有可能取代目前商品应用的 $LiCoO_2$ 材料。

3.2.9 有机导电聚合物材料

聚合物材料过去一直被当作绝缘材料使用，但自 Mac Diarmid 发现了导电聚乙炔后，就开创了聚合物材料作为导电材料的新局面。由于有些导电聚合物材料具有可逆的电化学活性，且其比容量可与金属氧化物电极比容量相媲美，所以它在化学电源方面正发挥着相当重要的作用，并且具有广阔的应用前景。目前在锂离子电池方面的应用研究较多，国外已有产品问世。

导电聚合物分子由许多小的、重复出现的结构单元组成，当在其两端加上一定电压时，材料中就有电流通过。导电聚合物分子的结构特征是分子内有大的线性共轭 π 电子体系，可给载流子-自由电子提供离域迁移的条件。在电容量一定时，与无机材料相比，导电聚合物作为电池电极材料，可使电池具有重量轻、不腐蚀、可反复充放电等优点。

101

聚合物正极材料与其他正极材料相比有以下优点：加工性好，可根据需要加工成合适的形状，也可制成膜电池；重量比能量大；不像金属电极那样易产生枝晶而发生内部短路；一般无机材料电极只在电极表面产生还原反应，而用聚合物制作的电极是在整个多孔的高分子基体内部发生电极反应，所以电极的比表面积大，比功率大。

目前研究较多的聚合物正极材料有聚苯胺（PAn）、聚吡咯（PPY）、聚乙炔（PA）及聚对亚苯基（PPP）等。PAn 以其优异的电化学性能、良好的氧化还原可逆性、良好的环境稳定性、易于电聚合或化学氧化合成而被认为是最有希望在实际中获得应用的可充电电池的正极材料，其作为新型的有机电子材料，目前正成为国内外研究开发战略中的热点。1987 年日本已将钮扣式 Li-Al/LiBF$_4$-PC/PAn 电池投放市场，成为第一个商品化的塑料电池。

PAn 作为导电材料，要使电子在共轭 π 电子体系中自由移动，首先要克服满带与空带之间决定导电聚合物导电能力高低的能级差，通过掺杂可改变能带中电子的占有状况。PAn 在掺杂过程中掺杂剂插入其分子链间，通过电子的转移，使分子轨道电子占有情况发生变化，能带结构本身也发生改变。而聚合物锂离子电池的电解质逐渐进入到 PAn 分子中并供给足够量的阴离子，而使其掺杂量增强。以 Li/PEO-LiClO$_4$/PAn 电池为例，电极反应如下：

正极反应为：$PAn + ClO_4^- \underset{放电}{\overset{充电}{\rightleftharpoons}} PAn^+ ClO_4^- + e$

负极反应为：$Li^+ + e \underset{放电}{\overset{充电}{\rightleftharpoons}} Li$

电池放电时，负极的锂原子失去电子形成锂离子，失去的电子在正极电场的吸引下经过外电路进入正极，负极生成锂离子靠扩散进入电解质。正极 PAn 中的 ClO_4^- 进入电解质。电池充电时，ClO_4^- 掺杂到 PAn 中，电解质中的锂离子还原成金属锂，沉积在锂负极上，电子通过外电路从正极流入负极。

PAn 可通过电化学聚合和化学氧化方法来制备。电化学聚合是近年发展起来的一类制备高聚物材料的方法，它以电极电位作为聚合反应的引发和反应驱动力，在电极表面进行聚合反应并直接生成聚合物。在水溶性电解质中进行苯胺的聚合可采用恒电位法、恒电流法、动电位扫描法、脉冲极化法等电化学方法。辅助电极可采用铂电极、镍铅电极、铁电极等。

电解质溶液可采用 H$_2$SO$_4$、HClO$_4$、HBF$_4$ 及 HCl 等。PAn 电沉积在基质材料，如 Au、Pt、不锈钢、SnO$_2$ 片和碳素等电极上。影响苯胺电化学聚合的因素包括溶液 pH 值、电解溶液中阴离子的种类、浓度、苯胺单体浓度、电极表面状态等。化学氧化法是在一定的条件下，用氧化剂使苯胺发生氧化聚合反应而生成聚合物的一种方法。合成的 PAn 在酸性溶液中质子化，且部分为氧化态，这种质子化物与碱中和后转变为相应的盐。比较常用的氧化剂有过硫酸盐、过氧化氢、氯酸盐、重铬酸盐、次氯酸盐等。影响化学聚合的因素包括溶剂体系及酸度、阴离子种类、苯胺浓度、氧化剂种类、浓度及反应温度等。化学氧化法制得的 PAn 粉末与炭黑及聚四氟乙烯相混合能改善材料的电导性和提高其机械稳定性。有关 PAn 电化学制备方法可参考 3.4 节。

PAn 在比容量、比能量、电极电位、库仑效率、循环特性、化学稳定性等方面的性能，说明其可作为高能电池研究开发的电极材料。但作为新型的有机电子材料，PAn 的研究目前尚处于实验室的探索阶段，对其作为电化学活性材料的电子行为的认识还有限，对其结构、聚集态形式、导电性能和机制的相关性的研究还有待深入。

聚吡咯和聚噻吩等聚杂环导电聚合物也可用作锂离子电池的正极，这些材料可以很方便地通过电化学聚合获得。用这些聚合物作电极的锂离子电池具有循环特性良好、充放电效率高及库仑效率较高的优点。但这些聚合物电极自放电严重，导致连续的电量损失。

3.3 正极材料的制备方法

正极材料最常用的制备方法为固相反应法。几乎所有的电极材料都可以通过固相法制得，其按反应温度的高低可以分两类：高温固相法和低温固相法。但是，固相法有一定的局限性，不能达到均匀混合的水平，因此可以用其他一些软化学合成方法来提高材料的电化学性能。一般包括溶剂热法、机械化学活化法、溶胶-凝胶法、电化学合成法、溶液氧化还原法、离子交换法、模板法、燃烧法、脉冲激光沉积法、等离子提升化学气相沉积法和射频磁控喷射法、火化等离子体烧结法、超声喷雾裂解法等。下面就一些常见的合成方法制取某种材料进行详细介绍。

3.3.1 溶剂热法合成

溶剂热法是在高温高压下于某些溶剂或蒸汽等流体中进行有关化学反应的总称。通过在特制的密闭反应容器 *(高压釜) 里，采用溶液作为反应介质，对容器加热，创造一个高温、高压反应环境，使得通常难溶或不溶的物质溶解并重结晶。溶剂热法是利用湿化学法直接合成单晶体的有效方法之一，它为前驱物的反应和结晶提供了在常压条件下无法得到的特殊的物理、化学环境。其优点为：反应温度低，反应条件温和；组分可控、纯度高；不需要球磨和煅烧。另外，晶粒的物相、线度和形貌可通过控制反应条件来控制，从而使制备工艺大为简化。

3.3.1.1 水热反应原理

水热反应是高温高压下在水（水溶液）或水蒸气等流体中进行有关化学反应的总称。水热合成反应在高温和高压下进行，所以产生对水热和溶剂热合成化学反应体系的特殊技术要求，如耐高温高压与化学腐蚀的反应釜等。水热合成化学侧重于研究水热合成条件下物质的反应性、合成规律以及合成产物的结构与性质。

水热反应主要以液相反应为其特点。显然，不同的反应机理首先可能导致不同结构的生成，此外即使生成相同的结构也有可能由于最初的生成机理的差异而为合成材料引入不同的"基团"，如液相条件生成完美晶体等。我们已经知道材料的微结构和性能与材料的来源有关，因此不同的合成体系和方法可能为最终材料引入不同的"基团"。水热反应侧重于溶剂热条件下特殊化合物与粉体材料的制备、合成和组装。重要的是，通过水热反应可以制得固相反应无法制得的物相或物种。

水热合成是指在密封体系如高压釜中，以水为溶剂，在一定的温度和水的自生压力下，原始混合物进行反应的一种合成方法。由于在高温、高压水热条件下，能提供一个在常压条件下无法得到的特殊的物理化学环境，使前驱物在反应系统中得到充分的溶解，并达到一定的过饱和度，从而形成原子或分子生长基元，进行成核结晶生成粉体或纳米晶。水热法制备的粉体，晶粒发育完整、粒度分布均匀、颗粒之间少团聚，可以得到理想化学计量组成的材料，其颗粒度可控，原料较便宜，生成成本低。而且粉体无须煅烧，可以直接用于加工成型，这就可以避免在煅烧过程中晶粒的团聚、长大和容易混入杂质等缺点。

与其他方法相比较，水热晶体生长有如下的特点：①水热晶体是在相对较低的热应力条件下生长，因此其位错密度远低于在高温熔体中生长的晶体；②水热晶体生长使用相对较低的温度，因而可得到其他方法难以获取的低温同质异构体；③水热法生长晶体是在密闭系统里进行，可以控制反应气氛而形成氧化或还原反应条件，实现其他难以获取的物质某些相的生成；④水热反应体系里溶液对流快，溶质的扩散十分有效，因此水热晶体具有较快的生长速率。

水热法是制备结晶良好、无团聚的正极材料粉体主要方法之一。与其他湿化学方法相比，水热法具有如下特点：①水热法可直接得到结晶良好的粉体，无需作高温灼烧处理，避免了在灼烧过程中可能形成的粉体团聚；②粉体晶粒的物相和形貌与水热反应条件有关；③晶粒尺寸可调，水热法制备的粉体晶粒尺寸与反应条件（反应温度、反应时间、前驱物形成等）有关；④制备工艺比较简单。目前利用水热法制备粉体的技术主要有水热氧化、水热沉淀、水热晶化、水热合成。

水热氧化是指采用金属单质作为前驱物，经过水热反应，得到相应的金属氧化物粉体。

水热沉淀是以反应物的混合水溶液为前驱体，经过水热处理和反应得到粉体产物。

水热晶化是指采用无定形前驱物经过水热反应后形成结晶性能完好的晶粒过程。水热合成可以理解为以一元金属氧化物或盐作前驱体在水热条件下反应合成二元甚至多元化合物。

水热法目前主要用于制备多晶薄膜，其原因在于它不需要高温灼烧处理来实现由无定形向结晶态的转变。而利用 Sol-gel 等其他湿化学方法来制备多晶薄膜，灼烧工艺过程则是必不可少的，在这一过程中易造成薄膜开裂、脱落等宏观缺陷。水热法制备多晶薄膜技术有两类：一类是普通水热反应，另一类是加直流电场的水热技术，即所谓的水热电化学技术（hydrothermal electrochemical method），这是目

锂离子电池原理与关键技术

前应用较多的主要方法，在此不作详细介绍。

3.3.1.2 溶剂热反应制备层状锂锰氧化物

将锰源、锂源（LiOH·H₂O）和矿化剂等按一定配比密封于高压反应釜中，以外加热的方式控制合成反应温度不高于220℃，合成正交层状锂锰氧。其合成流程图见图3-32。

通过溶剂热法制备出的纳米微粒通常具有物相均匀、纯度高、晶型好、单分散、形状及尺寸大小可控等特点。在溶剂热处理过程中温度、压力、处理时间、所用前驱物种类及体系pH值对粉末的粒径和形貌有很大影响，同时还会影响反应速度、产物晶型等。以γ-MnOOH，Mn₂O₃、Mn₃O₄和MnO₂为原料通过水热反应过程能有效地合成o-LiMnO₂促使考虑利用溶剂热的低温、高压条件，使Li⁺能有效地迁移进锰化物中而形成锂锰氧化合物。

现以溶剂热合成锂锰氧化合物举列。Mn₃O₄₋δ的合成：将一定量的MnO₂粉末及无水乙醇置于反应釜密封后，在一定温度下加热反应12h后，随炉自然冷却到室温，得到红棕色产物。

图3-32 溶剂热法制备正交层状锂锰氧的流程图

Li$_x$MnO₂的合成：将一定量的MnO₂粉末、LiOH·H₂O和NaOH放入一个体积为100mL的内衬聚四氟乙烯的不锈钢反应釜中，加入溶剂无水乙醇到容器容积的75%。反应釜密封于一定温度下加热反应12h后，随炉自然冷却到室温。收集灰褐色沉淀，用无水乙醇洗涤，产物在80℃的真空干燥箱里干燥24h备用。

高纯四方相Mn₃O₄₋δ纳米晶适用于制作软磁性材料，如高频转换器、磁头、锰锌铁氧体磁芯，Mn₃O₄₋δ亦适于作为制备锂离子电池正极材料尖晶石锂锰氧固溶体的原料。非化学计量Mn₃O₄₋δ由八面体的Mn₃O₄₋δ相与四面体的MnO相组成，结构中的氧空位是其催化活性中心。由于Mn₃O₄₋δ是制备锂锰氧电极材料的中间化合物，弄清锰氧化物在制备过程中的各种物种的存在形式、键合方式及反应机理，研究制备高纯Mn₃O₄的相变过程、反应历程及晶粒生长动力学是十分必要的。Mn₃O₄的制备方法按原理可分为低价锰的氧化和高价锰的还原两类。通常在1000℃高温下煅烧各种锰的氧化物、氢氧化物、硝酸盐、碳酸盐和硫酸盐均能得到Mn₃O₄，用煅烧法只能得到大颗粒的Mn₃O₄产物。采用液相法或水热法则可合成粒度均匀、形貌可控的Mn₃O₄。

图3-33为在160℃条件下0.2mol MnO₂与乙醇反应不同时间后所得产

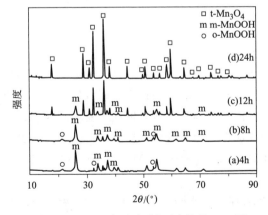

图3-33 MnO₂与乙醇反应时产物的XRD图

物的 XRD 图。图 3-33 表明，在 160℃ 条件下只需反应 4h，MnO_2 就能全部转化为单斜与正交两种晶型的 $MnOOH$；反应 8h 后产物以单斜 $MnOOH$ 物相为主，仍有少量的正交 $MnOOH$ 存在；在 160℃ 条件下反应 12h 以后，正交 o-$MnOOH$ 消失，单斜 m-$MnOOH$ 物相的量也明显减少，产生的新相为四方相 t-Mn_3O_4；反应 24h 后，m-$MnOOH$ 物相也全部消失，得到物相纯净、晶粒晶型完整的四方相 t-Mn_3O_4，由以上分析可知，在 160℃ 条件下合成反应时间对溶剂热产物的物相影响很大，随着 160℃ 条件下溶剂热合成反应时间的延长，物相发生了如下转变：$MnO_2 \longrightarrow$ m-$MnOOH$＋o-$MnOOH \longrightarrow$ m-$MnOOH$＋t-$Mn_3O_4 \longrightarrow$ t-Mn_3O_4，了解溶剂热合成 Mn_3O_4 的这个相变过程对采用溶剂热合成锂锰氧电材料具有实际的指导作用。

从实验现象来看，经过 160℃ 4h 溶剂热反应，固相物质的颜色由黑色的 MnO_2 变为褐色的 $MnOOH$；经过 24h 溶剂热反应，固相物质的颜色由黑色的 MnO_2 变为红棕色的 Mn_3O_4，其 XRD 衍射峰与 t-Mn_3O_4 的 JCPDS 卡（24-0734）完全对应，未出现任何杂质峰。

当合成反应时间较短时，弱还原剂 C_2H_5OH 被氧化为 CH_3CHO，MnO_2 被还原为 $MnOOH$。化学反应式如下：

$$2MnO_2 + C_2H_5OH \longrightarrow 2MnOOH + CH_3CHO$$

当合成反应时间较长时，$MnOOH$ 脱水或继续与乙醇反应产生 Mn_2O_3 或 Mn_3O_4，可能的化学反应式为：

$$2MnOOH \longrightarrow Mn_2O_3 + H_2O$$
$$6MnOOH \longrightarrow Mn_3O_4 + 3H_2O + 1/2O_2$$

或：
$$2MnOOH + C_2H_5OH \longrightarrow Mn_2O_3 + CH_3CHO + H_2O$$
$$6MnOOH + C_2H_5OH \longrightarrow 2Mn_3O_4 + CH_3CHO + 4H_2O$$

因此总的化学反应式为：

$$6MnO_2 + 3C_2H_5OH \longrightarrow 2Mn_3O_4 + 3CH_3CHO + 1/2O_2 + 3H_2O$$
$$2MnO_2 + C_2H_5OH \longrightarrow Mn_2O_3 + CH_3CHO + H_2O$$

或：
$$3MnO_2 + 2C_2H_5OH \longrightarrow Mn_3O_4 + 2CH_3CHO + 2H_2O$$
$$2MnO_2 + 2C_2H_5OH \longrightarrow Mn_2O_3 + 2CH_3CHO + H_2O$$

由热力学第二定律可知：在等温等压条件下，物质系统总是自发地从自由能较高的状态向自由能较低的状态转变。即只有自由能降低的过程才能自发地进行，或者说只有当新相的自由能低于旧相的自由能时，旧相才能自发地转变为新相。经热力学计算上述反应均小于零，即这四个反应在一定的条件下均可以自发进行。由于 Mn_3O_4 比 Mn_2O_3 更能稳定存在，因此最终的无机产物是 Mn_3O_4 纳米晶，这一热力学分析结果与 XRD 表征结果是一致的。

图 3-34 为不同温度下溶剂热反应 24h 样品的 XRD 图，180～220℃ 温度下溶剂热反应 24h 后，产物的晶型均为四方相 Mn_3O_4。按下式用最小二乘法计算四方晶

系 Mn_3O_4 的晶胞参数，由 XRD 衍射仪自带程度根据 XRD 半峰宽计算得到晶粒尺寸 (D)，180～220℃温度下合成产物的结构参数见表 3-8，其中 $c/a=1.63$，显示合成的 Mn_3O_4 晶体具有四方对称性。

$$\frac{1}{d_{hkl}^2} = \frac{(h^2+k^2)}{a^2} + \frac{l^2}{c^2}$$

图 3-35 为 180℃和 200℃溶剂热条件下生成的 Mn_3O_4 颗粒的 SEM 图。两个样品形貌均为四方三维形状，从图中可观察到颗粒呈团聚状态，SEM 显示的颗粒尺寸比通过

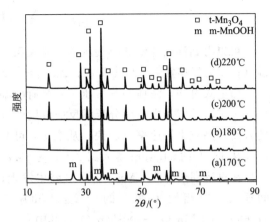

图 3-34　不同温度下溶剂热反应
24h Mn_3O_4 样品的 XRD 图

XRD 数据计算得到的晶粒尺寸大十倍左右，在 180℃合成的样品颗粒尺寸明显小于 200℃合成的样品。

(a) 180℃

(b) 200℃

图 3-35　180℃和 200℃下溶剂热反应生成的 Mn_3O_4 颗粒的 SEM 图

表 3-8　不同温度下溶剂热还原法制备 Mn_3O_4 的晶胞参数与晶粒尺寸

$T/℃$	a/nm	c/nm	c/a	D/nm
180	0.5778	0.9458	1.6369	54.4
190	0.5776	0.9455	1.6369	57.3
200	0.5775	0.9453	1.6369	60.9
210	0.5772	0.945	1.6372	65.1
220	0.5771	0.945	1.6375	69.8

在密闭条件下，液体的平衡蒸气压是由温度决定的，一般与液体的量和容器的大小无关，根据气化热与沸点的关系式：

$$\ln P = -\frac{\Delta_{vap,T}H_m}{RT} + C$$

可以得到沸点与饱和蒸气压的对应关系。式中，P 为饱和蒸气压；T 为热力学温度；R 为气体常数；C 为常数；$\Delta_{vap,T}H_m$ 为某一温度下的汽化热。

由上式可知，液体的蒸气压一般都有随温度急剧上升的特点。由于加入的乙醇大大过量，反应釜内乙醇分压随反应温度的升高而增大，可以推测，随着反应温度的升高，晶粒生长速率将加快。从表 3-8 可知，根据 XRD 半峰宽计算得到的晶粒尺寸从 180℃ 的 54.4nm 增大到 220℃ 的 69.8nm。

在对溶剂热合成 t-Mn_3O_4 的研究中发现，随着溶剂热合成温度升高及反应时间延长，物相发生如下的转变：$MnO_2 \longrightarrow$ m-$MnOOH$ ＋ o-$MnOOH \longrightarrow$ m-$MnOOH$＋t-$Mn_3O_4 \longrightarrow$ t-Mn_3O_4，其中 o-$MnOOH$ 不稳定，最先发生反应，因此可通过加入 $LiOH$ 来获得正交层状锂锰氧。

层状锂锰氧及其他 $LiMO_2$ 固溶体的阳离子半径比与结晶结构、晶胞参数关系见表 3-9。由表 3-9 可知，根据阳离子半径比，可以将 $LiMnO_2$ 型岩盐大致分为结晶对称性不同的单斜晶系、正交晶系和六方晶系三类。$r_{Li^+}/r_{M^{3+}}$ 比值大，则可以得到六方晶系的层状岩盐稳定相 $LiCoO_2$、$LiNiO_2$ 和 $LiCrO_2$。

表 3-9　$LiMO_2$ 阳离子半径比与晶胞参数、结晶结构、空间群关系

$LiMO_2$	d 电子数	$r_{Li^+}/r_{M^{3+}}$	晶胞参数/nm	晶体结构	空间群
m-$LiMnO_2$	4	1.146	$a=0.544,b=0.281,c=0.539,\beta=116°$	Monoclinic	$C2/m$
o-$LiMnO_2$	4	1.146	$a=0.2806,b=0.5756,c=0.4572$	Orthorhomic	$Pmnm$
m-Li_2MnO_3	3		$a=0.482,b=0.852,c=0.502,\beta=119°$	Monoclinic	$C2/m$
h-$LiCoO_2$	6	1.314	$a=0.2805,c=1.406$	Hexagonal	$R\bar{3}m$
h-$LiNiO_2$	7	1.286	$a=0.2885,c=1.420$	Hexagonal	$R\bar{3}m$
h-$LiCrO_2$	3	1.192	$a=0.2896,c=1.434$	Hexagonal	$R\bar{3}m$
h-$LiVO_2$	2	1.154	$a=0.2841,c=1.475$	Hexagonal	$R\bar{3}m$
c-$LiFeO_2$	5	1.146	$a=0.4158$	Cubic	$Fm3m$
c-$LiTiO_2$	1	1.111		Cubic	$Fm3m$

图 3-36、图 3-37 分别为水热法制备 $LiCoPO_4$ 和 $LiMn_2O_4$ SEM 图。

图 3-36　水热法制备 $LiCoPO_4$ 的 SEM 图
（反应条件：220℃反应 5h，pH＝8.50）

图 3-37　水热法制备的 $LiMn_2O_4$ 的 SEM 图

3.3.1.3 水热法制备磷酸铁锂

在锂离子电池材料的水热法合成的例子中，比较典型的是 $LiFePO_4$ 的合成。

一般是将含锂源化合物、铁源化合物、磷源化合物、掺杂元素化合物或导电剂等混合，在 $5\sim120℃$ 的密闭搅拌反应器中，反应 $0.5\sim24h$，过滤、洗涤、烘干后得到纳米前驱体，接着将前驱体放入高温炉中，在非空气或非氧化性气氛中，于 $500\sim800℃$ 下恒温焙烧 $5\sim48h$，制得磷酸亚铁锂纳米粉末。

通过水热法亦可研究 $LiFePO_4$ 的形成机理。以 $FeSO_4 \cdot 7H_2O$、H_3PO_4 和 $LiOH$（物质的量比为 $1:1:3$）为原料，将反应体系在 $33.5MPa$ 下可获得 $LiFePO_4$ 产物，反应温度低于 $120℃$ 时所得到的产物是分子式为 $Fe(PO_4) \cdot 8H_2O$ 和 $LiFePO_4$ 的混合物，当温度升高至 $300℃$ 后，磷酸盐全部消失，得到的产物为纯净的橄榄石型 $LiFePO_4$。也就是说，在水热法制备 $LiFePO_4$ 的过程中，肯定要经过中间产物 $Fe(PO_4) \cdot 8H_2O$ 阶段。当反应温度升高到 $400℃$ 后，所得产物的粒度更细，形貌更规则，研究发现反应温度越高，产物的比表面积越大。反应时间对产物的形貌没有明显影响，但反应 $10min$ 的样品与反应 $1\sim5h$ 的样品相比具有更小的粒度和更均一的分布。在反应温度不高于 $200℃$ 的情况下，反应温度和时间对反应后料液的 pH 值几乎没有什么影响，均约为 9.22，当 pH 值高到一定程度后，产物中会出现 Li_3PO_4、Fe_2O_3、Fe_3O_4 等杂相。

图 3-38 给出了水热法制备与固相法、共沉淀法制备的 $LiFePO_4$ 的 XRD 图比较。

图中（a）为纯相 $LiFePO_4$ 晶体 XRD 图。（b）是固相法制备的 $LiFePO_4$，可以看出（b）中有一定量的 Fe^{2+} 和 Fe^{3+} 焦磷酸盐杂相（700℃ 以上还会产生磷化物）。而用 $Ar+3\% H_2$ 处理并不能提高产物纯度，以其他 $Fe(II)$ 盐同样得不到纯相 $LiFePO_4$，实际上，无论哪一种 $Fe(II)$

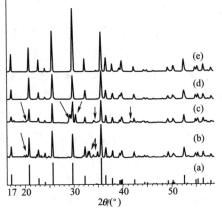

图 3-38 不同方法制备的 $LiFePO_4$ 的 XRD 图
(a) 纯 $LiFePO_4$ 晶体；(b) 固相法；
(c) 共沉淀法；(d) 水热方法；(e) 机械化学法制备（图中杂相峰用箭头标记出）

盐，在温度高于 $500℃$ 时，均会生成 $Fe(III)$ 晶相。共沉淀法制备的 $LiFePO_4$ 一般是在惰性气氛中，将 $LiOH$ 加入 $Fe(II)$ 盐和磷酸混合液中，将沉淀洗涤、烘干即可。图（c）中也同样有明显的杂相峰。可见固相法不适用于制备纯相 $LiFePO_4$。

大多数正极材料均可用水热法制备。例如常见的 $LiCoO_2$、$LiNiO_2$、$LiMn_2O_4$、LiV_3O_8、$LiMnO_2$、$LiNiVO_3$ 等。

值得注意的是，水热合成过程中的温度、压力、样品处理时间以及溶液的成分、酸碱性、所用的前驱体种类等对所生成的产物颗粒的大小、形式、体系的组成、是否为纯相等有很大的影响。另外，如果合成的氧化物正极材料在高温高压下溶解度大于相对应的氢氧化物，则无法通过水热法来合成。

综上所述，可见在温和的水热条件下，一方面可以使在常温常压下的溶液中难以进行的化学反应在高温高压下得以顺利进行，另一方面可以晶化得到具有特定价态、特殊构型、平衡缺陷晶体。与固相法等相比，其一般仅包括"原料制备-水热反应-过滤洗涤"三个步骤，与固相法及溶胶-凝胶法相比，流程简单，合成产物纯度较高，是一种较有发展前途的方法。

3.3.2 高温反应法

将含钴、镍、锰源的化合物与锂盐按一定配比混匀，在给定温度下，通空气焙烧一定时间，冷至室温，粉碎，筛分制得产品。在烧结过程中，往往包括多种物理、化学和物理化学的变化。一般均伴随着脱水、热分解、相变、共熔、熔解、溶解、析晶和晶体长大等过程。高温固相法由于工艺流程简单，易于实现工业化。

在正极材料前驱体的烧结过程中，烧结系统自由能的降低，是反应的推动力，包括下述几个方面：

① 由于颗粒结合面的增大和颗粒表面的平直化，粉体的总比表面积和总表面自由能减小；

② 烧结体内孔隙的总体积和总表面积减小；

③ 粉末颗粒内晶格畸变的消除。

烧结前存在于粉末或粉末坯块内的过剩自由能，包括表面能和晶格畸变能，前者指同气氛接触的颗粒和孔隙的表面自由能，后者指颗粒内由于存在过剩空位、位错及应力所造成的能量增高。表面能比晶格畸变能小，如极细粉末的表面能为几百卡/摩尔，而晶格畸变能高达几千卡/摩尔。但是，对烧结过程而言，特别是起始阶段，作用较大的主要是表面能。从理论上讲，烧结后的低能位状态至多是对应单晶的平衡缺陷浓度，实际上烧结体总是具有更多热平衡缺陷的多晶体。因此，烧结过程中晶格畸变能减少的绝对值，相对于表面能的降低仍然是次要的，烧结体内总保留一定数量的热平衡空位、空位团和位错网。

烧结过程中孔隙大小的变化，不管总孔隙度减低与否，孔隙的总表面积总是减小的。隔离孔隙形成后，在孔隙体积不变的情况下，表面积减小主要靠孔隙的球化，而球形孔隙继续收缩和消失也能使总表面积进一步减小。因此，不论在烧结过程中哪一个阶段，孔隙表面自由能的降低，始终是烧结过程的推动力。

粉末在粉碎和研磨过程中消耗的机械能，以表面能形式贮存在粉体中，又由于粉碎引起晶格缺陷，粉体由于表面积大而具有较高活性，与烧结体相比，粉体是处在能量不稳定状态。粉状物料的表面能大于多晶烧结体的晶界能，这就是烧结的推动力。粉体烧结后，晶界能取代了表面能，这是多晶材料稳定存在的原因。例如在锂锰氧的高温固相法合成中，将原料进行充分研磨不仅可以提高产物的电化学性能，还能有效降低反应所需温度。

3.3.2.1 高温固相法合成锂锰氧

下面以锂锰氧为例进行论述。

固相法合成锂锰氧化物，即将锂盐（如 Li_2CO_3、$LiNO_3$、$LiOH \cdot H_2O$ 等）与锰盐［如 $MnCO_3$、$Mn(NO_3)_2$ 等］或锰的氧化物（如电解 MnO_2、Mn_2O_3、Mn_3O_4 等）经一定方式研磨混合后，于高温下长时间烧制，直接发生固相反应而成。其特征是将固体原料混合物以固态形式直接反应。为了保证足够的反应速率，必须将固体物料加热至750℃以上。对于锂锰氧化物的固相合成反应，至少存在锂盐、二氧化锰和锂锰氧化物三种物相。在这种固相混合物之间发生固相反应的过程中，原子或离子需穿过各物相的界面，并通过各物相区，这就形成了原子或离子在多个固体物相中的交互扩散，因此，动力学因素对反应速率起着决定性的作用。

由于在反应中，生成产物 $LiMn_2O_4$ 时涉及大量的微观结构重排，其中涉及有关化学键的断裂和重新组合，原子或离子要作相当大距离（原子尺度上）的迁移。因此，需要足够高的温度才能使这些原子或离子扩散到新的反应界面，同时需通过电加热或微波加热来实现高温固相反应。

采用高温固相法，以 Li_2CO_3 为锂源，化学 MnO_2（CMD）和电化学 MnO_2（EMD）为锰源，用乙醇水混合物为分散介质合成尖晶石型正极材料 $LiMn_2O_4$。其具体做法是：称取一定比例的 Li_2CO_3 和 MnO_2，机械混合研磨，然后加入一定比例的乙醇/水的混合溶液，在搅拌下浸泡24h，得到一种类胶态的混合物，蒸干，在100℃下真空（<113kPa）干燥2h，研磨成细粉，然后在空气中550℃预焙烧数小时，在约650℃焙烧数小时，最后在750℃焙烧十多小时，自然冷却即得到样品。反应方程式为：

$$Li_2CO_3 + 4MnO_2 = 2LiMn_2O_4 + CO_2 + 1/2O_2$$

用 XRD、BET、TEM 和电化学测试对材料进行了表征。结果表明，750℃制备的样品呈良好的尖晶石结构，比表面积分别为约 $420m^2/g$ 和 $220m^2/g$，产物粒度分布均匀，平均粒径为200nm。在 $4 \times 10^{-4}A/cm^2$ 和 3.0～4.35V 条件下恒流充放电，其首次放电容量大于 $110mA \cdot h/g$，效率大于90%，具有较好的循环可逆性。

3.3.2.2 固相法中影响产物性能的因素

在晶体中晶格能愈大，离子结合也愈牢固，离子的扩散也愈困难，所需烧结温度也就愈高。各种晶体键合情况不同，因此烧结温度也相差很大，即使对同一种晶体的结晶度也不是一个固定不变的值。提高烧结温度无论对固相扩散或对溶解沉淀等传质都是有利的。但是单纯提高烧结温度不仅浪费燃料，而且还会促使二次再结晶，而使产物性能恶化。尤其是在有液相的烧结中，温度过高使液相量增加，黏度下降而使产物变形。因此不同产物的烧结温度必须配合差热和热重分析，仔细分析来确定。

高温固相反应合成 $LiMn_2O_4$ 尖晶石时，适宜的合成温度为 650～850℃，

LiMn$_2$O$_4$ 在 840℃的空气中由立方相变为四方相，在烧结温度高于 750℃时，开始失氧，而且随着淬火温度的提高和冷却速度加快，缺氧现象越来越严重，而缺氧尖晶石 LiMn$_2$O$_4$ 的电化学性能较差，在 750℃氧气的分压大于 0.016MPa 时，LiMn$_2$O$_4$ 不会发生失氧现象，所以在空气中 p_{O_2} 等于 0.02MPa 条件下，制备 LiMn$_2$O$_4$ 及其掺杂尖晶石化合物，在 750℃下进行。淬冷的样品与缓慢冷却的相比较，淬冷更易导致八面体位和四面体间的离子混合，淬冷温度越高，离子混合越严重，越有利于锰离子占据 8a 位置，从而导致 Li$^+$ 扩散困难，导致电极材料的电化学性能差。通常情况下，高温固相反应得到的 LiMn$_2$O$_4$ 尖晶石形貌不规则，颗粒不均匀，往往含有较多的杂质，导电性和可逆性较差。

由烧结机理可知，只有体积扩散导致坯体致密化，表面扩散只能改变气孔形状而不能引起颗粒中心距的差异，因此不出现致密化过程，图 3-39 表示表面扩散、体积扩散与温度的关系，在烧结高温阶段主要以体积扩散为主，而在低温阶段以表面扩散为主。如果材料的烧结在低温时间较长，不仅不会引起致密化反而因扩散改变了气孔形态而给产物性能带来损失。因此，如果要提高材料的真实密度和振实密度，从理论上分析应尽可能很快地从低温升到高温以创造体积扩散的条件。但是，作为正极材料，要求锂离子

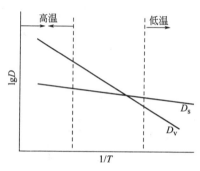

图 3-39　扩散系数与温度关系

D_s—表面扩散系数；D_v—体积扩散系数

可以快速地脱嵌，如果材料过于致密化，结块现象严重，则会降低材料的电化学性能。因此，在高温固相制备各种正极材料过程中，需要进行大量实验确定最佳烧结时间。在实验过程中，同时还要结合考虑材料的传热系数、二次再结晶温度、扩散系数等各种因素来合理确定烧结工艺。

无论在固态或液态的加热过程中，细颗粒由于增加了烧结的推动力，缩短了原子扩散距离和提高颗粒在液相中的溶解度而导致烧结过程的加速。如果烧结速率与起始粒度的 1/3 次方成比例，从理论上计算，当起始粒度从 2μm 缩小到 0.5μm 时，烧结速率增加 64 倍。这相当于粒径小的粉料烧结温度降低 150～300℃。

在通常条件下，原始配料均以盐类形式加入，经过加热后以氧化物形式发生烧结。盐类具有一定结构，如层状结构，当将其分解时，这种结构往往不能完全破坏，原料盐类与生成物之间若保持结构上的关联性，那么盐类的种类、分解温度和时间将影响烧结氧化物的结构缺陷和内部应变，从而影响烧结速率与性能。

烧结气氛一般分为氧化、还原和中性三种，在锂锰氧的合成中一般是氧化性气氛。一般地说，在由扩散控制的锂锰氧烧结中，气氛的影响与扩散控制因素有关，与气孔内气体的扩散和溶解能力有关。在其烧结过程中，是由阳离子扩散速率控制，因此在氧化气氛中烧结，表面聚集了大量氧，使阳离子空位增加，有利于阳离

锂离子电池原理与关键技术

子扩散的加速而促进烧结。

进入封闭气孔内气体的原子尺寸愈小，愈易于扩散，气孔消除也愈容易。如像氩或氮那样的大分子气体，在锂锰氧晶格内不易自由扩散，最终残留在坯体中。尤其是在正极材料的合成过程中，因为样品含有锂元素，为了防止其在高温下的挥发而影响材料的化学组成，必须控制一定分压的锂气氛。

3.3.3 溶胶-凝胶法

溶胶-凝胶法，即 sol-gel 法。是 20 世纪 60 年代发展起来的一种制备材料的新工艺。该法是将金属醇盐或无机盐经溶液、溶胶、凝胶而固化，再将凝胶低温热处理变为氧化物的一种方法。制备过程包括溶胶的制备、溶胶-凝胶转化和凝胶干燥，其中凝胶的制备及干燥是关键。当采用金属醇盐制备氧化物粉末时，先制得溶胶，再将其通过醇盐水解和聚合形成凝胶，之后是陈化、干燥、热处理，最终得到产物。如果利用无机盐溶胶凝胶制备氧化物粉末，则是利用胶体化学理论，先将粒子溶胶化，再进行溶胶-凝胶转化，之后经陈化、干燥、热处理操作工序。

溶胶-凝胶法的特点为：较低的反应温度，一般为室温或稍高温度，大多数有机活性分子可以引入此体系中并保持其物理性质和化学性质；由于反应是从溶液开始的，各组分的比例易控制，且达到分子水平上均匀；由于不涉及高温反应，能避免杂质的引入，可保证最终产品的纯度；可根据需要，在反应的不同阶段，制取薄膜、纤维或块状功能材料。其不足之处是有些醇盐对人体有害，而且价格较贵，同时，该法处理周期也嫌过长。所以，溶胶-凝胶法具有化学均匀性好、粒径分布窄、纯度高、颗粒粒径小、反应易控制、合成温度低、得到的材料粒子比表面积大、可容纳不溶性组分或不沉淀性组分等优点。

溶胶-凝胶法的过程如下所述：

(1) 溶胶的制备　溶胶的获得分为无机方法和有机方法两类。在无机方法中，溶胶的形成主要是通过无机盐的水解来完成，反应表示式如下：

$$M^{n+} + nH_2O \longrightarrow M(OH)_n + nH^+$$

在有机途径中，以有机醇盐为原料，通过水解与缩聚反应制得溶胶，反应式表示为：

$$M(OR)_n + xH_2O \longrightarrow M(OR)_n - x(OH)x + xROH(水解)$$
$$2M(OR)_n - x(OH)x \longrightarrow [M(OR)_n - x(OH)x - 1]_2 + H_2O(缩聚)$$

其过程可图示如下。

$$醇盐 \xrightarrow{水解} 溶胶 \xrightarrow{缩聚} 凝胶 \xrightarrow{加热干燥} 干凝胶 \xrightarrow{煅烧} 产品$$

(2) 溶胶-凝胶转化　溶胶中含有大量的水，凝胶化过程中，通过改变溶液的pH 值或加热脱水的方法来实现凝胶化。在溶胶到凝胶的转变过程中，水解和缩聚并非两个孤立的过程，醇盐一旦水解，失水缩聚和失醇缩聚也几乎同时进行，并生成 M—O—M 键，形成溶胶体系。

$$—M—OH + HO—M \longrightarrow —M—O—M— + H_2O$$

$$—M—OH+RO—M \longrightarrow —M—O—M—+ROH$$

　　室温下，醇盐一般与水不能互溶，所以需要醇类或其他有机溶剂作共溶剂，并在醇盐的有机溶液中加水和催化剂（醇盐水解一般都要加入一定催化剂，常用酸、碱催化剂，一般是盐酸或氨水）。

　　金属醇盐的水解反应与催化剂、醇盐种类、水及醇盐等物质的摩尔比、共溶剂的种类及用量、水解温度等诸多因素有关，研究并掌握这些因素对水解作用的影响是控制水解过程的关键。

　　（3）凝胶的干燥　湿凝胶中所含的大量溶剂在热处理之前需要进行干燥将其除去，由此得到干凝胶，在热处理过程中尽可能减少气孔的生成。在此过程中，凝胶结构变化很大，所以热处理的升温过程和最终温度对材料性能有较大影响。水解缩聚的结果形成溶胶初始粒子，初始粒子逐渐长大，连接成链，最后形成三维网络结构，便得到凝胶。缩聚后的凝胶称湿凝胶，干燥过程就是除去湿凝胶中物理吸附的水和有机溶剂及化学吸附的羟基或烷基等残余物。干燥过程主要控制好干燥速度，速度过快会使凝胶龟裂和破碎。干凝胶在选定温度下恒温处理便得到致密的产品。

　　在锂离子电池领域，溶胶-凝胶法主要用来制备正极材料钴酸锂、镍酸锂、锰酸锂、氧化钒和负极材料锡的氧化物等。

　　溶胶-凝胶法合成层状锂锰氧化合物工艺流程见图3-40。

　　将适量的硝酸镍、硝酸钴、乙酸锰和硝酸锂按摩尔比 Li/M＝1.15，Co/Ni/Mn＝1：1：1 溶于一定量的水中混合均匀，边搅拌边加入柠檬酸，使之形成均匀透明的溶液，加热蒸除部分水后，最终形成粉红色溶胶，将溶胶在 120℃ 下烘干，形成凝胶。将凝胶研细后得到前驱体，将前驱体置于瓷烧舟中放入微波马弗炉中，以 1℃·min^{-1} 加热，于 950℃恒温 8h，并以 1℃/min 冷却得到目标产物。

　　用溶胶-凝胶法制备钴酸锂，一般是先将钴盐溶解，然后用氢氧化锂和氨水逐渐调节体系的 pH 值，形成凝胶。在该过程中，pH 值的控制比较重要。控制不好则难以形成沉淀，故也称为沉淀法或共沉淀法。为很好地控制粒子的大小及均一性，可加入有机酸作为载

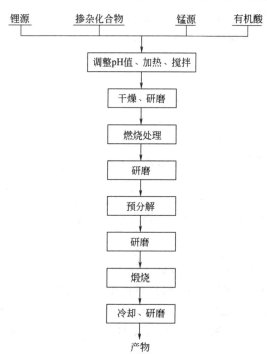

图 3-40　溶胶-凝胶法合成层状锂锰氧工艺流程图

体，如草酸、酒石酸、柠檬酸、聚丙烯酸等。在形成的凝胶中，由于有机酸中的氧原子与钴及锂离子结合，因此不仅使得锂与钴在分子级的水平上发生混合，而且可以保证粉末粒子的分布在纳米级范围。采用溶胶-凝胶法能在较低的合成温度下得到结晶性好的钴酸锂，同时也不像固相反应需要长时间的加热。得到的钴酸锂的可逆容量可达 150mA·h/g 以上，而固相反应的可逆容量一般为 120mA·h/g 左右。以金属锂作参比电极，溶胶-凝胶法所得的材料在 10 次循环以后，其容量达 140mA·h/g 以上。

与钴酸锂的制备一样，也可以用氢氧化锂、氨水与镍盐发生作用，制备镍酸锂。通过该法得到凝胶，氢氧化镍与氢氧化锂反应获得纳米级的混合物，然后在氧化气氛中进行热处理得到镍酸锂。镍酸锂的实际可逆容量可达到 190mA·h/g 以上。

一般情况下，二价镍较难氧化为+3 价，生成缺锂的镍酸锂；另外，热处理过高，生成的镍酸锂易发生分解，这是因为在制备化学计量关系的复合氧化物时，一般通过加钴元素进行掺杂。通常采用的固相反应不能保证其混合的均匀性，因而采用溶胶-凝胶法来解决该问题。合成复合氧化物 $LiNi_xCo_{1-x}O_2$ 所需的时间短，结晶性能好。当 $x=0.8$ 时，电化学性能最佳，比单独的 $LiNiO_2$ 或 $LiCoO_2$ 均要好，可逆容量达 160mA·h/g 以上。该化合物在 700～800℃时热处理 2～5h，则可以得到结晶性好的镍酸锂。

如上所述，为防止镍酸锂因热处理温度过高发生分解而影响其电化学性能，亦可以采用以有机物为载体的溶胶-凝胶法。所用的有机物有柠檬酸和聚乙烯醇缩丁醛。以聚乙烯醇缩丁醛为例，在 750℃热处理 5h 就可以获得结晶性好的镍酸锂，该法比固相反应、并通过喷雾干燥工序等均优越。其原因之一，是锂、镍元素间是以原子级水平发生混合，另一原因是有机物在热处理时发生氧化，产生大量的热，可以加速镍酸锂固体物的形成。当然，加入的有机物并不是多多益善，过多会导致氧的分压低，使得镍从+2 价氧化到+3 价的过程进行得不完全。

金属锰较金属钴、镍便宜，而且资源非常丰富。当采用固相反应法合成的材料时，由于锂在可逆插入和脱出的过程中，锰的价态在+3 与+4 之间发生转变，而 Mn^{3+} 与 Mn^{4+} 的大小不一样，导致 Jahn-Teller 效应，即导致尖晶石微观结构产生畸变。其结果使得锰酸锂的尖晶石结构随循环的进行而发生破坏，电化学容量发生明显的衰减。

同钴酸锂和镍酸锂的制备方法一样，即采用溶胶-凝胶法制备方法，将锰盐与氢氧化锂和氨水进行混合，可以制得纳米级的氢氧化锰与锂离子的混合物，然而所得到的氧化锰锂材料依然没有从根本上解决 Jahn-Telller 效应所造成的容量衰减问题。通过在该方法的基础上，引入杂原子如镍、铬、铜等对其改性，能够抑制材料的 Jahn-Telller 效应，改善其循环性能，但是容量有所降低，一般为 100mA·h/g 左右。

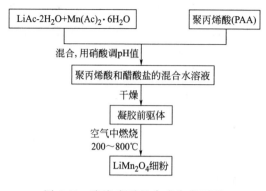

图 3-41 溶胶-凝胶法合成尖晶石型
锰酸锂的工艺流程示意

上述通过采用掺杂的方法虽然能改善循环性能，但是材料容量不高。如果以有机物为载体，可以有效地克服容量低的缺点，同时确保其优良的循环性能。采用的有机物有小分子和聚合物。小分子有酒石酸、羟基乙醇酸、丁二酸、己二酸等，聚合物有聚丙烯酸、柠檬酸与乙二醇的缩聚物等。得到的锰酸锂的循环性能及容量有明显的改善。以聚丙烯酸（PAA）为例，合成锰酸锂的流程如图 3-41 所示。聚丙烯酸的羧酸基团与混合的锂离子、锰二价离子生成络合物，并形成溶胶。这样使金属离子以分子级水平均匀分散在聚合物载体中。所得的凝胶随 PAA 与锂、锰的比例不同而不同，既可为交联结构，也可为非交联结构。一般使 PAA 过量，形成交联结构时，在热处理过程中就不会发生偏析现象。形成单一尖晶石结构的热处理温度也比较低，可低到 250℃。在 800℃ 时所得的 $LiMn_2O_4$ 的可逆容量为 135mA·h/g（91% 的理论容量），以金属锂为参比电极，10 次循环后为 134mA·h/g，168 次循环仅仅衰减 9.5%。

采用溶胶-凝胶法制备 $Li_{1+x}V_3O_8$ 正极材料时，一般是将一定的化学计量比硝酸锂或碳酸锂作为锂源，钒酸铵作为钒源溶解或均匀分散于水中，然后将预先配好的柠檬酸饱和溶液在搅拌下慢慢滴加到锂钒化合物混合溶液中。升温至 80℃ 并搅拌反应 0.5h，确保反应均匀混合，使锂离子、五价的钒离子与柠檬酸盐络合反应充分。反应完全后，于 80℃ 左右蒸发浓缩得凝胶，湿凝胶在真空炉中于 110～120℃ 胶水中形成疏松泡沫状含有柠檬酸的 $Li_{1+x}V_3O_8$ 干凝胶前驱体；将该前驱体在空气中于 450℃ 焙烧 20h，得到产物。有人将化学计量比的五氧化二钒和氢氧化锂加入到蒸馏水中，将反应体系搅拌 12h，加入少量的氨水，再将混合物置于 80℃ 水浴中，蒸干水分，然后经 120℃ 真空干燥 4h，最后经 450℃ 煅烧后得到产物。

溶胶-凝胶法制备的 $Li_{1+x}V_3O_8$ 正极材料产物直接为微细粉状，且产物颗粒度均匀，比表面大，结构完整，不需复杂的后处理即可直接作电极材料使用。其在 $0.25mA/cm^2$ 的电流密度下恒流放电，首次放电实际比容量可达 350mA·h/g。此法制备的电极材料在比容量和循环性能上都有重大突破。

由于钒的价态高，极易水解形成凝胶，所以得到的凝胶品种也比较多，如水凝胶、气凝胶、干凝胶等。传统方法得到的 V_2O_5 的嵌锂容量有限，每摩尔 V_2O_5 单元一般不到 2mol 锂。如果制备成凝胶，其嵌锂容量大大得到提高，每摩尔 V_2O_5 单元的嵌锂量可高达 5.8mol。贮锂容量大大提高的原因一方面可能是嵌锂的位置发生了变化，产生了热力学上更好的嵌锂位置；另一方面可能是材料的层间距增加，结果使 V_2O_5 凝胶近乎为二维有序结构，层之间的作用很弱，因此锂更易嵌入。

一般而言，上述溶胶-凝胶法制备的 V_2O_5 凝胶的循环性能也并不理想，容量衰减得比较快。目前改进的方法有两种，一是同锂锰氧化物的制备一样，在用溶胶-凝胶法制备的过程中引入杂元素，如铁、铝等；另一为将溶胶-凝胶法进行改性。前者引入的杂元素的分布比较均匀，在制备的复合氧化物中，它们连接 V_2O_5 带，增加各层之间的相互作用，这样在充放电过程中，层状结构的稳定性得到提高，从而提高了循环性能。40 次以后，容量还保持在410mA·h/g以上。后者是如变通的方法一样，将偏钒酸钠制备成水凝胶，接着不是直接用超临界法进行干燥，而是用丙酮将水凝胶中的水置换出来，然后再用环己烷将丙酮置换出来，制得有机凝胶。该有机凝胶中的有机溶胶环己烷在制备电极的过程中因干燥而除去。即使残留有微量的有机溶剂，也不会与锂发生反应而导致不可逆容量。其容量可达410mA·h/g，相对于每摩尔 V_2O_5 单元能可逆脱出约 2.9mol 锂，每一次循环的容量衰减率低达 0.19%。

从上面的结果来看，溶胶-凝胶法在锂离子电池的材料制备中具有非常明显的优越性，它将对锂离子电池的研究和产业化起着很大的推动作用。随着人们认识的不断深入，溶胶-凝胶法还会为新型的锂离子蓄电池的探索和发展起着有力的促进作用。如将用溶胶-凝胶法制备的纳米填料氧化钛、氧化铝等加入到聚氧化乙烯-Li-ClO_4 电解质中，可以使聚合物电解质的电导率在室温下达到应用水平。该聚合物电解质的电导率的提高不像别的普通方法通过在聚合物电解质加入液体增塑剂而提高电导率。由于采用固体纳米填料，因此没有液体增塑剂的存在，大大提高了金属锂与电极的相容性，纳米填料的比表面积大，并没有降低聚合物的力学性能，从而诞生了全固态锂电池。

另外，在理论方面的研究还有待于进一步深入，如在溶胶-凝胶法制备的氧化锰锂中，为什么 Jahn-Teller 效应就不明显了？按理同样存在 Mn^{3+}、Mn^{4+} 之间的转换。原因之一可能如同锂镍氧化物的制备一样，Li^+ 的有序化程序提高了，如果这一问题能得到彻底的解决，则锂离子电池的成本将大幅度下降。

3.3.4 低温固相反应法

无机化学中的固相反应尤其是高温固相反应一直是人们合成新型固体材料的主要手段之一。为了得到介稳态的固相反应产物，扩大材料的选择范围，有必要降低固相反应的温度。室温或低热温度条件下的固相化学反应便是近来发展起来的一个新的研究热点。低温固相反应在合成原子簇化合物、新的多酸化合物、金属配合物等方面发挥了重要作用，已成功应用于合成氧化物和单组分纳米粉体。该法不仅使合成工艺大为简化，降低成本，而且减少了由中间步骤及高温固相反应引起的诸如产物不纯、粒子团聚、回收困难等不足，为固体材料的合成提供了一种价廉而又简易的全新方法，同时也为低热固相反应在材料化学中找到了极有价值的应用。低热固相反应不使用溶剂，对环境友好，以及节能、高效、无污染、工艺过程简单等，成为绿色合成化学的重要手段之一。在合成高性能电池活性材料中具有非常重要的意义。所以说，低热固相反应法是合成电池活性材料的重要方法之一。

3.4.4.1 基本原理

低温固相化学反应法的基本原理是：首先将在室温或低温下制得的固相金属配合物进行分解，即将固相配合物在较温度下进行热分解，得到氧化物或复合氧化物超细粉末。如以 $LiNO_3$、$Mn(CH_3COO) \cdot 4H_2O$ 和柠檬酸为原料按一定物质的量比混合均匀后，在室温条件下充分研磨 2h 制得固相配位前驱体，然后将前驱体在一定温度下煅烧一段时间，得到 $LiMn_2O_4$ 超细粉末。又如采用 Li_2CO_3 和 $Mn(OAc)_2$ 为反应物，通过添加少量柠檬酸或草酸于其中并充分研磨，再在 550℃ 煅烧 4h，可获得尖晶石型的 $LiMn_2O_4$。

对比传统的高温固相反应法，固相配位反应具有煅烧温度低、时间短等优点，所制备的 $LiMn_2O_4$ 材料颗粒均匀、形貌较规整。

传统的 $LiCoO_2$ 合成方法主要是固相反应法，其分为高温固相合成法和低温固相合成。其中高温合成法是以 Li_2CO_3 和 $CoCO_3$（或 CoO、Co_3O_4）为原料，按 $Li:Co=1:1$ 的物质的量比例配制，在 700～900℃ 下，空气氛围中煅烧制得 $LiCoO_2$；低温固相合成法是将混合好的 Li_2CO_3 和 $CoCO_3$ 在空气中匀速升温至 400℃，保温数日，以生成 $LiCoO_3$ 粉体。有人采用先室温固相反应，再煅烧的方法合成了 $LiCoO_2$ 粉体材料。其合成过程是将等物质的量比的 $Co(Ac)_2 \cdot 4H_2O$ 与 $LiOH \cdot H_2O$ 在球磨机中球磨，得到紫色粉体；再将其在烘箱中于 40～50℃ 微热，得中间产物；然后在真空中于 0.08MPa、100℃ 下干燥 6h 后，置于 600℃ 下热处理 16h，得到 $LiCoO_2$ 材料，透射电镜（TEM）及 X 射线衍射（XRD）表明其颗粒大小为 45nm 左右，BET 法测试比表面积为 $50m^2/g$ 左右。对低温固相反应法制得的 $LiCoO_2$ 的电化学性能研究表明，其循环稳定性较好，放电电压平台较高（3.9V）；纳米 $LiCoO_2$ 以最佳配比（7.5%）加入普通 $LiCoO_2$ 中得到的混合样的初始容量有明显提高，放电电压平台较高，循环稳定性更好。

将氢氧化锂和草酸按等物质的量混合，研磨 30min 后，再加入等摩尔量的醋酸钴，研磨 1h 后得粉红色糊状中间体。将中间体在 150℃ 下真空干燥 24h 得前驱体。将前驱体在空气气氛下于 500～800℃ 温度下焙烧 6h，得到晶粒尺寸小于 100nm 的 $LiCoO_2$ 粉末。随着焙烧温度的提高，样品的晶化程度和晶粒尺寸增大，晶胞参数呈现 a 轴伸长，c 轴缩短的趋势。充放电性能测试结果表明，700℃ 焙烧的样品具有很好的电化学性能，初始充/放电比容量为 169.4/115.3mA·h/g，循环 30 次后放电比容量还大于 101mA·h/g。

采用低热固相反应法同样可制得 $LiCo_{0.8}Ni_{0.2}O_2$ 粉体。研究表明，样品颗粒是由许多小的球形晶粒团聚而成，并呈不规则疏松多孔状。这种材料有利于电解液的渗入和锂离子的扩散；充放电性能测试表明，700～800℃ 下得到的样品初始比容量达 145mA·h/g，循环 50 次后容量减少 11％左右。

3.3.4.2 低热固相反应机理探讨

大多数固相反应在较低的温度下难以进行，而某些熔点较低的分子固体或含有结晶水的无机物及大多数有机物能形成固态配合物，其可以在室温甚至在 0℃发生固相反应。研究表明，化合物中结晶水的存在并不改变反应的方向和限度，它起到降低固相反应温度、加快反应速率的作用。粒子的大小与研磨时间长短关系不大，其主要受反应和制备方法等影响，然而粒子的形状与研磨的时间长短有密切的关系。将反应物充分研磨到细小均匀，使颗粒的表面积随其颗粒度的减小而急剧增加，也是缩短反应时间、促进反应发生的重要手段。有人探讨了低热固相反应的机理，提出并用实验证实了固相反应的 4 个阶段，即扩散-反应-成核-生长，每一步都有可能是反应速率的决定步骤。在固相中，反应物利用微量结晶水为其提供加速反应的场所，粒子相互碰撞，迅速成核，但由于离子通过各物相特别是产物相的扩散速度很慢，其晶核不能迅速长大，根据结晶学原理，当成核速度快，而晶核生长速度慢时，则易生成晶粒小的产物；反之则生成的晶粒较大。这可能是低热固相反应能得到晶粒小的粒子的原因之一。

采用低热固相反应法合成电池正极材料的过程中，反应物原料常含有结晶水，微量结晶水能够降低固相反应温度，加快反应速度，有利于得到晶粒细小的产物；低温条件下固相的充分研磨对形成细小粒子至关重要。有人认为研磨可使合成 LiCoO$_2$ 所需的反应物从微观上均匀混合，从而降低中间体在煅烧时锂离子的扩散距离，从而形成粒度均匀的粉体粒子材料。

3.3.5 电化学合成法

电化学合成方法是一种绿色合成方法。该法可用于聚合物锂离子电池正极材料的制备，另外亦用于制备 LiCoO$_2$ 等氧化物材料。

用电化学方法合成有机化合物称为有机电合成。它是一门涉及电化学、有机合成及化学工程的交叉学科。1834 年，Farady 宣称可通过电解乙酸获得某种烃，这就是后来被称为"柯尔比反应"的有机电合成反应

$$2RCOO^- \longrightarrow R-R+2CO_2+2e$$

有机电合成相对于传统的有机合成具有显著的优势：电化学反应是通过反应物在电极上得失电子实现的，原则上不用添加其他试剂，这样减少了物质消耗，也减少了环境污染；选择性很高，减少了副反应，使其产品纯度和收率均较高，大大简化了产品分离和提纯工作；反应在常温常压或低压下进行，这对节约能源、降低设备投资十分有利；工艺流程简单，反应容易控制。

由于有机电合成技术在理论上的先进性以及 20 世纪 60 年代现代电化学科学技术的长足发展，极大地推动了电合成的工业化进程。1965 年，美国 Monsanto 公司 15 万吨己二腈装置的建成投产，标志着有机电合成进入了工业化时代，有机电合成分类方法比较复杂。

按电极表面发生的有机反应的类别，可分为两大类有机电合成反应，即阳极氧化过程和阴极还原过程。阳极氧化过程包括：电化学氧化反应；电化学卤化反应；苯环及苯环侧链基团的阳极氧化反应；杂环化合物的阳极氧化反应；含氮硫化物的阳极氧化反应。阴极还原过程包括阴极二聚和交联反应；有机卤化物的电还原；羟基化合物的电还原反应；硝基化合物的电还原反应；氰基化合物的电还原反应等。

按电极反应在整个有机合成过程中的地位和作用，可将有机电合成分为两大类：直接有机电合成反应、间接有机电合成反应。直接有机电合成反应，即有机合成反应直接在电极表面完成；间接有机电合成反应，即有机物的氧化（还原）反应采用传统化学方法进行，但氧化剂（还原剂）在反应后可采用电化学方法再生循环使用。间接电合成法可以两种方式操作：槽内式和槽外式，槽内式间接电合成法是在同一装置中进行化学合成反应和电解反应，因此这一装置既是反应器也是电解槽。槽外式间接电合成法是电解槽中进行媒质的电解，电解好的媒质从电解槽转移到反应器中。

电化学活性的聚合物是由具有共轭 π 电于结构的分子组成。其制备则是围绕如何形成在分子内部具有迁移能力的自由电子或空穴的这种结构。聚苯胺可通过电化学聚合的方法来制备。电化学聚合法以电极电位作为聚合反应的引发和反应驱动力。在电极表面进行聚合反应并直接生成聚合物。

（1）聚苯胺电极材料的制备　在水溶性电解质中进行苯胺的聚合可采用恒电流法、恒电位法等电化学方法。使用的电解质有 $HClO_4$、HCl、H_2SO_4、CF_3COOH 和 HBF_4 等。聚合物电沉积在基质材料上，如 Au、Pt、不锈钢、SnO_2 片和碳素等材料。

电化学聚合时，聚苯胺首先形成致密的球形结构，然后生成多孔纤维结构形式。在酸性电解质和电流密度为 $1mA \cdot cm^2$ 时，苯胺可电聚合沉积生成轻质多孔海绵状物，其厚度达数毫米。在高电流密度时（$5mA \cdot cm^2$），则生成纤维状聚苯胺，其直径约为 $0.1\mu m$。在 $0.5mol/L$ H_2SO_4 电解质中恒电流聚合得到的聚苯胺为球形状态，其直径约为 $0.5\mu m$。在 $2mol/L$ HBF_4 溶液中恒电流合成的多孔状聚苯胺纤维的半径随电流密度的增大而减小，薄膜的孔穴率则维持约 50% 不变。当 0.25%（摩尔分数）的邻苯二胺加至酸性的苯胺溶液时，则有致密的交链结构的聚合物形成。

在有机介质中研究苯胺电化学聚合，扫描电镜（SEM）研究表明，在高酸性条件下形成的聚苯胺表面膜光滑平整。与水溶液电解质生成物相比较，非水介质得到的薄膜电化学性能相差不大，但非水体系的聚合反应可使材料有效去除水分。纤维增强的多孔性聚苯胺可作为锂离子电池的电极材料。

层状结构的聚苯胺正极材料表现出内外双层的性质，无机平衡离子在其内层位置，在外层分布主要为有机聚合物平衡阴离子。

对聚苯胺制备的研究动态主要集中在其复合材料的开发，包括探索具有相容性好的无机活性材料和有机活性材料，通过加入某些导电填料或粘接剂，可改善聚苯胺的力学性能和加工性。

（2）聚噻吩的合成　用电化学还原的方法，如在乙腈溶液中，以 $Ni(ph)^{2+}Br_2$ 为催化剂，电化学还原 2,5-二溴噻吩,可在阴极上得到聚噻吩。这种方法亦称为阴极合成路线。但由于所得聚噻吩处于中性态，即绝缘态，使得电极表面很快钝化，所得薄膜厚度不超过 100nm，该方法可用于电极防腐。

通过电化学氧化的方法，可直接由噻吩单体制备聚噻吩薄膜。这种方法亦称为阳极合成路线。这种方法具有以下特点：方法简单，可用于大量制备；直接成膜，制得的聚噻吩薄膜为导电态。聚噻吩薄膜的性能，强烈地依赖于所用溶剂中，支持电解质的性质，以及具体采用的电化学方法。所用的溶剂必须具有较大的介电常数，以保证溶液的离子电导率，同时，溶剂在较高电位 （1.4～2.3V，vs.SCE）是电化学惰性的。有报道表明，3-甲基噻吩可在水溶液中聚合，然而，痕量水的存在对噻吩的电化学氧化聚合是相当有害的，它大大降低了聚噻吩的有效共轭链长和电导率。研究表明，水的引入使得聚噻吩主链上引入了羰基，从而破坏了共轭结构。大多数聚噻吩均保存在严格无水、高介电常数、低亲核性的非质子溶液中，如乙腈、苯腈、硝基苯、丙烯基碳酸酯中合成的。这些溶液中电化学聚合噻吩的电流效率很高。所用的支持电解质也必须是低亲核性的，如采用 ClO_4^-、BF_4^-、$CF_3SO_3^-$ 等。掺杂离子的性质对所制备的聚噻吩的形态、电化学性质有影响。在以 $CF_3SO_3^-$ 为掺杂离子时，于乙腈溶液中制备的聚 3-甲基噻吩甚至表现出一定的结晶性。在实验中若具体施加的电化学氧化方法不同，所制得的聚噻吩薄膜性质亦有很大差异。采用的方法有恒电流法和恒电位法，其他方法还有循环伏安法、电流脉冲法等。

在常规溶液中电化学聚合噻吩具有以下难以克服的缺点：聚合反应过程的氧化电位比较高，超过聚噻吩的过氧化电位，因而不可避免地使得所合成聚噻吩产物过氧化，造成其降解。制得的聚噻吩薄膜强度较低，限制了薄膜的直接应用。因而有人在电化学聚合噻吩过程中采用三氟化硼乙醚体系，成功地将聚合电位下降到 1.2V[vs. Ag/AgCl(3.5mol/L KCl)]，避免了聚噻吩的过氧化，所得聚噻吩薄膜的拉伸强度甚至超过了金属铝。同时将该方法用于电化学合成聚 3-烷基噻吩，所得薄膜均表现出很高的强度。而且发现，所得聚噻吩、聚 3-甲基噻吩薄膜都表现出很高的电导率各向异性，其平行于薄膜方向电导率是垂直于薄膜方向的 10^4 倍。

（3）$LiCoO_2$ 的电化学合成　以 Co 片、硝酸钴、Pt 片和 LiOH 为原料，Co、Pt 片按 10mm×10mm×0.2mm 取材后进行机械抛光，在丙酮中用超声波清洗后，铬酸处理 16h 再用二次蒸馏水超声波清洗、吹干。将硝酸钴配制成 0.5mol/L 溶液，然后将硝酸钴溶液滴加至 1mol/L 氢氧化钠溶液，得到蓝色的氢氧化钴沉淀。沉淀过滤，清洗后，加入 4～6mol/L LiOH 溶液制备成悬浊液，即电解液。

121

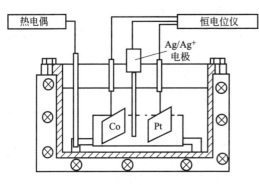

图 3-42 电化学法制备 $LiCoO_2$ 示意图

将电解液置于密闭反应器中，工作电极和参比电极浸入溶液中并分别与电源的正负极相连，如图3-42所示。控制反应参数如下：电流密度为 $0 \sim 10mA$，反应温度为 $60 \sim 200℃$，反应时间为 $0.5 \sim 48h$，反应压力分别为不同温度的饱和蒸气压。反正结束后在烧杯底部出现褐色粉末，Co 电极表面也有一层褐色薄膜。将粉末和薄膜清洗、干燥即得产品。

粉末呈菊花状晶粒组成，粒径约为 $0.2 \sim 0.4\mu m$，电化学测试表明，材料表现出良好的循环伏安性能。

3.3.6 机械化学活化法

3.3.6.1 原理

有关机械化学的概念是 Peter 第一次在 20 世纪 60 年代初提出的，当时将它定义为"物质受机械力的作用而发生化学变化或者物理化学变化的现象"。从能量转换的观点，可以理解为机械力的能量转换为化学能。事实上机械力化学效应的发现可追溯到 1893 年，Lea 在研磨 $HgCl_2$ 时，观察到少量 Cl_2 逸出，说明 $HgCl_2$ 有部分分解。在材料学科领域，对机械化学效应的研究始于 20 世纪 50 年代，Takahashi 在对黏土作长时间粉磨时，发现黏土不仅有部分脱水，同时结构也发生了变化。

机械化学活化（mechanochemistry，又称高能球磨 high-energy ball milling），是在机械应力作用下发生的物理过程中所引发的机械化学反应。研究固体物料在机械力诱发和作用下发生的物理化学性质和结构变化，在机械活化过程中，系统消耗的机械能相当一部分留存于预处理的固体中，机械能转化为表面能和晶格缺陷能，并以这种形式储存相当长时间。我们称固体颗粒间的这种自由接触为"机械活化"。

固相参加的多相化学反应过程，是固相反应剂间克服反应势垒并达到原子级结合而发生化学反应的过程。其特点是反应剂之间有界面存在。影响反应速率的因素有反应过程的自由能变化、温度、界面特性、扩散速度和扩散层厚度等。在机械球磨过程中，粉末颗粒被强烈塑性变形而产生应力和应变，颗粒内产生大量的缺陷，从而显著地降低了元素的扩散激活能，使得组元间在室温下可显著进行原子或离子扩散；颗粒不断冷焊、断裂，组织细化，形成了无数的扩散/反应偶，同时扩散距离也大大缩短；应力、应变、缺陷和大量纳米晶界、相界的产生，使系统储能很高，达十几 kJ/mol，粉末颗粒的活性大大提高；在球与粉末颗粒碰撞瞬间造成界面温升。机械化学活化涉及固体化学、材料学、机械工程、表面化学等多门学科。

新材料的合成、新物质的生成，其晶型转化或晶格变形都是通过高温（热能）

或化学变化来实现的，机械能直接参与或引发了化学反应是一种新思路。机械化学法的基本原理是利用机械能来诱发化学反应或诱导材料组织、结构和性能的变化。作为一种新技术，机械化学活化具有明显降低反应活化能、细化晶粒、提高粉末活性和改善颗粒分布均匀性及增强体与基体之间界面的结合，促进固态离子扩散，诱发低温化学反应，从而提高了材料的密实度、电、热学等性能。

采用机械化学法研制出超饱和固溶体、金属间化合物、非晶态合金等各种功能材料和结构材料，并已应用在许多高活性陶瓷粉体、纳米陶瓷基复合材料等的研究中。

在固体材料粉碎过程中，粉碎后不仅材料的颗粒大小发生变化，其物理和化学性质也显著不同。固体材料的机械化学主要特征如下。

① 颗粒结构变化，如表面结构自发的重组，形成非晶态结构或重结晶；

② 颗粒表面物理化学性质变化，如表面电性、物理与化学吸附、溶解性、分散与团聚性质；

③ 在局部受反复应力作用区域产生化学反应，如由一种物质转变为另一种物质，释放出气体、外来离子进入晶体结构中引起原物料中化学组成变化。

3.3.6.2 机械化学法制备正极材料

机械活化-高温固相法工艺流程如图 3-43 所示。

固体物料在球磨活化过程中并不只是简单的物料粒度的减小，它还包含了许多复杂的粉体物理化学性质和晶体结构的变化——机械化学变化，即在机械力能的作用引起粉体性质和结构的变化，使物料发生晶型转变，并诱发化学反应。通过机械球磨与化学合成方法相结合，在制备具有新的结构和性能的正极材料方面已被证明是一种非常有效的方法。如在制备 $LiMn_2O_4$、$LiNiO_2$ 正极材料的研究中已有报道，在随后的固相合成过程中，反应温度较常规方法显著降低。

现以机械化学法合成 $LiNiO_2$ 正极材料为例。采用 $Ni_{0.8}Co_{0.2}(OH)_2$ 和 $LiOH \cdot H_2O$（其摩尔比为 $1:1.05$）为合成原料，在转速为 $400r/min$ 和球/料比为 $10:1$ 的行星球磨机上采用一次球磨方式活化 $0.5 \sim 4h$，在氧气气氛中和一次固相反应温度为 $600℃$、合成时间为 $8 \sim 16h$ 的条件下反应，合成得到的 $LiNi_{0.8}Co_{0.2}O_2$ 正极活性材料首次充放电比容量和充放电效率高以及具有良好的电化学循环性能；当二次固相反应温度为 $750℃$，球磨活化时间应为 $1h$，在此条件下，得到样品的首次充放电容量分别为 $143.4mA \cdot h/g$ 和 $127.8mA \cdot h/g$。第五次循环的充放电比容量分别为 $85.9mA \cdot h/g$ 和 $80.2mA \cdot h/g$，每循环的放电比容量衰减率为 7.45%。

采用机械活化 8h 后，结合氧气气氛焙烧法合成了具有层状结构的 $LiCo_{1-x}Ni_xO_2$ 材

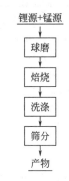

锂源+锰源

球磨

焙烧

洗涤

筛分

产物

图 3-43　机械活化-高温固相法制备 $LiM_xMn_{2-x}O_4$ 的工艺流程图

料，随着 x 的增大，晶胞参数 a 和 c 值及放电容量均增大，热稳定性和循环性能随着 x 的增大而降低，工作电压降低。在 $LiCo_{1-x}Ni_xO_2$ 中，Ni 亦参与了电化学反应，Ni 掺杂后，化合物的放电容量和循环性能都能得到改善。

机械化学法可以将正极材料进行改性。如在固相反应制备 $LiMn_2O_4$ 过程中，将机械化学反应与固相反应相结合，可以弥补机械化学反应的一些缺点。通过球磨得到纳米 $Li_xMn_{2-x}O_4$ 材料，尽管得到的 $Li_xMn_{2-x}O_4$ 同样存在着 Jahn-Teller 效应，但循环性能有明显提高。

通过机械化学法与固相法相结合制备了掺杂 $LiFePO_4$ 正极材料，首次放电比容量达到 $144mA \cdot h/g$，并且在循环过程中，容量保持稳定，没有明显衰减。

参 考 文 献

[1] Shin Y，Manthiram A. J. Power Sources. 2004，126：169.

[2] Tukamoto H，West A R. J. Electrochem. Soc，1997，144：3164.

[3] Ceder G，Chiang Y M，Sadoway D R，Aydlnol M K，Jang Y I，Huang B. Nature，1998，392：694.

[4] Wang Y X. Chin. Phys，2002，11：714.

[5] Tan M Q，Tao X M，Xu X. J. Acta. Phys. Sin，2003，52：463.

[6] Wu Y P，Rahm E，Holze R. Electrochim Acta，2002，47：3491.

[7] Fey G，Subramanian V C. J. Electrochem Commun.，2001，3：234.

[8] Naghash A，Lee J. Electrochim Acta，2001，46：941.

[9] Kim J，Amine K. J. Power Sources，2002，104：33.

[10] Park S，Park K，Nahm K，Lee Y，Yoshio M. Electrochim Acta，2001，46：1215.

[11] Guilmard M，Rougier A，Grune M，Croguennec L，Delmas C. J. Power Sources，2003，115：305.

[12] Gummow R J，Liles D C，Thackeray M M，David W I F. Mat. Res. Bull.，1993，28：1177.

[13] Gummow R J，Thackeray M M，David W I F. Mat. Res. Bull.，1992，27（3）：327.

[14] Gummow R J，Thackeray M M. J. Electrochem. Soc.，1993，140（12）：3365.

[15] Stoyanova R，Tirado J L，Zhecheva E. J. Solid State Chem.，1994，113：182.

[16] Garcia B，Farcy J Pereira-Ramos J P，Baffier N. J. Electrochem. Soc.，1997，144（4）：1179.

[17] Thackery M. M. J Electrochem Soc.，1995，142（8）：2558.

[18] Croguennee L，Pouillerie C，Delmas C. J. Electrochem Soc，2000，147（4）：1314-1321.

[19] 黄可龙，吕正中，刘素琴. 电池，2001，31（3）：142.

[20] Thakeray M M. J Electrochem Soc.，1995，142（8）：2558-2563.

[21] 周恒辉，慈云祥等. 化学进展，1998，10（1）：85.

[22] Hayashi N，Ikuta H，Wakihara M J. J. Electrochem. Soc.，1999，146（4）：1351.

[23] Ohzuku T，Kitagawa M，Hirai T. J. Electrochem. Soc.，1990，137（3）：769.

[24] Liu W，Kowal K，Farrington G C. J. Electrochem. Soc.，1998（2），145：459.

[25] Yang X Q，Sun X，Lee S J，Mcbreen J，Mukerjee S，Daroux M L，Xing X K. Electrochem. Solid-State Lett，1999，2（4）：157.

[26] 唐爱东，黄可龙. 层状锰酸锂衍生物的离子价态与电化学性能研究. 化学学报，2005.63（13）：1210.

[27] 唐爱东，黄可龙. 溶剂热法制备 Mn_3O_4 及晶粒生长动力学研究. 无机化学学报，2005.21（6）：929.

[28] Aidong Tang. Kelong Huang. Materials Chemistry and Physics, 2005. 93: 6-9.

[29] Aidong Tang. Kelong Huang. Transactions of Nonferrous Metals Society of China, 2005, 15 (1), 207-210.

[30] Aidong Tang. Kelong Huang. Materials Science & Engineering B, 2005. 122 (2): 115-120.

[31] Crespi A, Schmidt C, Norton J, Chen K, Skarstad P. J. Electrochem. Soc., 2001: A30.

[32] Caurant D. Solid State Ionics, 1996, (91): 45.

[33] MikhaylikY. V, Akridge, J. R. J. Electrochem. Soc., 2003, 150: A306.

[34] Visco S J, (PolyPlus-Battery) U. S. Patent. 6, 214, 061, 2004.

[35] Amatucci G G, Tarascon J M, Klein L C. J. Electrochem. Soc., 1996, 143: 1114.

[36] Gabrisch H, Yazimi R, Fultz B. J. Electrochem. Soc., 2004, 151: A891.

[37] Nagaura T, Tozawa K. Prog. Batteries Solar Cells, 1990, 9: 209.

[38] Ozawa K. Solid State Ionics, 1994, 69: 212.

[39] Imanishi N, Fujiyoshi M, Takeda Y, Yamamoto O, Tabuchi M. Solid State Ionics, 1999, 118: 121.

[40] Levasseur S, Menetrier M, Suard E, Delmas C. Solid State Ionics, 2000, 128: 11.

[41] Wang Z, Wu C, Liu L, Chen L, Huang X. Solid State Ionics, 2002, 148: 335.

[42] Wang Z, Wu C, Liu L, Wu F, Chen L, Huang X. J. Electrochem. Soc., 2002, 149: A466.

[43] Seguin L, Amatucci G, Anne M, Chabre Y, Strobel P, Tarascon J M, Vaughan G J. Power Sources, 1999, 81-82: 604.

[44] Yonemura M, Yamada A, Kobayashi H, Tabuchi M, Kamiyama T, Kawamoto Y, Kanno R. J. Mater Chem., 2004, 14: 1948.

[45] Amatucci G G, Pereira N, Zheng T, Tarascon J M. J. Electrochem. Soc., 2001, 148: A171.

[46] Amatucci G G, Pereira N, Zheng T, Plitz I, Tarascon J. M. J. Power Sources, 1999, 81-82: 39.

[47] Shin Y, Manthiram A. J. Electrochem. Soc., 2004, 151: A204.

[48] Ohzuku T, Ueda A, Yamamoto N. J. Electrochem. Soc., 1995, 142: 1431.

[49] Zaghib K, Simoneau M, Armand M, Gauthier M. J. Power Sources, 1999, 81-82: 300.

[50] Tessier C, Fachetti O, Siret C, Castaing F, Jordy C, Boeuve J P, Biensan P. Lithium Battery Discussion Electrode Materials, Bordeaux, 2003, Abstract 29.

[51] Franger S, Bourbon C, LeCras F. J. Electrochem. Soc., 2004, 151: A1024.

[52] Panero S, Satolli D, Salamon M, Scrosati B. Electrochem. Commun. 2000, 2: 810.

[53] Rougier A, Saadouane I, Gravereau P, Willmann P, Delmas C. Solid State Ionics, 1996, 90: 83.

[54] Prado G, Fournes L, Delmas C. J. Solid State Chem., 2001, 159: 103.

[55] Prado G, Rougier A, Fournes L, Delmas C. J. Electrochem. Soc., 2000, 147: 2880.

[56] Kanno R, Shirane T, Inaba Y, Kawamoto Y. J. Power Sources, 1997, 68: 145.

[57] Delmas C, Menetrier M, Croguennec L, Levasseur S, Peres J P, Pouillerie C, Prado G, Fournes L, Weill F. Int. J. Inorg. Mater., 1999, 1: 11.

[58] Pouillerie C, Croguennec L, Delmas C. Solid State Ionics, 2000, 132: 15.

[59] Nakai I, Nakagome T. Electrochem. Solid State Lett. 1998, 1: 259.

[60] Brouselly M. Lithium Battery Discusssion, Bordeaux-Arcachon, 2001.

[61] Delmas C, Capitaine F. Abstracts of the 8th International Meeting Lithium Batteries; Electrochemical Society: Pennington, NJ, 1996; Vol. 8, abstract 470.

[62] Chen R, Whittingham M S. J. Electrochem. Soc., 1997, 144: L64.

[63] Chen R, Chirayil T, Whittingham M S. Solid State Ionics, 1996, 86-88: 1.

[64] Doeff M M, Richardson T J, Hwang K-T, Anapolsky A. ITE Battery Lett. 2001, 2: B.

[65] Armstrong A R, Huang H, Jennings R A, Bruce P G. J. Mater. Chem., 1998, 8: 255.

[66] Zhang F, Ngala K, Whittingham M S. Electrochem. Commun, 2000, 2: 445.

[67] Yang S, Song Y, Ngala K, Zavalij P Y, Whittingham M S. J. Power Sources, 2003, 119: 239.

[68] Lu Z, Dahn J R. Chem. Mater., 2001, 13: 2078.

[69] Lu Z, Dahn J R. J. Electrochem. Soc., 2001, 148: A237.

[70] Lu Z, Dahn J R. Chem. Mater., 2000, 12: 3583.

[71] Eriksson T A, Lee Y J, Hollingsworth J, Reimer J A, Cairns E J, Zhang X-f, Doeff M M. Chem. Mater., 2003, 15: 4456.

[72] Shaju K M, SubbaRao G V, Chowdari B V R. Electrochim. Acta, 2003, 48: 2691.

[73] Numata K, Yamanaka S. Solid State Ionics, 1999, 118: 117.

[74] Caurant D, Baffier N, Bianchi V, Gre'goire G, Bach S. J. Mater. Chem., 1996, 6: 1149.

[75] Ohzuku T, Makimura Y. Chem. Lett., 2001, 8: 744.

[76] Ohzuku T, Makimura Y. Chem. Lett., 2001, 7: 642.

[77] Lu Z, MacNeil D D, Dahn J R. Electrochem. Solid State Lett, 2001, 4: A200.

[78] Wang Z, Sun Y, Chen L, Huang X. J. Electrochem. Soc., 2004, 151: A914.

[79] Tsai Y W, Lee J F, Liu D G, Hwamg B J. J. Mater. Chem., 2004, 14: 958.

[80] Ngala J K, Chernova N A, Ma M, Mamak M, Zavalij P Y, Whittingham M S. J. Mater. Chem., 2004, 14: 214.

[81] Ngala J K, Chernova N, Matienzo L, Zavalij P Y, Whittingham M S. Mater. Res. Soc. Symp., 2003, 756: 231.

[82] Hwang B J, Tsai Y W, Chen C H, Santhanam R. J. Mater. Chem., 2003, 13: 1962.

[83] Kim J H, Park C W, Sun Y. K. Solid State Ionics, 2003, 164: 43.

[84] Jiang J, Dahn J R. Electrochem. Commun. 2004, 6: 39.

[85] Shaju K M, Rao G V S, Chowdari B. V. R. Electrochim. Acta, 2002, 48: 145.

[86] Park S H, Yoon C. S, Kang S G, Kim H S, Moon S I, Sun Y K. Electrochim. Acta, 2004, 49: 557.

[87] Hwang B J, Tsai Y W, Carlier D, Ceder G. Chem. Mater., 2003, 15: 3676.

[88] Koyama Y, Tanaka I, Adachi H, Makimura Y, Ohzuku T. J. Power Sources, 2003, 119-121: 644.

[89] Yoshio M, Noguchi H, Itoh J I, Okada M, Mouri T. J. PowerSources, 2000, 90: 176.

[90] Belharouak I, Sun Y K, Liu J, Amine K. J. Power Sources, 2003, 123: 247.

[91] Yabuuchi N, Ohzuku T. J. Power Sources, 2003, 119-121: 171.

[92] Yoon W-S, Grey C P, Balasubramanian M, Yang X-Q, Fischer D A, McBreen J. Electrochem. Solid State Lett, 2004, 7: A53.

[93] Sun Y, Ouyang C, Wang Z, Huang X, Chen L. J. Electrochem. Soc., 2004, 151, A504.

[94] Kim J M, Chung H T. Electrochim. Acta, 2004, 49: 937.

[95] MacNeil D D, Lu Z, Dahn J R. J. Electrochem. Soc., 2002, 149: A1332.

[96] Jouanneau S, Macneil D D, Lu Z, Beattie S D, Murphy G, Dahn J R. J. Electrochem. Soc., 2003, 150: A1299.

[97] Armstrong A R, Robertson A D, Bruce P G. Electrochim. Acta, 1999, 45: 285.

[98] Ammundsen B, Desilvestro H, Paulson J M, Steiner R, Pickering P. J. 10th International Meeting on Lithium Batteries, Como, Italy, May 28-June 2, 2000; Electrochemical Society: Pennington, NJ,

锂离子电池原理与关键技术

2000.

[99] Paulsen J M, Ammundsen B, Desilvestro H, Steiner R, Hassell D. Electrochem. Soc. Abstr. ,
       2000, 2002-2: 71.

[100] Whitfield P S, Davidson I J, Kargina I, Grincourt Y, Ammundsen B, Steiner R, Suprun A. Elec-
       trochem Soc. Abstr. , 2000, 2000-2: 90.

[101] Grincourt Y Storey C, Davidson I J. J. Power Sources, 2001, 97-98: 711.

[102] Storey C, Kargina I, Grincourt Y, Davidson I J, Yoo Y C, Seung D Y. J. Power Sources, 2001,
       97-98: 541.

[103] Balasubramanian M, McBreen J, Davidson I J, Whitfield P S, Kargina, I. J. Electrochem. Soc. ,
       2002, 149: A176.

[104] Ammundsen B, Paulsen J, Davidson I, Liu R S, Shen C H, Chen J M, Jang L Y, Lee J F. J.
       Electrochem. Soc. , 2002, 149: A431.

[105] Venkatraman S, Manthiram A. Chem. Mater, 2003, 15: 5003.

[106] Sun Y K, Yoon C S, Lee Y S. Electrochim. Acta, 2003, 48: 2589.

[107] Yang X Q, McBreen J, Yoon W S, Grey C P. Electrochem. Commun, 2002, 4: 649.

[108] Makimura Y, Ohzuku T. J. Power Sources, 2003, 119-121: 156.

[109] Ohzuku T. Personal Communication, 2004.

[110] Cushing B L, Goodenough J B. Solid State Sci, 2002, 4: 1487.

[111] Reed J, Ceder G. Electrochem. Solid State Lett. 2002, 5: A145.

[112] Kang K, Carlier D, Reed J, Arroyo E M, Ceder G, Croguennec L, Delmas C. Chem. Mater. ,
       2003, 15: 4503.

[113] Ohzuku T, Makimura Y. Electrochem. Soc. Abstr. , 2003, 2003-1: 1079.

[114] Meng Y S, Ceder G, Grey C P, Yoon W S, Shao H Y. Electrochem. Solid State Lett. 2004,
       7: A155.

[115] Kobayashi H, Sakaebe H, Kageyama H, Tatsumi K, Arachi Y, Kamiyama T. J. Mater. Chem. ,
       2003, 13: 590.

[116] Kobayashi H, Arachi Y, Kageyama H, Tatsumi K. J. Mater. Chem. , 2004, 14: 40.

[117] Jouanneau S, Dahn J R. Chem. Mater. 2003, 15: 495.

[118] Cushing B L, Goodenough J B. Solid State Sci. , 2002, 4: 1487.

[119] Oh S W, Park S H, Park C-W, Sun Y-K. Solid State Ionics, 2004, 171: 167.

[120] Li D-C, Muta T, Zhang L-Q, Yoshio M, Noguchi H. J. Power Sources, 2004, 132: 150.

[121] Meng Y S, Wu Y W, Hwang B J, Li Y, Ceder G. J. Electrochem. Soc. , 2004, 151: A1134.

[122] Croguennec L, Pouillerie C, Delmas C. Solid State Ionics, 2000, 135: 259.

[123] Yoshizawa H, Ohzuku T. Denki Kagaku, 2003, 71: 1177.

[124] Arai H, Sakurai Y. J. Power Sources, 1999, 80-81: 401.

[125] Manthiram A, Chu S. Electrochem. Soc. Abstr. , 2000, 2000-2: 72.

[126] Thackeray M M, Johnson C S, Amine K, Kim J U. S. Patent 6, 680, 143: 2004.

[127] Armstrong A R, Bruce P G. Electrochem. Solid State Lett, 2004, 7: A1.

[128] Robertson A D, Bruce P G. Chem. Mater. , 2003, 15: 1984.

[129] Russouw M H, Liles D C, Thackeray M M. J. Solid State Chem. , 1993, 104: 464.

[130] Paik Y, Grey C P, Johnson C S, Kim J S, Thackeray M M. Chem. Mater. , 2002, 14: 5106.

[131] Shin S-S, Sun Y-K, Amine K. J. Power Sources, 2002, 112: 634.

[132] Myung S-T, Komaba S, Kumagai N. Solid State Ionics, 2004, 170: 139.

[133] Zhang L, Noguchi H, Yoshio M. J. Power Sources, 2002, 110: 57.

127 •

[134] Kim J-S, Johnson C S, Thackeray M M. Electrochem. Commun, 2002, 4: 205.

[135] Kang S-H, Sun Y K, Amine K. Electrochem. Solid State Lett. 2003, 6: A183.

[136] Lee C W, Sun Y K, Prakash J. Electrochim. Acta, 2004, 49: 4425.

[137] Walk C R, Margalit N. J. Power Sources, 1997, 68: 723.

[138] Delmas C, Cognac-Auradou H, Cocciantelli J M, Me'ne'trier M, Doumerc J. P. Solid State Ionics, 1994, 69: 257.

[139] Delmas C, Cognac-Auradou H, Coociatelli J M, Me'ne'trier M, Doumerc J P. Solid State Ionics, 1994, 69: 257.

[140] Schollhorn R, Klein-Reesink F, Reimold R. J. Chem. Soc. , Chem. Commun. 1979, 398.

[141] Nassau K, Murphy D W. J. Non-Cryst. Solids, 1981, 44: 297.

[142] West K, Zachau-Christiansen B, Skaarup S, Saidi Y, Barker J, Olsen I I, Pynenburg R, Koksbang R. J. Electrochem. Soc. , 1996, 143: 820.

[143] Livage J. Mater. Res. Bull. , 1991, 26: 1173.

[144] Livage J. Chem. Mater. , 1991, 3: 578.

[145] Chandrappa G T, Steunou, N; Livage, J. Nature, 2002, 416: 702.

[146] Le D B, Passerini S, Guo J, Ressler J, Owens B B, Smyrl W H. J. Electrochem. Soc. , 1996, 143: 2099.

[147] Haibo Wang, Yuqun Zeng, Kelong Huang, Suqin Liu, Liquan Chen, Electrochimica Acta, 2007, 52, 5102-5107.

[148] Haibo Wang, Kelong Huang, Yuqun Zeng, Sai Yang, Liquan Chen, Electrochimica Acta, 2007, 52, 3280-3285.

[149] Galy J. J. Solid State Chem. , 1992, 100: 229.

[150] Oka Y, Yao T, Yamamoto N. J. Solid State Chem. , 1997, 132: 323.

[151] Zhang F, Zavalij P Y, Whittingham M S. Mater. Res. Bull. , 1997, 32: 701.

[152] Zhang F, Zavalij P Y, Whittingham M S. Mater. Res. Soc. Proc. , 1998, 496: 367.

[153] Zhang F, Whittingham M S. Electrochem. Commun, 2000, 2: 69.

[154] Torardi C C, Miao C R, Lewittes M E, Li Z. J. Solid State Chem. , 2002, 163: 93.

[155] Spahr M E, Stoschitzki-Bitterli P, Nesper R, Mu¨ller M, Krumeich F, Nissen H U. Angew. Chem. , Int. Ed. Engl. , 1998, 37: 1263.

[156] Spahr M E, Stoschitzki-Bitterli P, Nesper R, Haas O, Novak P. J. Electrochem. Soc. , 1999, 146: 2780.

[157] Yang S, Song Y, Zavalij P Y, Whittingham M S. Electrochem. Commun, 2002, 4: 239.

[158] Yang S, Zavalij P Y, Whittingham M S. Electrochem. Commun, 3: 505.

[159] Johnson C S, Kim J-S, Kropf A J, Kahaian A J, Vaughey J T, Thackeray M M. Electrochem. Commun, 2002, 4: 492.

[160] Whittingham M S, Jacobson A J. U. S. Patent 4, 233, 375, 1979.

[161] Yamada A, Chung S C, Hinokuma K. J. Electrochem. Soc. , 2001, 148: A224.

[162] Andersson A S, Thomas J O, Kalska B, Häggström L. Electrochem. Solid-State Lett, 2000, 3: 66.

[163] Ravet N, Besner S, Simoneau M, Vallée A, Armand M, Magnan J-F (Hydro-Quebec) European Patent 1049182A2, 2000.

[164] Huang H, Yin S C, Nazar L F. Electrochem. Solid State Lett, 2001, 4: A170.

[165] Masquelier C, Wurm C, Morcrette M, Gaubicher J. Interantional Meeting on Solid State Ionics, Cairns, Australia, July 9-13, 2001; The International Society of Solid State Ionics:

[166] Chung S-Y，Bloking J T，Chiang Y-M. Nat. Mater.，2002，1：123.

[167] Herle P S，Ellis B，Coombs N，Nazar L F. Nat. Mater.，2004，3：147.

[168] Croce F，Epifanio A D，Hassoun J，Deptula A，Olczac T，Scrosati B. Electrochem. Solid State Lett. 2002，5：A47.

[169] Garci'a-Martin O，Alvarez-Vega M，Garcia-Alvarado F，Garcia-Jaca J，Gallardo-Amores J M，Sanjua'n M L，Amador U. Chem. Mater.，2001，13：1570.

[170] Dominko R，Gaberscek M，Drofenik J，Bele M，Pejovnik S. Electrochem. Solid State Lett.，2001，4：A187.

[171] Takahashi M，Tobishima S，Takei K，Sakurai Y. J. Power Sources，2001，97-98：508.

[172] Okada S，Sawa S，Egashira M，Yamaki J I，Tabuchi M，Kageyama H，Konishi T，Yoshino A. J. Power Sources，2001，97-98：430.

[173] Yamada A，Chung S C. J. Electrochem. Soc.，2001，148：A960.

[174] Li G，Azuma H，Tohda M. Electrochem. Solid State Lett，2002，5：A135.

[175] Delacourt C，Poizot P，Morcrette M，Tarascon J M，Masquelier C. Chem. Mater，2004，16：93.

[176] Osorio-Guillen J M，Holm B，Ahuja R，Johansson B. Solid State Ionics，2004，167：221.

[177] Xu Y N，Chung S Y，Bloking J T，Chiang Y M，Ching W Y. Electrochem. Solid State Lett.，2004，7：A131.

[178] Song Y，Yang S，Zavalij P Y，Whittingham M. S. Mater. Res. Bull.，2002，37：1249.

[179] Prosini P P，Cianchi L，Spina G，Lisi M，Scaccia S，Carewska M，Minarini C，Pasquali M. J. Electrochem. Soc.，2001，148：A1125.

[180] Song Y，Zavalij P，Whittingham M S. Mater. Res. Soc. Proc.，2003，756：249.

[181] 黄可龙，陈振华，黄培云. 材料导报，1999，13（5）：39.

[182] Pilleux M E，Grahamann C R，Fuenzalida V E. Applied Surface Science，1993，65-66：283.

[183] 张静，刘素琴，黄可龙，赵裕鑫. 无机化学学报，2005，3（21）：433.

[184] 郑绵平，文衍宣. 中国专利：03102665. 6，2003-07-23.

[185] Lee J，Teja A S. J. supercritical fluids，2005，35：83.

[186] Franger S，Le-Cras F，Bourbon C，Rouault H. J. Power Sources，2003，119-121：252.

[187] Franger S，Le-Cras F，Bourbon C，Rouault H. Electrochem. Solid-State Lett. 2002，5（10）：A231.

[188] Tarascon J M，Wang E，Shokpphi F K，et al. J Electrochem Soc. 1991，138：2859.

[189] Tarascon J M，Mckinnon W R，Coowar F，et al. J Electrochem Soc. 1994，141：1421.

[190] Yamada A，Kmiura，Hinokuma K. J Electrochem Soc. 1995，142：2149.

[191] Wen S J，Richardson T J，MA L，et al. J Electrochemical Soc.，1996，143：L136.

[192] Amatucci G，Pereira N，Zheng T，et al. J Power Souces，1999，81-82：39-46.

[193] Aurbach D，Lebi M D，Gamulski K，et al. J. Power Sources，1999，81-82：472.

[194] Bylr A，Sigala C，Amatucci G，et al. J. Electrochem. Soc.，1998，145（1）：194-201.

[195] Zhang D，Popov B N，White R E. J. Power Sources，1998，76：81.

[196] Shigemura H，Sakaebe H，Kageyama H，et al. J. Electrochemical Soc.，2001，148（7）：A730.

[197] Garcia B，Farcy J，Perreira-Ramos J P，Perichon J，Baffier N. J. Power Sources，1995，54：373.

[198] Chiang Y M，Jang Y L，Wang H F，Huang B，Sadoway D R. J. Electrochem Soc，1998，145：887.

[199] Choi Y M，Pyun S I，Moon S I，et al . J. Power Sources，1998，72（1）：83.

[200] Caurant D，Baffier N，Garcia B，et al. Solid State Ionics，1996，91：45.

第4章 负极材料

4.1 负极材料的发展

锂离子电池的负极材料主要是作为储锂的主体,在充放电过程中它实现锂离子的嵌入和脱出。从锂离子电池的发展来看,负极材料的研究对锂离子电池的出现起着决定性的作用,正是由于碳材料的出现解决了金属锂电极的安全问题,从而直接导致了锂离子电池的应用。已经产业化的锂离子电池的负极材料主要是各种碳材料,包括石墨化碳材料和无定形碳材料,如天然石墨、改性石墨、石墨化中间相碳微珠、软炭(如焦炭)和一些硬炭等。其他非碳负极材料有氮化物、硅基材料、锡基材料、钛基材料、合金材料等。纳米尺度的材料由于其特有的性能,也在负极材料的研究中广为关注;而负极材料的薄膜化是高性能负极和近年来微电子工业发展对化学电源特别是锂二次电池的要求。

锂离子二次电池负极材料的发展经过了一个较长过程,最早研究的负极材料是金属锂,由于电池的安全问题和循环性能不佳,金属锂在锂二次电池中并未得到应用。锂合金的出现在一定程度上解决了金属锂负极可能存在的安全隐患,但是锂合金在反复的循环过程中经历了较大的体积变化,电极材料会逐渐粉化,电池容量迅速衰减,这使得锂合金并未成功用作锂二次电池的负极材料。碳材料在锂二次电池中的成功应用促进了锂离子电池的产生,此后,许多种碳材料被加以研究。但是碳材料存在着比容量低,首次充放电效率低,有机溶剂共嵌入等不足,所以人们在研究碳材料的同时也开始了对其他高比容量的非碳负极材料的开发,比如锡基负极材料、硅基负极材料、氮化物、钛基负极材料以及新型合金材料等。

4.1.1 金属锂及其合金

人们最早研究的锂二次电池的负极材料是金属锂,这是因为锂具有最负的电极电位($-3.045V$)和最高的质量比容量($3860mA \cdot h/g$)。但是,以锂为负极时,充电过程中金属锂在电极表面不均匀沉积,导致锂在一些部位沉积过快,产生树枝一样的结晶(枝晶)。当枝晶发展到一定程度时,一方面会发生折断,产生"死锂",造成不可逆的锂;另一方面更为严重的是,枝晶刺破隔膜,引起电池内部短路和电池爆炸。除此之外,锂有极大的反应活性,可能与电解液反应,也可能消耗活性锂和带来安全问题。正是由于锂枝晶和锂与电解液反应可能造成的许多问题,从而使以锂为负极的二次锂电池未能实现商业化。目前主要在三方面展开工作:①寻找替代金属锂的负极材料;②采用聚合物或熔盐电解质,避免金属锂和有机溶剂的反应;③寻找合适的电解液配方,使金属锂在沉积溶解过程中保持光滑均一的表面。

历史上对锂合金的系统研究始于高温熔融盐体系，研究体系包括 Li-Al、Li-Si、Li-Mg、Li-Sn、Li-Bi 和 Li-Sb。有机电解液体系中锂的电化学合金化反应的系统研究是从 Dey 的工作开始的，后来的研究表明室温条件下锂可以和很多金属在电化学过程中发生合金化反应。Huggins 对各种二元和三元锂合金作为负极在有机溶剂体系中的行为做了系统的研究，特别是锂锡体系、锂锑体系和锂铅体系的热力学和动力学行为进行了报道。

相对于金属锂而言，锂合金负极避免了枝晶的生长，从而提高了安全性。但由于合金材料在反复的循环过程中经历较大的体积变化，电极材料会逐渐粉化，电池容量迅速衰减。

为了解决合金材料的粉化问题，不同的研究者提出了不同的解决方法。Huggins 提出将活性的 $Li_x Si$ 合金均匀分散在非活性（所谓的非活性是指在一定的电位下不参与反应）$Li_x Sn$ 或 $Li_x Cd$ 中形成混合导体全固态复合体系。有人提出将锂合金分散在导电聚合物中形成复合材料；将小颗粒合金嵌入到稳定的网络支撑体中。这些措施从一定程度上抑制了合金材料的粉化，但仍然没有达到实用化的要求。

随着负极概念的突破，负极材料不再需要含锂，这使得在合金材料的制备上有了更多的选择。

不含锂的金属间化合物被用于锂离子电池负极进行研究。存在两类金属间化合物，一类是含两种可嵌锂合金之间的金属间化合物，如 SnSb、SnAg、AgSi、GaSb、AlSb、InSb。这类金属间化合物，由于不同的金属在不同的电位与锂发生合金化反应，一种金属与锂发生合金化反应时，另一种金属呈惰性，相当于活性合金分散在非活性合金的网络中。相对于单一金属，材料的循环性能有很大提高。另外一类金属间化合物是可嵌锂活性金属和非活性金属的合金，如 $Sb_2 Ti$、$Sb_2 V$、$Sn_2 Co$、$Sn_2 Mn$、$Al_2 Cu$、$Ge_2 Fe$、CuSn，$Cu_2 Sb$、$Cr_2 Sb$。这类合金只有一种金属是活性的，另外一种充当了导电惰性网络的作用，相对于前一种两种活性金属的金属间化合物循环性有所改进，但这是以牺牲比容量为代价的。

另外引入多相合金也提高了材料的循环性，如 $Sn/SnSb_x$、$Sn/SnAg_x$、SnFe/SnFeC、SnMnC。

金属间化合物没有彻底解决材料粉化问题，人们开始关注小尺寸材料。Besenhard 发现亚微米或纳米材料在循环过程中的破碎变小，材料的循环性随着颗粒的减小而变好。这是由于纳米材料在充放电过程中绝对体积变化小，材料的粉化可以得到很好的抑制。但由于纳米材料有较大的表面积，表面能较大，因此在电化学循环过程中存在严重的电化学团聚问题。有人对纳米锡锑合金在锂离子电池中的容量损失和容量衰减做了研究，认为纳米合金的首次容量损失和循环过程中的容量衰减主要由 5 个方面原因引起：表面氧化物、电解液的分解、锂被宿主材料捕获、杂质相的存在、活性颗粒在电化学循环过程中的团聚。

合金方面的另一个值得关注的研究成果是 Fuji Film 公司利用锡基复合氧化物

（TCO）作为锂离子电池负极的情况，玻璃态的锡基复合氧化物负极具有很好的循环性。

4.1.2 碳材料

锂合金的研究并没有直接导致锂离子电池的产生，而非锂合金在锂离子电池出现前后都一直被研究着，真正促使锂离子电池出现的是碳材料在锂离子电池中的应用。

碳材料用作锂离子电池的研究是从 20 世纪 80 年代开始的，但对碳材料的插锂行为在这之前就开始了研究。早在 20 世纪 50 年代中期，Herold 合成了 Li-石墨嵌入化合物（GIC，graphite intercalated compound）。在 1976 年，Besenhard 发现了锂可从非水溶液里电化学嵌入到石墨中。但是，在充放电过程中由于石墨结构的膨胀和宏观结构的解体，这一问题没能得到解决。在 20 世纪 80 年代初有人报道了在熔融锂中锂同浸入碳相结合的研究，发现了 LiC_6 可以作为电池的负极，这揭开了碳作为锂离子电池负极研究序幕。1985 年，日本 Sony 公司提出用无序的非石墨化碳来作为电池的负极，从而发明了锂离子电池。之后，Sony 公司成功推出了以 $LiCoO_2$ 为正极，聚糠醇树脂（PFA，polyfarfury alcohol）热解炭（硬碳）为负极的锂离子电池，从而使锂离子电池得已商业化。表 4-1 是不同碳材料的发展过程。

表 4-1　不同碳材料的历史背景

年份	历　史　背　景	发现(明)者
1976	有机给体溶剂中碱金属离子的电化学插入行为的发现	Besenhard
1981	以 LiC_6 为负极，$NbSe_3$ 为正极，DOL 为溶剂的熔盐电池的出现	Basu
1983	以锂化石墨为负极，$LiClO_4$/PC 为电解液的聚合物电池	Yazami
1985	无序的非石墨化碳作为负极材料的引入	Sony 公司
1990	商业化电池-Li/MnO_2 电对中以硬碳为负极	Sony 公司
1990	以焦炭为负极，$LiMnO_2$ 为正极，电解液为 $LiAsF_6$/(EC+PC)	Dahn
1993	石墨化 MCMB 和非石墨化 VGCF 作为负极材料的引入	Matsushita 公司

注：DOL—dioxalane，二氧环戊烷；PC—propylene carbonate，碳酸丙烯酯；EC—ethylene carbonate，碳酸乙烯酯；MCMB—mesocarbon microbeads，中间相碳微珠；VGCF—vapour grown carbon fibre，气相生长碳纤维。

石墨类碳材料的嵌锂行为是目前研究得比较透彻并且已得到大家的公认。石墨中的碳原子为 sp^2 杂化并形成片层结构，层与层之间通过范德华力结合，层内原子间是共价键结合。D. Guerard 等通过化学方法将锂插入石墨片层结构的层间，形成了一系列的插层化合物，如 LiC_{24}、LiC_{18}、LiC_{12}、LiC_6 等。J. R. Dahn 同样证明了通过电化学的方法形成的锂石墨嵌入化合物，同时在锂嵌入过程中形成了一系列的插层化合物。由于石墨片层间以较弱的范德华力结合，在电化学嵌入反应过程中，部分溶剂化的锂离子嵌入时会同时带入溶剂分子，造成溶剂共嵌入，会使石墨片层结构逐渐被剥离。这在以 PC 为溶剂的电解液体系中特别明显。这也是 Sony

申请的第一代锂离子电池没有使用石墨而是使用无定形结构的焦炭的原因。随后，由于中间相碳微珠（MCMB）的出现和碳酸乙烯酯（EC）基电解液的使用，石墨类碳材料才成为商业化锂离子电池的负极材料。

除去石墨外的另一大类碳材料是无定形碳材料，所谓无定形是指材料中没有完整的晶格结构，类似于玻璃态结构中原子的排列只有短程序没有长程序。无定形碳材料介于石墨和金刚石之间，碳原子存在 sp^2 和 sp^3 杂化。

4.1.3 氧化物负极材料

这里所说的氧化物不包括可以和金属锂形成合金的金属，如锡、铅等的氧化物。

氧化物负极材料首先要从 20 世纪 80 年代的高温电池说起。$\alpha\text{-Fe}_2\text{O}_3$ 和 Fe_3O_4 在高温电池（420℃）中的放电平台为 0.8～1.1V，容量可到 700mA·h/g，电池的性能逐渐变差可能是由于氧化锂逐渐扩散到电解液中所致。X 射线衍射结果显示 $\alpha\text{-Fe}_2\text{O}_3$ 在放电过程由刚玉结构不可逆地转变成尖晶石 Fe_3O_4 结构，最后形成 $\gamma\text{-Fe}_2\text{O}_3$。在氧化过程中，通过 Fe_3O_4 中间相最后形成 $\gamma\text{-Fe}_2\text{O}_3$。接着在 1985 年 B. Scrosati 等报道了氧化铁在锂有机溶剂可充电电池中的电化学行为。同时 P. Novak 报道了氧化铜在锂电池中的电化学行为。1993 年，Idota 发现基于钒氧化物的材料在较低电位下每分子能够嵌入 7 个锂原子，容量达到 800～900mA·h/g，并且具有较好的循环性。这重新激发了人们对含氧材料在锂离子电池中应用的兴趣。J. M. Tarascon 等对钒酸盐的可逆反应机理作了研究，认为材料在首次放电过程中形成纳米金属颗粒和氧化锂的复合材料，在纳米金属颗粒的催化下，氧化锂中锂氧键的可逆断裂与形成是材料可逆容量的来源。利用透射电镜证明氧化铜被锂还原的机理包括首先形成固溶体 $\text{Cu}_{1-x}^{\text{II}}\text{Cu}_x^{\text{I}}\text{O}_{1-x/2}$（$0<x<0.4$），然后发生相转变形成氧化亚铜，之后形成分散在氧化锂网格中的铜的纳米颗粒，认为氧化物储锂过程主要是由于纳米铜或其他 3d 金属颗粒的高活性导致锂氧键的可逆形成和分解，针对 Tarascon 小组提出的锂氧键的可逆断裂和形成机理，J. R. Dahn 等通过原位 X 射线衍射和穆斯堡尔谱研究表明，氧化物在放电过程中经历了迅速分解形成氧化锂和金属的电化学置换反应，反应产物是纳米尺度的金属。在充电过程中，金属首先被氧化，然后氧化的金属替代了氧化锂中的锂形成金属氧化物和锂。如在 CoO 中，充电时这个反应氧化锂中的氧晶格不变，有点像离子交换反应。这种现象同样也在氧化铁中存在。在放电时，就好像锂离子替换了氧化物中的金属原子。在以后的循环中，这种交换反应可逆地进行。目前氧化物的嵌锂机理还存在争议，但这并不妨碍我们利用氧化物制备新的电极材料。J. R. Dahn 等研究了利用氧化锂或硫化锂和金属纳米颗粒得到的复合材料的嵌锂行为。材料显示电化学活性，并有 600mA·h/g 的容量，当电位限制合适，材料循环容量不衰减。

其他氧化物负极材料还包括具有金红石结构的 MO_2、MnO_2、TiO_2、VO_2、CrO_2、NbO_2、MoO_2、WO_2、RuO_2、OsO_2、IrO_2、$\alpha\text{-MoO}_3$ 等材料。

4.1.4　其他负极材料

过渡金属氮化物是另一类引起广泛注意的负极材料。TakeshiA sai 等在 1984 年就报道了 $Cu_xLi_{1-x}N$ 的制备和离子电导性质，通过 Li_3N 中的部分阳离子替代得到的锂铜氮。由于铜和氮之间部分共价键，导致活化能降低为 0.13eV，另外由于替代导致锂空位减小，从而锂离子电导降低。O. Yamamoto 小组对 Li_7FeN_2、Li_7MnN_4、$Li_{2.6}M_{0.4}N$（M＝Co、Ni、Cu）材料的电化学嵌锂过程作了深入的研究，发现这些材料有高达 $900mA \cdot h/g$ 的容量，并且具有很好的循环性。其他小组对氮化物也做了许多工作。由于含锂负极在目前的锂离子电池体系中并不适用，其他因素，如制备成本以及对空气敏感等目前离实际应用还有一定的距离，但它提供了电极材料的另一种选择。它与别的电极材料复合补偿首次不可逆容量损失也不失为一种很好的尝试。

其他，如硼酸盐、氟化物、硫化物等也有报道用于锂离子电池负极材料的研究。AlaZak 等研究了碱金属嵌入富勒烯结构的金属硫化物（WS_2、MoS_2）纳米颗粒的情况。表面的封闭层是锂嵌入的主要制约因素。

4.1.5　复合负极材料

目前商业化锂离子电池负极材料使用的均为碳材料，包括石墨化碳材料如石墨化中间相碳微珠（MCMB）以及一些热解硬碳。目前这些碳材料的实际比容量一般不超过 $400mA \cdot h/g$，虽然比目前使用的大部分正极材料的比容量（一般为 $120 \sim 180mA \cdot h/g$）都高，但由于碳材料的振实密度低，加上一般负极集流体使用重的铜箔而正极使用较轻的铝箔，所以正极材料实际的体积比容量正极反而要高于负极；因此要进一步提高电池的比能量，提高负极材料的嵌锂性能是研发的关键。而且随着电子产品的日益普及，对高比能量电池的需要越来越高。目前，单独的某种材料都不能完全满足有关需要。碳材料虽然有很好的循环性能，但比容量低；比容量高的碳材料的其他电化学性能又受到损害。合金材料具有很高的比能量，但由于在嵌锂过程中体积膨胀大，材料的循环性能远远满足不了要求。锡基复合氧化物具有很好的循环特性，但首次不可逆容量损失一直没办法解决。这样看来，综合各种材料的优点，有目的地将各种材料复合，避免各自存在的不足，形成复合负极材料是一个合理的选择，目前复合材料的研究已经取得了一定的效果。

针对材料的首次不可逆容量损失，有人提出利用含锂的过渡金属氮化物进行补偿，以及采用锂和氧化锡反应来解决氧化锡材料首次不可逆容量损失。

针对合金材料的循环性差的问题，有人提出将一种活性材料分散在另一种非活性材料中形成复合材料的设想。这种努力包括 Thackeray 等提出的利用过量的铜形成的惰性网格来提高铜锡合金的电化学循环性。Hisashi Tamai 等则利用有机锡制备了纳米尺度的锡分散在碳网格中的复合材料来提高材料的循环性。如利用球磨制备了石墨锡复合物；研究了导电聚合物/金属合金组成的复合材料；利用 CVD 方法在硅颗粒表面包覆碳，发现经过表面包覆后硅的电化学循环性有很大的提高，在循环多次后硅颗粒没有破碎；制备了导电聚合物和锂合金复合电极等。这些均在一定程度上明显改善和提高了合金材料的电化学循环性。

4.2 负极材料的特点及分类

4.2.1 负极材料的特点

作为锂离子电池负极材料应满足以下要求。

① 插锂时的氧化还原电位应尽可能低，接近金属锂的电位，从而使电池的输出电压高；

② 锂能够尽可能多地在主体材料中可逆地脱嵌，比容量值大；

③ 在锂的脱嵌过程中，主体结构没有或很少发生变化，以确保好的循环性能；

④ 氧化还原电位随插锂数目 x 的变化应尽可能少，这样电池的电压不会发生显著变化，可以保持较平稳的充放电；

⑤ 插入化合物应有较好的电子电导率和离子电导率，这样可以减少极化并能进行大电池充放电；

⑥ 具有良好的表面结构，能够与液体电解质形成良好的固体电解质界面（SEI，solid electrolyte interface）膜；

⑦ 锂离子在主体材料中有较大的扩散系数，便于快速充放电；

⑧ 价格便宜，资源丰富，对环境无污染等。

4.2.2 负极材料的分类

（1）**按其组成分** 负极材料有多种分类方法，按其组成分，可分为碳负极材料和非碳负极材料两大类。碳材料主要包括石墨及石墨化碳材料、非石墨类（无定形）碳材料两类。石墨类碳材料包括天然石墨、人工石墨和改性石墨三类，它们具有良好的层状结构，锂离子嵌入石墨的层间形成 Li_xC_6 层间化合物，理论容量为 $372mA \cdot h/g$，有良好的电压平台，不存在充电（锂脱嵌）电压滞后；无定形碳材料按其石墨化难易程度可分为易石墨化碳材料（也称之为软碳）和难石墨化碳材料（也称之为硬碳），非石墨化碳材料与石墨有不同的储锂机理，通常表现出较高的比容量，但电压平台较高，存在电位滞后现象，同时循环性能不理想，可逆储锂容量一般随循环进行衰减得比较快。

非碳负极材料包括锡基材料、硅基材料、氮化物、钛基材料、过渡金属氧化物和其他一些新型的合金材料。非碳负极材料的开发主要是基于碳素类材料比容量低，不能满足日益增长的电池对容量的要求，再加上碳素类材料首次充放电效率低，存在着有机溶剂共嵌入等缺点，所以人们在开发碳材料同时也开展了对高容量的非碳负极材料的研发。

锡基材料包括锡的氧化物、锡基复合氧化物、锡盐、锡酸盐以及锡合金等；

硅基材料分为硅、硅的氧化物、硅/碳复合材料、硅合金等；

钛基负极材料主要是指钛的氧化物，包括 TiO_2、尖晶石结构的 $LiTi_2O_4$ 和

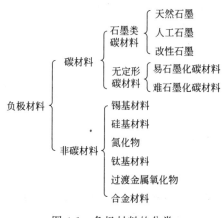

图 4-1　负极材料的分类

$Li_{4/3}Ti_{5/3}O_4$ 等；

　　氮化物主要是指各种过渡金属氮化物、与 $Li_{4/3}Ti_{5/3}O_4$ 一样是含锂的负极材料；

　　合金材料则包括 Sn 基、Sb 基、Si 基、Al 基合金材料等。

　　负极材料的分类见图 4-1。

　　（2）负极材料按结构来分　可分为结晶材料和非晶（无定形）材料两大类。石墨类碳材料结晶度较高，属于晶形材料；而无定形碳材料结晶度低，我们把它视作非晶形材料。锡基材料中锡的氧化物绝大多数为晶形化合物，由于它在充放过程中存在着巨大的体积效应，影响了材料的结构稳定性和循环性能，所以对锡氧化物进行改性导致了无定形的锡基复合氧化物的出现。硅基材料中非金属的硅也有晶形和无定形两类，其中，无定形的硅具有更好的电化学性能，对硅进行的改性也基本上针对无定形硅出发。合金材料也可以按结构分为晶形和非晶形两类。

　　（3）负极材料按形态来分　可以分为粉末状的材料以及薄膜材料两类。到目前为止，研究过的负极材料绝大多数为粉末状的材料，薄膜形态的研究较少，主要集中在金属（合金）薄膜、锡氧化物薄膜、硅基薄膜等上面。薄膜电极与粉末电极相比，不必添加粘接剂和导电剂，这使薄膜电极可更直观地反应电极材料的性能，同时具有设计简单、内部电阻小、充放电性能良好等优点，这些使得薄膜电极材料极具前景。

4.3　晶体材料和非晶化合物

　　固态物质分为晶体和非晶体，晶体又可分为单晶体与多晶体。晶体是指组成它的原子或离子在空间内按一定规律排列，具有一定熔点的物质；非晶体是指组成它的原子或离子不是作有规律排列，没有固定熔点的固态物质。多晶则是由许多小的单晶粒组成。

　　晶体的特点是具有一定的熔点。在熔解或凝固过程中，固、液态并存，温度保持不变。而单晶体，除此之外还具有天然的规则几何外形，如食盐呈立方体。物理性质（如弹性模量、热导率、电阻率、吸收系数等）具有各向异性（即晶体在不同的方向上有不同的物理性质）。

　　非晶体的特点是没有固定的熔点，在熔化过程中温度不断上升；由于内部原子无规则地排列导致没有规则的几何外形，物理性质表现为各向同性。

　　但晶体和非晶体之间并没有明确的、不可逾越的界限。事实上，同一物质在不同条件下可以形成晶体，也可以形成非晶体。如 SiO_2（石英）可以形成非晶体石英玻璃、燧石等，也可以形成晶体水晶。即使是传统的非晶体，如橡胶、玻璃等，在适当的条件下也可以晶体化。

本节将介绍各种晶形和非晶形负极材料，这包括了石墨类碳材料和无定形碳材料，而氮化物和钛酸锂将作为含锂的负极材料在以后章节中介绍，各种纳米材料和薄膜材料也将在后面分别介绍。

4.3.1 石墨类碳材料

碳材料主要分为石墨类碳材料和无定形碳材料两大类，它们都是由石墨微晶构成的，但它们的结晶度不同，其他结构参数也不一样，所以它们的物理性质、化学性质和电化学性能呈现出各自的特点；碳的晶体还有金刚石和富勒烯，但它们只是作为碳的同素异形体存在，所以不能在锂离子电池中应用。其他碳材料还包括碳纳米管、纳米孔碳负极材料和碳材料的纳米掺杂，这将在后面的纳米材料一节中加以介绍。

石墨类碳材料主要是指各种石墨及石墨化的碳材料，包括天然石墨、人工石墨和对石墨的各种改性后的材料。下面主要介绍碳材料的结构、石墨的电化学嵌锂原理、各种石墨类碳材料的制备方法及电化学性能等。

4.3.1.1 碳材料的结构

碳材料的结构决定碳材料的性质，对于一般的碳材料，其结构包括晶体结构和宏观织构两个方面，但是对于用作锂离子电池的负极材料来讲，碳材料的表面结构和结构缺陷对电极的性能有着极大的影响。

（1）石墨晶体结构 石墨是碳的一种同素异形体，它的晶体是层状结构。在每一层内，碳原子以 sp^2 杂化的方式与邻近其他三个碳原子形成三个共平面的 σ 键，这些共平面的碳原子在 σ 键作用下形成大的六环网络结构，并连成片状结构，形成二维的石墨层，每个碳原子的未参与杂化的电子在平面的两侧形成大 π 共轭体系；在层与层之间，是以分子间作用力——范德华力结合在一起。由于同一层的碳原子以较强的共价键结合，使石墨的熔点很高（3850℃），但由于层间的分子间作用力是非键力，比化学键弱，容易滑动，使石墨的硬度很小并且具有润滑性。同时，由于大 π 共轭体系中的电子的共振作用，π 电子易流动而具有良好的导电性。图 4-2 是石墨晶体的结构示意图。

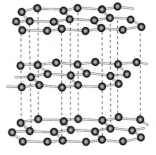

图 4-2　石墨晶体结构示意图

实际上，石墨由两种晶体构成，一种是六方形结构（$2H$，$a=b=0.2461nm$，$c=0.6708nm$，$\alpha=\beta=90°$，$\gamma=120°$），空间点群为 $P63/mmc$，碳原子层以 ABAB 方式排列；另一种是菱形结构（$3R$，$a=b=c$，$\alpha=\beta=\gamma\neq90°$），空间点群为 $R3m$，碳原子层以 ABCABC 方式排列。图 4-3 是石墨的两种晶体。

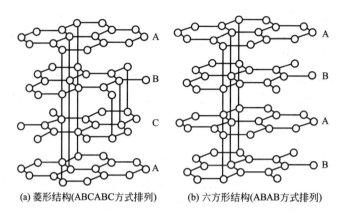

(a) 菱形结构(ABCABC方式排列)　　　(b) 六方形结构(ABAB方式排列)

图 4-3　石墨的两种晶体

在石墨晶体中，这两种结构共存，只是在不同材料中各自所占的比例不同而已。例如，天然石墨中菱形六面体的比例一般低于 $3\%\sim4\%$，而良好结晶的石墨晶体中菱形六面体的比例可高达 22%。石墨中菱形晶相的含量可以用公式（4-1）求出。

$$w_{3R} = \frac{[101]_{3R} \times \frac{15}{12}}{\left([101]_{3R} \times \frac{15}{12}\right) + [101]_{2H}} \times 100\% \tag{4-1}$$

式中，$[101]_{3R}$、$[101]_{2H}$ 分别为菱形晶相和六方晶相的 [101] 面的 XRD 峰强度。

一般而言，菱形晶相的比容量较六方晶相高，调整这两种结构的比例可以提高石墨的比容量。

石墨晶体的结构参数主要有 L_a、L_c、d_{002} 和 G。L_a 为石墨晶体沿 a 轴方向的平均宽度，L_c 为石墨晶体沿 c 轴方向的平均高度，d_{002} 为相邻两石墨片层的间距，对于理想的石墨晶体 d_{002} 为 0.3354nm，对无定形碳而言，d_{002} 高达 0.37nm 甚至更高。L_a 和 L_c 的大小随着碳材料的石墨化程度变化而变化，一般石墨化程度越大，L_a 和 L_c 的值也就越大。石墨晶体的这些结构参数一般可以通过 XRD 来确定。

$$d_{002}(\text{nm}) = \frac{\lambda}{2\theta \sin\theta} \tag{4-2}$$

$$L_a(\text{nm}) = \frac{0.184\lambda}{\beta\cos\theta} \tag{4-3}$$

$$L_c(\text{nm}) = \frac{0.089\lambda}{\beta\cos\theta} \tag{4-4}$$

式中，λ、β 和 θ 分别为入射 X 射线的波长、X 射线衍射峰的半峰宽和衍射角。

$$G = \frac{0.3440 - d_{002}}{0.3440 - 0.3354} \times 100\% \tag{4-5}$$

式中，G 为不同碳材料的石墨化程度。它的值可由 Mering 和 Maire 公式求出；0.3440 为完全未石墨化碳的层间距，nm；0.3354 为理想石墨的层间距，nm。

石墨化度 G 反映出两个层次的概念：①石墨化后碳材料晶体结构的有序程度，G 值越大表示其结构和性质越接近于理想石墨；②碳材料的石墨化难易程度，G 值大表示易石墨化，G 值小表示难石墨化。

碳材料的石墨化度 G 也影响着电阻率大小：石墨化度高，层内晶格尺寸大而晶格缺陷少，层间排列趋向平行且层间距 d_{002} 小，这就减少了自由电子流动的阻碍因素，使电阻率减小。

（2）碳材料的微观结构　碳材料的微观结构是指构成碳材料的石墨片层或石墨微晶在空间的堆积方式。虽然不同的碳材料都是由二维的石墨结构的六角网面构成，在进一步积层形成晶粒的过程中，由集合形式的多样性导致了组织结构的多样性，因此也可以按其定向方式和定向程度将碳材料为层面完全杂乱堆积的无定形结构和具有某种规则性集合的定向结构两类。在高取向的材料中，有面取向、轴取向和点取向三种材料，实际的碳材料都是由其中一种或多种组成。图 4-4 为不同碳材料的微观结构示意图。

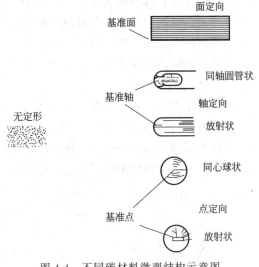

图 4-4　不同碳材料微观结构示意图

① 面取向结构　是指石墨微晶基本平行的结构，它存在于石墨和石油焦中。完美的面织构是石墨单晶，高取向裂解石墨（HOPG）接近极限；天然鳞片石墨也具有面取向结构。焦炭中的很多种也具有该种结构，只是在低温处理物中网面较小，约 $1\sim1.5\text{nm}$，但大致呈平行排列经高温处理，网面成长，定向性将显著改善，亦即石墨化程度提高。

② 线取向结构　轴取向结构存在于碳纤维中，有两种典型的轴结构，一种石墨微晶呈放射状，微晶的石墨面基本通过碳纤维轴，另一种微晶的石墨面呈圆筒状，与碳纤维同轴。1100℃左右制成的气相成长碳纤维（VGCF）即为同轴圆筒结构；沥青系碳纤维（PCF）可为同轴圆管状或放射状，通过纺丝条件可以控制；聚丙烯腈（PAN）系碳纤维的断面上可以局部地呈同心圆与放射混合存在的结构。放射结构在高温处理过程中往往产生楔形缺陷。具有轴定向结构的低温处理物同样网面较小，经高温处理，网面合并成长，可高度石墨化。

③ 点取向结构　存在于中间相碳微球中，也有两种典型的点结构：一种呈放射状，即微晶的石墨通过球心；另一种呈同心圆球状，即微晶的石墨面同心的

球面。

具有定向结构的碳素材料或者是石墨，或者是可石墨化碳。而定向方式是在炭化（低温处理）过程中形成的，进一步的石墨化（高温处理）并不能使之发生改变。要使定向方式发生变化，则往往需要 300MPa 以上的压力辅以高温处理等非常苛刻的条件。

（3）表面结构　物质表面层的分子与内部分子周围的环境不同，同时表面层的组成也与内部相异，这些使得表面层的性质不同于本体。在锂离子电池中，电化学反应首先在电解液和电极材料的界面发生，因此负极材料的表面结构对界面反应的热力学（包括锂离子的嵌入、可逆电极电位和不可逆容量等）和动力学（如材料和电解液的稳定性）都有很大影响，因此研究负极材料时，必须考虑它的表面结构。碳材料的表面结构包括表面上碳原子的键合方式，端面和基面的比例，表面上化学或物理吸附的官能团、杂质原子、缺陷等。

在碳材料中，碳原子之间一般以 sp^2 杂化方式键合，但在表面层的碳原子中，存在着一些 sp^3 杂化碳。

在石墨化碳中，由于二维各向异性形成不同的表面，一种是本征石墨平面结构，被称为基面（basal plane），另一种是与基面相对的有许多化学基团的边界表面，被称为端面（edge plane），锂在石墨中的插入一般从端面开始，若基面存在着像微孔一样的结构缺陷也可以从基面中进行。因此端面和基面的比例对锂的嵌入有

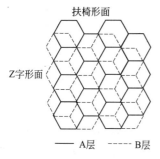

扶椅形面

Z字形面

—— A层　----- B层

图 4-5　碳材料的两种
端面示意图

很大的影响。端面也有两种，一种是 Z 字形（zig-zag）面，一种是扶椅形（arm-chair）面。碳材料的两种端面如图 4-5 所示。

在碳材料中，由于热处理过程的不完全以及碳原子价态未饱和，因此表面容易物理或者化学吸附一些杂质原子、官能团等。最常见的杂质原子是氢原子和氧原子，它们也可能以表面吸附的羟基或羧基存在，此外，还有氮、硫等杂原子。在 500～600℃ 下得到的中间相碳微珠氢原子比例可达 30％～40％。

（4）结构缺陷　由于碳原子成键时的多种杂化形式及碳材料结构层次的多样性，导致碳材料存在各种结构缺陷，常见的结构缺陷有平面位移、螺旋位错、堆积缺陷等。

在实际的碳材料中，碳原子除通过 sp^2 杂化轨道成键构成六角网络结构外，还可能存在通过 sp、sp^3 杂化轨道成键的碳原子。杂化形式不同，电子云分布密度也不同，导致碳平面层内电子的密度发生变化，使碳平面层变形，引起碳平面层内的结构缺陷。此外，当碳平面结构中存在其他杂原子时，由于杂原子的大小和所带电荷与碳原子不同，也会引起碳层面内的结构缺陷。

以有机化合物作为前驱体，通过热解方法制备的碳材料，在碳平面生成过程

中，边沿的碳原子可能仍与一些官能团，如—OH、=O、—O—、—CH₃等连接，也会引起碳层平面结构变形。

碳层平面堆积缺陷是碳平面呈现不规则排列，形成面材料中的层面堆积缺陷。

孔隙缺陷是在制备碳的过程中，因气相物质挥发留下的孔隙引起。

4.3.1.2 石墨类材料的插锂行为

石墨晶体中，层面内的碳原子以共价键叠加在金属键上相互牢固结合，而层面之间仅靠较弱的范德华力连接。这种特殊的结构使石墨具有特殊的化学性质，一些原子、分子或离子可以嵌入石墨晶体的层间，并不破坏二维网状结构，仅使层间距增大，生成石墨特有的化合物，通常称为石墨层间化合物（graphite intercalated compound，GIC）。根据嵌入物（客体）和六角网状平面层（主体）的结合关系不同，GIC可以分成静电引力型和共价键型两大类，如表4-2所示。

表 4-2 石墨层间化合物的分类

类　型	客体电子状态	客　体　举　例
静电引力型	供电子型	Li,K,Rb,Cs;Ca,Sr,Ba;Mn,Fe,Ni,Co,Zn,Mo;Sm,Eu,Yb; K-Hg,Rb-Hg;K-NH₃,Ca-NH₃,Eu-NH₃,Be-NH₃,K-H, K-D;K-THF,K-C₆H₆,K-DMSO
	受电子型	Br,ICl,IBr,IF₅;MgCl₂,FeCl₂,FeCl₃,NiCl₃,AlCl₃; SbCl₅,AsF₅,SbF₅,NbF₅,YeF₅;CrO₃,MoO₃;HNO₃,H₂SO₄,HClO₄, H₃PO₄,HF,HBF₄
共价键型		F(氟化石墨),O(OH)(氧化石墨)

锂离子电池的出现正是基于石墨主体可以被客体锂原子嵌入这一原理，锂原子嵌入后，石墨层内碳原子的 sp^2 杂化轨道不变，层面保持平面性，存在自由电子，而且锂原子可以供电子，这也增加了石墨层的电子，所以具有更高的导电性。同时，石墨层与嵌入层平行排列，而且是每隔一层、两层、三层……有规则地插入，分别称为一阶、二阶、三阶……石墨层间化合物。图4-6是不同阶的Li-GIC。

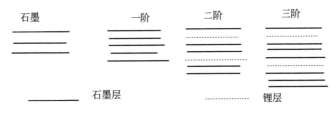

图 4-6　不同阶的 Li-GIC 示意

以石墨为锂离子电池负极时，锂发生嵌入反应，形成不同阶的化合物 Li_xC_6。对于完整晶态的石墨，随着锂的嵌入最后形成一阶化合物，其结构如图4-7所示。锂在 LiC_6 中占据紧邻六元环位置，因此可计算出其理论容量为 $372mA \cdot h/g$。锂插入石墨后，层间距也相应发生变化，从原来未插锂时的 0.3354nm 增大到 0.3706nm。用其他碳材料作负极时，也会发生锂的嵌入反应，但嵌入机理可能与

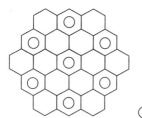

○ 锂原子

图 4-7　石墨层间化合物
平面结构示意图

石墨不同。

关于石墨的嵌锂过程，比较有代表性的是 Ohzuku 等提出的模型，在该模型中，认为锂嵌入石墨过程存在着四个阶次的嵌锂化合物，并有两种平面锂密度构成六种不同的相，即 LiC_6 型的 LiC_6、LiC_{12} 相，LiC_9 型的 LiC_9、LiC_{18} 及更高阶相。这类同阶的化合物结构可能不一样，为了便于区别同一阶的不同比例的化合物，我们把 LiC_9 型称为准阶型化合物。锂-石墨体系按下列步骤发生阶之间的变化：

区域（Ⅰ）　LiC_{12}（二阶）$\rightleftharpoons$ LiC_6（一阶）

区域（Ⅱ）　LiC_{18}（准二阶）$\rightleftharpoons$ LiC_{12}（二阶）

区域（Ⅲ）　LiC_{36}（准四阶）$\rightleftharpoons$ LiC_{27}（准三阶）$\rightleftharpoons$ LiC_{18}（准二阶）

区域（Ⅳ）　石墨 $\rightleftharpoons$ LiC_{36}（准四阶）

阶型化合物对应的锂的嵌入量及容量见表 4-3。

表 4-3　阶型化合物对应的锂的嵌入量及容量

阶名称	GIC 的化学式	锂嵌入量 x	容量/(mA·h/g)
准四阶	LiC_{36}	0.17	63
准三阶	LiC_{27}	0.22	82
准二阶	LiC_{18}	0.33	123
二阶	LiC_{12}	0.50	186
一阶	LiC_6	1.00	372

石墨的锂嵌机理可以通过电化学还原的方法来测定。基本方法有两种：恒电流法和循环伏安法，相比而言，循环伏安法尤其是慢扫描循环伏安法（slow scan cyclic voltammetry，SSCV）更为有效。图 4-8 是用恒电流法测得的石墨在插锂过程中电位与组成的变化，电位平台的出现表明两相区的存在。图 4-9 表现出来的石墨插锂行为与恒电流法极为相似。

锂在石墨中的扩散速度也是表征石墨嵌锂性能的一项重要指标，因为它直接决定着锂离子电池的充放电速率。锂在石墨中的扩散速率为 $10^{-10} \sim 10^{-11} \, cm^2/s$，比在焦炭中小 2 个量级，并且与石墨的电导率存在各向异性相似，石墨的嵌锂动力学也存在着明显的各向异性，锂离子通过边界面的速度是通过基面的速度 80 倍左右。因此石墨中锂的插入一般是从端面进行的，但是如果基面存在着像微孔一样的结构缺陷，插入行为也可以从基面进行。

石墨类碳材料的插锂特性是：插锂电位低且平坦，可为锂离子电池提供高的、平稳的工

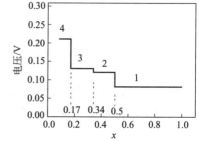

图 4-8　石墨在插锂过程中
电位与组成的变化

作电压；插锂容量高，理论容量为372mA·h/g；但与有机溶剂相容性差，易发生溶剂共嵌入。

4.3.1.3 固体电解质界面（SEI）膜

锂离子电池在首次充放电过程中，即在锂离子开始嵌入石墨电极之前（>0.3V），有机电解液会在碳负极表面发生还原分解，形成一层电子绝缘、离子可导的钝化层，这层钝化层被称作固体电解质界面（solid electrolyte interface，SEI）膜。碳材料表面在电化学嵌锂之前形成 SEI 膜已被证实，

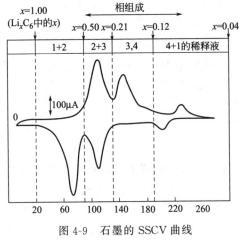

图 4-9 石墨的 SSCV 曲线

除此之外，其他一些负极材料，如锡的氧化物、合金表面也能形成 SEI 膜；而且，正极材料表面也可通过阳极氧化形成 SEI 膜。

SEI 膜的形成一方面消耗了有限的 Li^+，减小了电池的可逆容量；另一方面，也增加了电极、电解液的界面电阻，使得电极的极化增大，影响电池的大电流放电性能。但是，优良的 SEI 膜具有机溶剂不溶性，允许锂离子自由地进出碳负极而溶剂分子无法穿越，能够有效阻止有机电解液和碳负极的进一步反应以及溶剂分子共插对碳负极的破坏，提高了电池的循环效率和可逆容量等性能。

由于锂离子的嵌入过程必然经由覆盖在碳负极上的 SEI 膜，因此 SEI 膜的特性决定了嵌/脱锂以及碳负极/电解液界面稳定的动力学，也就决定了整个电池的性能，如循环寿命、自放电、额定速率以及电池的低温性能等。要优化电极界面 SEI 膜的性质，可以通过改善电极界面的性质和优化电解液组成来实现。

（1）SEI 膜的组成与结构 石墨电极在 PC/EC 基电解液的首次放电过程的界面还原产物为 C_2H_4、丙烯、Li_2CO_3；PC、EC 基在电解液电极界面还原过程中，由单电子自由基终止反应形成了烷基碳酸锂（$ROCO_2Li$）；此外，石墨负极在 PC 基电解液中形成的 SEI 膜中有聚丙烯氧化物 $P(PO)_x$ 的生成；有人在研究石油焦在 $LiCF_3SO_3$-PC/EC/DMC 电解液中，负极界面的 SEI 膜的具体组成为 Li_2CO_3、$ROCO_2Li$、ROLi，另外的成分未知，可能是 L_2S、LiF 或 Li_2SO_3 中的一种或几种。

SEI 膜的组成非常复杂，主要由电解液的组分，包括有机溶剂、锂盐电解质、添加剂或者可能的杂质，如 H_2O、HF 等在电极表面的还原产物组成，除此之外，电极材料的组成对 SEI 膜的成分也有影响。因此，溶剂不同，或者锂盐电解质不同，SEI 膜的组成也有所差异。

以溶剂而言，在烷基碳酸酯电解液中，SEI 膜主要由 $ROCO_2Li$ 组成，对于链状溶剂来说，是烷基碳酸单锂，而环状溶剂则是烷基碳酸二锂；对 EC-DMC 基电

143

解液而言，一些烷氧基锂可能是 CH_3OLi 也存在。在烷基碳酸酯-醚的混合溶剂体系中，SEI 膜的主要成分为烷基碳酸锂盐。电解液中微量的水也将与烷基碳酸锂反应生成更加稳定的 Li_2CO_3。

以电解质而言，在含氟的电解液里，锂盐分解产生的 HF 会与表面组分反应生成 LiF，或者锂盐直接被电化学还原生成 LiF，以 $LiAsF_6$ 为例，可能的电化学还原如下：

$$LiAsF_6 + 2Li^+ + 2e \longrightarrow 2LiF + AsF_3 \tag{4-6}$$

$$AsF_3 + Li^+ + e \longrightarrow Li_xAsF_y + LiF \tag{4-7}$$

在 $LiClO_4$ 电解液中，相应有还原产物 Li_2O 和 LiCl 等。

$$LiClO_4 + 8e + 8Li^+ \longrightarrow 4Li_2O + LiCl \tag{4-8}$$

或 $$LiClO_4 + 4e + 4Li^+ \longrightarrow 2Li_2O + LiClO_2 \tag{4-9}$$

或 $$LiClO_4 + 2e + 2Li^+ \longrightarrow Li_2O + LiClO_3 \tag{4-10}$$

$LiPF_6$ 也相应被还原为 LiF 和 Li_xPF_y；$N(SO_2CF_3)_2^-$ 被还原为 LiF、锂的氮化物以及锂的硫化物，如 Li_2S、$Li_2S_2O_4$、Li_2SO_3。

因此，SEI 膜的主要成分包括有烷基碳酸锂、烷氧基锂、卤化锂、Li_2CO_3、Li_2O、锂的硫化物等。

由 Peled 建立的钝化膜结构模型认为钝化膜包含 1~2 个分子层，第一层薄而密实，是阻止电解液组分进一步还原的重要原因，第二层如果存在的话，则覆盖在第一层上，往往是多孔性结构。后来 Thevenin 对这一模型加以修正，其要点如下：①电极在 PC 基电解液中形成的钝化膜是由 PC 还原过程中引发的聚合反应形成的聚丙烯氧化物 $P(PO)_x$ 和一些简单的锂盐，如 Li_2CO_3 等所组成；②固体化合物分散在聚合物网络中形成固体网络结构；③钝化膜是双分子薄层，一层与电极界面紧密相连，结构致密；另一层可能是致密分子膜层，也可能是多孔性分子膜层。上述 SEI 膜结构模型的不足之处在于，一是无法解释 SEI 膜的高界面阻抗；二是界面显著的热力学和动力学稳定性与膜组分在电极界面的高化学活性无法吻合；三是单分子层或双分子层的假设与一般 SEI 膜的实际厚度（5~10nm）不相符合。

有人提出 SEI 膜在结构上包含 5 个连续的分子层，相邻两层之间都存在一个界面，跨越每个界面均为导锂通路。这样，根据该模型就有 5 个连续的 Li^+ 传递通道，每一层都有相应的 Li^+ 容量和电阻，很难把每一层的结构特性和导电特性，如介电常数、离子导电性、电导活化能等与其他各层区分开来；造成界面高阻抗的重要原因是微晶的边界电阻 R_{gb}，因为 R_{gb} 与垂直于离子电流方向从一个微粒到另一个微粒的离子迁移的难易程度有关。后来通过 XRS 法证实了 SEI 膜为多层分子界面膜，与电极界面紧密相连的组分为比较稳定的阴离子 O^{2-}、S^{2-} 或 F^-，与电解液紧密相连的组分为部分还原产物，如聚丙烯组分。Peled 认为把 SEI 膜看作多种微粒的聚合态更合适一些，每个粒子都有相应的离子电阻和边界导锂性，膜厚为 5~50nm，这种多层 SEI 膜可以较好地模拟 SEI 膜的界面交流阻抗特性。

（2）SEI 膜的形成机理及导锂机理　关于石墨电极上 SEI 膜的形成机理有两种物理模型。Besenhard 等认为：溶剂能共嵌入石墨中，形成三元 GIC，它的分解产物决定上述反应对石墨电极性能的影响；EC 的还原产物能够形成稳定的 SEI 膜，即使是在石墨结构中；PC 的分解产物在石墨电极结构中施加一个层间应力，导致石墨电极结构的破坏（简称层离）。另一种模型是由 Aurbach 等在 Peled 提出后，在基于对电解液组分分解产物光谱分析的基础上发展的。这一模型认为：初始 SEI 膜的形成，控制了进一步反应的特点，宏观水平上的石墨电极的层离，是初始形成的 SEI 膜钝化性能较差及气体分解产物造成的。两种机理最大的差别在于 SEI 膜形成的第一步，是从形成三元石墨嵌入化合物开始的，还是从电解液在石墨电极表面发生电化学还原开始的。

综合上述两种模型，Chung 等提出了另外一种包含溶剂共嵌入的 SEI 膜形成机理：石墨电极表面的 SEI 膜形成过程，首先从最易还原的电解液组分开始，直到电荷传递到电解液组分的速度变得非常慢，如果这时电解液组分的还原产物仍不能在电极表面建立钝化性能优良的 SEI 膜，当电位低至三元 GIC 在热力学能稳定存在时，SEI 膜的形成就通过三元 GIC 化合物的还原进行。当三元 GIC 化合物产生的层间应力超过石墨层间相互吸引的作用力时，石墨就发生层离，当石墨电极具有非常优越的机械完整性或三元 GIC 化合物应力较小时，石墨电极就不发生层离，这样，SEI 膜就可通过一系列的电解液还原反应继续形成，电解质溶剂的结构和石墨主体的性质，是影响石墨电极层离的两个主要因素。

溶剂分子在电极界面的还原反应可分为化学还原和电化学还原。电化学还原是指与 Li^+ 结合的溶剂分子在电极界面得到电子而被还原的过程，根据每个溶剂分子在电化学还原过程中得到的电子数目的不同又分为单电子还原机理和双电子还原机理。化学还原是指 Li^+ 在电极上获得电子成为 Li/C 插层化合物后，基于电极自身的还原作用，与溶剂分子发生的还原过程。一般来讲，在碳负极/电解液界面上，化学还原十分微弱。现以 PC 为例的溶剂还原反应介绍。

电化学还原反应：

$$2PC + 2Li^+ + 2e \longrightarrow CH_3CH(OCH_2Li)CH_2OCO_2Li + CH_3CHCH_2 \uparrow （单电子机理）$$

$$(4\text{-}11)$$

$$PC + 2Li^+ + e \longrightarrow Li_2CO_3 + CH_3CHCH_2 \uparrow （双电子机理） \qquad (4\text{-}12)$$

化学还原反应：

$$2PC + 2Li + C_n{}^- \longrightarrow Li_2CO_3 + CH_3CHCH_2 \uparrow + C_n \qquad (4\text{-}13)$$

下面就溶剂的电化学还原机理加以简述。

在锂离子电池中，电化学还原的初始步骤是电子从阴极极化的电极传递到溶剂化的锂离子，这样，产生的溶剂分子的自由基能与周围的、与锂离子络合的溶剂分子之间建立一种电荷交换平衡，随后的溶剂分解是从这一电荷交换平衡开始的。电荷从电极传递到与锂离子配位的溶剂分子，需要一个空的分子轨道供电荷传递，如果这一空轨道的能量较高，或者说它的分子最低空轨道（lowest unoccupied molecular orbital，LUMO）能量较高时，电荷的传递只能在较低的电势下进行，由于石墨电极通常都是在恒流条件下进行锂化的，因此其表面 SEI 膜的形成过程是具有高度选择性的过程，也就是说，反应活性最强的物质，首先在较高电势下被还原，它的还原产物沉积在碳负极表面上形成 SEI 膜，也就抑制了其他活性较低的溶剂的还原，这已被不同电势下对石墨电极表面膜的形成研究所证实。

SEI 膜形成的电位（V_{SEI}）与温度、被还原物质的浓度、溶剂、锂盐、电流密度和碳界面和催化活性都有关系。表 4-4 列出了不同电解液下的 SEI 膜的形成电位。

表 4-4　不同电解液下的 SEI 膜的形成电位

阴离子种类	电解液组成	电极材料	V_{SEI}/V
AsF_6^-	$1mol/L LiAsF_6$，EC/PC	石墨	1.2
	$1mol/L LiAsF_6$，EC/DEC	碳纤维	1.2
PF_6^-	$1mol/L LiPF_6$，EC/PC	石墨	0.65
	$1mol/L LiPF_6$，EC/DEC	碳纤维	0.70
ClO_4^-	$1mol/L LiClO_4$，EC/PC	石墨	0.80
	$1mol/L LiClO_4$，EC/DEC	碳纤维	0.80

锂离子在 SEI 膜中的传输有两种机理，一种是离子交换机理，另一种是离子迁移机理，哪种机理更有说服力至今尚无定论。离子交换机理认为 Li^+ 到达 SEI 膜，与 SEI 膜中组分中的 Li^+ 发生阳离子交换，从而实现 Li^+ 的传递；而离子迁移机理则认为液相中的 Li^+ 穿越 SEI 膜向电极本体迁移。

如果 SEI 膜的导锂机理为离子交换机理，则电解液中锂盐的阳离子交换反应弛豫时间越短，其导锂性就越好，这种机理对应阳离子迁移数为 1，电子迁移数为 0，且荷电载体的浓度分布与膜厚无关，即 $\partial n/\partial x = 0$；在整个电极反应过程中，$Li^+$ 的跨膜传递过程将决定整个电极反应的速率。从这个意义上讲，常见的 SEI 膜成分，其离子可导性顺序为：$Li_2SO_3 > Li_2CO_3 > ROCO_2Li > ROLi$。而实验表明，在电解液中加入 SO_2、CO_2，电极充放电性能可大幅度提高，而添加 SO_2 效果比 CO_2 好，Li_2CO_3 的电导锂率比 $ROCO_2Li$ 大。DMC 基电解液中痕量水（5×10^{-4}）的出现不仅对石墨电极的性能没有任何破坏性，反而会表现出很大程度上的提高，这些事实可以作为支持离子交换机理的依据。

研究表明，Li^+ 在碳负极中的扩散系数 D 约为 $10^{-5} cm^2/s$，这一数值近似等于 Li^+ 在液相中的扩散系数，远大于正离子在许多晶体中的扩散系数（$D \approx 10^{-12} \sim 10^{-9} cm^2/s$）；这一结果与离子交换传递机理的高界面电阻相矛盾，从这个意义上讲，Li^+ 穿越 SEI 膜微孔的迁移机理似乎更合乎实际。如果 SEI 膜的导锂机理是离子迁移机理。那么，膜的导电性源于膜结构微孔中残留电解液的导电性，与电极表面覆盖度 θ 成反比，阳离子迁移数小于 1，膜结构中荷电载体的浓度分布与膜厚度有关（$\partial n/\partial x\neq 0$），膜组分的体积大小和结构排列状况似乎对 Li^+ 导电性的影响更大。

基于此，性能优良的 SEI 膜的选择原则如下。

① 形成的电化学电位高于溶剂化 Li^+ 的嵌入电位，以阻止溶剂分子共嵌入对电极的破坏；

② 电子迁移数为 0，具有优良的电子绝缘性以避免膜的持续生长导致电池高的内阻；

③ Li^+ 迁移数为 1，以消除电极附近的浓差极化，有利于 Li^+ 的快速脱嵌；

④ 膜厚度小，膜组分的阳离子交换反应的弛豫时间短，导锂性好，这样可降低电池充放电过程的过电位；

⑤ 具有良好的热及化学稳定性，SEI 膜稳定存在的上下限温度范围宽，SEI 膜不与电解液和电极活性物质反应或不溶于电解液；

⑥ 与电极界面有优良的化学键合结构，动力学稳定性好；

⑦ 均一的形貌及化学组成，有利于电流的均匀分布；

⑧ 足够的附着力、机械强度及韧性。

4.3.1.4 各种石墨类碳材料的电化学性能

石墨类材料是锂离子电池碳负极材料中研究得最多的一种，也是目前应用于商品化生产的锂离子电池中最主要的负极材料，人工石墨是将易石墨化碳（如沥青、焦炭）在保护气氛，如 N_2 中于 1900～2800℃经高温石墨化处理制得，常见的人工石墨包括石墨化中间相碳微珠和石墨化碳纤维等。至于对石墨材料的改性将在下面章节中加以介绍。

（1）天然石墨　天然石墨有无定形石墨和鳞片石墨两种。无定形石墨又称微晶石墨，它是由非取向的石墨微晶构成的。石墨晶面间距（d_{002}）为 0.336nm，主要为六方形结构的晶面，可逆比容量仅为 260mA·h/g，不可逆比容量在 100mA·h/g 以上。而鳞片石墨的晶面间距（d_{002}）为 0.335nm，它的结构中不仅有六方形结构的晶面，而且有菱形结构的晶面，菱形晶面的存在，提高了充放电的容量，可逆比容量可达 300～350mA·h/g，不可逆比容量小于 50mA·h/g。图 4-10 是石墨的典型充放电曲线图。在第一次充电过程中，在 0.8V 左右有一个小的平台，这对应于溶剂分子在石墨表面发生还原，形成 SEI 膜，在第二次充电中这个平台消失；在 0～0.3V 长的电压平台对应于锂在石墨中的嵌入过程。

如前所述，在锂插入石墨以前，会在石墨电极表面形成 SEI 膜，SEI 膜的质量直接影响电极的性能。如果膜不稳定且致密性不够，一方面电解液会继续发生分解；另一方面溶剂会发生共嵌入，导致石墨结构的破坏。因此，SEI 膜决定石墨的可逆容量，对石墨负极的稳定性亦有影响。研究表明，天然石墨在 PC、BC 以及含 PC 或 BC 的混合溶剂中，由于在 1.0V 产生气体，未形成稳定的 SEI 膜，从而导致溶剂分子共嵌入，使石墨层发生剥离。石墨发生剥离是共插入的溶剂分子或它的分

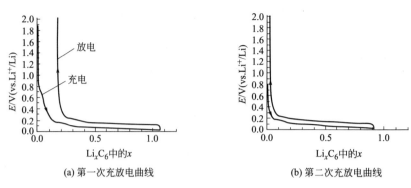

(a) 第一次充放电曲线 　　　　　　(b) 第二次充放电曲线

图 4-10　石墨的典型充放电曲线图

解产物所产生的应力超过了石墨层间的范德华力的吸引所导致的，这可显著增大石墨层间距。石墨剥离现象主要取决于溶剂分子共嵌入石墨层的难易程度和是否存在稳定的 SEI 膜。而溶剂分子共嵌入石墨层的难易程度与石墨本身的结构，如结晶度以及溶剂分子的结构有关。石墨结构中的缺陷一方面可以作为电子受体，降低碳材料的费米能级；另一方面，某些结构缺陷能抑制石墨片分子相互之间的移动，抑制电子受体的极性溶剂分子的共插入。

　　溶剂分子的结构明显影响石墨的剥离程度，溶剂分子如果有"尖"的位置，则共插入可能导致石墨结构的破坏，PC 和 BC 就是有这种"尖"的位置的溶剂，所以石墨在其中不能充电。

　　影响石墨电化学性能的一些因素包括颗粒大小和分布、形态、取向、石墨化度和石墨电极的制备条件等。小颗粒石墨（约 $6\mu m$）具有比大颗粒（约 $44\mu m$）材料更优越的大电流充放电性能。当小颗粒石墨以 $C/2$ 速率下充放电容量仍能达到 $C/24$ 速度下充放电容量的 80%；而大颗粒石墨以 $C/2$ 速率充放电只能达到 $C/24$ 速率充放电容量的 25%。原因在于，一方面小颗粒可以使单位面积所负荷的电流减少，有利于降低过电位；另一方面，小颗粒碳微晶的边缘可以为锂离子提供更多的迁移通道；同时锂离子迁移的路径短，扩散阻抗小。但是，小颗粒之间的阻挡作用将使液相扩散速率降低。相反，大颗粒虽然有利于锂离子的液相扩散，但锂离子在碳材料中的固相扩散过程变得相对困难，二者的竞争结果使得碳材料存在最佳的颗粒大小和分布。

　　石墨的取向对负极的大电流性能很重要，因为锂离子在石墨中的扩散具有很强的方向性，即它只能从垂直于石墨晶体 c 轴方向的端面进行插入，若石墨的取向平行于集流体，则锂离子的迁移路径较长，导致扩散速率下降，降低大电流性能。如果石墨片的取向平行于集流体，则锂离子不需经过弯曲的路径，可以直接发生锂离子的脱嵌，因而扩散阻力小，有利于大电流充放电。然而，由于石墨片分子的平移性，在加工涂膜和挤压过程中，绝大部分石墨片分子采用平行集流体的方式进行堆积，垂直集流体的方式很难实现。

石墨表面存在的各种各样的基团对石墨的剥离有明显影响。如果表面存在酸性基团，则不易发生剥离。

（2）石墨化中间相碳微珠

① 中间相的基本概念　一般物质，以晶体存在时呈现光学各向异性，以液体存在时呈现光学各向同性；温度高于熔点时物质由固体变成液体，温度低于结晶点时物质从液体转变为固体。有一类物质则不然，它们从光学各向异性的晶体转变为光学各向同性的液体过程（或逆过程）的中间阶段，会呈现一种光学各向异性的浑浊液体状态。从物相学角度看，这种浑浊液体当然不是固相，但是它具有光学各向异性，因而不能看成液相，所为称之为中间相（mesophase）；从结晶学角度，它是液体又具有光学各向异性，又称之为液晶（liquid crystal）。

② 中间相的分类　中间相化合物的品种很多，根据形成结构不同，可以分为三大类型：近晶型——接近晶体，有一定的晶格；向列型——晶粒内部化合物分子定向排列，但是化合物的分子不是单一的，结构上重心无序；胆甾型——由胆甾类化合物组成。由沥青和重质油液相炭化得的中间相属于向列型，它们的分子结构不能用单一的模型来描述，但是具有一些共有的特征。

③ 中间相分子结构特征　分子本身具有各向异性结构，即分子外形呈棒状或平面状；分子内含有两个以上芳环，分子内电子可在较大范围内流动等。

④ 中间相的形成　在常温下，液晶化合物分子之间靠范德华力结合并且定向排列，表现出晶体的光学各向异性。在较高温度（液相温度）下，分子运动动能大于分子间力的结合能，分子随机取向，表现出液体的光学各向同性。在某一温度范围（中间相温度）内，与此温度对应的分子运动动能和分子间力结合能相差不大，此时分子间力已不能维持分子间定向排列整齐，但是还能够使若干个分子定向排列成分子集合体，于是整个体系呈现液体状态，又具有光学各向异性。

中间相碳微珠通过液相炭化过程来制备的。液相炭化反应的反应温度通常在$500 \sim 550 ℃$以下，反应物体系呈液态。液相炭化过程，从化学角度来看，是液相反应体系内不断进行着热分解和热缩聚反应（气相碳化过程是以高温下自由基反应为先导），期间伴随有氢转移；从物相学角度来看，是反应物系内各向同性液相逐渐变成各向异性的中间相小球体，而且随着中间相的各向异性程度逐渐提高，中间相小球体生成、融并、长大解体以及炭结构形成。制备中间相碳微珠的过程就是控制反应体系液相炭化反应，使生成中间相小球体的数量和大小符合要求或达到最优化的过程。

按照液相炭化理论，各类烃液相炭化的难易按从难到易的顺序依次为烷烃、烯烃、芳烃和多环芳烃。因此，制备中间相碳微珠的原料多为含有多环芳烃重质成分的烃类。液相炭化的原料有煤系沥青和重质油、石油系重质油等。作为制备中间相碳微珠的原料，也大都从这些原料中选择，如中温煤沥青、煤焦油、催化裂化渣油或它们的组合。原料的不同成分（如吡啶不溶物 PI 含量、喹啉不溶物 QI 含量）、外加物质（如炭黑、焦粉、石墨粉、有机金属化合物以及中间相碳微球等）及反应温度下的物系黏度对中间相小球体的生成、长大、融并及结构均有不同程度的影响。

原料中添加其他物质对制备中间相碳微球有显著的影响。加入炭黑可以促进中间相碳微珠球核的形成，并阻止微球间的融并。同时，提高炭黑加入量所得的中间相碳微球呈直径减小、数量增多、分布均匀的趋势，同时能提高中间相碳微球的产率。另外，通过控制其加入量并辅以热反应条件的优化，可以控制中间相碳微球的形态和数量。原料中加入二茂铁、羰基铁等有机金属化合物也可以有效促进小球体的均匀生成并阻止其融并。但炭黑和有机金属化合物属于难石墨化物质，它们的加入势必会引进杂质，进而影响中间相碳微球制品的性能。

① 中间相碳微球的制备　制备中间相碳微球的方法主要有热缩聚法和乳化法，其他还有双亲炭法等。

热缩聚法制备中间相碳微球包含两个步骤，即热处理稠环芳烃化合物以聚合生产中间相小球体（这些小球体富含于缩聚产物的母液中），及利用适当的方法将中间相小球体从母液中分离出来。

热缩聚法制备中间相碳微球的过程大致为：把反应物料装入一定容量的反应釜中，密封以隔绝空气，然后在纯 N_2 保护下以一定的升温速率升到某一温度（一般在 350～450℃ 范围内），在该温度下恒定一段时间，然后自然冷却至室温。另外，也可先在低温（如 100～300℃）下于纯 N_2 流保护下保持一段时间，然后在密闭状态下进行自升压聚合。反应过程中持续搅拌，恒温结束后，把产物（富含中间相小球体）冷却到室温。工艺过程如图 4-11 所示。

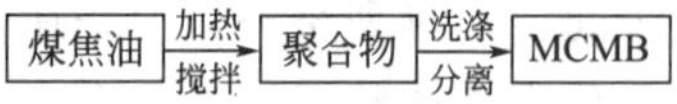

$$\boxed{煤焦油} \xrightarrow[\text{搅拌}]{\text{加热}} \boxed{聚合物} \xrightarrow[\text{分离}]{\text{洗涤}} \boxed{MCMB}$$

图 4-11　聚合法制备中间相碳微球的工艺流程

利用乳化法制备中间相碳微球，首先要热处理稠环芳烃化合物得到球状中间相，然后把中间相乳化成中间相小球体。将热缩聚法或乳化法获得的中间相小球体经过炭化和石墨化处理后即可获得具有特殊性能的中间相碳微球材料制品。

乳化法流程如图 4-12 所示。把软化点为 300℃ 左右的固体中间相沥青粉碎过筛（200 目或 325 目 Taylor 筛）后溶于一定量的热稳定介质（如硅油）中，在 N_2 吹扫下用超声波搅拌分散，边搅拌边加热（温度为 300～400℃）。乳化形成悬浊液。然后冷却到室温，用离心分离机把中间相碳微球从热稳定介质中分离出来，并用苯冲洗干净，干燥后即得中间相碳微球。

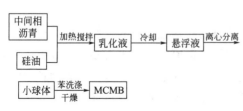

图 4-12　乳化法制备 MCMB 的流程示意图

② 中间相碳微球的结构和性能中间相碳微球的 H/C 原子比为 0.35～

0.5，密度为 $1.4\sim1.6g/cm^3$，它是由多环缩合芳烃平面分子堆积而成的。中间相碳微球的结构可以用类似于地球仪的模型来表示（图 4-13）。平面状分子在球体内排列在成大平面，赤道平面上的大分子层面是平面，其他位于赤道上下半球的层面，虽然相互之间仍平行排列，但当层面接近球表面时，层面则弯曲而与表面相互垂直，这是大分子层面

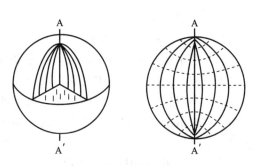

图 4-13　中间相碳微球的结构模型

的分子间力与球体表面张力相互平稳的结果。由于原料及反应条件的不同，中间相小球呈现许多变种，如同心球壳形、扁圆形等。

"蜘蛛网模形"中间相的分子结构，是由大小为 $0.6\sim1.3nm$ 的芳环组成，由联芳基或亚甲基相连而形成的大分子，相对分子质量为 $400\sim4000$。球晶中以大分子为核，分子量低的分子也由 π-π 键范德华力凝聚，所以也显示各向异性，由于低分子的存在而使球晶略具热塑性。

溶剂分离制得的 MCMB 一般不溶于喹啉类溶剂，热处理期间 MCMB 也不熔融并保持其球形。随着热处理温度的提高，MCMB 的氢含量下降，在 $500\sim1000℃$ 期间，MCMB 的密度逐渐由 $1.5g/cm^3$ 升至 $1.8g/cm^3$，比表面积在 $700℃$ 出现极大值。MCMB 的可石墨化程度不如石油焦等高，其原因可能在于 MCMB 石墨微晶要受到微球形状的制约，一般来讲，中间相小球是中间相生长的初级阶段，液相炭化阶段其芳香片层有序排列程度低于石油焦等的前驱融并体中间相沥青。MCMB 及其热处理产物呈疏水性，但由于 MCMB 周边边缘碳原子反应性非常高，对于各种表面改性具有高的活性。

MCMB 的物化性能随着热处理温度的变化而有很大的差别，低温下处理的 MCMB 是一种无定形的软碳材料，在它的结构中有许多纳米级的微孔，这些微孔可以储锂，使 MCMB 的较有超高的比容量，$700℃$ 以下热解炭化处理锂时的嵌入容量可达 $600mA\cdot h/g$ 以上，但不可逆容量高；随着温度的升高，这些微孔的孔隙减少，微孔数目也在减少，储锂量降低，但同时石墨化度增大，此时还是微孔储锂占主要因素；温度进一步升高时，微孔数目基本上保持稳定，石墨化度是影响 MCMB 的主要因素，温度升高使得石墨化度增加，从而也有较高的嵌锂容量。这里主要讨论的是石墨化材料，MCMB 是经过了高温下石墨化处理的。在 $1500℃$ 以上时，MCMB 的结构参数随温度的变化明显反应石墨化程度的增加。温度升高时，石墨微晶在 a 轴和 c 轴方向的长度 L_a 和 L_c 都不断增大，晶面间距 d_{002} 随着温度升高而减小。

产业化的锂离子电池的负极材料均为碳材料，包括天然石墨、MCMB、焦炭等，在这些材料中，MCMB 被认为是最具发展潜力的一种碳材料，这不仅是因为

它的比容量可以达 300mA·h/g^{-1}。更重要的原因在于，与其他碳材料相比，MCMB 的直径为 $5\sim40\mu m$，呈球形片层结构且表面光滑，这赋予其以下独到优点：球状结构有利于实现紧密堆积，从而可制备高密度的电极；MCMB 的表面光滑和低的比表面积可以减少在充电过程中电极表面副反应的发生，从而降低第一次充电过程中的库仑损失；球形片层结构使锂离子可以在球的各个方向插入和放出，解决了石墨类材料由于各向异性过高引起的石墨片层溶胀、塌陷和不能快速大电流充放电的问题。

③ 石墨化中间相碳微球的电化学性能

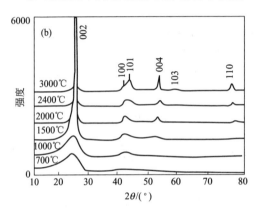

图 4-14　不同处理温度下的 MCMB 的 XRD 图

石墨化中间相碳微球是指 MCMB 经过高温（2000℃以上）处理，石墨化得到的碳材料。不同石墨化 MCMB 主要区别在于石墨微晶的大小和数目不同；石墨化 MCMB 中也有一定量的数目基本不变的微孔，但它对容量影响很小。石墨化 MCMB 的插锂机理与天然石墨相同，锂插入石墨层间形成 GIC，因此石墨化程度对其性能有很大影响。一般温度越高，石墨化度越大（d_{002} 峰也就越强，如图 4-14 所示），MCMB 的容量也就越高。图 4-15是不同温度处理下的 MCMB 的充放电曲线。

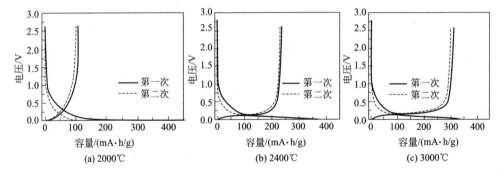

图 4-15　不同处理温度下的 MCMB 的充放电曲线图

MCMB 的粒径大小对材料的首次放电容量、循环性能、大电流放电特性等也有很大影响。平均粒径越小，锂离子在微球中嵌入和脱出的距离就更短，在相同的时间和扩散速率下锂离子的脱嵌就容易，所以比容量越大；但是粒径越小，比表面积就越大，形成的 SEI 膜面积也较大，从而有更大的不可逆容量损失，从而降低了库仑效率。在电极的充放电循环过程中，锂离子在 MCMB 中不断地嵌入脱出引起体积变化，粒径较大的 MCMB，在充放电过程中体积变化较大，导致部分 MC-

MB 的结构遭到破坏，不能参与电极反应，循环性能变差。

（3）石墨化碳纤维　碳纤维（carbon fiber，CF）具有高强度、高模量、高导电、导热、密度小、耐腐蚀等特性，是一种重要的工业材料。碳纤维的品种多种多样，按其来源可分为人造丝碳纤维（Rayon-CF）、聚丙烯腈碳纤维（PAN-CF）、中间相沥青基碳纤维（mesophase pitch cabon fiber，MPPCF）的气相生长碳纤维（vapor grown carbon fiber，VGCF）。在这些碳纤维中，锂离子电池负极材料中研究较多的是气相生长碳纤维和中间相沥青基碳纤维。下面主要介绍这两种碳纤维负极材料。

① 石墨化气相生长碳纤维　气相生长碳纤维是在催化剂微粒上生长起来的，它以过渡金属等超微细粒为晶核，以低碳烃（甲烷、苯等）为原料，在氢气氛围，高温下裂解直接生成的一种短形的碳纤维。典型的 VGCF 直径为 5～1000nm，长度为 5～100nm，截面结构呈"树木年轮"状，如图 4-16 所示。气相生长碳纤维的内层和外层在结构上是不同的：内层为高度定向碳层，亦称基本碳纤维层，紧贴于金属晶核而形成；周围为热分解碳层，是在基本碳纤维层周围通过 CVD（化学气相沉积法）原理形成的易石墨化碳层。气相生长碳纤维属于乱层结构，经过石墨化高温处理后，碳层结构与石墨单晶类似。其石墨化程度比其他碳纤维都高，层平面与纤维轴线平行，层间距与石墨相同，为 0.335nm。

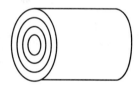

图 4-16　VGCF 截面结构示意图

VGCF 的形态与反应温度、原料气种类、气相组成、金属催化剂种类、金属与载体相互作用的强弱等密切相关。实验可观察到空心丝状、空心树状、麻花状和螺旋状等形状。VGCF 的截面结构如图 4-16 所示。

气相生长碳纤维具有超高强度、高模量和结晶取向好的特性，被认为是一种超高遥短形成碳纤维。经过石墨化后，气相生长碳纤维的物理性能也会发生变化，如表 4-5 所示。

表 4-5　VGCF 的物化性能[①]

性　　质	未经处理 VGCF	2000℃ 处理的 VGCF
密度/(g/cm³)	1.8	2.0
弹性模量/GPa	230～400	300～600
拉伸强度/GPa	2.2～2.7	3.0～7.0
断裂伸长/%	1.5	0.5
电阻率/Ω·cm	10^{-3}	6.0×10^{-5}
传热系数/[W/(cm·K)]	0.2	30

① 碳纤维样品的直径为 10^{-5}～0.3cm，长度为 10^{-3}～30cm。

石墨化气相生长碳纤维是一种管状中空结构的石墨化纤维材料，作为锂离子电池的负极材料，具有 320mA·h/g 以上的放电比容量和 93% 的首次充放电效率，与其他碳或石墨类负极材料相比，用气沉积石墨纤维作为负极具有更为卓越的大电流放电性能与低温放电性能及更长的循环寿命，但由于其制备工艺复杂，材料成本高，其在锂离子电池中的大量应用受到限制。有人系统研究了在碳纤维表面负载碳层及金属对材料性能的影响，发现通过在碳纤维表面负载电导性的碳层，可以提高材料的循环性能及电化学反应速率，同时初次不可逆容量也得到抑制；同时还发现材料性能改变的程度与所用负载材料种类有关。

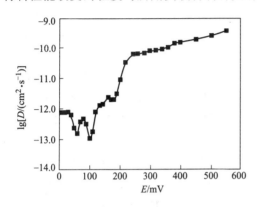

图 4-17　石墨化碳纤维的扩散系数的
对数与电位之间的关系

呈辐射状结构石墨化碳纤维为负极材料有利于锂离子的扩散。锂在石墨化碳纤维在中的扩散系数，存在三个峰值，其对应的电位和充放电平台电位相接近，这与锂离子在天然石墨中的扩散系数的变化相似，见图 4-17。

石墨化中间相碳沥青基碳纤维

中间相碳沥青基碳纤维（mesophase pitch-based carbon fiber，MPCF）是以沥青（稠环芳香烃的复杂混合物，按来源分为煤系和油系）为原料，利用液相炭化的原理，处理沥青得到中间相，然后通过纺丝，进一步炭化而得。对 MPCF 在 2800～3000℃下高温处理可得高性能的石墨化 MCF。石墨化中间相沥青基碳纤维生产的全过程可用图 4-18表示。

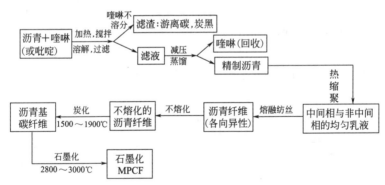

图 4-18　石墨化中间相沥青基碳纤维生产流程示意图

MPCF 的结构和电化学性能都与热处理温度密切相关。随着处理温度的升高，d_{002} 减小，L_c 增大，容量增大。如图 4-19 所示。经过 3000℃ 处理的石墨化的 MPCF，d_{002} 与高取向裂解石墨（highly oriented pyrolytic graphite，HOPG）接近。未经过热处理的 MPCF 是一种乱层无序（turbo stratic disorder）结构，晶粒尺寸小，相邻碳层片随机旋转排列，或多或少以平行排列方式堆积。随着温度的升高，石墨化程度增加，碳层有规排列程度也增大。图 4-20 是 1000℃ 和 3000℃ 下处理的 MPCF 的 SEM 图。低温（1000℃）处理的 MPCF 碳层无规排列，高温（3000℃）下处理的 MPCF 碳层排列规整，而且碳纤维的直径减小。

有人研究了 2800℃ 处理的 MPCF 的电化学性能，认为存在两种形式的储锂位，一种是石墨的层间位置，它的插锂特性与天然石墨形成高阶的插锂化合物相似，而且插入的锂都是可逆的；另一种是无组织碳，即弯曲单层或 sp^3 碳，它在最初充电中可以进行插锂，但是放电过程中插入的锂不能脱出。

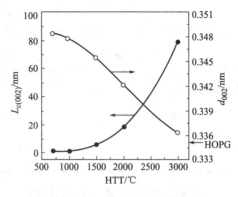

图 4-19　650～3000℃ 下 MPCF 的晶粒厚度 L_c（002）和层间距 d_{002} 随温度的变化

② 气相生长碳纤维　将铁、镍或钴催化剂制成超细颗粒（微粒）后均匀撒布在陶瓷基板上，置高温炉内。将烃类气体（例如苯蒸气）以适宜的浓度和流速送入炉内。烃类分子在高温（1000～1300℃）和催化剂作用下热解、析碳得碳纤维。

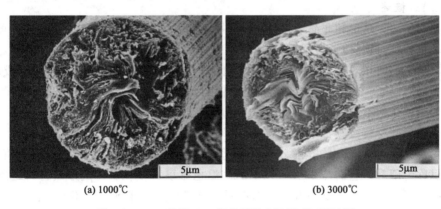

(a) 1000℃　　　　　　　　　　　　(b) 3000℃

图 4-20　1000℃ 和 3000℃ 处理的 MPCF 的 SEM 图

生长碳纤维的历程包括以下五个阶段：烃分子吸附在催化剂微粒表面上；吸附的碳氢化合物催化热解并析出碳；碳在催化剂颗粒中的扩散；碳在催化剂颗粒另一侧析出，纤维生长；催化剂颗粒失去活性，纤维停止生长。

对上述历程的解释有多种，其中有代表性的认为：烃分子与金属催化剂微粒接触后，在高温下热解和进行一系列气相炭化反应，析出的碳从烃和金属接触的一侧溶入金属中；金属微粒中的碳原子按照扩散规律从浓度高的一侧向浓度低的一侧移动；金属微粒发生气相炭化反应的一侧温度较高而另一侧温度较低，当碳原子定向移动到一定程度时，低温侧出现碳原子过饱和现象，于是碳原子连续从低温侧析出，最终形成碳纤维。

研究 VGCF 过程发现，碳丝生长过程的活化能与碳在相应金属内扩散的活化能接近（见表 4-6），因而认为碳在金属颗粒内的扩散为 VGCF 的控制步骤。

表 4-6　碳丝生长活化能与碳在金属颗粒中扩散过程活化能的比较

金属催化剂	碳丝生长活化能/(kJ/mol)	碳扩散活化能/(kJ/mol)
钒	115.1 ± 12	115.9
钼	161.8 ± 17	171
α-铁	67.1 ± 8	$43.8 \sim 68.8$
钴	138.4 ± 17	144.7
镍	144.7 ± 17	$137.6 \sim 145.1$

金属颗粒愈小 VGCF 的生长速度愈快。金属颗粒过大，生长速度慢，易于失活。颗粒的大小也必须足够容纳碳，完成碳的结构转换过程。碳扩散动力还不十分清楚，一种观点认为烃类在金属表面裂解为放热反应，碳由金属颗粒内部沉析出来为吸热反应，这两个过程造成金属颗粒不同部分的温度梯度为扩散动力，但这种观点不能解释裂解反应为吸热过程，如甲烷裂解；另一种认为金属颗粒各部分含碳量不同，形成碳的浓度梯度提供推动力。

4.3.2　无定形碳材料

4.3.2.1　概述

如前所述，晶形和非晶形材料并没有明确的界线，并且它们在一定条件下可以互相转化。针对碳材料而言，这种现象就更加突出，它们均含有石墨晶体和无定形区，只是它们的相对含量不同而已。无定形碳材料，它们也是由石墨微晶构成的，碳原子之间以 sp^2 杂化方式结合，只是它们的结晶度低，L_a 和 L_c 值小，同时石墨片层的组织结构不像石墨那样规整有序，所以宏观上不呈现晶体的性质。

无定形碳材料按其石墨化难易程度，可分为易石墨化炭和难石墨化炭两种。易石墨化炭又称为软炭，是指在 2500℃ 以上的高温下能石墨化的无定形；难石墨化炭也称为硬炭，它们在 2500℃ 以上的高温也难以石墨化。无定形碳材料之所以有软炭和硬炭之分，主要是由于组成它们的石墨片层的排列方式不同。图 4-21 是软炭和硬炭的结构模型。

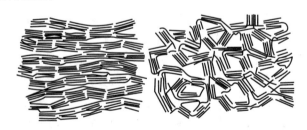

图 4-21　软炭和硬炭的结构模型

所有碳材料都由类似的基本结构单元（也可以称为石墨微晶）以不同方式交联排列而成。基本结构单元由 2～4 层含有 10～20 个芳环组成的碳六角网平面以或多或少平行方式重叠构成，在软炭中分解前驱体时生成胶质体，使碳基本结构单元长大并以或多或少平行方式排列，从而导致其高温处理时易于石墨化；而硬炭的有机前驱体的大分子充分交联，不生成胶质体，基本结构单元不能平行排列，因此在任何温度下都难以石墨化。

一般来说，原料经过固相炭化得到难石墨化炭；原料经过液相炭化得到易石墨化炭，在液相炭化过程中，中间相热转化过程进行得越

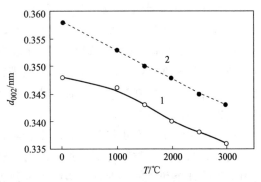

图 4-22　无定形炭的结构参数 d_{002} 随温度的变化曲线
1—软炭；2—硬炭

完全，所得碳材料越易石墨化。两种炭在高温热处理过程中的结构参数 d_{002} 的变化如图 4-22 所示。

由图可见，软炭的层间距 d_{002} 较硬炭小，且随着温度的升高越接近于石墨的层间距 d_{002}（0.3354nm）；软炭和硬炭在低温下层堆积厚度 L_c 都比较小，只有几个到十几个 nm，经过高温处理，软炭的 L_c 发生明显变化，而硬炭的 L_c 的变化不是很明显。

无论能达到什么程度的石墨化，在 $500\sim1000^{\circ}C$ 处理的无定形碳材料都具以下一些共同特征。第一，晶化度低，XRD 谱图具有一些强度较弱的宽峰，最常见峰出现在近石墨的 002、100 和 110 晶面附近。d_{002} 最小值为 0.344nm，某些情况下可达 0.4nm。第二，含有焦油类无组织炭，它们通常是大小不等的单层碳六角网平面或 sp^3 碳，充填于石墨微晶之间或以支链和桥键方式存在。第三，具有大量纳米孔，可用电子显微镜观测到，也可以用 SAXS（small angle X-ray scattering）观察到，同时这些碳密度为 $1.4\sim2.0g/cm^3$，比石墨小，也反映其具有多孔性。第四，杂原子多，是从前驱体中转化而来，有 O、N、H 和 S，其含量与前驱体及处理方式有关，大部分氢可在 $1000^{\circ}C$ 去除，O 和 N 约 $1500^{\circ}C$ 失去，而 S 则不低于 $2000^{\circ}C$。它们以官能团形式与石墨微晶或碳六角网平面中缺陷处碳结合，或以原子形式与碳六角网平面结合。

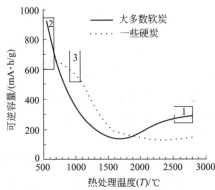

图 4-23　不同碳材料的热处理温度与可逆容量的关系

大多数无定形碳材料具有很高的比容量，但是不可逆容量也较高，首次充放电效率低，同时循环性能不理想；无定形碳材料的容量与热处理温度有关。如图 4-23 所示，绝大多数软炭和一些硬炭随着热处理温度的增加容量都先呈下降趋势，软炭

157

直到 1900℃ 左右容量才重新上升，而硬炭 2000℃ 以后容量略有上升。低温下无定形碳材料的储锂机理比较复杂，高温下与石墨化程度相关。

700℃ 左右处理的无定形碳材料存在着电压滞后现象：锂的嵌入在 0V 左右，但是锂的脱出则在 1V 左右；而 1000℃ 处理得到的难石墨化碳材料电压平台较低，电压滞后也较小，但在其电压分布曲线上有陡峭的斜坡。

4.3.2.2　易石墨化炭

易石墨化炭主要有焦炭类、碳纤维、非石墨化中间相碳微球等。用于锂离子电池的最常见的焦炭类材料为石油焦，因为它资源丰富，价格低廉；碳纤维主要是指气相生长碳纤维和中间相沥青基碳纤维两种。

焦炭是经液相炭化形成的一类非晶形碳材料，高温下易石墨化，属于软炭材料。视原料的不同可将焦炭分为沥青焦、石油焦等。焦炭本质上可视为具有不发达的石墨结构的炭，炭层大致呈平行排列，但网面小，积层不规整，属乱层构造，层间距 d_{002} 为 $0.334 \sim 0.335\mathrm{nm}$，明显大于理想石墨的层间距。

石油焦是焦炭的一种，由石油沥青在 1000℃ 左右脱氧、脱氢制得。Sony 公司于 1990 年推出的第一代锂离子二次电池就是用石油焦作负极材料的。根据石油焦结构和外观，石油焦产品可分为针状焦、海绵焦、弹丸焦和粉焦 4 种，其中针状焦颗粒外形细长，针状条纹明显，纤维型显微组分含量高，石墨化性能最佳。

石油焦具有非结晶结构，呈涡轮层状，含有一定量的杂质，难以制备高纯碳，但资源丰富，价格低廉。石油焦的最大理论化学嵌锂容量为 LiC_{12}，电化学比容量为 $186\mathrm{mA \cdot h/g}$，但焦炭本身作为电池负极材料的性能很差，主要是由于插锂时，碳质材料会发生体积膨胀，降低电池寿命。因此，必须对焦炭进行适当的改性处理，提高焦炭的充放电容量，改善其性能。如通过中间相碳的包覆可以使石油焦的可逆容量从 $170\mathrm{mA \cdot h/g}$ 提高到 $300\mathrm{mA \cdot h/g}$。图 4-24 是焦炭的充放电曲线。

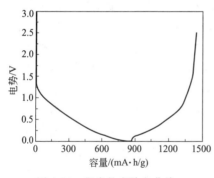

图 4-24　焦炭的充放电曲线

石油焦对各种电解液的适应性较强，耐过充、过放电性能较好，但与石墨不同，其充放电电位曲线上无平台，在 $0 \sim 1.2V$ 范围内呈斜坡式，且平均对锂电位较高，为 1V 左右，造成电池端电压较低，限制了电池的容量和能量密度。

4.3.2.3　难石墨化炭

难石墨化炭是高分子聚合物的热解炭，是由固相直接炭化形成的。炭化初期由 sp^3 杂化形成立体交联，妨碍了网面平行成长，故具有无定形结构，即使在高温下也难以石墨化。难石墨化炭此类碳材料之所以引起广泛关注，首先应是索尼公司成功地使用了聚糠醇（poly furfryl alcohol，PFA）碳的缘故。用作难石墨化炭的高分子前驱体种类较多，包括一些树脂和其他一些聚合物，如酚醛树脂（phenolic resin）、环氧树脂（epoxy resin）、蜜胺树脂、聚糠醇（PFA）、聚苯（PP）、聚丙烯腈（PAN）、聚氯乙烯（PVC）、聚偏氟乙烯（PVDF）、聚苯硫醚、聚萘、纤维素等。此外，炭黑（乙炔黑 AB）、苯炭（BC）也是难石墨化碳材料。

典型的难石墨化碳材料的充放电曲线如图 4-25 所示，其有别于石墨及易石墨化碳材料的充放电曲线，具有较大的首次不可逆容量损失（一般大于 20%）和电压滞后现象（脱锂电位明显高于嵌锂电位），脱锂电位高，电位平台不明显等。另外，其 d_{002} 也较大，固相扩散较快，有助于快速充放电；与 PC（碳酸丙烯酯）也能较好地相容。难石墨化炭的不可逆容量很大的原因除了 SEI 膜的形成外，材料表面的活性基团如羟基，以及其吸附的水分也是重要原因。

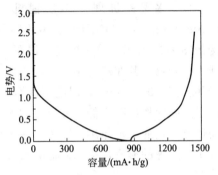

图 4-25　难石墨化碳材料的充放电曲线

酚醛树脂在 800℃ 以下热解得到的非晶态聚乙炔半导体材料（polyethine semiconductor，PAS），其容量高达 800mA·h/g，晶面间距为 0.37～0.40nm，与 LiC_6 的晶面间距相当，这有利于锂在其中的嵌入而不会引起结构显著膨胀，具有良好的循环性能。另外，PAS 与电解液反应放热量低。以 PAS 为负极，$LiCoO_2$ 的 18650 型商品锂离子电池，其体积比能量达到 450W·h/L，几乎达到锂金属的体积比能量。

利用聚对苯（poly paraphenylene，PPP）在 700℃ 下的热解碳产物作为负极，可逆嵌锂容量高达 680mA·h/g。研究表明，PPP 基热解碳材料中无明显结晶结构，只有带缺陷的碳层面，平面层面间距为 0.40nm，且波动较大。

在合适的热解条件下淀粉、橡木、桃核壳、杏仁壳、枫木、木质素等作为前驱体均可得到可逆容量为 400～600mA·h/g 的热解炭。以聚丙烯腈、聚-4-乙烯吡啶、蜜胺树脂、脲醛树脂等有机高分子作为前驱体，在热处理温度低于 700℃ 时，随着聚合物前驱体交联程度的提高，碳材料的可逆容量逐渐增大，并超过了石墨的理论容量。

难石墨化碳材料结构中含有一定量的氢，氢含量的多少与热处理温度有关，1000℃ 左右热解高聚物得到的炭不含或含微量氢（$m_H/m_C < 0.05$），而 800℃ 下热解高聚物得到的炭中氢的比例较高。

4.3.2.4　无定形碳材料的储锂机理

锂在石墨中的储锂机理，即锂插入石墨形成石墨插入化合物；但无定形碳材料的储锂机理则有多种方法，主要有锂分子 Li_2 机理、多层锂机理、晶格点阵机理、弹性球-弹性网模型、层-边端-表面机理、纳米级石墨储锂机理、碳-锂-氢机理、单层墨片分子机理和微孔储锂机理。

（1）锂分子 Li_2 机理　在嵌锂的 PPP-700（聚对苯在 700℃下热解的碳材料）中，锂以两种形式存在，一种是离子态，以层间化合物存在，位于六角形的芳构化的碳环中心，六个碳原子对应一个锂离子；另外一种锂原子以分子 Li_2 存在，原子间以共价键连接（图 4-26）。即锂不仅以离子态嵌入到次紧邻的碳环中形成石墨插层化合物，还能以 Li_2 分子的形式进入到最紧邻的碳环中。由于 Li_2 分子的存在，它的可逆容量达 1116mA·h/g，即达 LiC_2 的水平，是石墨材料的三倍，其体积比容量比金属锂还大。

（2）多层锂机理　多层锂机理认为，中间相碳微球的可逆储锂高容量（410mA·h/g），归结于锂占有不同的位置，其主要贡献在于多层锂的形成。其结构如图 4-27 所示。第一层锂占据在如图所示的 α 位置上，实际上该层锂就是石墨插入化合物，其在热力学上和动力学上都是稳定的。为了使 Li 原子之间的距离低于共价锂（0.268nm），因此不得不在 β 位置上再形成另外一层锂。当然，β 层与石墨层之间的作用明显低于 α 层，同时为了降低 α、β 层间的静电排斥作用，它们之间还有一定的共价作用。同理，在 γ 位置上形成第三层锂。在较低的电势位时，有助于多层锂的形成，但同时能导致枝晶的形成，从而降低循环寿命。

○ 位点A　Li(离子键)
● 位点B　Li(共价键)

图 4-26　热解碳材料中的锂的
两种存在形式示意图

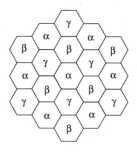

图 4-27　锂在碳材料的 α、β 面中
沉淀的多层锂的结构模型

（3）晶格点阵机理　裂解酚醛树脂得到一种聚乙炔半导体材料 PAS 为无定形，但其存在明显的 002 衍射峰，其层间距 d_{002} 为 0.37～0.40nm，可逆插锂容量可达 530mA·h/g。其最大可逆容量可达 1000mA·h/g，也就是相当于 LiC_2 化合物的水平。锂金属的点阵结构中，其 1nm 的立方点阵中有 46 个锂原子。而锂的原子半径和离子半径分别为 0.153nm 和 0.06nm，其可逆储锂超过 372mA·h/g，表明锂在碳材料中可以比在石墨材料中更紧凑的方式插入。研究结果表明，d_{002} 为 0.40nm 的碳材料储锂后，原子态和离子态的锂均不存在。从图 4-28 可知，d_{002} 为 0.40nm 的 PAS 碳材料，其 1nm 的立方点阵中可以储存 47 个锂原子。

（4）弹性球-弹性网模型　弹性球-弹性网模型主要是一维压缩理论及某些假设提出来的，它通过计算插入化合物存在所需的压力来判定相应插入物存在与否，从而可以得到锂插入到无定形碳材料中的量。这些基本假设包括：插入物（金属）

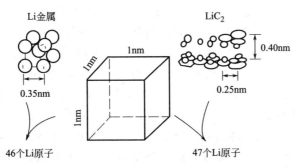

图 4-28 金属锂与掺杂到 LiC_2 水平的 PAS 晶格示意模型

为一弹性球，其初始半径为金属原子半径，压缩系数同金属一样；石墨平面为一弹性网，其可挤压插入物。该网的弹性系数与石墨 a 轴相当；每一石墨-插入化合物体系都有其入缝特性参数 σ_{ig}，其对应于使插入物收缩及使石墨网膨胀的有效压力。

依据上述基本假设及一维压缩理论 $k_1 P = -\Delta l / l_0$，得出插入化合物稳定存在所需要的最小压力 P 的表达式如下：

$$P = \frac{8r_{\mathrm{m}}^3 - a_{\min}^3}{8k_{\mathrm{M}}r_{\mathrm{m}}^3 - \sigma_{ig}} \tag{4-14}$$

式中　P——插入物 $C_n M$ 稳定存在所需要的最小压力；

r_{m}——金属原子半径；

$a_{\min}$——$C_n M$ 中 M 层间的最短距离；

k_{M}——金属的压缩系数；

σ_{ig}——入缝特性参数。

利用上面的表达式可对一些插入化合物，如 $C_2 M$、$C_6 M$、$C_8 M$ 的存在最小压力予以推测，基本上与实验结果相符，特别是 $C_2 Li$ 和 $C_2 Na$ 体系。

（5）层-边端-表面储锂机理　从带状碳膜（ribbon like carbon film，RCF）制得的无定形碳材料，其可逆储锂容量可达 440mA·h/g。碳材料的晶体结构对其可逆储锂容量有比较大的影响，不同的晶体结构导致锂和碳材料的作用机理不尽一样，因此可认为碳材料可逆储锂主要有以下三种方式：①碳材料的层间插入，虽然碳材料的晶体参数 L_a 和 L_c 比较小，但是还是存在部分石墨结构，因而锂可以插入进去，形成传统的石墨插入化合物；②碳材料的边端反应，由于碳材料是无定形的，因而存在诸多缺陷。而锂可以与边端的碳原子发生反应。该种相互作用与聚乙炔掺杂锂的作用相似，后者可达 $C_3 Li$ 的水平；③碳材料的表面反应，锂可以与表面上的碳原子发生反应，该种反应类似于上述边端反应。但是这种反应并不导致石墨层间距离的增加。后两种方式可逆储存的锂称为掺杂锂，而前一种方式可逆储存的锂则称为插入锂。

（6）纳米级石墨储锂机理　通过热处理酚醛树脂得到 PAS 碳材料，其可逆容量可达 438mA·h/g。碳材料的拉曼光谱主要有两组峰，一组位于 1350cm^{-1} 附近，

另一组位于 $1580cm^{-1}$ 附近。前者归结于纳米级石墨晶体的形成而致,即所成的石墨颗粒很小,只有几个纳米;而后者则是石墨晶体的形成而致,该石墨晶体比前者大得多,因而分别称为 D_2 峰和 G_2 峰。从 D_2 峰和 G_2 峰强度的比例随温度的变化可知,在 700℃ 附近有一个大的峰值,这与所得碳材料的容量变化是一致的。可认为所得碳材料中有几种不同相态:石墨相、纳米级石墨相和其他相。在热解温度 700℃ 以前,主要为纳米级石墨相生成,700℃ 以后则主要为石墨相的生成,即纳米级石墨相和其他相向石墨相转化。纳米级石墨虽然其尺寸小,可它不仅能像石墨一样可逆储锂,而且也能在表面和边缘部分储锂,因此其储锂容量较石墨更大一些。而在 700℃ 所得的碳材料中,纳米级石墨的含量最多,因而其可逆储锂容量在 700℃ 时最大。

(7)碳-锂-氢机理　在 700℃ 附近裂解多种材料,如石油焦、聚氯乙烯、聚偏氟乙烯等,所得的碳材料其可逆储锂容量与 H/C 的比例有关,随 H/C 的比例增加而增加,即使 H/C 比例高达 0.2 也同样如此。可认为锂可以与这些含氢碳材料中的氢原子发生键合。这种键合是由插入的锂以共价形式转移部分 2s 轨道上的电子到邻近的氢原子,与此同时 C—H 键发生部分改变。对于这种键合属一活化过程,从而导致了锂脱出时发生电势位的明显滞后。在锂脱出时,原来的 C—H 键复原。如果不能全部复原就会导致循环容量的不断下降。

有人认为锂可能能与 C—H 键发生如下反应:

$$C—H+2Li \Longrightarrow C—Li+LiH \tag{4-15}$$

$$C—H+Li \Longrightarrow C—Li+\frac{1}{2}H_2 \tag{4-16}$$

(8)单层石墨片分子机理　1000℃ 左右制备的硬碳材料的结构与石墨层状结构有很大差别,它们的结构中主要是单层碳原子无序地彼此紧密连接,像大量散落的卡片一样,这种材料有很低的电压平台,在这种材料中锂可以吸附在每个石墨层的两边,导致插入更多的锂。如图 4-29 所示。

图 4-29　单层石墨片
分子机理

锂分子 Li_2 机理和多层锂机理,其结果是每一个六元环均能储存一个锂原子;晶格点阵机理则是从结晶学去阐述其之所以形成 LiC_2 的结构;另外,层-边端-表面可逆储锂机理与纳米级石墨可逆储锂机理在一定程度上又是相互包容的。但上述的各种阐述均有其明显不足之处。如锂分子 Li_2 机理,相对于碳材料为无定形的,那么其碳材料的结构不可能像石墨一样具有规整的平面结构;同时,LiC_2 的制备须在高压下(大于 $1.52×10^9 Pa$)才能进行。

(9)微孔储锂机理　微孔储锂机理首先是由 A. Mabuchi 等提出来的,在不同的温度下处理 MCMB,发现 700℃ 时热处理得到的 MCMB 的放电容量高达 $750mA·h/g$,认为这与碳材料中的微孔有很大关系,提出的微孔储锂机理原理示意如图 4-30。该示意图表明锂在插入碳层的过程中同时掺入到微孔中，而在锂脱出的过程中，先从碳层脱锂，然后从微孔经碳层脱锂。

改进后的模型与改进前相比，最大的区别在于微孔的位置或来源不同。新的微孔机理认为微孔绝大多数位于碳层内，而非碳层间，微孔主要是在碳化过程中小分子的逸出造成的缺陷而形成的。因此这些微孔是不稳定的，随锂的可逆插入和脱出而发生变化，从而导致可逆储锂容量随循环次数的增加而不断降低。

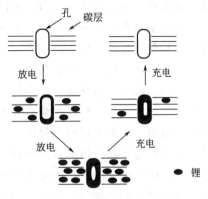

图 4-30　微孔储锂机理的充放电示意

锂在无定形碳材料的嵌入和脱出的过程为：首先是锂插入到石墨微晶中，然后插入到位于石墨微晶中间的微孔中，形成锂簇或锂分子 $Li_x (x \geqslant 2)$；锂脱出时，先是锂从外围的石墨微晶中脱出，然后位于微孔中的锂簇或锂分子通过石墨微晶脱出。这样可以合理解释嵌锂时电压接近 0V 和脱嵌时的电压滞后现象：微孔中锂的嵌入在石墨微晶中锂嵌入之后，故电压位于 0V 左右，而脱嵌时，微孔周围为缺陷结构，存在着自由基碳原子，与锂的作用力比较强，因此锂从微孔中脱出需要一定的作用力，因此产生了电压滞后现象。

锂在嵌入和脱出过程中层间距 d_{002} 的变化一方面也与这一机理相一致：锂嵌入时，d_{002} 增加，并达到 0.37nm，随后随锂的插入不发生变化；而在脱出时，d_{002} 先从 0.37nm 减小，达到一定值时随锂的脱出并不发生变化。

微孔储锂机理对容量衰减解释是：在循环过程中，由于微孔周围为不稳定的缺陷结构，锂在嵌入和脱出过程中导致这些结构的破坏。由于碳结构的破坏，导致了可逆容量的衰减。

4.3.3　碳材料性能的改进方法

石墨类碳材料具有较高的比容量、较低而平稳的放电平台、充放电过程中体积变化等优点；但是石墨类材料对电解液的组成非常敏感，不适合含有 PC 的电解液，耐过充能力差，在充放电过程中石墨结构易于遭到破坏等。而无定形碳材料具有容量高、大电流放电性能好，但也存在首次不可逆容量高、电压滞后等缺点。由于石墨类碳材料和无定形碳材料都有其优缺点，所以对各种碳材料进行各种掺杂改性，以提高其电化学性能成了研究的热点。

提高碳材料性能的方法主要包括有表面处理；引入一些金属或非金属元素进行掺杂；机械研磨和其他方法等。

4.3.3.1　表面处理

对石墨类材料进行表面改性，可以改善其表面结构，提高其电学性能。主要方法有表面化学处理和表面包覆，表面化学处理包括有表面氧化、表面卤化等，而表面包覆根据包覆层的组成又可分为碳包覆、金属包覆、金属氧化物包覆、聚合物包覆等。其他表面处理的方法还有表面还原、等离子处理等。

（1）表面氧化 表面氧化分为气相氧化和液相氧化两种。表面氧化主要有以下三个作用：除去石墨化碳材料中的一些活性位置或缺陷，改进表面结构；在材料表面形成一层氧化层，可以作为有效的钝化层；引入一些纳米通道或纳米孔，前者有利于锂通过，后者可以作为储锂位。经表面氧化的材料一方面可以降低其不可逆容量，同时亦能提高石墨的可逆容量，再者，可以提高其循环性能。这是由于表面不稳定、反应活性高的结构的除去抑制了电解液的分解，同时表面氧化层的存在，减少了溶剂分子的共嵌入，降低了 SEI 膜耗锂，这使得不可逆容量损失降低，提高循环性能。而纳米孔的引入作为储锂位可以提高可逆容量，纳米通道有利于大电流放电性能。

气相氧化法可以采用空气作氧化剂，也可以用纯氧气或者 CO_2 来氧化。用空气氧化天然石墨，使其可逆容量从 $251mA \cdot h/g$ 增加到 $350mA \cdot h/g$，首次充放电效率提高到 80% 以上，前 10 次容量都没有衰减。有人分别用 O_2 和 CO_2 对石墨表面进行氧化，降低了首次不可逆容量，提高了充放电效率。但用 O_2 长时间处理（60h 以上），表面积增加 20%，容量及效率都有所降低。

液相氧化法是采用强化学氧化剂的溶液如 $(NH_4)_2S_2O_8$、硝酸、H_2O_2、$Ce(SO_4)_2$ 等与石墨进行反应，它们对材料的电化学性能均有所提高。$(NH_4)_2S_2O_8$ 溶液的标准氧化电位为 $2.08V$，具有极强的氧化性，以它为氧化剂，处理后的石墨材料其可逆容量高达 $355mA \cdot h/g$；浓硝酸的氧化性比 $(NH_4)_2S_2O_8$ 弱，它的标准氧化电位为 $1.59V$，经它处理过的碳材料容量也有提高；H_2O_2 和 $Ce(SO_4)_2$ 的标准氧化电位介于 $(NH_4)_2S_2O_8$ 和浓硝酸之间，分别为 $1.78V$ 和 $1.61V$；$Ce(SO_4)_2$ 是一种盐，对设备有腐蚀作用。

气相氧化法由于反应发生在气固界面上，因此材料的均匀性和重现性难以得到控制，并且还会产生诸如 CO、CO_2 等气体，对环境不利。液相氧化法的反应发生在液-固界面，因此接触更加充分、均匀，而反应也更加均匀，从而可以保证产品质量的均匀性。

（2）表面卤化 在碳材料表面进行化学处理，除了表面氧化外，还有对表面进行卤化处理。三洋公司将石墨化负极材料进行表面氟化，可降低自放电和提高循环次数。另外，在负极材料表面卤化，这样可以降低内阻，提高容量，改善充放电性能。美国 Vcarcarbon Technology 公司提出改性石墨颗粒中含有 $(2\sim50)\times10^{-5}$ 氟、氯或碘。

（3）碳包覆 如前面所述，石墨材料与无定形碳材料具有各自的优缺点，为了充分利用二者的优点，克服各自的不足，可采取在石墨外包覆一层无定形碳材料，形成核-壳（core-shell）型结构（壳含量一般小于 20%），这样，既可保留石墨的高容量和低电位平台等特征，又具有无定形碳材料与溶剂相容性好及大电流性能优良等特征。在天然石墨外包覆一层无定形碳材料，使无定形碳与溶剂接触，避免了天然石墨与溶剂的直接接触，因而扩大了溶剂的选择范围；无定形碳的层间距比石墨的大，锂离子在其中的扩散可较快进行，这相当于在石墨外形成一层锂离子的缓冲层，因而可以改善材料的大电流性能；在石墨外形成的无定形碳壳层，可避免溶剂分子的共嵌入对石墨结构的破坏作用，因而石墨材料的层剥落现象也可以大大减轻。该方法的关键是在石墨外面形成完整的包覆层，否则就起不到阻止电解液和石墨接触的作用。

包覆的结构一般为：内核是石墨类材料，或者结晶度高的碳材料，而外壳是无定形碳材料或结晶度低的碳材料。包覆结构类型，被包覆颗粒炭可以是石墨、炭黑、乙炔黑或玻璃碳，包覆层可以是聚碳化二亚胺、酚醛树脂、沥青、焦油、焦炭、呋喃树脂、黏胶纤维、去氯丙烯腈等。

包覆的方法有浸渍法、化学气相沉积法等。浸渍法是先将石墨材料在液相树脂或其他液相的碳材料前驱体中浸渍，然后在一定温度下热解、炭化得到。浸渍法一般是利用固相炭化，某些树脂必须用溶剂加以溶解，浸渍后再挥发掉。化学气相沉积法采用碳原子数目为 15～20 的链烷烃、烯烃或芳香族化合物，其沸点通常都在 200℃ 以下。以气相炭化在石墨材料表面沉积一层无定形碳层。

用树脂包覆石墨材料，热处理形成的无定形炭可以阻止石墨层的剥离，使石墨的循环性能得到提高；同时由于包覆层有利于锂的迁移，所以大电流放电性能也有所提高。树脂碳包覆的石墨材料可逆容量亦有所增加，并且与 PC 基电解液已具有较好的相容性。包覆材料还保持了石墨的平坦放电电压平台的特点。

以煤焦油为包覆材料，采用气相沉积法包覆石墨，其放电容量、首次充放电效率相对于原始的非核壳结构碳电极都得到了大幅度的提高，并且对 PC 基电解几乎不存在选择性。采用其他的无定形碳材料，如 PVC、煤焦油沥青包覆石墨也有类似效果。另外，在天然石墨表面沉积一层 BC_x 或 C_xN 也可以改变其性能。

尽管在石墨表面包覆树脂或其他碳材料能有效地改善石墨的充放电性能，但由于形成壳层所用的液相树脂在与石墨微粒焙烧、炭化时由于石墨微粒间树脂的熔接、凝聚，在制作电极过程中，必须将其进行粉碎，这会使石墨的活性面重新暴露。

（4）包覆金属及金属氧化物　很多金属，如 Cu、Ag、Au、Bi、In、Pb、Sn、Pd、Ni 等都可包覆在碳材料表面，包覆金属层可以提高锂离子在材料中的扩散系数，从而促进电极的倍率性能，而且金属层的包覆也可以在一定程度上降低材料的不可逆容量，提高充放电效率。

在石墨等碳材料的表面沉积上一层金属如 Ag 可形成一层稳定的固体电解质界面。当银含量（质量分数）为 5％ 时，1500 次循环后容量仅损失 12％。锂在沉积银中的扩散系数高，可以自由移动。

采用微粒 Pd 包覆石墨，由于 Pd 沉积在石墨边缘表面，抑制溶剂化 Li^+ 的扩散和共嵌，从而降低不可逆容量损失。这主要针对 Pd 小于 10％时，且效率由 59％增到 80.3％。当 Pd 大于 25％时，Li-Pd 合金的生成使不可逆容量损失增加，效率降低。

通过在石墨上化学镀、钴等第Ⅷ族金属，使石墨电极的性能得到改善。在石墨上化的碳纤维（$T=3100℃$）上用简单的真空蒸发金属，如 Ag、Au、Bi、In、Pb、Sn 和 Zn 等在碳材料表面上形成完整的覆盖层，所蒸发的金属均使充放电效率有一定的提高。尤以 Ag、Sn 和 Zn 的效果最明显。这是由于金属有利于锂在其中的运动。此外，Li 和金属形成合金，则锂在金属中的活性高，因而大电流性能得到提高。如果所选金属和锂亲和力高，则锂在其中的扩散速率也快，同样有利于金属的大电流性能。

（5）聚合物包覆　用作包覆碳材料的聚合物可分为三大类，一类是既具有导电性又具有电化学活性的聚合物，如聚噻吩、聚吡咯（PPy）和聚苯胺等；二是只有导电性的离子导电聚合物，如甲基丙烯酸己磺酸锂与丙烯腈的聚合物；还有一类聚合物，是既没有电化学活性，又无导电性，如明胶、纤维素、聚硅氧烷等。

第一类聚合物作为导电剂，本身具有良好的导电性，形成的复合物为良好的导电网络，为粒子提供了一个导电的骨干，减少了粒子间的接触电阻，可以极大提供电极的导电性；其次，由于是聚合物，可以作为胶黏剂，从而不必要加入绝缘性的含氟的粘接剂；而且，这类聚合物具有电化学活性，尽管其容量较低（如聚噻吩约为 44mA·h/g），也可以在一定程度上提高复合物的可逆容量。聚合物涂层也可以减少石墨与电解液之间的接触，减少不可逆容量，提高库仑效率。

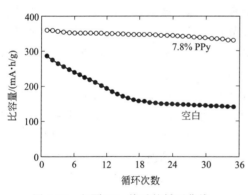

图 4-31　包覆 PPy 前后的循环曲线
（充放电电流：$C/15$）

在石墨（SFG10）上包覆聚吡咯发现，聚合可降低石墨的首次不可逆容量，能提高充放电效率，这是由于聚合物的存在减小了 SEI 层厚度，从而减少了形成 SEI 层所需要的锂。当聚吡咯的质量含量为 7.8％时，电化学性能最佳，其库仑效率、大电流放电性能，循环性能都有极大的提高。图 4-31 为添加 7.8％的聚吡咯前后的循环性能对照图。用聚苯胺和聚噻吩来包覆碳材料，也有类似的作用和效果，均可提高首次充放电效率，降低不可逆容量等。

在天然石墨表面包覆一层离子聚合物膜后，能抑制和降低由于形成钝化膜和溶剂化锂离子共嵌入而造成的不可逆容量损失，可提高其充放电效率。同时，弹性的聚合物膜能很好适应循环过程中石墨颗粒体积和表面的变化，防止由该过程而产生的钝化破裂和修复现象，能改善钝化膜的稳定性和弹性，提高包覆石墨的循环性能。

其他没有电化学活性的聚合物包括聚合物电解质，例如明胶、纤维素和聚硅氧烷亦可以包覆在碳材料表面。

4.3.3.2 掺杂改性

提高碳材料性能的另一种常用的方法是在材料中引入金属或非金属进行掺杂，这种掺杂是通过改变碳的微观结构和电子状态，依此影响碳材料的嵌锂行为。

（1）引入非金属元素　硼属ⅢA族元素，其引入的方式有原子形式和化合物形式两种。原子形式的引入主要是在采用气相沉积法（CVD）制备碳材料时，引入含硼的烷烃或其他硼化物，通过裂解得到硼原子与碳原子一起沉积的碳材料。化合物形式的引入则是直接将硼化物，如 B_2O_3、H_3BO_3 等加入到碳材料的前驱体中，然后进行热解。硼的引入能提高碳材料的可逆容量，这是由于硼的缺电子性，能增加锂与碳材料的结合能，即从 E_0 增加到 $E_0 + \Delta$（E_0 为锂插入到石墨中形成 Li_xC_6 时的结合能）。它对充电电压的影响主要在 $1.1 \sim 1.6V$ 之间。另外，上述两种方法对所得碳材料的容量影响略有不同，前者硼含量在 9% 以前基本上随着硼含量的增加而线性增加，后者则在 $1.0\% \sim 2.0\%$ 处为最大值，而且会降低其不可逆容量。

硅与碳的复合物之所以能提高可逆容量，主要原因在于硅的引入能促进锂在碳材料内部的扩散，有效防止枝晶的产生；而且硅在碳材料中以纳米级分布，纳米硅本身具有电化学性能，可与锂发生可逆嵌脱。

最先认为氮在碳材料以两种形式存在，分别称为化学态氮（chemical nitrogen）和晶格氮（lattice nitrogen）。前者容易与锂发生不可逆反应，使不可逆容量增加，因而认为掺有氮原子的碳材料不适合作为锂离子电池的负极材料。然而，同样的化学气相沉积法和同样的原料（吡啶），所得的结果不一样。其充放电结果表明，随氮含量的增加，可逆容量增加，并超过了石墨的理论容量。在聚合物裂解炭中，碳材料的可逆容量也随氮含量的增加而增加，并且氮原子以墨片氮（位于墨片分子中，其 N_{1s} 电子结合能为 $398.5eV$）和共轭氮（没有并入到墨片分子中的 $-C \equiv N-$，其 N_{1s} 电子结合能为 $400.2eV$）的形式存在。

磷的引入对碳材料电化学行为的影响随着前驱体的不同而有所不同。磷元素引入到石油焦中主要是影响碳材料的表面结构，表面为磷原子与碳材料的边端面相结合，但由于磷原子半径比碳原子的大，这样的结合使碳材料的层间距增加，有利于锂的插入和脱出。若在加入 H_3PO_4 以后，不经直接热处理，而是使 H_3PO_4 先与前驱体发生反应，再进行热处理，这样，磷可完全掺入到碳材料的结构中，XRS结果表明磷在其中以单一形式存在，它一方面与碳材料发生键合，另一方面因热处理温度低（$<1200℃$）而与氧原子键合。磷的引入不单是影响碳材料的电子状态，还影响碳材料的结构。这种影响随前驱体的不同而有所不同，但是在较高温度

（≥800℃）下的引入均能提高碳材料的可逆容量。

表4-7是硫原子引入后对碳负极材料的充电容量的影响。XPS测量结果表明，硫原子在碳材料中的存在形式有C—S、S—S和硫酸酯等，其对应于硫原子S_{2p}的电子结合能分别为164.1eV、165.3eV、168.4eV。硫的引入以后所得碳材料的充电容量有较大的提高，充电曲线同样表明，硫引入后在0.5V以前的平台性能更为优越。

（2）掺杂金属元素　钾引入到碳材料中是通过形成嵌入化合物KC_8，然后将其组装成电池。由于锂从炭中脱出后碳材料的层间距（0.341nm）比纯石墨（0.336nm）要大，有利于锂的快速嵌入，可形成LiC_6的嵌入化合物，其可逆容量达372mA·h/g。另外，以KC_8为负极，正极材料的选择余地也比较宽，可使用一些低成本的、不含锂的材料。

表4-7　硫原子引入后对碳负极材料的充电容量的影响

硫的含量	不同充电截止电压下的容量/(mA·h/g)		
	0.1V	0.5V	3.0V
0%	105	245	363
2.41%	269	412	568

引入铝和镓能提高碳材料的可逆容量，原因是它们与碳原子形成固溶体，为平面结构，由于铝和镓的p_z轨道为空轨道，因而可以储存更多的锂，提高可逆容量。

过渡金属钒、镍和钴等主要是以氧化物的形式加入到前驱体中，然后进行热处理。由于它们在热处理过程中起着催化剂的作用，有利于石墨结构的生成以及层间距的增大，因而提高了碳材料的可逆容量，改善了碳材料的循环性能。

铜和铁的掺杂过程比较复杂，通常是它们的氯化物与石墨反应，形成插入化合物，然后用$LiAlH_4$还原，经过这样的处理，一方面提高了层间距，另一方面改善了石墨的尖端位置，使碳材料的电化学性能提高。在所得的掺杂化合物C_xM（M＝Cu、Fe）中，如$x<24$时，则M过多，石墨中锂的插入位置少而使容量降低；相反，$x>36$时，第一次不可逆容量大，耐过放电性能差。铜与铁掺杂的碳负极材料的性能如表4-8所示。

表4-8　铜与铁掺杂后的碳负极材料的电化学性能

碳材料	首次充电容量/(mA·h/g)	各次放电容量/(mA·h/g)			
		1	20	50	100
天然石墨	611	385	343	327	327
$C_{22}Cu$	449	395	392	390	390
$C_{24}Cu$	463	417	410	407	407
$C_{30}Cu$	491	408	406	406	406
$C_{22}Fe$	398	398	396	396	396
$C_{24}Fe$	412	412	408	403	403
$C_{30}Fe$	433	433	430	429	429

另外，其他一些金属与碳形成的化合物，如X—C或Li—X—C（X包括Zn、Ag、Mg、Cd、In、Pb、Sn等）作为锂离子电池的负极材料时，电池的电化学性

能也均有明显的改善，主要原因在于金属的引入有利于锂的扩散。

4.3.3.3 机械球磨

碳材料的颗粒大小与其充放电性能有较大的关系，一般可采用球磨的方法对炭粉进行处理。球磨方式及工艺条件不同，得到的颗粒粒径、堆积密度、比表面积及微晶缺陷密度等也不一样，从而影响其电化学性能。

研磨可以提高石墨的可逆容量，例如，石墨经 150h 球磨，可逆容量达 $700mA \cdot h/g$，但电位曲线有一定的滞后性、不可逆容量也较大（$580mA \cdot h/g$），且容量衰减较快。容量增加是因为微孔、微腔等数量的增加；不可逆容量的增加是因为表面积的增大；电压滞后是因为填隙碳原子的存在；而循环性能变差是因为可移动的和某些成键的填隙碳原子使微孔消失以及电解质钻进微孔，并在锂嵌脱过程中形成了附聚物颗粒。经研磨后，石墨转变为亚稳态碳填隙相（metastable carbon interstitial phase），其结构与热解碳结构相似。

鳞片石墨经振动和剪切研磨后，研磨方式对碳材料的不规则程度、形貌和结构均有影响，传递的能量依赖于采用的研磨方式，通常振动研磨传递的能量较大。剪切研磨对碳材料的石墨化度改变不大，而经80h振动研磨后，石墨结构与硬炭的相似。研磨时产生的表面悬挂键在相邻自由键间形成了类似硬炭的结构，从而使石墨电极的容量增加。在该材料中每 6 个碳中可嵌入两个锂（Li_2C_6）（约 $700mA \cdot h/g$），不可逆容量为 $320mA \cdot h/g$。研磨使石墨的层数减少，缺陷增加。

机械研磨还可以在六方石墨中引入菱方相，从而降低石墨在电解液中的层剥落。如经过 15min 的滚筒研磨，即可引入足够的菱方相，经研磨后石墨可以保持高结晶度和高的可逆容量，同时由于剥离的降低，而使电极的可逆性得以提高。

机械研磨可提高石墨电极的电性能，根据目标物的性能要求可选用不同的研磨手段和时间。但经球磨和振动研磨的石墨，其容量衰减快及电压滞后。

4.3.3.4 其他方法

将碳纳米管掺入石墨并和石墨形成纳米级微孔，以增加嵌 Li 空间，使其可逆容量提高到 $341.8mA \cdot h/g$。且掺杂的碳纳米管起桥梁作用，可避免"孤岛"形成，便于锂离子的嵌入和脱出，增强材料导电性。硅烷化作用改变表面化学性质、表面积和石墨形态，用 O_2 在 420℃下氧化 16h 后，再进行硅烷化作用，因硅烷膜能被有机电解液浸透，在硅烷下更有利于 SEI 膜形成，减少材料的不可逆容量损失。

碳材料表面形成一层钝化膜，可以提高材料的可逆容量。在石墨化 MCMB 材料上预先沉积、结晶一层晶态的 Li_2CO_3 或 LiOH 膜，试验表明：改性后的晶体膜表面比较均匀、致密、平滑，与材料附着紧密，基本上没有龟裂，显著改变了与 PC 基电解液的相容性，在 PC 基电解液里的容量分别达到 $210mA \cdot h/g$ 和 $270mA \cdot h/g$。其容量和循环性能如图 4-32 所示。

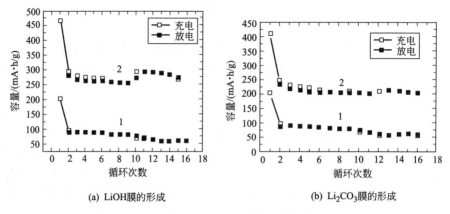

(a) LiOH膜的形成   (b) Li_2CO_3膜的形成

图 4-32   MCMB 在 1mol/L $LiClO_4$＋PC/DEC 电解液里
改性的容量循环性能示意图

钝化膜的改性亦可用正丁基锂、已烷、锂萘和熔融金属锂将石墨处理后再与电解液反应得到，经过处理的石墨，其可逆容量可提高到 430mA·h/g。

4.3.4 锡基材料

尽管负极材料绝大部分都为碳素类材料，但因其存在着比容量低，首次充放电效率低，有机溶剂共嵌入等不足，人们开展了其他新型高比容量非碳材料的研究，锡基材料就是其中之一。日本最早开始研究锡基负极材料，三洋电机、松下电器、富士公司等公司都相继进行了研究。锡基负极材料包括锡的氧化物、锡基复合氧化物、锡盐、锡合金，本节主要介绍前三种，而锡合金将放在 4.2.6 部分介绍。

4.3.4.1 锡氧化物

（1）锡氧化物的储锂机理   锡的简单氧化物包括氧化锡、氧化亚锡及其混合物三种。与碳材料的理论比容量 372mA·h/g 相比，锡氧化物的比容量要高得多，可达到 500mA·h/g 以上，不过首次不可逆容量也较大。

关于 Sn 的氧化物的储锂机理，目前有两种看法：一种为合金型，另一种为离子型。离子型机理认为 Li 的脱嵌过程是：

$$xLi + SnO_2(SnO) \rightleftharpoons Li_x SnO_2(Li_x SnO) \tag{4-17}$$

即锂与氧化（亚）锡一步可逆反应生成（亚）锡酸锂。

合金型储锂机理认为 Li 和氧化锡或氧化亚锡在充放电过程中分两步进行：

$$Li + SnO_2(SnO) \longrightarrow Li_2O + Sn \tag{4-18}$$

$$xLi + Sn \rightleftharpoons Li_x Sn(0 < x < 4.4) \tag{4-19}$$

第一步是 Li 取代氧化锡或氧化亚锡中的 Sn，生成金属 Sn 和 Li_2O，这一步是不可逆的；接下来金属 Sn 再与金属 Li 可逆反应生成 LiSn 合金。

几乎所有的实验现象都支持合金型储锂机理：在离子型机理中，反应只可逆生成了（亚）锡酸锂一相，并没有 Li_2O 生成，第一次充放电效率较高；而合金型机理由于第一步有不可逆的 Li_2O 生成，所以第一次充放电效率效率很低。XRD 分析观察到了分离的金属 Sn 和 Li_2O，而没有观察到均一的 Li_xSnO_2（Li_xSnO）相。电子顺磁共振谱和 XPS 分析也表明，Li 在 Sn 的氧化物中是以原子的形式存在的。通过对 SnO 为代表的 Sn 的氧化物的 XRD、拉曼和高分辨电镜分析，证明了 Sn 的氧化物的脱嵌机理是合金型机理。

合金型脱嵌机理认为，首次不可逆容量是由于第一步反应生成了 Li_2O，以及 Sn 的氧化物与有机电解液的分解或缩合等反应产生的，可逆容量是金属 Sn 和 Li 形成合金所导致。在取代反应和合金化反应进行之前，颗粒表面发生有机电解液分解，形成一层无定形的钝化膜。钝化膜的厚度达几个纳米，成分为 Li_2CO_3 和烷基质 $Li(ROCO_2Li)$。在取代反应中，生成微细的 Sn 颗粒以纳米尺寸存在，高度弥散于氧化锂中。在合金化反应中，生成的 Li_xSn 也具有纳米尺寸。以 Sn 的氧化物为负极材料具有很高容量的原因是反应产物中有纳米大小的 Li 微粒。

（2）制备方法及电化学性能　锡氧化物的制备方法很多，包括有高温固相法、机械球磨法、溶胶-凝胶法、模板法、静电热喷镀法（ESD）、射频磁控溅射法（RF）、真空热蒸镀法（ED）、化学气相沉积法（CVD）等。前几种方法一般制得粉末材料，而后四种方法得到薄膜材料。不同方法得到的氧化（亚）锡的性质也不一样，从物质形态来看，有粉末状的（固相法、球磨法、Sol-gel 等），也有薄膜材料（ESD、RF、ED、CVD）；从晶型结构来看，既有晶形的，也有非晶形的；从尺寸大小来看，既有纳米材料，也有非纳米材料。关于纳米材料和薄膜电极将在后面的章节中详加介绍。由于不同方法制得的氧化（亚）锡的性质不一样，所以它们的电化学性能也有很大的差别。表 4-9 是不同方法制备的锡氧化物对其电极性能的影响。

表 4-9　不同方法制备锡氧化物与其电极性能的影响

电极材料	制备方法	形态及结构	可逆比容量 /(mA·h/g)	循环性能
SnO_2	低压化学气相沉积法	晶状薄膜	500(0.05～1.15V)	一般
SnO/SnO_2	高温热解喷镀法	非晶态膜	—	良好
SnO_2	静电热喷镀法	非晶态膜	600(0～1.0V)	较差
SnO_2	溶胶-凝胶法	晶态	600(0～2.0V)	一般
SnO	液晶模板法	纳米微孔结构	700(0.05～0.95V)	较差

不同方法制备的锡氧化物性能有所差异，主要是与电压的选择和粒子的大小、形态有关。有人认为，插锂电压超过 0.8V，则会有 Sn 原子的产生，而当电位超过 1.3V，容纳 Sn 原子的 Li_2O 基体会被破坏；由于 Sn 原子较为柔软且熔点较低，将聚集成簇。一旦形成 Sn 原子簇，就会形成两相区，导致循环过程中体积不匹配，使得容量衰减。所以选择合适的电压循环区间能抑制锡原子簇的产生。

电极材料的尺寸降到纳米范围时，比表面积增大，锂离子在其中的扩散距离显著降低，所以对于同种成分的电极材料而言，纳米材料具有更好的倍率特性。除此

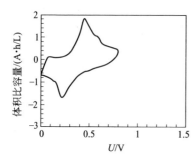

图 4-33　SnO_2 的微分电容曲线

之外，颗粒尺寸的降低可以增加储锂位，缩短锂离子扩散距离，从而提高锡氧化物的可逆比容量。

锡氧化物负极材料的主要问题是首次不可逆容量很大，不可逆容量损失均超过 50%，这主要是由于前面提到的第一次充放电过程中 Li_2O 的生成以及 SEI 膜的形成；另外一个问题是由于材料在脱嵌锂过程中，材料本身体积的变化（SnO_2、Sn、Li 的密度分别为 $6.99g/cm^3$、$7.29g/cm^3$ 和 $2.56g/cm^3$，使得反应前后材料的体积变化极大）引起电极"粉化"或"团聚"，从而造成材料比容量衰减，循环性能下降。SnO_2 的微分电容曲线见图 4-33。

为减轻锡氧化物电极材料的"体积效应"，通常采取如下措施：①制备具有特殊形貌的锡氧化物（如薄膜、纳米粒子或者呈无定形态），使得其体积膨胀率降到最小；②选择合适的电池操作电压窗口，以减少副反应的发生；③对电极进行掺杂，如掺入 Mo、P 和 B 等元素，阻止充放电反应中锡原子簇的生成。

4.3.4.2　锡基复合氧化物

锡基复合氧化物（tin-based composite oxide，简称 TCO）的研究始于日本的富士公司，研究人员发现无定形锡基复合氧化物有较好的循环寿命和较高的可逆比容量，这个结果引起了人们的极大注意，随后，相继有许多关于这方面的研究见于报道。锡基复合氧化物可以在一定程度上解决 Sn 氧化物负极材料体积变化大、首次充放电不可逆容量较高、循环性能不理想等问题，方法是在 Sn 的氧化物中加入一些金属或非金属氧化物，如 B、Al、Si、Ge、P、Ti、Mn、Fe 等元素的氧化物，然后通过热处理得到。

锡基复合氧化物具有非晶体结构，加入的其他氧化物使混合物形成一种无定形的玻璃体，因此可用通式 SnM_xO_y（$x \geqslant 1$）表示，其中 M 表示形成玻璃体的一组金属或非金属元素（可以为 1～3 种），常常是 B、P、Al 等氧化物。在结构上，锡基复合氧化物由活性中心 Sn-O 键和周围的无规网格结构组成，无规网格由加入的金属或非金属氧化物组成，它们使活性中心相互隔离开来，因此可以有效储 Li，容量大小和活性中心有关。锡基复合氧化物的可逆比容量可以达到 $600mA \cdot h/g$，体积比容量大于 $2200mA \cdot h/cm^3$，约为容量最高的碳负极材料（无定形碳和石墨化碳分别小于 $1200mA \cdot h/cm^3$ 和 $500mA \cdot h/cm^3$）的两倍以上。

对于锡基复合氧化物的储锂机理，有两种类型：一种是离子型，另一种是合金型。离子型机理认为，Li 与 TCO 电极发生嵌入反应，Li 在产物中以离子形态存在。以 $SnB_{0.5}P_{0.5}O_3$ 为例，其机理可表示为：

$$xLi + SnB_{0.5}P_{0.5}O_3 \rightleftharpoons Li_xSnB_{0.5}P_{0.5}O_3 \tag{4-20}$$

TCO 的合金型机理与锡氧化物合金机理类似，亦是两步反应的机理，首先是

锂离子电池原理与关键技术

TCO 与 Li 反应生成 Li_2O、其他氧化物、金属锡，然后锡再与 Li 反应生产锂锡合金。以 Sn_2BPO_6 为例，其机理可表示为：

$$4Li+Sn_2BPO_6 \longrightarrow 2Li_2O+2Sn+\frac{1}{2}B_2O_3+\frac{1}{2}P_2O_5 \qquad (4-21)$$

$$8.8Li+2Li_2O+2Sn+\frac{1}{2}B_2O_3+\frac{1}{2}P_2O_5 \rightleftharpoons 2Li_{4.4}Sn+2Li_2O+\frac{1}{2}B_2O_3+\frac{1}{2}P_2O_5$$

$$(4-22)$$

通过对 Li 的核磁共振谱的研究，认为 TCO 电极中的锂是以离子形态存在而不是金属态存在。但原位 X 射线衍射分析（In-situ XRD）谱和拉曼光谱均证实了 Sn 原子簇的存在（图 4-34）。目前，绝大多数研究的结论大多支持合金型机理。

锡基复合氧化物的非晶态结构，其在充放电前后体积几乎没有大改变，结构稳定，不容易遭到破坏，所以锡基复合氧化物的循环性能比较好。而且与晶态 Sn 的氧化物相比，锡基复合氧化物的结构有利于锂的可逆插入和脱出，及提高的锂的扩散系数。

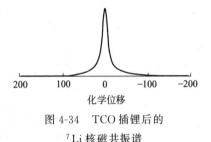

图 4-34　TCO 插锂后的
^7Li 核磁共振谱

锡基复合氧化物的制备方法与简单锡氧化物类似，也可通过高温固相法、机械化学活化法、射频溅射法、静电喷射沉积法、共沉淀法和溶胶-凝胶法等来制备。如在 SnO 中掺入 B、P、Al 的氧化物，用高温固相法制备 $Sn_{1.0}B_{0.56}P_{0.40}Al_{0.42}O_{3.47}$，该材料为无定形结构；采用高温烧结法制备 $Sn_{1.0}B_{0.56}P_{0.40}Al_{0.42}O_{3.6}$，以 1mA 的恒流在 $0\sim1.2V$ 间充放电，首次循环过程中，充电容量为 $1030mA \cdot h/g$，放电容量为 $650mA \cdot h/g$，容量损失 37%；但在随后的循环中，库仑效率达到近 100%；在 SnO 中加入 P、Mn 等元素，在高温（700℃）下制备出 $SnMm_{0.5}PO_4$ 材料，其不可逆容量较低。

采用球磨法将 ZnO 和 SnO_2 合成了 $ZnO\text{-}SnO_2$ 体系，结果表明，其中的 ZnO 含量较低时，能有效改善其循环性能，当 ZnO 含量较高时，循环性能变差。

用射频溅射法，以 $SnB_{0.6}P_{0.4}O_{2.9}$ 为发射源，分别用金属 Au 和金属 Cr 做底层，在氩气等离子体气氛下制得锡基复合氧化物。实验表明，在 20 次循环后，仍然可以获得 $550mA \cdot h/g$ 的可逆比容量。

在 400℃ 下用静电喷射沉积法得到锡氧化物薄膜，然后在空气气氛、500℃ 的温度下煅烧，获得的无定形二氧化锡。在 $0\sim1.0V$ 的电压下以 $0.2mA/cm^2$ 的电流放电，在 100 次循环后仍然可以获得 $600mA \cdot h/g$ 的可逆比容量。另外，以高达 $2mA/cm^2$ 的电流充放电，亦得到 $500mA \cdot h/g$ 的可逆比容量，显示了该材料良好的大电流充放电性能。

采用共沉淀法和溶胶-凝胶法分别制备锡基复合氧化物，两种方法制备的锡基复合氧化物电极材料都比锡氧化物电极材料循环性能好，溶胶-凝胶法由于成分更均匀，循环性能优良。采用共沉淀法制备 $SnSbO_{2.5}$ 和 $SnGeO_3$ 两种锡基复合氧化物粉末，它们的可逆容量分别为 1200mA·h/g，750mA·h/g，远高于碳材料的可逆容量；其嵌锂电位与脱锂电位均分别在 0.2V 和 0.5V 左右。

4.3.4.3　锡盐及锡酸盐

除氧化物外，锡盐亦可作为锂离子电池的负极材料，如 $SnSO_4$、SnS_2，以 $SnSO_4$ 作负极材料，最高可逆容量可达到 $600mA·h/g$ 以上。根据合金型机理，不仅 $SnSO_4$、SnS_2 可以作为储锂的活性材料，其他锡盐亦是在选之列，如 Sn_2PO_4Cl 在 40 次循环后容量可稳定在 $300mA·h/g$。

锂在 $SnSO_4$ 中的插入和脱逸过程的反应如下：

$$SnSO_4 + 2Li \longrightarrow Li_2SO_4 + Sn \tag{4-23}$$

$$Sn + 4Li \Longleftrightarrow Li_4Sn \tag{4-24}$$

在锂脱嵌反应中，生成的金属锡的颗粒很小（可能为纳米级大小），反应则是容量之所以产生的实质原因。锂与锡形成的合金为无定形结构，其无定形结构在随后的循环过程中也不易受到破坏，在充放电过程中，循环性能较好。X 射线衍射及穆堡尔谱结果证明了上述反应过程。$SnSO_4$ 电极的性能与其电极的组成有很大关系，如加入乙炔黑有助于提高它的循环性能，如图 4-35 所示。

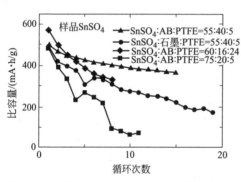

图 4-35　不同配比的 $SnSO_4$ 电极的循环性能

与 SnO_2 一样，硫化锡 SnS_2 主要是以合金型机理进行储锂：先形成 Li_2S，然后再与锡形成合金，该化合物具有较高的可逆容量。纳米粒子容量可达 $620mA·h/g$，而且稳定性也较好。

除了锡盐外，锡酸盐也可以作为锂离子电池负极材料，如 $MgSnO_3$、$CaSnO_3$ 等。锡酸盐的充放电机理是遵循合金型机理，形成的纳米锡颗粒是提高其可逆容量的主要依据。非晶态的 $MgSnO_3$ 首次脱锂容量达 $635mA·h/g$，经过 20 次充放电循环后，充电容量为 $488mA·h/g$，平均衰减速率为 1.16%。通过湿化学方法制备的 $CaSnO_3$，可逆容量超过 $469mA·h/g$，40 和 50 次循环后容量还可保持 95% 和 94%，如图 4-36 示。

4.3.5　硅基材料

硅基材料包括硅、硅的氧化物、硅/碳复合材料以及硅的合金，这里主要就前三种材料进行论述，硅合金将在合金材料中加以介绍。

4.3.5.1　硅

硅一般有晶体和无定形两种形式存在，作为锂离子电池的负极材料，以无定形硅的性能较佳。之所以作为储锂材料，主要在于锂与硅反应可以形成 $Li_{12}Si_7$、$Li_{13}Si_4$、Li_7Si_3 和 $Li_{22}Si_4$ 等，硅作为负极材料的理论比容量高达 $4200mA·h/g$。

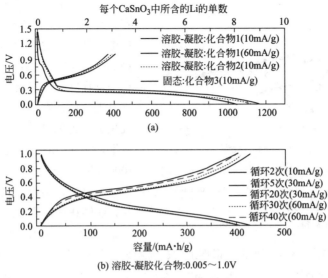

(a)

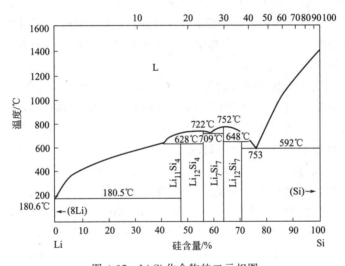

(b) 溶胶-凝胶化合物:0.005~1.0V

图 4-36　CaSnO$_3$ 的循环性能图

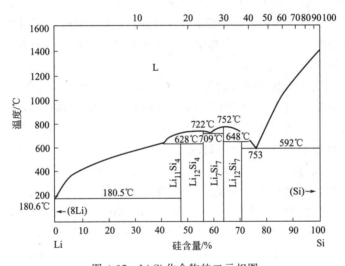

图 4-37　Li-Si 化合物的二元相图

作为锂离子电池的负极材料,硅的主要特点包括:①具有其他高容量材料(除金属锂外)所无法匹敌的容量优势;②其微观结构在首次嵌锂后即转变为无定形态,并且在后续的循环过程中,这种无定形态一直被保持,从这一角度看来可以认为其具有相对的结构稳定性;③电化学脱嵌锂过程中,材料不易团聚;④其放电平台略高于碳类材料,因此,在充放电过程中,不易引起锂枝晶在电极表面的形成。

硅的电化学性能与其形态、粒径大小和工作电压窗口有关。从形态上看,用作电极的硅有主体材料和薄膜材料之分。主体材料的制备可以通过球磨和高温固相法得到;薄膜材料可通过物理或化学气相沉积法、溅射法等制得。硅基材料在高度脱

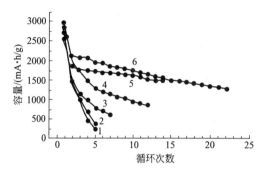

图 4-38 不同粒度硅的电化学循环性能比较

1,2—普通硅粉；3—纳米硅粉，0～2.0V，0.1mA/cm²；

4,6—纳米硅粉（电极成分不同），0～0.8V，0.1mA/cm²；

5—纳米硅粉，0～0.8V，0.8mA/cm²

嵌锂条件下，存在严重的体积效应，容易导致材料的结构崩塌，从而造成电极的循环稳定性欠佳 Li-Si 化合物的二元相图见图 4-37。薄膜材料在一定程度上可以缓解体积效应，提高电极的循环寿命。例如，通过真空沉积法制得的硅薄膜，在 PC 基电解液里，循环 700 次后容量还可保持在 1000mA·h/g 以上。另一方面，采用纳米材料，利用其比表面积大的特性，能够在一定程度上提高材料的循环稳定性。但是由于纳米材料容易团聚，经过若干次循环后，不能从根本上解决材料的循环稳定性问题。电位窗口也极大地影响着材料的循环性能。利用 Si_2H_6 为反应气体，采用化学气相沉积法制得的无定形硅薄膜，当电位窗口在 0～3V 时，首次放电容量可达 4000mA·h/g，但 20 次循环后容量急剧下降，40 次循环，几乎没有放电容量；但是如果电位区间在 0～0.2V 时，电极循环 400 多次后，容量还能保持 400mA·h/g 左右。如图 4-38 中所见。

4.3.5.2 硅氧化物

在硅中引入氧主要是缓解硅的体积效应，提高材料的循环性能。对于锂离子电池负极来说，在嵌锂过程中由于 Li^+ 与 O 有良好的化学亲和性，易生成电化学不可逆相 Li_2O，从而增加了材料的首次不可逆容量。因此，在负极材料的制备和改性中，一般要避免引入过多的含氧材料。

有人研究了几种硅氧化物 SiO_x（$x=0.8$、1.0、1.1）发现，随着硅的氧化物中氧含量的增加，电池比容量降低，但是循环性能提高；随着氧化物颗粒减小到 30nm 以下，在电池充放电过程中会发生颗粒间的粘接，使得循环性能降低。

对于 SiO_x（$0<x<2$）的嵌锂机理目前存在两种观点：一种认为，嵌锂过程中，SiO 与 Li^+ 生成 Li_xSiO，另一种观点则认为在较高的电位下，Li 首先与 SiO_x 分子中的 O 反应生成不可逆的化合物 Li_2O，随着嵌锂过程的进行，再在更低的电位下与硅形成锂的硅化物。

除 O 外，能与硅形成具有嵌锂特性的稳定的非金属元素还包括 B 元素。B 与硅形成化合物 SiB_x（$x=3.2～6.6$）。研究表明，SiB_3 的首次嵌锂容量能达到 922mA·h/g，但其脱锂容量只有 440mA·h/g，其可逆性低于硅氧化物。但是，SiB_4 的首次放电容量高达 1500mA·h/g，第一次充放电效率也达 82%，20 次循环后容量保持率为 95%。

4.3.5.3 硅/碳复合材料

针对硅材料的严重的体积效应，除采用合金化或其他形式的硅化物（SiO_x、

SiB_x 等）外，另一个有效的方法就是制备成含硅的复合材料。利用复合材料各组分间的协同效应，达到优势互补的目的。碳类负极由于在充放过程中体积变化很小，具有良好的循环性能，而且其本身是离子与电子的混合导体，因此经常被选作高容量负极材料的基体材料（即分散载体）。硅的嵌锂电位与碳材料，如石墨、MCMB 等相似，因此通常将 Si、C 进行复合，以改善 Si 的体积效应，从而提高其电化学稳定性。由于在常温下硅、碳都具有较高的稳定性，很难形成完整的界面结合，故制备 Si/C 复合材料一般采用高温固相反应、CVD 等高温方法合成。Si、C在超过 1400℃时会成生惰性相 SiC，因此高温过程中所制备的 Si/C 复合材料中 C基体的有序度较低。

Si/C 复合材料按硅在碳中的分布方式主要分为以下三类（如图 4-39 所示）。

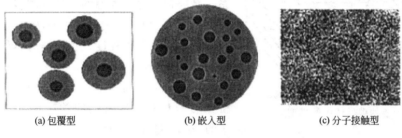

（a) 包覆型　　　　　　　　(b) 嵌入型　　　　　　　　(c) 分子接触型

图 4-39　不同种类 Si/C 复合材料的示意图

（1）包覆型　包覆型即通常所说的核壳结构，较常见的结构是硅外包裹碳层。硅颗粒外包覆碳层的存在可以最大限度地降低电解液与硅的直接接触，从而改善了由于硅表面悬键引起的电解液分解，另一方面，由于 Li^+ 在固相中要克服碳层、Si/C 界面层的阻力才能与硅反应，因此通过适当的充放电制度可以在一定程度上控制硅的嵌锂深度，从而使硅的结构破坏程度降低，提高材料的循环稳定性。

（2）嵌入型　Si/C 复合材料中，最常见的是嵌入型结构，硅粉体均匀分散于碳、石墨等分散载体中，形成稳定均匀的两相或多相复合体系。在充放电过程中，硅为电化学反应的活性中心，碳载体虽然具有脱嵌锂性能，但主要起离子、电子的传输通道和结构支撑体的作用。这种体系的制备多采用高温固相反应，通过将硅均匀分散于能在高温下裂解和碳化的高聚物中，再通过高温固相反应得到。这类体系的电化学性能主要由载体的性能、Si/C 摩尔比等因素决定。一般来说，碳基体的有序度越高、脱氢越彻底，Si/C 摩尔比越低，两种组分间的协调作用越明显，循环性能越好。但是由于 Si/C 高温过程中易生成惰性的 SiC，使得硅失去电化学活性，因此碳基体的无序度已成为嵌入型 Si/C 复合材料进一步提高其电化学性能的瓶颈问题。而采用硅粉与有序度高的石墨可直接作为反应前驱物，通过高能球磨制备的纳米硅粉分散于碳母体中的 Si/C 复合体系 $C_{1-x}Si_x$ 中，在一定范围内能提高硅的循环性能，$C_{1-x}Si_x$ 中 x 的值决定着材料的初始容量，如 $C_{0.8}Si_{0.2}$ 的初始嵌锂容量高达 $1089mA \cdot h/g$，经过 20 次循环以后，容量为 $794mA \cdot h/g$，表现出良好

177

的循环性能。由于硅、石墨本身的稳定性决定了两者之间难以形成完整的界面结合，增加球磨时间，可以增加二者之间的协同度，但是球磨时间的增加会导致前驱物相互反应，生成惰性的 SiC 相。当将硅粉进行高能球磨，可得到具有高比表面的无定形粉体，再将石墨粉体加入其中进行球磨，一方面可增加硅粉的比表面积，降低材料嵌锂过程中的绝对体积膨胀率，另一方面能减少材料由于长时间的高能球磨生成 SiC 的可能性，从而使材料的循环性能得到极大的提高。

（3）分子接触型　包覆型和分子接触型的 Si/C 复合材料均是以纯硅粉直接作

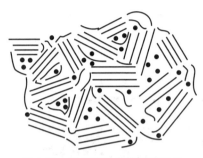

图 4-40　纳米粒子分散于石墨化前的碳母体中的模型

为反应前驱物进入复合体系。分子接触型的复合材料，硅、碳均是采用含硅、碳元素的有机前驱物经处理后形成的分子接触的高度分散体系，是一种相对较理想的一种分散体系（如图 4-40 所示），纳米级的活性粒子高度分散于碳层中，能够在最大程度上克服硅的体积膨胀。

采用气相沉积方法，以苯、$SiCl_4$ 以及 $(CH_3)_2Cl_2Si$ 为前驱物可制备分子接触型的 Si/C 复合材料。该材料的首次容量随硅的原子百分含量而变化，一般范围为 300 ～ 500mA·h/g不等。当硅的含量小于 6% 时，其容量与硅的原子百分含量呈线性变化，其嵌锂容量则远远小于硅的实际嵌锂容量，大约每分子的硅原子能嵌入 1.5 分子的锂离子，这可能是由于气相反应中不可避免地生成了部分惰性 SiC 所致。

研究表明，前驱物分子硅源、碳源中存在大量的 H、O 等杂原子，降低了材料的结构稳定性，并增加了其嵌锂过程中的首次不可逆容量。此外，气相前驱物的高度反应性也限制了硅在体系中的相对含量。

采用含硅聚合物与沥青为前驱物采用高温热解法制备的 Si/C 材料，其制备过程相对于气相沉积简单得多，且产物的可逆容量较高，可达 500mA·h/g 以上。但是制得的体系中残留着大量的 S、O 等性质活泼的元素，这些元素在体系中形成具有网络结构的 Si—O—S—C 玻璃体，在嵌锂过程中不可逆地消耗锂源，从而导致材料的首次不可逆容量偏高。

4.3.6　合金材料

锂能与许多金属 M（M＝Mg、Ca、Al、Si、Ge、Sn、Pb、As、Sb、Bi、Pt、Ag、Au、Zn、Cd、Hg 等）在室温下能形成金属间化合物，由于生成锂合金的反应通常是可逆的，因此能够与锂形成合金的金属，理论上都可作为锂电池的负极材料。然而，金属在与锂形成合金的过程中，体积变化较大，锂的反复嵌入脱出导致材料的机械稳定性逐渐降低，从而逐渐粉化失效，因此循环性较差。如果以金属间化合物或复合物取代纯的金属，将显著改善锂合金负极的循环性能。这种方法的基本思想是，在一定的电极电位，即一定的充放电状态下，金属间化合物或复合物中

锂离子电池原理与关键技术

的一种（或多种）组分能够可逆储锂（即"反应物"）；宏观上即能够膨胀/收缩，其中的其他组分相对活性较差，甚至是惰性的，即充当缓冲"基体"（matrix）的作用，缓冲"反应物"的体积膨胀，从而维持材料的结构稳定性。目前的研究主要集中在 Sn 基、Sb 基、Si 基、Al 基合金材料，以及复合物和锂合金上。

4.3.6.1 锡基合金材料

锡基合金也是目前最受重视和研究最广泛的锂离子电池合金负极材料。锡基合金主要是利用锡能与锂形成高达 $Li_{22}Sn_5$ 的合金，该材料理论容量高。

锡基合金主要是利用锡能与锂形成高达 $Li_{22}Sn_5$ 的合金，因此理论容量高。锡基合金也是目前最受重视和研究最广泛的锂离子电池合金负极材料。

SnSb 具有菱方相结构，锡和锑原子沿 c 轴方向交替排列，随锂的嵌入其晶体结构逐渐转变为 Li_3Sb 与 Li-Sn 合金多相共存，随锂的脱出又重新恢复到 SnSb 相。有人分别用电化学沉积和水溶液化学还原的方法制备了不同粒径的 Sn-SnSb 合金材料，实验结果表明，在 Sn-SnSb 中存在多相结构（锡单质与 SnSb 合金），粒子越小，循环性能越好，当粒子小于 300nm 时，200 次循环后还保持 $360mA \cdot h/g$。同样采用水溶液化学还原的方法制备纳米晶的 Sn-SnSb 合金，50 次循环的容量稳定在 $500 \sim 600mA \cdot h/g$，对比 Sn-SnSb、SnSb、Sb-SnSb 三种材料的电化学性能，结果表明，Sn-SnSb 的循环性能最好，Sb-SnSb 的循环性能最差，原因在于 Sb-SnSb 中的 Sb 单质与 SnSb

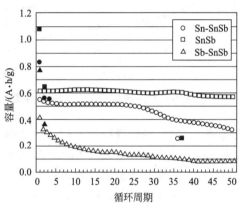

图 4-41　Sn-SnSb、SnSb 和
Sb-SnSb 的循环性能

合金在同一电位下与锂发生反应，体积效应较大（见图 4-41）。

在低温条件下用溶剂热方法可制备纯相且具有枝晶结构的纳米 SnSb 合金，通过分析纳米 SnSb 合金的嵌锂机理及容量衰减的原因，发现纳米合金在电化学反应过程中逐渐团聚成大的颗粒是造成其容量衰减的主要原因。

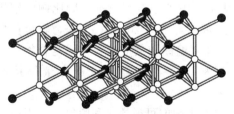

图 4-42　Cu_6Sn_5 的结构示意图
其中黑色小球代表锡原子，
白色小球代表铜原子

在酸性体系中电沉积制备纳米 SnSb 合金，沉积电流为 $(245 \pm 5)mA/cm^2$，沉积时间为 2min，30 次循环的可逆容量 $400mA \cdot h/g$，随锑含量的增加，材料的可逆容量下降。

Cu_6Sn_5 合金具有 NiAs 型结构（见图 4-42），锡原子成层排列，夹在铜原子片之间。锂插入 Cu_6Sn_5 时发生相变，经过两个步骤，首先生成 Li_2CuSn 与 Cu_6Sn_5 共存，锂继续插入时，产生富锂相 $Li_{4.4}Sn$ 和 Cu 共存；脱逸时锂首先从 $Li_{4.4}Sn$ 脱出，继而 $Li_{4.4-x}Sn$ 与 Cu 反应生成 Li_2CuSn，然后锂从 Li_2CuSn 脱出形成有空位的 $Li_{2-x}CuSn$，进一步脱锂生成 Cu_6Sn_5。

将不同化学计量比的铜粉、锡粉混合，压制成小球，在氩气气氛下 400℃热处理 12h，得到 Cu_6Sn_6、Cu_6Sn_5、Cu_6Sn_4 三种合金材料，其中 Cu_6Sn_6、Cu_6Sn_4 分别是 Sn/Cu_6Sn_5、Cu/Cu_6Sn_5 的复合材料。实验结果表明，Cu_6Sn_4 的可逆容量最高，循环稳定性最好，20 次循环的可逆容量达到 200mA·h/g，原因在于单质铜的存在可使 Cu_6Sn_5 在嵌锂分解过程中生成的活性锡颗粒变小，而小颗粒对应的大的比表面积更利于锂的扩散。

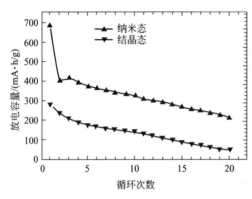

图 4-43 纳米态和结晶态 Cu_6Sn_5 的循环性能

用高能球磨法制备纳米 Cu_6Sn_5 合金，晶粒尺寸 5～10nm，首次放电容量达到近 690mA·h/g，高于 Cu_6Sn_5 的理论容量 608mA·h/g，原因在于球磨过程中生成了一些氧化物杂质，这些氧化物杂质的存在使得在首次放电过程中合金与锂发生了不可逆的还原反应，同时纳米态 Cu_6Sn_5 与结晶态 Cu_6Sn_5 的嵌锂机理不同，纳米态 Cu_6Sn_5 在嵌锂过程中没有生成中间态 $Li_xCu_6Sn_5$，而是直接生成了 Li_xSn 合金和铜，纳米态 Cu_6Sn_5 的性能要优于结晶态 Cu_6Sn_5，20 次循环的可逆容量达到 200mA·h/g。如采用球磨法制备了厚度小于 $1\mu m$ 的 Cu_6Sn_5 片状粉末，在 0.2～1.5V 50 次循环的可逆容量达到 200mA·h/g。以 $NaBH_4$ 为还原剂，从水溶液中还原制得纳米的 Cu_6Sn_5 合金材料，颗粒尺寸为 20～40nm，80 次循环的可逆容量在 200mA·h/g 以上。在有机溶剂中还原出了纳米 Cu_6Sn_5 合金，颗粒尺寸为 30～40nm，100 次循环的可逆容量达到 1450mA·h/mL。酸性镀锡体系在铜箔上电镀了一层活性锡，热处理后在锡与铜基体之间形成了两种合金相 Cu_6Sn_5、Cu_3Sn，实验结果表明，热处理过程增强了活性材料与铜基体之间的结合力，首次放电容量达到 900mA·h/g Sn 以上，10 次循环的容量保持率 94%。用脉冲沉积法从单一镀液中沉积出了不同比例的铜锡合金，当铜锡原子比为 3.83 时，40 次循环的可逆容量为 200mA·h/g，容量保持率为 80%。将 Cu(Ⅱ)、Sn(Ⅳ) 盐与 NaOH 经室温固相反应制得铜锡复合物，再经加热通 H_2 还原得到 Cu-Sn 纳米合金材料，10 次循环的可逆容量保持在 280mA·h/g 以上（见图 4-43）。

Ni_3Sn_2 合金的结构与 Cu_6Sn_5 相似，亦能发生锂的可逆插入和脱出。采用高能球磨法制备了 Ni_3Sn_2 合金材料，该材料的循环性能较好，可逆容量达到 327mA·h/g 或 2740mA·h/cm³，比现有的碳材料高 4 倍。有用高能球磨法制备了纳米晶

的 Ni_3Sn_2 合金，首次放电容量高达 1520mA·h/g，超过了 Ni_3Sn_2 的理论容量，原因在于纳米晶粒的大量晶界可以容纳更多的锂，但是这种材料的循环性能很差，40 次循环后容量仅有 35mA·h/g，经氩气下 1000℃ 10h 热处理后，材料的首次放电容量降到 590mA·h/g，40 次循环的可逆容量 245mA·h/g。当用电沉积法制备了不同原子比的 Sn-Ni 合金，其中锡原子比 62% 的材料循环性能最好，70 次循环的可逆容量为 650mA·h/g。

除了 Sn-Sb、Sn-Cu、Sn-Ni 合金外，文献报道的锡基合金还有 SnCa、Mg_2Sn、SnCo、SnMn、SnFe、SnAg、SnS、SnZn 等。这些材料的循环性能都远优于单质锡，与锡氧化物相比，不可逆容量大大下降。但这些材料的电化学性能距工业化还有很大距离。

4.3.6.2 锑基合金材料

锑基合金材料的报道很多，除了上面提到的 SnSb 外，主要的合金形式有 InSb、Cu_2Sb、MnSb、Ag_3Sb、Zn_4Sb_3、$CoSb_3$、$NiSb_2$、$CoFe_3Sb_{12}$、$TiSb_2$、VSb_2 等。

有人系统研究了 InSb、Cu_2Sb、MnSb 合金材料。InSb 具有闪锌矿结构（立方 ZnS 晶型），由锑原子构成面心立方点阵，铟原子交叉分布在其四面体间隙中。锂插入 InSb 时，伴随铟的脱出，锂逐渐占据闪锌矿的间隙位置，最终形成 Li_3Sb 和铟。整个反应中锑晶格的体积膨胀只有 4.4%，如果把脱出的铟考虑在内，体积膨胀也只有 46.5%。研究发现，脱出的铟会逐渐团聚长大生出铟晶须，这限制了铟在随后的充电过程中与锑的结合。在 1.2～

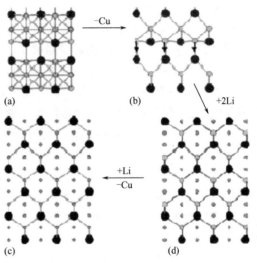

图 4-44　Li 嵌入 Cu_2Sb 的结构变化

0.6V 循环时，InSb 的可逆容量达到 250～300mA·h/g。当放电电压低于 0.55V 时，InSb 的循环性能很差，原因在于铟与锂生成了 $InLi_x$ 合金。Cu_2Sb 具有四方结构，铜锑原子成层排列，夹在铜原子片之间。Cu_2Sb 嵌锂机理与 Cu_6Sn_5 类似，首先脱出一个铜原子，生成具有闪锌矿结构的亚稳态的 Li_2CuSb，进一步嵌锂生成 Li_3Sb 和铜。在 1.2～0V 充放电，Cu_2Sb 的可逆容量为 290mA·h/g，体积容量 1914mA·h/g（密度 $6.6g/cm^3$），充放电效率 ≥99.8%，首次不可逆容量损失 30%。Cu_2Sb 优良的循环性能源于脱出的铜高度分散在晶界中及铜的晶粒长大速度较慢（见图 4-44）。MnSb 具有 NiAs 型结构，其嵌锂机理与 Cu_6Sn_5 相似，先生成 LiMnSb，再生成 Li_3Sb。1.5～0V 充放电，可逆容量为 300mA·h/g，但由于锰的

第 4 章　负极材料

扩散速度较慢，电化学反应速率受到限制。

有人用真空高温熔炼及退火后球磨的方法制备得到 Zn_4Sb_3、$CoSb_3$ 等合金材料。研究发现，球磨过程中锌从 Zn_4Sb_3 析出，与氧结合形成 ZnO，因而合金中锌含量减少，形成 $ZnSb$。嵌锂过程中，锂首先取代氧化锌中的部分锌，形成了某种网状结构的支撑体，$ZnSb$ 弥散分布于其中，形成嵌锂活性相，并利用其自身结构的四面体或八面体间隙充放锂。在 $2.5\sim0.005V$ 之间充放电，Zn_4Sb_3 首次放电容量为 $566mA\cdot h/g$，但是循环性能很差，与石墨混合球磨后，循环性能有所提高，10 次循环的可逆容量在 $400mA\cdot h/g$ 以上。$CoSb_3$ 的嵌锂机理与 Zn_4Sb_3 不同，$CoSb_3$ 首次嵌锂过程中被分解形成活性组元锑和非活性组元钴，分解后的锑起到可逆储锂的作用，而钴则起到分散活性物质并阻碍锑在循环过程中聚集的作用。研究还发现，随着 $CoSb_3$ 颗粒尺寸的降低，其可逆容量依次提高，原因在于颗粒尺寸减小以后锂离子在电极粉末颗粒内部的扩散路径变短，降低了充放电过程中电极表面的局部电荷聚集，使更多的活性物质参与电化学反应过程。

4.3.6.3　硅基合金材料

Si 在嵌入锂时会形成含锂量很高的合金 $Li_{4.4}Si$，其理论容量为 $4200mA\cdot h/g$，是目前研究的各种合金中理论容量最高的。当采用气相沉积法制备 Mg_2Si 纳米合金，其首次的嵌锂容量高达 $1370mA\cdot h/g$，然而该电极材料的循环性能很差，10个循环后容量小于 $200mA\cdot h/g$。研究发现，Mg_2Si 具有反萤石结构，嵌锂过程中锂首先嵌入反萤石结构中的八面体位置，继而与硅形成合金，最后与镁形成合金，在这种材料中并不存在惰性物质，这是由于锂在嵌入和脱出时，电极材料本身发生了很大的体积变化，最终造成了电极的崩溃。用高能球磨法制备了纳米 $NiSi$ 合金，首次放电容量 $1180mA\cdot h/g$，20 次循环后容量 $800mA\cdot h/g$ 以上。嵌锂过程中硅与锂形成合金，镍保持惰性以维持结构的稳定，从而 $NiSi$ 合金的循环性能较 Mg_2Si 有所改善，但纳米材料的剧烈团聚限制了 $NiSi$ 循环性能的进一步提高。有人用化学气相沉积法制备无定形的硅薄膜，最大放电容量达到了 $4000mA\cdot h/g$，但 20 次循环后容量急剧下降，如果把放电终止电压从 $0V$ 提高到 $0.2V$，可以保持 $400mA\cdot h/g$ 的可逆容量稳定循环 400 次。

4.3.6.4　铝基合金材料

铝基合金材料的主要形式有 Al_6Mn、Al_4Mn、Al_2Cu、$AlNi$、Fe_2Al_5 等。尽管铝能与锂形成含锂量很高的合金 Al_4Li_9，其理论容量为 $2235mA\cdot h/g$，但 Al_6Mn、Al_4Mn、Al_2Cu、$AlNi$ 合金的嵌锂活性很低，几乎可以认为是惰性的，其机理尚不清楚。

采用球磨法制备纳米 Fe_2Al_5 材料，球磨 $10000min$ 的样品首次放电容量为 $485mA\cdot h/g$，接近其理论容量 $543mA\cdot h/g$，但循环性能很差，4 次循环后放电容量为 $100mA\cdot h/g$。通过对 AlSb 材料的研究，可认为 AlSb 材料性能不佳的主要原因是其电导率太低，通过掺入 Cu、Zn、Sn 等可以提高其电导率，从而改善其

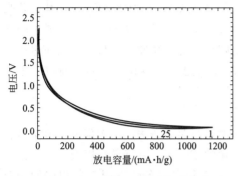
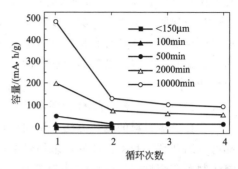

图 4-45　NiSi 合金的循环性能图　　图 4-46　不同球磨时间的下 Fe-Al 循环性能图

电化学性能，如掺入 2% Cu 的 $Al_{0.98}Cu_{0.02}Sb$ 材料的电导率要比 AlSb 高一个量级（见图 4-46）。

4.3.7　复合物材料

纳米合金在一定程度上可以减弱合金材料在脱嵌锂过程中的体积变化，但在电化学反应过程中的剧烈团聚限制了纳米合金材料性能的进一步提高。通过将纳米合金与其他材料特别是碳材料进行复合，可得到容量高、循环性能好的复合材料，这一方面得益于合金材料的高容量，另一方面也得益于碳材料循环过程中的结构稳定性。

在复合材料的研究中，比较有代表性是 SnSb/HCS 复合材料，其中 HCS 是直径为 $5\sim20\mu m$ 的纳米孔碳微球，球内是单石墨层组成的无定形结构，其中分布着孔径为 $0.5\sim3nm$ 的纳米孔。以 HCS 为骨架，将纳米 SnSb 合金颗粒均匀地钉扎在其表面上，这样在充放电过程中纳米合金颗粒很少发生融合团聚，从而具有良好的循环性能，35 次循环的可逆容量稳定在 $500mA \cdot h/g$ 左右。

在复合物的制备中，有一类复合物是纳米合金与一些惰性材料，如 SiO_2、Al_2O_3 等复合，加入惰性材料的目的一方面是缓冲活性材料的体积膨胀，另一方面也是避免纳米合金在反应过程中的团聚。如用溶胶-凝胶法制备了石墨/Si/SiO_2 复合物，其中石墨和硅被包裹在 SiO_2 的 Si—O 网络结构中，SiO_2 的加入增加了材料的电阻，降低了可逆容量，但稳定了材料的结构，30 次循环后可逆容量 $200mA \cdot h/g$。用高能球磨法制备 Si/TiN 纳米复合材料，硅含量为 33.3%（摩尔分数）的复合物经 12h 球磨后，首次放电容量约 $300mA \cdot h/g$，每次循环的容量衰减仅为0.36%，显示出良好的循环性能。

4.3.7.1　锂合金

与镍氢电池中的储氢合金类似，以上几类合金材料可以统称为储锂合金。为了与无锂源正极材料，如 MnO_2、S、V_2O_5、$Li_{1+x}V_3O_8$ 等相匹配组成电池，必须考虑在储锂合金材料中掺入锂，一方面可以解决锂源问题，另一方面也可以补偿储锂合金材料的首次不可逆容量。已报道的有 Li-Mg、Li-Al、Li-Cr-Si、Li-Cu-Sn 等。

其中比较有代表性的是 Zaghib 等制备的 Li-Al 膨胀金属（"EXMET"），其工艺是将锂箔与膨胀铝金属（空隙率 50%）压制在一起，80℃下热处理 1h 即形成了膨胀锂铝合金材料，这种合金材料具有极高的空隙率，可以缓冲合金材料在反应过程中的体积膨胀，具有较高的结构稳定性，与 V_2O_5 正极材料匹配，显示出良好的电化学性能。

4.3.7.2　各种合金负极材料制备方法比较

合金负极材料的制备方法，用的比较多的是高能球磨法，绝大部分的合金材料都可以用球磨法制得。此外，采用热熔法、化学还原法、电沉积法以及反胶团微乳液法制备合金材料，这些方法都各具特色，能在特定的条件下制备出相应的合金材料。

（1）高能球磨法　高能球磨法是利用球磨机的转动或振动使硬球对原料进行强烈的撞击、研磨和搅拌，把金属或合金粉末粉碎为纳米级微粒的方法，也称机械合金化。1988 年日本京都大学的 Shingu 等首先报道了用高能球磨法制备 Al-Fe 纳米晶材料，为纳米材料的制备找到了一条实用化的途径。高能球磨法的主要特征是应用广泛，可用来制备多种纳米合金材料及其复合材料，特别是用常规方法难以获得的高熔点的合金纳米材料，而且高能球磨法制备的合金粉末，其组织和成分分布比较均匀，与其他物理方法相比，该方法简单实用，可以在比较温和的条件下制备纳米晶金属合金。目前文献报道的各种合金材料几乎都可以用高能球磨法制得。

高能球磨法的主要缺点是容易引入某些杂质，特别是杂质氧的存在，使得纳米合金在球磨过程中表面极易被氧化。杂质氧的引入使得合金材料在嵌锂过程中发生不可逆的还原分解反应，因而带来较大的不可逆容量。

（2）热熔法　热熔法是制备合金材料的传统方法，通过将金属原料混合、熔炼、退火处理，即得到合金材料。其主要优点在于设备和工艺简单，特别是在锂合金的制备上，目前文献报道的锂合金材料几乎都是用热熔法制备的。热熔法的主要缺点在于很难得到纳米合金材料，一般都要再进行高能球磨处理，而且对于一些高熔点的金属和相图上不互溶的金属，常规热熔法很难制得其合金材料。

（3）化学还原法　化学还原法是制备合金超细粉体的有效和常用的方法之一。通过选择合适的络合剂、还原剂，可以实现还原电位比较接近的金属元素的共还原，从而制得合金材料。化学还原既可以在水溶液中进行，也可以在有机溶剂中进行。化学还原法的主要优点是简单易行，对设备的要求较低，便于工业化生产。常用的还原剂包括水合肼、硼氢化钠、次亚磷酸钠或活泼金属等。目前，化学还原法已制备出了纳米 Sn-Cu、Sn-Sb、Sn-Ag 等合金材料。化学还原法的主要缺点在于局限性很大，对于一些还原电位较负及电位差较大的金属，一般的还原剂很难将其还原或共还原。

（4）电沉积法　电沉积法作为制备纳米合金材料的方法，逐渐受到人们的重视。通过提高沉积电流密度，使其高于极限电流密度，可以得到纳米晶合金材料。

电沉积工艺制备的锂电池合金负极材料可不必使用导电剂、黏结剂，电极具有较大的体积比容量和较低的成本，合金材料与基体的结合力比传统的涂浆工艺要好。通过电沉积法能制备 Sn-Cu、Sn-Ni、Sn-Co、Sn-Fe、Sn-Sb、Sn-Ag、Sn-Sb-Cu 等合金负极材料。其中比较有特点是 SnSbCu/石墨复合材料，通过大电流沉积（$400mA/cm^2$），在铜箔上沉积了一层纳米晶的多孔的 SnSbCu 合金材料，再在合金表面涂覆一层石墨-PVDF 复合物，$2.0\sim0.02V$ 之间 $0.2mA/cm^2$ 充放电，可逆容量 $495mA \cdot h/g$；35 次循环的容量衰减为每次循环 0.48%。电沉积法的主要缺点在于电沉积工艺的影响因素较多，工艺的控制比较复杂，特别是电沉积法制备纳米材料的机理，目前的认识还不深刻。

（5）反胶团微乳液法　反胶团微乳液，即油包水微乳液，是指以不溶于水的非极性物质（油相）为分散介质，以极性物质（水相）为分散相的分散体系。反胶团微乳液中的乳核可以看作微型反应器或称为纳米反应器，利用反胶团微乳液法可以比较容易制备纳米合金颗粒。用反胶团微乳液法可制备锡/石墨、SnO_2/石墨纳米复合材料，其中锡、SnO_2 的颗粒尺寸为 $7\sim10nm$。微乳液法的实验装置简单，操作容易，并可人为地控制合成颗粒大小，但由于微乳液法所能适用的范围有限，体系中含水相较少（约 1/10 体积），致使单位体积产出较少，加之成本昂贵，不适于工业化生产。

4.3.8　过渡金属氧化物

根据材料不同的脱嵌锂机理，过渡金属氧化物可以分为两类，第一类材料为真正意义上的嵌锂氧化物，锂的嵌入只伴随着材料结构的改变，而没有氧化锂的形成。这种类型的代表有 TiO_2、WO_2、MoO_2、Fe_2O_3、Nb_2O_5 等，这类氧化物通常具有良好的脱嵌锂可逆性，但其比容量低而且嵌锂电位高。第二类过渡金属氧化物以 MO（M＝Co、Ni、Cu、Fe）为代表，材料嵌锂时伴随着 Li_2O 的形成，但是这与前面所述 SnO 嵌锂形成的非活性 Li_2O 不同，此类材料脱锂时电化学活性的 Li_2O 可以脱锂，从而重新形成金属氧化物。如《Nature》上报道了作为锂离子电池负极材料纳米尺寸的过渡金属氧化物 MO（M＝Co、Ni、Cu、Fe）具有良好的电化学性能。

TiO_2 是研究得最早的金属氧化物负极材料，它有三种不同的晶型，只有锐钛矿型（anatase）与金红石型（rutile）两种结构能够嵌锂。层状金红石是密排六方结构，由针状颗粒组成；而锐钛矿由圆球状颗粒组成，具有较好的可逆吸放锂的性能，但由于极化的影响，这两种结构的 TiO_2 在吸放锂过程中均存在电位滞后。

Fe_2O_3 作负极材料，可形成 $Li_6Fe_2O_3$，理论容量可达 $1000mA \cdot h/g$，对不同形貌的 α-Fe_2O_3 的电化学性能的研究结果表明，无定形结构的循环性能比纳米晶差，这可能是由于其颗粒度小，比表面积大，更容易使电解液在其表面分解形成 SEI 膜，阻碍了锂与在 α-Fe_2O_3 电极上的吸附及发生电化学反应。

P. Polzot 等合成的一系列具有纳米尺寸的过渡金属氧化物 Co_3O_4、CoO、

FeO、NiO 等，研究发现纳米级的 CoO 和 Co_3O_4 电极具有 $700 \sim 800 mA \cdot h/g$ 的比容量，并且在循环 100 次后其容量仍保持在 100% 左右。但这类 3d 过渡金属氧化物属于岩盐相结构，没有空位可供锂离子的嵌入，因此，其储锂机理可认为是，充电时锂与过渡金属氧化物中的氧结全生成 Li_2O，放电时 Li_2O 又还原为锂，过渡金属氧化物重新生成。以 CoO 为例，其主要反应过程如下：

$$CoO + 2Li \Longleftrightarrow Li_2O + Co \qquad (4-25)$$

过渡金属氧物负极材料（Co_3O_4、CoO、FeO、NiO）具有 $600 \sim 1000 mA \cdot h/g$ 的高比容量，而且密度也较大，还能承受较大功率的充放电。然而，这类材料最主要的缺点是工作电位较高。在实际应用中，与正极材料组成的电池电压较低，如 CoO 与 $LiMn_2O_4$ 组成的电池，其平均电压只有 2.2V。

由于 Fe_2O_3 和 MO（M＝Cu、Ni、Co）均可储锂，所以将它们制备成复合的铁酸盐氧化物（MFe_2O_4，M＝Cu、Ni、Co），如采用模板方法制得的 $NiFe_2O_4$ 薄膜电极、PPY/$NiFe_2O_4$ 复合薄膜电极在 0.05V 处呈现出较长的低电压放电平台，但是低电压平台不能保持，对此的机理也在探讨中。有人研究了 MnV_2O_6 和 $MnMoO_4$ 氧化物的脱嵌锂特性，它们的可逆容量高达 $800 \sim 1000 mA \cdot h/g$，不过循环性能还有待提高。材料首次嵌锂后其结构转变为无定形态，而单纯用金属的价态变化很难来解释如此高的容量，因此其具体的机理还需进一步深入研究。

4.3.9 其他

4.3.9.1 硫化物

TiS_2、MoS_2 等硫化物也可作锂离子电池的负极材料，可与 $LiCoO_2$、$LiNiO_2$ 和 $LiMn_2O_4$ 等 4V 级正极材料匹配组成电池。这类电池电压较低，如以 TiS_2 为负极，$LiCoO_2$ 为正极组成电池，电压为 2V 左右，其循环性能较好，可达到 500 次。

4.3.9.2 磷化物

在众多含氮族元素材料中，对氮化物（将在后面介绍）和锑化物的储锂性能研究相对较多。而砷化物通常带有一定的毒性，因此没有相关报道。磷资源丰富、价格便宜，磷比锑有更小的原子量，其储锂容量较高，在磷化物方面，研究的磷化物有 MnP_4、CoP_3、FeP_2 和 Li_7MP_4（M＝Ti、V、Mn）等体系。

将红磷、金属锰粉和锡粉按一定比例（Mn：P：Sn＝1：10：6）在手套箱中混匀，移入石英管，真空条件下 $550 \sim 650℃$ 加热两个星期，产物再经过 1+1 盐酸处理，最后得到了 MnP_4 材料。材料的电化学性能研究表明，MnP_4 的首次嵌锂曲线在 0.62V 左右呈现非常平坦的电压平台，对应于 7 个锂的嵌入。而首次脱锂到 1.7V 时相当于 5 个锂的脱出，可逆脱锂容量约为 $700 mA \cdot h/g$。经过 50 次循环后，容量稳定在 $350 mA \cdot h/g$ 左右。脱嵌锂过程为：

$$MnP_4 + 7Li \Longleftrightarrow Li_7MnP_4 \qquad (4-26)$$

脱嵌锂的过程伴随着 P—P 键的断裂和复合。

有人则将红磷和金属钴按一定比例（Co：P＝1：3）密封在充满氩气的不锈钢

管中，650℃ 加热 24h 得到 CoP₃ 材料。CoP₃ 的充放电曲线如图 4-47 所示。

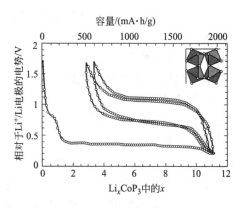

图 4-47　CoP₃ 的充放电曲线

首次嵌锂在 0.35V 左右有一个电压平台，对应于 9 个锂的嵌入。而首次脱锂至 1.7V 时相当于 6 个锂的脱出，可逆脱锂容量大于 1000mA·h/g，经过 10 次充放电循环以后衰减为 600mA·h/g，最终容量稳定在 400mA·h/g 左右。研究表明，CoP₃ 的脱嵌锂机理与 MnP₄ 完全不同，首次嵌锂时伴随着金属钴和磷化锂 Li_3P 的形成，而随后的脱嵌锂过程在 Li_3P 和 LiP 两种化合物之间进行，钴的价态并没有变化。

$$CoP_3 + 9Li \longrightarrow 3Li_3P + Co \tag{4-27}$$

$$3Li_3P \Longleftrightarrow 3LiP + 6Li \tag{4-28}$$

磷化物的电化学性能通常是，在最先几次的脱嵌锂容量比较高，但循环性能和首次充放电效率比较低。它们的脱嵌锂机理各有不同，磷化物具有一个共同点：即其中磷的价态变化在保持体系脱嵌锂时的电荷平衡方面起着主要作用。

4.3.9.3　过渡金属钒酸盐

过渡金属钒酸盐（M—V—O，M＝Cd、Co、Zn、Ni、Cu、Mg）作为锂离子电池的负极材料，在相对于锂的低电位处呈现出高的容量。当电压低于 0.2V 时，能可逆地嵌入 7 个 Li，达到 800～900mA·h/g 的容量，为石墨电极容量的两倍多。在第一次的锂化过程中，这种电极材料会无定性化，使第一次放电的电压-组分曲线（电压呈阶梯式变化）与第二次的（电压呈光滑、连续变化）不同。这在实际电池的使用过程中是不利的。另一类钒酸盐 RVO₄（R＝In、Cr、Fe、Al、Y）作为锂离子电池的负极材料，可在低的电压处与锂发生反应。其中 InVO₄ 和 FeVO₄ 有高达 900mA·h/g 的可逆容量。与晶形的材料相比，非晶态的材料具有更好的电化学性能。该材料目前的问题是循环性能仍有待于提高。

4.4　纳米电极材料

纳米材料是指物质粒径至少有一维在 1～100nm，具有特殊物理化学性质的材料。随着物质的超微化，纳米材料具有独特的四大效应：小尺寸效应、量子尺寸效应、表面效应和宏观量子隧道效应。锂离子电池纳米负极材料与非纳米材料及复合材料相比，具有许多独特的物理和化学性质：比表面积大，锂离子脱嵌的深度小、行程短；大电流下充放电时电极极化程度小、可逆容量高、循环寿命长；其高空隙率为锂离子的脱嵌及有机溶剂分子的迁移提供了大量空间；与有机溶剂具有良好的相容性等。

锂离子电池负极纳米材料主要有纳米碳材料（包括碳纳米管、纳米孔碳负极材料和碳材料的纳米掺杂）、纳米金属及纳米合金、纳米氧化物。

4.4.1 碳纳米材料

碳纳米材料主要是指碳纳米管、具有纳米孔结构的无定形碳材料和天然石墨以及碳材料的纳米掺杂。

4.4.1.1 碳纳米管

碳纳米管（carbon nanotubes，CNTs，）是在 1991 年由日本 NEC 公司的电镜专家 S. lijima 发现的，他用氩气直流电弧对阴极碳棒放电，结果发现了管状结构的碳原子簇，即碳纳米管。碳纳米管为具有纳米尺寸碳的多层管状物和颗粒物，即巴基管（Buckytubes）和巴基葱（Buckyonlons）等，它是一种直径在几纳米和几十纳米、长度为几十纳米到 $1\mu m$ 的中空管，其管的特殊结构，使锂离子脱嵌深度小，过程短，有利于提高锂离子电池的充放电容量及电流密度。

（1）碳纳米管的结构和分类　纳米管是由单层或多层石墨片卷曲而成的无缝纳米管。每片纳米管是一个碳原子通过 sp^2 杂化与周围三个碳原子完全键合、由六边形平面组成的圆柱面；其平面六角晶胞边长为 0.246nm，最短的碳碳键长 0.142nm。多层纳米管的层间接近 ABAB 型堆积，片间距一般为 0.34nm，与石墨片间距（0.335nm）基本相当。各单层管的顶端由五边形或七边形参与封闭。纳米碳管多为多层管，封闭而弯曲，这是因为六边形中引入了五边形和七边形。在生长过程中，六边形环需要在周边结点上加二个碳原子，如碳供应减少，只进入一个碳原子，结果形成五边形环，引起正弯曲；反之，碳原子流速高，有利于形成七边形环，其有三个碳原子进入成键，引起负弯曲。纳米碳管的弯管处引入五边形环和七边形整体才连续，从拓扑学分析在弯曲处五边形与七边形环应成对出现。

碳纳米管的种类多种多样，根据壁（石墨片层）的多少可分为单壁碳纳米管和多壁纳米管；根据石墨化程度的不同可分为无定形碳纳米管和石墨化碳纳米管；根据螺旋角（碳碳键与垂直于圆柱轴的平面所成的最小角）的大小可分为螺旋碳纳米管和非螺旋碳纳米管；根据纳米管两端是否封闭可分为开口碳纳米管和闭口碳纳米管；根据构型可分为扶椅式碳纳米管、锯齿型碳纳米管和手性（螺旋形）碳纳米管三种，如图 4-48 所示。

单壁碳纳米管管壁由一层碳原子构成，是碳纳米管的极限形式，直径在 1～2nm；而多壁碳纳米管由几个到几十个单壁碳纳米管同轴组成，管间作用力同石墨层间一样，为范德华力。非螺旋的纳米碳管指碳碳键垂直于圆柱轴（螺旋角 $\theta=0°$），此时卷曲方向 [1010]*；或碳碳键平行于圆柱轴（螺旋角 $\theta=30°$），此时卷曲方向 [1120]*，非螺旋的纳米碳管周期结构以一个晶格常数出现。而其他情况周期要长，称为螺旋的纳米碳管。

碳纳米管具有优良的物理、化学性能，比如，它具有大的比表面积（达 $250m^3/g$）和分子尺寸的孔洞，极高的抗拉强度（11～63GPa），良好的热力学性

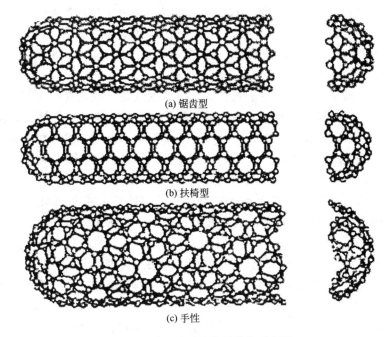

(a) 锯齿型

(b) 扶椅型

(c) 手性

图 4-48　单壁碳纳米管的结构示意图

能，高的化学稳定性（625℃以下基本没有质量损失，960℃时最高质量损失率仅为2.1%），良好的储氢性能等，因此在催化剂载体、储氢材料、锂离子电池、双电层电容器、场发射等各个领域研究很多。

（2）碳纳米管的制备　碳纳米管的制备有许多种方法，常用的有电弧放电法、催化热解法和激光蒸发法（见图 4-49），其他方法有微孔模板法、等离子喷射分解沉积法和扩散火焰法等。多壁碳纳米管的制备比较成熟，可对产物直径和定向性进行控制。但单壁碳纳米管的产量只有克级，并且难以得到所需结构的单壁碳纳米管。下面主要介绍电弧放电法和催化热解法。

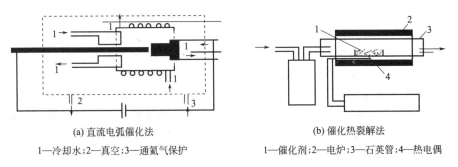

(a) 直流电弧催化法　　　　　　　　　　　　(b) 催化热裂解法

1—冷却水；2—真空；3—通氩气保护　　　　1—催化剂；2—电炉；3—石英管；4—热电偶

图 4-49　碳纳米管的制备装置示意图

① 电弧放电法　电弧实质上是一种气体放电现象，在一定条件下使两电极间的气体空间导电，是电能转化为热能和光能的过程。1991 年首次发现碳纳米管的

189

S. lijima 就是用电弧放电法制备多壁碳纳米管的。放电法是制备碳纳米管的早期方法，由电弧法制备的纳米碳管已经商品化。电弧放电法制备装置复杂，但工艺参数较易控制；产物碳纳米管形貌较直，结晶度好，但产量不高且纯度较低，分离提纯困难。电弧放电法分为石墨电弧法和催化电弧法。

② 催化热解法　催化热解法是将含有碳源的气体（或蒸气）流经金属催化剂表面时分解，制备碳纳米管的方法。催化热解法具有成本低，产量大，实验条件易于控制等优点，是实验大量制备高质量多壁碳纳米管的方法。这种方法使用的催化剂一般是第Ⅷ族的 Fe、Co、Ni 及其合金，有时也用到掺入稀土的合金或其他元素及化合物，碳源分为气体和液体，气体一般是 CH_4、CO、C_2H_4、C_2H_2 等；液体有苯、二甲苯、二茂铁、环己烷、$C_{10}H_{10}$ 等；载气多用 H_2、Ar、N_2 等。催化热解法按照催化剂加入或存在方式可分为基体法、喷淋法、流动催化法三种方法。

催化热解反应中所用的催化剂种类和制备方法、载体、反应气体的种类、比例和流速、反应温度对所生成的碳纳米管的数量、质量、内外径、长度都有影响。反应中，常用的催化剂一般为负载在硅胶或分子筛或石墨上的 Fe、Co、Ni、Cr 等金属元素或它们的合金。用 Fe、Co 催化生成的碳纳米管石墨化程度好，钴的催化性能优于铁。以铜为催化剂制备的碳纳米管属无定形炭。用硅胶作支持剂可使催化剂金属颗粒分散得更好，制备的碳管更细，尺寸分布更均匀。催化剂可以是多种形式的，可以是负载型的，也可以是固溶体、筛网、纯金属或合金。所用混合气体一般是乙烷和氮气。

碳纳米管的直径很大程度上依赖于催化剂颗粒的直径，因此通过催化剂种类与粒度的选择及工艺条件的控制，可获得纯度较高、尺寸分布较均匀的碳纳米管。采用这种方法制备的碳纳米管存在结晶缺陷，如发生弯曲和变形，石墨化程度较差，因此需要采取一定的后处理，如高温退火处理可消除部分缺陷，使管变直，石墨化程度变高。

（3）碳纳米管的电化学性能　碳纳米管用作锂离子电池的负极材料具有嵌入深度小、过程短、嵌入位置多（管内和层间的缝隙、空穴），储锂量大（可达 CLi_2 水平）等优点，同时碳纳米管导电性好，这些都有利于碳纳米的充放电性能；但是也存在着一些缺点，如不可逆容量过高、电压滞后和放电平台不明显等。另外，碳纳米管还存在明显的双电层电容（35F/g）效应，电荷传输速率也有待进一步提高。

碳纳米管不可逆容量过高的原因可能是：在碳纳米管中有强积聚电荷的趋势，由于电荷的静电引力，使得锂离子一旦嵌入碳纳米管内孔则难以脱出；碳纳米管内部的缠结；SEI 膜的形成，由于碳纳米管的比表面非常大，在循环过程中 SEI 膜不断形成和老化。

对于电池循环过程中的容量损失，一般认为锂在嵌入/脱出和溶剂分子的共同嵌入，导致碳纳米管的石墨层脱落，是电极容量损失的主要原因。

碳纳米管的电压滞后表现为充电时锂离子在 0V 左右嵌入，但放电时则在 1V 附近，这与石墨化碳材料的充放电特性相似。有人认为碳纳米管晶格边缘有很多缺陷，促进了碳还原时锂离子的插入，而在氧化时锂离子的脱出伴随着很大的阻力和过电位；也有认为这与碳纳米管中含有的氢相关，还有人认为电位滞后是由于间隙碳原子的存在引起的。

用化学气相沉积法制备的碳纳米管作为锂离子电池的负极活性物质时，其电池容量超过石墨嵌锂化合物理论容量 1 倍以上，石墨化程度较低的碳纳米管，容量可达 700mA·h/g，但存在 1V 左右的电位滞后，而石墨化程度较高的碳纳米管虽容量较低（300mA·h/g），但电位滞后较小且循环稳定性明显得到改善。

某些因素，如形态、微观结构、石墨化程度、杂质原子和表面化学组成等，对碳纳米管的嵌锂性能有影响。可通过改变催化剂制备工艺与条件对碳纳米管的直径、壁厚等形态参数进行调控；在相同的电流密度下，其可逆容量在 $180 \sim 560$mA·h/g变化。长度短、管壁厚、管腔小且表面不规则的碳纳米管嵌锂容量高，可逆性也好。对纳米碳管进行高温退火热处理后，其 BET 表面积及孔体积均随热处理温度的升高而降低，并且其不可逆容量、可逆容量也相应有所降低。电位滞后与碳纳米管的微观结构及表面的含氧基团有关，如果能够有效控制碳纳米管的微观结构，消除间隙碳原子和表面基团的影响，则能消除嵌锂过程中的电位滞后现象（见图 4-50 和图 4-51）。

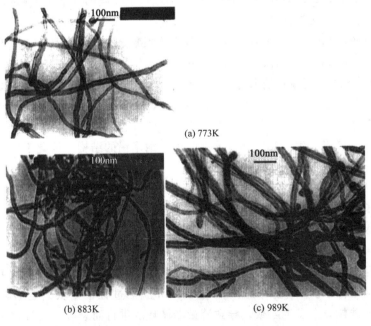

图 4-50　不同温度下处理下碳纳米管的 TEM 图

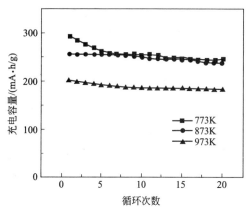

图 4-51　不同温度下的碳纳米管的循环性能

碳纳米掺杂材料是指在碳材料结构中掺杂其他原子，这些原子以纳米尺寸存在于碳结构中。碳纳米掺杂材料基中最典型的是硅原子在碳材料中的纳米掺杂。由于硅与碳的化学性质相近，因此它能很好地与周围的碳原子紧密结合，同时，由于在碳原子中掺杂了硅原子，而且这些硅原子在碳材料结构中呈纳米分散，所以锂离子不仅可以嵌入碳材料结构中，而且可以嵌入到纳米级的硅原子的空隙中。

从理论上讲，每个硅原子可以与四个锂原子结合，因此在碳材料中纳米掺杂硅原子，可以增加锂离子的嵌入位置，为锂离子提供了大量的纳米通道，提高碳材料的嵌锂容量。碳材料的掺杂原子除硅外，还有磷、镍和铅等。用作锂离子电池负极材料的碳有多种，如石墨、MCMB、碳纤维、热解炭等，这些碳材料都可以掺入杂质使其改变性能，掺杂的原子也有多种，如硅、磷、氟等。

4.4.2　纳米金属及纳米合金

纳米金属主要指纳米锡，硅的储锂性能与锡相似，均可以形成高达 $Li_{22}M_4$ 的可逆化合物，且理论容量高达 $4000mA \cdot h/g$，这里将硅归入纳米金属章节。

4.4.2.1　纳米锡及其纳米合金

锡的可逆容量非常高，但在充放电过程中体积变化较大，高达 600%，因此在锂的可逆插入和脱嵌过程中，其微观结构受到破坏，锡发生粉化，导致容量迅速下降。目前采用的有效方法之一是制备纳米材料。因为纳米粒子的比表面积大，有利于缓冲其充放电过程的体积变化。当然，纳米粒子的比表面积效应也有利于更多的锂发生脱嵌。

主要采用液晶模板法将锡制成纳米结构的电极膜，粒子大小为 $3 \sim 10nm$。由于锂的嵌入和脱出产生的膨胀和收缩不会破坏纳米锡的结构，因此不仅容量高，而且循环性能较非模板法制备的要好。

通过纳米粒子进行掺杂，可以进一步改进电极的循环性能。例如掺杂锑，当 $SnSb_x$ 粒子小于 $300nm$ 时，200 次循环后还可达 $360mA \cdot h/g$。当 $SnSb_x$ 合金大小位于纳米级时，循环性能明显提高，容量高达 $550mA \cdot h/g$。

4.4.2.2　纳米硅及其纳米复合物

硅的性能与锡相似，其可逆容量高，但是循环性能不理想。改进的主要方法是将其制成纳米粒子。纳米硅在锂的可逆插入和脱插过程中，从无定形转换为晶形硅，且纳米硅粒子会发生团聚，导致容量随循环的进行而衰减。通过化学气相沉积法制备的无定形纳米硅薄膜的循环性能欠佳。制备无定形硅的亚微米薄膜

（500nm），其可逆容量可高达4000mA·h/g，通过终止电压的控制，可以改善循环性能，但其可逆容量有所降低。为了改进纳米硅的电化学性能，一般进行掺杂处理。如将硅分散到非活性TiN基体中形成纳米复合材料，尽管容量较低（约为300mA·h/g），但循环性能很好，且制备非常方法简单，只须高能机械研磨就可以。这是由于硅均匀分散在纳米TiN基体中，在锂插入和脱嵌时，电极的体积发生连续的变化，而不是突变。球磨时间越长，硅分散越好，循环性能越好。当将硅均匀分散在银载体中，由于银载体电导率高，且具有柔性，再加上硅是以纳米粒子形式存在，因此充放电过程中硅的体积变化得到了大大的缓冲，循环性能比较理想。

4.4.3 纳米氧化物

根据储锂机理，纳米氧化物主要分两种：合金储锂机理和氧化还原反应机理。前者主要是氧化锡，后者包括Co、Ni、Cu、Fe的纳米氧化物。

4.4.3.1 纳米氧化锡

欲提高氧化锡的大电流性能，首选的方法是合成纳米粒子。纳米氧化锡的合成方法有化学气相沉积法、凝胶-凝胶法、模板法等。以模板法为例进行说明，采用如图4-52的模板法可合成纳米级SnO_2。该过程如下：采用纳米孔的聚合物为模板，浸渍到含锡的溶液中，然后附在集流体上，除去溶剂后，聚合物用等离子体除掉，得到的SnO_2纳米纤维；在空气中加热则变成晶体SnO_2纳米纤维粒子，其分散单一，为110nm，就像梳子一样，

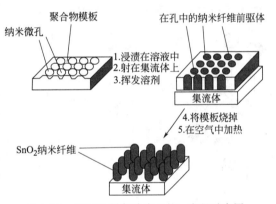

图4-52 模板法制备纳米SnO_2流程示意图

其快速充放电性能好，8C充放电时容量亦达700mA·h/g以上，而且容量衰减很慢。其原因在于纳米粒子减缓了体积的变化，从而提高了循环性能。无论是容量、大电流下的其充放电性能还是循环性能，均比SnO_2薄膜的行为要好。另外，采用微波提升的溶液法和采用表面活性剂作为模板，可以合成锡的纳米氧化物。

4.4.3.2 其他纳米金属氧化物

如前所述，纳米过渡金属的氧化物MO（M=Co、Ni、Cu或Fe）具有优良的电化学性能，其可逆容量在600～800mA·h/g之间，而且容量保持率高，100次循环后可为100%，且具有快速充放电能力；锂插入时电压平台约0.8V，锂脱逸时，在1.5V左右。

微米级Cu_2O、CuO等亦能可逆储锂，而且容量也比较高，其机理与上述的纳米级CoO等氧化物也相似。上述微米级以下或纳米氧化物亦可进行掺杂。对于MgO的掺杂，其储锂机理与没有掺杂的氧化物相比一致。虽然掺杂后初始容量有

所下降，但是容量保持率或循环性能有所改进。但是，无机氧化物负极材料的循环性能、可逆容量除了受到粒子大小的影响外，其结晶性和粒子形态对性能的影响也非常大。通过优化，可以提高氧化物负极材料的综合电化学性能。

4.5 其他类型材料

前述所知，最初用作研究的负极材料是金属锂和锂合金，后来的研究突破了含锂的范围，大多数负极材料，如碳材料、锡基材料、硅基材料、氧化物、合金等都是不含锂的。到目前为止，无锂负极材料占据了负极材料的主体，本节主要介绍除金属锂和锂合金的其他含锂的负极材料，包括有锂金属氮化物和锂钛复合氧合物。

4.5.1 锂金属氮化物

氮化物的研究主要源于 Li_3N 具有高的离子导电性（$10^{-2}S/cm$），即锂离子容易发生迁移。然而 Li_3N 的分解电压较低（$0.44V$），因此不宜直接作为电极材料。锂金属氮化物的高离子导电性和过渡金属的易变价性，使其可能成为一种新型锂离子电池负极材料。锂金属氮化物按结构可以分为反萤石型和 Li_3N 型。

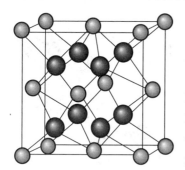

图 4-53　CaF_2 晶体结构
（浅色代表 Ca，深色代表 F）

属于反萤石结构的锂氮化合物有 Li_7MnN_4、Li_3FeN_2。萤石通常称为 CaF_2，其结构如图 4-53 所示。氟位于面心立方位置，钙位于以氟为顶点的四面体中心。周期表中由 Ti 至 Fe 可构成通式为 $Li_{2n-1}M_n$ 的化合物，其中能稳定存在的有 Li_5TiN_3、Li_7VN_4、$Li_5Cr_2N_9$、Li_7MnN_4、Li_3FeN_2 等，这些氮化物对应 CaF_2 结构，相当于钙位上是氮，而氟位上是锂和金属离子，阴阳离子排布恰好与 CaF_2 相反，所以称为反萤石结构。上述氮化物中 Ti、V、Cr 已达到最高氧化状态，在 Li 脱出时无法通过价态变化以保持体系内的电中性，因此只有 Li_7MnN_4 和 Li_3FeN_2 有可能作为电极材料。

Li_7MnN_4 和 Li_3FeN_2 可以由 Li_3N 和金属（Mn，Fe）或金属氮化物（Mn_4N、Fe_4N）按一定比例，在氮气气氛下 $600\sim700℃$ 加热 $8\sim12h$ 得到。合成反应式如下所示：

$$\frac{7}{3}Li_3N+Mn+\frac{5}{6}N_2 \Longrightarrow Li_7MnN_4 \tag{4-29}$$

$$Li_3N+Fe+\frac{1}{2}N_2 \Longrightarrow Li_3FeN_2 \tag{4-30}$$

Li_7MnN_4 结构中 MnN_4 呈四面体独立存在，锂占据点形成三维网状。其中锰的价态为 $+5$，而其最高价态为 $+7$，因此锂离子的理论最大脱嵌量为 2。Li_7MnN_4 的充放电平台在 $1.2V$ 左右，首次脱锂至 $1.7V$ 时容量为 $260mA\cdot h/g$，相当于 1.55 个锂脱出，此时锰呈现 $+6$ 和 $+7$ 两种价态。随后在 $0.8\sim1.7V$ 电压范围内可逆脱嵌锂容量为 300mA·h/g 左右，而且具有良好的循环性能。Li_7MnN_4 在充电过程中有第二相出现，而经放电又可重新返回到原有相，表明材料有着较好的脱嵌锂可逆性。与 Li_7MnN_4 不同，Li_3FeN_2 中的 FeN_4 四面体共边形成沿 c 轴的一维链状结构。从结构上看比 Li_7MnN_4 有更好的电子导电性。其中铁的价态为 +3，脱锂时可变为 +4，锂离子的理论最大脱嵌量为 1。当脱锂量大于 1 时 Li_3FeN_2 发生分解，分解电压约为 1.5V。Li_3FeN_2 的充放电平台非常平坦（1.2V 左右），可逆脱嵌锂容量约为 150mA·h/g，充放电过程中有四种不同的相产生。

Li_3N 具有 P_6 对称性，其结构由 $Li_2^+N^{3-}$ 层（A 层）和 Li^+ 层（B 层）交替排列而成。锂金属氮化物 $Li_{3-x}M_xN$（M＝Co、Ni、Cu）与 Li_3N 等结构，其中 Co、Ni、Cu 部分取代了 B 层中的锂（图 4-54 以 $Li_{2.5}Co_{0.5}N$ 为例）。$Li_{3-x}M_xN$ 通常也是以金属粉末和 Li_3N 粉末为反应物，在氮气气氛下采用高温固相法制备而得。此法合成的 $Li_{3-x}M_xN$ 固溶体组成范围为：$0 \leqslant x \leqslant 0.5$(Co)；$0 \leqslant x \leqslant 0.6$（Ni）；$0 \leqslant x \leqslant 0.4$（Cu）。由于 M^{2+}（特别是 Co^{2+}、Ni^{2+}）和 M^+ 在 $Li_{3-x}M_xN$ 体系中共存，形成相同数量级的锂缺陷，此类氮化物的准确表达式应为 $Li_{3-x-y}(M^+_{x-y}M^{2+}_y)N$，其中 y 表示锂空位。

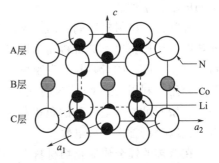

图 4-54　$Li_{2.5}Co_{0.5}N$ 的晶体结构示意图

在氮化物中，$Li_{2.6}Co_{0.4}N$ 材料具有最好的电化学性能。$Li_{2.6}Co_{0.4}N$ 材料的充放电平均电压为 0.6V，在 0～1.4V 电压范围内可逆脱嵌锂容量为 760～900mA·h/g，是石墨类碳材料理论容量的两倍多，而且密度与石墨相当。$Li_{2.6}Co_{0.4}N$ 材料首次脱锂时大约相当于有 1.6 个锂被脱出，结构式转变为 $Li_{1.0}Co_{0.4}N$，也就是说 B 层中全部的锂和 A 层中一半的锂发生了脱离。当脱锂的上限电压超过 1.4V 时，由于 A 层脱锂过多可能会分解，结构发生破坏，从而导致材料失去电化学活性。在首次脱锂过程中，材料由晶形转变为无定形态，并发生部分元素的重排，在随后的循环中保持该无定形态。这种无定形态可以允许大量锂离子的脱嵌，是 $Li_{2.6}Co_{0.4}N$ 具有高脱嵌容量的主要原因。

在材料的充放电过程中锂离子是唯一可以脱嵌的离子，结构中的钴离子或者电解液组分的阴离子并没有参与其中。明显地，$Li_{2.6}Co_{0.4}N$ 中的钴为 +1 价，锂和氮的价态分别为 +1 价和 -3 价。对脱锂产物 $Li_{1.0}Co_{0.4}N$ 来说，各元素的价态比较复杂。由于脱锂而引起电荷平稳是由钴的价态变化来补偿，钴将由 +1 价转变为 +5 价。钴不存在 +5 高的价态，因此很可能脱锂过程中有一部分氮的价态也起了变化。这就意味着钴和氮在保持材料脱嵌锂时的电荷平稳方面起了积极作用。研究认为，$Li_{2.6}Co_{0.4}N$ 的钴和氮之间具有很强的共价特性，其并不是具有很强离子特征的化合物。也就是说 $Li_{2.6}Co_{0.4}N$ 中的氮并不全都是 -3 价，而钴的价态较难确定，可能是在 +2 价与 +3 价之间。有人研究了 $Li_{2.6}Co_{0.4}N$ 首次脱嵌锂时的结构变化，结果表明，当材料首先脱锂到 1.4V 时，结构明显发生了变化，A 层中的氮原子偏离了原来的位置，材料转变为无定形态。然后在材料接下来的嵌锂过程中，绝大部分锂重新嵌入了 A 层，从短程有序来说这个脱嵌过程是可逆的。

$Li_{3-x}Cu_xN$ 和 $Li_{3-x}Ni_xN$ 材料在可逆脱嵌锂容量等性能方面远不如 $Li_{2.6}Co_{0.4}N$ 材料，因此相对研究要少一些。$Li_{2.6}Co_{0.4}N$ 材料在 $0\sim1.3V$ 电压范围内嵌脱锂容量为 650mA·h/g，循环性能比较稳定。$Li_{2.5}Co_{0.5}N$ 材料的性能较差，在 $0\sim1.4V$ 电压范围内嵌脱锂容量低于 250mA·h/g。尽管这三种材料同样具有如 Li_3N 的结构，但是它们的微结构可能存在着区别，比如材料脱锂后形成的无定形态和锂周围电子环境有所不同，导致各自的脱嵌锂机理不一样，从而表现出截然不同的电化学性能。

和其他负极材料不同，$Li_{3-x}M_xN$（M＝Co、Ni、Cu）的结构为富锂型，而且充放电电压比石墨类碳材料高几百毫伏，因此作为负极材料时需要贫锂 5V 正极材料与之相对应；或者将其预先脱掉一部分锂，才可以与富锂的 $LiCoO_2$ 等正极材料配合使用。利用 $Li_{2.6}Co_{0.4}N$ 首次脱锂容量大于首次嵌锂容量的特点，可以将其与一些初始不可逆容量较高的负极材料（如 SiO、Sn_xO 等）配合形成高性能的复合电极，以提高首次充放电效率。

在众多的锂金属氮化物材料中，通常认为只有 $Li_{3-x}M_xN$（M＝Co、Ni、Cu）具有 Li_3N 的结构。研究表明，将 Li_3N 粉末预压成块，放入充有 300kPa 氮气的纯铁容器中密封，$850\sim1050℃$ 温度下加热 12h，然后再经过淬火过程，可以得到 $Li_{2.7}Fe_{0.3}N$ 材料。此法制备的 $Li_{2.7}Fe_{0.3}N$ 同样具有如 Li_3N 的结构，在 $0.0\sim1.3V$ 电压范围内可逆脱嵌锂容量为 550mA·h/g。与 $Li_{2.6}Co_{0.4}N$ 不同的是，$Li_{2.7}Fe_{0.3}N$ 的首次脱锂曲线出现两个电压平台，可能分别相对于结构中 A、B 两层中的锂脱出。而且首次脱锂后材料同样转变为无定形态，具体的脱嵌机理还有待于进一步研究。

4.5.2　锂钛复合氧化物 $Li_{4/3}Ti_{5/3}O_4$

$Li_{4/3}Ti_{5/3}O_4$ 是另一种含锂的负极材料，它的结构为尖晶石型。作为负极材料，$Li_{4/3}Ti_{5/3}O_4$ 结构稳定，在充放电过程中体积几乎不发生任何变化，因此具有非常好的循环性能，同时钛资源丰富、清洁环保；但是 $Li_{4/3}Ti_{5/3}O_4$ 的嵌锂电位偏高（1.55V），若直接以 $LiCoO_2$ 作正极组成电池，势必会降低电池的输出电压，而 5V 的正极材料对电解液的要求也是一个难题，所以 $Li_{4/3}Ti_{5/3}O_4$ 作为负极材料也有一定的限制。

4.5.2.1　$Li_{4/3}Ti_{5/3}O_4$ 的结构及嵌锂特性

$Li_{4/3}Ti_{5/3}O_4$ 是一种由金属锂和低电位过渡金属钛组成的复合氧化物，属于 AB_2X_4 系列，其结构可以表示为 $Li[Li_{1/3}Ti_{5/3}]O_4$。$Li_{4/3}Ti_{5/3}O_4$ 为立方晶系，空间点群为 $Fd3m$，晶胞参数 $a=0.836nm$，它的晶体结构如图 4-55 所示。完整的晶胞含有 8 个 $Li_{4/3}Ti_{5/3}O_4$ 结构单元，32 个氧离子按 FCC（面心立方堆积）排列，位于 $32e$ 的位置；占总数 3/4 的锂离子位置 $8a$ 的四面体位置上，而剩下的锂离子和 Ti^{4+} 则位于 $16d$ 的八面体位置中。$Li_{4/3}Ti_{5/3}O_4$ 的结构为锂的脱嵌提供了三维扩散通道。

八面体间隙
（共 32 个）

四面体间隙
（共 32 个）

图 4-55　$Li_{4/3}Ti_{5/3}O_4$ 的晶体结构示意图

$Li_{4/3}Ti_{5/3}O_4$ 在充电过程中，嵌入的锂离子占据八面体位置（$16c$），同时原来处于 $8a$ 四面体位置的锂也向八面体位置 $16c$ 迁移，形成新的尖晶石相 $Li_{7/3}Ti_{5/3}O_4$。$Li_{4/3}Ti_{5/3}O_4$ 在充电过程中最多可嵌入一个锂，因此其理论容量为 $175mA \cdot h/g$。$Li_{4/3}Ti_{5/3}O_4$ 在充放电过程中发生的反应如下式：

$$Li[Li_{1/3}Ti_{5/3}]O_4 + xLi \longleftrightarrow Li_{1+x}[Li_{1/3}Ti_{5/3}]O_4 \qquad (4\text{-}31)$$
$$\quad 8a \quad 16d \quad 32e \qquad\qquad 16c \quad 16d \quad 32e$$

式中，Li^+ 在 $Li_{4/3}Ti_{5/3}O_4$ 的嵌入是一个两相过程，这种转变是动力学高度可逆的，随着锂的嵌入，Ti^{4+} 被还原为 Ti^{3+}。$Li_{4/3}Ti_{5/3}O_4$ 与其充电产物 $Li_{7/3}Ti_{5/3}O_4$ 结构相同，均为立方尖晶石结构，只是晶胞参数 a 略有变化，由 $0.836nm$ 变为 $0.837nm$，晶胞体积变化非常小，因此被称为"零应变材料"。它们在物性上有所不同，如表 4-10 所示。正是由于 $Li_{4/3}Ti_{5/3}O_4$ 在充放电前后结构几乎不发生变化，因此以它作为锂离子电池的负极材料，有着非常好的循环性能，经过上千次循环仍能保持稳定的容量。

表 4-10　$Li_{4/3}Ti_{5/3}O_4$ 与 $Li_{7/3}Ti_{5/3}O_4$ 的结构参数

材　　料	晶胞参数 a/nm	电子电导率/(S/cm)	颜　色
$Li[Li_{1/3}Ti_{5/3}]O_4$	0.836	10^{-9}	白色
$Li_2[Li_{1/3}Ti_{5/3}]O_4$	0.837	10^{-2}	深蓝色

$Li_{4/3}Ti_{5/3}O_4$ 的典型的充放电曲线如图 4-56 所示，由图中可以看出，$Li_{4/3}Ti_{5/3}O_4$ 的嵌锂电压为 1.55V，充放电平台非常平坦，库仑效率达 100%，循环性能也非常好，在 100 个循环后容量还没有明显的衰减。图 4-57 是在 1mol/L 的 $LiClO_4$/PC 电解液中，以 $10\mu V/s$ 的扫描速率扫描的 $Li_{4/3}Ti_{5/3}O_4$ 的循环伏安曲线，氧化-还原峰十分对称，峰电位差为 60mV，表明 $Li_{4/3}Ti_{5/3}O_4$ 的电极过程可逆性好。

$Li_{4/3}Ti_{5/3}O_4$ 的嵌入电压为 1.55V，较石墨类材料高，因此要求与它组成电池的正极材料的电压较高，正极若为 4V 的 $LiCoO_2$ 或 Li_2MnO_4，则电池的电压为

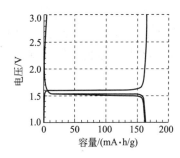

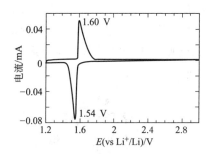

图 4-56 $Li_{4/3}Ti_{5/3}O_4$ 的充放电曲线　　图 4-57 $Li_{4/3}Ti_{5/3}O_4$ 循环伏安图

（扫描速率 $10\mu V/s$）

2.5V，若与 5V 的正极材料 $LiCoPO_4$ 组成电池，则电池达 3.5V，但对电解液要求非常苛刻。

$Li_{4/3}Ti_{5/3}O_4$ 作为负极材料，有着较好的高温性能，这是因为 $Li_{4/3}Ti_{5/3}O_4$ 的导电性不好，提高电池的使用温度，可以提高材料的本征导电性，从而使材料有更好的倍率性能。10C 充放电下，50℃比 25℃的容量高约 20mA·h/g。

4.5.2.2 $Li_{4/3}Ti_{5/3}O_4$ 的制备方法

$Li_{4/3}Ti_{5/3}O_4$ 的制备方法主要有固相反应和溶胶-凝胶法两种，它们的优缺点同制备其他的电极材料相类似：固相法工艺简单，要求较高的热处理温度和较长的烧结时间，能耗大，同时粒径较大，难以控制；而溶胶-凝胶法可弥补固相法的缺点，但引入大量有机化合物，同时过程也较为复杂。

固相反应合成 $Li_{4/3}Ti_{5/3}O_4$ 的工艺与其他金属复合氧化物类似，通常将 TiO_2 与 $LiOH·H_2O$ 或 Li_2CO_3 混合，然后在高温（800～1000℃）下处理 12～24h，得到产物 $Li_{4/3}Ti_{5/3}O_4$。为了使原料达到充分均匀混合的目的，可以采用高能球磨，球磨同时可以缩短反应时间，降低热处理温度，得到粒径更小、分布更窄的粒子。为了提高材料的导电性，可以在原料中加入一定量的非活性导电剂，如导电碳，然后再在惰性气氛下热处理。

按化学计量比混合原料，在 N_2 流中，800℃下高温处理 12h 可得到 $Li_{4/3}Ti_{5/3}O_4$。当 $LiOH·H_2O$ 的量不足时，产物中会残余有 TiO_2；如果 $LiOH·H_2O$ 过量，产物会有单斜晶体 Li_2TiO_3。产物在 $LiNiO_2$ 为正极下，以 $0.17mA/cm^2$ 下充放电，首次放电容量达 150mA·h/g，但与天然石墨负极相比，其容量衰减较快。

将 TiO_2 与 Li_2CO_3 球磨混合后，先在 600～700℃下预烧数小时后研磨，在 900～1000℃下焙烧 1～2h，得到 $Li_4Ti_5O_{12}$。在 C/10 倍率下充放电，首次放电比容量为 170mA·h/g。$Li_{4/3}Ti_{5/3}O_4$ 的最高煅烧温度为 (1015 ± 5)℃，超过该温度，它就会分解为 Li_2TiO_3 和 $Li_2Ti_3O_7$ 的混合相。

N_2 并不是制备 $Li_{4/3}Ti_{5/3}O_4$ 的必要条件，有人用 Li_2CO_3 作锂源，在 1000℃

下经 26h 热处理后得到电化学性能优良的 $Li_{4/3}Ti_{5/3}O_4$，在制备过程中一般过量原料锂盐 8% 左右。

溶胶-凝胶法是一种液相合成方法，它可以合成纳米级的超细粉末，一般采用有机前驱体为原料，通过原料的水解或醇解形成溶胶，溶胶在一定条件下挥发溶剂、老化失去流动性得到凝胶，再经过热处理而得到最后的产物。

将适量的异丙醇钛 $Ti[OCH(CH_3)_2]_4$ 加入到乙酸锂的甲醇溶液中，得到黄色胶体，搅拌 1h 得到白色凝胶，在 60℃ 下干燥一天得到干凝胶，然后再将干凝胶在 700～800℃ 煅烧得到产品。该法制得的 $Li_{4/3}Ti_{5/3}O_4$ 插锂电位为 1.55V，容量达到理论容量的 95%（C/60）。

以钛酸正丁酯 $[Ti(OC_4H_9)_4]$ 和乙酸锂为原料，采用异丙醇为溶剂，通过图 4-58 所示的溶胶-凝胶路线合成了纳米级的 $Li_{4/3}Ti_{5/3}O_4$，得到的粒子平均粒径为 100nm。产物在 $0.3mA/cm^2$ 下充放电，首次嵌锂容量高达 272mA·h/g，但首次放电效率低至 53.9%，在其后保持了很好的循环性能。

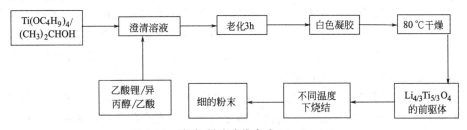

图 4-58　溶胶-凝胶路线合成 $Li_{4/3}Ti_{5/3}O_4$

4.5.2.3　$Li_{4/3}Ti_{5/3}O_4$ 的掺杂改性

$Li_{4/3}Ti_{5/3}O_4$ 作为负极材料，最主要的缺点是它的嵌锂电位比较高，使得电池的输出电压偏低；同时 $Li_{4/3}Ti_{5/3}O_4$ 的电子电导率低，大电流充放电性能差。因此，对 $Li_{4/3}Ti_{5/3}O_4$ 进行改性主要是要降低它的嵌锂电位，增大电导率以提高大电流充放电性能。

（1）降低嵌锂电位的改性　在 $Li_{4/3}Ti_{5/3}O_4$ 中用过渡金属元素（如 Fe、Ni、Co 等）取代 Ti^{4+}，可在一定程度上降低钛酸锂的嵌锂电位，而且也不改变 $Li_{4/3}Ti_{5/3}O_4$ 的尖晶石结构。一般选取氧化物进行掺杂，将反应物与掺杂的氧化物混合球磨，然后再在高温下烧结。掺入的金属原子大多占据 16d 的位置，只有 Fe 占据了少量的 8a 位，并产生阳离子空位；镍和铬的掺杂导致 0.6V 放电平台的出现，并使容量提高了 40mA·h/g 左右，但有明显的容量衰减。掺铁形成固溶体 $Li_{1+x}Fe_{1-3x}Ti_{1+2x}O_4$（$0 \leqslant x \leqslant 0.33$），放电平台均在 1.5V 以下，但随着掺铁增多，材料的容量下降得很快，且循环性能只能维持在 25 次以内；当铁原子掺入量最大（$x=0$）时，形成的 $LiFeTiPO_4$ 有高达 230mA·h/g 的初始容量，但首次循环效率很差，第二次循环即在 150mA·h/g 以下，其后容量衰减较快。

对 $Li_{4/3}Ti_{5/3}O_4$ 的降低嵌锂电位的掺杂改性在一定程度上的确起到了降低电极

电位的作用，但是也都不同程度上削弱了材料在循环稳定性方面的优势，这方面的工作还有待于进一步研究。

（2）提高大电流充放电能力的改性 主要有两种方法，一是减小粒径，缩短锂离子扩散距离，提高锂离子的扩散系数；另一种方法就是掺杂，包括对材料进行金属离子的体相掺杂，形成固溶体，或者是引入导电剂炭以提高导电性。

纳米尺度的 $Li_{4/3}Ti_{5/3}O_4$ 比普通的 $Li_{4/3}Ti_{5/3}O_4$ 在较大电流下有更好的容量性能，以 $0.5C$ 放电时二者各自具有的比容量为参照，$1C$ 放电时纳米 $Li_{4/3}Ti_{5/3}O_4$ 可放出 94%，后者可放出 80%；$10C$ 放电前者可放出 75%，后者可放出 30%。要得到纳米级的粒子，可以通过改进材料的合成方法来实现，液相法可以得到超微粒子，甚至是纳米尺寸的粒子，由于 Ti^{4+} 容易形成溶胶，所以常常选用溶胶-凝胶法来合成 $Li_{4/3}Ti_{5/3}O_4$。

半导体材料本征导电性的提高可以通过引入杂质离子来实现，当杂质离子的价态与其所取代的离子价态不一致时，将给晶体带来额外的电荷，这些额外电荷必定通过其他具有相反电荷的杂质离子来补偿或通过产生空位来抵消，以使整个晶体保持电中性。当用高价阳离子取代低价阳离子时，会产生阳离子空位，而低价离子取代高价时，则产生阴离子空位，无论是阳离子空位还是阴离子空位，都将使晶格发生畸变，造成缺陷，使晶体的电导率上升。

用镁取代锂可得到固溶体 $Li_{4-x}Mg_xTi_5O_{12}$（$0.1\leqslant x\leqslant1.00$），由于镁是二价金属，而锂为一价，这样部分钛由四价转变为三价，混合价态的出现提高了材料的电子导电能力。当 $x=1.00$ 时，材料的电导率可提高到 $10^{-2}S/cm^2$。三价铬离子取代锂亦有相似的作用。

碳元素掺杂 $Li_{4-x}Mg_xTi_5O_{12}$ 可以提高其电子导电率，这种掺杂不同于前面金属离子的掺杂，金属离子的掺杂是引入空位，提高材料的本征导电性；而碳的掺入是减小接触电阻，同时起到分散作用，这种掺杂是一种体相掺杂。用于 $Li_{4/3}Ti_{5/3}O_4$ 掺杂的碳元素，可以选用比表面分别为 $80m^2/g$ 和 $2000m^2/g$ 的活性炭和天然石墨，材料的颗粒直径 $50nm$ 左右，其比容量和循环性俱佳。

除 $Li_{4/3}Ti_{5/3}O_4$ 可以用作锂离子电池负极外，其他的一些钛氧化物也可以可逆储锂，如 $Li_2MTi_6O_{14}$（M = Sr、Ba）是立方晶系，有着三维嵌锂通道。$Li_2MTi_6O_{14}$ 最大可嵌入 4 个锂，在 $1.4\sim0.5V$ 有三个平台，其实际容量大约为 $140mA\cdot h/g$。

4.6 膜电极材料

薄膜是一种物质形态，这里提到的薄膜是指附着在基体上的固体薄膜，它是相对于块状物质而言的。从结构上来分，它可以是单晶、多晶或非晶（无定形）的；从化学组成上来看，它可以是单质，也可以是化合物。

负极薄膜材料是相对于块状粉末电极材料而言，它的化学组成与粉末电极材料相同，只是通过不同的物理或者化学成膜的方法使之在基体上成膜。前面讨论过的各种负极材料都可以形成薄膜电极，常见的负极薄膜材料包括碳基薄膜材料、金属或合金薄膜材料、钛基薄膜材料等。与粉末电极相比，不必添加粘接剂和导电剂，薄膜电极可更直观地反映电极材料的性能，同时具有设计简单、内部电阻小、充放电性能良好等优点。

一般而言，对于制备薄膜的要求，可以归纳如下：膜厚均匀；膜的成分均匀，沉积速率高，生产能力高；重复性好；具有高的材料纯度，保证化合物的配比；与基体具有较好的附着力，较小的内应力等。

4.6.1 薄膜电极材料的制备方法

薄膜电极材料的制备方法主要可以分为两大类：一类是物理方法，一类是化学方法。物理方法制备薄膜研究较多，并且得到的膜的性能也较好，主要包括磁控溅射法（magnetron sputtering，MS）、脉冲激光沉积法（pulsed laser deposition，PLD）、电子束蒸发法（electron beam evaporation，EBE）；化学方法有静电喷雾沉积法（electrostatic spay deposition，ESD）、化学气相沉积法（chemical vapor deposition，CVD）、旋转-涂覆法（spin-coating technique）和电镀（electrodeposition）等。化学法较物理法制备薄膜材料的成本低，但控制参数增多，不容易得到符合计量比的薄膜。

4.6.1.1 物理法制膜

将待镀膜的基体置于真空室内，通过加热使蒸发材料气化（或升华）而沉积到某一温度的基体表面上，从而得到一层薄膜，这种成膜方法称为蒸发镀膜，简称蒸镀。蒸镀是在高真空环境下进行，可防止膜的污染和氧化，便于得到洁净、致密、符合预定要求的薄膜。蒸发镀膜法与其他成膜法相比，工艺较简单，容易操作，成本较低，故是常用的方法之一。

蒸发镀膜的设备是真空镀膜机，它主要由三部分组成：真空系统、蒸发装置和膜厚监控装置。真空系统用来获得必要的真空度，提供成膜的必要条件；蒸发装置用来加热镀膜材料，使之蒸发；膜厚监控装置用来对薄膜厚度进行监控，以达到必要的膜厚。

蒸发镀膜按其蒸发源的不同，可分为电阻蒸发法、电子束蒸发法、激光蒸发法等。电阻热蒸发法是利用电流通过加热源所产生的热量来加热蒸发材料的一种蒸镀方法，电阻加热的蒸发源常用高熔点金属（钨、钼、钽）和石墨。在电阻热蒸发法中，由于膜料与蒸发源直接接触，所以蒸发源可能成为杂质混入到膜料中并随之共同蒸发；此外，某些膜料与蒸发源材料发生反应，膜料的蒸镀受蒸发源熔点限制，而且使用寿命短。

电子束蒸发法是利用电子束集中轰击膜料的一部分而行加热的一种蒸镀方法。其特点是：能量可高度集中，使膜料的局部表面获得很高的温度；能准确而方便地控制蒸发温度；并且有较大的温度调节范围。因此它对高、低熔点的膜料均能适用。

　　激光蒸发法是将激光束作为热源来加热膜料，通过聚集可使激光束功率密度达到 $10^6 W/cm^2$ 以上，它以无接触加热方式使膜料迅速气化，然后沉积在基体上成膜的方法。激光蒸发法的主要优点是：能实现化合物的蒸发沉积，而且不会产生分馏现象。能蒸发任何高熔点材料，并可冲洗和避免膜料的沾污，同时可避免电子束蒸发时的膜面带电等。此外，在基片不加热的情况下，还能得到结晶良好的薄膜。

　　溅射镀膜是利用气体放电产生的正离子在电场作用下高速轰击作为阴极的靶体，使靶体的中原子（或分子）逸出，沉积到被镀基体的表面，形成所需的薄膜。溅射镀膜具有如下特点。

　　① 由于动能为几百至几千电子伏的正离子轰击靶材，溅射得到的材料粒子动能约为几十电子伏，因此它们与基体的附着力较强。

　　② 蒸发源的面积较小，而溅射时，靶材的面积较大。而且由于溅射粒子经不断与充入的气体原子（或分子）碰撞后到达基体面成膜。但在蒸发时，气压低于 $1.33 mPa$，蒸发的粒子基本上是从蒸发源以直线路径至基体的。溅射膜的厚度分布比蒸发膜的均匀。

　　③ 适用于高熔点金属、合金和化合物材料的成膜。

　　溅射法可分为阴极溅射、高频溅射、磁控溅射、等离子溅射等不同的溅射成膜方法。

　　高频溅射法（radio frequency sputtering，简称 RF 法）是在高频电场作用下，在靶极和基体之间形成高频放电，等离子体中的正离子和电子交替轰击靶材而产生溅射。RF 法的特点是：溅射速率高，例如溅射 SiO_2 时，沉积速率可达 200nm/min；膜层致密，针孔少，纯度高；膜的附着力强。

　　磁控溅射（magnetron sputtering）就是以磁场束缚和延长电子的运动路径，改变电子的运动方向，提高工作气体的电离率和有效利用电子的能量的一种高速溅射成膜方法。磁控溅射的原理是：电子在电场的作用下加速飞向基体的过程中与氩原子发生碰撞，电离出大量的氩离子和电子，电子飞向基体。氩离子在电场的作用下加速轰击靶材，溅射出大量的靶材原子，呈中性的靶原子（或分子）沉积在基体上成膜。二次电子在加速飞向基片的过程中受到磁场洛仑磁力的影响，被束缚在靠近靶面的等离子体区域内，该区域内等离子体密度很高，二次电子在磁场的作用下围绕靶面做圆周运动，该电子的运动路径很长，在运动过程中不断地与氩原子发生碰撞电离出大量的氩离子轰击靶材，经过多次碰撞后电子的能量逐渐降低，摆脱磁力线的束缚，远离靶材，最终沉积在基片上。

　　脉冲激光沉积法（PLD）是利用激光的巨大能量照射到靶上，靶在极短的时间内被加热熔化、气化直至变为等离子体，等离子体从靶向基体传输，最后在基体上凝聚成核，形成薄膜。

脉冲激光制备薄膜的优点是：能源（激光）放在真空室外，易于调节；使用范围宽，几乎任何能凝结的物质都能制备成靶材。同时，由于脉冲激光器的特性，薄膜的生长率可以按要求任意调节；薄膜成分容易严格实现与靶材成分一致；薄膜质量高，膜底和基底之间互扩散小；可直接在不锈钢衬底上沉积，无需沉积后高温退火处理。脉冲激光制备薄膜也存在一些缺点，如当激光加热靶材时，升温极快，气体急剧膨胀，小液滴掉在膜上，使膜产生缺陷。

4.6.1.2　化学法制膜

化学气相沉积法（CVD）是一种经典的薄膜沉积技术，把含有构成薄膜元素的一种或几种化合物、单质气体供给基片，借助气相作用或在基片上的化学反应生成所需的薄膜。CVD 法可以通过气体组成来控制薄膜的成分，薄膜沉积速度快，制备费用低廉，可以进行大面积薄膜的制备。CVD 法与蒸发成膜和溅射镀膜相比，膜层均匀，覆盖好，同时还可以对整个基体进行沉积。CVD 法分为普通的 CVD 法、等离子增强的化学气相沉积法（PECVD）和光化学气化沉积法等。

静电喷雾沉积法（ESD）是在包含有前驱体溶液的表面上施加一较高的电压来产生气溶胶，然后将气溶胶通过静电沉积在基体上制得薄膜。ESD 沉积效率远高于传统的 CVD，较多用在锂离子电池的电极薄膜材料的制备上。

溶胶-凝胶法（sol-gel）不仅可用来制备超细粉末，也可以用来薄膜材料，溶胶-凝胶法制备薄膜材料的一般过程为：先制备出溶胶，然后采取涂布或浸渍的方法，将溶胶涂覆于基体上。干燥后在一定温度下热处理，即可在基体上得到薄膜。涂膜的厚度取决于溶液的黏度及浸渍涂刷的次数。溶胶-凝胶法制备薄膜典型的有玻璃薄膜，它是将醇盐溶液浸渍或刷涂或喷涂在基材表面，然后涂膜在空气中消解、凝聚、干燥，最后烧结，形成的薄膜均匀地固化在基材表面。用此方法制备的高纯的 B_2O_3-SiO_2 玻璃膜在集成电路等电子元器件中对碱金属离子起钝化作用，具有绝缘、防潮、防氧化性，是很好的电子材料。

电镀是一种用电解方法进行镀膜的过程，研究是"阴极沉积"，主要用来制备金属或合金薄膜材料。电镀时将基体浸于电镀液中，以它作为阴极，通常把待镀的金属材料（常为板状）作为阳极也浸于电解液中，电解液为一定浓度的待镀金属离子的溶液。在通电下，阳极金属失去电子而成为金属离子迁移到电解液中，而溶液中的金属离子则迁移向阴极，获得电子后变成为金属原子在阴极沉积成膜。对镀层的基本要求是：具有细致紧密的结晶，镀层平整，光滑牢固，无针孔等。镀层质量的好坏与基体的表面情况，电解液的组成、浓度、酸碱度，电镀的电流密度和温度等有密切关系。一般在镀前必须对基体表面进行彻底的清洗，打磨，否则不易镀上或镀层易起泡脱落。

4.6.2　薄膜电极材料的分类

碳材料形成薄膜较难，研究得较多的是金属和合金材料的薄膜，以及氧化物薄膜，这里主要就这三种薄膜材料进行论述。

4.6.2.1　碳薄膜材料

利用压力脉冲化学气相渗透技术制备热解碳薄膜，所用的基体为两种不同的导电多孔木材，一种为炭化的木材，另一种为含 TiN 涂层的木材。研究表明，热解碳薄膜有三维的电流路径，大倍率放电性能好。前一种碳薄膜有相当高的结晶度，而后者是无序的。前一种碳薄膜的容量比后一种低，但是库仑效率较后者高。含 TiN 涂层的木材的热解碳薄膜在不同电流下的充电曲线如图 4-59 示。

碳纳米管薄膜的制备方法有化学气相沉积法、微波等离子体化学气相沉积法、催化热解法等。

4.6.2.2　金属和合金薄膜材料

在薄膜材料中，研究得较多的为金属和合金薄膜，主要原因在于金属和合金理论比容量大，比较容易形成薄膜，同时成膜后可以极大地提高材料的负极电性能，如提高材料的可逆容量，克服材料在充放电过程中其体积改变带来的粉化、削落等，提高电极的循环性能等。

铝是一种常见的金属，它与锂可能形成三种合金：$AlLi$、Al_2Li_3、Al_4Li_9，铝电极的最大储锂量为 2.25 个锂，其质量比容量可达 $2234mA \cdot h/g$（形成 Al_4Li_9 合金），是金属锡的两倍多（$994mA \cdot h/g$）。在金属成膜中，较多的是使用蒸发镀膜法。在真空度小于 $10^{-3}Pa$ 的真空室中，以惰性金属 Cu 为基体，可将粒状的 Al 热蒸发到基体上，得到的 Al 薄膜厚 $0.1 \sim 1\mu m$，比容量约为 $1000mA \cdot h/g$。铝薄膜的充放电曲线如图 4-60 所示。

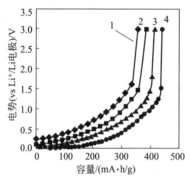

图 4-59　含 TiN 涂层的木材的热解碳薄膜
在不同电流下的充电曲线
1—960mA/g；2—480mA/g；
3—120mA/g；4—30mA/g

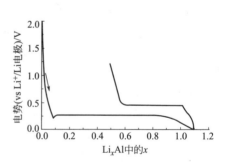

图 4-60　铝薄膜的充放电曲线
（C/4，$1.2 \sim 0.01V$）

铝薄膜的充放电曲线主要存在有三个电位区域，分别对应于三种不同的电化学反应。第一个区域在 $0.26 \sim 2.6V$，这对应于膜表面氧化层的还原，0.26V 的电压平台属于 LiAl 合金的形成，XRD 表明得到的 LiAl 合金是无定形而不是晶形化合物。在 10mV 下的电位区域并没有形成富 Li 合金 Al_4Li_9。同时，薄膜越厚，电极

锂离子电池原理与关键技术

的可逆和不可逆容量都越小，而且充放电效率也越低，膜厚分别为 $0.1\mu m$、$0.3\mu m$、$1\mu m$ 时电极的放电容量分别为 $800mA\cdot h/g$、$610mA\cdot h/g$、$420mA\cdot h/g(C/4)$，充首次充放电效率分别为 58％、56％、41％。

银薄膜作为负极材料有几个优点：第一是有非常高的比容量，可以最终形成 $AgLi_{12}$ 化合物；第二是合金和去合金电位范围很低（$0.250\sim0V$）；第三是薄膜很容易制备，比如通过热蒸发或者射频溅射法可以得到。

高频溅射法（RF 法）在不锈钢基体上可以制备 Ag 薄膜，RF 法制备的薄膜具有更好的附着力，而且厚度容易确定。银薄膜电极的充放电曲线如图 4-61 所示。在 $0.400\sim0V$ 有四个电压平台，在 $0.06\sim0.04V$ 间有两个电压平台，相应于 $AgLi_{5.2}$，另外在 $0.10V$ 和 $0.30V$ 各有一电压平台。银薄膜在以 $Li_{1.2}Mn_{1.5}Ni_{0.5}O_4$ 为正极，$1mol/L$ $LiPF_6$-EC-PC-DMC 为电解质的微电池中，循环 1000 次容量还接近于 $25\mu A\cdot h/cm^2$，平均工作电压为 $4.65V$。

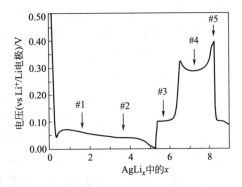

图 4-61　Ag 薄膜的充放电曲线
（$50\mu A/cm^2$，$0.4\sim0V$）

日本的三洋电气公司制备并研究了一种 Sn-Cu 薄膜电极。通过电镀，在铜的基体上形成锡的薄层，将此薄膜在 $200℃$ 退火 $24h$，提高锡层与基材的结合材料力，循环 10 周后可逆容量仍为 $800mA\cdot h/g$。结构分析及电镜照片显示退火导致锡层和铜集流体层之间形成了两种不同 Sn-Cu 金属间化合物，这种铜在锡层中的浓度梯度提高了活性物质和集流体之间的作用强度，改善了电极性能。

采用电镀和磁控溅射的方法得到不同形态的金属锑薄膜，不同形态的锑材料具有相同的充放电平台，嵌锂平台和放锂平台分别为 $0.8V$ 和 $1.0V$ 左右，薄膜锑的电化学性能要好于锑粉材料，而磁控溅射制得的薄膜性能最优，首次脱嵌容量可达 $423mA\cdot h/g$，15 个循环以后其可逆容量仍保持在 $400mA\cdot h/g$ 以上。

4.6.2.3　氧化物薄膜材料

研究负极氧化物薄膜材料主要有 SnO_2、NiO、$Li_4Ti_5O_{20}$ 和其他氧化物。SnO_2 薄膜的制备方法较多，如磁控溅射法、化学气相沉积法（CVD）、喷雾热解法（spray pyrolysis，SP）、静电喷雾沉积法（electrostatic spray deposition，ESD）、溶胶-凝胶法（Sol-gel）、电子束蒸发法等。

用 ESD 法制备的 SnO_2 薄膜属于无定形结构，无定形结构可以避免应力变化对晶格的影响，从而使其具有较好的循环性能。这种 SnO_2 薄膜电极在 $0.2mA\cdot cm^{-2}$ 的充放电电流下在 $0.05\sim2.5V$ 之间可逆容量超过了 $1300mA\cdot h/g$；当电位区间为 $0\sim1.0V$ 时，循环 100 多次后还可以保持 $600mA\cdot h/g$ 的可逆容量。

用射频磁控溅射法制备的 SnO_2 薄膜，制得的电极材料具有好的可逆容量和循环性能，75 次循环后可逆容量仍超过 $400mA \cdot h/g$。射频磁控溅射法可使薄膜在温度较低的基板上进行沉积，提高沉积膜的密度、结晶度以及黏结性。此外，用真空热蒸镀法和化学气相沉积法得到的 SnO_2 薄膜也有良好的电化学性能。

如前所述，$Li_{4/3}Ti_{5/3}O_4$ 是一种具有尖晶石结构的含锂的负极材料，它结构稳定，充放电过程中体积几乎不发生任何变化，因此有着极好的循环性能。$Li_{4/3}Ti_{5/3}O_4$ 薄膜的制备方法包括通过 ESD 法、旋转-涂覆技术（spin-coating technique，SCT）和化学喷雾技术（chemical spraying technique）等。采用 ESD 法制备的 $Li_{4/3}Ti_{5/3}O_4$ 薄膜可以通过 $Li(CH_3COO)_2 \cdot 4H_2O$ 和 $Ti(OC_4H_9)_4$ 为原料，用 $CH_3(CH_2)_3OCH_2\text{-}CH_2O$（20%）溶剂，基体采用直径为 14mm，厚度为 $30\mu m$ 的铂圆片，然后将得到的薄膜在 700℃ 高温下热处理。利用 Sol-gel 法，通过 SCT 制备了 $Li_{4/3}Ti_{5/3}O_4$ 薄膜，具体过程为：在原料中加入 PVP（聚乙烯吡咯烷酮）以形成溶胶，然后再将得到的溶胶用旋转-涂覆法使之沉积在 Au 基体上，最后在 600～800℃ 高温下热处理得到最后的薄膜。

除此之外，还有其他一些氧化物薄膜负极材料，如 NiO 薄膜、CeO_2 薄膜、$CoFe_2O_4$ 薄膜等。NiO 薄膜的制备主要采用磁控溅射、化学气相沉积、电镀和 PLD 等方法。$CoFe_2O_4$ 薄膜可通过激光脉冲沉积法（pulsed laser deposition，PLD）得到，基体采用不锈钢，抽至真空，充以纯氧，在 600℃ 的条件下沉积 1.5h。如用 PLD 制备了 CeO_2 薄膜，其比容量达 $150mA \cdot h/g$ 左右，循环性能好，慢扫描循环曲线表明在 0.6V 和 1.6V 出现还原峰和氧化峰。

参 考 文 献

[1] Huggins R. J. Power Sources, 1999, 81-82：13-19.

[2] Beaulieu L Y, Eberman K W, Turner R L, et al. Electrochemical and Solid-State Leters, 2001, 49：A137- A140.

[3] Martin W, Besenhard J O. Electrichimica Acta, 1999, 45：31-50.

[4] Besenhard J O, Wachtler M, Winter M, et al. J. Power Sources, 1999, 81-82：268-272.

[5] Yang J, Takeda Y, Tmanishi N, et al. J. Power Sources, 1999, 79：220-224.

[6] 师丽红. 锂离子电池纳米合金/碳复合型负极材料研究 [博士论文]. 北京：中科院物理所，2001.

[7] Li H, Zhu G Y, Huang X J, et al. J. Mater. Chem., 2000, 10 (3)：693-696.

[8] Hwang S. M, Lee H Y, Jang S W, et al. Electrochemical and Solid-State Letters, 2001, 4 (7)：A97-A100.

[9] Johnson C S, Vaughey J T, Thackeray M M, et al. Electrochemistry Comm., 2000, 2：595-600.

[10] Vaughey J T, Johnson C S, Kropf A J, et al. J. Power Sources, 2001, 97-98：194-197.

[11] Benedek R, Vaughey J T, Thackeray M M, et al. J. Power Sources, 2001, 97-98：201-203.

[12] Kropf A J, Tostmann H, Johnson C S, et al. Electrochem Commu, 2001, 3：244-251.

[13] Vaughey J T, Hara J O, Thackeray M M. Electrochemical and Solid-State Letters, 2000, 3 (1)：13-16.

[14] Hewitt K C, Beaulieu L Y, Dahn J R. J Electrochem Soc, 2001, 148 (5)：A402-A410.

[15] Johnson C S, Vaughey J T, Thackeray M M, et al. Electrochemistry Comm, 2000, 2: 595-600.

[16] Benedek R, Vaughey J T, Thackeray M M, et al. J. Power Sources, 2001, 97-98: 201-203.

[17] Kropf A J, Tostmann H, Johnson C S, et al. Electrochem Commu, 2001, 3: 244-251.

[18] Vaughey J T, Hara J O, Thackeray M M. Electrochemical and Solid-State Letters, 2000, 3 (1): 13-16.

[19] Hewit K C, Beaulieu L Y, Dahn J R. J. Electrochem Soc, 2001, 148 (5): A402-A410.

[20] Larcher D, Berulieu L Y, Mao O, et al. J. Electrochem Soc, 2000, 147 (5): 1703-1708.

[21] Kepler K D, Vaughey J T, Thackeray M M. J Power Sources, 1999, 81-82: 383-387.

[22] Larcher D, Beaulieu L Y, MacNeil D D. J Electrochem Soc, 2000, 147 (5): 1658-1662.

[23] Kepler K D, Vaughey J T, Thackery M M. Electrochem and Solid-State Letters, 1999, 2 (7): 307-309.

[24] Larcher D, Beaulieu L Y, MacNeil D D. J Electrochem Soc, 2000, 147 (5): 1658-1662.

[25] Yongyao X, Tetsuo S, Takuya F, et al. J Electrochem Soc, 2001, 148 (5): A471-A481.

[26] Fransson L M, Vaughey J T, Benedek R, et al. Electrochem Commu, 2001, 3: 317-323.

[27] Francisco J, Femandez M, Pedro L, et al. J Electroanalytical Chemistry, 2001, 501: 205-209.

[28] Beaulieu L Y, Dahn J R. J Electrochem Soc, 2000, 147 (9): 3237-3241.

[29] Hong, L, Wei L, Huang X J, et al. J Electrochem Soc, 2001, 148 (8): A915-A922.

[30] 吕成学, 褚嘉宜, 翟玉春. 分子科学学报, 2004, 20 (4): 31-34.

[31] Basu S. J Power Sources, 1999, 82: 200.

[32] Poizot P, Laruelle S, Grugeon S. J Power Sources, 2001, 97-98: 235-239.

[33] Debart A, Dupont L, Poizot P, et al. J Electrochem Soc, 2001, 148 (11): A1266-A1274.

[34] Grugeon S, Laruelle S, Herrera-Urbina R, et al. J Electrochem Soc, 2001, 148 (4): A285-A292.

[35] Obrovac M N, Dunlap R A, Sanderson R J, et al. J Electrochem Soc, 2001, 148 (6): A576-A588.

[36] Obrovac M N, Dahn J R. Electrochemical and Solid-State Letters, 2002, 5 (4): A70-A73.

[37] Yasutoshi I, Takeshi A, Minoru I, et al. Solid State Ionics, 2000, 135: 95-100.

[38] Takeda Y M, Nishijima M, Yamahata K, et al. Solid State Ionics, 2000, 130: 61-69.

[39] Alexandra G, Gordon D, Gregory H, et al. Iner. J Inorganic Mater, 2001, 3: 973-981.

[40] Jesse L C, Rowsell V P, Linda F N. J Am Chem Soc, 2001, 123: 8598-8599.

[41] Alejandro I P, Mathieu M, J Solid State Electrochem, 2002, 6: 134-138.

[42] Rowsell J L C, Gaubicher J, Nazar L F. J Power Sources, 2001, 97-98: 254-257.

[43] Garza Tovar L L, Connor P A, Belliard F, et al. J Power Sources, 2001, 97-98: 258-261.

[44] Momma T, Shiraishi N, Yoshizawa A, et al. J Power Sources, 2001, 97-98: 198-200.

[45] AllaZak Yishay F, Lyakhovitskaya V, Gregory L, et al. J Am Chem Soc, 2002, 124: 4747-4758.

[46] Yang J, Takeda Y, Imanishi N, et al. J Electrochem Soc, 2000, 147 (5): 1671-1676.

[47] Taketa Y, Yang J. J Power Sources, 2001, 97-98: 244-246.

[48] Yang J, Takeda Y, Imanishi N, et al. J Power Sources, 2001, 97-98: 216-218.

[49] Nam S C, Yoon Y S, Cho W I, Cho B W, et al. J Electrochem Soc, 2001, 148 (3): A220-A223.

[50] Yang J, Wachtler M, Winter M, et al. Electrochemical and Solid-State Leters, 1999, 2 (4): 161-163.

[51] Hisashi T, Matsuoka S, Ishihara M, et al. Carbon, 2001, 39: 1515-1523.

[52] Wang G X, Jung H A, Lindsay M J, et al. J Power Sources, 2001, 97-98: 211-215.

[53] 黄峰. 武汉大学博士论文, 2003.

[54] 黄可龙, 张戈, 刘素琴等. 无机化学学报, 2006, 22 (11): 2075-2079.

[55] Shin J S, Han C H, Jung U H, et al. J Power Sources, 2002, 109: 47-52.

[56] Ostrovskii D, Ronei F, Serosati B, et al. J Power Sources, 2001, 94: 183-188.

[57] Balasubramanian M, Lee H S, Sun X, et al. Electrochemical and Solid-State Leters, 2002, 5 (1): A22-

207 •

A25.

[58] Matsuo Y，Kosteeki R，MeLarnon F. J Eleetroehem Soc，2001，148（7）：A687-A692.

[59] Striebel K A，Sakai E，Cairns E J. J Electroehem Soc，2002，149（1）：A61-A68.

[60] Ratnakumar B V，Smart M C，Surampudi S. J Power Sources，2001，97-98：137-139.

[61] Jean M，Chausse A，Messina R. Electrochim Acta，1998，43：1795-1802.

[62] Aurbach D，Markovsky B，Weissman I，et al. Electrochimiea Acta，1999，45（1-2）：67-86.

[63] Chung G C，Kim H J，Yu S I，et al. J Electrochem Soc，2000，147（12）：4391-4398.

[64] 潘钦敏. 锂离子电池碳负极材料的研究：[博士论文]. 北京：中科院化学研究所，2002.

[65] Shim J，Striebel K. J Power Sources，2003，119-121：934-937.

[66] Nagarajan G，Zee J W，Spotnitz R M. J Electrochem Soc，1998，145：771-779.

[67] 宋怀河，沈曾民，陈晓红. 中间相沥青炭微球的制备方法. 中国专利，199100008. 0（2000. 7. 12）.

[68] Mochidal，Korai Y，Hunku C，et al. Carbon，2000，38：305-328.

[69] Hiroyuki A，MasHio S，Ken O. J Power Sources，2002，112（2）：577-582.

[70] 王红强. 中间相炭微球的制备及其电化学性能的研究 [博士论文]. 长沙：中南大学，2003.

[71] Read J，Foster D，Wolfenstine J，J Power Sources，2001，96：277-281.

[72] Tsutomu T，Morhiro S，Atushi S，et al. J Power Sources，2000，90：45-51.

[73] Endo M. Carbon，1998，36（11）：1633-1641.

[74] Kim W S. Microchemical，2002，72：185-192.

[75] Buiel E，Gerorge A E，Dahn J R. J Electrochem Soc，1998，145（7）：2252-2257.

[76] 黄可龙，张戈，刘素琴等. 电源技术，2007，31（7）：515-518.

[77] Wu Y P，Wan C R，Jiang C Y，et al. Chinese Chemical Letter，1999，10：339-340.

[78] Sanyo Electric Co. Ltd. Secondary lithium batteries with carbonaceous anodes [P]. JP09147865.

[79] Masaki Y，Hongyu W，Kenji F，et al. J Electrochem Soc，2000，147（4）：1245-1250.

[80] Sharp Corp. Japan carbon anode for secondary lithium battery [P]. EP5206677.

[81] Hitachi Maxell. Carbonaceous anodes and secondary lithium batteries using the anodes [P]. JP06005288.

[82] Zhang G，Huang K L，Liu S Q，et al. J Alloys and Compounds，2006，426：432-437.

[83] Nisshin Spinning. Carbonaceous anodes for secondary nonaqueous batteries，their manufacture，and the batteries [P]. JP08339798.

[84] Petoca Ltd. Surface graphtized material，its manufacture，and anodes for secondary lithium-ion battery using this material [P]. EP833398.

[85] Ping Y，Balas H，James A. J Power Sources，2000，91：107-177.

[86] Lee J Y，Zhao R F，Liu L. J Power Sources，2000，90：70-75.

[87] Takamura T，Sumiya K，Suzuki J，et al. J Power Sources，1999，81-82：368-372.

[88] Huang H，Kelder E M，Schoonman J. J Power Sources，2001，97-98：114-117.

[89] Zhao L L，Aishui Y，Lee J Y. J Power Sources，1999，81-82：187-191.

[90] Basker V，Jason P，Bala H，et al. J Power Sources，2002，109：377-387.

[91] Qinmin P，Kunkun G，Wang L Z. Solid State Ionics，2002，149：193-200.

[92] Miran G，Marjan B，Jernej D，et al. Electrochem Solid State Lett，2000，3：171-173.

[93] Miran G，Marjan B，Jernej D，et al. J Power Sources，2001，97-98：67-69.

[94] Bele M，Gaberschek M，Dominko R，et al. Carbon，2002，10：1117-1122.

[95] Chung K，Park J，Kim W，et al. J Power Sources，2002，112：626-633.

[96] Fujimoto H，Mabuchi A，Natarajan C，et al. Carbon，2002，40：567-574.

[97] Wang C S, Wu G T, Li W Z. J Power Sources. 1998, 76: 1-10.

[98] Salver-Disma F, Pasquier A, Tarascon J M, et al. J Power Sources, 1999, 81-82: 291-295.

[99] Simin B, Flandrois S, Guerin K, et al. J Power Sources, 1999, 81-82: 312-316.

[100] Zhang G, Huang K L, Liu S Q. The effect of graphite content on the electrochemical performance of Sn-SnSb-Graphite composite electrode, Transactions of Nonferrous Metals Society of China, 2007, 17 (4).

[101] Buqa H, Grogger C, Santisalvarez M V, et al. J Power Source , 2001, 97-98: 126-128.

[102] 雷永泉. 新能源材料 [M]. 天津：天津大学出版社，2000：122-124.

[103] Morales J, Sanchez L. J Electrochem Soc, 1999, 146: 1640-1642.

[104] Li J Z, Li H. J Power Sources, 1999, 81-82: 335-339.

[105] Li H, Huang X J, Chen L Q. J Power Sources, 1999, 81-82: 335-339.

[106] Li N C, Martin C R. J Electrochem Soc, 2001, 148 (2): A164-A170.

[107] Mohamedi M, Lee S J, Uchida I, et al. Electrochimica Acta, 2001, 46 (8): 1161-1168.

[108] Nam S C, Yoon Y S, Yun K S, et al. J Electrochem Soc, 2001, 148 (3): A220-A223.

[109] Li Y N, Zhao S L, Qin Q Z. J Power Sources, 2003, 114 (1): 113-120.

[110] Brousse T, Retoux R. J Electrochem Soc, 1998, 145 (1): 1-4.

[111] Mansour A N, Mukerjee S, Mcbreen J, et al. J Electrochem Soc, 2000, 147 (3): 869-873.

[112] Belliard F, Irvine J T S. J Power Sources, 2001, 97-98: 219-222.

[113] Sarradin J, Benjelloun N, Taillades G, et al. J Power Sources , 2001, 97-98: 208-210.

[114] Mohamedi M, Lee S J, Takahashi D, et al. Electrochimica Acta, 2001, 46 (8): 1161-1168.

[115] Kim J Y, King D E, Blomgren G E, et al. J Electrochem. Soc, 2000, 147 (12): 4411-4420.

[116] 黄可龙，张戈，刘素琴等. Sn-SnSb/石墨和 Sn-SnSb/PAn 复合材料的电化学性能比较. 电源技术，2007，31 (8).

[117] Nagayama M, Morita T, Ikuta H, et al. Solid State Ionics, 1998, 106: 33-38.

[118] Grugeon S, Laruelle S, Herrera-Urbina R, et al. J Electrochem Soc, 2001, 148: A285-A292.

[119] 袁正勇，孙聚堂，黄峰. 高等化学学报，2003，24 (11): 1959-1961.

[120] Sharma N, Shaju K M, Subba Rao G V, et al. Electrochemistry Communications, 2002, 4: 947-952.

[121] 何则强，熊利芝，麻明友等. 无机化学学报，2005，21 (9): 1311-1316.

[122] 钱东，龚本利，卢周广等. 电池，2005，35 (4): 304-305.

[123] Shigeki O, Junji S, Kyoichi S, et al. J Power Sources, 2003, 119-121: 591-596.

[124] Lee K L, Jung J Y, Lee S W. J Power Sources, 2004, 129: 270-274.

[125] Jung H, Park M, Yoon Y G, et al. J Power Sources, 2003, 115: 346-351.

[126] Winter M, Besenhard J O. Electrochimica Acta, 1999, 45: 31-50.

[127] Winter M, Besenhard J O. Advanced Materials, 1998, 10: 725-763.

[128] Yang J, Takeda Y, Imanishi N, et al. J Electrochemical Society, 1999, 146: 4009-4013.

[129] Wachtler M, Besenhard J O, Winter M. J Power Sources, 2001, 94: 189-193.

[130] Wachtler M, Winter M, Besenhard J O. J Power Sources, 2002, 105: 151-160.

[131] Li H, Zhu G, Huang X, et al. J Materials Chemistry, 2000, 10: 693-696.

[132] Li H, Shi L, Lu W, et al. J Electrochemical Society, 2001, 148 (8): A915-A922.

[133] Peled E, Emanue A, Ulus, et al. Nanostructure alloy anodes, process for their preparation and lithium batteries comprising said anodes. [P] EP0997543.

[134] Kepler K D, Vaughey J T, et al. Electrochemical and Solid-State Letters, 1999, 2 (7): 307-309.

[135] Wang G X, Sun L, Bradhurst D H, et al. J Alloys and Compounds, 2000, 299: L12-L15.

[136] Xia Y，Sakai T，Fujieda T，et al. J Electrochemical Society，2001，148（5）：A471-A481.

[137] Kim D G，Kim H，Sohn H J，et al. J Power Sources，2002，104：221-225.

[138] Wolfenstine J，Campos S，Foster D，et al. J Power Sources，2002，109：230-233.

[139] Tamura N，Ohshita R，Fujimoto M，et al. J Power Sources，2002，107：48-55.

[140] Tamura N，Ohshita R，Fujimoto M，et al. J Electrochemical Society，2003，150（6）：A679-A683.

[141] Beattie S D，Dahn J R. J Electrochemical Society，2003，150（7）：A894-A898.

[142] Ehrlich G M，Durand C，Chen X，et al. J Electrochemical Society，2000，147（3）：886-891.

[143] Ahn J H，Kim Y J，Wang G，et al. Materials Transactions，2002，43（1）：63-66.

[144] Mukaibo H，Sumi T，Yokoshima T，et al. Electrochemical and Solid-StateLetters，2003，6（10）：A218-A220.

[145] Fang L，Chowdari B V R. J Power Sources，2001，97-98：181-184.

[146] Kim H，Kim Y J，Kim D G. Solid State Ionics，2001，144：41-49.

[147] Tamura N，Fujimoto M，Kamino M，et al. Electrochimica Acta，2004，49：1949-1956.

[148] Beaulieu L Y，Dahn J R. J Electrochemical Society，2000，147（9）：3237-3241.

[149] Mao O，Dahn J R. J Electrochemical Society，2000，146：414-422.

[150] Yin J T，Wada M，Yoshida S，et al. J Electrochemical Society，2003，150（8）：A1129-A1135.

[151] Wada M，Yin J T，Tanabe E，et al. Electrochemistry，2003，71（12）：1064-1066.

[152] Mukaibo H，Yoshizawa A，Momma T，et al. J Power Sources，2003，119：60-63.

[153] Wang L，Kitamura S，Sonoda T，et al. J Electrochemical Society，2003，150（10）：A1346-A1350.

[154] Vaughey J T，Hara J O，Thackeray M M. Electrochemical and Solid-State Letters，2000，3（1）：13-16.

[155] Johnson C S，Vaughey J T，Thackeray M M. Electrochemistry Communications，2000，2：595-600.

[156] Fransson L M L，Vaughey J T，Benedek R，et al. Electrochemistry Communications，2001，3：317-323.

[157] Fransson L M L，Vaughey J T，Edstrom K，et al. J Electrochemical Society，2003，150（1）：A86-A91.

[158] Cao G S，Zhao X B，Li T，et al. J Power Sources，2001，94：102-107.

[159] Kim H，Choi J，Sohn H，et al. J Electrochemical Society，1999，146（12）：4401-4405.

[160] Fransson L M L，Vaughey J T，Edstrom K，et al. J Electrochemical Society，2003，150（1）：A86-A91.

[161] Cao G S，Zhao X B，Li T，et al. J Power Sources，2001，94：102-107.

[162] 张丽娟，赵新兵，蒋小兵等. 稀有金属材料与工程，2001，30（4）：268-272.

[163] Kim H，Choi J，Sohn H，et al. J Electrochemical Society，1999，146（12）：4401-4405.

[164] Wang G X，Sun L，Brandhurst D H，et al. J Alloys and Compounds，2000，306：249-252.

[165] Jung H，Park M，Yoon Y G，et al. J Power Sources，2003，115：346-351.

[166] Lindsay M J，Wang G X，Liu H K. J Power Sources，2003，119-121：84-87.

[167] Chamberlain R，Novikov D，Shi J，et al. 203rd Meeting of the Electrochemical Society，2003，4.

[168] Li H，Wang Q，Shi，L，et al. Chem. Mater. ，2002，14：103-108.

[169] Ng S B，Lee J Y，Liu Z L. J. Power Sources，2001，94：63-67.

[170] Kim I S，Kumta P N，Blomgren G E. Electrochemical and Solid-State Letters，2000，3（11）：493-496.

[171] Shi Z，Liu M，Naik D，et al. J Power Sources，2001，92：70-80.

[172] Zaghib K，Gauthier M，Armand M. J Power Sources，2003，119-121：76-83.

[173] Weydanz W J，Mehrens M W，Huggins R A. J Power Sources，1999，81-82：237-242.

[174] Vaughey J T, Kepler K D, Benedek R, et al. Electrochemistry Communications, 1999, 1: 517-521.

[175] Alcántara R, Jaraba M, Lavela P, et al. Chem Mater. 2002, 14: 2847-2848.

[176] Sung S K, Ikuta H, Wakihara M. Solid State Ionics, 2001, 139: 57-65.

[177] Sung S K, Ogura S, Ikuta H, et al. Solid State Ionics, 2002, 146: 249-256.

[178] Souza D C S, Pralong V, Jacobson A J, et al. Science, 2002, 296 (14): 2012-2015.

[179] Pralong V, Souza D C S, Leung K T, et al. Electrochem Commun, 2002, 4: 516-520.

[180] Alcantara R, Tirado J L, Jumas J C, et al. J. Power Sources. 2002, 109: 308-312.

[181] Cheng H, M L F, Su G, et al. Appl Phys Let, 1998, 72: 3282-3284.

[182] Hemadi K, Fonseca A, Nagy J B, et al. Appl Catal A, 2000, 199: 245-255.

[183] Zhu H W, Xu C L, Wu D H, et al. Science, 2002, 296: 884-886.

[184] Maruyama S, Kojima R, Miyauchi Y S, et al. Carbon, 2002, 40: 2968-2970.

[185] Lyu C, Lee T, Yang J, et al. Chem Commun, 2003, 12: 1404-1405.

[186] Lyu C, Liu C, Lee T J, et al. Chem Commun, 2003, 6: 734-735.

[187] Frackowiak E, Gautier S, Garcher H, et al. Carbon, 1999, 37: 61-69.

[188] Aurbach D, Gnanaraj J S, Levi M D, et al. J Power Sources, 2001, 97-98: 92-96.

[189] Leroux F, Metenier K, Gautier S, et al. J Power Sources, 1999, 81-82: 317-322.

[190] Wu G T, Wang C S, Zhang X B, et al. J Power Sources, 1998, 75: 175-179.

[191] Maurin G, Bousquet Ch, Henn F, et al. Solid State Ionics, 2000, 136-137: 1295-1299.

[192] Maurinqbousque T C, Hen N F. Solid State Ionics, 2000, 136-137: 1295-1299.

[193] Gao B, Bower C, Lorentaen J D, et al. Chemical Physics Letters, 2000, 327: 69-75.

[194] Whitehead A, Ellioft J, Owen J. J Power Sources, 1999, 81-82: 33-38.

[195] Yang J, Takeda Y, Imanishi N, et al. J Power Sources, 1999, 79: 220-224.

[196] Li N C, Martin C R, Scrosati B. Electrochem Solid State Lett. , 2000, 3: 316-318.

[197] Li N C, Martin C R. J Electrochem Soc. , 2001, 148: A164-A170.

[198] Suzuki S, Shodai T. Solid State Ionics. 1999, 116: 1-9.

[199] Suzuki S, Shodai T, Yamaki J. J Phys Chem Solids, 1998, 59 (3): 331-336.

[200] Rowsell L C, Pralong V, Nazar L. F. J Am Chem Soc, 2001, 123: 8598-8599.

[201] Kiyoshi N, Ryosuke N, Tomoko M, et al. J Power Sources, 2003, 117: 131-136.

[202] Roberston A D, Tukamoto H, Irvine J T S. J Electrochem. Soc, 1999, 146 (11): 3958-3962.

[203] Bach S, Pereira R J P, Baffier N. J Power Sources, 1999, 81-82: 273-276.

[204] Shen C, Zhang X, Zhou Y, et al. Materials chemistry and Physics, 2002, 78: 437-441.

[205] Roberston A D, Trevino L, Tukamoto H, et al. J Power Sources, 1999, 81-82: 352-357.

[206] Kubiak P, Garcia A, Womes M, et al. Solid State Ionics, 2002, 147: 107-114.

[207] Amatucci G G, Badway F, Jansen A N, et al. J Electrochem Soc, 2001, 148 (1): A102-A104.

[208] Chen C H, Vaughey J T, Jansen A N, et al. J Electrochem Soc, 2001, 148 (1): A102-A104.

[209] Guefi A, Charest P, Kinoshita K, et al. J Power Sources, 2004, 123: 163-168.

[210] Belharouak. Electrochemistry Communications, 2003, 5: 435-438.

[211] Taillades G, Sarradin J. J Power Sources, 2004, 125: 199-205.

[212] Hamon Y, Brousse T, Jousse F, et al. J Power Sources, 2001, 97-98: 185-187.

[213] Tamuran, Ohahitar, Fujimotom, et al. J Power Sources, 2002, 107: 48-55.

[214] Young H R, Kiyoshi K. J Solid State Chemistry, 2004, 177: 2094-2100.

第5章 电解质

电解质分为液体电解质（包括传统的非水溶剂电解质和近年来新出现的离子液体电解质）和固体电解质（包括无机固体电解质和聚合物电解质）。

电解质是电池的重要组成部分，承担着通过电池内部在正负电极之间传输离子的作用，它对电池的容量、工作温度范围、循环性能及安全性能等都有重要的影响。根据电解质的形态特征，可以将电解质分为液体和固体两大类。

用于锂离子电池的电解质一般应该满足以下基本要求：

① 高的离子电导率，一般应达到 $1×10^{-3}～2×10^{-2}S/cm$；

② 高的热稳定性与化学稳定性，在较宽的温度范围内不发生分解；

③ 较宽的电化学窗口，在较宽的电压范围内保持电化学性能的稳定；

④ 与电池其他部分例如电极材料、电极集流体和隔膜等具有良好的相容性；

⑤ 安全、无毒、无污染性。

5.1 液体电解质

在传统电池中，通常使用水作为溶剂的电解液体系，但是由于水的理论分解电压为 1.23V，考虑到氢或氧的过电位，以水为溶剂的电解液体系的电池电压最高也只有 2V 左右（如铅酸电池）；在锂离子电池中，电池的工作电压通常高达 3～4V，传统的水溶液体系已不再适用于电池的要求，因此必须采用非水电解液体系作为锂离子电池的电解液。高电压下不分解的有机溶剂和电解质盐是锂离子电池液体电解质研究开发的关键。

非水有机溶剂是电解液的主体成分，溶剂的许多性能参数都与电解液的性能优劣密切相关，如溶剂的黏度、介电常数、熔点、沸点、闪点以及氧化还原电位等因素对电池使用温度范围、电解质锂盐溶解度、电极电化学性能和电池安全性能等都有重要的影响。优良的溶剂是实现锂离子电池低内阻、长寿命和高安全性的重要保证。用于锂离子电池的非水有机溶剂主要有碳酸酯类、醚类和羧酸酯类等。

碳酸酯类主要包括环状碳酸酯和链状碳酸酯两类。碳酸酯类溶剂具有较好的化学、电化学稳定性，较宽的电化学窗口而在锂离子电池中得到广泛应用。在已商业化的锂离子电池中，基本上采用碳酸酯作为电解液溶剂。碳酸丙烯酯（PC）与二甲基乙醚（DME）等组成的混合溶剂仍是目前一次锂电池的代表性溶剂。由于其熔点（-49.2℃）低、沸点（241.7℃）和闪点（132℃）高，因此含有 PC 的电解液有好的低温性能和安全性能，但是 PC 对具有各向异性的、层状结构的各种石墨类碳材料的兼容性较差，不能在石墨类电极表面形成有效的固体电解质界面

（SEI）膜，放电过程中与溶剂化锂离子共同嵌入到石墨层间，发生剧烈的还原分解，产生大量的丙烯，导致石墨片层的剥离，进而破坏了石墨电极结构，使电池的循环寿命大大降低。因此，目前的锂离子电池体系中，一般不用 PC 作为电解液组分。碳酸乙烯酯（EC）是目前大多数有机电解液中的主要溶剂成分。EC 的介电常数很高，主要分解产物 ROCO$_2$Li 能在石墨表面形成有效、致密和稳定的 SEI 膜，EC 与石墨类负极材料有着良好的兼容性，大大提高了电池的循环寿命，但是 EC 的熔点高（36℃）、黏度大，以 EC 为单一溶剂的电解质的低温性能差，故一般不单独使用 EC 作为溶剂。相反，链状碳酸酯如碳酸二甲酯（DMC）、碳酸二乙酯（DEC）、碳酸甲乙酯（EMC）、碳酸甲丙酯（MPC）等溶剂具有较低的黏度、较低的介电常数、较低的沸点和闪点，不能在石墨类电极或锂电极表面形成有效的 SEI 膜，一般也不能单独作为溶剂用于锂离子电池中。一般的做法使用 EC 与低黏度的链状碳酸酯的混合物作为溶剂，用于锂离子电池的电解液。电解液在温度不太低时（例如－20℃以上）具有良好的导电性。一般来说低黏度溶剂的沸点低，大量添加低黏度的链状碳酸酯有利于提高电解质的低温性能。

尽管 EC、PC、DMC、EMC、DEC、DMEC、iBC 的二组分液-固相图各不相同，但所有的组合都能形成简单的低共溶体系。DEC 的熔点为－74.3℃，而且 DEC 比 EMC、DMC 对降低与 EC 组成的二元体系的液化温度更为有效。具有相近熔点和相似分子结构的二元体系的液体范围易于向低温扩展。EMC 具有低的熔点（－55℃），作为共溶剂可改善电池的低温性能。如 Li/LiCoO$_2$ 或石墨/LiCoO$_2$ 扣式电池使用 1mol/L LiPF$_6$ 的 1∶1∶1 EMC-DMC-EC 电解液可在－40℃下工作。在电池首次充电过程中，EMC 将分解产生 DMC 和 DEC，在 DMC 和 DEC 的混合溶剂中，也会发生酯交换产生 EMC：

$$2EMC \Longrightarrow DMC + DEC \tag{5-1}$$

上述各类碳酸酯的结构如图 5-1 所示。

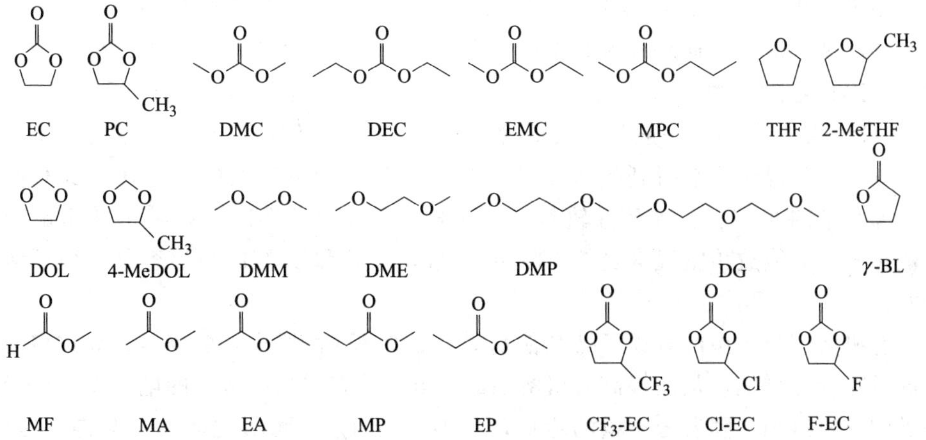

图 5-1 锂离子电池用各类非水有机溶剂的分子结构式

醚类有机溶剂主要包括环状醚和链状醚两类。环状醚有四氢呋喃（THF）、2-甲基四氢呋喃（2-MeTHF）、1,3-二氧环戊烷（DOL）和4-甲基-1,3-二氧环戊烷（4-MeDOL）等。THF与DOL与PC等组成混合溶剂用在一次锂电池中，由于其电化学稳定性不好，易发生开环聚合，不能应用于锂离子电池中。2-MeTHF沸点（79℃）低、闪点（−11℃）低，易于被氧化生成过氧化物，且具有吸湿性，但它能在锂电极上形成稳定的SEI膜，如在LiPF₆-EC-DMC中加入2-MeTHF能够有

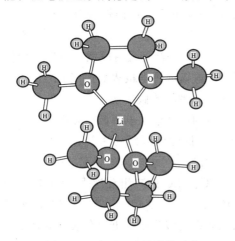

效抑制枝晶的生成，提高锂电极的循环效率。链状醚主要有二甲氧基甲烷（DMM）、1,2-二甲氧基乙烷（DME）、1,2-二甲氧基丙烷（DMP）和二甘醇二甲醚（DG）等。随着碳链的增长，溶剂的耐氧化性能增强，但同时溶剂的黏度也增加，对提高有机电解液的电导率不利。常用的链状醚有DME，它对锂离子具有较强的螯合能力，能与LiPF₆生成稳定的LiPF₆-DME复合物，锂盐在其中具有较高的溶解度和较小的溶剂化离子半径，相应的电解液具有较高的电导率。锂盐与DME形成复合物的结构示意见图5-2，但

图 5-2 2DME-Li⁺的结构示意

是DME易被氧化和还原分解，与锂离子接触很难形成稳定的SEI膜。DG是醚类溶剂中氧化稳定性较好的溶剂，具有较大的分子量，其黏度相对较小，对锂离子具有较强的络合配位能力，能够使锂盐有效解离。它与碳负极具有较好的相容性，而且至少有200℃的热稳定性，但该电解液体系的低温性能较差。

羧酸酯同样也包括环状羧酸酯和链状羧酸酯两类。环状羧酸酯中最主要的有机溶剂是γ-丁内酯（γ-BL）。γ-BL的介电常数小于PC，其溶液电导率也低于PC，曾用于一次锂电池中。遇水分解和毒性较大是其主要缺点。链状羧酸酯主要有甲酸甲酯（MF）、乙酸甲酯（MA）、乙酸乙酯（EA）、丙酸甲酯（MP）和丙酸乙酯（EP）等。链状羧酸酯一般具有较低的熔点，在有机电解液中加入适量的链状羧酸酯，电池的低温性能会得到改善。以EC-DMC-MA为电解液的电池在−20℃能放出室温容量的94%，但循环性较差。而以EC-DEC-EP和EC-EMC-EP为电解液的电池在−20℃能放出室温容量的63%和89%，室温和50℃的初始容量与循环性都很好。

有机溶剂分子中的氢原子被其他基团（如烷基或卤原子）取代，将导致溶剂分子的不对称性增加，从而提高有机溶剂的介电常数，增加电解液的电导率。对于同一类的有机溶剂，随着分子量的增加，其沸点、闪点、耐氧化能力都会得到提高，从而使溶剂的电化学稳定性和电池的安全性也相应提高。例如有机溶剂的卤代物具

有较低的黏度和高的稳定性，它们一般不易分解和燃烧，会使电池具有较好的安全性。三氟甲基碳酸乙烯酯（CF₃-EC）具有非常好的物理和化学稳定性，而且还具有较高的介电常数，不易燃烧，可作为阻燃剂用于锂离子电池中。如氯代乙烯碳酸酯（Cl-EC）和氟代乙烯碳酸酯（F-EC）能够在碳负极表面形成稳定的SEI膜，抑制溶剂的共嵌入，减少不可逆容量的损失。

含有酸性硼原子的一类新型的电解质溶剂在大多数情况下是通过硼酸或氧化物与乙二醇反应，而与杂环连接。将乙二醇硼酸酯称为BEG。这类电解质溶剂具有很大的溶解盐和稳定碱金属的抗腐蚀性能，在某些情况下还能稳定其他溶剂，尤其是烯烃碳酸酯，防止阳极分解。含有两个连接的硼酸盐基团的1,3-丙二醇硼酸酯（BEG-1）通过将一份BEG-1与两份EC混合得到的混合溶剂给出的电化学稳定窗口宽度超过5.8V（比较：单独EC时在金属锂上的宽度为4.5V，经过数天在100℃的浸泡后仍保持光亮）。

5.2 电解质锂盐

电解质锂盐不仅是电解质中锂离子的提供者，其阴离子也是决定电解质物理和化学性能的主要因素。研究表明，溶液阻抗、表面阻抗和电荷转移阻抗都依赖于电解液的组成。锂离子电池主要使用的锂盐，如高氯酸锂（LiClO₄）、六氟砷酸锂（LiAsF₆）、四氟硼酸锂（LiBF₄）、三氟甲基磺酸锂（LiCF₃SO₃）、六氟磷酸锂（LiPF₆）等都具有较大的阴离子及低晶格能。在实验电池中LiClO₄得到了广泛应用。由于LiClO₄是一种强氧化剂，在某种不确定条件下可能会引起安全问题，因而影响了它的实际应用；由于As具有毒性，且LiAsF₆价格较高，因而LiAsF₆的应用也受到了限制；LiBF₄和LiCF₃SO₃在有机溶剂中的电导率偏低，而且LiCF₃SO₃对正极集流体铝电极有腐蚀。LiPF₆是被广泛应用在锂离子电池的导电锂盐，含有LiPF₆的电解液基本能满足锂离子电池对电解液的电导率和电化稳定性等要求，然而LiPF₆制备复杂、热稳定性差、遇水易分解、价格昂贵等。比较LiClO₄、LiBF₄及LiPF₆的EC/PC溶液的电化学稳定性，由于LiBF₄的电解液具有最低的电荷转移阻抗和表面膜阻抗，含有LiBF₄的溶液是三种溶液中最稳定的，因此LiBF₄的电极阻抗是最低的。痕量的HF在LiPF₆溶液中起重要作用，LiF的沉积电极阻抗相对较高。

对锂盐的研究一方面是对LiPF₆进行改性，如将六个F原子全部用邻苯二酚基取代，得到不易水解、热稳定性好的三（邻苯二酚基）磷酸酯锂。但是该盐的阴离子较大，因此含有该盐的电解液黏度高、电导率低，氧化电位也只有3.7V。另有一类锂盐是以具有强的吸电子能力的C_nF_{2n+1}基团部分取代F原子，得到一系列$LiPF_{6-m}(C_nF_{2n+1})_m$。这种盐的最大优点是不水解，但它的制备过程极为复杂，与LiPF₆相比电导率偏低。

另一方面是寻找能替代LiPF₆的性能更好的新型有机电解质锂盐。其基本思路是，锂盐的有机阴离子由 A、B 两部分组成，A 部分以硼、碳、氮、铝等元素的原子作为中心原子，B 部分是能够分散电荷并稳定锂盐电化学性能的强吸电子基团，如 Rf、RfO、RfSO$_3$、RfSO$_2$、RfCO$_2$ 或像草酸之类的二齿配位体。根据分子结构可将其分为以下几类。

5.2.1 C 中心原子的锂盐

如 LiC(CF$_3$SO$_2$)$_3$ 和 LiCH(CF$_3$SO$_2$)$_2$ 等，LiC(CF$_3$SO$_2$)$_3$ 的热稳定性比较高，LiCH(CF$_3$SO$_2$)$_2$ 的电化学性能比较稳定。

5.2.2 N 中心原子的锂盐

如二（三氟甲基磺酰）亚胺锂 LiN(CF$_3$SO$_2$)$_2$（简记为 LiTFSI）。由于阴离子电荷的高度离域分散，该盐在有机电解液中极易解离，其电导率与 LiPF$_6$ 的相当，也能在负极表面形成均匀的钝化膜，但是这种盐从 3.6V 左右开始就对正极集流体铝箔有很强的腐蚀作用，因此不宜用于以铝为集流体的锂离子电池中。具有长氟烷基的亚胺锂盐 LiN(C$_2$F$_5$SO$_2$)$_2$ 在 4.5V、LiN(CF$_3$SO$_2$)(C$_4$F$_9$SO$_2$) 在 4.8V 时也不会腐蚀铝电极，它们能在铝电极表面形成良好的钝化膜。二（多氟烷氧基磺酰）亚胺锂盐［LiN(RfOSO$_2$)$_2$］的结构与二（多氟烷基磺酰）亚胺锂相似，其取代基不是多氟烷基 Rf，而是多氟烷氧基 RfO。其化学稳定性和热稳定性较高，电化学窗口比 LiTFSI 要宽，如 LiN[SO$_2$OCH(CF$_3$)$_2$]$_2$ 的氧化电位高达 5.8V，但电导率比 LiTFSI 低。

5.2.3 B 中心原子的锂盐

主要是硼酸酯锂络合物，如螯合硼酸锂盐。一般采用式(5-2) 制备：

$$LiOH + B(OH)_3 + 2R(OH)_2 \longrightarrow Li[B(RO_2)_2] + 4H_2O \tag{5-2}$$

它们的结构式如图 5-3 所示。

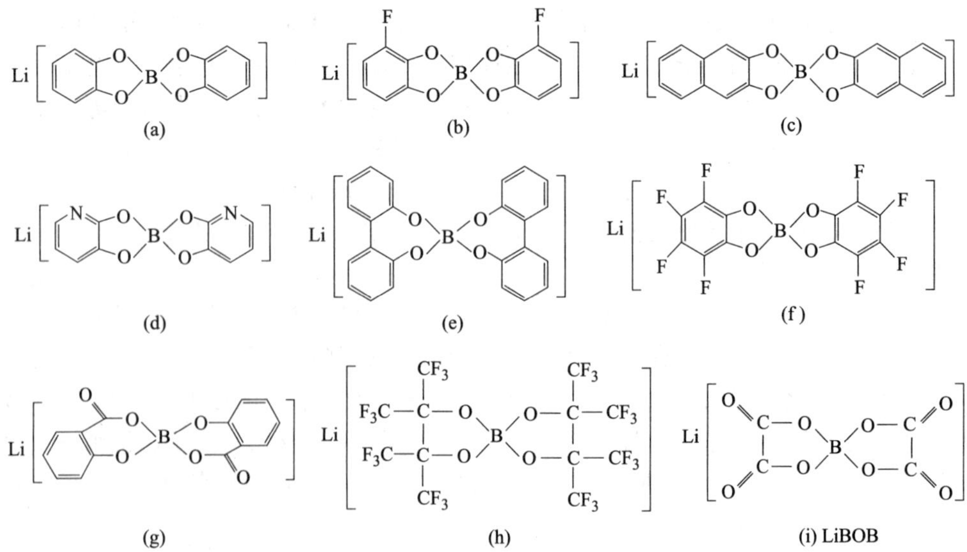

图 5-3 硼酸酯锂的结构示意

这类盐一般具有较大的阴离子，它们的溶解性较大，电化学稳定性较高。在图 5-3 中的（a）到（i），各盐相对于金属锂的电化学窗口分别为 3.6V、3.75V、3.8V、3.95V、4.1V、4.1V、4.5V、>4.5V 和>4.5V。

双（全氟频哪基）硼酸酯锂［即图 5-3 中(h)］不仅具有较高的热稳定性，还具有较高的电化学氧化稳定性，电化学窗口达 5V。从结构上看，它包含有 8 个强吸电子基团 CF_3，能够使 B 上的电荷得到高度分散，因此具有良好的导电性。双（全氟频哪基）硼酸酯锂在 DME 中室温电导率可达 $11.1×10^{-3}$ S/cm。另外，双（草酸合）硼酸酯锂［lithium bis(oxalato)borate，LiBOB］分解温度为 320℃，电化学稳定性高，分解电压>4.5V。由于 B 上的负电荷被周围的八个氧原子高度分散，这种盐在大多数常用有机溶剂中都有较大的溶解性。另外，与传统锂盐相比，它还有两个显著的优势：①使用 LiBOB 电解液的锂离子电池可以在高温下工作而容量不衰减；②在单纯溶剂碳酸丙烯酯（PC）中，使用 LiBOB 电解液的电池仍然能够正常充放电，具有较好的循环性能。BOB$^-$ 阴离子能够参与石墨类负极材料表面 SEI 膜的形成，形成有效 SEI 膜，阻止溶剂和溶剂化锂离子共同嵌入到石墨层间，从而使得不论是在高温下，还是在 PC 存在时，都能够有效稳定石墨负极。

有两种分别具有两个低聚醚链和直接键合在酯的络合中心的拉电子基团是 CF_3COO^- 或 $C_6F_5O^-$ 的锂硼酸盐。在 30℃时具有 7.2 个 EO 重复单元长度的盐 A，如图 5-4 所示，其最高离子电导率达到 $4.5×10^{-5}$ S/cm。由于锂离子与硼酸根上氧原子之间较弱的结合成对结构，锂硼酸盐比相应的铝酸盐具有更高的电导率。锂盐中离子的迁移率与 EO 链的链段运动有关，离子的运动条件可以由 VTF 方程的参数 σ_0 和 B 值描述。从 σ_0 值的比较可以看出，锂硼酸盐比锂铝酸盐中有更多数目的载流子。盐 A 和盐 B 都比 PEO-LiX 体系具有更高的锂离子迁移数，如表5-1所示。

表 5-1　硼酸锂盐在 70℃ 时锂离子迁移数据

硼酸锂盐	锂离子迁移数	硼酸锂盐	锂离子迁移数
盐 A($n=3$)	0.68	盐 B($n=3$)	0.62
盐 A($n=7.2$)	0.76	盐 B($n=7.2$)	0.70
盐 A($n=11.8$)	0.82	盐 B($n=11.8$)	0.75

5.2.4　Al 中心原子的锂盐

铝元素和硼元素为同族元素，在化学性质上有许多相似之处，用铝原子代替硼酸酯锂化合物中的硼原子，可以得到铝酸酯锂，如锂铝酸盐 $LiAl[OCH(CF_3)_2]_4$，不仅显示出高的热稳定性和电化学稳定性，而且具有高的固态电导率和低的熔点（mp=120℃）。在熔融态，锂离子的自扩散系数远高于阴离子的自扩散系数。将 $LiAlCl_4·xSO_2$ 用作二次电池 Li/C 和 Li/CuCl_2 的电解液，在 $LiAlCl_4$ 中通入干燥 SO_2 气体可以得到茶褐色的 $LiAlCl_4·xSO_2$ 液体，其中的 x 可在 3~12 定量控制。在 $-10~+50$℃范围内，电解液 $LiAlCl_4·3SO_2$ 的电导率为（70~130）$×10^{-3}$ S/cm。考虑到 SO_2 的氧化分解，以 $LiAlCl_4·xSO_2$ 为电解液的充电电池的开路电

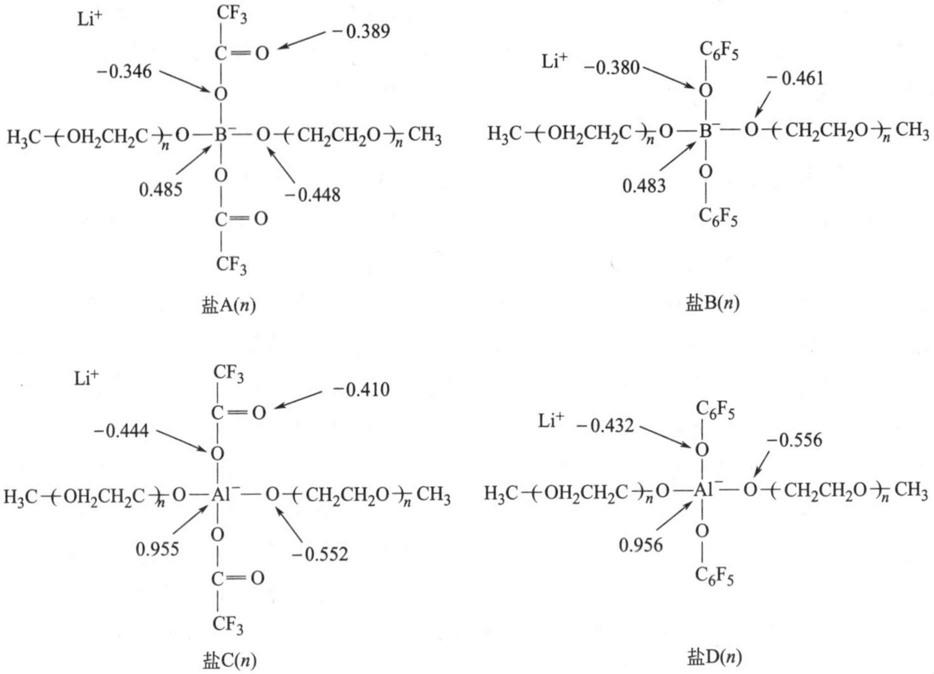

图 5-4　硼酸锂和铝酸锂中的部分电荷结构示意

压设定在 $3.3 \sim 3.5 V$ 间，电池的放电平台在 $3.2 V$ 左右。电解液的过充电保护机理：在过充电状态下，$LiAlCl_4$ 氧化产生 Cl_2，然后 Cl_2 与 Li 反应生成 $LiCl$，$LiCl$ 再与溶液中的 $AlCl_3$ 复合生成 $LiAlCl_4$。由于反应中形成的 Cl_2 对聚丙烯隔膜有腐蚀作用，因此采用玻璃纤维作为隔膜。

5.2.5　离子液体/室温熔融盐电解质

离子化合物在室温下一般是固体，强大的离子键使阴、阳离子束缚在晶格上只能作振动而不能转动或平动。由于阴、阳离子间强的库仑作用，离子晶体一般具有较高的熔点、沸点和硬度。如果把阴、阳离子做得很大且结构不对称，那么由于空间位阻影响，强大的静电力也无法使阴、阳离子在微观上做密堆积，离子间的相互作用减小，晶格能降低。这样，阴、阳离子在室温下不仅可以振动，甚至可以转动和平动，破坏晶体结构的有序性，降低离子化合物的熔点，离子化合物在室温下就有可能成为液体。通常将其称为室温熔盐。由于这种液体完全由阴、阳两种离子组成，因此也有人将其称为离子液体。室温熔盐具有以下优点：

① 在较宽的温度范围内为液体，大多数熔盐在 $-96 \sim 200 ℃$ 能够保持液体状态，如水在 $0 \sim 100 ℃$、氨在 $-77 \sim -33 ℃$ 为液体；

② 热稳定性高，可以达到 $200 ℃$ 而不分解；

③ 蒸气压很低，几乎为 0；

锂离子电池原理与关键技术

④ 表现出 Brônsted、Lewis 和 Franklin 酸性及超酸性质；

⑤ 可以溶解很大范围内的有机、无机、高分子物质，甚至岩石（但不溶解聚烯、PTFE 或玻璃），是一种优良的溶剂；

⑥ 不易燃、无腐蚀性。

由于室温熔盐的以上优点，因此被誉为"绿色溶剂"。室温熔融盐应用于电化学、光化学、有机反应的介质、催化、分离提纯、生物化学和液晶等。另外，由于某些室温熔盐具有很高的电导率、电化学窗口较宽，加之它们具有不易燃、无挥发等特性，成为有发展前途的安全电解质应用在高能量密度电池、光电化学太阳能电池、电镀和超级电容器等。

室温熔盐的文献记载最早可以追溯到 1914 年，Sudgen 等人报道了在室温下呈液体的盐硝酸乙基胺，熔点为 12℃，但当时并未引起人们的注意。1951 年 Hurley 等人报道了氯铝酸类室温熔盐 $AlCl_3$-溴化 N-乙基吡啶，并利用该熔盐进行了金属的电沉积。1979 年，Osteryoung 等人报道了 $AlCl_3$ 与氯化 N-正丁基吡啶形成的室温熔盐体系，发现在摩尔比 0.75～2.0 的范围内，该体系的熔点低于室温。同年，Hussey 等人系统研究了烷基吡啶的氯化物与 $AlCl_3$ 形成熔盐的各种物理化学性能。1982 年，他们报道了一种基于 $AlCl_3$ 和氯化 1-甲基-3-乙基咪唑的新型室温熔盐，其与烷基吡啶类熔盐体系有相似的性质，但电导率比它高 2～3 倍，黏度约低一半，而且电化学窗口明显优于烷基吡啶类，在 $AlCl_3$ 与 EMICl 的摩尔比为 2：1 时，该体系呈现出最低熔点 -75℃。

室温熔盐存在的缺点是：对空气和水敏感，易于吸收空气中的水分，不利于操作，因此后来又开发了许多对空气和水均不敏感的新熔盐体系。1997 年出现了对水不敏感的熔盐四氟硼酸 1-甲基-3-乙基咪唑（$EMIBF_4$）。随后疏水性的六氟磷酸 1-甲基-3-乙基咪唑（$EMIPF_6$）被合成出来。在随后的几年内，各种季铵盐类、季鏻盐类、烷基吡啶类和烷基咪唑类有机阳离子（图 5-5）和 NO_3^-、ClO_4^-、BF_4^-、PF_6^-、CH_3COO^-、CF_3COO^-、$CF_3SO_3^-$、$N(CF_3SO_2)_2^-$、$N(C_2F_5SO_2)_2^-$、$C(CF_3SO_2)_3^-$ 等阴离子组成的室温熔盐相继被合成，但是这些室温熔盐有机阳离子的结构比较复杂，合成制备和提纯相对比较困难，于是研究者把目光转向了结构比较简单的体系。1999 年，Hirao 等人直接将各种叔胺与四氟硼酸相中和，制备了一系列质子导体室温熔盐，其中四氟硼酸 1-甲基吡唑的熔点最低（-109.3℃），电导率最高（$1.9×10^{-2}$ S/cm）。2002 年，Hagiwara 等人将氯化 1-甲基-3-乙基咪唑和无水氢氟酸反应制得一种新的室温熔盐 EMIF·2.3HF，它具有极高的室温电导率（0.1S/cm）。2003 年有人制备了基于有机胺和无机酸或有机酸的质子导体室温熔盐，并研究了该体系的各种物理化学性质，包括电导率、黏度、蒸气压等，得到了电导率能与水溶液相比拟的体系。

另一类由酰胺与碱金属硝酸盐或硝酸铵组成的室温熔盐，如尿素（59.1%，摩尔分数）-硝酸铵（40.9%，摩尔分数）（mp = 63.5℃）、尿素-乙酰胺-硝酸铵

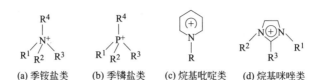

(a) 季铵盐类　　(b) 季鏻盐类　　(c) 烷基吡啶类　(d) 烷基咪唑类

图 5-5　室温熔盐中有关有机阳离子的结构示意

（mp＝7℃）。1993 年出现了尿素-乙酰胺-碱金属硝酸盐形成的室温共熔盐，其具有良好的导电性，电化学窗口约为 2V，但是该体系不稳定，容易析出结晶。尿素可以与高氯酸锂、硫氰酸锂、硫氰酸钠、氯化锂等形成低温熔融盐，且部分体系具有较高的室温电导率。笔者所在的实验室也制备了一种基于二（三氟甲基磺酸酰）亚铵锂（LiTFSI）和尿素的二元室温熔融盐。LiTFSI 的熔点为 234℃，尿素的熔点为 132.7℃，但是将二者以一定比例混合，在室温下就可缓慢地自发形成液体。但其室温电导率偏低（1.74×10^{-4} S/cm）、黏度太大（1780mPa·s）。

　　有机三氯化铝的室温熔盐可作为电池的电解质，双嵌式熔盐电池（DIME）就是将熔盐用作电解液的典型例子。电池的正、负极均为价廉易得的石墨插层化合物，而熔融盐既提供阴离子又提供阳离子，并分别插入到石墨正、负电极中。用 1,2-二甲基-3-丙基咪唑-四氯化铝（DMPI＋$AlCl_4^-$）作电解质的电池，开路电压为 3.5V，循环效率为 85%。电池的优点是避免使用任何有机溶剂和挥发性物质，且电池可以在放电态组装。以咪唑阳离子为基础的四氟硼酸 1,2-二甲基-4-氟咪唑（DMFPBF$_4$）熔盐热稳定性高达 300℃，并可在一个宽的温度范围内和锂稳定共存，电化学窗口约为 4.1V，氧化电位大于 5V（相对于 Li/Li$^+$）。有人以这种熔盐为电解质，装配成 LiMn$_2$O$_4$/Li 锂离子电池，该电池具有高度的可逆性（库仑效率大于 96%）。对于阳离子体系的 N,N-二烷基吡咯烷熔盐系列，当吡咯烷 N 上的取代基不对称时，其熔点降低，其中 N,N-二甲基正丁基吡咯烷双（三氟甲基磺酰）亚胺盐的玻璃化温度为 -87℃、熔点为 -18℃，电化学稳定窗口超过 5.5V，室温电导率为 2.2×10^{-3} S/cm。将锂离子掺杂到此类有机熔盐体系中，可以得到一类锂离子的快离子导体塑料晶体电解质。锂盐含有与基底同样的阴离子，锂盐掺杂可以认为是阳离子取代。由于旋转无序性及晶格空位的存在导致了锂离子的快速迁移。当基底与掺杂比例适当时，60℃时的电导率可达到 2×10^{-4} S/cm。将 LiTFSI 溶解在 N,N-二甲基丙基吡咯烷双（三氟甲基磺酰）亚胺盐中作为电解质，装配 LiCoO$_2$/Li 电池。电池在第一周的放电容量高达 120mA·h/g，第二周以后充放电效率为 97%。将 LiCl 溶解在 AlCl$_3$-氯化 1-甲基-3-乙基咪唑的室温熔盐中作为电解质，装配 LiCoO$_2$/LiAl 电池，第一周的放电容量为 112mA·h/g，第一周充放电效率为 90%，并发现添加 C$_6$H$_5$SO$_2$Cl 到室温熔盐中后，提高了该熔盐的电化学稳定性和电极的可逆性。

　　中科院物理所的研究人员将具有较弱氢键和较高介电常数及解离常数的乙酰胺作为锂离子的配体，分别使用结构类似但阴离子半径不同的二（三氟甲基磺酰）亚胺锂〔LiTFSI，$LiN(CF_3SO_2)_2$〕、二（全氟乙基磺酰）亚胺锂〔LiBETI，$LiN(C_2F_5SO_2)_2$〕和三氟甲基磺酸锂（$LiCF_3SO_3$）组成室温熔盐，并对它们的物理化学性质作了对比分析，见表 5-2。其中 LiTFSI/乙酰胺熔盐体系显示出优良的物理化学性能。

表 5-2　摩尔比为 1∶4 的不同体系的物理性质比较（25℃）

体系组成	密度 /(g/mL)	塑性黏度 /mPa·s	表面张力 /(mN/m)	离子电导率 /(mS/cm)	赝活化能 /(kJ/mol)	共熔点 /℃	液相范围
LiTFSI/乙酰胺	1.40	99.6	46.8	1.07	3.97	−67	(1∶2)~(1∶6)
LiTFSI/尿素	1.57	1780	21.3①	0.17(0.25②)	2.66③	−31	(1∶3.3)~(1∶4)
LiBETI/乙酰胺	1.48	222.1	47.5	0.44	3.89	−57	(1∶3)~(1∶6)
LiCF₃SO₃/乙酰胺	1.21	181.3	49.4	0.53	3.90	−50	(1∶3)~(1∶5)

①该体系的摩尔比为 1∶3.3。②该电导率值是摩尔比为 1∶4 的。③该赝活化能是摩尔比为 1∶3 的。

锂盐 LiTFSI、LiBETI 和 $LiCF_3SO_3$ 的阴离子半径大小分别为 0.379nm、0.447nm 和 0.264nm。正是它们阴离子半径的大小和结构上的差异决定了它们在性能上的微小差异。阴离子半径太大，虽然比较容易解离，但同时给体系带来很大的塑性黏度。LiBETI/乙酰胺体系的黏度远高于 LiTFSI/乙酰胺体系的，而且液相组成范围也比较窄。如果阴离子半径太小，又不利于锂盐的解离。从摩尔比为 1∶2 的 $LiCF_3SO_3$ 和乙酰胺生成的新化合物的结构来看，整个晶体结构全部是由 Li^+ 和 $CF_3SO_3^-$ 形成的离子对组成的。另外，$CF_3SO_3^-$ 阴离子具有不同于 $TFSI^-$ 阴离子结构的特点，$TFSI^-$ 中的 SO_2 基团被两端的 CF_3 基团所包围，而 $CF_3SO_3^-$ 中的 SO_3 基团则暴露在外。因此，SO_3 基团中的氧原子与乙酰胺中的 NH_2 基团之间发生较为强烈的氢键作用。这两个原因致使该体系的塑性黏度较大，液相组成范围较窄。晶格能较高的锂盐如 LiSCN、$LiClO_4$、$LiNO_3$、$LiPF_6$ 和 $LiBF_4$ 与乙酰胺混合搅拌后，在很宽的比例范围内都不能形成稳定的室温熔融盐。

LiTFSI 的熔点为 234℃，乙酰胺的熔点为 81.2℃。但是在一定的摩尔比范围内〔(1∶2)~(1∶6)〕，两者在室温下混合就可形成液体。DSC 测试结果表明，该熔盐体系的最低共熔点为 −67℃，摩尔比 1∶6 的体系具有最高的室温电导率 $1.20×10^{-3}$S/cm，60℃ 的电导率达到 $5.73×10^{-3}$S/cm，比 $LiTFSI/NH_2CONH_2$ 体系的电导率（$1.74×10^{-4}$S/cm）几乎高一个数量级。相同温度下，在所观察的温度及浓度范围内，随着体系中 LiTFSI 浓度的增加，体系的电导率降低；而随着温度的降低，高盐浓度体系的电导率降低更快。循环伏安测量结果表明，该熔盐体系在 Al 箔表面的氧化峰电位第一个循环为 2.75V（相对于 Li/Li^+），第二个循环为 3.8V，经过四个循环后氧化峰移到 4.5V，抑制了 LiTFSI 在 3.6V 对 Al 箔的腐蚀，表明该熔盐电解质与 Al 发生不可逆反应，在 Al 表面形成了稳定的钝化膜。而在 Ni 箔表面的氧化峰电位第一个循环时为 4.4V。将这种室温熔融盐应用于以 MnO_2 为正极、金属锂为负极的模拟电池，电池第一个循环的放电容量为 243

mA·h/g，为理论容量的80%。完成第一次放电后，MnO_2电极在$2.0\sim3.5V$之间还可以在该熔盐电解质中循环，但是电池的循环性能变差。原因可能是在循环过程中，MnO_2电极发生结构相变或者是该熔盐电解质在MnO_2电极表面形成的SEI膜不够稳定，致使容量衰减。

通过对$LiX/RCONH_2$各系列室温熔盐电解质的物理化学性能的比较分析，得出只有同时具备下述几个条件，才能得到具有优良的物理化学性能的室温熔盐$LiX/RCONH_2$：

① $RCONH_2$作为锂离子的配体，它和锂离子的作用不能太弱，否则它不能使锂盐发生解离，同时它和锂离子的作用也不能太强，所以锂离子的配体和锂离子之间的作用要适中，既要保证锂盐的解离，又要有利于锂离子的迁移；

② $RCONH_2$中的氢键作用不能太强；

③ 阴离子半径的大小要适中；

④ 锂盐的晶格能要低。

$LiCF_3SO_3$/乙酰胺熔盐体系的Raman和红外光谱表明，由于乙酰胺具有两个极性基团（$C=O$和NH_2），能够同时与Li^+阳离子、$CF_3SO_3^-$阴离子发生相互作用。乙酰胺中的羰基氧$C=O$同Li^+发生强的配位作用，使得锂盐$LiCF_3SO_3$在其中发生解离，同时也破坏了乙酰胺分子间的氢键作用。$CF_3SO_3^-$阴离子中的SO_3基团和乙酰胺中的NH_2基团之间是通过氢键发生作用的，阳离子-溶剂、阴离子-溶剂及阳离子-阴离子之间的相互作用在很宽的锂盐浓度范围内广泛存在。阳离子-阴离子间的相互作用随着锂盐浓度的增加和温度的升高而增强，而阳离子-溶剂间和阴离子-溶剂间的相互作用随着锂盐浓度的增加和温度的升高而减弱。正是这些相互作用使得该熔盐中形成了各式各样的离子结构，如积聚离子、离子对和"自由"离子等。

$LiCF_3SO_3$/CH_3CONH_2熔盐体系中存在的相互作用和各种离子结构也被新化合物$LiCF_3SO_3 \cdot 2CH_3CONH_2$的单晶结构所证明。结构分析表明，化合物$LiCF_3SO_3 \cdot 2CH_3CONH_2$单晶呈现明显的"梯状"结构。以锂离子为中心原子，在a方向无限延伸的链构成了这个"梯子"的骨架，$CF_3SO_3^-$阴离子中的SO_3基团和乙酰胺中的NH_2基团之间形成的氢键通过乙酰胺分子间的氢键作用，在c方向将"梯子"与"梯子"之间连接起来，在a和c方向形成一个无限延伸的平面结构。另外，该晶体结构还反映了锂离子最近邻的化学环境，即锂离子和周围的四个氧原子发生配位作用，其中两个氧原子分别来自两个乙酰胺分子的羰基氧原子，另两个氧原子来自两个最近邻的$CF_3SO_3^-$阴离子中SO_3基团上的氧原子。

通过量子化学计算和Raman光谱的研究表明，在高盐浓度区域，离子结构主要以积聚离子为主；在中盐浓度区域，离子结构主要以离子对为主；在低盐浓度区域，离子结构主要以"自由"离子为主。

$LiCF_3SO_3$/CH_3CONH_2熔盐电解质离子电导率和温度的变化关系能很好地符

合 VTF 方程，离子输运服从自由体积模型。在电场作用下，溶剂分子的热运动不断地制造一些新的配位点。借助于溶剂分子的运动，离子从一个配位点迁移到下一个配位点，实现离子的定向迁移。离子电导率依赖于体系中各种离子结构的浓度，特别是随着"自由"离子浓度的增加，电导率增加。

5.2.6　电解质的热稳定性

电解质的热稳定性是与电池的安全性问题紧密联系的。有以下几方面的原因必须认真考虑电解液的热稳定性。第一，大部分锂离子电池工作的温度环境都是可变的。现在许多液体电解质电池需要在高达 60℃ 甚至 80℃ 的温度下工作，而有时却又要求其能够在低达 −40℃ 的温度环境中工作（例如军用电池或用在一些航天器上的电池）。第二，一些功率型锂离子电池在正常工作时其内部会达到 400℃ 甚至更高的温度，因此电解质在这些温度下的安全性就成为电池的安全性与循环寿命设计时必须考虑的问题。第三，电池正极在过充电条件下经常会释放出氧气或具有强氧化性，而目前使用的大部分有机溶剂都是易燃的。在这种情况下，电解质的热稳定性就显得尤为重要。要保证电池的安全性，一靠隔膜，二靠电解质，三靠电极材料，特别是正极材料的安全性与热稳定性。当使用没有热关闭功能的隔膜时，电池的安全性就依赖于电解质和电极材料的热稳定性。

目前大部分锂离子电池使用的电解质是由 $LiPF_6$ 和碳酸酯溶剂构成的。由于微量的乙醇和水引发的自催化，在不太高的温度下（80~100℃），就会发生电解质的热分解反应，产生大量高毒性的氟磷酸烷基酯。使用锂过渡金属氧化物或向电解液中添加 Lewis 碱可以阻止热分解的发生。

随着循环次数的增加，嵌锂石墨与电解质间的反应性增加。在经过多次循环后，电池的热稳定性明显降低。主要的原因是钝化层逐渐增厚。另外，Li_xCoO_2 正极材料也具有类似的放热反应趋势。其中的 x 值越小，放热反应越易发生，放热反应开始的温度也越低。用三电极系统观察 Li_xCoO_2 正极的开路电压变化，发现 Li_xCoO_2 的热不稳定性是随着其循环次数的增加、锂含量的减小而增加的。

$LiPF_6$ EC/DEC/DMC 电解液在 40~350℃ 间的热稳定性：在 170℃ 左右有一个由于 DEC 分解产生的产气吸热反应。随着温度进一步升高，其他反应陆续发生。释放出的 F 离子与烷基碳酸酯分子反应作为碱（bases）和亲核（nucleophiles）。溶液热反应的主要固相和液相产物是 $HO—CH_2—CH_2—OH$、$FCH_2CH_2—OH$、$F—CH_2CH_2—F$ 及聚合物，气相产物主要包括 PF_5、CO_2、CH_3F、CH_3CH_2F 和 H_2O。有人用 DSC 方法研究了嵌锂石墨电极与电解质的热分解反应，分别在 130℃（峰 1）、260℃（峰 2）和 300℃（峰 3）左右观察到三个放热反应峰，产生的总放热量随着插锂量的增加而线性增加，而不依赖于石墨粉的比表面积。增加电极材料的比表面积降低了在峰 2 和峰 3 的出现温度，但增大了峰 1 的放热量。增加比表面积加速了嵌锂石墨与电解液的热分解反应以及峰 1 处的反应（峰 1 反应与钝化层的形成有关）。气相色谱和 FTIR 研究表明，130℃ 左右的反应对应于电解质在嵌锂石墨上分解生成 Li_2CO_3，而 CO_2 气体则在加热嵌锂石墨到 $130℃$ 的过程中产生。可认为在石墨电极表面上首先生成烷基碳酸酯，然后烷基碳酸酯锂立即分解生成更稳定的 Li_2CO_3。

比较三种不同正极材料 $LiCoO_2$、$LiNi_{0.1}Co_{0.8}Mn_{0.1}O_2$、$LiFePO_4$ 在溶剂 EC/DEC 和 $1.0mol/L$ $LiPF_6$ EC/DEC 电解液或 $0.8mol/L$ LiBOB EC/DEC 电解液中的热稳定性。先将正极材料充电到 $4.2V$，在 EC/DEC 溶剂中，$LiCoO_2$、$LiNi_{0.1}Co_{0.8}Mn_{0.1}O_2$ 和 $LiFePO_4$ 的自维持放热反应的开始温度分别为 $150℃$、$220℃$ 和 $310℃$。在电解液 $LiPF_6$ EC/DEC 或 LiBOB EC/DEC 中，$LiNi_{0.1}Co_{0.8}Mn_{0.1}O_2$（颗粒直径 $0.2\mu m$）表现出比 $LiCoO_2$（颗粒直径 $5\mu m$）更高的稳定性。这两种充电态的正极材料与 LiBOB EC/DEC 电解质的反应性比与 $LiPF_6$ EC/DEC 的反应性更强。但是对于充电态的 $LiFePO_4$，LiBOB EC/DEC 表现出比 $LiPF_6$ EC/DEC 电解质更高的热稳定性比。由于插锂石墨与 LiBOB 电解质的反应性不如与 $LiPF_6$ 基电解质的高，这些结果说明石墨/LiBOB 基电解质/$LiFePO_4$ 锂离子电池能够承受电池的不当使用。

5.2.7 电解质分解

同任何其他二次电池一样，锂离子电池容量会随着循环次数的增加而降低。电池容量的损失或降低的原因除了充放电过程中电极材料本身出现不可逆结构相变以及由于反复嵌锂/脱锂对电极材料的结构造成扰动甚至破坏使电极材料的结构变得部分或完全不可逆之外，另一很重要的原因就是电解质与电极材料发生化学的或电化学的副反应而导致电解质的分解、伴随电解质分解而出现的其他问题如由于溶剂或锂盐的损失而导致电解质电导率降低、由于分解产物在电极上的沉积阻塞了电极材料颗粒上的微孔使离子进出电极的速率变慢。

5.2.7.1 电解质老化分解

有人研究了长期储存和循环过程中锂离子电池中的液体电解质发生老化和退化的机制，指出锂离子电池的老化主要来自于发生在电极界面上的活性材料与电解质的反应、循环过程中材料结构的退化以及非活性成分（如黏结剂）的老化，导致电池能量密度和/或功率密度的衰减。电解质的反应速率依赖于电极材料和电解质材料的种类与反应性、电池体系各部分所含杂质的种类与含量、制备过程、电池设计、应用类型以及使用方式等因素。

5.2.7.2 电解质的正常还原分解

锂离子电池在首次及随后的几次循环过程中容量下降非常快，循环效率（库仑效率或称电流效率）较低，这主要是由于电解质在负极表面分解形成固体电解质界面（SEI）层所导致的。这一阶段称为成膜阶段。此后电池容量衰减变得非常缓慢，甚至在经历过很多个循环后电池容量都基本保持不变。成膜阶段以及随之而来的容量损失强烈依赖于所使用的碳电极的性质如结晶度、表面积、预处理以及其他合成和处理的一些细节方面。

通常将石墨嵌锂/脱锂反应简单地描述为 $xLi^+ + xe + 6C \rightleftharpoons Li_xC_6$（$0 \leqslant x \leqslant 1$），但是实际的反应过程要复杂得多。一些有电解质参与的副反应是造成嵌锂/脱锂过程中容量损失（或称电荷损失）的重要原因。电荷损失伴随着物质的消耗（锂离子和电解质）。石墨类负极材料上发生的有电解质参与的副反应至少应包括以下几个方面。

(1) 电解质在负极表面发生还原分解

放电过程与负极材料直接接触的电解质分子会得到电子（因为电极材料一般是电子与离子的混合导体）而被还原。对于 EC、DMC 类碳酸酯类分子，还原反应的结果就是生成 Li_2CO_3 而沉积在负极表面。这一还原过程与所使用的负极材料的种类无关。

随着放电过程的进行，在碳电极上会生成石墨插层化合物 Li_xC_6。与金属锂一样，几乎在所有的液体电解质中，Li_xC_6 都是热力学不稳定的，因此电解质的还原分解会继续进行下去。只有当所有碳颗粒表面都被电解质的分解产物包裹起来以后，Li_xC_6 的表面不再直接暴露在电解质中，电解质反应才有可能停止。在随后的循环过程中，电池会表现出非常好的可逆性，经过多次循环也不会有容量的显著损失。对于非碳负极材料，虽然不会有 Li_xC_6 化合物生成，但是这些负极材料在有效储存锂之前都要形成与金属锂的性质极为相似的 Li_xM 合金，因此类似的电解质分解与容量损失依然存在。除此之外，金属氧化物电极材料一般要先被还原为金属原子后才与锂形成 Li_xM 合金。该还原过程也要消耗大量的电荷，造成很高的不可逆容量损失。因此，电解质的还原分解是必然的。包覆在负极材料颗粒表面且能够阻止电解质进一步分解的膜称为钝化膜。由于电解质的还原分解需要消耗大量的物质，降低电池的容量，甚至由于一些气体的产生使电池的内压增大，给电池的安全性带来问题。

电解质的分解产物包括碳酸锂、烷基酯锂、低聚物等，还包括各种气体如 CO_2 等及一些液态分子。包覆负极材料颗粒的膜对电子是绝缘的，而对离子是导通的。因此，一般称为固体电解质界面（SEI）膜。SEI 膜一般在电池的第一次嵌锂过程中基本形成并在随后的循环过程中得到进一步巩固和完善。电解质的组分（包括盐和溶剂）以及电极材料的表面性质决定电解质的分解产物，也就决定电解质在何电位发生还原分解、能否在负极材料表面形成稳定有效的 SEI 膜（包括 SEI 膜的组分、形貌、电导率、稳定性）。对于石墨类电极，电解质的还原分解既可以发生在石墨的 basal 面（与石墨层面相平行的面）上，也可以发生在石墨的 edge 面（与石墨层面相垂直的面）上。这两种表面在 BET 表面不同种类（甚至同一来源但经过不同方法处理）的石墨中所占的比例是不同的。

(2) 溶剂共嵌入

理想情况下，在溶剂化的锂离子嵌入到石墨碳层间之前应先脱去溶剂分子，锂离子才能进入石墨层间，但实际上，在非质子性溶剂中形成锂-石墨插层化合物时，一些极性溶剂如 PC 和二甲氧基乙烷会与锂一起插入到石墨层间，形成三元石墨插层化合物，如 Li_x（溶剂）C_6。这种现象称为溶剂化嵌入或溶剂共嵌入。

溶剂化嵌入化合物在热力学和动力学上是不稳定的，因此与锂离子共嵌入的极性溶剂分子很容易发生还原分解。由于锂离子只能沿平行于 basal 面的方向嵌入石墨层中，因此与放电损失相关的如溶剂化锂离子嵌入或已经嵌入石墨中的锂离子的自放电的特定反应只通过或只在 edge 表面发生（Novak 称此面为 prismatic）。一般认为，使用 PC 基电解质易发生溶剂共嵌入，而使用 EC 基电解质则可以有效避免溶剂共嵌入。因此，商品锂离子电池一般使用 EC 基的电解质，但使用 EC 基电解质不能完全避免石墨负极发生层状剥离与粉化。

对于非石墨化的碳材料（如各种硬碳材料），虽然溶剂共嵌入反应造成的电解质分解居于次要地位，但由于这类碳材料的比表面积大，在表面上有大量的官能团等因素，因此这类电极材料首次放电的不可逆容量损失也同样是非常大的。锂离子电池中广泛使用的天然石墨和中间相碳微珠（MCMB）等石墨类负极材料首次循环的库仑效率可达 80％甚至 90％以上，而硬碳类负极材料首次循环的库仑效率则只有 50％左右。

5.2.7.3　过充电导致的电解质分解

除了以上在正常使用的情况下出现的电解液的还原分解之外，引起电解质分解的另一主要原因是电池的过充。如果在每一次充电过程中都要消耗一小部分的电解质，那么在组装电池时就需要加入更多的电解质。电解质分解所生成的固体产物可能会在电极上形成钝化层，增大电池的极化，降低电池的输出电压。电池的过充电包括负极、正极及电解质的过充三个方面。

（1）负极过充电引起的电解质还原分解

有两种情况可能会导致电池的过充电，过充使正极的锂离子以金属锂的形式在负极表面沉积。其原因是电池中装入的正极材料过多而负极材料过少所引起的。由于负极材料中没有足够的吸锂位置（形成嵌入化合物或生成锂合金），多余的锂就只能以金属锂的形式沉积在负极表面。另一种情况发生在对电池高倍率放电时，由于高倍率放电条件下负极的极化，锂离子来不及扩散进入石墨碳层间形成插层化合物或形成 Li_xM 合金，而在负极表面被还原为金属锂。由于电极和隔膜的边界处的电位最负，因此锂金属最容易沉积在这些位置。由于金属锂的高活性，覆盖在负极表面的沉积锂会很快与溶剂或盐反应，造成电解质的额外损失，同时生成 Li_2CO_3 和 LiF 等。

金属锂与插锂的碳电极之间的电位差很小。因此，电解质在碳电极上的还原分解与在金属锂上的情况非常相似。一些物理研究方法可用来研究电解质在负极表面的还原分解，如 X 射线光电子能谱（XPS）、俄歇电子谱（AES）、能量色散 X 射线分析（EDAX）、Raman 光谱、原位与非原位傅里叶变换红外光谱（FTIR）、原子力显微镜（AFM）和电子自旋共振（ESR）等。

在首次放电过程中，PC 在石墨电极上的电化学分解反应可认为是一个双电子反应过程。这个过程发生在 0.8V 附近，反应产物主要是 Li_2CO_3 和丙烯，即：

$$2Li^+ + 2e + (PC/EC) \longrightarrow 丙烯(气体)/乙烯(气体) + Li_2CO_3(固体)$$

$ROCO_2Li$ 是通过 PC 的单电子还原过程生成的，如 $CH_2CH(OCO_2Li)CH_2OCO_2Li$、$ROCO_2Li$ 遇痕量水即迅速反应生成 Li_2CO_3。

当电解液中存在冠醚时，溶剂在碳电极表面发生还原，而不会通过共嵌入进入碳的内部，因此碳电极能够保持其石墨结构并经历多次可逆的嵌锂反应。当 PC 的还原分解只是在碳电极表面发生时，电荷转移主要是通过 SEI 膜进行的，由于缺乏使 PC 还原的驱动力，PC 的单电子还原分解是最有利的。当电解质中不存在冠醚而仅以 PC 为溶剂时，初次放电时即发生 PC 共嵌入，石墨结构被粉化破坏，无法形成插层化合物。PC 的还原分解大部分发生在碳电极内部。在这种情况下，两电子还原过程有利于生成 Li_2CO_3。

第一次循环时发生的容量损失可能是由于 PC 分解生成 Li_2CO_3 所造成的，此外，还有另外的副反应存在。在首次充电时 PC 的分解有可能会通过两个路径发生，一个是 PC 直接发生还原生成丙烯和 Li_2CO_3；另一个路径是 PC 先被还原为碎片阴离子，然后通过碎片端点的连接形成烷基酯锂。这些烷基酯锂是不稳定的，它们又还原生成同样是不稳定的碎片化合物，并与丙烯反应生成低聚物碎片，最后被氧化为含有 C—H 键和 COOH 基团的化合物。

以下总结一些常用电解质溶剂与锂盐的分解机制。

① PC 的分解。有人提出的两电子还原机制是：

$$PC + 2e \longrightarrow 丙烯 + CO_3^{2-} \tag{5-3}$$

Aurbach 等人提出的单电子还原机制是：

$$PC + e \longrightarrow PC^- (碎片阴离子) \tag{5-4}$$

$$2PC^- + e \longrightarrow 丙烯 + CH_3CH(OCO_2)^- CH_2(OCO_2)^- \tag{5-5}$$

$$CH_3CH(CO_3)^- CH_2(CO_3)^- + 2Li^+ \longrightarrow CH_3CH(OCO_2Li)CH_2OCO_2Li(固体) \tag{5-6}$$

② EC 的分解。EC 的两电子还原过程与 PC 的两电子还原过程相似：

$$EC + 2e \longrightarrow 乙烯 + CO_3^{2-} \tag{5-7}$$

EC 的单电子还原机制也与 PC 的单电子还原过程类似：

$$EC + e \longrightarrow EC^- (碎片阴离子) \tag{5-8}$$

$$2EC^- + e \longrightarrow 乙烯 + CH_3(OCO_2)^- CH_2(OCO_2)^- \tag{5-9}$$

$$CH_3(OCO_2)^- CH_2(OCO_2)^- + 2Li^+ \longrightarrow CH_3(OCO_2Li)CH_2OCO_2Li(固体)$$

EC 分解产物 $CH_3(OCO_2Li)CH_2OCO_2Li$ 可作为有效的钝化膜，与 Li_2CO_3 的作用相近。

③ DMC 的分解。DMC 的分解可以写为：

$$CH_3OCO_2CH_3 + e + Li^+ \longrightarrow CH_3OCO_2Li + CH_3^* \tag{5-10a}$$

或
$$CH_3OCO_2CH_3 + e + Li^+ \longrightarrow CH_3OLi + CH_3OCO^* \tag{5-10b}$$

CH_3OLi 和 CH_3OCO_2Li 都是通过 DMC 上的亲核反应形成的。按照 Aurbach 等人的观点，生成的碎片（CH_3^* 和 CH_3OCO^*）转化为 $CH_3CH_2OCH_3$ 和 $CH_3CH_2OCO_2CH_3$。

④ DEC 的分解。其可以写为：

$$CH_3CH_2OCO_2CH_2CH_3 + 2e + 2Li^+ \longrightarrow CH_3CH_2OLi + CH_3CH_2OCO^* \qquad (5\text{-}11a)$$

或

$$CH_3CH_2OCO_2CH_2CH_3 + 2e + 2Li^+ \longrightarrow CH_3CH_2OCO_2Li + CH_3CH_2^* \qquad (5\text{-}11b)$$

按照 Aurbach 等人的观点，DEC 分解生成的碎片（$CH_3CH_2OCO^*$ 和 $CH_3CH_2^*$）转化为 $CH_3CH_2OCH_2CH_3$ 和 $CH_3CH_2OCO_2CH_2CH_3$。

⑤ 几种常用锂盐的还原分解。由于盐的还原产物也参与形成 SEI 膜，因此电解质盐的种类及其浓度对碳插入电极的性能也有重要影响。在某些情况下，盐的还原可能会对电极表面的稳定以及形成所需要的具有钝化作用的界面产生重要作用。在另外一些情况下，盐分解的沉积物可能会对溶剂的还原产物产生影响。锂盐 $LiCF_3SO_3$ 在负极上的还原分解发生在溶剂（PC/EC/DMC）的分解之前。几种锂盐的还原分解过程如下。

$LiAsF_6$：
$$LiAsF_6 + 2e + 2Li^+ \longrightarrow 3LiF + AsF_3 \qquad (5\text{-}12)$$
$$AsF_3 + 2xe + 2xLi^+ \longrightarrow Li_xAsF_{3-x} + xLiF \qquad (5\text{-}13)$$

$LiClO_4$：
$$LiClO_4 + 8e + 8Li^+ \longrightarrow 4Li_2O + LiCl \qquad (5\text{-}14a)$$
或
$$LiClO_4 + 4e + 4Li^+ \longrightarrow 2Li_2O + LiClO_2 \qquad (5\text{-}14b)$$
或
$$LiClO_4 + 2e + 2Li^+ \longrightarrow Li_2O + LiClO_3 \qquad (5\text{-}14c)$$

$LiPF_6$：
$$LiPF_6 \Longleftrightarrow LiF + PF_5 \qquad (5\text{-}15)$$
$$PF_5 + H_2O \longrightarrow 2HF + PF_3O \qquad (5\text{-}16)$$
$$PF_5 + 2xe + 2xLi^+ + H_2O \longrightarrow xLiF + Li_xPF_{5-x}O + 2H^+ \qquad (5\text{-}17)$$
$$PF_6^- + 2e + 3Li^+ \longrightarrow 3LiF + PF_3 \qquad (5\text{-}18)$$

$LiBF_4$ 的分解与 $LiPF_6$ 类似：
$$BF_4^- + xe + 2xLi^+ \longrightarrow xLiF + Li_xBF_{4-x} \qquad (5\text{-}19)$$

$LiBF_4$ 在水中的分解：
$$Li^+ + BF_4^- \longrightarrow LiF(\text{固体}) + BF_3(\text{气体})$$
$$BF_3 + H_2O \longrightarrow 2HF + BOF$$

杂质的还原。电解质中经常含有各种杂质，如氧气和水。氧气被还原后与锂结合生成氧化锂。

$$O_2 + 4e + 4Li^+ \longrightarrow 2Li_2O(\text{固体}) \qquad (5\text{-}20)$$

电解质中存在的痕量（$100 \sim 300\mu g/g$）水一般不会对石墨电极的性能产生影响。当水含量比较高时，在有 Li^+ 存在的条件下，水被还原后（约在 1.4V）会与 Li^+ 作用生成 LiOH 并沉积在碳电极表面，成为一个高阻抗的界面层，阻碍锂离子插入石墨中：

$$2H_2O + 2e \longrightarrow 2OH^- + H_2 \qquad (5\text{-}21)$$

$$Li^+ + OH^- \longrightarrow LiOH(固体) \tag{5-22}$$

$$2LiOH(固体) + 2e + 2Li^+ \longrightarrow 2Li_2O(固体) + H_2 \tag{5-23}$$

当有 CO_2 存在时，会生成 Li_2CO_3，作为钝化层的组分之一沉积在负极上。

$$2CO_2 + 2e + 2Li^+ \longrightarrow Li_2CO_3 + CO \tag{5-24a}$$

或
$$CO_2 + e + Li^+ \longrightarrow CO_2^- \cdot Li^+ \tag{5-24b}$$

$$CO_2Li + CO_2 \longrightarrow OCOCO_2Li \tag{5-25}$$

$$OCOCO_2Li + e + Li^+ \longrightarrow CO + Li_2CO_3 \tag{5-26}$$

二次反应。可以通过二次反应形成碳酸锂：

$$2ROCO_2Li + H_2O \longrightarrow 2ROH + CO_2 + Li_2CO_3 \tag{5-27}$$

其中，R 代表乙烯基团或丙烯基团。$LiAsF_6$ 和 $LiPF_6$ 在相对于金属锂的电位为 1.5V 时发生还原。

（2）正极过充电引起的电解质氧化分解

不同组成体系的电池，锂离子电池正极的过充也会引起一系列的电化学反应。与电解质分解有关的反应是低锂含量的过渡金属氧化物（如 Li_yNiO_2，当 $y<0.2$ 时）对电解质尤其是溶剂的氧化具有很强的催化作用。正极材料的成分影响电解质的分解。在以人造石墨为负极的锂离子电池中，当使用 $LiCoO_2$ 为正极材料、4.0V 以上时，电池的气胀主要是由正极上发生的反应所引起的，而在 4.0V 以下则主要是由负极上的反应所致。对气体的成分和气胀与电压的依赖关系进行分析表明，气胀是由于充电过程中电解质在正极上的氧化以及放电过程中从石墨中脱出锂的还原所引起的。而当以 $LiNi_{0.8}Mn_{0.1}Co_{0.1}O_2$ 为正极时，在 3.2V 以上电解质就会在正极材料上发生氧化、气胀，并且 $LiNi_{0.8}Mn_{0.1}Co_{0.1}O_2$ 正极上的气胀现象远比在负极上严重得多。

（3）高充电电压时的电解质氧化分解

大部分电解质在高充电电压（>4.5V）时都会发生分解，生成不溶性产物如 Li_2CO_3 等，堵塞电极上的微孔，同时还有气体产生。这不仅会在循环过程中引起电池的容量损失，而且也会导致严重的安全隐患。

溶剂的氧化过程一般可以描述为：

$$溶剂 \longrightarrow 氧化产物(气态、液态和/或固态物种) + ne \tag{5-28}$$

溶剂的氧化会造成该溶剂含量的降低，电解质中的盐含量相对升高，使电解质的电导率下降，电池的极化变大，电池的平均输出电压和实际可获得的容量降低。同时，溶剂氧化分解产生的气体产物及其他物种在电池中的积聚也会引起一系列问题。溶剂氧化分解的速率决定于正极材料的表面积、所使用的集流体材料以及导电添加剂的性质。实际上，由于炭黑材料巨大的比表面积，炭黑添加剂的种类及其比表面积的选择是极其关键的，溶剂氧化很有可能是更多地发生在炭黑导电剂上而不是发生在金属氧化物电极上。

电解质的分解电压通常用循环伏安法进行表征，使用的电极可以是惰性的金属，也可以是电池中实际使用的插入电极材料。对于不可逆的电化学副反应来讲，由于并不存在一个热力学开路电压，因此分解电压本身并没有多少实际意义。相反，这些副反应可以用 Tafel 方程描述。在任意一个电位时，按照 Tafel 方程都会得到一个有限的分解速率，该速率随着电压的提高而增大。

研究发现，在低至 2.1V 的对锂电位时，PC 就会氧化分解。在 3.5V 以上，PC 的氧化分解速率会显著提高。根据电极材料的不同，PC 的氧化分解可能在 2V 时就会开始。但是在实际研究中，经常会看到 PC 的氧化电位要比 2V 高得多（通常是在 4.5V 以上）。$LiClO_4/PC$ 及 $LiAsF_6/PC$ 电解质在经过热处理的 MnO_2 电极上的分解发生在 4.0V 左右，但在较低的电位（$LiClO_4/PC$ 为 3.15V，$LiAsF_6/PC$ 为 3.4V）时，就已经有 CO_2 生成。在反向（阴极）扫描时没有观察到 CO_2 的产生。

在 4.5V 以上，ClO_4^- 分解生成 ClO_2 和 HCl 等氯化物。分解机制可能是这样的：

$$ClO_4^- \longrightarrow e + ClO_4 \longrightarrow ClO_2 + 2O_{ad} + e \tag{5-29}$$

$$ClO_2 + H^+ + e \longrightarrow HCl + O_2(g) \tag{5-30}$$

$$2O_{ad} \longrightarrow O_2(g) \tag{5-31}$$

利用微分电化学质谱，可知 ClO_4^- 在 Pt 电极上的氧化电位为 4.6V。由于 ClO_2 的不稳定性，在可能导致 PC 氧化所产生的质子的环境中，它会生成 HCl。

$LiPF_6$ 是目前应用最广泛的电解质盐。由于合成工艺（$PF_5 + LiF \longrightarrow LiPF_6$）的原因，$PF_5$ 的 Lewis 酸性会引起电解质中 EC 分子的开环聚合。在 170℃ 以下，这个聚合反应是一个吸热反应，由于受到由低聚醚碳酸酯聚合物变化而来的 CO_2 的推动，会生成类似于 PEO 的聚合物。在经过加热的电解质溶液中存在 CO_2。在 170℃ 以上，聚合反应变为放热反应并引起剧烈的电解质分解。在实际的电池中，类 PEO 聚合物还会与 PF_5 进一步反应生成可溶于电解质的产物或参与 SEI 膜的生成。对经过加热的电解质作 GPC 分析表明，生成物中有相对分子质量（M_w）达 5000 的物种存在。在经过循环的和经过老化的锂离子电池的电解质中观察到了酯交换和聚合物物种。经过与酸性物种的交联，生成的聚合物产物会引起复合电极中电解质输运性质的退化以及电池的功率和能量的衰减。在密封性良好的电池中，由于溶剂的热分解而生成的 CO_2 使电解液饱和甚至终止聚合反应。CO_2 易于在负极还原生成草酸盐、碳酸盐和 CO。生成的碳酸盐有助于形成 SEI 膜。但是草酸盐易于溶解并在正极上重新被氧化生成 CO_2，这就是可逆的自放电反应。如果 CO_2 被不可逆还原为碳酸盐和 CO，则会引起不可逆的自放电现象。

有人研究了 PC 在 Pt、Al、Au 和 Ni 电极上的开环反应，结果表明，在不同的 PC 基电解质中，Ni 电极的阳极行为依赖于所使用的电解质盐。在高电极电位，分解产物依赖于盐的阴离子种类。采用循环伏安方法也从实验上证实了锂离子电池过充电时电解质的氧化，但是这些研究都没有说明电解质分解的机理或分析说明反应产物的种类。

在首次循环过程中，伴随着电解质分解的是产气与电池的气胀现象。碳电极上的产气反应是由于电极的分解、反应性痕量杂质和电解质的还原造成的。其中，电解液中的溶剂分解是造成首次容量损失的主要原因。当分别使用 EC/DMC 和 EC/DEC 的 1mol/L LiPF$_6$ 电解液时，产生的气体包括 CO$_2$、CO、CH$_4$、C$_2$H$_4$、C$_2$H$_6$ 等。在碳电极的表面有 Li$_2$CO$_3$、ROCO$_2$Li、（ROCO$_2$Li）$_2$ 和 RCO$_2$Li 生成。在电解液中加入 0.05mol/L Li$_2$CO$_3$ 作为添加剂后，产生气体的总体积减少，电解质的锂离子电导率和电池的放电容量增加。这是由于 Li$_2$CO$_3$ 在碳电极上生成的薄而致密的固体电解质膜有效阻止了溶剂的共嵌入和碳的层状剥离。用射频溅射方法在碳电极表面沉积一层固态电解质膜锂磷氧氮（LiPON）也可以抑制碳电极上的溶剂分解，降低首次循环的不可逆容量损失。

电解质的分解是与电解质的组分密切相关的。如在 4.2～2.5V 对使用 1mol/L LiPF$_6$-PC/EMC/DEC/DMC 为电解液的碳/LiCoO$_2$ 电池体系经过 1500 次循环后，探测到少量由 DMC 分解产生的甲烷气体。只有在过充电和过放电的条件下，溶剂分子（PC、EMC、DEC 和 DMC）才会发生显著分解，释放出 CO$_2$、CH$_4$、C$_2$H$_6$、C$_3$H$_6$ 和其他碳氢化合物。由于产生的这些气体会增大电池的内压，而且多为可燃性的，将电解质的分解反应和容量损失降低到最低程度是延长电池循环寿命和改善电池高温性能的需要。

应用密度泛函理论研究电解质溶液中 EC 分子的还原分解发现，虽然在气相中 EC 的还原是热力学禁戒的，但在凝聚态溶剂中，EC 则有可能会经历单电子或双电子还原过程发生分解，并且溶液中锂离子的存在使 EC 还原反应的中间产物更稳定。随着 EC 分子数目的增加，超级分子 Li$^+$(EC)$_n$（$n=1～4$）的绝热电子亲和力逐渐降低，与 EC 或 Li$^+$ 的还原无关。在还原分解过程中，Li$^+$(EC)$_n$ 首先还原成离子对中间体，通过大约 46.024kJ/mol（11.0kcal/mol）的势垒，中间体再发生均裂的 C—O 键断裂，生成碎片阴离子与锂离子发生缔合。在碎片阴离子可能的终结路径中，热力学上最有利的路径是形成二碳酸酯丁烯锂（CH$_2$CH$_2$OCO$_2$Li）$_2$。其次是形成一个含有酯基官能团的 O—Li 键化合物［LiO(CH$_2$)$_2$CO$_2$］$_2$，再后是两个非常具有竞争性的反应：碎片阴离子的进一步还原和形成双碳酸酯乙烯锂（CH$_2$OCO$_2$Li）$_2$，最不利的反应是形成 Li 的碳化物 Li(CH$_2$)$_2$OCO$_2$Li。正如在 LiCO$_3^-$ 与 Li$^+$(EC)$_n$ 之间的反应所表明的，产物对 EC 浓度的依赖性很小。在低 EC 浓度的条件下，生成 Li$_2$CO$_3$ 略占优势。只有在高 EC 浓度时，才有利于生成（CH$_2$OCO$_2$Li）$_2$。根据一些计算结果并结合实验发现，人们认为双电子还原过程确实是通过逐级的路径发生的。大部分实验结果已经表明，（CH$_2$OCO$_2$Li）$_2$ 是由溶剂还原生成的表面膜的主要成分。表面膜主要由两种烷基双碳酸酯锂（CH$_2$CH$_2$OCO$_2$Li）$_2$ 和（CH$_2$OCO$_2$Li）$_2$ 组成，另外还包括 Li(CH$_2$)$_2$OCO$_2$Li、Li$_2$CO$_3$ 和 LiO(CH$_2$)$_2$CO$_2$(CH$_2$)$_2$OCO$_2$Li。应用旋转环-盘电极体系和从头算分子轨道计算研究锂电池电解质溶剂的还原分解中的起始反应，证明电子转移是由阴极极化所诱导的，形成的可溶性还原产物可被再次氧化。从电极到与锂离子发生缔合的溶剂分子的电子转移过程是一个反应能为$-3eV$的放热反应。这是电解质还原分解的初始反应，必须加以控制以改善锂离子电池和锂电池的性能。

5.2.8　固体电解质界面（SEI）膜

前文已经提到，在首次放电/充电过程中，会有一层钝化膜在碳电极上生成。这层膜一般称为钝化层或者固体电解质界面（SEI）膜。SEI 膜一般由电解质的分解产物构成，在本节中，我们侧重讨论 SEI 膜的组成及物理和电化学性能，而不涉及电解质的分解过程与机制。

SEI 膜对锂离子是导通的而对电子是绝缘的。完善的 SEI 膜可以防止溶剂分子的共嵌入和/或石墨表面的层状剥离以及电解质的进一步分解。目前一般认为 SEI 膜是由几种不同的有机和无机物如 LiF、Li_2CO_3 以及电解质的还原产物如 $ROCO_2Li$ 等组成的"马赛克"混合物。EC 还原分解后可能形成 $(CH_2OCO_2Li)_2$，γ-丁内酯的还原产物可能是 CH_3OLi 和 CH_3OCO_2Li。另一种观点认为 SEI 膜最靠近石墨的一侧是由无机物如 LiF 和 Li_2CO_3 等组成，而最外层是由聚合物类的有机物组成。

应用在线质谱检测了 EC 和 PC 基电解质中乙烯和丙烯气体的产生。发现气体是在石墨上而不是在储锂合金上产生，溶剂共嵌入反应只发生在使用石墨负极的情况下。由于石墨和储锂合金上发生的副反应不同，对各自上面的 SEI 膜的成分和对 SEI 膜的要求也不相同。研究不同电解质在石墨/$LiCoO_2$ 电池中的分解时，使用的溶剂包括 EC、DMC、EMC 和 DEC，锂盐是 $LiPF_6$。在含有 EC 的一至三组分溶剂电解液中探测到一氧化碳和乙烷，在石墨负极表面探测到了 Li_2CO_3、RCOOLi 和 $(CH_2OLi)_2$。可认为这些物质的生成都是由于首次充电过程中 EC 的还原反应所生成的。对电解质残液作进一步分析表明，初次嵌锂后有羧酸酯类物质生成，说明发生了超酯化。但是由于库仑转化不完全、不可逆容量高、扩散速率低以及电极欧姆阻抗的增加，第一次循环后在这些厚电极上形成的 SEI 膜是不完整的。用电化学扫描隧道显微镜（STM）观察极化条件下高取向热解石墨（HOPG）的 basal 面在几种电解液中的拓扑变化发现，在分别以 EC/DEC 及 EC/二甲氧乙烷（DME）为溶剂的 1mol/L $LiClO_4$ 电解液中，HOPG 表面上不规则的水泡状结构随着放电压的降低而逐渐长大，这是由于锂离子嵌入石墨层间和分解产物在石墨电极表面的积累所致。因此完整 SEI 膜的形成往往需要经过几个充放电循环才能完成。添加 γ-丁内酯作为共溶剂可以抑制一些产气副反应。在 1mol/L $LiClO_4$/PC 电解质中放电时，只能观察到石墨层的快速剥落和断裂，而看不到水泡状结构的形成。根据在不同电解液中观察到的 HOPG 表面上的形貌变化，有人提出溶剂化锂离子的嵌入是在石墨电极上形成稳定的表面层的必要步骤。

分别用乙烯的化学气相沉积和脱水蔗糖热解方法制备石墨碳和硬碳材料，以这种碳材料和锂金属为电极，分别以 $LiPF_6$ 及 $LiAsF_6$ 的 EC/DEC 溶液为电解质制成电池并在 0～2.00V（相对于 Li/Li^+）循环发现，SEI 膜的组分和厚度首先决定于所使用的碳材料自身的性质，特别是碳材料表面的化学基团与碳材料的结构，而电解质的组分对 SEI 膜性质的影响只是第二位的。在两种电解质中，石墨类软碳上的 SEI 膜中没有碳酸盐，它的无机部分几乎只有 LiF；硬碳材料上的 SEI 膜却要厚得多，而且含有磷或砷的化合物。在所有情况下，在 SEI 膜的内部都存在大量的聚合物结构（即溶剂聚合的产物），而当电解质中含有 $LiAsF_6$ 时，只在硬碳表面存在碳酸盐。但是石墨碳电极的情况下，电解液组分只影响碳电极上表面电极钝化形成 SEI 膜的电位，SEI 膜主要由溶剂分子的还原产物组成，SEI 的结构是电解质与碳电极相容性的决定因素。

二乙二酸硼酸锂［Lithium bis (oxalato) borate，LiBOB］是近几年新合成的一种电解质盐，具有许多很好的性质。通过用 Ar^+ 轰击不断去除半碳酸酯，发现 SEI 膜的主要成分来自于两个相互竞争的部分：环状碳酸酯和 BOB^- 阴离子的还原产物。由于 EC 分子的还原电位较高，初始的表面化学由电解质中的 EC 决定。在不含 EC 的电解液中，还原产物主要来源于 BOB^- 阴离子。要保证电解质在高温时的良好性能，需要有 EC 和 LiBOB 的共存。研究硼阴离子受体三（五氟苯基）硼烷（TPFPB）在 MCMB 电极的电化学稳定性及其与碳电极上的 SEI 膜的相容性时，比较添加 TPFPB 前后 MCMB 电极在初次的恒流循环过程中的容量损失表明，TPFPB 在碳电极上具有非常好的电化学稳定性。循环伏安研究表明，当有 TPFPB 存在时，EC 分解后可以在碳电极表面上生成稳定的 SEI 膜。即使经过多次循环，使用电解质添加剂 TPFPB 的碳电极上 SEI 膜仍然可以保持长期稳定性。即使再经过能够使 LiF 溶解的加热处理，SEI 膜也不会被 TPFPB 所溶解。这表明，碳电极上的 SEI 膜形成了一个交联结构。在同等条件下，使用含有 TPFPB 的电解质比不含 TPFPB 的电解质做成的锂离子电池具有更好的循环性能。

由于锂离子电池通常要在比较宽的温度范围内工作，并且锂离子电池在工作和非工作状态下内部的温度差别也是很大的，因此 SEI 膜的热稳定性也是 SEI 膜性质的一个重要方面。对石墨负极热稳定性的研究表明，锂盐的性质对电解质在负极上的热稳定性影响非常关键，对于使用 $LiBF_4$ 的电解质，SEI 膜的不可逆放热反应发生在 50～60℃，在使用 $LiPF_6$ 为锂盐的电解质中，同样的放热反应要在 100℃ 以上才能发生。这些结果已经被 DSC 和高温储存实验以及加速量热测定（ARC）实验所验证。对于这一差别的一种解释是，石墨表面催化了低温放热反应。在其他电极材料（如金属锂）和正极材料（如 $LiMn_2O_4$）上并不发生类似的反应。相反，与 $LiPF_6$ 相比，以 $LiBF_4$ 作为金属锂/$LiMn_2O_4$ 电池的电解液可以缓解 Mn^{2+} 从正极材料向电解质中的溶解。

利用原位 AFM 跟踪 HOPG/电解质界面的形貌随温度的变化关系，用循环伏

233

安研究被含水 0.5％的 1mol/L LiBF$_4$-EC/γ-BL（2：1）电解质覆盖的 HOPG 晶体，观察到水在 1.4V 被还原分解，有机溶剂在 0.8V 分解形成 SEI 膜。经过第一个放电反应后，HOPG 电极表面被 SEI 膜所覆盖，其中包含很多小岛状的结构，说明完整 SEI 膜的形成需要几个循环才能完成。有意思的是在 HOPG 的 basal 面上的 SEI 膜较薄，主要是 EC/DEC 还原生成的有机物，而在 HOPG 的 edge 面上的膜较厚，是由有机溶剂与锂盐反应生成的无机物组成。

分别在 25～70℃作原位 AFM 观察 HOPG 和石墨复合电极上 SEI 膜的形貌变化发现，在 40℃以下 SEI 膜的形貌基本上不随加热温度发生改变。温度继续升高时，SEI 膜的形貌开始变化。在 50℃时，观察到因 SEI 膜被破坏或被熔融而在电极 HOPG 表面出现水泡状突起（DSC 表明在 58℃时出现一个放热峰；无论电解液中是否含有水都是如此），在 60℃水泡生长并融合为更大的水泡。到了 70℃，就基本上看不到小水泡了，HOPG 的表面又重新暴露在电解液中。当温度更高时，反应产物会积聚在 HOPG 的 edge 面上。对这种现象的解释是，已经嵌入到 HOPG 的表面石墨层中的锂离子参与了放热反应。原位 XRD 研究表明，嵌满锂的石墨在 60℃的环境中储存 12h 后，其中 50％的锂离子会从石墨中脱嵌，生成 Li$_{0.5}$C$_6$ 化合物。石墨复合电极上的 SEI 膜也会发生类似的热崩溃，60℃以上时在电极表面生成厚的含有碳和氧的膜。反应机制是：

$$BF_4^- + xe + 2xLi^+ \longrightarrow xLiF + Li_xBF_{4-x}$$

$$BF_3（气体）+ EC（或 DMC）\longrightarrow 聚合物 \tag{5-32}$$

反应性很强的 Lewis 酸性气体 BF$_3$ 立即与有机或无机分子反应。BF$_3$ 与 EC 的反应主要是通过硼原子和碳酸酯氧，导致 EC 的环断裂，生成聚合物。用氩离子轰击后再对石墨电极进行 XPS 测量表明，经过加热后在石墨电极上生成的 SEI 膜是"宏观的"，即 SEI 膜是覆盖于整个电极之上而不是包裹在每个石墨颗粒的表面上。因此，SEI 膜的生成和破坏涉及一系列复杂的化学反应，这些反应不仅依赖于电解质中的水含量，也依赖于电解质中的阴离子性质以及碳材料的结构。

在 2.2～2.1V（相对于 Li/Li$^+$），氯乙烯碳酸酯在石墨电极上还原分解成 CO$_2$，通过二次反应，CO$_2$ 再参与生成有效 SEI 膜。在无定形碳负极材料的微孔中插入或填入少量 Li$_2$CO$_3$，可以显著降低无定形碳材料对 CO$_2$ 的吸附量，大幅度降低碳材料的不可逆容量，这是由于 Li$_2$CO$_3$ 填充微孔的结果。调整 Li$_2$CO$_3$ 的添加量和碳化温度可以增加材料的可逆容量。

5.2.9 电解液对正、负电极集流体的表面腐蚀

由于铝的表面通常覆盖有一层保护性氧化物膜，因此铝箔在空气和电解液中都是很稳定的，不会被腐蚀，所以铝被用作商品锂离子电池的正极集流体材料。但是在充电过程中，锂离子电池的正极电位会超过 4V。在这样高的电位（即强氧化性条件）下，大多数金属都会发生不同程度的腐蚀。目前正在使用的锂离子电池的集流体材料都易于受环境的影响而导致性能降低，铝会出现腐蚀坑而铜则出现环境导

致的断裂。对集流体的任何腐蚀都会引起电池电极的寿命缩短，并引发电池安全性问题。初步的研究结果表明，如果组装成电池后不进行活化（充电），锂离子电池的阳极就容易发生铜腐蚀，导致电池性能降低。某些污染物会使铜发生氧化，铜箔衬底在锂离子电池的电解液中也不是完全惰性的，一些诸如 HF 类的杂质会将铜箔衬底氧化。

关于铝在锂电池中的腐蚀机理的研究工作已经有很多，大部分都集中在高电位（通常是在 4V 以上）时铝在各种电解液中的稳定性方面。研究表明，铝的腐蚀过程强烈依赖于组成电解质的盐和溶剂的性质。在已经研究过的各种电解质盐中，使用 $Li(CF_3SO_2)(C_4F_9SO_2)N$、$LiPF_6$ 和 $LiBF_4$ 等的有机电解液对铝的腐蚀性最小。经过初次阳极反应后，它们可以在铝电极上分解生成稳定的钝化层，防止铝的进一步腐蚀。$LiN(CF_3SO_2)_2$ 和 $LiCF_3SO_3$ 具有很多优越的性质，如对电解质中的少量水分不敏感，具有比较高的热稳定性与电化学稳定性等。但是由于它们的活性较强，因此对铝的腐蚀性也最强。在 $1mol/L$ 的 $LiN(CF_3SO_2)_2/EC+DMC$ 电解液中只需要在 $2\sim5V$ 经过几个循环过程，电解质对铝的腐蚀深度就可以达到 $1\mu m$，在铝电极表面出现许多腐蚀坑，腐蚀产物主要是 $Al[N(CF_3SO_2)_2]_{3-y}(OH)_y$。如果在阳极电位条件下铝集流体继续暴露在电解液中，这种腐蚀还会继续进行下去。$LiN(C_2F_5SO_2)_2$（LiBETI）溶液对铝的腐蚀性介于 $LiPF_6$ 和 LiTFSI 溶液之间。如果在 $LiN(CF_3SO_2)_2$ 和 $LiCF_3SO_3$ 的有机溶液中加入少量的 $LiPF_6$ 或 $LiBF_4$，这种腐蚀作用就可以得到明显抑制。铝电极在含有 $LiPF_6$ 的盐溶液中的阳极稳定性与其表面上富含 AlF_3 的膜有关。添加 $LiBF_4$ 有助于在铝的表面生成稳定的钝化层，抑制铝与电解液的反应以及电解质溶剂在高电位时的分解。钝化层中含有溶剂分解产生的一些有机沉淀物如 RCO_2M（M 代表 Al 和/或 Li）、草酸锂、LiOH 以及可溶性 B-F 盐如 $Al(BF_4)_3$ 等。在含有 $LiCF_3SO_3$ 的有机溶剂中添加氟化物时，在比较几种氟化物锂盐添加剂抑制铝在 $LiN(CF_3SO_2)_2$ 的有机溶液中的腐蚀发现，在 $LiBF_4$、$LiPF_6$、$LiAsF_6$、$LiSbF_6$ 和 $LiClO_4$ 中，$LiBF_4$ 能够最有效地抑制铝的腐蚀，这是因为它的氧化电位与 $CF_3SO_3^-$ 阴离子的氧化电位最接近。在这几种氟化物添加剂中，铝的腐蚀电流按照 $LiSbF_6>LiAsF_6>LiClO_4>LiPF_6>LiBF_4$ 的顺序依次变小。ClO_4^- 的氧化电位与 $CF_3SO_3^-$ 的氧化电位几近相同，但是腐蚀电流小于或稍大于在含有 $LiPF_6$ 的溶剂中的腐蚀电流。经过电化学氧化的铝样品的 SEM 研究表明腐蚀的程度与腐蚀电流的大小吻合得非常好。

铝在有机电解质中的阳极行为包括表面膜的生成和溶解两个过程。研究发现，在锂离子电池的充电过程中，铝在这些电解液中形成的表面保护膜在 3.5V 以上电位时发生破坏，导致铝衬底的溶解和电池的提前失效。以四氟硼酸锂作为添加剂可以避免铝衬底上保护膜的破坏及铝在 3.5V 以上电压时的腐蚀。相反，对于酰亚胺锂溶液，发现铝衬底在甲基锂电解液中非常稳定，直到 4.25V 左右都不发生任何明显的腐蚀。

研究裸露的铜箔（Cu）和覆盖有石墨及粘接剂的铜箔（Cu-C）浸泡在新鲜的和经过陈化的电解液中的溶解情况发现，使用的电解液为 1mol/L LiPF$_6$ 在三组分溶剂（Ⅰ）PC-EC-DMC 和（Ⅱ）EC-DMC-MEC（甲基乙基碳酸酯），两种电解液的含水量均小于 20μg/g。铜箔放入电解液后不经任何搅动，用原子吸收光谱定量分析铜箔在电解质中的稳定性发现，在新鲜的电解液中裸露的铜箔的溶解是非常轻微的，经过 20 个星期后铜的溶解只有 50μg/g。铜的微量溶解是由于电解液中存在的少量杂质（如 HF）对铜的氧化所致。将新鲜的电解液在空气中暴露 30min 后再做同样的实验，发现铜会大量溶解。说明铜箔在不同条件的电解液中溶解的机理是不同的。在电解液储存的过程中分解出的少量产物（如 PF$_5$）可能对铜的稳定性有至关重要的影响。电解质中存在的 H$_2$O 和 HF 杂质会加速铜的溶解，但它们的作用远不如电解液陈化所造成（可能会生成 PF$_5$）的影响。对铜箔的溶解性质方面，在陈化的电解质中掺入 H$_2$O 及 HF 与在新鲜电解液中加入这些杂质所造成的结果是非常相似的。在这样的电解质中，铜的溶解不如在干的和陈化的电解质（不掺入杂质）中明显，而与加入了 H$_2$O 和 HF 的新鲜电解液中的腐蚀程度相类似。为进一步了解 LiPF$_6$ 在铜的腐蚀中所起的作用，将铜箔浸泡在不含 LiPF$_6$ 的 DMC 中进行比较研究。经过 14 个星期后，铜箔在 DMC 的溶解量不足 5μg/g，而在电解液中的溶解量则达到了 50μg/g。由此可见，LiPF$_6$ 的存在促进了铜在电解液中的溶解。

用循环伏安方法研究铜在三种电解液 [分别为 LiPF$_6$ 溶于 PC：EC：DMC（1：1：3 体积比）；溶于 EC：DMC：DEC（体积比 2：2：1）；溶于 EC：DMC：MEC（体积比 1：1：1）] 中的电化学稳定性和氧化还原行为，发现铜的稳定性与电解液中所含的杂质密切相关。电解质中的杂质明显地增加了铜的氧化趋势。在电池首次充电过程中，电解质还原生成一层钝化膜覆盖在铜电极上，可以在一定程度上减轻电解质对铜的氧化腐蚀。但是这层钝化膜可能是不稳定的，任何对电解质的搅动都有可能使钝化层溶解于电解液中，失去对铜电极的保护作用。

覆盖有石墨的铜箔在新鲜电解液中的溶解是很轻微的。经过 14 个星期，同在电解液中的溶解量，低于 1μg/g，比裸露铜箔的溶解量还要低，这是由于铜箔上面覆盖的石墨吸附了电解液中的 HF 杂质，减缓了铜的腐蚀。将电解液在空气中暴露 30min 后，却发现铜的溶解量大大增加，12 个星期后达到 800μg/g。因此，短暂地暴露在空气中就显著地增加了电解液对铜的腐蚀性。然后在新鲜的电解液中和经过陈化的电解液中引入杂质 H$_2$O（500μg/g）和 HF（1000μg/g），经过 8 个星期后，发现铜在两种电解液中的溶解程度相似。在新鲜的和陈化电解液中，H$_2$O 和 HF 对铜的腐蚀影响是相似的，少量的杂质可以显著地增加铜在两种电解液中的溶解趋势。

采用元素分析和热重分析等分析手段研究铜在 LiClO$_4$/PC 电解液中的阳极极化行为，结果表明，铜的阳极极化引起金属衬底的氧化溶解和电解液在金属表面的分解。扫描电镜照片显示见图 5-6。在发生了电解液腐蚀的铜表面上充满了腐蚀

锂离子电池原理与关键技术

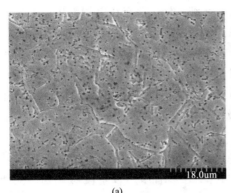 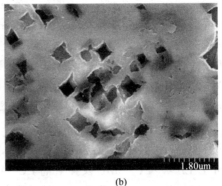

(a)   (b)

图 5-6　在 $LiClO_4/PC$ 溶液中铜表面极化后的 SEM 图 ［1000 倍 （a） 和 10000 倍 （b）］

电流密度为 $1.0mA/cm^2$

坑和铜的晶粒间界，在铜的表面上观察不到固相腐蚀产物。说明铜的腐蚀与电化学氧化导致的铜离子的溶解是同步进行的，二者相互竞争。铜表面腐蚀坑的形状取决于铜颗粒的晶相取向。从电荷转移和几何形状方面提出了铜的氧化溶解的机理。在实际的使用中，由于负极放电的截止电位只有 1.5V，因而观察不到铜的腐蚀。

除了腐蚀正、负电极的集流体外，电解质还可能会对与正、负极集流体具有相同电位的正负极材料具有腐蚀作用。Jahn-Teller 畸变和充电状态时锰的溶出都会造成容量损失。用 Cu^{2+} 和 Cr^{3+} 部分替代锰减轻了锰溶出造成的容量衰减。这是由于较高的三价铬的八面体能稳定 $LiMn_2O_4$ 的尖晶石结构，铜和铬掺杂都能降低尖晶石在 4V 区域的容量衰减。掺杂锂可抑制尖晶石中锰的溶出，提高尖晶石中锂的掺杂量可以减少锰的溶出，改善其循环性能。

5.2.10　电解液对正、负电极材料的表面腐蚀

固体电解质界面膜 （SEI） 对负极材料和电池的电化学性能有重要影响，正极材料的表面是被一层由于烷基碳酸酯的分解而形成的有机 SEI 膜所覆盖着。这层膜可能是碳酸酯在锂或锂-碳负极表面上的还原产物在正极材料表面上的重新沉积，或者是氧化物正极材料上带负电的氧与具有强烈亲电子性的溶剂分子 （如 EC 和 DMC） 的反应所致。正极材料的亲核性在氧化亲电子的溶剂分子方面起着重要作用，例如，已经发现在某些电位具有强烈亲核性的 $LiNiO_2$ 与溶剂分子的内在反应性比亲核性稍弱的尖晶石 $LiMn_2O_4$ 及 Li_xMnO_2 （3V 正极材料） 与溶剂分子之间的反应性要明显得多。当在 1mol/L $LiPF_6$/EC/DMC （1∶1，体积比） 和 1mol/L $LiClO_4$/PC 中储存时，电解质在 $LiNi_{0.8}Co_{0.2}O_2$ 和 $LiMn_2O_4$ 电极的表面上发生自发分解。这就是说，即使没有负极存在甚至在不施加电压的情况下，正极材料上也会有一些表面物种生成。这种自发的电极/电解质反应是由于溶剂分子及盐的阴离子的氧化，导致锂离子从活性电极材料中脱出所引起的。比较高温时在纯溶剂 DMC 及电解质 1mol/L $LiPF_6$/EC/DMC 中储存尖晶石 $LiMn_2O_4$ 薄膜对薄膜的尖

晶石结构和表面生成的有机膜的影响发现，在纯 DMC 中与在电解液中生成的表面膜的成分是相似的，生成的表面膜可以保护电极材料不发生结构退化，但导致了电极材料的完全失活，这可能是由于表面电导率的降低和锂离子穿过表面层的速率降低所致。在电解液中形成的表面膜不能阻止尖晶石的分解或由此引起的容量衰减。$Li_2Mn_4O_9$ 薄膜在与 1mol/L $LiPF_6$/EC/DMC 电解质溶液反应后转化为 λ-MnO_2，同时在原始材料的表面生成不导电的薄膜。这层膜很可能是 Li_2O。这些研究有助于理解电极材料与电解液的相容性。

将商品 $LiCoO_2$ 和经过表面包覆有 Al_2O_3 的 $LiCoO_2$ 分别浸泡在商品电解液 1mol/L $LiPF_6$/EC/DMC 及纯溶剂 EC/DMC 中，然后用多种手段对气相、液相和固相产物从物种、表面形貌、结构及电化学性能等方面进行了物理和电化学表征发现，溶剂浸泡反应所产生的气体（按产物质谱的最大计数值排列）主要包括 CO_2、CO、CH_4、C_2H_4、H_2O、C_2H_6 和 O_2 等。进一步的研究表明，在 Al_2O_3 包覆的纳米 $LiCoO_2$ 上，以上反应产物（包括气、液、固三相）的产量更高，氧的相对含量更高；对所产生的液体进行气相色谱-质谱（GC-MS）和红外与 Raman 光谱分析表明，液相产物中含有结构与聚氧乙烯（PEO）类似的 C—O—C 链以及具有碳酸酯结构的分子。对所得到的固相产物进行红外光谱分析发现，溶剂浸泡 $LiCoO_2$ 生成的表面层主要是由烷基锂、烷基酯锂和 Li_2CO_3 组成。不同处理 $LiCoO_2$ 样品上观察到的红外光谱相似，这说明表面包覆并不影响表面膜的组成，也不改变 SEI 膜的组分。同时，我们还注意到，无论样品是否经过表面包覆，经过溶剂浸泡后，$LiCoO_2$ 的两个特征 Raman 峰（分别位于 $592cm^{-1}$ 和 $483cm^{-1}$）都消失了。

化学分析（感应耦合等离子体方法，ICP）表明，以上收集到的液体和固体样品中的 Li：Co 原子比都明显偏离了 $LiCoO_2$ 的 1：1，特别是在液相中 Li：Co 原子比更是达到了 18：1，说明溶剂浸泡 $LiCoO_2$ 引起了其中 Li 和 Co 的溶出。由于 $LiCoO_2$ 是唯一的锂源，因此化学分析结果清楚地表明，表面包覆 Al_2O_3 并不能阻止锂离子（也许还有钴离子）的溶出。或者说，表面包覆改善电极材料的电化学性能并不仅仅是由于包覆层隔开正极活性材料与电解液，而是还有更深层次的原因。

锂的溶出必然影响 $LiCoO_2$ 的结构和电化学性质。用 XRD 和 Raman 光谱对固体产物进行分析发现，未经表面包覆的 $LiCoO_2$ 溶出部分锂后，退化产物以 Co_3O_4 为主，Co_2O_3 为辅；而经过 Al_2O_3 表面包覆的 $LiCoO_2$ 溶出部分锂后，退化产物则以 Co_2O_3 为主，Co_3O_4 为辅。

两种情况下均可形成一种核-壳结构（核是 $LiCoO_2$、Co_2O_3 及 Co_3O_4 的混合物，而壳是由烷基锂、烷基酯锂和 Li_2CO_3 等组成的更为复杂的混合物）。扫描电镜观察发现（图 5-7），经过溶剂浸渍的 $LiCoO_2$ 表面上有许多明显的腐蚀沟道，而另外一些地方则被高低不平的表面膜所覆盖，与浸泡前的光滑表面明显不同。由于结构的退化，在 2.5～4.3V（相对于 Li^+/Li）循环时，溶剂浸泡纳米 $LiCoO_2$ 的电化学容量只有40～60mA·h/g，明显低于未经浸泡的纳米 $LiCoO_2$ 的 90mA·h/g。

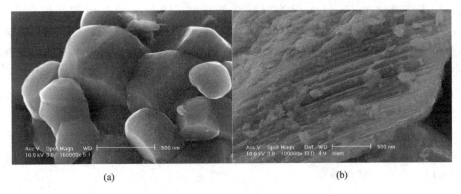

(a)   (b)

图 5-7　$LiCoO_2$ 浸渍在 EC/DMC 溶剂前（a）和后（b）的表面形貌

以电解液（$1mol/L$ $LiPF_6$ 的 EC/DMC 溶液）替代溶剂 EC＋DMC，对上述纳米 $LiCoO_2$ 进行类似研究的结果表明，上述反应仍然存在，但是反应的剧烈程度和反应产物的量明显低于溶剂浸泡时的情况。实验中没有检测到新产生的氧，这说明 Li^+ 溶出的驱动力是 $LiCoO_2$ 颗粒内外巨大的锂离子浓度差。当由于锂盐的存在使这一浓度差减小时，上面的反应就得到了显著抑制。扫描电镜的观察表明，电解液浸泡商品 $LiCoO_2$ 同样会引起材料的表面腐蚀，甚至可以观察到由于浸泡而导致的 $LiCoO_2$ 颗粒的层状破裂，见图 5-8(a)。

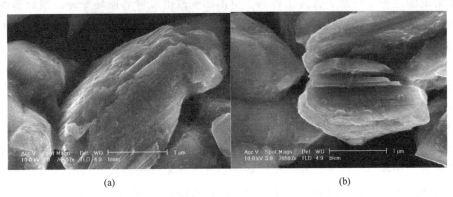

(a)   (b)

图 5-8　浸渍在 $1mol/L$ $LiPF_6$ 的 EC/DMC 溶液 1 周后 $LiCoO_2$ 的
层裂（a）和其颗粒（b）的表面形貌

根据以上实验结果，可得到如下的反应机制：

$$3RCO_3^- + 3LiCo^{3+}O_2 \longrightarrow 3ROCO_2Li \downarrow + Co_2^{3+}Co^{2+}O_4 \downarrow + O_2 \uparrow （未经包覆的 LiCoO_2）$$

$$(5-33)$$

$$2LiCo^{3+}O_2 \longrightarrow Co_2^{3+}O_3 \downarrow + Li_2O \downarrow （Al_2O_3 包覆 LiCoO_2）$$

$$(5-34)$$

从以上研究可以得到以下几点结论：以电解液或溶剂浸泡 $LiCoO_2$ 会引起材料中锂和钴离子的溶出，表面包覆不能阻止锂或钴的溶出；锂离子溶出导致 $LiCoO_2$ 结构退化和电化学容量降低，表面包覆的 $LiCoO_2$ 主要退化为 Co_2O_3，未经包覆的

$LiCoO_2$ 主要退化为 Co_3O_4；浸泡导致溶剂分解，产生多种气体和含锂化合物，Al_2O_3 表面包覆 $LiCoO_2$ 可以抑制氧的产生；正极材料表面膜厚度不受电子隧穿距离限制；浸泡对商品 $LiCoO_2$ 的影响要小于对纳米 $LiCoO_2$ 的影响，但同样会腐蚀商品 $LiCoO_2$ 颗粒甚至导致层状剥落；$LiPF_6$ 不参与上述自发反应；导致锂离子溶出的驱动力是 $LiCoO_2$ 颗粒内外巨大的锂离子浓度差。

5.2.11 功能添加剂

有机电解液中添加少量的某些物质，能显著改善电池的某些性能，如电解液的电导率、电池的循环效率和可逆容量等，这些少量物质称为功能添加剂。功能添加剂的作用主要有以下几种。

5.2.11.1 改善电极 SEI 膜性能的添加剂

锂离子电池在首次充/放电过程中不可避免地都要在电极与电解液界面上发生反应，在电极表面形成一层钝化膜或保护膜，其厚度由电子隧穿距离决定。这层膜主要由烷基酯锂、烷氧锂和碳酸锂等成分组成，具有多层结构的特点，靠近电解液的一面是多孔的，靠近电极的一面是致密的，该膜在电极和电解液间充当中间相，具有固体电解质的性质，只允许锂离子自由穿过，实现嵌入和脱出，而对电子则是绝缘的。因此，这层膜被称为"固体电解质中间相"（solid electrolyte interphase，SEI）。此膜阻止了溶剂分子的共嵌入，避免了电极与电解液的直接接触，从而抑制了溶剂的进一步分解，提高了锂离子电池的充放电效率和循环寿命。因而选择合适的电解液，在电极/电解液界面形成性能稳定的 SEI 膜是实现电极/电解液相容性的关键因素。

在 PC 电解液中添加一些 SO_2、CO_2、NO_x 等小分子，可促进以 Li_2S、Li_2SO_3、Li_2SO_4 和 Li_2CO_3 为主要成分的 SEI 膜的形成。这种 SEI 膜化学性质稳定，不溶于有机溶剂，具有良好的传导锂离子的能力，并抑制溶剂分子的共嵌入和还原分解对电极的破坏。如在 PC 基电解液中添加一些亚硫酸酯如亚硫酸乙烯酯（ES）或亚硫酸丙烯酯（PS），能显著改善石墨电极的 SEI 膜性能，并和正极材料有着很好的相容性。此外，在有机电解液中加入一定量的卤代有机溶剂，可以在碳电极表面形成稳定的 SEI 膜，改善电池的循环性能，提高电池的循环寿命。在锂离子电池用有机电解液中加入微量的苯甲醚或其卤代衍生物，能够改善电池的循环性能，减少电池的不可逆容量损失。如苯甲醚影响电池循环性能的机理为：苯甲醚与溶剂 EC、DEC 的还原分解产物 $ROCO_2Li$ 发生类似于酯交换反应，生成 $LiOCH_3$，有利于在电极表面形成高效、稳定的 SEI 膜。还有一类含有 1,2-亚乙烯基基团的化合物如碳酸亚乙烯酯（VC）、乙酸乙烯酯（VA）、丙烯腈（AAN）等。

5.2.11.2 提高电解液低温性能的添加剂

考察 18650 圆柱形商品锂离子电池的低温性能，发现在 0.2C 倍率放电下，该电池在 -20℃ 时的放电容量是室温容量的 67%～88%，但是在 -30℃ 和 40℃ 时电池的放电容量迅速降低，分别为室温时的 2%～70% 和 0～30%。从室温到

－20℃或－30℃，电池在 1kHz 的阻抗一般增加很小，与电池的放电能力无关。但是电池在－30℃的直流电阻比在室温时增加了 10 倍，在－40℃时则增加了 20 倍，电池的直流电阻与电池的室温和低温放电能力都有关。在碳负极上形成的 SEI 膜不仅影响电解质的离子电导率，也强烈影响电池的低温性能。因此，为了优化电解质的低温性能，必须对电解质各组分的内在物理性质（包括凝固点、黏度和离子电导率）与所观察到特定的电池系统（即电极上 SEI 膜的性质）的相容性作出平衡。电解质的离子电导率和锂离子在电极中的固相扩散都不限制电池的低温放电能力，锂离子在正极表面上的 SEI 膜中的扩散是电池低温放电能力的限制性因素。

为了满足空间探测和兵器系统方面的应用，美国军方和美国宇航局对开发具有改进的低温（低达－40℃）性能的二次能量储存器件很感兴趣。通过开发基于环状和脂肪族烷基碳酸酯混合多组分的电解液溶剂配方，低温锂离子电池可以在－30℃有效工作。如三元和四元的碳酸酯类电解质都能够改善实验三电极电池 MCMB/LiNi$_{0.8}$Co$_{0.2}$O$_2$ 的低温性能。采用一系列的电化学测试方法对这些电池进行性能表征（包括 Tafel 极化测量、线性极化测量和电化学阻抗谱测量）发现，最有应用前景的电解液配方是 1.0mol/L LiPF$_6$ EC/DEC/DMC/EMC（体积比 1∶1∶1∶2）和 1.0mol/L LiPF$_6$ EC/DEC/DMC/EMC（体积比 1∶1∶1∶3）。将这些电解液用在 SAFT 的 9A·h 锂离子电池上作包括不同温度下的倍率性能、循环寿命以及许多特定的任务测试等性能评价，发现在－50～40℃的温度范围内，这些电池都有良好的性能表现（在 C/10 放电速率下，电池的比能量可达 95W·h/kg）。

为开发可用于宽工作温度范围的锂离子电池电解液，几种含有环状碳酸酯（如EC）和线性碳酸酯（如 DMC、DEC 和 EMC）以及低凝固点的溶剂（甲基醋酸酯MA、乙基醋酸酯 EA、异丙基醋酸酯 IPA、异戊基醋酸酯 IAA 或乙烷基丙酸酯EP）的三元电解液是首研对象。通过研究这些电解质的锂离子电池在各种温度时的循环寿命，发现低凝固点溶剂对电解液低温性能的影响要比线性碳酸酯的影响大得多。含有 EC/DEC/MA 溶剂的电解质在－20℃仍表现出很好的初次循环性能，但循环性能较差。含有 EP 及另外两种溶剂的电解质（EC/DEC/EP 与 EC/EMC/EP）的总体性能（包括－20℃低温时的初次循环性能、在室温及 50℃时的循环寿命和倍率性能）最具吸引力。

应用 1mol/L LiPF$_6$ EC/DMC/EMC（体积比 1∶1∶1）作为低温电解质。这一电解质不仅具有很好的电导性和电化学稳定性，而且其锂离子电池都可以工作在－40℃。通过在－40～40℃的宽温度范围内测量各种溶剂组成中 EC 基多元电解质的离子电导率的研究发现，使用具有高介电常数和低黏度的共溶剂可以提高室温离子电导率，但是只有具有低熔点的共溶剂才能有效扩展电解质的使用温度范围。使用经过优化的电解质 1mol/L LiPF$_6$ EC/DMC/EMC（8.3∶25∶66.7）的锂离子电池具有非常优良低温性能，即使在－40℃和 0.1C 的倍率条件下，在放电到 2.0V时该电池的容量仍可达到正常容量的 90.3%。

锂离子电池的低温性能主要受电解质溶液的影响，电解液不仅决定离子在两个电极之间的淌度，而且强烈影响碳负极表面上形成的表面膜的性质。表面膜决定电极相对于电解质的动力学稳定性，允许它们之间的电荷转移，又转而决定电池的循环寿命和倍率性能。为了提高电池的低温性能，有人分别使用各种烷基碳酸酯，如 EC、DMC、DEC 和酯溶剂，制成不同溶剂配比的电解液，并研究了它们在不同温度时电导率、膜阻抗、膜稳定性以及嵌脱锂的动力学性质等方面。与二元溶剂电解液相比，由 EC、DEC 和 DMC 组成的电解液在电导率和表面膜的特性方面，尤其在是低温时，更倾向于一种协同作用。以 DMC 为基的电解液能显示一种协同的高耐用性，而以 DEC 为基的电解液能改善低温性能。观察到了所形成的表面膜的稳定性的一个明显的趋势。在含有低分子量共溶剂的溶液中（即乙酸甲酯和乙酸乙酯），所形成的表面膜只对离子的运动起阻碍作用，而没有通常 SEI 膜的保护作用，而含有高分子量的酯的电解质则形成更多的合乎要求的性质。

通过优化电解质配方和凝胶电解质的制备工艺以及电极包覆处理，可改善凝胶电解质锂离子电池的低温性能。当 $LiPF_6$ 的浓度为 $1.0mol/L$ 左右而 EC：PC 的质量比为 $1:1$ 时，在温度范围为 $-20 \sim 20℃$，电解液体系中 $LiPF_6$ 溶于 EC/PC 的电导率达到最大值。低温电化学性能说明，使用低 EC 含量电解液的电池可以放出有限的容量，而使用高 EC 含量电解质的电池的放电容量则接近于零。电化学阻抗谱研究表明，在非常低的温度下，高 EC 含量的电解质比低 EC 含量电解质的阻抗要高得多。使用涂覆电极和经紫外线照射制得的凝胶聚合物电解质时得到最好的低温电化学性能。所制备的电池在室温和 $-20℃$ 的低温下都具有很好的界面性质。

5.2.11.3 提高电解液电导率的添加剂

提高电解液的电性能，主要是提高导电锂盐的解离和溶解以及防止溶剂共嵌入对电极造成的破坏。添加剂可按其与电解质盐的作用类型分为与阳离子作用型和与阴离子作用型两类。与阳离子作用型的添加剂主要是一些冠醚和穴状化合物，以及胺类和分子中含有两个以上氧原子的芳香杂环化合物。这些化合物能与锂离子发生较强的螯合或配位作用，促进锂盐的溶解。冠醚和穴状化合物能与锂离子形成包覆式螯合物，从而提高锂盐在有机溶剂中的溶解度，实现阴、阳离子对的有效分离以及锂离子与溶剂的分离。这些冠醚和穴状化合物不仅能提高电解液的电导率，而且有可能降低充电过程中溶剂分子的共嵌入及还原分解。如 12-冠-4 醚能显著改善碳电极在 PC 等电解液中的电化学稳定性。但是冠醚类化合物昂贵的价格和较大的毒性限制了它们在商品锂离子电池中的应用。NH_3 和一些低分子量胺类化合物能够与锂离子发生强烈的配位作用，减小锂离子的溶剂化半径，显著提高电解液的电导率，但在电极充电过程中，这类添加剂往往伴随着配体的共嵌入，对电极的破坏很大。向电解液中添加 $1\% \sim 5\%$ 的乙酰胺或其衍生物，能显著改善电池的循环性能。在锂离子电池电解质中，阴离子络合物比阳离子络合物更重要一些，因为形成阴离子络合物不仅有利于提高电解质的电导率，同时也可以提高锂离子的迁移数。

锂离子电池原理与关键技术

与阴离子作用型的添加剂主要是一些阴离子受体化合物如氮杂醚或硼基化合物，它们能与锂盐阴离子如 F^- 等形成络合物，从而提高锂盐在有机溶剂中的溶解度和电导率。一类以氮杂醚上的 N 电子缺陷为基础，N 上的 H 被强吸电子基团如 CF_3SO_3- 取代；另一类以带有各种氟化芳基或烷基的硼烷或硼化物上 B 电子缺陷为基础，如图 5-9 和图 5-10 所示。用这类化合物作为添加剂可将溶解在 DME 中的 0.2mol/L 的 CF_3COOLi 和 C_2F_5COOLi 的电导率从 $3.3×10^{-5}$ S/cm 和 $2.1×10^{-5}$ S/cm 提高到 $3.3×10^{-3}$ S/cm 和 $3.7×10^{-3}$ S/cm。其溶液甚至可将在 DME 中完全不溶的 LiF 溶解其中，浓度最高可达 1.0mol/L，电导率为 $6.8×10^{-3}$ S/cm。由于该类络合剂络合的是阴离子，因此有望提高锂离子迁移数。

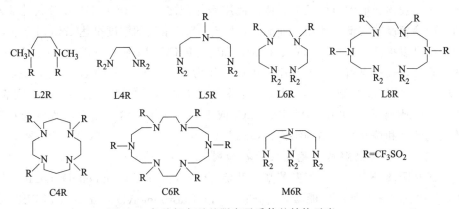

图 5-9　各种氮杂醚基阴离子受体的结构示意

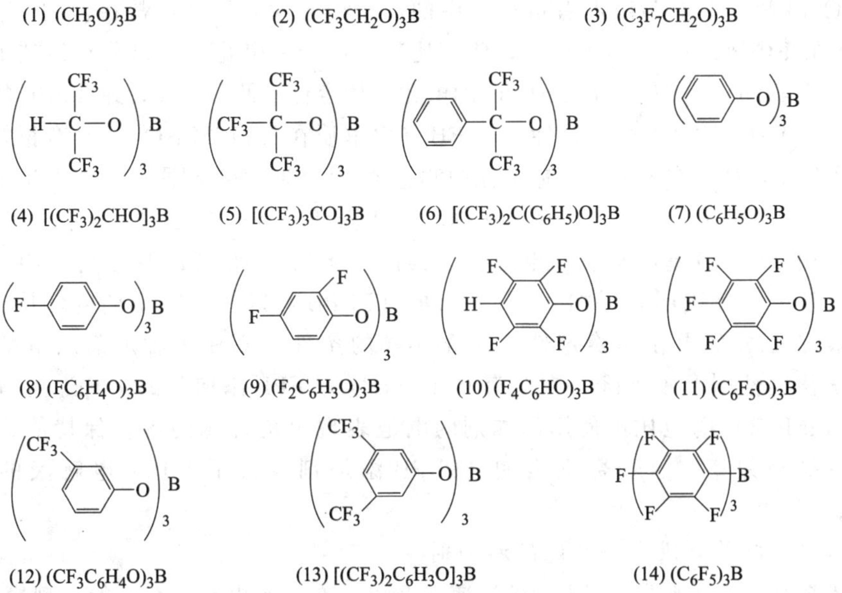

图 5-10　各种硼基阴离子受体的结构示意

243

将无机纳米氧化物如 SiO_2、TiO_2、Al_2O_3 等绝缘相添加到液体电解质中形成一种"湿润的沙子（Soggy sand）"复合电解质，能够显著提高其电导率。研究发现添加酸性氧化物 SiO_2 对改善电解液的导电性效果最为明显，当在 $0.1mol/L$ 的 $LiClO_4$-CH_3OH 中添加体积分数为 25% 的 $300nm$ 左右的 SiO_2 后，其电导率可由 $2.68\times10^{-3}S/cm$ 提高到 $1.2\times10^{-2}S/cm$。电导率提高的主要原因是：加入酸性氧化物 SiO_2 使锂盐中阴离子吸附在氧化物表面破坏了电解液中原先存在的离子对，可提高 $LiClO_4$ 在溶剂中的解离，增强了氧化物周围空间电荷层区的自由 Li^+ 浓度。

硼基化合物包括各种硼烷和具有不同氟化芳基和氟化烷基官能团的硼酸化合物，用作锂离子电池电解液的受体。使用添加剂之前，LiF 在 DME 及其他非水溶剂中的溶解度非常低。使用添加剂后，LiF/DME 溶液的浓度可达 $1mol/L$。使用添加剂也可以提高其他盐如 LiCl、LiBr、LiI、CF_3COOLi 及 C_2F_5COOLi 在 DME 中的溶解度，提高电解液的电导率。因此，作为含有各种锂盐的 DME [1,2-二甲氧（基）乙烷] 溶液的添加剂，阴离子受体可以提高溶液的离子电导率。研究表明，Cl^- 和 I^- 阴离子与 DME 溶液中的 LiCl 或 LiF 发生了络合，络合的程度与拉电子的氟化芳基和烷基官能团的结构密切相关。

5.2.11.4　改善电解质热稳定性的添加剂

硼基阴离子受体三（五氟苯基）硼烷 [tris（pentafluorophenyl）borane（TFPB）] 和三（五氟苯基）硼酸盐 [tris（pentafluorophenyl）borate（TFPBO）] 是两类可作为锂离子电池的电解质添加剂。这两种添加剂能提高简单锂盐如 LiF、CF_3CO_2Li 和 $C_2F_5CO_2Li$ 在有机溶剂中的离子电导率，几种锂盐在使用了 TPFB 添加剂的 EC-PC-DMC（1:1:3，体积比）溶液中的电化学窗口分别达到了 $5V$、$4.76V$ 及 $4.96V$。相比之下 TFPBO 的电化学稳定性较低。另外，纯 TFPB 的热稳定性也优于 TFPBO 的热稳定性。TPFB 基电解质在 $Li/LiMn_2O_4$ 中具有很好的循环效率和循环性。在 $Li/LiNiO_2$ 电池中测量了 TFPBO 基电解质，电池给出了高的放电容量和好的循环效率。经过多次循环，使用 TFPB 的电池的容量保持能力要优于使用 TFPBO 基电解质的电池。以强阴离子络合剂 TPFPB 抑制 $LiPF_6$ 电解质热分解的研究表明，添加 $0.1mol/L$ 的 TPFPB 可以在 1 个星期内保持 $LiPF_6$ 电解液在 $55℃$ 的电化学稳定性，而在同样的条件下不使用添加剂的电解液的电化学稳定性则严重下降。在含有 $0.1mol/L$ TPFPB 添加剂的 $LiPF_6$ 电解质中的 $Li/LiMn_2O_4$ 电池比不使用添加剂的电池表现出更优越的容量保持能力和在 $55℃$ 的循环效率。这些数据表明 TPFPB 添加剂改善了 $LiPF_6$ 电解液的热稳定性。

5.2.11.5　改善电池安全性能的添加剂

随着锂离子电池在民用方面的迅速普及以及在未来电动汽车上的大规模应用，电池的安全问题变得日益突出。有机电解液都是极易燃烧的物质，电池过热和过充放电都有可能引起电解液的燃烧甚至电池的爆炸，因此提高电解液的稳定性是改善锂离子电池安全性的一个重要方法。

在电池设计时就必须考虑电池的过充电问题，并采取适当的措施防止电池出现过充电。具体方法可以从电解质内部与外部考虑。

(1) 电池的安全保护

过充电不仅会在锂离子电池的正、负电极和电解质中引发一系列的副反应，导致活性材料的损失和电解质的消耗，造成电池容量的损失，更有可能引发安全性问题。电池在充电和使用过程中，内部温度会显著升高。电池的过充电与过放电更会引起电解液的剧烈分解，同时伴随着大量的热和气体产生，使电池的内部温度和压力升高。因此，电池的安全保护也主要是从电池的电压、内部温度和内部气压这三个方面进行考虑。从电解质的角度来看，可以将采取的安全措施分为电解质以内和电解质以外两方面。目前，商品锂离子电池一般是在电解质以外采取过安全保护措施，包括以下几方面。

① 防爆阀。当电池内部压力反常增加时，防爆阀变形，将置于电池内部用于连接的引线切断，电池停止充电。

② 具有自关闭机制的隔膜。液态锂离子电池的聚合物隔膜通常是一种多孔膜。正常情况下，离子可以自由通过这些微孔而在正、负电极之间实现电荷交换，但是当电池内部温度升高到某一阈值时，聚合物膜就会发生熔融，微孔自行关闭，堵塞用作离子传输通道的微孔，使充电过程终止，避免由于电池内部温度过高可能带来的安全性问题。当然电池的使用寿命也由此结束。在这方面有一些聚合物材料可供选择，如聚丙烯的熔点为155℃，聚乙烯的熔点为130℃。

③ 正温度系数（positive temperature coefficiency，PTC）的元件。这是一种综合考虑电池内部的温度与压力，在电池中安装PTC元件，实现对电池的自动保护功能的一种方法。其基本原理是：充电过程中，当电池内部的温度升高时，PTC元件会输出更高的电阻，打开排气孔，释放电池内的气体和/或对电池进行分压，使电池自身无法继续充电（即降落在电池正、负极之间的电压仍为安全电压）。

④ 电子线路。对于电池组（甚至某些特殊场合的单节锂离子电池），在电池以外加装专门的电子线路防止电池的过充、过放和/或实现其他管理功能。如果进一步将电池的温度和/或压力传感器与控制电池充放电电压的电子线路相连，则可更全面地实现对电池的安全保护功能。当然，这无疑会增加电池的制造成本，降低电池组的比能量。

⑤ 电极材料添加剂。将Li_2CO_3与正极材混合使用，当发生过充电时，添加剂Li_2CO_3发生分解，释放出CO_2，增大电池的内压，这个内压激活预置于电池顶部的一个排气孔，释放电池内部的压力并切断充电电路。在正常使用电池时，添加剂不会明显影响电流。加拿大的Moli Energy公司将2%质量比的联苯加入到石墨/$LiCoO_2$电池中用作过充保护剂。联苯分解产生的固体产物沉积到正极表面，使电

池的内阻升高，降低电池的快速充电能力。这些方法可以算是将物理方法与化学添加剂方法相结合防止电池过充电的方法。

显然，以上电池的物理的安全保护方法都是被动的，即一般是在电池中已经出现了不安全因素后，这些安全保护措施才开始发挥作用。因此，与下面介绍的电解质添加剂相比，以上从电池材料，特别是电解质以外采取的安全措施自身的可靠性都是比较低的。

（2）过充保护添加剂

利用电解质添加剂实现电池的过充电保护对于简化电池制造工艺和降低电池成本具有非常重要的意义。通过电解质添加剂实现电解质对电池的过充电保护功能可以从以下几个方面进行考虑。

① 氧化还原梭。通过在电解液中添加适当的氧化还原对，对电池进行内部保护。氧化还原梭的原理是：在正常充电时，添加的氧化还原对不参加任何化学或电化学反应。当充电电压超过电池的正常充电截止电压时，添加剂开始在正极发生氧化反应，氧化产物扩散到负极，发生还原反应，如式（5-35）和式（5-36）所示。

$$\text{正极：} \quad R \longrightarrow O + ne \tag{5-35}$$
$$\text{负极：} \quad O + ne \longrightarrow R \tag{5-36}$$

电池在充电后，氧化还原对就在正极和负极之间穿梭，吸收多余的电荷，形成内部防过充电机制，大大改善电池的安全性能和循环性能。因此，这种添加剂被形象地称为"氧化还原梭"（redox shuttle）或"内部化学梭"（internal chemical shuttle）。

在 $LiAsF_6/THF$ 电解液中，过充电时 LiI 氧化生成的 I_2 会引发 THF 发生开环聚合反应。为避免上述反应的发生，有机电解液中必须加入过量的 LiI 以便与 I_2 形成稳定的 LiI_3。另外，Li^+ 会与 I_2 发生反应生成 LiI，降低锂表面钝化膜的稳定性，加快锂的溶解。因此，使用这种氧化还原梭对电池安全性的改善效果并不明显。二茂铁及其衍生物亦可作为氧化还原对，防止电池的过充电，但是这些化合物的氧化还原电位大部分都在 3.0~3.5V 之间，用在锂离子电池中并不合适。亚铁离子的2,2-吡啶和1,10-邻菲咯啉的络合物的氧化电势比二茂铁的氧化电势约高 0.7V，在4V 附近。邻位和对位的二甲氧基取代苯的氧化还原电位在 4.2V 以上，能发生可逆氧化还原反应，如图 5-11 所示，因此可作为防止过充电的添加剂。

某些具有带有乙酰基或其他官能团的噻蒽衍生物的芳香类化合物直到 4.2~4.3V 都是稳定的，将它们用作化学过充保护剂，可以消耗电池过充时多余的电流。将它们引入到 $C/LiCoO_2$ 方形电池中作为电解质添加剂，则它们会在 4V 以上被氧化，成为氧化梭。用 ARC（accelerating rate calorimeter，加速率量热法）研究含有上述材料电池的热学性质证明，提供给充电过程的电流并没有储存起来，而是迅速彻底地消耗在氧化还原反应中。在常用的电解质溶液 1mol/L PC/$LiClO_4$ 中分别添加包括联苯、环己基苯（cyclohexylbenzene）和氢化二苯并呋喃（hydro-

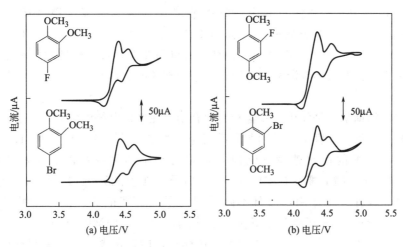

图 5-11　邻位（a）和对位（b）二甲氧基苯在 1mol/LLiPF$_6$ 的
PC/DMC 电解液中的循环伏安曲线

genated diphenyleneoxide）在内的 10 种有机芳香族化合物，发现环己基苯和氢化二苯并呋喃添加剂都具有比联苯更好的耐过充能力和更高的循环效率。在循环伏安曲线上，使用这些添加剂的电池的第二周和第三周的氧化反应的开始电位都低于第一周的氧化反应起始电位。这种行为表明氧化反应的产物比原来的芳香化合物更易于发生氧化。

电池过充电时添加剂发生电聚合，生成导电聚合物膜，使正、负电极之间短路，阻止将电池充到更高电压。使用联苯作为防过充添加剂。当充电电压达到 4.5～4.7V（相对于 Li/Li$^+$）时，添加的联苯发生电化学聚合，在正极表面形成一层导电膜。沉积的这层膜可以穿透隔膜到达负极表面，导致电池的内部短路，防止电池的电压失控。另一方面，联苯的电氧化聚合产生过量的气体和热，有助于提高电开路装置的灵敏度。

当充电电压达到某一阈值时，电解质添加剂发生电聚合，生成对电子和离子双绝缘的聚合物膜，阻止正、负电极之间通过内电路发生电荷交换，使充电过程无法继续进行。如选择二甲苯作为锂离子电池的过充电保护剂，通过对使用二甲苯添加剂电池的过充电曲线、循环伏安行为以及 SEM 观察研究发现，过充电位时，这类添加剂在正极表面发生聚合形成致密绝缘聚合物膜，阻止电活性物质和电解质的进一步氧化，改善锂离子电池的耐过充能力。

② 阻燃电解质。在电池中添加一些高沸点、高闪点和不易燃的溶剂可改善电池的安全性。氟代有机溶剂具有较高的闪点、不易燃烧的特点，将其添加到有机电解液中有助于改善电池在受热、过充放电等状态下的安全性能。一些氟代链状醚，如 C$_4$F$_9$OCH$_3$ 被用于改善锂离子电池的安全性能，但氟代链状醚的介电常数一般较低，电解质锂盐在其中的溶解性很小，氟代链状醚也很难与其他介电常数高的有

机溶剂如 EC、PC 等混溶。氟代环状碳酸酯化合物如一氟代甲基碳酸乙烯酯（CH₂F-EC）、二氟代甲基碳酸乙烯酯（CHF₂-EC）、三氟代甲基碳酸乙烯酯（CF₃-EC）等都具有较好的化学稳定性、较高的闪点和介电常数，能够很好地溶解电解质锂盐并与其他有机溶剂混溶，采用这类添加剂的电池具有较好的充放电性能和循环性能。

阻燃添加剂主要是使用一些含磷的化合物。在有机电解液中添加一定量的阻燃剂如有机磷系列、硅硼系列及硼酸酯系列等。如加入阻燃剂［NP（OCH₃）₂］₃ 后，明显降低了电池的产热速率，电池容量也得到了明显提高；如 3-苯基膦酸酯（TPP）和 3-丁基膦酸酯（TBP）可作为锂离子电池电解液的阻燃剂。氟代磷酸酯、磷酸烷基酯具有阻燃作用，而且不降低锂离子电池其他的性能。六甲基磷酰胺（HMPA）可作为锂离子电池电解质的阻燃剂。研究了 HMPA 的可燃性、电化学稳定性、电导率及含有 HMPA 的电解质的循环性能。在含有 LiPF₆ 和有机碳酸酯的电解质溶液中添加 HMPA 化合物显著降低了电解质的可燃性，但是添加 HMPA 引起了电解质电导率的轻微下降和电化学稳定窗口的变窄，使用阻燃添加剂后电池的循环性能降低。

③ 自关闭电解质添加剂。在电池的电解质中设置热关闭机制，这与聚合物隔膜的热关闭机制有些相似。具有热关闭功能的 PVdF-HFP/PE 复合凝胶电解质作为电池的内部安全器件能改善锂离子电池的安全性。复合凝胶电解质包括 PVdF-HFP 聚合物、聚乙烯（PE）热塑树脂和 1.0mol/L LiClO₄/PC/EC（或 LiPF₆/γ-BL＋EC）增塑剂。当 PE 的含量超过 23％（质量分数）时，复合凝胶电解质的电阻就迅速升高几个数量级，在 PE 的熔点附近（90℃或104～115℃），SEM 观察发现，在 PE 的熔点附近原本均匀分散在 PVdF-HFP 凝胶电解质中的 PE 颗粒融合成连续的膜。连续的 PE 膜能够切断离子在正、负极之间的扩散通道，防止电池出现热失控。

5.2.11.6 电解液的循环稳定性

作为锂离子电池电解液溶剂，丙烯碳酸酯（PC）具有价格便宜、低熔点（－49.2℃）、高介电常数、高化学稳定性、高闪点与沸点、宽的电化学窗口等优点，以 PC 为基的电解液兼具良好的低温和高温性能，有助于提高锂离子电池的低温性能和安全性能。但是当把 PC 基电解液与具有成本低、高容量和平坦的嵌锂平台等优点而在商品锂离子电池广泛使用的石墨类负极材料搭配使用时，PC 分子就会与溶剂化的锂离子一同嵌入到石墨层中，在其中进行剧烈的还原分解反应，如图 5-12 所示，导致石墨片

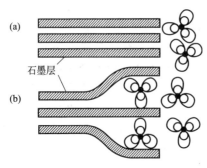

图 5-12　溶剂连同溶剂化锂离子
共同嵌入到石墨层间示意

层的剥离，破坏石墨电极结构。解决此问题的一个有效方法是在电解液中加入成膜添加剂，它优先于 PC 的分解（或比 PC 更容易分解），并在石墨类负极材料表面形成一层有效、致密和稳定的 SEI 膜，阻止 PC 和溶剂化锂离子的共嵌入。因此，使用添加剂改善 PC 基电解液的循环稳定性的基本原则是：添加剂必须在锂离子嵌入石墨电极的电位之上发生分解，并在石墨表面上形成均匀、致密、稳定的 SEI 膜。这样，待放电电压降至嵌锂电位时，就可避免由于 PC 的共嵌入而引起的石墨碳的层状剥离、粉化、脱落以及 PC 的还原。

乙烯基丁酸盐（vinyl butyrate，VB）、乙烯基己酸盐（vinyl hexanoate）、乙烯基安息香酸盐（vinyl benzoate）、乙烯基丁烯酸酯（vinyl crotonate）及乙烯基三甲基乙酸盐（vinyl pivalate）均可作为添加剂，用于 PC 及液体电解质体系。在 PC 基电解质中添加乙烯基丁酸盐可以显著抑制电解质在石墨电极上的分解，改善电池的电化学性能。计算表明，VB 的最低未占据分子轨道（LUMO）能量与添加剂的还原电位之间的关系基本上是线性的。检验乙烯基醋酸盐（vinyl acetate）、联乙烯己二酸（divinyl adipate）和烯丙基碳酸二甲酯（allyl methyl carbonate）作为 PC 基电解质的添加剂在三种常用作锂离子电池的石墨碳（天然石墨，MCMB 6-28 和 MCF）中的作用，并且评价这些溶剂的直接二电子还原的可行性，没有发现由 VEC 分解生成 Li_2CO_3 和 1,4-丁二烯（1,4-butadiene）时会有能垒。相反，EC 或 PC 的分解则需要跨越 0.5eV 的能垒。VEC 还原分解易于生成 Li_2CO_3，这可以解释为什么 VEC 可以作为钝化剂用于锂离子电池。

用同样体积的氟乙烯碳酸酯（fluoro-EC）与共溶剂的电解质，将首次石墨嵌锂过程中有电解质分解而导致的容量损失减低到 85mA·h/g。在含有等体积的 EC 和 PC 的三元溶剂体系中，氟乙烯碳酸酯的体积分数可以进一步减低到 0.05。使用含有氟乙烯碳酸酯、PC 和 EC 溶剂的电解液的锂离子电池具有很长的循环寿命，经过 200 个循环后电池容量降低到原来的 37%，电池的电流效率为 100%，因此解决了使用氯乙烯碳酸酯（chloro-EC）替代氟乙烯碳酸酯时电池的电流效率低下的问题。

采用湿化学方法将纳米银颗粒以较低的覆盖率沉积在石墨化的中间相碳微珠（MCMB）上，发现沉积纳米银颗粒促进了稳定 SEI 膜在使用 PC 基电解液的碳电极上的形成。结果，锂离子的嵌入与脱嵌成为可逆的。

亚乙烯碳酸酯（VC）可被用作高反应活性的成膜添加剂，将电解液的分解抑制到最小程度，提高锂离子电池的充放电效率和循环特性。但是 VC 是一个极不稳定的化合物。碳酸乙烯亚乙酯（VEC）的分子结构与 VC 非常相似，但是由于 VEC 中的双键在环外直接和供电基团 CH 相连，使双键上的电子云密度增加，有利于稳定双键。VC 中的双键在环内直接和吸电子基团 OCOO 相连，使双键上的电子云密度降低，导致该双键极不稳定，容易发生聚合。

作为溶剂使用时，VEC 具有较高的介电常数，并且具有很高的沸点和闪点，有利于提高锂离子电池的安全性。对 VEC 作为 PC 基电解质的成膜添加剂时的物理和电化学性能、还原分解机理及在不同石墨形貌和充放电电流密度条件下的电化学行为进行详细的实验和理论研究发现，VEC 在 1.35V 开始分解，其产物能在片层石墨上形成致密和稳定的 SEI 膜，可以有效阻止 PC 与溶剂化锂离子共嵌入到石墨层间。VEC 具有较高的氧化电位，与正极材料 $LiMn_2O_4$ 具有良好的相容性。FTIR、XPS 及 GC-MS 的研究结果表明，VEC 的主要还原产物是烷氧锂 ROLi（R 为烷基）、烷基酯锂 $ROCO_2Li$、碳酸锂、锂碳化合物和 1,3-丁二烯等。根据理论计算，VEC 的还原分解产物主要有碳酸锂、$LiOCH(CH—CH_2)CH_2OCOCH(CH=CH_2)CH_2OCO_2Li$、$LiO_2COCH_2CH(CH=CH_2)OCO_2Li$、$LiO_2COCH_2CH(CH=CH_2)$ 和 $LiCH(CH=CH_2)CH_2OCO_2Li$ 等。

石墨电极在 PC/VEC 电解液中的电化学行为高度依赖于石墨的形貌和充放电电流密度。在低电流密度下，VEC 的还原分解产物能够在片层石墨表面形成有效、充分和稳定的 SEI 膜而不能够在球形石墨 MCMB 表面形成有效和充分的 SEI 膜。只有在高电流密度下，VEC 的还原分解产物才能在片层石墨和球形石墨 MCMB 表面形成有效和充分的 SEI 膜。通过简单控制充放电电流密度，可以显著抑制 PC 和溶剂化锂离子共嵌入到球形 MCMB 中。VEC 在低电流密度下还原分解的主要产物是长链的烷基酯锂 $LiOROCO_2Li$，而在高电流密度下还原分解的主要产物是无机 Li_2CO_3。正是这种特定的还原分解产物，决定了不同形貌石墨材料的不同电化学行为。

尽管 PC 具有很多优点而且添加少量合适的成膜添加剂就能解决它和石墨类负极材料的相容性，但要在实际锂离子电池中应用起来，还有许多问题亟待解决。首先是 PC 黏度过大，直接导致电解液体系的电导率 $[(2\sim6)\times10^{-3}S/cm]$ 低于当前常用电解液体系 $[(10\sim18)\times10^{-3}S/cm]$ 的电导率。虽然 PC 基电解液的电导率可以满足普通锂离子电池的要求，但要用在功率型锂离子电池中，它的电导率还显得低了一些；此外，PC 基电解液与电极材料的浸润很差，因此活性物质的利用率不高。虽然可以在 PC 基电解液中加一些低沸点的链状碳酸酯，如 DMC、DEC、EMC 等，来提高体系的低温性能，提出可能有助于解决此问题的两个设想：一是在 PC 基电解液中添加少量合适的表面活性剂，降低电解液的表面张力，提高电解液和电极表面的浸润程度；二是把 PC 基电解液制备成类似于"啤酒"的体系，在 PC 基电解液中加入一些气体，要求压力保持在电池能够接受的范围内。气体最好选择中性气体，如 CO_2（PC 能大量吸收 CO_2，一般用 PC 来提纯 CO_2）。该电解液体系可能会有如下优点：①在 PC 基电解液中添加极少量的 CO_2，就能显著改善石墨负极材料表面的 SEI 膜，阻止 PC 和溶剂化锂离子共嵌入到石墨层间；②能够改善电解液和电极表面的浸润状态；③能够抑制产生气体的副反应；④能够提高锂离子电池的安全性能；⑤可能会有较高的电导率等。

5.2.11.7　改善电解液与电极表面间的润湿性

为保证电解液与电极材料及隔膜的充分接触，使锂离子与电极材料之间的距离最近并顺利通过聚合物隔膜的微孔，还必须要求电解液对其有良好的润湿作用。用毛细液体运动的数学模型分析非水电解液中 $LiCoO_2$ 与 MCMB 电极的润湿性，结果表明，与处在同一电解液组分中的 MCMB 相比，润湿 $LiCoO_2$ 电极更为困难。多孔电极的润湿主要受电解液在微孔中的渗透作用和铺展性能所控制。电解液渗透由黏度所决定。电解液的铺展受表面张力所控制。由于电解液的黏度和表面张力的变化，有机溶剂的组分和锂盐浓度可以影响多孔电极的润湿性。增加 EC 和/或锂盐会使电解液的铺展与渗透性能变差。另外仔细控制压力有助于增加固液界面的表面面积。AC 阻抗谱研究表明，在注入电解液之前事先抽真空可以在几个小时之内就达到最大的润湿。如果不抽真空，要达到充分润湿可能需要几天的时间。

电解液中痕量的 HF 酸和水对 SEI 膜的形成具有重要的作用。水和酸的含量过高，不仅会导致 $LiPF_6$ 的分解，而且会破坏 SEI 膜。在电解液中加入 0.5% 的水后，原本在石墨类电极的放电曲线中出现的嵌锂台阶就不再出现，说明使用含水电解质（1mol/L $LiBF_4$ EC/γ-BL）时，生成的 SEI 膜比不含水的电解质中生成的膜更厚，可阻止锂嵌入石墨层中。将锂或钙的碳酸盐、Al_2O_3、MgO、BaO 等作为添加剂加入到电解液中，它们将与电解液中微量的 HF 发生反应，阻止其对电极的破坏和对 $LiPF_6$ 的分解的催化作用，提高电解液的稳定性。如在含有 5000μg/g 水的 1mol/L $LiPF_6$/EC+DEC 电解质中加入 LiCl、LiF、LiBr 和 LiI 抑制 $LiPF_6$ 与水的反应。当加入 0.1mol/L 的 LiCl 时，$LiPF_6$ 电解液在 50h 内不与水发生反应。DSC 测量表明，加入 LiCl 后，$LiPF_6$ 在 265℃ 时的反应放出的热量在 48h 内保持不变。另外，碳化二亚胺类化合物能通过分子中的氢原子与水形成较弱的氢键，能阻止水与 $LiPF_6$ 反应产生 HF。

5.2.12　隔膜

锂电池和锂离子电池的隔膜都是用高分子聚烯烃树脂做成的微孔膜，目前已经商品化的锂离子电池隔膜主要由聚乙烯或聚丙烯材料制成。隔膜在电池中的主要作用是将正、负电极隔开，使电子不能通过电池的内电路，但却不会阻碍离子在其中自由通过。由于隔膜自身对电子和离子都是绝缘的，在正、负电极之间加入隔膜后不可避免地会降低正、负极之间的离子电导。因此，从降低电池的内阻角度考虑，希望隔膜要尽量薄，孔隙率尽量高。而从电池的安全性角度考虑，又应该适当增加隔膜的厚度和减小孔隙尺寸。综合以上因素，现在商品隔膜的厚度一般在 10～20μm，微孔尺寸在 50～250nm，空隙率在 35% 左右。另外，由于隔膜需要长期浸泡在液体电解质中，因此隔膜的形变率（溶胀率）要低。当然，隔膜的电化学稳定性不能低于电解质的电化学稳定性。添加少量氧化铝或氧化硅纳米粉的隔膜除具有普通隔膜的作用外，还具有提高正极材料的热稳定性的作用。

5.3　无机固体电解质

许多商品锂离子电池使用易燃、易挥发的溶剂，这可能会出现漏液并引发火灾，大容量、高电压、高能量密度的锂离子电池尤为如此。为了解决这个问题，生产更加安全可靠的锂离子电池的有效方法之一就是用不可燃的固体电解质取代易燃的有机液体电解质。开发高离子导电性固体电解质、降低电极/电解质的界面阻抗是提高全固态锂离子电池的前提。由于具有单一阳离子导电和快离子输运以及高度热稳定性等特点，无机固体电解质是最具希望的全固态锂离子电池的电解质材料。

对固体电解质的基本要求是：离子电导率高（室温）、电子电导率可忽略不计、在较大的温度范围内保持结构的稳定、在较大的充放电电压范围内与正负电极的接触稳定可靠。

5.3.1　固体电解质

对于大部分固体材料，如大部分离子晶体材料，它们只有在液态（溶液或高温熔融）时才具有较高的离子电导率，在固体状态下它们几乎完全不能传导离子。固体电解质是指在固体状态时就具有比较高的离子电导率（与熔融盐或液体电解质的离子电导率相近）的材料，被称作快离子导体（fast ionic conductor）和超离子导体（super ionic conductor）。这个概念经常用来表示一些离子电导率与液态电解质或熔融盐相似的固态物质。

固体电解质的历史可以追溯到 19 世纪末 Nerst 发现的能够传导氧离子的稳定的氧化锆发光体（1897 年称为 Nerst 发光体）的出现。但是在此后的近半个世纪中，人们对离子晶体的导电机制并不了解，直到 1943 年 Wagner 在他的一篇论文中对此作了详细阐述。由于固体物理化学的发展，人们发现并研究了许多新的固态离子导电现象。主要的发现包括各种碱金属卤化物离子导体，其中具有划时代意义的固体电解质是由 Tubandt 等人发现的碘化银（AgI）。即当固态碘化银在 149℃ 由 β 相变为 α 相时，它的离子电导率会突然变得几乎与液态 AgI 的离子电导率一样高。于是，α-AgI 成为第一个"超离子导体"。从此以后，由于 α-AgI 非同寻常的离子导电性质，人们从物理和晶体化学方面对其进行了广泛的研究。1935 年 Strock 从晶体学角度指出，α-AgI 中的 Ag^+（每个元胞中有两个 Ag^+）统计分布在由阴离子（I^-）组成的体心立方的 42 个等价的间隙中。这说明，阳离子（Ag^+）点阵是一种熔融态。对这一解释的一些细节虽然仍有争议，但是人们已经相信 α-AgI 高 Ag^+ 电导率来自于 α-AgI 这样的一种特定晶体结构。同时，Joffe 从晶体学缺陷理论角度提出了点阵缺陷或者间隙离子的概念。根据离子输运的热力学理论，在 20 世纪 60 年代中期，人们设计合成了离子电导率接近于电解质溶液的固体电解质材料 $RbAg_4I_5$。另一个成功的例子是 1967 年由 Goodenough 等人设计合成的著名的钠离子导体 NASICON（$Na_{1+x}Zr_2P_{3-x}Si_xO_{12}$）。这是一个完全根据人们在晶体化学中所理解的离子在三维隧道结构中的传导机制，对材料的结构进行"剪裁"而成的固体电解质。这种成功的材料设计很快又导致了许多新的固态离子导体的诞生。不过，20 世纪 50 年代以来最重要的发现可能要算由 Kummer 等人合成的具有高钠离子导电率的 β-Al_2O_3（理想组成为 $Na_2O \cdot 11Al_2O_3$）了。

20 世纪 80 年代以来，由于能量转化与储存的需要，许多新的固体电解质材料相继被合成并得到广泛深入的研究，包括氧离子导体、氟离子导体、银离子导体与铜离子导体、钠离子导体与钾离子导体、质子导体和锂离子导体等。目前，以制备固体电解质材料为核心的固体电化学器件正在形成一类新兴的高新技术，包括高能量密度电池、陶瓷膜燃料电池、固体电化学传感器、高温膜反应器和电化学催化等。基于无机固体的快离子导电性发展起来的固态离子学已经成为现代材料科学和固体化学的一个重要分支领域。

在下面的几节中介绍几种重要的固体电解质，重点放在固体电解质薄膜方面。

5.3.2 LiX 材料

所有的 LiX（X＝F、Cl、Br 和 I）类材料都具有 NaCl 型晶体结构。除 LiI 以外，它们都是近乎完美的离子晶体，在室温下是绝缘体。由于 I^- 强烈的极性，LiI 的化学键性质在某种程度上是共价键性质的，Li^+ 在 30℃ 时的电导率就可达 5.5×10^{-7} S/cm。虽然 LiI 的电导率高于其他 LiX 的电导率，但仍然比 $RbAg_4I_5$ 的电导率低了大约 6 个数量级。但是需要指出的是，LiI 薄膜是 1972 年最先用在 Li/I_2（复合物）电池中的固体电解质材料。LiI 膜非常薄，整个电池的内阻很小，制成的电池可以用在小电流供电的场合，如用于心脏起搏器等。

提高 LiX 固体电解质的电导率可采用掺杂同分异构阳离子如 CaI_2 以及尝试合成复盐 $LiAlCl_4$。LiX 固体电解质的离子电导率的有关数据列在表 5-3 中。

表 5-3　各种锂卤化物固体电解质的电导率

成　　分	离子电导率/(S/cm)	状　　态
LiI	5.5×10^{-7}	
LiI-1%（摩尔分数）CaI_2	$(1.2 \sim 0.2) \times 10^{-5}$	固溶体
LiI-2%～4%（摩尔分数）CaO	5.4×10^{-6}	
$LiAlCl_4$	10^{-6}	赝固溶体
$LiAlF_4$	10^{-6}	蒸发膜
LiI-40%（摩尔分数）Al_2O_3	10^{-5}	弥散相
LiI-35%（摩尔分数）Al_2O_3	3×10^{-5}	弥散相
$LiF + 25\%$（质量分数）$Al_2O_3 + 11\%$（质量分数）H_2O	4×10^{-5}	弥散相
$2LiBr \cdot H_2O$-Al_2O_3	约 10^{-5}	弥散相

LiI-Al_2O_3 弥散型固体电解质的制备方法是：将无水 LiI 与具有高比表面积的 Al_2O_3 粉末在水含量低于 $15\mu g/g$ 的氩气气氛中充分混合，然后将混合物在 500℃ 烧结 17h。冷却后再重新研磨并压成饼（绿色），即得到固体电解质样品。

LiI-Al_2O_3 体系中的离子导电性与产生的缺陷无关，将 Al_2O_3 分散在 LiI 中就可将电导率提高 2 个数量级。用弥散的介电物质如 Al_2O_3 提高其他卤素类阳离子导体如 CuCl 的离子电导率是很常见的。介电材料的颗粒半径越小，这种效应就越明显。一般情况下，当添加物达到某一个浓度时，电导率会出现一个最大值。

这种现象可以用由宿主材料 LiI（或 CuCl）与介电颗粒之间的界面处产生的由 V'_{Li}（锂离子空位）和 Li_i（锂离子填隙）构成的空间电荷层对离子电导的贡献来解

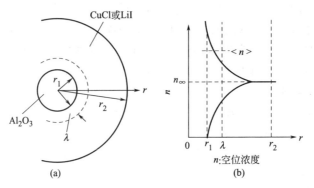

图 5-13 CuCl（或 LiI）-Al_2O_3 固体电解质空位生成的模拟示意

释。假设将一个半径为 r_1 的 Al_2O_3 的小颗粒放在一个半径为 r_2 的 CuCl（或 LiI）颗粒的中心位置 ［图 5-13(a)］。这时，就会在 Al_2O_3 颗粒周围诱导出一个厚度为 λ 的空间电荷层 ［图 5-13(b)］，λ 称为 Debye 长度，可以表示为：

$$\lambda \approx \left(\frac{8\pi Ne^2}{\varepsilon\kappa T}\right) e^{(-E/\kappa T)\,1/2} = \left[\left(\frac{8\pi e^2}{\varepsilon\kappa T}\right) n_\infty\right]^{1/2} \tag{5-37}$$

式中，N 是阳离子的总数目；ε 是介电常数；E 是缺陷的形成能量；n 是远离界面区域处的缺陷浓度。设想在 $r_1 \sim (r_1+\lambda)$ 范围中的缺陷浓度是 $<n>$，那么，由于晶界层导电而导致的电导率 σ 可以表示为：

$$\sigma_b \approx e\mu <n> \frac{4\pi r_1^2 \lambda}{4\pi/3\,(r_2^3-r_1^3)} \propto \frac{1}{r_1} \times \frac{v}{1-v} \tag{5-38}$$

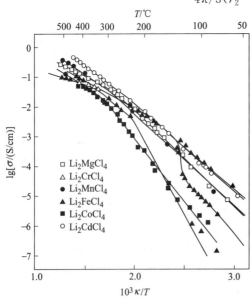

图 5-14 Li_2MCl_4 体系（M 为 Mg，Cr，Mn，Fe，Co 和 Cd）的电导率 σ 与 $1/T$ 之间的关系曲线

式中，v 是 Al_2O_3 的体积比，这里假设 $r_2 \gg r_1$。上式对 CuCl-Al_2O_3 和 LiI-Al_2O_3 体系都是适用的。

具有反尖晶石结构的复合金属卤化物 Li_2MX_4 是卤素型 Li^+ 导体的一个例子。已经报道的关于该化合物的电导率 σ 与 $1/T$ 之间的关系曲线连同用差热分析（DTA）和高温 X 射线衍射技术观察到的相变见图 5-14。图 5-14 中的拐点对应于相变，但在立方尖晶石结构的情况下，这一拐点与四方相和中间相的六配位位置之间的 Li^+ 位置的有序-无序转变有关。

用机械球磨方法制备了室温锂

离子电导率超过 10^{-4} S/cm 的 Li_2S-P_2S_5 玻璃，随后在结晶温度以上对 Li_2S-P_2S_5 玻璃进行热处理，得到室温锂离子电导率更高的 Li_2S-P_2S_5 玻璃-陶瓷，其电导率达到 10^{-3} S/cm。实验发现，含有少量氧化物的 Li_2S-SiS_2 熔融-淬火玻璃比使用纯硫化物的材料具有更高的室温锂离子电导率。当用不锈钢作为阻塞电极时，由于极化，两种组分的玻璃陶瓷的直流电导率都随时间降低，因此加入少量的 P_2O_5 可以降低电解质的电子电导。这样的玻璃陶瓷电解质中的锂离子迁移数接近 1；报道的一种硫代-LISICON 固体电解质：$Li_{3.25}Ge_{0.25}P_{0.75}S_4$ 的室温电导率达 2.2×10^{-3} S/cm，并且具有高的电化学稳定性，不与金属锂反应，直到 500℃ 都不发生相变。这些特点使这种电解质薄膜特别适合于作为全固态锂离子电池的电解质材料。在一个很窄的组分范围内〔其中 Li_2S 约占 66.7%（摩尔分数）〕，用高能球磨方法得到了无定形固体电解质 Li_2S-P_2S_3。这一电解质 $66.7Li_2S\cdot33.3P_2S_3$（摩尔分数，%）的室温最高离子电导率达到 1.1×10^{-4} S/cm。循环伏安测量表明，该样品的电化学窗口在 5V 左右。

5.3.3　Li_3N 及其同系物

离子型化合物氮化锂（Li_3N）可以通过金属锂与氮气的直接反应制备出来。在六方体系中，该晶体是由无限长的六边双金字塔链组成的，N^{3-} 位于金字塔的中心。N—Li(1) 的键长度〔Li(1) 位于金字塔的顶端〕是 0.194nm，而 N—Li(2)〔Li(2) 位于六边形平面的六个角上〕是 0.211nm。因此，总体上呈层状结构，其中 $Li(2)_2N$ 和 Li(1) 交替堆积。Li^+ 的导电主要是沿着由 Li(1) 组成的平面进行。这已经被单晶 Li_3N 的测量所证实：在 25℃ 时，沿着平行于 c 轴的方向的电导率为 1.2×10^{-3} S/cm，而沿着垂直于 c 轴的方向的电导率为 1×10^{-5} S/cm。另外，已报道的多晶样品的电导率为 7×10^{-4} S/cm。

由于普通 Li_3N 的电导率一般比 LiI 的电导率高 10^4 倍或者比 LiI-Al_2O_3 高 10^2 倍，因此它是一种具有多方面应用的固体电解质材料。但是这种材料的一个主要缺点是分解电压过低，只有 0.445V。至少从理论上讲，无法用它作为电解质构建电动势高于 0.445V 的电池。为了解决这一问题，人们已经研究了各种基于 Li_3N 的化合物体系。

表 5-4 列出了一些化合物的锂离子电导率。其中，通过在 550℃ 氮气气氛中烧结混合物 3h 得到的三元体系的 Li_3N-LiI-LiOH（摩尔比 1:2:0.77）是最成功的。该材料的电导率高达 0.95×10^{-3} S/cm，几乎与 Li_3N 的相同，而它的分解电压却高达 1.6~1.8V。另外，它的电子迁移数低于 10^{-5}。如此高的电导率可能要归功于该材料 bcc 结构的阴离子（N^{3-} 和 OH^-）在晶体中的排列。

5.3.4　含氧酸盐

某些含氧酸锂盐如 Li_3PO_4 和 Li_4SiO_4 在高温时具有很高的 Li^+ 电导性。某些含氧酸的复盐，尤其是那些具有 γ_{II}-Li_3PO_4 型结构的系列化合物的电导率却比 LiI-Al_2O_3 在低温甚至在室温时的电导率还要高。γ_{II}-Li_3PO_4 型结构属于正交-菱方

255

表 5-4　Li₃N 及其衍生物的电导率比较

化　合　物	离子电导率(25℃)/(S/cm)	分解电压/V
Li₃N	1.2×10^{-3}	0.445
Li₅NI₂	7×10^{-3}	$>1.9(98℃时)$
Li₃N-LiI-LiOH(1:2:0.77)	0.95×10^{-3}	1.6~1.8
Li₃N-LiCl(2:3)	2.5×10^{-6}	$>2.5(101℃)$
Li₆NBr₃	$3\times10^{-7}(50℃)$	1.3(176℃)

体系，其中的氧离子密堆积在 hcp 点阵中，其形成的八面体间隙只是部分地被阳离子所占据，Li^+ 可以通过空的间隙位置在 a-b 面内传导。但是理想 γ_{II} 型结构中的化合物的电导率通常非常低，因为所有的锂离子都被用来构建结构的框架。因此，为了得到高电导的固体电解质，含氧酸盐如 Li_4SiO_4 中的阳离子比例 [(Li+Si)：氧化物离子] 不能小于 1。

化合物 xLi_3PO_4-$(1-x)Li_4SiO_4$ 可以改写为有缺陷的 γ_{II} 形式：$Li_{1-x}^*Li_3Si_{1-x}P_xO_4$，其中 Li^* 表示在 a-b 平面中的导电锂离子，即这些锂离子不参与构建材料的结构框架。这种固体电解质的电导率在 x 值达到 0.5 时达到极大值 $(4\times10^{-6}S/cm)$，这意味着 a-b 面内有一半的阳离子位置被占据。一些不含有 PO_4 基团的复合型含氧酸盐如 xLi_4GeO_4-$(1-x)Zn_2GeO_4$ （当 $x=3/4$ 时成为 LISI-CON）或 xLi_4GeO_4-$(1-x)Li_3VO_4$ 也属于 γ_{II} 结构，如表 5-5 所示，表现出很好的锂离子电导性。

表 5-5　以含氧酸盐为基体锂盐的电导率

化　合　物	电导率/(S/cm)	说　明
Li₄SiO₄	$1\times10^{-3}(400℃)$	
0.5Li₃PO₄-0.5Li₄SiO₄	$4\times10^{-4}(25℃)$	
0.6Li₄GeO₄-0.4Li₃VO₄	$3\times10^{-5}(20℃)$	
0.4Li₄SiO₄-0.6Li₃VO₄	$1.7\times10^{-5}(19℃)$	
0.75Li₄GeO₄-0.25Zn₂GeO₂	$6\times10^{-7}(20℃)$	
0.75Li₄SiO₄-0.25Li₂MoO₄	$3\times10^{-7}(20℃)$	
0.4Li₃PO₄-0.6Li₄SiO₄	$5\times10^{-6}(25℃)$	非晶
0.68Li₄SiO₄-0.32Li₄ZrO₄	$4\times10^{-6}(25℃)$	非晶

这些化合物（在 Li_4SiO_4-Li_3VO_4 体系中）是这样合成的：以甲苯作为分散剂，将适量的高纯 Li_2CO_3、SiO_2 和 V_2O_5 充分混合。将甲苯蒸发掉以后，在 600℃ 加热混合物除去 CO_2，再在 700℃ 烧结 40h。得到的产物研为细粉后，再在每平方厘米几吨的压力下压成饼，在 1000℃ 烧结 1h 得到最终的固体电解质。用基本相同的方法可以制得其他组分的固体电解质。

xLi_3PO_4-$(1-x)Li_4SiO_4$ 的非晶薄膜是用过量的锂作为靶材在 Ar-40% 氧的气氛（总压力为 3Pa）中通过溅射技术在衬底上制成的。在 25℃ 时，这样制备的 $Li_{3.6}Si_{0.6}P_{0.4}O_4$ 膜的电导率可达 $5\times10^{-6}S/cm$，大于同样组分的晶相块材的电导率。由于这种膜的无定形特点，结构的细节还不清楚。但是这些膜可能具有 γ_{II}-Li_3PO_4 型结构，其中的 SiO_4 和 PO_4 四面体的排列有某种程度的无序。在薄膜中观察到的更高电导率则可能是由于无序排列导致的导电通道中更宽的窗口。

以含氧酸盐为主体的固体电解质的电导性质总结在表5-5中。需要指出的是，与 Li_3N 或 LiI-Al_2O_3 体系不同，这些固体电解质在一般环境中都非常稳定。

钙钛矿结构材料 ABO_3（其中 A＝La 或 Li；B＝Ti）具有很高的锂离子电导率，30℃时体相电导达 $1.2 \times 10^{-3}\,S/cm$，表观的晶界电导为 $0.03 \times 10^{-3}\,S/cm$。这一固体电解质的稳定电压只有 1.6V（相对于金属锂），在此电压以下 Ti^{4+} 会还原为 Ti^{3+}。有一种具有更高电导率的钙钛矿结构 Li-Sr-Ta-Zr-O，其中 $SrZrO_3$ 中的A 和 B 阳离子分别被 Li 和 Ta 所取代。经过优化的组分为 $Li_{3/8}Sr_{7/16}Ta_{3/4}Zr_{1/4}O_3$ 的电解质材料在 30℃ 时的锂离子电导率为 $0.2 \times 10^{-3}\,S/cm$，表观晶界电导率为 $0.13 \times 10^{-3}\,S/cm$。这种电解质在 1.0V（相对于金属锂）以上都是稳定的。在1.0V 以下，1mol 的 $Li_{3/8}Sr_{7/16}Ta_{3/4}Zr_{3/4}O_3$ 中可以不可逆地插入大约 0.08mol的锂。

5.3.5 薄膜固体电解质

无机固体电解质的电导率一般仍明显低于液体电解质和聚合物电解质，因此无机固体电解质一般是做成厚度为微米量级的电解质薄膜使用微型芯片上或用在以LIGA 技术制作的微电机的电源上。比较传统的制备固体电解质薄膜的方法是用溶胶-凝胶法将固体电解质直接制备在导电衬底上或电极材料表面。利用溶胶-凝胶旋涂法，在单晶硅基片（100）上分别制得厚度约为 $0.31\mu m$ 的 $0.10Al_2O_3 \cdot 0.08Sc_2O_3 \cdot 0.82ZrO_2$ 和 $0.36\mu m$ 的 $0.125Sc_2O_3 \cdot 0.175TiO_2 \cdot 0.7ZrO_2$ 固体电解质纳米晶薄膜。实验结果表明，两种薄膜均在 650℃ 以上开始晶化。温度越高，晶化越完全，在 800℃ 可完全晶化。所得纳米晶颗粒呈纯的萤石结构立方相，铝和钛掺杂的纳米晶颗粒的平均大小分别为 47nm 和 51nm。铝掺杂的薄膜非常均匀致密，但钛掺杂的薄膜中存在少量微气孔。为了避免在高温热处理制备过程中形成裂缝，有人以聚乙烯吡咯烷酮作为溶胶的成分之一，用溶胶-凝胶方法制备了$Li_{0.35}La_{0.55}TiO_3$ 薄膜。1000℃制备的 $Li_{0.35}La_{0.55}TiO_3$ 薄膜的室温离子电导率可达到 $10^{-3}\,S/cm$。用溶胶-凝胶方法制备的 $LiNi_{0.5}Mn_{1.5}O_4$ 薄膜为电池正极，以晶化玻璃陶瓷 $LiTi_2(PO_4)_3$-$AlPO_4$（LTP）为电解质制备的全固态锂离子电池正极膜与固体电解质膜之间的接触阻抗为 $90\Omega/cm^2$。

一些用化学平衡方法无法得到的组分可以用真空蒸镀或者溅射方法得到。例如，非晶态的 $LiAlF_4$ 薄膜就可以很容易地用真空蒸发等摩尔的 LiF 和 AlF_3 的方法制备出来，但是要合成出块状的材料却是不可能的，因为在化学平衡时这个化合物会偏析为 Li_3AlF_6 和 AlF_3。薄膜 $LiAlF_4$ 的电导率达到 $10^{-4}\,S/cm$，远高于 LiF、AlF_3 或 Li_3AlF_6 的电导率。

$Li_3(PO_4)_{-x}N_x$（LiPON）已成为全固态锂离子电池的最佳固体电解质。在制备 LiPON 薄膜的方法中，通过射频溅射 Li_3PO_4 靶，在氮气或氨气/氮气混合气条件下反应可沉积 LiPON 薄膜。薄膜 $Li_{0.29}S_{0.28}O_{0.35}N_{0.09}$ 在室温时的电导率达到 2×10^{-5} S/cm。LiPON 薄膜的微结构分析表明当在氮气气氛中制膜时，得到的膜呈无定形。该电解质的电化学稳定性达 5.5V（相对于 Li/Li^+）。

利用脉冲激光烧蚀 Li_3PO_4 靶的方法，在氮气环境中在镀铝的玻璃基片上沉积出锂磷氧氮（LiPON）离子导体薄膜作为全固态锂离子电池（Al/LiPON/Al）的电解质。LiPON 薄膜的室温锂离子电导率为 1.4×10^{-6} S/cm。在 500℃ 在 $Pt/TiO_2/SiO_2/Si$ 衬底上制备了厚度为 400nm 的 $(Li_{0.5}La_{0.5})TiO_3$（LLTO）薄膜电解质的室温电导率约为 1.1×10^{-5} S/cm。即使经过 600℃ 退火后，膜仍然为无定形相。

近年来，许多研究者已经将薄膜电解质用于薄膜型全固态锂离子电池。如采用射频磁控溅射方法制备了厚度为 $1 \sim 2\mu m$ 的无定形固体电解质薄膜 $(1-x)LiBO_2 \cdot xLi_2SO_4$（LiBSO）（$x=0.4 \sim 0.8$）。电解质的室温离子电导率随着 x 的增加而增加，在 $x=0.7$ 达到最大值，约为 2.5×10^{-6} S/cm。在更高的 x 值时（$x>0.7$），由于部分晶化，薄膜电导率开始转而下降。该电解质膜对锂电位达到 5.8V 时都是电化学稳定的。LiBSO 薄膜电解质与 Li/TiS_2 微电池相结合，表现出良好的循环性能。用静电喷涂（ESD）方法制备了名义组分为 $Li_{1.2}Mn_2O_4$ 和 $BPO_4 \cdot 0.035Li_2O$ 的薄膜用于全固态锂离子电池。研究薄膜的形貌与沉积条件如前驱体溶液的溶剂组分及衬底温度等之间的关系时发现，使用较低的衬底温度和/或较高的溶剂沸点有利于得到结构致密的膜。如使用含 85%（体积分数）的丁基卡必醇（butyl carbitol）和 15%（体积分数）的乙醇作为溶剂并在 250℃ 沉积，可得到多孔网状结构的膜。在 $250 \sim 400$℃ 的温度范围内得到的无定形或微晶 $Li_{1.2}Mn_2O_4$ 膜经过 600℃ 以上的退火后，该膜结晶成为尖晶石结构。玻璃态 $BPO_4 \cdot 0.035Li_2O$ 层能够填满多孔 $Li_{1.2}Mn_2O_4$ 的微孔成为致密的中间（intermediate）电解质层。用 $Li_{1.2}Mn_2O_4/BPO_4 \cdot 0.035Li_2O/Li_{1.2}Mn_2O_4/Al$ 制备了薄膜摇椅型电池。经过充电后，该电池的开路电压在 1.2V 左右。锂锗氧化物（Li_4GeO_4）和锂钒氧化物（Li_3VO_4）的固溶体（通式记为 $Li_{3.6}Ge_{0.6}V_{0.4}O_4$）亦可作为固体电解质的全固态高温锂电池。循环伏安实验表明，在对锂铝参比电极电位 0.5V 以下，锂可以在铂和金工作电极上可逆沉积；工作电压在 4.5V 左右，该固体电解质对任何氧化过程都是电化学稳定的。以锂铝合金作为负极、以化学气相沉积的二硫化钛薄膜为正极制成的全固态锂电池在 300℃ 时的开路电压约为 2.1V。该电池还具有非常高的倍率能力，可以在高达 $100mA/cm^2$ 的电流密度下放电。

锂磷氧氮化物（LiPON）电解质薄膜在 300K 时的离子电导率为 6.0×10^{-7} S/cm，电化学窗口为 5.0V。另外，用 PLD 制备了正极薄膜 $Ag_{0.5}V_2O_5$，与金属锂装配成全固态薄膜锂电池：$Li/LiPON/Ag_{0.5}V_2O_5$。该电池的开路电压为 3.0V，在电流密度为 $14\mu A/cm^2$ 时，首次放电容量为 $62nA \cdot h/(cm^2 \cdot \mu m)$。在 10 次循环

锂离子电池原理与关键技术

中，每个循环的平均容量衰减只有 0.2%，总循环寿命可达 550 次。以金属锂为负极、LiPON 为固体电解质，以 Li_xCoO_2 为正极制备全固态薄膜微型锂电池，在从 $-50℃$ 至 $80℃$ 的温度范围内对电池的电学行为和阻抗增加进行评价，电池的尺寸大约为 2cm 长、1.5cm 宽和 $15\mu m$ 厚，电池的倍率容量约为 $400\mu A\cdot h$，以 0.25C 的倍率在室温下对电池作 100 次循环。充放电截止电压分别为 4.2V 和 3.0V。在 100 次循环中，电池没有任何容量衰减。实测的电池容量达到 $400\mu A\cdot h$，库仑效率为 1，说明电池反应中没有任何寄生性副反应，而且锂的嵌入和脱嵌是完全可逆的。在室温时，以 2.5C 放电时的容量达到 0.25C 放电容量的 90%。

将电池储存在 $80℃$ 的环境中却可以对电池造成永久性的破坏，这是因为即使再回到室温，电池的性能也不能恢复到正常状态。在将电池储存在不同温度前后测量电池的内阻，电池的高频阻抗（通常归因于电解质和其他与电解质相串联的阻抗）随着温度的降低而降低，而电池的界面阻抗则随着温度的降低而增大。另外，电解质阻抗大约占电池总阻抗的 2%。经过循环后，电池的阻抗明显增加。

以铝作为负极，然后再在其上溅射沉积 LiPON 膜作为电解质可以制成全固态锂离子电池。LiPON 薄膜的锂离子电导率达到 10^{-6} S/cm，与体相材料的电导率相近。用烧结法先制成体相高电压正极材料 $Li_2CoMn_3O_8$，再用电子束蒸发该体材料及 20%（质量分数）的 $LiNO_3$，在 10^{-5} mPa 氧分压的条件下方法制备成膜。制成的薄膜电池可以在 $3\sim5$V（相对于 Al 或 LiAl 电极）之间工作。使用 GIT 技术测得 $Li_{2-x}CoMn_3O_8$（x 在 $0.1\sim1.6$）的室温化学扩散系数在 $10^{-13}\sim10^{-12}$ cm^2/s。对全电池系统的阻抗谱研究结果表明电荷转移阻抗为 290Ω，双层电容约为 $45\sim70\mu F$，对电极面积为 6.7cm^2，化学扩散系数在 $10^{-12}\sim10^{-11}$ cm^2/s。

由无定形 $Li_2O-V_2O_5-SiO_2$ 为固体电解质（LVSO）、结晶相 $LiCoO_2$ 为正极和无定形 SnO 为负极，组装成固态薄膜电池。其成分分析表明固体电解质组成为 $Li_{2.2}V_{0.54}Si_{0.46}O_{3.4}$。由阻抗谱估算，在 $25℃$ 时 LVSO 薄膜的离子电导率为 2.5×10^{-7} S/cm，活化能为 0.54eV。在充电之前该薄膜电池可以在空气中操作，在完全电状态时该电池的开路电压为 2.7V，在 $0\sim3.3$V 循环 100 次表现出良好的可逆性。

无机固体电解质主要是用于薄膜型锂电池或锂离子电池，无机固体电解质在改善锂离子电池的安全性与循环性方面是有为的。可充电锂电池至今不能商品化的一个重要原因就是由于电解质分解在金属锂负极上形成的 SEI 膜不稳定而导致的电池的循环性能差，难于抑制锂枝晶的形成。

5.4 聚合物电解质

聚合物电解质是以聚合物为基体，由强极性聚合物和金属盐通过 Lewis 酸-碱反应模式发生络合形成的一类在固态下即具有离子导电性的功能高分子材料。聚合物基体应含有对电解质盐具有溶剂化作用的官能团，并对增塑用的极性有机分子具有缔合作用，以保证聚合物电解质呈现固态特征。与无机固体电解质材料相比，聚合物电解质具有高分子材料的柔顺性、良好的成膜性、黏弹性、稳定性、质量轻、成本低的特点和良好的电化学稳定性。聚合物电解质膜是聚合物锂离子电池的核心材料，在电池中兼具隔离正负极与离子传输介质的双重作用。聚合物锂离子电池的关键技术就在于聚合物电解质膜的组成、凝聚态结构和膜的制备方法。作为聚合物锂离子电池用的聚合物电解质膜不仅需要较高的离子传导率，而且要求合适的机械强度、柔韧性、有利离子传输的凝聚态结构和化学及电化学稳定性。由于聚合物电解质中不存在可以自由流动的电解液，因此聚合物锂离子电池彻底消除了电池漏液的危险。

20 世纪 70 年代以前，对固体电解质的研究主要集中于无机物。1973 年，Fenton 等最早发现聚环氧乙烯（PEO）在"溶解"部分碱金属盐后形成聚合物-盐的络合物。1975 年，Wright 等人首先报道了该络合物体系具有较好的离子电导性。1979 年，Armand 等人报道 PEO 的碱金属盐络合体系具有良好的成膜性能，在 40～60℃时的离子电导率可以达到 $10^{-5} S/cm$，可用作锂电池的电解质。

作为聚合物电解质，应具有以下优点。

（1）抑制枝晶生长

传统的电池隔膜在可充电锂电池中亦可用作离子导电介质，但遗憾的是，这种隔膜中含有大量的充满了液体电解质的彼此连通的孔，可以在正极和负极之间形成足够大的通道，因而在充电过程中会促进锂枝晶的形成与生长。这些锂枝晶降低了电池的循环效率并最终引起电池的内部短路。使用连续的或无孔的只能提供很少或根本没有连续的电解液自由通道的聚合物膜是一种抑制枝晶生长问题的行之有效的方法。

（2）增强电池对循环过程中电极体积变化的承受能力

聚合物电解质较传统的无机玻璃或陶瓷电解质更柔顺，可以很容易地适应充放电过程中正、负电极的体积变化。

（3）减低电极材料与液体电解质的反应性

一般认为，任何溶剂对于金属锂甚至是碳负极都是热力学不稳定的。由于具有类似于固体的性质以及很低的液体含量，聚合物电解质的反应性要比液体电解质的反应活性低。

（4）更高的安全性

聚合物电解质电池的固态结构更耐冲击、耐震动和耐机械变形。另外，由于聚合物电解质中没有或只有很少的液体成分，因而聚合物电池可以封装在抽成真空的平板状的塑料袋中而不是封装在易于受到腐蚀的刚性的金属容器中。

（5）更高的形状灵活性和制作一体性

出于对更小、更轻电池的需要，电池的形状正在成为电池设计中必须考虑的一个重要因素。从这一方面来说，薄膜型聚合物电解质电池是有非常大的市场的。与聚合物电解质电池相关的另一个特点是生产的一体性：电池的所有组件，包括电解质和正、负电极都可以通过已经得到良好开发的涂膜技术自动压成薄片状。

在无机固体电解质中，离子的输运通常是通过在固体电解质中固定位置之间的跳跃来实现的，这些固定位置一般不随时间发生显著变化。在聚合物电解质中，供离子在其中传导的聚合物本体材料不像传统的无机固体电解质的缺陷晶体一样是刚性的，离子输运实际上是通过聚合物主链的运动与重排发生的。因此，离子导电聚合物实际上是一种介于液体（以及熔体）电解质与固体（缺陷晶体）电解质之间的一种特殊的电解质。实际上，离子在聚合物电解质中的输运更像在液体介质中一样。表 5-6 比较了聚合物电解质、液体电解质和固体电解质的主要性质特点。

表 5-6　一些阳离子导电材料的行为比较

现象/环境	电解质的行为		
	聚合物电解质	液体电解质	固体电解质
本体	可变形	可移动	固定
离子的位置	随主链弯曲而变	无	固定,但受温度影响较大
溶液	是	是	不是
溶剂化物	由本体决定:卷曲机制	形式可变	无
溶质浓度	通常很高	经常很低	不适用
荷电离子团簇参与导电	经常是	不是,熔盐例外	否
电中性物种的贡献	重要	不重要	无
高的阳离子迁移数	不是	是	阳离子导体,通常为1

可充电锂电池用的聚合物电解质必须要满足一些基本的要求，包括以下各点。

① 离子电导率。通常，在室温下使用的用于锂电池或锂离子电池的液体电解质的离子电导率为 $10^{-3} \sim 10^{-2}\,S/cm$。为了达到能够在几个毫安/平方厘米的电流密度下进行放电的液态电解质体系的电导率水平，聚合物电解质的室温电导率必须接近或超过 $10^{-3}\,S/cm$。

② 迁移数。电解质体系中锂离子的迁移数最好接近于1。一些电解质体系，无论是液体的还是聚合物的，它们的离子迁移数都小于 0.5。通过锂离子的运动而传导的电荷不足二分之一，阴离子和离子对是重要的电荷输运的工具，大的离子迁移数可以降低充放电过程中的电解质的浓差极化，因而可以提供较大的功率密度。

③ 化学、热学和电化学稳定性。电解质膜是夹在正极和负极之间使用的，对它的化学稳定性的要求是：必须保证当电极材料与电解质直接接触时不发生任何副反应。为了有适当的温度工作范围，聚合物电解质还必须有好的热稳定性。聚合物电解质的电化学稳定范围必须能够在从 0V 直到 4.5V（相对于金属锂）的范围内都能与锂和正极材料如 TiS_2、V_6O_{13}、$LiCoO_2$、$LiNiO_2$ 和 $LiMn_2O_4$ 等稳定共处。

④ 机械强度。当电池从实验室转向中试和真正的生产时，可加工性是所有必

须考虑的问题中最重要的因素。虽然许多电解质体系都能制成自支持的薄膜并达到各种很好的电化学性能，但是它们的机械强度仍然需要进一步提高以适应传统的大规模制膜过程的加工要求。

表 5-7 列出了一些用作聚合物电解质的聚合物本体材料。聚合物电解质体系很多，如 PEO、PAN、PMMA、PVC 以及 PVdF，但大体上可以将它们分为两类，即纯固态聚合物电解质和经过增塑的或称凝胶化的聚合物电解质体系。纯固态聚合物电解质是将锂盐如 $LiClO_4$、$LiBF_4$、$LiPF_6$、$LiAsF_6$、$LiCF_3SO_3$、$LiN(CF_3SO_2)_2$ 或 $LiC(CF_3SO_2)_3$ 溶解在作为固体溶剂的高分子聚合物本体如 PEO 和 PPO 中。这些聚合物电解质体系通常是通过涂膜和溶剂挥发制成薄膜电解质使用，包括接枝的聚醚、聚硅氧烷和聚磷腈骨架共聚物。这类聚合物电解质的离子导电机制都与聚合物链段的运动密切相关。与纯固态聚合物电解质相比，凝胶化（型）电解质具有室温离子电导率更高而力学性能较差的特点。凝胶型聚合物电解质通常是通过将更大量的液体增塑剂/溶剂与能够形成具有聚合物本体结构的稳定的聚合物相混合而成。为了改善凝胶聚合物电解质的力学性能，通常在凝胶聚合物电解质配方中加入能够交联或受热固化的组分。凝胶态是一个比较特别的状态，既不属于液态也不属于固态。描述凝胶要比定义凝胶容易得多，因为关于凝胶的准确定义必定涉及分子结构和连通性方法的问题。通常是把聚合物凝胶定义为一个被溶剂溶胀的由聚合物网络所构成的体系。我们必须清楚，溶剂是被溶在聚合物中而不是其他方式。由于具有独特的混合网络结构，凝胶总是同时具有固体的黏弹性和液体的扩散输运性质，这种双重性质使凝胶具有包括聚合物电解质在内的多方面重要用途。

表 5-7   一些常用聚合物电解质的宿主材料及其化学式

中文名称	英文名称	缩写	重复单元	$T_g/℃$	$T_m/℃$
聚氧乙烯	poly(ethylene oxide)	PEO	$\pm CH_2CH_2O\pm_n$	64	65
聚氧丙烯	poly(propylene oxide)	PPO	$\pm CH(CH_3)CH_2O\pm_n$	60	①
	poly[bis(methoxy ethoxyethoxide)phosphazene]		$\pm N=P[O(CH_2CH_2O)_2CH_3]_2\pm_n$	83	①
	poly(dimethylsiloxane)		$\pm SiO(CH_3)_2\pm_n$	127	40
聚丙烯腈	poly(acrylonitrile)	PAN	$\pm CH_2CH(CN)\pm_n$	25	317
	poly(methyl methacrylate)	PMMA	$\pm CH_2C(CH_3)COOCH_3\pm_n$	05	①
聚氯乙烯	poly(vinyl chloride)	PVC	$\pm CH_2CHCl\pm_n$	82	—
聚偏氟乙烯	poly(vinylidene fluoride)	PVdF	$\pm CH_2CF_2\pm_n$	40	171

① 无定形（amorphous）聚合物。

注：T_g 玻璃化转变温度；T_m 熔点。

凝胶可以通过化学的或物理交联过程得到。当发生凝胶化时，一个稀的或是更黏稠的聚合物溶液就转化为一个具有无限黏度的体系，即凝胶。

我们按照聚合物电解质的组成和形态，大致分为不含增塑剂的纯固态聚合物电解质、含有增塑剂的凝胶态聚合物电解质、含有纳米陶瓷粉添加剂的聚合物电解质

（含有或不含有增塑剂）和多孔凝胶聚合物"电解质"。根据聚合物电解质中盐与聚合物的相对含量，将聚合物电解质分为"聚合物在盐中"（polymer-in-salt）和"盐在聚合物中"（salt-in-polymer）两类聚合物电解质。

5.4.1　纯固态聚合物电解质

这类聚合物电解质的特点是聚合物电解质中只含有聚合物（以使用 PEO 者居多）和碱金属盐 LiX 两个基本组分。其是到目前为止研究最多的聚合物电解质体系。这类聚合物的主链都含有强给电子基团——醚氧官能团，故 PEO 是络合效果较好的主体络合物之一。同时，聚合物又具有柔软的 C—H 链段。大量研究表明，在该体系中，常温下存在纯 PEO 相、非晶相和富盐相三个相区，其中离子传导主要发生在非晶相高弹区。聚合物电解质的晶相形式一般只在几个非常特定的组分中才能得到。

纯固态聚合物电解质是由聚合物基体和掺杂盐形成的络合物，主要是聚醚碱金属盐复合物，其中不含溶剂，导电完全依靠极性聚合物网络中的离子。PEO 类聚合物主体与锂盐简单混合而得到的聚合物电解质是这类材料的最典型代表，也被称为"第一代聚合物电解质"。在 $40 \sim 80^\circ C$ 之间时，这类电解质的电导率 $10^{-8} \sim 10^{-4} S/cm$ 之间。由于室温离子电导率太低，因此这类聚合物电解质材料至今仍难以实际应用。这首先是因为这类电解质的高结晶性不利于离子在其中的传导，第二个原因是无定形相 PEO 对盐的溶解度很低。

1993 年 Bruce 等人在 Science 上首次报道了由粉末 X 射线衍射确定的原理型聚合物电解质 $(PEO)_3 : LiCF_3SO_3$ 的晶体结构，指出 PEO 链具有平行于晶体学 b 轴的螺旋构型。锂离子与 5 个氧原子（三个来自于乙烯氧，另外每两个相邻的 CF_3SO_3 基团再提供一个氧原子）结合。CF_3SO_3 基团成为连接两个锂离子的桥梁，构成平行的但又与 PEO 主链缠绕的链。在 PEO 链之间没有相互交联的链连接，电解质可以看作是一个无限长的圆柱状缔合体。但是这一特定组分与实际具有高离子电导率的聚合物电解质的组分相差较远，况且实验已经表明随着聚合物的含量由 $3 : 1$ 增加到 $6 : 1$，聚合物电解质的电导率将显著增加。因此，比例为 $6 : 1$ 的聚合物电解质的晶体结构更令人感兴趣。该研究组在 1999 年通过对聚合物电解质进行模拟退火并对整个粉末 X 射线衍射谱进行拟合，用从头算（_ab initio_）方法得到了更接近于实际聚合物电解质的 $(PEO)_6LiAsF_6$ 络合物。他们发现，在组分为 $3 : 1$ 的聚合物电解质中聚合物链形成螺旋状，而组分为 $6 : 1$ 的混合物中的聚合物链却形成一个二重的非螺旋的结构，二者互相嵌套形成一个圆柱体。锂离子位于圆柱体内，不与阴离子发生缔合。

一般认为，碱金属离子先同高分子链上的极性基团络合，在电场的作用下，随着高弹区分子链段的热运动，碱金属离子与极性基团发生解离，再与别的链段发生络合。通过这种不断的络合/解络合过程，实现离子的定向迁移，如图 5-15 所示。因此，碱金属离子与聚合物链段的作用对聚合物电解质中离子的传导起着关键性作用。

263

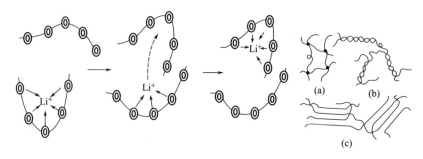

图 5-15　在无定形区离子传输的示意

要形成高电导的聚合物电解质，主体聚合物必须具有给电子能力很强的原子或基团，其极性基团应含有 O、S、N、P 等能提供孤对电子的原子与阳离子形成配位键以抵消盐的晶格能。其次，配位中心间距离要适当，能够与每个阳离子形成多重键，达到良好的溶解度。此外，聚合物分子链段要足够柔顺，聚合物上官能团的旋转阻力尽量低，以利于阳离子移动。除 PEO 外，常见的聚合物基体还有聚环氧丙烷（PPO）、聚甲基丙烯酸甲酯（PMMA）、聚丙烯腈（PAN）和聚偏氟乙烯（PVdF）等。

由于离子传输主要发生在无定形相，晶相对导电贡献小，因此含有结晶相的 PEO/盐络合物在室温下的电导率很低，只有 10^{-8} S/cm。只有当温度升高使结晶相熔化时，电导率才会大幅度提高，而大部分锂离子电池都是在室温下工作的，所以通过对聚合物的结构进行改性或者寻找更合适的锂盐，开发具有低玻璃化转变温度（T_g）、室温时为无定形态的聚合物电解质，就成为目前的研究工作重点。确实，许多重要的研究工作都集中在通过共混、共聚、梳状/分支和交联网络等方法提高室温电导率方面。这些提高电导率方法的共同特点是降低聚合物的结晶性或者降低其玻璃转变温度。

常用的聚合物改性方法有化学的（如共聚和交联），也有物理的（如共混和增塑）。化学交联或称共价交联是一个与聚合物链的共价键通过化学反应形成一定数量的连接点相联系的过程。共价交联形成的是不可逆的凝胶。在这种凝胶中，连接点的数目并不一定随着外部条件如温度、浓度或压力等的改变而发生改变。相比之下，通过物理交联所形成的凝胶网络称为纠缠网络。有两种主要的纠缠类型：一种是结点区，聚合物链与其自身长度上的一部分发生交联；另一种是边缘胶团方式，这时聚合物链段在一个小的区域中定向排列形成小晶区，其他一些弱的相互作用如离子络合也会有助于形成物理凝胶网络。大部分的凝胶聚合物电解质都是以这种方式制备的。

采用 EO 和 PO 的交联嵌段共聚物可将聚合物电解质的室温电导率提高到 5×10^{-5} S/cm。通过将 PEO 链接到聚硅氧烷主链上形成梳状聚合物可将聚合物电解质的室温电导率提高到 2×10^{-4} S/cm。如将 PEO 和 PAMA 共混，再与 $LiClO_4$ 形成络合物，可得到室温电导率高于 10^{-4} S/cm 的聚合物电解质。有人用丁苯橡胶和丁腈橡胶共混，合成了一种双相电解质。非极性的丁苯橡胶为支持相，保证电解质具有较好的力学性能；极性的丁腈橡胶为导电相，锂离子在导电相中进行传导，室温电导率高达 10^{-3} S/cm。

自从由 PEO 和锂盐形成聚合物电解质的概念提出以来，人们已经对离子传导机制进行了广泛研究。在这一体系中，锂离子与 PEO 上的乙烯氧缔合并随聚合物链段一起运动，但是乙烯氧的给电子能力太强，锂离子不能有效地随聚合物链段一起运动，从降低聚合物官能团的给电子能力角度考虑，选择脂肪聚碳酸酯（$M_w = 50000$）作为聚合物本体，以 LiTFSI 为锂盐制备的聚合物电解质的离子电导率随着样品玻璃转变温度的降低而升高，并在 0.8mol（相对于聚合物的单体单元）时得到最高电导率 0.5×10^{-4} S/cm（20℃时）。

聚合物电解质要达到实用的要求，不仅要有高的室温电导率，还要有高的锂离子迁移率。电池工作时，由于阴、阳离子向相反方向迁移而在电池的两极间出现的浓差极化提高了电池的性能。常见的做法是选用具有较大阴离子的锂盐，这不仅有利于降低盐的解离能，提高电解质中锂离子的浓度，而且较大体积的阴离子会受到聚合物本体对其运动的更多限制，因而可以提高聚合物电解质的锂离子迁移数。如利用硼原子对阴离子运动的限制作用，通过聚氧丙烯低聚物和聚硼二环壬烷之间的反应，得到锂离子迁移数大于 0.5 的聚合物电解质。

提高阳离子的迁移数，一些研究者将阴离子共价键合到聚合物的骨架上，只允许锂离子随聚合物链段运动，得到单离子导电的聚合物电解质。这些聚合物电解质被称为聚电解质（polyelectrolytes）。与普通的聚合物电解质相比，聚电解质在电池中应用时有一个独特的优势，它不易受循环过程中电极/电解质界面处高或低盐浓度的电势阻挡层形成的影响。阴离子被有效固定在聚合物主链上，因此聚电解质全部的离子电导率都是阳离子迁移的贡献。如将阴离子固定在聚合物链段上，使其不能在电解质中自由移动而提高了聚合物电解质的锂离子迁移数，但是这样的电解质的室温电导率一般在 10^{-6} S/cm 以下，比双离子导电的聚合物电解质的电导率低 1～2 个数量级。

利用硼氧酯（boroxine）环和低聚醚侧链束缚阴离子，可得到具有很高的锂离子迁移数和室温离子电导率（10^{-5} S/cm）的聚合物电解质。如用聚乙二醇甲基丙烯酸酯和聚乙二醇硼酸酯构成的聚合物电解质在 30℃ 时的离子电导率可达 10^{-4} S/cm。以甲氧基聚乙二醇硼酸酯和甲（基）丙烯酰基聚乙二醇硼酸酯与 LiTFSI 构成的聚合物电解质在 20℃ 时的离子电导率达到 3.8×10^{-4} S/cm，高于传统的 PEO 电解质的离子电导率。这种聚合物电解质的锂离子迁移数随着聚合物中硼酸根含量的增加而增大。在 20℃ 时的最高锂离子迁移数接近 1。测量 ^{11}B 的 NMR 表明，随着锂盐的加入，该峰的化学位移由 10.8 变为 14.4。这说明，硼酸根的电子密度很高，硼酸根可以束缚锂盐中的阴离子。据此，通过增加聚合物电解质中硼酸根的含量可以得到单离子导电的聚合物电解质。

玻璃和陶瓷材料是以快离子导电机制进行导电的，其中锂离子基本是在静止的框架中运动。相反，在聚合物体系中，锂离子的运动则与在液体电解质中的运动相似，即锂离子的运动是以聚合物主体的动力学为媒介的，这就将电导率值限制在一个相对较低的范围之内，锂离子运动对电解质的总电导率也只有很小的贡献（低迁移数）。通过在塑料晶体中掺杂锂离子制备出新的聚合物电解质。由于旋转无序和存在晶格空位，这类聚合物电解质材料具有快离子的导电性质，在 60℃ 时的电导率达到 $2 \times 10^{-4} S/cm$。

5.4.2 凝胶型聚合物电解质

纯固态（"干"的）聚合物电解质的发现已经有 30 多年的历史，但是迄今为止，聚合物电解质仍然只停留在实验室的研究阶段，离实际电池对其要求还有比较大的距离。聚合物电解质离子电导率最显著的提高是通过将电解液［例如锂盐溶解在有机溶剂混合物（称为增塑剂）中形成的溶液］在聚合物（典型的如聚丙烯腈 PAN）基体中的凝胶化实现的。添加增塑剂不仅降低了聚合物的结晶性，而且增加了聚合物链段的活动性。增塑剂可以使更大量的锂盐解离从而使更多数量的载流子参与离子输运。低分子量的聚醚和极性有机溶剂是两类最常用的增塑剂。

凝胶型聚合物电解质是 1975 年由 Feullade 和 Perche 首次提出的，后来得到了 Abraham 及同事的进一步研究。在这类电解质中，整个体系可以看成是碱金属和有机增塑剂形成的电解液均匀分布在聚合物主体的网络中。在这样的电解质中，聚合物主要表现出其力学性能，对整个电解质膜起支持作用，而离子输运主要发生在其中包含的液体电解质部分。这类电解质的电导率与碱金属盐的有机溶液相当，在室温下一般可达 $10^{-3} S/cm$，且不要求聚合物主体对盐的溶解能力。凝胶型聚合物电解质的电导率主要与有机溶剂的物理性能如介电常数、黏度等有关。常用的增塑剂有 EC、PC、γ-BL 等，为了提高体系的介电常数，也可以采用几种增塑剂的混合物。用 PC 作增塑剂对网状 PEO 进行改性，室温电导率接近 $10^{-3} S/cm$。用复合增塑剂对 PAN 进行改性，室温电导率达到 $4 \times 10^{-3} S/cm$，锂离子迁移数也提高到 $0.6 \sim 0.7$。使用 γ-BL 作为增塑剂也产生同样的效果，且它们的分解电压均在 4.5V 以上。选择 PEU 作为聚合物载体、PC 作为增塑剂和改性蒙脱石作为无机添加剂可制备一种新的凝胶聚合物电解质，该电解质不仅表现出良好的力学性能，而且呈现较高的离子电导率。有人报道了一种新型的聚合物电解质。先将 EC/PC 镶嵌于介孔 SiO_2 中得到一种具有电"活性"的 EC/PC-介孔 SiO_2 纳米复合粒子，然后将其添加到 PEO-LiClO₄ 中得到一种复合型凝胶聚合物电解质。该电解质的室温电导率达到 $2 \times 10^{-4} S/cm$，同时力学性能也得到了很大提高。电导率提高的主要原因是这种电"活性"的 EC/PC-介孔 SiO_2 纳米复合粒子为锂离子的迁移提供了独特快速的纳米通道。

按照聚合物主体分类，凝胶型聚合物电解质主要有以下三类。

（1）PAN 基聚合物电解质

除了 PEO 及其修饰聚合物之外，还有许多骨架和侧链上都不含有 $[CH_2CH_2O]$ 重复单元的聚合物材料被增塑，以期获得具有更高室温电导率的电解质。电导率的提高是 PAN 基凝胶型聚合物电解质而不是传统的固态聚合物基电解质的一大优点，但是凝胶体系也是热力学不稳定的，经过长期储存的凝胶电解质可能会出现溶剂渗出等问题，在开放的环境中更是如此。这一现象被称为缩水效应，在许多体系中都曾出现过。当出现这种效应时，电解质溶剂会渗出到电解质薄膜的表面，电解质就逐渐变得不透明。这一变化使电解质的黏度增加，离子的活度降低，离子电导率也因此而显著降低。

将沸石粉末弥散在 $LiAsF_6$-PAN 凝胶聚合物电解质中可形成复合电解质，发现加入沸石将带来两个方面的优点，一个优点是提高了低温离子电导率，虽然 PAN 凝胶电解质是高度无序的，但在低温时聚合物主链会发生重排，以一种更有序的或者是结晶化的状态发生取向。加入少量的沸石颗粒可以防止这种结晶过程的发生，保留那些对离子电导率有贡献的无定形区。除了好的传输性能之外，与电极材料的相容性也是确保电解质在电化学器件中具有可接受的性能的一个重要参数。当金属锂或碳负极材料与电解质接触时，就会在两个体相之间形成第三相的薄层。当与 PAN 凝胶电解质相接触时，锂金属电极有可能会经历一个钝化过程。另一个优点是改善了电解质/电极的界面稳定性，在凝胶电解质中添加 5% 的沸石可以有效降低金属锂表面上阻挡层的生长。这种有利的界面特性与分子筛的亲水性特点有关。弥散的沸石将杂质材料固定并阻止它们在界面上发生反应。界面性质改善的另一个可能的原因是复合膜比凝胶相的黏度更大，阻止了腐蚀性溶剂的流动。

锂离子在 PAN 中的输运的许多报道基本上表明锂离子与聚合物、聚合物骨架的增塑剂以及聚合物骨架具有强烈的相互作用。虽然 PAN 基聚合物电解质的电导率与 EC/PC 液体电解质的相近，但是 NMR 线宽和自旋晶格弛豫时间测量表明，PAN 的存在阻碍了短程离子的活度。

（2）PMMA 基聚合物电解质

1985 年，Iijima 等人首先提出将 PMMA 作为凝胶化促进剂使用，发现使用质量分数 15% 的平均分子量为 7000 的 PMMA 得到的电解质在 25℃ 时的电导率可达 10^{-3} S/cm。在室温下将质量分数高达 20% 的 PMMA 溶在 1mol/L $LiClO_4$/PC 电解液中可得到均匀透明的凝胶。在 25℃ 时凝胶电解质的电导率为 $2.3×10^{-3}$ S/cm。加入高分子量的 PMMA 导致非常高的宏观黏度（黏度达 335Pa·s）而不显著降低体系的电导率。也就是说，加入 PMMA 后体系的电导率仍然与液体电解质的电导率相近。可认为 PMMA 在其中主要是起一种僵化剂"stiffener"的作用，快离子传导是通过形成连续的 PC 分子的导电通道，PMMA 的存在不影响电解质的电化学稳定性。

（3）PVdF 基聚合物电解质

由于具有强烈的拉电子基团—CF，因此 PVdF—$(CH_2—CF_2—)_n$ 基聚合物电解质可望成为对阴离子高度稳定的聚合物电解质的基体材料。作为聚合物材料，PVdF 本身的介电常数（$\varepsilon=8.4$）也是相当高的，有助于解离锂盐，提高载流子浓度。

PVdF 基聚合物电解质最关键的方面是其与金属锂的界面稳定性。由于锂与氟反应会生成 LiF 和 F，因此含氟聚合物对金属锂不是化学稳定的，PVdF 不适于用在以金属锂作为负极的电池中。用 $LiN(CF_3SO_2)_2$ 的 PC 溶液增塑的 PVdF 基电解质在 30℃ 时的电导率为 1.74×10^{-3} S/cm，相对于 Li^+/Li 的氧化稳定电位在 $3.9\sim4.3V$。离子淌度是聚合物电解质的决定因素；在固态聚合物电解质中加入增塑剂，电导率可增加 $2\sim4$ 个数量级左右。

由于室温熔融盐和聚合物电解质的优良性能，如将溴化 1-丁基吡啶与 $AlCl_3$ 混合得到室温熔盐，再加入少许的聚吡啶，可得到一种新型的聚合物电解质：聚溴化 1-丁基-4-乙烯吡啶，室温电导率可达 10^{-3} S/cm。研究发现，当苯甲酸三乙基甲基铵（TEMAB）/醋酸锂（LiOAc）/二（三氟甲基磺酸酰）亚铵锂（LiTFSI）＝7/2/1 时，可以在室温形成稳定的熔融盐，30℃ 时的电导率为 10^{-4} S/cm，60℃ 时的电导率为 10^{-3} S/cm。加入一定量的 PAN 后电导率降低 $1\sim2$ 个数量级。由于 $AlCl_3$ 对湿度敏感，在空气中不稳定，更廉价的是以 $[BF_4^-]$ 及 $[PF_6^-]$ 为阴离子的室温熔盐合成方法，并且与聚偏氟乙烯-六氟丙烯（PVdF-HFP）混合形成胶体电解质。当室温熔盐：PVdF-HFP＝2：1 时，胶体电解质的室温电导率大于 10^{-3} S/cm，100℃ 时大于 10^{-2} S/cm，单体电池开路电压为 3.7V。

5.4.3　增塑剂在凝胶型聚合物中的作用

有人认为增塑剂的唯一作用就是降低聚合物电解质的玻璃转变温度，溶解锂盐，使聚合物变为无定形，使离子和其他载流子可以在其中自由移动以提高电解质的电导率。另有人认为，除了增塑作用之外，增塑剂更重要的作用是与离子载流子缔合，使它们运动得更快。到目前为止大部分研究者都将含有增塑剂的聚合物电解质体系称作混合相或复合电解质。这就意味着聚合物电解质中各组分之间的相互作用被忽略了。

将以 PAN 为代表的通过共混或增塑的聚合物电解质进行研究，合成几十种含有增塑剂的以 PAN 为基的聚合物电解质，所使用的增塑剂包括丙烯碳酸酯 PC、乙烯碳酸酯 EC、二甲基甲酰胺（DMF）、二甲基亚砜（DMSO）和 γ-丁内酯（γ-BL）及其混合物等。通过研究，聚合物电解质的室温电导率可以达到 2.5×10^{-3} S/cm，这些电解质与金属锂表现出良好的相容性。

对含有不同浓度 $LiClO_4$ 的常用溶剂 EC、DMF 和 DMSO 的研究，发现它们的 Raman 和红外光谱变化。虽然这些体系有各自的细节不同，但它们共同的光谱特征可以总结如下。光谱变化最明显的那些峰位与 C＝O 基团（EC 和 DMF）或 S＝O 基团（DMSO）有关。因此，与这些峰相联系的光谱变化毫无疑问地表明了

LiClO$_4$ 与溶剂之间的相互作用，或者更确切地说，反映了锂离子与溶剂分子中的 C=O 或 S=O 基团之间的相互作用。

图 5-16 是 EC 的环弯曲振动模式的 Raman 光谱（715cm^{-1}）随溶液浓度的变化。虽然相互作用主要是发生在羰基和 S=O 基团上，但是由于这些氮和氧原子的电负性，也不排除某些锂离子与 EC 环上的氧原子或与 DMF 上的氮原子发生相互作用的可能性。

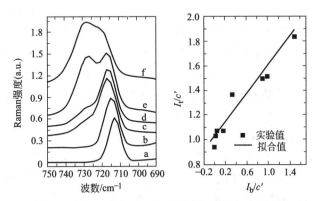

图 5-16 LiClO$_4$ 与 EC 的不同摩尔比 Raman 光谱

a—0（纯 EC）；b—0.008；c—0.04；d—0.09；e—0.21；f—0.35

另外，红外光谱和 Raman 光谱的结果都表明高氯酸根阴离子的所有 Raman 或红外活性振动模如 ν_1（A$_1$，930cm^{-1}）、ν_2（E$_1$，457cm^{-1}）、ν_3（F$_2$，1060cm^{-1}）和 ν_4（F$_2$，624cm^{-1}）发生分裂，对应于阴离子对称性的降低和不同离子缔合物的生成，如被溶剂分开的离子对（Li$^+$-溶剂-ClO$_4^-$）、接触离子对（Li$^+$ClO$_4^-$）以及多离子团簇 [（Li$^+$ClO$_4^-$）$_n$，$n \geq 2$]。这些聚集体的增加将导致溶液中载流子浓度的降低和溶液黏度的提高，降低载流子的迁移率，使电解质的电导率降低。

确定锂离子在溶液中的缔合数有助于理解锂离子的输运机制和设计新型电解质。以 EC 分子在 1230cm^{-1} 处的环伸缩振动模式的强度作为内标，通过定量研究 EC 分子的环弯曲振动模随高氯酸锂浓度的变化可以计算自由和发生了缔合的溶剂分子的含量以及锂离子在溶液中的缔合数。

定义 c_f 和 c_b 为在电解液中自由的和发生了缔合的 EC 分子的浓度，I_f 和 I_b 是相应的振动峰的相对强度（即 $I_f = I_{715}/I_{1230}$；$I_b = I_{725}/I_{1230}$），可以得到下列关系：

$$I_f = c_f J_f, \quad I_b = c_b J_b \tag{5-39}$$

其中，J_f 和 J_b 是与分子种类及其散射条件有关的系数，则总相对强度为：

$$I_t = I_f + I_b = c_f J_f + c_b J_b = (1 - J_b/J_f) I_f + c J_b \tag{5-40}$$

其中 $c = c_f + c_b$ 是该溶剂折合为物质的量时的浓度（对于 EC，$c = 11.36$mol/kg）。

上面的式（5-40）表明 I_t 与 I_f 之间的关系是线性的，斜率为 $1 - J_b/J_f$，截距为 cJ_b。I_t 与 I_f 之间基本上呈线性关系。进行拟合可以得到：

$$1-J_b/J_f=0.238,\quad cJ_b=1.386 \tag{5-41}$$

因此：

$$J_f=0.160,\quad J_b=0.122 \tag{5-42}$$

定义锂离子缔合数（相当于锂的平均配位数）为：

$$n_s=c_b/c_{Li^+}=I_b/(c_{Li^+}J_b) \tag{5-43}$$

根据式(5-43)，可认为锂离子在 EC 中的缔合数是 6。这一数值处在离子缔合数的最可能范围内（一般认为锂离子的缔合数为 4、5 或 6）。值得注意的是，计算出的 n_s 值随着溶液浓度的增加而降低，这是由于假设所有的 $LiClO_4$ 都被 EC 溶解了，因此用 c_{Li^+} 代替了 c_{LiClO_4}。也就是说，式(5-43) 中的 c_{Li^+} 本应是自由锂离子的浓度 c_{Li^+} 而不应该是 $LiClO_4$ 的浓度 c_{LiClO_4}。由于离子对的出现，c_{Li^+} 要小于 c_{LiClO_4}，并且两者之间的差别随着溶液浓度的增加而增大，只有当溶液的浓度非常低时两者才会相等。

分析 EC 和 PAN 以及它们的混合物的 Raman 光谱，可以看到不同相对含量时 PAN 对 EC 的 Raman 光谱的显著影响。光谱特征变化最明显的谱峰是 EC 的C ═O 伸缩振动模（1762cm^{-1}）。它的强度从纯 EC 时的中等强度变为 EC/PC 混合物时的弱峰，其位置也向高波数段移动了 10cm^{-1}（图 5-17）。另外，EC 的环伸缩振动模从 1059cm^{-1} 移动到了 1072cm^{-1}，伴随着相对强度的减小和线宽的变大。这些光谱变化表明在 EC 和 PAN 之间存在强烈的相互作用。另一方面，EC 对 PAN 的光谱变化影响并不明显。一种可能的解释就是氰基键比羰基键要强很多，同样强度的相互作用引起二者的光谱变化是不一样的。这种相互作用可能是通过 EC 的羰基与 PAN 的氰基之间的偶极子相互作用发生的。

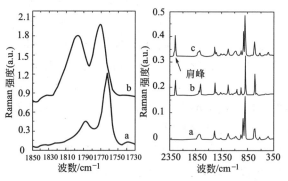

图 5-17　不同摩尔比 EC：LiClO$_4$ 的 C ═O 伸缩 Raman 光谱

a—纯 EC；b—纯 LiClO$_4$；c—n_{EC}：n_{LiClO_4} =3 ∶ 2

当在 PAN 中加入 DMSO 时，当 PAN：DMSO 的摩尔比很低时，DMSO 的光谱变化非常明显。在 1070cm^{-1}（相应于 DMSO 单体）处出现新峰而 1013cm^{-1} 和 1030cm^{-1} 处（分别对应于 DMSO 的线性二倍体和 DMSO 聚集体）的强度则降低。S ═O 弯曲振动模在 303cm^{-1} 处的线宽随着混合物中 PAN 含量的增加而增加。在其他的振动模式上也观察到了明显的光谱变化，如 DMSO 的 CSC 伸缩振动模。这些表明 PAN 对 DMSO 的影响是通过 DMSO 上的 S＝O 基团和将 DMSO 中的线性二倍体解离而实现的。这种影响在 PAN 的含量比较低时观察不到，但是当 PAN：DMSO 的摩尔比达到 0.8 时，氰基伸缩振动模（2240cm^{-1}）的 Raman 散射截面就变小。

图 5-18 是 PAN 溶于二甲基甲酰胺（DMF）/LiClO$_4$ 溶液时 DMF 的 N＝C—O 基团变形振动模式的 Raman 光谱。这个振动模在 DMF/LiClO$_4$/PAN 体系中的 Raman 光谱与其在 DMF/LiClO$_4$ 体系中的 Raman 光谱是非常相似的。在任何一个可以相比拟的浓度，添加 PAN 都不会引起该振动模的 Raman 光谱变化。这表明 PAN 并不影响 DMF 与 Li$^+$ 之间的相互作用，类似的现象在 DMSO/LiClO$_4$/PAN 体系中也能观察到。

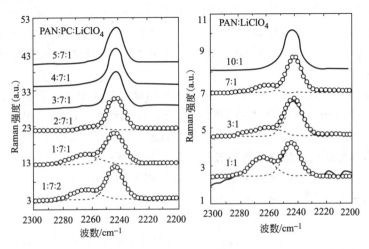

图 5-18　PAN 溶于纯 PC、LiClO$_4$ 和不同 PC：LiClO$_4$：PAN 摩尔比
DMF 溶液中的 N＝C—O 基团变形振动

添加 PAN 于丙烯碳酸酯（PC）中，比较前后其环变形振动模发生明显变化。在溶剂中添加 PAN 使 Li$^+$-溶剂（或增塑剂）之间的相互作用变得不明显。在 PC/LiClO$_4$ 体系中，由 PC 的环变形振动 712cm^{-1} 峰分裂出来的 722cm^{-1} 峰在 PC/LiClO$_4$ 的摩尔比为 10：1 时就变得很明显。但是在 PC/LiClO$_4$/PAN 体系中，当 PAN 的浓度比较大（即在 PC：LiClO$_4$：PAN 的摩尔比从 7：1：3 变到 7：1：5）时，即使在很高的锂盐浓度（PC/LiClO$_4$＝7：1，摩尔比），仍然观察不到这一分量，表明环变形振动模的分裂强烈地依赖于 PC/LiClO$_4$ 溶液中 PAN 的含量。如果 PAN 的含量很高，则锂离子与溶剂之间的相互作用只有在很高的 PC：LiClO$_4$ 浓度时才能观察到。相反，如果 PAN 的含量较低，则即使在很低的 PC：LiClO$_4$ 摩尔比时，也很容易看到锂离子与溶剂之间的相互作用。

与 EC/LiClO$_4$/PAN 体系相似，锂离子与 PAN 之间的相互作用也可以在 PC/

$LiClO_4/PAN$ 体系中观察到。当 $LiClO_4$ 的摩尔分数远小于 PAN 的摩尔分数时，加入 PAN 前后氰基的伸缩振动模的峰形几乎不变。当 PAN 在电解质中的摩尔分数进一步减小时，$2240cm^{-1}$ 的峰形开始偏离原来的对称形状。

对摩尔比为 $10：1：3 \sim 10：3：3$ 一直到 $10：2：4$ 之间的 $DMF/LiClO_4/PAN$ 电解质的 Raman 光谱也进行了测量，但是 $DMF/LiClO_4/PAN$ 在这一范围中的摩尔比变化并不影响氰基伸缩振动模的峰形和峰位的变化。这说明在锂离子和氰基之间没有可检测的强相互作用。这些结果与在 $DMSO/LiClO_4/PAN$ 体系中看到的结果一致。

总结以上结果与讨论可以看出，在与锂离子发生缔合方面，聚合物主体与增塑剂是互相影响的。一方面，在 $PC/LiClO_4$ 中添加 PAN 抑制了锂离子与 PC 分子之间的相互作用，能否观察到锂离子与 PAN 之间的相互作用不仅与其中增塑剂的含量有关，也与聚合物电解质中 PAN 的含量有关。另一方面，在很大的 DMF（或 DMSO）摩尔比的变化范围内，PAN 只对 Li-DMF 间的相互作用有微弱的影响，观察不到锂离子与 PAN 之间的相互作用。在 PAN 与锂离子和增塑剂与锂离子的缔合之间存在一个竞争。

三组分聚合物电解质（增塑剂、聚合物和锂盐）要远比二组分电解质体系（例如聚乙烯与锂盐构成的固体电解质体系）复杂。如将由 $LiClO_4$、PAN 和增塑剂（例如 PC）组成的凝胶聚合物电解质倾倒在玻璃板上并在 $120 \sim 140℃$ 之间加热 6h 除去大部分的增塑剂。然后将样品转移到手套箱的真空室（0.1Pa）中，并在那里保存 7 天，以彻底除去残余的增塑剂。最后，揭下除去增塑剂的 $LiClO_4$-PAN 膜，用于光谱测量。所得到的 Raman 和红外光谱分析表明，样品中没有可探测到的增塑剂残留物。

DMF、PC 和 PAN 三种极性材料之间与锂离子形成离子缔合体的竞争能力的强弱顺序是：$DMF > PC > PAN$。由于 PAN 的竞争能力远比 DMF 的微弱，因此当 PAN 与 DMF 共存时就难于观察到锂离子与 PAN 之间的缔合物。大部分的锂离子都已经与 DMF 发生缔合了。但是在 $PC/LiClO_4/PAN$ 聚合物电解质体系中，就很容易观察到锂离子与 PAN 之间的这种缔合作用。当除去增塑剂后，就没有增塑剂再与 PAN 对锂离子进行竞争了。在这种情况下，即使 $LiClO_4$ 的摩尔分数很低（$LiClO_4：PAN < 1：10$），也很容易观察到锂离子与 PAN 之间的缔合作用。

由图 5-19 可见，当 $LiClO_4$ 的摩尔分数比较高时，用位于 $933cm^{-1}$ 和 $954cm^{-1}$ 处的两个洛伦兹（Lorentzian）分量就可以很好地分解拟合该振动模的 Raman 谱峰的轮廓。$933cm^{-1}$ 峰来自于未受扰动的 ClO_4^- 阴离子。$954cm^{-1}$ 可峰归于 $LiClO_4/PAN$ 体系中的多离子缔合物 $[(Li^+ClO_4^-)_n]$，但是这与在 $LiClO_4$ 溶液中的关于锂离子缔合物的观察结果是相矛盾的。通常，在液态高氯酸盐溶液中，多离子缔合物的出现总是在溶剂隔开的离子对和接触式离子对的后面（更高锂盐浓度处）。一种可能的解释就是，PAN 对 $LiClO_4$ 的扰动比 $LiClO_4$ 的普通溶剂要小，位于

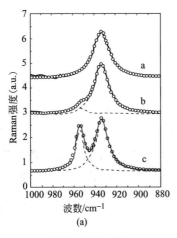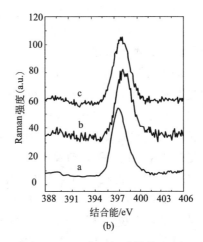

图 5-19　不同（除去增塑剂）LiClO$_4$/PAN 摩尔比 ClO$_4^-$ 离子振动模的 Raman 光谱

a—1∶7；b—1∶4；c—1∶1

954cm^{-1}分量来自于 LiClO$_4$ 的重结晶。这可能也是为什么在与锂离子缔合方面 PAN 时的竞争性不如其他增塑剂（如 PC 和 DMF）的强。被激活的 ν_1 模的 IR 光谱与 Raman 光谱（没有表示出）一致。

　　电解质的电导率取决于载流子的浓度及载流子的迁移性（淌度）。离子对发生解离并成为载流子的程度决定于增塑聚合物电解质的介电常数。当 LiClO$_4$/溶剂体系中 LiClO$_4$ 的浓度非常低时，绝大部分的锂盐都可以被解离，溶液的离子电导率随着锂盐浓度的增加而几乎是线性地增加。但是随着锂盐浓度的增加，溶液中出现离子对，离子缔合开始占据主导地位，导致自由载流子浓度的降低并由此引起溶液的电导率降低。EC/LiClO$_4$ 溶液中 EC 分子周围的锂离子数可以高达 6。

　　在（除去增塑剂的）LiClO$_4$/PAN 电解质体系中，锂离子通过梳状氰基与 PAN 分子链发生缔合。一个锂离子可以与 4 个氰基发生缔合。由于高氯酸根离子与 PAN 之间的相互作用非常弱，与锂离子分离后就以孤离子载流子的形式存在。当 LiClO$_4$ 的含量进一步增加时，多余的锂离子（相对于与 PAN 的缔合数 4 而言）就会与 ClO$_4^-$ 结合而发生重结晶。由于室温时锂离子由于缔合而被 PAN 侧链上的氮原子所紧紧束缚住（没有增塑剂时，PAN 的玻璃化转变温度高达 169℃），Li-ClO$_4$/PAN 体系的离子电导率将非常低，并且对电导率的主要贡献都来自于相对较为自由的高氯酸根离子，即离子迁移数 $t^- \gg t^+$。

　　当 LiClO$_4$ 和 PAN 都被溶解在增塑剂中以后，由于增塑剂对锂离子的强烈竞争能力，锂离子与 PAN 之间的配位键就会被打破。在用 PC 或 EC 增塑的聚合物电解质中，随着增塑剂摩尔比的增加，增塑剂的解离作用变得更为明显。解离作用变得更为明显是由于增塑剂 DMF 或 DMSO 增塑的聚合物电解质具有比 EC 或 PC 等更强的竞争缔合能力。在这样的电解质中，只要 LiClO$_4$/PAN 混合物能够溶在增塑剂中，用 Raman 光谱和红外光谱就检测不到与锂离子发生缔合的 PAN 分子。因此，在这样的体系中，与锂离子发生了缔合的 PAN 分子即使存在，其数目也一定非常少。除了增塑剂分子对 Li+-PAN 之间的解缔合作用以外，在聚合物分子与增塑剂分子的偶极子之间还存在着相互排斥作用。

已经反复证明锂离子在 PEO-锂盐构成的聚合物电解质中的无定形区域的迁移率最高。^{7}Li NMR 研究表明在 PAN 为基的凝胶聚合物电解质中至少存在三个不同的区域：①锂离子在凝胶态中运动，这是对聚合物电解质的离子电导率贡献最大的部分；②沿着 PAN 的链段运动的锂离子和③与增塑剂分子发生了缔合的锂离子。另外，对 ^{7}Li NMR 谱的线宽随温度的变化关系的分析表明，大部分锂离子的运动都介于长程和短程之间。至于锂离子的长程运动，锂离子非常可能是沿着 PAN 的侧链运动，从一个位置跳跃到另一个位置。根据 Raman 光谱、红外光谱和 X 射线光电子能谱 XPS，这个位置最有可能由 PAN 上的氰基提供。根据高分子物理学，PAN 分子链段的长度大约有十几个 PAN 基本单元 [—CH$_2$—CH(CN)—] 的长度，长度大约为几个纳米。当聚合物主链以链段运动的形式运动时，很容易理解在固体状态锂离子随 PAN 链段的运动是长程的。如果锂离子是在液态的介质中运动，它们的运动将受到溶剂分子布朗运动的强烈影响，因此是短程的。凝胶是一种介于液态和固态之间的状态，因此锂离子在凝胶态中的运动也是介于固态时的长程运动和液态时的短程运动之间的，因此锂离子在凝胶态中的运动对聚合物电解质电导率的贡献最大。

通过与聚合物的侧链相缔合，锂离子的运动与 PEO-盐电解质中链段的运动非常相似，因此它们的运动是长程的。但是在室温下，PAN 聚合物电解质离子电导率主要不是来自于锂离子沿链段运动的贡献，因为这时 PAN 链段的运动是非常缓慢的（相对于在凝胶态中而言）。在这点上与不含增塑剂的 PEO 聚合物电解质的情况很不相同，在 PEO 聚合物电解质中，链段运动是电解质电导率的最主要贡献。当然，当聚合物电解质的电导率提高以后，链段的运动会加快，因此聚合物电解质的总电导率就向液体电解质的电导率靠近。

在 PAN 基聚合物电解质中，阴离子的迁移数（约为 0.64）通常大于阳离子的迁移数（约为 0.36）。ClO$_4^-$ 阴离子在凝胶态聚合物电解质中的运动与在液体中时很相似；由于阴离子与 PAN 之间的相互作用很弱，因此阴离子不是沿聚合物的链段运动，而是在 PAN 链提供的通道之外从一个位置直接跳跃到另一个位置。一方面，阴离子与增塑剂分子之间的弱溶剂化作用允许阴离子以比阳离子更快的速度运动，另一方面，由于凝胶电解质的黏度比液体电解质的黏度更大，因此阴离子巨大的体积使它比在液体电解质中运动时受到更严重的阻碍作用。这两种影响是共存的，它们相互作用的结果使阴离子在凝胶聚合物电解质中的运动比在液体电解质中更慢。

基于以上对阴、阳离子输运机制的讨论，将增塑剂在 PAN 基聚合物凝胶电解质中的作用总结如下：

① 降低聚合物电解质的玻璃化转变温度，解离聚合物的结晶状态，这将提高聚合物链段的迁移性（淌度），有助于随聚合物链段一起运动的载流子的输运（离子在固态电解质中的运动）；

② 溶解电解质盐，为聚合物电解质提供载流子；

③ 通过偶极子与聚合物分子的相互作用，提高聚合物及其自身的极性，转而促进锂盐在聚合物电解质中的解离；

④ 破坏锂离子与聚合物之间的配位键，使更多的锂离子在凝胶态中而不是在固相中运动。

根据增塑剂在聚合物电解质中所起的作用，对聚合物电解质增塑剂的选择标准如下：

① 与聚合物和电极材料的相容性；

② 热力学稳定；

③ 低黏度；

④ 高介电常数；

⑤ 低熔点和高沸点；

⑥ 无毒且易得；

⑦ 增塑剂应具有强的竞争能力以解离锂离子与聚合物之间的缔合（Li^+-PAN），但这种竞争能力又不能太强，否则会生成很强的 Li^+-增塑剂-ClO_4^- 之类的缔合体，降低聚合物电解质中自由载流子的浓度。

增塑剂的介电常数与其缔合能力之间没有直接的关系。例如，虽然 EC 和 PC 具有比 DMF 和 DMSO 更高的介电常数，但是与在 EC（或 PC）/PAN/$LiClO_4$ 体系中相比较，在 DMF（或 DMSO）/PAN/$LiClO_4$ 体系中更容易形成 Li^+-PAN 缔合体。虽然与 PC 或 EC 相比，DMF 具有更强的竞争能力去解离 Li^+-PAN 缔合体，但是它对 $LiClO_4$ 的解离能力却较弱，且在 DMF/PAN/$LiClO_4$ 中比在 EC (PC) /PAN/$LiClO_4$ 中更容易形成"Li^+-增塑剂分子"缔合体。

通常情况下，单一组分的增塑剂不能满足以上所有的要求，因此需要使用多组分的增塑剂制备具有高离子电导率、与电极的电化学相容性、热力学稳定性和足够高的机械强度的聚合物电解质。

通过以上用 Raman 光谱、红外光谱、荧光光谱、X 射线光电子能谱和 ^{7}Li 核磁共振谱对 PAN 基聚合物电解质中各组分之间相互作用的研究，可以得到如下基本结论。

锂离子主要通过增塑剂的 S＝O 或 C＝O 基团上的氧原子与增塑剂发生强相互作用。增加 $LiClO_4$ 的浓度不仅会影响到增塑剂分子的结构，而且会对 ClO_4^- 基团的对称性产生扰动，形成离子缔合体如溶剂分隔的离子对、接触性离子对以及多个离子形成的离子团。这些离子缔合体的产生会降低载流子的浓度。锂离子在 EC/

LiClO$_4$ 溶液中的缔合数为 6 左右。

增塑剂与聚合物之间具有强相互作用。如聚合物 PAN 与不同增塑剂之间的相互作用具有不同的特点。EC 与 PAN 之间的相互作用主要通过偶极子相互排斥作用发生，而对于 DMSO 与 PAN 之间的相互作用，则必须首先打破 DMSO 分子由于自缔合产生的线性二倍体才能发生 PAN 与 DMSO 单体的 S＝O 键相互作用。

在 EC 或 PC 为增塑剂的聚合物电解质中，锂离子与 PAN 之间的相互作用都是通过锂离子与 PAN 上的氰基上的 N 原子发生的。但是类似的相互作用在 DMF 或 DMSO 作为增塑剂的凝胶聚合物电解质体系中观察不到。这是由于增塑剂和聚合物在与锂离子缔合方面所存在的强烈竞争作用所导致的；XPS 研究显示，在不含有增塑剂的 PAN 基电解质中，锂离子的缔合数是 4。

综合 Raman 光谱、红外光谱与 ^{7}Li NMR 的结果，可以在含有增塑剂的聚合物电解质中辨识出三种不同的状态：凝胶态中快速运动的锂离子，这是聚合物电解质离子电导的最重要的相，对应于 NMR 中的尖锐峰；在固相中慢速运动的锂离子，其相对离子电导率的贡献很小，对应于 NMR 中的宽的洛伦兹峰；化学位移对应于锂离子与增塑剂的相互作用形成的缔合体，这在含有增塑剂的聚合物电解质中是一个普遍现象。

考虑到增塑剂和聚合物在与离子发生缔合方面的竞争作用以及不同载流子对凝胶态和固相中的运动的不同，在选择增塑剂用于 PAN 基聚合物电解质时，需要考虑的一个重要因素就是增塑剂相对于聚合物在与锂离子发生缔合方面的竞争能力。这样，就可以使更多的锂离子在凝胶态中而不是在固相中运动，或与增塑剂形成各种类型的离子对或离子团，因为这将降低聚合物电解质的离子电导率。

5.4.4　聚合物电解质

一般的聚合物电解质都是由大量聚合物与少量的锂盐混合（一般需要借助于某种易挥发的溶剂将二者溶解后，再将溶剂除去）而成。由于聚合物的量远大于盐的量，因此可将这种聚合物电解质称为盐在聚合物中（salt in polymer）聚合物电解质。但是 1993 年 Angell 等人反其道而行之，他们将大量的锂盐与少量的聚合物聚氧丙烯及聚氧乙烯混合，得到了一种不同于传统的聚合物电解质。他们称这种新型聚合物电解质为聚合物在盐中（polymer in salt）电解质。这些聚合物电解质材料的力学性能非常好，是一种坚固的材料。它们的玻璃化转变温度都低于室温，在大多数情况下具有橡胶的固体特征，同时又具有较高的锂离子导电性、良好的电化学稳定性和与金属锂很好的相容性，因而这类聚合物电解质很快吸引了大批聚合物锂离子电池的研究者与开发者。

以具有短间隔区基团的聚阴离子聚合物〔poly（lithium oligoetherato mono-oxalato orthoborate），称为 polyMOB 或 P（LiOEGnB），其中 n 代表氧乙烯的重复单元〕为聚合物离子增塑剂，分别以 LiClO$_4$、LiTFSI 和 LiBF$_4$ 为电解质盐，在很大的盐浓度范围内都观察到 "polymer in salt" 离子导电行为。虽然在高盐含量时所有这些锂盐都能形成橡胶质固体，但是只有使用 LiClO$_4$ 的离子橡胶能够提供高的电导率［当 $n=14$ 时，在 25℃ 的单离子电导率达 10^{-5} S/cm，电化学稳定窗口超过 4.5V（相对于 Li$^+$/Li）］，加入锂盐可以使聚合物的玻璃化转变温度降低。

由于离子橡胶中盐的浓度非常高，这类电解质中离子的高效输运必定与其中离子的高度聚集有关。因此，为了提供离子载流子，一方面所使用的锂盐的解离能必须要足够低，同时这类电解质中又应不使用或只使用很少量的溶剂。互相分离的离子团簇重新聚集到一起，形成一个无限的离子团簇，促进整个电解质中的离子快速输运。

将经过干燥的具有适当配比的 PC/PAN/LiTFSI 混合物在 150℃ 加热 8～10h，将这样制备的电解质一部分封闭在两片玻璃里片之间用作 Raman 测量，另一部分装在"不锈钢/聚合物电解质/不锈钢"的样品池中从低温到高温作阻抗谱测量，每两个温度点之间的时间间隔为 40～60min 以保证样品池与干燥硅胶之间的温度平衡。将样品池掩埋在干燥硅胶中以防止样品吸水。样品池的特殊设计使由于温度升高电解质体积膨胀所导致的多余电解质会顺着预留的小孔流出，保证了电解质样品的面积和厚度不会因温度升高而发生改变，影响阻抗测量结果。

图 5-20 显示了盐浓度对聚合物电解质电导率的影响。由于在所有的 PC 分子都与锂离子发生缔合前聚合物不发生溶解，所以使用的盐的浓度比正常（最佳）的实用聚合物电解质的盐浓度要高。因此，聚合物电解质的电导率并不高。可见，电解质的电导率随着盐含量的增加迅速降低。这个结果与大部分液体或聚合物电解质的导电行为一致。在那些电解质中，在经过一个电导率极大值后，电解质的电导率随着盐浓度的进一步增加而下降。需要指出的是，当 PC：PAN：LiTFSI 的摩尔比超过 1：1：4 后，电解质的电导率转而随着盐含量的增加而增加。

为了理解聚合物电解质这一电导行为的转变，可测量这些聚合物电解质的 Raman 光谱。图 5-21 为 PAN 的 C≡N 伸缩振动峰（2245cm^{-1}）随盐含量变化的 Raman 光谱。随着盐含量的增加，在 2270cm^{-1} 处分裂出一个新峰，表明锂离子与

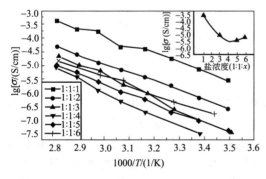

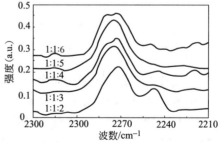

图 5-20　聚合物电解质与 PC：PAN：LiTFSI
的不同摩尔比的 Arrhennius 图

图 5-21　PAN 中 C≡N 伸缩振动峰
（2245cm^{-1}）随盐含量变化的 Raman 光谱

PAN 的氰基 C≡N 之间发生了缔合作用。当盐的含量超过 1∶1∶3 后，2245cm^{-1} 峰消失，2270cm^{-1} 峰占主导地位。

当盐的浓度继续提高时，在 2280cm^{-1} 处可观察到一个由 2270cm^{-1} 峰进一步分裂而来的新峰。当盐的浓度达到 1∶1∶5 时，这个新峰变得非常明显。这个新峰的出现与高盐浓度时聚合物电导行为的转变是直接相关的。

图 5-22 和图 5-23 分别是阴离子 TFSI$^-$ 中 CF$_3$ 对称伸缩振动模（在 PC/LiTF-SI 的稀溶液中位于 742cm^{-1}）和 S—N 伸缩振动模（在稀溶液中位于 790cm^{-1}）的 Raman 光谱。在 1.53mol/L PC/LiTFSI 溶液中，在 800cm^{-1} 处有一新峰从 790cm^{-1} 峰分裂出来，说明溶液中有离子对生成。可以看到，随着盐含量的增加，S—N 伸缩振动和 CF$_3$ 对称伸缩振动峰的位置都向高波数端移动。当盐浓度达到 1∶1∶6 时，该峰变得与纯 LiTFSI 的相似。这些光谱变化表明，在电解质中发生了强烈的离子缔合，虽然从聚合物电解质的轮廓线上看并没有新峰出现。因此，可将 2280cm^{-1} 峰指认为 PAN 的氰基与离子聚集体和离子团簇 Li$_m^+$ TFSI$_n^-$（$m > n$）的相互作用所致。单个离子与氰基之间的相互作用会生成通常的 Li$^+$…N≡C—R 缔合体，而离子团簇与 PAN 的氰基作用则会形成 Li$_m^+$ TFSI$_n^-$ N≡C—R 缔合体。另外，还会出现没有与聚合物发生缔合的自由离子团或离子团簇 Li$_m^+$ TFSI$_n^-$。另一方面，由于溶剂 PC 和盐自身的增塑作用，离子团簇 Li$_m^+$ TFSI$_n^-$ 会像单个锂离子一样随着聚合物的链段一起运动。由于两种离子类型都对电解质中的离子传导有贡献，因此聚合物电解质的离子电导率就随着盐含量的增加而增大。

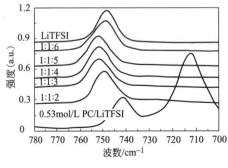

图 5-22　阴离子 TFSI$^-$ 中 CF$_3$ 对称伸缩振动模 Raman 光谱

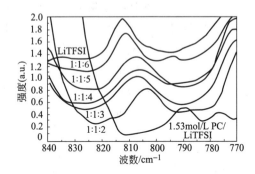

图 5-23　阴离子 TFSI$^-$ 中 S—N 伸缩振动模 Raman 光谱

只有当各离子团簇连接成无限长的离子团簇链后，才会出现 polymer in salt 转变。在形成无限长的离子团簇链之前，这种导电行为的转变已经发生。如在 PAN∶盐＝10∶1 时发生导电。如果是必须先形成离子团簇链并连接成无限长的渗流通道以供阳离子在整个电解质中的快速输运的话，就必须先形成离子团簇，然后足够数量的离子团簇彼此连接起来构成一个渗流通道，才能出现这种转变。由于聚合物电解质中有溶剂存在，直到 PC∶PAN∶LiTFSI＝1∶1∶3 才观察到离子团簇。这说明，电导行为的转变出现在大量离子团簇形成之前。因此，我们提出，聚合物除了帮助锂盐的解离之外，所起的另一个重要作用就是实现电导行为的转变。

在聚合物电解质中，聚合物与离子输运之间的关系如下：在盐浓度较低（与形成离子团簇渗流通道所对应的盐浓度相比）的聚合物电解质中，被溶解的盐的阳离子与聚合物发生缔合并随聚合物的链段运动而发生迁移。这在 Raman 光谱中对应于 $2245cm^{-1}$ 峰分裂出现 $2270cm^{-1}$ 分量。当有更多的锂盐在聚合物中溶解时，离子缔合体长大成为离子团簇并与聚合物相互作用，这在振动光谱中对应于 $2270cm^{-1}$ 峰进一步分裂出 $2280cm^{-1}$ 峰，但这时尚未形成有效的渗流团簇，锂离子和与 $Li_m^+ TFSI_n^-$ 团簇相缔合的聚合物链段的运动仍然是聚合物电解质电导率的主要贡献者。当盐的浓度变得非常高时，一些离子团簇开始形成，但仍然不足以彼此连接构成有效的渗流通道。在这种情况下，与离子或离子团簇相缔合的聚合物链段就成为连接相邻的离子或离子团簇的瞬时桥梁。由于聚合物链段的运动不一定正好与离子或离子团簇的跳跃相吻合，因此这时聚合物电解质的电导率仍然不高。当盐的浓度变得极高时（接近锂盐在聚合物和溶剂中的溶解极限时），有效的渗流通道形成，并对聚合物电解质的电导率有最大的贡献。

聚合物在不同的盐浓度范围内对导电所起的作用是不相同的。在通常使用的凝胶聚合物电解质中，锂盐被溶剂很好地溶解，聚合物所起的作用就是作为盐溶液的一个骨架，为电解质提供足够的弹性和机械强度。这时，载流子在一个类似于液态的环境中运动。在这种情况下，盐的浓度不能太高并应避免出现离子与聚合物本体的缔合作用。因为聚合物链段的运动要比自由离子在液态中的运动慢得多。这就是离子在通常的盐在聚合物中（salt in polymer）中的运动机制。但是当盐的浓度非常高时，聚合物成为载流子的主要宿主。由于盐的浓度很高，所有的溶剂分子（如果有的话）都与离子发生了缔合，这些锂离子不能随溶剂分子运动。因此，锂离子就必须借助于聚合物链段的运动才能实现迁移。在这种情况下，盐的解离及离子与聚合物的缔合对于聚合物导电就变得非常重要。在形成贯穿电解质的渗流通道之前，与聚合物链段运动密切相关的离子输运是聚合物导电的主要形式。与聚合物发生缔合的离子种类也非常重要，因为它们决定了链段运动对电导率产生贡献的有效性。随着盐浓度的进一步增加和有效渗流通道的构成，离子团簇的输运对总电导率的贡献逐渐占据主导地位。

5.4.5 纳米陶瓷复合聚合物电解质

聚合物电解质通常使用锂盐（LiX）和具有高分子量的聚合物如（PEO）组成，但是在 60℃ 以下时 PEO 易于结晶，离子的快速输运则要在非晶区进行，因此 PEO-LiX 电解质的电导率需要在 $60\sim80$℃ 之间才能达到比较实用的电导率值（$10^{-4}S/cm$）。最常见的方法就是在聚合物电解质中加入增塑剂以降低这一使用温度，但是这样会降低聚合物电解质的力学性能，增加其与锂金属负极的反应性。

5.4.5.1 纳米陶瓷复合聚合物电解质的研究进展

将具有纳米尺寸的陶瓷粉作为一种固体增塑剂用于 PEG 基电解质,称为纳米复合聚合物电解质。如添加颗粒尺寸在 $5.8\sim13nm$ 的 TiO_2 和 Al_2O_3 粉末后,PEO-LiClO$_4$ 混合物在 50℃ 的电导率可以达到 10^{-4} S/cm,在 30℃ 时也有 10^{-5} S/cm。由于纳米陶瓷粉从动力学方面阻止在 60℃ 以上退火时聚合物电解质从非晶相转化为晶相,利用 ^{7}Li NMR 研究了纳米陶瓷粉的加入对 PEO-LiClO$_4$ 体系的影响,发现体系的电导率和离子迁移数都有提高,但以 TiO_2 对聚合物电解质的影响最大;阳离子迁移数的提高与 Li^+ 扩散率的提高直接相关;电导率的提高并不是由于聚合物链段运动的提高,很可能是由于纳米粒子的存在削弱了阳离子-醚氧之间的相互作用导致的。如将 $LiAlO_2$ 陶瓷粉加入 PEO-LiClO$_4$ 体系中,在 60℃ 时体系的电导率为 3.5×10^{-5} S/cm,XRD 与 ^{7}Li NMR 测试表明,添加 $LiAlO_2$ 提高了复合物体系中离子的流动性。

在聚合物电解质中添加 γ-Al$_2$O$_3$、SiO_2、$LiAlO_2$ 等超细无机粉末,会破坏聚合物的晶相结构,增加无定形区的含量,或延缓重结晶速率,使得聚合物的离子电导率得到较大的提高。纳米尺度的无机填充物如 Al_2O_3、TiO_2 和 SiO_2 的引入,通过在聚合体中形成粒子网络,抑制结晶化,重组聚合体链和与锂离子相互作用,从而有效地加强了电解质的韧性,改善了它的电化学性质。在某些情况下,随着纳米填充物的增加,纳米级的聚合物电解质的 T_g 反而升高。如在一些聚丙烯腈(PAN)-高氯酸锂(LiClO$_4$)电解质中,离子电导率的升高不是由于聚合体部分运动的相应升高,这是由于引入纳米粒子而造成了聚合物-阳离子相互作用的减弱而引起的。对于许多以 PEO 为基底的聚合物电解质系统,表明填充颗粒和聚合物之间没有直接的明显相互作用。在多晶和聚合粒子固体电解质中,聚合物-陶瓷颗粒界面对于离子电导没有贡献,但与离子穿越颗粒界面和电流方向垂直的界面相关的颗粒界面阻抗是不能被忽略的。

在 PEO-LiBF$_4$ 中加入 10% 的纳米 Al_2O_3,室温下电导率就可达到 10^{-4} S/cm;用等量的微米级的无机粒子与聚合物复合的电导率只有 10^{-5} S/cm。降低粒子的粒径,可以增加无机离子与聚合物的界面层,因而离子电导率的增加与界面层的形成密切相关。纳米陶瓷添加剂能够影响聚合物电解质的物理和电化学性质正是由于纳米添加剂颗粒巨大的比表面积,或者更确切地说是由于纳米颗粒表面上众多的官能团与聚合物电解质中的各组分之间的相互作用导致的。

5.4.5.2 纳米 Al_2O_3 颗粒对聚合体电解质离子电导的影响

纳米尺度(多孔)添加剂有两个重要特性:比表面积很大,并且外面包覆有各种 Lewis 酸性或碱性的基团。电导率的增加与添加剂的表面基团和盐的离子间的相互作用有关。由于添加剂通过表面基团与复合聚合物电解质相互作用而影响电解质的物理和电化学性质,从基础研究的角度考虑(即不以得到复合聚合物电解质的最高的电导率为目的),纳米陶瓷添加剂占聚合物电解质的质量分数越高,它对聚合物电解质系统性质的影响就越明显。基于这个考虑，这一工作中的填充物的用量比实用的聚合物电解质中的用量要高很多。

将聚丙烯腈（$M_w = 20000$）和/或 LiClO$_4$ 溶解在适量的碳酸丙烯酯（PC）中，并把干燥的商品 Al$_2$O$_3$（颗粒直径 30nm）加入到溶液中。在 120℃ 下混合物搅拌并加热干燥 2h，直到将大部分的溶剂都蒸发掉。把这种不含溶剂的混合物材料与适量的 KBr 混合研磨，压片后在真空烘箱（120℃，0.1Pa）中放置 7 天。实际测量表明，经过这样处理的样品中溶剂的残留量是很低的，它对样品的红外光谱分析的影响可以忽略的。最后将压片分别密封装好玻璃容器中，测量前再转移到傅里叶转换红外光谱仪的真空室里进行测量，仪器分辨率设置为 2cm^{-1}。

（1）纳米添加剂对锂盐溶解的影响

固体 LiClO$_4$ 在 1120cm^{-1}［$\nu_2(F_2)$］附近的红外光谱具有多重谱带，在 966cm^{-1}［$\nu_1(A_1)$］有一个峰，在 466cm^{-1} 和 486cm^{-1}［$\nu_2(E)$］也都有峰。它的特征峰 $\nu_4(F_2)$ 的位置受周围阴离子环境的影响特别明显（根据盐的状态，在 624cm^{-1}、635cm^{-1} 及 664cm^{-1} 都可以出现振动峰）。当 LiClO$_4$/Al$_2$O$_3$ 质量比为 1：10 时，在 627cm^{-1} 和 636cm^{-1} 可观察到强峰。在 636cm^{-1} 处的峰是由于出现接触离子对引起的，而在 627cm^{-1} 处的峰则是由于与 Li$^+$ 没有直接相互作用的自由阴离子造成的。陶瓷粉含量的增加导致了 627cm^{-1} 分量的强度增加和 635cm^{-1} 分量峰的衰减。这表明 Al$_2$O$_3$ 的存在抑制了 Li$^+$ 和 ClO$_4^-$ 之间的缔合，形成了更多的自由 Li$^+$ 和 ClO$_4^-$。尽管 1120cm^{-1} 附近的红外吸收峰很强，但是它对离子的缔合并不敏感。在聚合物电解质中，由于 Lewis 酸作用，溶解的 Li$^+$ 会与 α-Al$_2$O$_3$ 颗粒表面的氧相互作用，但是由于使用的纳米 Al$_2$O$_3$ 的含量较低，没有观察到峰强度（I_{627}/I_{634}）的变化。因此，无论是否添加纳米 Al$_2$O$_3$，以 PAN 为基的聚合物电解质对 LiClO$_4$ 盐都有相同的溶解能力，结果被聚合物所溶解的 Li$^+$ 的分量保持不变。

在添加了大量 Al$_2$O$_3$ 的样品中，634cm^{-1} 处的峰很弱，而 627cm^{-1} 处的峰占主导地位。这表明，随着添加剂含量的增加，ClO$_4^-$ 与 Li$^+$ 间的结合变弱，大部分的 ClO$_4^-$ 变成自由离子。也就是说，在 LiClO$_4$ 中加入 Al$_2$O$_3$ 促进了固态 LiClO$_4$ 的解离。从这个意义上说，纳米陶瓷粉添加剂在 LiClO$_4$/Al$_2$O$_3$ 复合物中的作用就像是一种固体溶剂，见图 5-24。

（2）添加剂对聚合体-盐缔合体的影响

PAN 的氰基（C≡N）与 Li$^+$ 之间存在强的相互作用。在纯的 PAN 中，C≡N 基团的伸缩振动峰位于

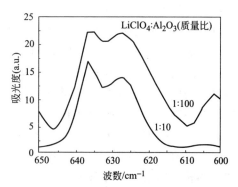

图 5-24　LiClO$_4$/Al$_2$O$_3$ 电解质中纳米 Al$_2$O$_3$ 对 LiClO$_4$ 分解的影响

2240cm^{-1}。当发生 C≡N···Li$^+$ 相互作用时，在 2270cm^{-1} 处会出现新峰。图 5-25 分别表明纳米陶瓷添加剂的含量［图 5-25(a)］和盐的含量［图 5-25(b)］对聚合物-盐相互作用的影响。当盐的含量很高或者添加物含量很低时，盐与聚合物之间发生强烈的C≡N···Li$^+$相互作用。随着陶瓷粉含量的增加，C≡N···Li$^+$ 相互作用变得不明显甚至消失。这些结果表明，在电解质中加入纳米陶瓷粉末减弱了 C≡N 与 Li$^+$ 的相互作用。同时，陶瓷粉末的加入削弱了阴、阳离子间的相互作用，使自由阴离子的含量增加。

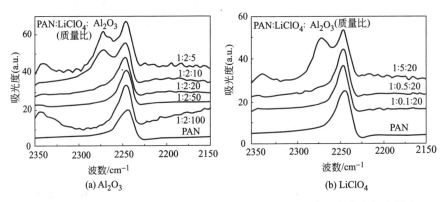

图 5-25　PAN/LiClO$_4$/Al$_2$O$_3$ 中 Al$_2$O$_3$ 对 R—C≡N···Li$^+$ 联合体分解的影响

以上的发现可归于纳米陶瓷颗粒与 Li$^+$ 和 PAN 的氰基间的相互作用之间可能的竞争。

在含有 MgO、SiO$_2$ 和 TiO$_2$ 的 PAN/LiClO$_4$ 复合物体系中的研究结果表明，纳米陶瓷添加物的加入对于聚合物电解质成分间的相互作用及其内部的微结构有重要的影响。由于氧化铝物的颗粒尺寸非常小，因此提供了一个大的拥有众多表面基团的表面，对于复合物中聚合物和盐的相互作用来说，陶瓷颗粒表面基团的性质比颗粒本身的化学成分更加重要。正如 Wieczorek 和 Croce 等人所指出的，在添加了 Al$_2$O$_3$ 颗粒的纳米聚合物电解质中，电导率的增加依赖于填充物表面基团的性质。可以用不同种类的表面基团的 Lewis 酸-碱相互作用理论圆满解释这一现象。Jayathilaka 等将 (PEO)$_9$/LiTFSI/Al$_2$O$_3$ 系统中电导率的提高归于纳米陶瓷添加剂表面基团的 Lewis 酸与盐的阴、阳离子间的相互作用而产生的新路径。在酸性的纳米添加剂中阴离子对 OH 基团的强烈吸引力或者在碱性的添加剂中 Li$^+$ 和氧原子间短暂的弱键形成了瞬间的OH···X$^-$ 或 O···Li$^+$ 键。这些键的瞬间形成和断裂为离子（载流子）提供了额外的位置。这有些类似于阳离子通过间歇性的缔合迁移到 PEO 上的乙烯氧。很明显，这样的模型只考虑了陶瓷颗粒表面表面基团与盐的离子之间的相互作用，而忽略了添加剂对载流子与聚合物之间的相互作用的影响以及添加剂在对盐的阴、阳离子的缔合/解离方面所起的作用。

PAN 纳米聚合物电解质的电化学、力学和电解质/电极界面性质与 PEO 基电

锂离子电池原理与关键技术

解质的性质相似。根据[7]Li 的 NMR 测量结果表明，含有增塑剂的聚合物（凝胶）电解质中的锂离子有三种可能的存在形式：在凝胶（类似于液体）态中快速运动的离子，在固态 PAN 中缓慢移动的离子和由于与增塑剂（溶剂）发生缔合而在 NMR 中有化学位移的离子。很明显，凝胶态中自由运动的 Li^+ 是聚合物电解质电导率最主要的贡献者。在实际的聚合物电解质中，应该尽量避免形成这种由于与 PAN 的氰基相缔合而缓慢运动的锂离子。只有当盐的含量很高时，与 PAN 有关或无关的离子团簇才会对总的电导率有明显的贡献，此时锂离子的传输机制从一般的 salt in polymer 变为新的 polymer in salt。这与 PEO 基聚合物电解质完全不同。在 PEO 基聚合物电解质中，由于乙烯氧的链段运动是离子电导率的主要贡献者，因而应该设法促进 Li^+—O 之间的相互作用。另外，在一般的 salt in polymer 的电解质中，也应力求避免形成离子对和离子团簇。因此，Jayathilaka 等和 Croce 等提出来的相互作用机制不能解释含有纳米陶瓷添加剂的 PAN 基聚合物电解质的离子电导率提高。

在含有或不含有增塑剂（溶剂）的 PAN 基电解质中，当锂盐的含量很高的时候，会产生剧烈的缔合作用（如 $R—C \equiv N \cdots Li^+$ 和 $Li^+ ClO_4^-$）［图 5-26(a)］。由于与氰基相缔合的 Li^+ 的迁移必须通过 PAN 的链段运动才能实现，所以它们的运动性很低，它们对离子电导率的贡献也很小。正如 Wieczorek 等人所认为，对于 $PEG/LiClO_4/Al_2O_3$ 系统，当加入酸性的纳米陶瓷 Al_2O_3 后，阴离子比阳离子对 Al_2O_3 表面的酸根基团的吸引力要大。由于 ClO_4^- 的极化能力较强，因此在 ClO_4^- 与 Al_2O_3 表面酸根基团间有更强的吸引力。这将导致 $Li^+ ClO_4^-$ 离子对的解离，形成自由的 Li^+。同时，由于 H^+ 对酸性基团的极化能力比锂离子对 PAN 的氰基的极化能力要强，与氰基相缔合的 Li^+ 成为自由离子。这样的相互作用使聚合物电解质中的自由 Li^+ 的数目增多，并因此提高了复合电解质的离子电导率。另外，由于阴离子被纳米颗粒表面的氧原子所捕获，因此这样的聚合物电解质中 Li^+ 的迁移数也要比使用具有其他类型表面基团的纳米陶瓷添加剂时要高。

对于具有 Lewis 碱性表面基团的 Al_2O_3，其表面上的极性 O 原子与 Li^+ 相互作用并使 $Li^+ ClO_4^-$ 离子对解离［图 5-26(b)］。另一方面，O 和 Li^+ 之间强烈的相互作用使 $R—C \equiv N \cdots Li^+$ 键断开并使 ClO_4^- 重获自由。当它们在外加电压下发生迁移时，从盐中解离出来的 Li^+ 通过瞬间的氢键与极性的氧原子相互作用。阳离子只能暂时与氧间保持氢键联系。所以在添加剂颗粒附近将有额外的载流子迁移。当陶瓷氧化物的含量相当高时［在实际的聚合体电解质中一般为 $10\% \sim 20\%$（质量分数）］，这种断续的配位作用就为载流子的输运提供了一条准连续的有效通道。碱性表面基团与 Li^+ 或其他带正电的三元离子团的相互作用限制了盐-电解质之间的相互作用。通过研究另两组电解质，观察到了添加剂的酸性或中性的表面基团与聚醚

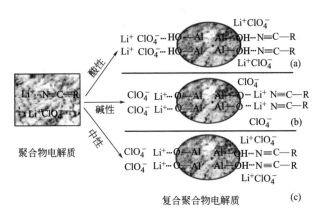

图 5-26　纳米 Al_2O_3 颗粒表面　（a）Lewis 酸性；（b）Lewis 碱性和
（c）中性基团对锂盐解离影响的示意

类氧化物中 Li^+ 之间的竞争作用。

对于中性的 Al_2O_3 添加物，以上所述的两种相互作用都会出现，因而可以可望得到更高浓度的载流子［图 5-26(c)］。但是由于阴离子与 Li^+ 重新缔合形成新的缔合体，因此实际的载流子浓度比以上两种都要低。

尽管无机纳米颗粒与聚合物之间的作用机理还有待于进一步研究，但是由于纳米复合聚合物电解质良好的力学性能，不含液体全固态的结构，具有较高的电导率，良好的界面稳定性以及电化学稳定性，使 PEO/LiX 纳米复合电解质成为聚合物锂离子电池中前景看好的电解质。

5.4.6　结晶性聚合物电解质中的离子传导

自从三十多年前 Armand 等人首次观察到聚合物的导电现象以来，人们一直认为聚合物电解质的电导只存在于玻璃化转变温度 T_g 以上的非晶相中。2001 年英国的 Bruce 等人在 Nature 上发表了一篇报道，发现在结晶相的静态有序环境中 $(PEO)_6$：$LiXF_6(X=P，As，Sb)$，复合体系的离子电导率甚至可以高于同等的非晶相材料在玻璃化转变温度以上的电导率。他们进一步指出，结晶性聚合物电解质中的离子输运受阳离子运动的控制，而阴、阳离子都可以在非晶相中运动。限制阳离子的运动有利于电池的应用。有序化可以促进离子在聚合物中的输运，而结晶性有助于电子的输运。随后，通过在晶体结构中用同价的 $N(CF_3SO_2)_2^-$ 替代少量的 XF_6^- 阴离子将电导率提高了 1.5 个数量级。对此现象的解释是，体积较大且形状不规则的阴离子破坏了锂离子周围的电势，增强了离子电导率，这与 $AgBr_{1-x}I_x$ 离子导体的情况有些相似。无疑，通过掺杂提高结晶性聚合物电解质的电导率寻找结晶性离子导电聚合物材料是人们对聚合物电解质导电机理认识的进步。

聚合物锂电池是指正极、负极和电解质中至少有一种是聚合物材质的锂电池。商品聚合物锂离子电池由于电解质中没有可流动的液体物质或者是电解液被限制在

锂离子电池原理与关键技术

多孔聚合物膜的微孔之中，电池中没有多余的电解液，也就不存在电池的漏液问题。为降低电池厚度，提高电池安全性，聚合物锂离子电池通常采用厚度仅为0.1mm左右的铝塑膜包装，不使用液态电池所用的金属壳包装。因此，聚合物锂离子电池比使用普通液体电解质的锂离子电池具有更高的重量比容量。

多孔聚合物电解质是近年来新发展起来的一种聚合物"电解质"。有关多孔聚合物电解质的报道是 1995 年由 Dasupta 首先提出的。1996 年美国 Bellcore 实验室首先研制成功了能够实用的聚合物锂离子电池。他们在塑料锂离子电池中使用了由PVdF 和 HFP 的共聚物制成的经过弹性处理的电解质隔膜。这种电解质以多孔柔韧的聚合物 [如聚偏氟乙烯 （PVdF）] 为载体，在聚合物本体的微孔中吸纳了大量的液体电解质。使用的电解液如 $1mol/L$ EC/DMC/$LiPF_6$ 或 $1mol/L$ EC/DEC/$LiPF_6$ 等。多孔聚合物同时兼具液体电解质中隔膜材料的电子绝缘性能和对正、负电极的空间隔离作用，但与普通隔膜相比，具有储存电解液的功能。由于其中的导电物质是液体电解质，因此这种电解质较好地解决了聚合物电解质电导率低的问题，也解决了液体电解质的漏液问题。

有关文献将这种微孔聚合物＋液体电解质体系称为聚合物电解质，甚至有人称其为凝胶态聚合物电解质的一种。然而这种电解质在本质上与前面几节所介绍的各种聚合物电解质有着本质的不同。第一，在微观上这种电解质的聚合物本体与电解液之间是相分离的。这与凝胶型聚合物电解质中的盐、聚合物和增塑剂（溶剂）形成一个均一的无定形相是完全不同的。第二，在多孔聚合物电解质中，离子的输运遵从液体电解质的导电机制而不是聚合物电解质的导电机制（自由体积模型），离子的运动是短程的，聚合物本体与离子的输运无关。第三，聚合物与电解液之间是一种物理吸附而不是化学吸附，聚合物只为液体电解质提供储存的场地和必要的载流子迁移通道，离子的运动是沿着聚合物微孔所形成的彼此连通的通道而不能洞穿聚合物本体。因此从电化学的角度来看，这种电解质应该归于液体电解质，不属于真正意义上的聚合物电解质。目前绝大部分的报道都是关于多孔聚合物电解质的制备、溶剂或电解液与聚合物之间的相互作用（溶胀与吸附）的。这可能是这些问题已经在液体电解质和固态聚合物电解质及凝胶型聚合物电解质中得到了广泛深入的研究。但是考虑到一些传统的做法以及在多孔聚合物与液体电解质之间也确实存在一些相互作用，我们仍将这种电解质放在聚合物电解质中进行介绍。为了避免出现概念的混淆，我们把这种聚合物电解质称为多孔聚合物电解质，而凝胶型聚合物电解质仍然指聚合物、溶剂（增塑剂）和锂盐三者构成均一相的聚合物电解质。

研制各种类型的宏观上稳定、同时具有可与有机液体电解质的离子电导率相比拟的凝胶型电解质薄膜的工作使得凝胶聚合物薄膜电解质作为锂离子聚合物电池新型隔膜具有实际的意义。日本的三菱电池公司最先宣布完成了大规模薄膜聚合物电池生产的装备。其他一些日本公司包括 Sony Energy Technology 公司和东芝公司也宣布了类似的行动。最近，美国的 Ultralife 电池公司也已经将开始销售聚合物锂离子电池。

285

根据所发布的消息，它们的电池使用了石墨负极材料和$Li_{1-x}Mn_{2-x}O_4$正极材料，也同样未公布所使用的聚合物电解质的成分。

多孔聚合物电解质膜的制备一般要经过两个步骤。首先将聚合物（如 PVdF）粉末浸泡在混合溶剂中使其发生溶胀并将溶剂固定在聚合物中得到均匀的浆料。将浆料加热至 100℃ 左右，喷涂在经过预热（100℃）的铝制平板上并密封保存，使聚合物完全溶解。然后缓慢冷却到室温，使该混合物完全凝胶化。这个过程一般需要 24h。由此得到具有厚度均匀、力学性能稳定的透明前驱体薄膜。第二步是将前驱体膜浸泡在适当的起溶胀作用的电解质溶液［例如 1mol/L $LiPF_6$ EC/PC (1∶1)］中使其活化。在这一过程中，锂盐在凝胶膜中发生扩散，由此得到饱含液体电解质的聚合物膜——凝胶型聚合物电解质。

通常通过将聚合物本体连同非水性锂盐电解质一起溶于低沸点溶剂 THF、乙腈等制备复合电解质膜，然后将这样制成的含有聚合物本体材料的沸点的溶剂和液体电解质的黏稠溶液浇铸成膜。这样制成的膜通常是具有黏性，且力学性能差。当受到物理或化学高能辐射时，膜会硬化。由于存在对水敏感的锂盐，制膜必须在完全无水的环境中进行，增加了制膜成本。可充电锂离子塑料电池不使用普通的凝胶电解质，而是选用了含有能够吸纳大量液体电解质的无定形域和能提供足够的机械一体性的晶相区域的共聚物 PVdF-HFP，省却了交联步骤。

这一体系可以描述为非均匀的、相分离的、增塑的聚合物电解质隔膜。在经过活化的电解质中至少有四个相，分别是结晶度相对较低（20％～30％）的未发生溶胀的半结晶聚合物，有电解质溶液增塑的无定形部分，大体积的纳米孔以及被电解质溶液所填充/所包覆的纳米颗粒填充物氧化硅、氧化铝、氧化钛的界面区域以及无机填充物。一些低沸点溶剂如二乙基乙醚已经被成功地用于从聚合物电解质膜中萃取邻苯二甲酸二丁酯（DBP），在聚合物膜中留下多孔膜结构，这一多孔膜在随后的电池活化过程中被液体电解质填充。

经过萃取和"干燥的"PVdF-HFP/DBP 在浸泡于有机电解质溶液时的再溶胀能力对于其在锂离子电池中的应用是至关重要的。所束缚的液体电解质越多，聚合物膜的离子电导率就越高。虽然效率很高，但是在萃取 DBP 的过程中，微孔记忆效应并不是 100％。因此，活化阶段所吸纳的液体电解质要稍低于 DBP 原来的体积，电解质膜的离子电导率也只有 $0.2×10^{-3}$ S/cm。为了提高吸纳液体电解质的能力，通常要在聚合物主体中加入一些无机填料如熔融氧化硅。已经制备出具有优越的力学性能的电解质，直到 100℃ 仍含有高达 60％ 的液体电解质和离子电导率达 $3×10^{-3}$ S/cm 的聚合物膜。

有人研究了由 PVdF、EC、PC 和 LiX[X＝CF_3SO_3，PF_6 或 $N(CF_3SO_2)_2$] 组成的电解质膜，发现电解质的电导率受介质的黏度以及载流子的浓度影响显著，而这些因素又直接受到 PVdF/(EC＋PC) 的质量比和锂盐的种类及浓度的影响。某些以 $LiN(CF_3SO_2)_2$ 为锂盐的电解质的室温电导率达到了 $2.2×10^{-3}$ S/cm。研究

含有 $LiN(CF_3SO_2)_2$ 的电解质的循环伏安曲线表明，电解质的阳极稳定性对铝是 4.0V，对镍为 4.2V，对不锈钢为 4.5V，而它们的阴极稳定性则达到 0V。PVdF-EC/PC-磺酸盐聚合物电解质与金属锂的界面稳定性表明，使用这些电解质的锂电池可以在室温下有很好的储存寿命。但是根据循环伏安曲线得到的低的锂循环效率则表明，PVdF-HFP 电解质可能更适合于用在一次锂电池而不是二次锂电池中。

用紫外交联方法制备了由聚乙二醇二丙烯酸酯（PEGDA）、PVdF、PMMA 以及无纺布组成的复合电解质。由于使用无纺布作为机械支持介质，因此直到电解质的吸液量（电解液为 EC-DMC-EMC-LiPF$_6$ 体系）达到 1000% 时，该复合电解质仍然具有很好的整体性（没有出现漏液现象）。在 18℃ 左右复合电解质的离子电导率达到 4.5×10^{-3} S/cm，电化学窗口达到 4.8V（相对于 Li/Li$^+$）。即使在 80℃ 的高温下，复合电解质的电导率和界面阻抗相对稳定。SEM 表明该电解质在高温时的结构稳定性是由于 PVdF、PMMA 和 PEGDA 网络之间的链发生交联的结果。使用该电解质的 MCMB/LiCoO$_2$ 电池在 0.5C 倍率（150mA）下经过 100 个循环后，容量保持率仍大于 97%，在 2C 倍率和 3.6V 平均负载的情况下，放电容量为全部容量的 80%。由于具有更好的液体电解质保持能力，电池在高温时比以 PVdF 包覆的复合电解质具有更长的循环寿命。

以 PVdF 微孔膜为基的聚合物电解质（GPE）LiPF$_6$-EC/DEC 的室温离子电导率超过 10^{-3} S/cm，机械拉伸强度达到 9.81MPa（10^2 kgf/cm^2）。以此为聚合物电解质组装成的半电池 Li/GPE/MCMB 的可逆容量可达 306mA·h/g。在电流密度 1.0mA/cm^2（相当于 0.5C 放电倍率）时，经过 100 个循环后，容量保持率达到 79%。

通过溶液聚合合成出共聚物 P（MMA-AN-MALi）。将该共聚物与 PVdF 混合，通过溶液涂覆制备多孔膜，这一过程不需要溶剂脱除步骤。这种混合物中 MMA：AN：MALi 的摩尔比约为 68.6：21.5：9.9，聚合物膜的表面有尺寸为 5μm 的微孔均匀分布。以这种混合物为基础将聚合物膜浸泡在有机液体电解质中制备了一种新型凝胶电解质。聚合物电解质的室温电导为 2.5×10^{-3} S/cm。用不锈钢工作电极和金属锂参比电极测出电化学稳定窗口为 4.5V。用 Li/GPE/Li 非阻塞电池确定盐在聚合物电解质中的扩散系数为 8.12×10^{-7} cm^2/s。以聚（甲基丙烯酸甲酯-丙烯腈-丙烯酸甲酯锂）（PMAML）和聚（偏氟乙烯-六氟丙烯）（PVDF-HFP）的混合物为基础制备的凝胶聚合物电解质在含有（质量分数）1mol/L LiBF$_4$ 的聚合物电解质中的室温电导率为 2.6×10^{-3} S/cm，电化学窗口 4.6V。

Dahn 等人研究了聚偏氟乙烯-四氟乙烯-丙烯（PVDf-TFE-P）和填充有炭黑 PVDf-TFE-P 复合物的机械和电性质，以及炭黑的电解质吸附性质及其对提高电导率的作用。这种高弹性黏结剂体系用充放电循环过程中电极材料需要经历巨大的体积变化（例如使用锡或硅基材料作为负极）的电池体系中可能会有一些独特的作用。将薄膜样品浸泡在液体溶剂（EC：DEC，1：2）中测量了其机械和电学性能。

287

未经交联的 PVDf-TFE-P 吸液量只有 140% 并且体积发生了显著变化。通过聚合物交联可以降低溶剂的吸附量而提高力学性能。两种以联苯和三亚乙基四胺（TETA）为基础的交联配方，与联苯基的交联配方相比，用这种 TETA 基交联配方制作的膜具有更高的交联度和更好的力学性能，即使在循环形变达到 100% 的应力下，TETA-交联复合物也具有非常好的机械和电学可逆性。无定形 $Si_{0.64}Sn_{0.36}$ 电极的循环性表明，使用这种高弹性黏结剂可以显著提高电极的容量保持率。

5.4.7 电化学与界面稳定性

电解质界面的良好电化学稳定性是长寿命性能可靠的聚合物电解质电池所必须达到的最重要的标准之一。现在已充分认识到在含有液体或聚合物电解质的锂电池或锂离子电池中，负极表面总是覆盖有一层多孔钝化膜（SEI 膜）。对于许多电解质来讲，这层膜是由于电池中可能存在的氧或水汽在与电极和电解质材料接触前后形成的，因此这层膜经常是碱金属氢氧化物或氧化物或者是两者的混合物。SEI 膜对于电池的重要性无论怎样强调都不过分，并且已经为科学界和工业界所认识。自从 1979 年发现 SEI 膜以来，对它的成分、结构、形成机制和生长动力学的研究就从来没有停止过。

$LiPF_6$ 类液体电解质仍然是绝大多数商品锂离子电池的首选，但是可以预见这一现状正在不断向聚合物结构方面转化。

参 考 文 献

[1] Krause L J, Lamanna W, Summerfield J, Engle M, Korba G, Loc R, Atanasoski R. J Power Sources, 1997, 68: 320.

[2] Ding M S, Xu K, Richard Jow T. J Electrochem Soc, 2000, 147: 1688.

[3] Ding M S, Xu K, Zhang S S, Richard Jow T. J Electrochem Soc, 2001, 148: A299.

[4] Plichta E J, Behl W K. J Power Sources, 2000, 88: 192.

[5] Esther S T, Hong G, Marcus P. J Electrochem Soc, 1997, 144: 1944.

[6] Sasaki Y, Hosoya M, Handan M. J Power Sources, 1997, 68: 492.

[7] Handa M, Suzuki M, Suzuki J, Kanematsu H, Sasaki Y. Electrochem Solid State Lett, 1999, 2: 60.

[8] Keiichi Y, Sasano T, Hiwara A. US, 6010806. 2000.

[9] Shu Z X, McMillian R S, Murray J J. J Electrochem Soc, 1996, 43: 2230.

[10] Martin W, Petr N. J Electochem Soc, 1998, 145: L27.

[11] McMillan R, Slegr H, Shu Z X, Wang W. J Power Sources, 1999, 81-82: 20.

[12] Zhang S S, Angell C A. J Electrochem Soc, 1996, 143: 4047.

[13] Mohamedi M, Takahashi D, Itoh T, Uchida I. Electrochim Acta, 2002, 47: 3483.

[14] Schmidt M, Heider U, Kuehner A, Oesten R, Jungnitz M, Ignatev N, Sartori P. J Power Sources, 2001, 97-98: 557.

[15] Barthel J, Wühr M, Buestrich R, Gores H J. J Electrochem Soc, 1995, 142: 2527.

[16] Barthel J, Buestrich R, Carl E, Gores H J. J Electrochem Soc, 1996, 143: 3565.

[17] Barthel J, Buestrich R, Carl E, Gores H J. J Electrochem Soc, 1996, 143: 3572.

[18] Barthel J, Buestrich R, Gores H J, Schmidt M, Wühr M. J Electrochem Soc, 1997, 144: 3866.

[19] Videa M, Xu W, Geil B, Marzke R, Angell C A. J Electrochem Soc, 2001, 148: A1352.

[20] Sasaki Y, Handa M, Kurashima K, Tonuma T, Usami K. J Electrochem Soc, 2001, 148: A999.

[21] Skaarup S, West K, Yde-Andersen S, Koksbang R. Recent Advances in Fast Ion Conducting Materials and Devices. Pro. 2nd Asian meeting on Solid State ionics // Chowdari B V, Liu Q G, Chen L Q. Singapore: World Scientific Publisher, 1990: 83.

[22] Kita F, Sakata H, Kawakami A, Kamizori H, Sonoda T, Nagashima H, Pavlenko N V, Yagupolskii Y L. J Power Sources, 2001, 97-98: 581.

[23] Walker C W, Cox J D, Salomon M. J Electrochem Soc, 1995, 142: L80.

[24] Barthel J, Schmid A, Gores H J. J Electrochem Soc, 2000, 147: 21.

[25] Xu W, Angell C A. Electrochem Solid State Lett, 2000, 3: 366.

[26] Kita F, Kawakami A, Nie J, Sonoda T, Kobayashi H. J Power Sources, 1997, 68: 307.

[27] Barthel J, Buestrich R, Carl E, Gores H J. J Electrochem Soc, 1996, 143: 1996.

[28] Barthel J, Schmidt M, Gores H J. J Electrochem Soc, 1998, 145: L17.

[29] Xu W, Williams M D, Angell C A. Chem Mater, 2002, 14: 401.

[30] Sun X G, Angell C A. Solid State Ionics, 2004, 175: 743.

[31] Xu W, Shusterman A J, Marzke R, Angell C A. J Electrochem Soc, 2004, 151: A632.

[32] Xu W, Sun X G, Angell C A. Electrochim Acta, 2003, 48: 2255.

[33] Xu K, Zhang S S, Poese B A. Electrochem Solid State Lett, 2002, 5: A259.

[34] Tao R, Miyamoto D, Aoki T, Fujinami T. J Power Sources, 2004, 135: 267.

[35] Stassen I, Hambitzer G. J Power Sources, 2002, 105: 145.

[36] Carlin R T, Pelong H C, Fuller J, Trulove P C. J Electrochem Soc, 1994, 141: L73.

[37] Xu K, Ding M S, Jow T R. J Electrochem Soc, 2001, 148: A267.

[38] Sudgen S. J Chem Soc, 1929, 1: 1291.

[39] Hurley F H, Wier T P. J Electrochem Soc, 1951, 98: 203.

[40] Gale R J, Osteryoung R A. Inorg Chem, 1979, 18: 603.

[41] Robonson J, Osteryoung R A. J Am Chem Soc, 1979, 102: 323.

[42] Hussey C L, King L A, Carpio A R. J Electrochem Soc, 1979, 126: 1029.

[43] Wilkes J S, Levisky J A, Wilson R A, Hussey C L. Inorg Chem, 1982, 21: 1263.

[44] Fuller J, Carlin R T, Osteryoung R A. J Electrochem Soc, 1997, 144: 3881.

[45] Xu W, Angell C A. Science, 2003, 302: 422.

[46] Yoshizawa M, Xu W, Angell C A. J Am Chem Soc, 2003, 125: 15411.

[47] McManis G E, Fletcher A N, Bliss D E, Miles M H. J Electroanal Chem, 1985, 190: 171.

[48] Caldeira M O S P, Sequeira C A C. Molten Salt Forum, 1993, 1-2: 407.

[49] Caja J, Dunstan T D J, Ryan D M. Proc Electrochem Soc: Molten salts Ⅻ, 2000, 99-41: 150.

[50] MacFarlane D R, Meakin P, Sun J, Amini N, Forsyth M. J Phys Chem B, 1999, 103: 4164.

[51] MacFarlane D R, Huang J H, Forsyth M. Nature, 1999, 402: 792.

[52] Forsyth M, Huang J H, MacFarlane D R. J Mater Chem, 2000, 10: 2259.

[53] MacFarlane D R, Forsyth M. Adv Mater, 2001, 13: 957.

[54] Sakaebe H, Matsumoto H, Kobayashi H, Miyazaki Y. Abstracts of the 42nd Battery Symposium. 2001.

[55] Fung Y S, Zhou R Q. J Power Sources, 1999, 81-82: 891.

[56] Campion C L, Li W T, Euler W B, Lucht B L, Ravdel B, DiCarlo J F, Gitzendanner R, Abraham K M. Electrochem Solid State Lett, 2004, 7: A194.

[57] Wu M S, Chiang P C J, Lin J C, Jan Y S. Electrochim Acta, 2004, 49: 1803.

[58] Gnanaraj J S, Zinigrad E, Asraf L. J Electrochem Soc, 2003, 150: A1533.

[59] Honbo H, Muranaka Y, Kita F. Electrochemistry, 2001, 69: 686.

[60] Jiang J, Dahn J R. Electrochem Commun, 2004, 6: 39.

[61] Sarre G, Blanchard P, Broussely M. J Power Sources, 2004, 127: 65.

[62] Fong R, von Sacken U, Dahn J R. J Electrochem Soc, 1990, 137: 2009.

[63] Spahr M E, Palladino T, Wilhelm H, Wursig A, Goers D, Buqa H, Holzapfel M, Novak P. J Electrochem Soc, 2004, 151: A1383.

[64] Aurbach D, Zaban A, Ein-Eli Y, Weissman I, Schechter O, Moshokovich M, Cohen Y. J Power Sources, 1999, 81-82: 95.

[65] von Sacken U, Nodwell E, Sundher A, Dahn J R. J Power Sources, 1995, 54: 240.

[66] Ein-Eli Y, McDevitt S F, Aurbach D, Markovsky B, Schechter A. J Electrochem Soc, 1997, 144: L180.

[67] Lee K H, Song E H, Lee J Y, Jung B H, Lim H S. J Power Sources, 2004, 132: 203.

[68] Morita M, Yamada O, Ishikawa M, Matsuda Y. J Appl Electrochem, 1998, 28: 209.

[69] Ein-Eli Y, Markovsky B, Aurbach D, Carmeli Y, Yamin H Luski S. Electrochim Acta, 1994, 39: 2559.

[70] Novak P, Christensen P A, Iwasita T, Vielstich W. J Electroanal Chem, 1989, 263: 37.

[71] Cattaneo E, Ruch J. J Power Sources, 1993, 43-44: 341.

[72] Sloop S E, Kerr J B, Kinoshita K. J Power Sources, 2003, 119: 330.

[73] Christie A M, Vincent C A. J Appl Electrochem, 1996, 26: 255.

[74] Shin J S, Han C H, Jung U H, Lee S I, Kim H J, Kim K. J Power Sources, 2002, 109: 47.

[75] Chung K I, Park J G, Kim W S, Sung Y E, Choi Y K. J Power Sources, 2002, 112: 626.

[76] Wang Y X, Nakamura S, Ue M, Balbuena P B. J Am Chem Soc, 2001, 123: 11708.

[77] Endo E, Tanaka K, Sekai K. J Electrochem Soc, 2000, 147: 4029.

[78] Bar Tow D, Peled E, Burstein L. J Electrochem Soc, 1999, 146: 24.

[79] Wagner M R, Raimann P R, Trifonova A, Moeller K C, Besenhard J O, Winter M. Electrochem Solid State Lett, 2004, 7: A201.

[80] Yoshida H, Fukunaga T, Hazama T, Terasaki M, Mizutani M, Yamachi M. J Power Sources, 1997, 68: 311.

[81] Eshkenazi V, Peled E, Burstein L, Golodnitsky D. Solid State Ionics, 2004, 170: 83.

[82] Zheng H H, Zhuo K L, Wang J J, Xu Z Y. 高等学校化学学报, 2004, 25: 729.

[83] Xu K, Lee U, Zhang S S, Allen J L, Jow T R. Electrochem Solid State Lett, 2004, 7: A273.

[84] Sun X H, Lee H S, Yang X Q, McBreen J. Electrochem Solid State Lett, 2003, 6: A43.

[85] Amatucci G G, Schmutz C N, Blyr A, Sigala C, Gozdz A S, Larcher D, Tarascon J M. J Power Sources, 1997, 69: 11.

[86] Blyr A, Sigala C, Amatucci G, Guyomard D, Chabre Y, Tarascon J M. J Eletrochem Soc, 1998, 145: 194.

[87] du Pasquier A, Blyr A, Cressent A, Lenain C, Amatucci G, Tarascon J M. J Power Sources, 1999, 81-82: 54.

[88] Andersson A M, Edström K, Thomas J O. J Power Sources, 1999, 81-82: 8.

[89] Edström K, Herranen M. J Electrochem Soc, 2000, 147: 3628.

[90] Edström K, Gustafsson T, Thomas J O. // Surampudi G S, Marsh R. Lithium Batteries: The Elec-

trochemical Society Proceeding Series. NJ: Pennington, 1999: 117.

[91] Winter M, Imhof R, Joho F, Novak P. J Power Sources, 1999, 81: 818.

[92] Mukai S R, Hasegawa T, Takagi M, Tamon H. Carbon, 2004, 42: 837.

[93] Braithwaite W, Gonzales A, Nagasubramanian G, Lucero S J, Peebles D E, Ohlhausen J A, Cieslak W R. J Electrochem Soc, 1999, 146: 448.

[94] Zhao M C, Kariuki S, Dewald H D, Lemke F R, Staniewicz R J, Plichta E J, Marsh R A. J Electrochem Soc, 2000, 147: 2874.

[95] Zhao M, Xu M, Dewald H D, Staniewicz R J. J Electrochem Soc, 2003, 150: A117.

[96] Kanmura K, Umegaki T, Shiraishi S, Ohashi M, Takehara Z. J Electrochem Soc, 2002, 149: A185.

[97] Zhang S S, Jow T R. J Power Sources, 2002, 109: 458.

[98] Morita M, Shibata T, Yoshimoto N, Ishikawa M. Electrochim Acta, 2002, 47: 2787.

[99] Wang X, Yasukawa E, Mori S. Electrochim Acta, 2000, 45: 2677.

[100] Kanamura K. J Power Sources, 1999, 81: 123.

[101] Nakajima T, Mori M, Gupta V, Ohzawa Y, Iwata H. Solid State Sci, 2002, 4: 1385.

[102] Song S W, Richardson T J, Zhuang G V, Devine T M, Evans J W. Solid State Sci, 2002, 4: 1385.

[103] Zhao M C, Kariuki S, Dewald H D, Lemke F R, Staniewicz R J, Plichta E J, Marsh R A. J Electrochem Soc, 2000, 147: 2874.

[104] Zhao M C, Dewald H D, Staniewicz R. J Electrochim Acta, 2004, 49: 683.

[105] Kawakita J, Kobayashi K. J Power Sources, 2001, 101: 47.

[106] Komaba S, Kumagai N, Sasaki T, Miki Y. Electrochemistry, 2001, 69: 784.

[107] Peled E. J Electrochem Soc, 1979, 126: 2047.

[108] Aurbach D, Markovsky B, Levi M D, Schechter A, Moshkovich M, Cohen Y. J Power Sources, 1999, 81-82: 95.

[109] du Pasquier A, Blyr A, Cressent A, Lenain C, Amatucci G, Tarascon J M. J Power Sources, 1999, 81-82: 54.

[110] Matsuo Y, Kostecki R, McLarnon F. J Electrochem Soc, 2001, 148: A687.

[111] Kostecki R, Kong F, Matsuo Y, McLarnon F. Electrochim Acta, 1999, 45: 225.

[112] Wang Z X, Dong H, Huang X J, Mo Y J, Chen L Q. Electrochem Solid State Lett, 2004, 7: A353.

[113] Wang Z X, Huang X J, Chen L Q. J Electrochem Soc, 2003, 150: A199.

[114] Wang Z X, Wu C, Liu L J, Wu F, Chen L Q, Huang X J. J Electrochem Soc, 2002, 149: A466.

[115] Wang Z X, Liu L J, Chen L Q, Huang X J. Solid State Ionics, 2002, 148: 335.

[116] Ein-Eli Y, Thomas S R, Koch V R. J Electrochem Soc, 1997, 144: 1159.

[117] Wrodnigg G H, Besenhard J O, Winter M. J Electrochem Soc, 1999, 146: 470.

[118] Wrodnigg G H, Wrodnigg T M, Besenhard J O, Winter M. Electrochem Commun, 1999, 1: 148.

[119] Aurbach D, Gamolsky K, Markovsky B, Gofer Y, Schmidt M, Heider U. Electrochim Acta, 2002, 47: 1423.

[120] Yoshitake H, Abe K, Kitakura T, Gong J B, Lee Y S, Nakamura H, Yoshio M. Chem Lett, 2003, 32: 134.

[121] Fan J. J Power Sources, 2003, 117: 170.

[122] Plichta E J, Hendrickson M, Thompson R, Au G, Behl W K, Smart M C, Ratnakumar B V, Surampudi S. J Power Sources, 2001, 94: 160.

[123] Hill I R, Andrukaitis E E. J Power Sources, 2004, 129: 20.

[124] Sazhin S V，Khimchenko M Y，Tritenichenko Y N，Lim H S. J Power Sources，2000，87：112.

[125] Smart M C，Ratnakumar B V，Surampudi S. J Electrochem Soc，1999，146：486.

[126] Smart M C，Ratnakumar B V，Surampudi S. J Electrochem Soc，2002，149：A361.

[127] Xing W B，Sugiyama H. J Power Sources，2003，117：153.

[128] Shu Z X，McMillan R S，Murray J J. J Electrochem Soc，1993，140：L101.

[129] Herlern G，Fahys B. Electrochim Acta，1996，41：753.

[130] Horiachi H，Tsutsumi M，Watanable I. Japan，10064584A. 1998.

[131] Sun X，Lee H S，Yang X Q，McBreen J. J Electrochem Soc，1999，146：3655.

[132] McBreen J，Lee H S，Yang X Q，Sun X. J Power Sources，2000，89：163.

[133] Lee H S，Sun X，Yang X Q，McBreen J，Callahan J H，Choi L S. J Electrochem Soc，2000，146：9.

[134] Bhattacharyya A J，Maier J. Adv Mater，2004，16：811.

[135] Lee H S，Yang X Q，Xiang C L，McBreen J，Choi L S. J Electrochem Soc，1998，145：2813.

[136] Holleck G L，Brummer S B. Lithium Batteries. New York：Academy Press，1983.

[137] Wishvender K B，Der T C. J Electrochem Soc，1988，135：16.

[138] Wishvender K B，Der T C. J Electrochem Soc，1988，135：21.

[139] Golovin M N，David P W，James T D. J Electrochem Soc，1992，139：5.

[140] Abraham K M，Pasyuariello D M，Willstand E B. J Electrochem Soc，1992，139：5.

[141] Lee D Y，Lee H S，Kim H S，Sun H Y，Seung D Y. Korean J Chem Engin，2002，19：645.

[142] Tobishima S，Ogino Y，Watanabe Y. J App Electrochem，2003，33：143.

[143] Shima K，Shizuka K，Ota H，Ue M，Yamaki J. Japan：International Meeting on Lithium Batteries（IMLB-12）. 2004：218.

[144] Xiao L F，Ai X P，Cao Y L，Yang H X. Electrochim Acta，2004，49：4189.

[145] Feng X M，Ai X P，Yang H X. J Appl Electrochem，2004，34：1199.

[146] Lee C W，Venkatachalapathy R，Prakash J. Electrochem Solid State Lett，2000，3：63.

[147] Hyung Y E，Vissers D R，Khalil A. US：11th international meeting on lithium batteries，2002.

[148] Xu K，Ding M S，Zhang S，Allen J L，Jow T R. J Electrochem Soc，2002，149：A622.

[149] Izquierdo-Gonzales S，Li W T，Lucht B L. J Power Sources，2004，135：291.

[150] Liu X J，Kusawake H，Kuwajima S. J Power Sources，2001，97-98：661.

[151] Ghimire P，Nakamura H，Yoshio M，Yoshitake H，Abe K. Electrochemistry，2003，71：1084.

[152] Abe K，Yoshitake H，Kitakura T，Hattori T，Wang H Y，Yoshio M. Electrochim Acta，2004，49：4613.

[153] Vollmer J M，Curtiss L A，Vissers D R，Amine K. J Electrochem Soc，2004，151：A178.

[154] McMillan R，Slegr H，Shu Z X，Wang W D. J Power Sources，1999，81：20.

[155] Wu X D，Wang Z X，Chen L Q，Huang X J. Surf Coat Technol，2004，186：412.

[156] Aurbach D，Gamolsky K，Markovsky B，Gofer Y，Schmidt M，Heider U. Electrochim Acta，2002，47：1423.

[157] Dudley J T，Wilkinson D P，Thomas G，Levae R，Woo S，Blom H，Horvath C，Juzkow M W，Denis B，Juric P，Aghakian P，Dahn J R. J Power Sources，1991，35：59.

[158] Besenhard J O，Castella P，Wagner M W. Mater Sci Forum，1992，91-93：647.

[159] Wu M S，Liao T L，Wang Y Y，Wan C C. J Appl Electrochem，2004，34：797.

[160] Aurbach D，Weissman I，Zaban A. Electrochim Acta，1999，45：1135.

[161] Kawamura T，Sonoda T，Okada S，Yamaki J. Electrochemistry，2003，71：139.

锂离子电池原理与关键技术

[162] Takada K, Inada T, Kajiyama A, Sasaki H, Kondo S, Watanabe M, Murayama M, Kanno R. Solid State Ionics, 2003, 158: 269.

[163] Kondo S, Takada K, Yamamura Y. Solid State Ionics, 1992, 53-56: 1183.

[164] Hayashi A, Hama S, Morimoto H, Tatsumisago M, Minami T. J Am Ceram Soc, 2001, 84: 477.

[165] Hayashi A, Hama S, Morimoto H, Tatsumisago M, Minami T. Chem Lett, 2001, 9: 872.

[166] Ohtomo T, Mizuno F, Hayashi A, Tadanaga K, Tatsumisago M. Japan: International Meeting on Lithium Batteries (IMLB-12). 2004: 370.

[167] Kanno R, Murayama M. J Electrochem Soc, 2001, 148: A742.

[168] Machida N, Yamamoto H, Shigematsu T. Chem Lett, 2004, 33: 30.

[169] Chen C H, Xie S, Sperling E, Yang A S, Henriksen G, Amine K. Solid State Ionics, 2004, 167: 263.

[170] Wu X M, Li X H, Zhang Y H, Xu M F, He Z Q. Mater Lett, 2004, 58: 1227.

[171] Kanamura K, Mitsui T, Rho Y H, Megaki T U. Asian Ceramic Science for Electronics II and Electroceramics in Japan V Proceedings of Key Engineering Materials, 2002.

[172] Rho Y H, Kanamura K. Electroceramics in Japan VII: Key Engineering Material, 2004, 269: 143.

[173] Jeon E J, Shin Y W, Nam S C. J Electrochem Soc, 2001, 148: A318.

[174] Joo H K, Sohn H J, Vinatier P, Pecquenard B, Levasseur A. Electrochem Solid State Lett, 2004, 7: A256.

[175] Vereda F, Clay N, Gerouki A, Goldne R B, Haas T, Zerigian P. J Power Sources, 2000, 89: 201.

[176] Kawamura J, Kuwata N, Toribami K, Sata N, Kamishima O, Hattori T. Solid State Ionics, 2004, 175: 273.

[177] Joo H K, Vinatier P, Pecquenard B, Levasseur A, Sohn H J. Solid State Ionics, 2003, 160: 51.

[178] Chen C H, Kelder E M, Schoonman J. J Power Sources, 1997, 68: 377.

[179] Plichta E J, Behl W K, Chang W H S, Schleich D M. J Electrochem Soc, 1994, 141: 1418.

[180] Liu W Y, Fu Z W, Qin Q Z. 科学通报, 2004, 62: 2223.

[181] Nagasubramanian G, Doughty D H. J Power Sources, 2004, 136: 395.

[182] Schwenzel J, Thangadurai V, Weppner W. Ionics, 2003, 9: 348.

[183] Kuwata N, Kawamura J, Toribami K, Hattori T, Sata N. Electrochem Commun, 2004, 6: 417.

[184] Fenton B E, Parker J M, Wright P V. Polymer, 1973, 14: 589.

[185] Wright P V. Br Polym J, 1975, 7: 319.

[186] Armand M, Chabagno J M, Duclot M. Fast Ion Transport in Solids. New York: North-Holland, 1979.

[187] Brummer S B, Koch V R, Murphy D W, Broadhead J, Steel B C H. Materials for Advanced Batteries. New York: Plenum, 1980.

[188] Alamgir M, Abraham K M, Pistoia G. Lithium Batteries: New Materials Developments and Perspectives. Amsterdam: Elsevier, 1994.

[189] Koksbang R, Olsen I I, Shackle D. Solid State Ionics, 1994, 69: 320.

[190] Borkowska R, Laskowski J, Plocharski J, Przyluski J, Wieczorek W. J Appl Electrochem, 1993, 23: 991.

[191] Wieczorek W, Stevens J R. J Phys Chem B, 1997, 101: 1529.

[192] Booth C, Nicholas C V, Wilson D J, MacCallum J R, Vincent C A. Polymer Electrolyte Reviews-2. London: Elsevier, 1989.

[193] LeNest J F, Callens S, Gandini A, Armand M. Electrochim Acta, 1992, 37: 1585.

第5章 电解质

[194] Ito Y, Kanehori K, Miyauchi K, Kudo T. J Mater Sci, 1987, 22: 1845.

[195] Kelly I E, Owen J R, Steele B C H. J Power Sources, 1985, 14: 13.

[196] Borghini M C, Mastragostino M, Passerini S, Scrosati B. J Electrochem Soc, 1995, 142: 2118.

[197] Watanabe M, Kanba M, Matsuda H, Mizoguchi K, Shinohara I, Tsuchida E, Tsunemi K. Makromol Chem-Rapid Commun, 1981, 2: 741.

[198] Watanabe M, Kanba M, Nagaoka K, Shinohara I. J Appl Electrochem, 1982, 27: 4191.

[199] Croce F, Gerace F, Dautzenberg G, Passerini S, Appetecchi G B, Scrosati B. Electrochim Acta, 1994, 39: 2187.

[200] Slane S, Salomon M. J Power Sources, 1995, 55: 7.

[201] Croce F, Brown S D, Greenbaum S G, Slane S M, Salomon M. Chem Mater, 1993, 5: 1268.

[202] Wang Z, Huang B, Huang H, Xue R, Chen L, Wang F. J Electrochem Soc, 1996, 143: 1510.

[203] Appetecchi G B, Croce F, Scrosati B. Electrochim Acta, 1995, 40: 991.

[204] Stallworth P E, Greenbaum S G, Croce F, Slane S, Salomon M. Electrochim Acta, 1995, 40: 2137.

[205] Liu X, Osaka T. J Electrochem Soc, 1997, 144: 3066.

[206] Choe H S, Giaccai J, Alamgir M, Abraham K M. Electrochim Acta, 1995, 40: 2289.

[207] Lascaud S, Perrier M, Vallée A, Besner S, Prud'homme J, Armand M. Macromol, 1994, 27: 7469.

[208] Lightfoot P, Methta A, Bruce P G. Science, 1993, 262: 883.

[209] MacGlashan G S, Andreev Y G, Bruce P G. Nature, 1999, 398: 792.

[210] Sperling L H. Introduction to Physical Polymer Science: Chap 9. New York: Wiley, 1993.

[211] Meyer W H. Adv Mater, 1998, 10: 439.

[212] Tominaga Y, Ohno H. Electrochim Acta, 2000, 45: 3081.

[213] Edman L, Doeff M M, Ferry A, Kerry J, De Jonghe L C. J Phys Chem B, 2000, 104: 3476.

[214] Doeff M M, Georen P, Qiao J, Kerry J, De Jonghe L C. J Electrochem Soc, 1999, 146: 2024.

[215] Kim C S, Oh S M. Electrochim Acta, 2001, 46: 1323.

[216] Magistris A, Mustarelli P, Parazzoli F, Quartarone E, Piaggio P, Bottino A. J Power Sources, 2001, 97-98: 657.

[217] Wieczorek W, Florjanczyk Z, Stevens J R. Electrochim Acta, 1995, 40: 2251.

[218] Quartarone E, Mustarelli P, Magistris A. Solid State Ionics, 1998, 110: 1.

[219] Wieczorek W, Stevens J R. J Phys Chem B, 1997, 101: 1529.

[220] LeNest J F, Callens S, Gandini A, Armand M. Electrochim Acta, 1992, 37: 1585.

[221] Mizumo T, Sakamoto K, Matsumi N, Ohno H. Chem Lett, 2004, 33: 396.

[222] Hu S W, Yan W D, Fang S B. J Appl Polymer Sci, 1999, 73: 1397.

[223] Doyle M, Sylla S, Sanchez J Y, Armand M. J Power Sources, 1995, 54: 456.

[224] Nishimura S, Okumura T, Iwayasu N, Itoh T, Yabe T, Yokoyama S, Kobayashi T. Japan: International Meeting on Lithium Batteries (IMLB-12), 2004: 228.

[225] Dautzemberg G, Croce F, Passerini S, Scrosati B. Chem Mater, 1994, 6: 538.

[226] Appetecchi G B, Dautzemberg G, Scrosati B. J Electrochem Soc, 1996, 143: 6.

[227] Appetecchi G B, Croce F, Dautzemberg G, Gerace F, Panero S, Ronci F, Spila E, Scrosati B. Gazz Chim It, 1996, 126: 405.

[228] Appetecchi G B, Croce F, Scrosati B. J Power Sources, 1997, 66: 77.

[229] Croce F, Romagnoli P, Scrosati B, Oesten R, Heider H. Electrochemical Communications, 1999,

1: 83.

[230] Ballard D G H, Cheshire P, Mam T S, Przeworski J E. Macromolecules, 1990, 23: 1256.

[231] Megahed S, Scrosati B. J Power Sources, 1994, 51 : 79.

[232] Wang X J, Kang J J, Wu Y P, Fang S B. Electrochem Commun, 2003, 5: 1025.

[233] Nan C W, Fan L, Lin Y, Cai Q. Phys Rev Lett, 2003, 91: 266104.

[234] Wang Z, Huang B, Huang H, Xue R, Chen L, Wang F. J Electrochem Soc, 1996, 143: 1510.

[235] Huang B, Wang Z, Li G, Huang H, Xue R, Chen L. Solid State Ionics, 1996, 85: 79.

[236] Xue R J, Huang H, Menetrier M, Chen L Q. J Power Sources, 1993, 44: 431.

[237] Huang H, Chen L Q, Huang X J, Xue R J. Electrochim Acta, 1992, 37: 1671.

[238] Battisti D, Nazri G A, Klassen B, Arona R. J Phys Chem, 1993, 97: 5826.

[239] Stevens J, Jacobbson P. Can J Chem, 1991, 69: 1980.

[240] Olsen I I, Koksbang R. J Electrochem Soc, 1996, 143: 570

[241] Ue M, Mori S. J Electrochem Soc, 1995, 142: 2577.

[242] Angell C A, Sanchez E. Nature, 1993, 362: 137.

[243] Bushkova O V, Zhukovsky V M, Lirova B L, Kruglyashov A L. Solid State Ionics, 1999, 119: 217.

[244] Forsyth M, Sun J Z, MacFarlane D R, Hill A J. J Polym Sci A: Polym Chem, 2000, 38: 341.

[245] Wang Z X, Gao W D, Huang X J, Mo Y J, Chen L Q. Electrochem Solid State Lett, 2001, 4: A148.

[246] Wang Z X, Gao W D, Huang X J, Mo Y J, Chen L Q. Electrochem Solid-State Lett, 2001, 4: A132.

[247] Li J Z, Huang X J, Chen L Q. J Electrochem Soc, 2000, 147: 2653.

[248] Croce F, Appetecchi G B, Persi L, Scrosati B. Nature, 1998, 394: 456.

[249] Chung S H, Wang Y, Persi L, Croce F, Greenbaum S G, Scrosati B, Plichta, E. J Power Sources, 2001, 97-98: 644.

[250] Morita M, Fujisaki T, Yoshimoto N, Ishikawa M. Electrochim Acta, 2001, 46: 1565.

[251] Wang Z X, Huang X J, Chen L Q. Electrochem Solid State Lett, 2003, 6: E40.

[252] Best A S, Adebahr J, Jacobsson P, MacFarlane D R, Forsyth M. Macromolecules, 2001, 34: 4569.

[253] Krawisiec W, Scanlon L G, Feller J P, Vaia R A, Vasudevan S, Giannelis E P. J Power Sources, 1999, 54: 310.

[254] Golodnitsky D, Ardel G, Peled E. Solid State Ionics, 2002, 147: 141.

[255] Krawiec W, Scancon L G, Marsh R A. J Power Sources, 1995, 54: 310.

[256] Xuan X, Wang J, Tang J, Qu G, Lu J. Spectrochim Acta A, 2000, 56: 2131.

[257] Chen H W, Chiu C Y, Wu H D, Shen I W, Chang F C. Polymer, 2002, 43: 5011.

[258] Croce F, Persi L, Scrosati B, Serraino-Fiory F, Plichta E, Hendrickson M A. Electrochim Acta, 2001, 46: 2457.

[259] Wieczorek W, Lipka P, Zukowska G, Wycislik H. J Phys Chem B, 1998, 102: 6968.

[260] Angell C A, Liu C, Sanchez E. Nature, 1993, 362: 137.

[261] Wang Z X, Gao W D, Chen L Q, Mo Y J, Huang X J. J Electrochem Soc, 2002, 149: E148.

[262] Gadjourova Z, Andreev Y G, Tunstall D P, Bruce P G. Nature, 2001, 412: 520.

[263] Christie A M, Lilley S J, Staunton E, Andreev Y G, Bruce P G. Nature, 2005, 433: 50.

[264] Scanocchia R S. Tossici R, Marassi F, Croce B Scrosati. Electrochem Solid State Lett, 1998,

295 •

1：159.

[265] Tarascon J M，Gozdz A S，Schmutz C N，Shokoohi F，Warren P C. Solid State Ionics，1996，86-88：49.

[266] Ren X M，Gu H，Chen L Q，Wu F，Huang X J. 高等学校化学学报，2002，23：1383.

[267] Jeong Y B，Kim D W. J Power Sources，2004，128：256.

[268] Wang Z L，Tang Z Y. Electrochim Acta，2004，49：1063.

[269] Saunier J，Alloin F，Sanchez J Y，Barriere B. J Polym Sci B：Polym Phys，2004，42：532.

[270] Saunier J，Alloin F，Sanchez J Y，Barriere B. J Polym Sci B：Polym Phys，2004，42：544.

[271] Chen Z H，Christensen L，Dahn J R. J Appl Polym Sci，2004，91：2958.

[272] Peled E，Golodnitsky D，Ardel G，Eshkenazy V. Electrochim Acta，1995，40：2197.

第6章 电极材料研究方法

电池性能与其电极材料的组成、结构及性能以及电池组装工艺等相关联。因此，要制造出性能优良的锂离子电池，必须严格把握其制作材料的质量关，要制备出满足电池使用要求的电极材料，则必须了解电极材料的电化学性能与其组成、结构等的相关性。

电极材料的化学成分分析方法的选择主要依据其含量范围确定，本文不再赘述。对于电极材料，其微观结构对性能的影响非常显著，在本章中，将简要介绍材料的结构，充、放电过程热力学与动力学及其电化学性能表征等有关研究方法。

电极材料的微观结构直指影响其电化学性能，并与其化学组成有关。无疑化学组成相同的材料亦有不同的微观结构，如 $LiMnO_2$ 可能是单斜结构也可能为六方层状结构，还可能是四方晶系。对不同结构的 Li-Mn-O 材料而言，其电化学性能如充、放电电压平台，理论比容量，导电性能等差异较大，因此，研究者们对所合成出来的材料的结构往往十分关注。

对于化学组成或微观结构差别较大的正极材料如 Li-M-O 系与其磷酸盐系列，或 Li-Mn-O 与 Li-Ni-O 或 Li-Co-O 系列多元复合物材料，可以利用化学分析、X 射线衍射或将二者结合的方法很简便地确定材料的结构类型；但对于组成相似的材料特别是对于锂-过渡金属氧化物中的某些过渡金属如锰、钴、镍、铁等，其相组成和晶体结构复杂，由于 Mn^{3+} 的 Jahn-Teller 效应使得不同锰价态组成的化合物结构不同，采用前面的两种方法很难将这类化合物的混合物区分开来，往往需要结合其他方法如红外光谱、拉曼光谱、核磁共振等。本节将以 Li-Mn-O 中的几种化合物为例，介绍其组成、结构相似的几种材料的研究方法。

6.1 研究方法简介

6.1.1 X 射线及其基本性质

高速度运动的电子束（即阴极射线）与物体碰撞时，它们的运动被急剧地阻止，从而失去其所具有的动能，其中一小部分能量变成 X 射线的能量，发生 X 射线，而大部分能量转换成热能，使物体温度升高。

X 射线沿直线传播，有很高的穿透能力，所有基本粒子（电子、中子、质子等）当其能量状态发生变化时，均伴随着 X 射线辐射。

1912 年，劳埃（M. Laue）等人在前人工作的基础上，利用晶体作为产生 X 射线衍射的光栅，使 X 射线入射到某种晶体上，成功地观察到 X 射线的衍射现象，从而证实了 X 射线在本质上是一种波长在 $10^{-12} \sim 10^{-8}$ m 范围内的电磁波。

由 X 射线管发出的 X 射线分为两种：一种是具有连续变化波长的 X 射线，构成连续 X 射线谱。它和白色可见光相似，是含有各种不同波长的辐射，所以也称为白色 X 射线或多色 X 射线。另一种是具有特定波长的 X 射线，它们叠加在连续 X 射线谱上，称为标识（或特征）X 射线。当加到 X 射线管上的高压达到一定值时，就可以产生标识谱线。标识谱的波长取决于 X 射管中阳极靶的材料。由于它们只具有特定的波长，和单色可见光相似，所以又称为单色 X 射线。各种单色 X 射线构成标识 X 射线（或特征 X 射线谱）。

　　在某一金属靶的 X 射线管两极间加上一定的高压，并保持一定的管电流的情

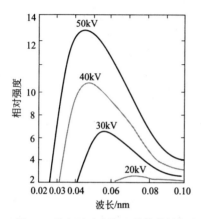

图 6-1　管电压对连续 X 射线谱的影响

况下，测得其产生的 X 射线波长与相对强度的关系示意曲线见图 6-1。所发射的 X 射线是一个连续光谱，它包含着从某一个短波限 λ_0 开始的全部波长，强度连续地随波长而变化。

　　连续光谱满足如下实验规律。

　　① 各种波长射线的相对强度随着 X 射线管电压的增加而一致增高，最大强度射线对应的波长 λ_m 变小，短波限 λ_0 变小。

　　② 当管电压一定时，各种波长射线的相对强度随着管电流增加也一致增高，但 λ_0 和 λ_m 不变，如图 6-2 所示。

　　③ 各种波反射线的相对强度随着阳极靶材料原子序数的增高而增大，如图 6-3 所示。

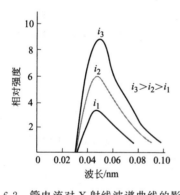

图 6-2　管电流对 X 射线波谱曲线的影响

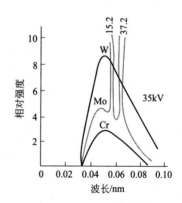

图 6-3　靶材料对 X 射线波谱曲线的影响

　　根据量子理论，能量为 eV 的电子和阳极物质相碰撞时，产生能量 $\leqslant eV$ 的光子，因此辐射有一个频率上限 ν，它和短波限 λ_0 相对应，可表示为：

$$eV = h\nu_m = \frac{hc}{\lambda_0}$$

式中　e——电子的电荷，1.60×10^{-19} C；

　　　V——电子通过两极时的电压降，即加在 X 射线管两极的电压，V；

　　　h——普朗克常数，6.63×10^{-34} J·s；

　　　ν_m——X 射线的频率，s^{-1}；

　　　c——光在真空中的速度，3.00×10^8 m/s；

　　　λ_0——连续 X 射线的短波限，m。

一般情况下，能量为 eV 的电子和阳极靶材碰撞，产生一个光子 $h\nu_1$ 后，其本身能量变为 eV_1。而能量为 eV_1 的电子继续和阳极靶材中的原子碰撞又可产生一个光子 $h\nu_2$，该电子能量则变成 eV_2……即进行多次辐射。可以用公式表示为：

$$eV = h\nu_1 + h\nu_2 + h\nu_3 + \cdots$$

因此出现一个连续光谱，它从短波限展向长波的方向。

描述 X 射线数量的物理量——强度（I）是指垂直于 X 射线传播方向的单位面积上在单位时间内通过的能量，也就是光子数目。其常用单位是 erg/(cm²·s)（在 SI 制中的单位是 W/m²）。Kulenkampff 从大量的实验结果总结出一个经验公式，即：若波长在 λ 和 $\lambda + d\lambda$ 之间的强度为 $I_\lambda d\lambda$（I_λ 称为对于波长 λ 的强度密度），则有：

$$I_\lambda d\lambda = AiZ \frac{1}{\lambda^2}\left(\frac{1}{\lambda_0} - \frac{1}{\lambda}\right) d\lambda$$

式中　Z——阳极靶材的原子序数；

　　　i——X 射线管电流强度；

　　　A——常数。

将上式从 λ_0 到 λ_∞ 积分，就得到某一条件下所发出的连续 X 射线的总强度：

$$I_{连} = \int_{\lambda_0}^{\lambda_\infty} I_\lambda d\lambda = \frac{AiZ}{2\lambda_0^2} = KiZV^2$$

可见，连续 X 射线的总强度与管电流强度 i 及管电压 V 的平方成正比。因此，常采用高原子序数的物质如钨作 X 射线管的阳极，因为它可以得到较大的连续谱总强度。

维持 X 射线管的管电流恒定，逐渐增高靶管电压，则管电压低于某特定值时，能获得连续谱。当管电压超过该特定值时，就会在某些特定波长的位置上出现若干强度很高的特征谱线叠加在连续谱上，它们是 X 射线的标识谱。

标识谱有如下实验规律。

（1）阳极物质的标识谱可分成若干系，每个系有一定的激发电压，只有当管电压超过激发电压时，才能产生该物质相应系的标识谱线。阳极物质的原子序数 Z 越大，其激发电压越高。

（2）每个标识谱线都对应于一个确定的波长。当管电压和管电流改变时，波长不变，仅其强度改变。

（3）不同的阳极物质，标识谱的波长不同。它们之间的关系由 Moseley 定律确定，即：

$$\sqrt{1/\lambda}=K(Z-\sigma)$$

式中，λ 为标识谱波长；K 和 σ 均为常数。即阳极靶材料的原子序数 Z 增加，则相应同一系标识谱的波长变短。

不同系谱线之间的波长差别较大，波长最短的一组称 K 系谱线，按照波长增加的次序，以后各系分别称为 L 系、M 系、N 系等，每系内的每一条谱线都有一定名称，如 K 系中波长最长的线称为 K_α 线，按照波长减短的次序，其后的线称为 K_β、K_γ 等。K_α 线又是由两条波长相差很小的线 $K_{\alpha1}$ 和 $K_{\alpha2}$ 所组成。它们的波长之差 $\Delta\lambda=\lambda_{K_{\alpha2}}-\lambda_{K_{\alpha1}}$ 平均不超过 0.0004nm。$K_{\alpha1}$ 是 K 系中强度最大的线，它比 $K_{\alpha2}$ 的强度约大一倍，而 $K_{\alpha1}$ 比 K_β 的强度约大五倍。

任意一层上的电子跳到 K 层时，产生 K 系 X 射线；跳到 L 层时，产生 L 系 X

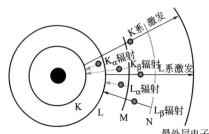

图 6-4　标识 X 射线谱产生过程示意

射线，依此类推。假若电子是从相邻层跳来，则产生相应系的 αX 射线，例如由 L 层跳到 K 层时产生 K_αX 射线，由 M 层跳到 L 层时产生 L_αX 射线。若电子是从相隔一层的轨道上跳来，则产生相应系的 βX 射线，例如由 M 层跳到 K 层时产生 K_βX 射线。假若电子是从相隔两层的轨道上跳来，则产生相应系的 γX 射线；如从 N 层跳到 K 层时，产生 K_γX 射线（图 6-4）。

由于 K 层和 M 层上电子的能量差比 K 层和 L 层上电子的能量差大，故电子由 M 层跳到 K 层时所产生的 K_β 射线波长较之电子由 L 层跳到 K 层时所产生的 K_α 射线波长短，但 K_α 线比 K_β 线强度大五倍左右，这是因为电子自 L 层过渡到 K 层的概率比由 M 层过渡到 K 层的概率大五倍左右的缘故。

属于同一层的各个电子能量并不完全相同，而有极小的差别，从而产生了谱线的双重线现象。例如 L 层有 8 个电子，分属于三个亚能级，各亚能级的电子能量有微小差别。因此，分别由 L 层两个亚能级中的电子跳到 K 层时所产生的谱线的波长也有微小差异，故 K_α 射线又可分为 $K_{\alpha1}$ 和 $K_{\alpha2}$ 双重线。

标识 X 射线的强度与管电压、管电流的关联可表示为：

$$I_标=Ci(V-V_0)^m$$

式中，C 为比例常数；i 为管电流强度；V 为管电压；V_0 为阳极物质标识 X 射线的激发电压；m 的数值，通常对 K 系取 $m=1.5$，对 L 系取 $m=2$。

标识 X 射线谱与连续谱是叠加的，二者的强度都是管电压和管电流的函数。使用标识 X 射线时，人们希望找到一个适当的工作条件，使标识谱线相对于连续谱有最大的强度。对于 K 系的标识 X 射线有：

锂离子电池原理与关键技术

$$\frac{I_{标}}{I_{连}}=\frac{Ci(V-V_{K})^{1.5}}{KiZV^{2}}=C'\times\frac{\left(\dfrac{V}{V_{K}}-1\right)^{1.5}}{ZV_{K}^{0.5}\left(\dfrac{V}{V_{K}}\right)^{2}}$$

式中，$C'=\dfrac{C}{K}$为常数。以 $I_{标}/I_{连}$ 为纵坐标，V/V_{K} 为横坐标，采用作图法可得。当管电压比激发电压高 3～5 倍时，标识谱线相对于连续谱线的强度最大。因此，使用标识 X 射线时，X 射线管的工作电压约为阳极物质激发电压的 3～5 倍。常用的 X 射线管适宜的工作电压可在表 6-1 中查到。

表 6-1　常用阳极靶材相关数据

元素	原子序数	$\lambda_{K_{a1}}/\text{Å}$	$\lambda_{K_{a2}}/\text{Å}$	$\lambda_{K_{\beta1}}/\text{Å}$	$\lambda_{K}/\text{Å}$	V_{K}/kV	适合工作电压/kV
Cr	24	2.28970	2.293606	2.08487	2.07012	5.98	20～25
Mn	25	2.101820	2.10576	1.91021	1.89636	6.54	20～25
Fe	26	1.936042	1.939980	1.75661	1.74334	7.10	25～30
Co	27	1.788965	1.792850	1.62079	1.60811	7.71	30
Ni	28	1.657910	1.661747	1.50013	1.48802	8.29	30～35
Cu	29	1.540562	1.544390	1.39222	1.38043	8.86	35～40
Mo	42	0.709300	0.713590	0.632288	0.61977	20.1	50～55
Ag	47	0.559407	0.563798	0.497069	0.48582	25.5	55～60
W	74	0.209010	0.213828	0.184374	0.17837	69.3	

注：1Å=0.1nm。

晶体结构中，原子核一般占据一固定位置或仅作轻微的振动，但原子核外的电子特别是外层电子却在晶体的空间中作极复杂的运动。可从统计的观点来研究晶体结构中每一点上电子分布的状况，或者考虑电子在晶体结构中每一点出现的概率的大小。在一定时间内，晶体结构中某一点上电子出现得多，即在此点上电子出现概率大，就说该点的电子密度大。晶体结构中某一点上的电子密度就是从时间平均意义上来说的概率密度。

晶体结构中电子的运动极复杂，在晶体结构中电子密度的分布规律可反映出原子的排列规律。与原子核和电子相关，晶体结构中静电场大小的分布规律也同样要反映出原子的排列规律。

当 X 射线束照射到晶体结构上而与晶体结构中的电子和电磁场发生相互作用时，晶体结构将发生一些物理效应。其中 X 射线被电子散射（相干散射）而引起的衍射效应将反映出晶体结构空间中电子密度的分布状况，因而也就反映出晶体结构中原子的排列规律，所以可用晶体的 X 射线衍射效应来确定晶体的原子结构。

由于 X 射线与可见光具有相似性，而晶体的光洁表面与镜面相似。布拉格（Brag）在忽略晶体表面粗糙度的条件下，按照镜面反射设计了 X 射线在晶面上的反射实验。演示实验用 CuK$_\alpha$ 辐射，用岩盐（NaCl）晶体作光栅。当晶面和入射线成其他角度时，则记录到的反射线强度较弱甚至不发生反射。可见，X 射线在晶面上的反射和可见光在镜面上的反射有共同点即都满足反射定律。X射线以某些特定的角度入射时才能发生反射，求得各晶面反射线加强的条件是：

$$2d\sin\theta = n\lambda$$

该式称为布拉格公式。式中，d表示晶面间距；n为任意整数，称为相干级数；θ为入射角；λ为X射线波长。

任何晶体物质都有其特征的衍射峰位置和强度（德拜图相）。当试样为未知的多相混合物时，其中各相组成部分都将在合成的德拜图上贡献自己所特有的一组线条（即一组d值）和相对强度。因此，若某种物质的一系列d值及其相对强度与实验获得的德拜图上一部分线条全部相符合，就可初步肯定试样中含有此种物质（或相分）。再把获得的德拜图上的其余线条对应的物质或相分确定后，就可以逐次鉴定试样中的各种组分。

在样品中每个物相的衍射强度随着该物相在样品中分量的增加而增强，但由于样品吸收因素以及其他因素的影响，使得样品中某物相的衍射强度和物相含量的关系并不是正比关系。在定量分析中为了得到较准确的结果，通常采用衍射仪法。该方法具有测量速度快的优点，特别是在强度测量中，具体样品的吸收因素不随衍射角θ而变，即对固定的物质是一个常数。具体可参阅有关专著和文献。

6.1.2 红外光谱研究

红外光谱是研究化合物分子结构必不可少的手段。当一束红外线照射到被测样品时，分子由振动的低能级跃迁到相邻的高能级，而在相应于基团特征频率的区域内出现吸收峰。从吸收峰的位置及强度可得到该分子的定性及定量数据。

根据量子学说的观点，物质在入射光的照射下，分子吸收能量时，其能量的增加是跳跃式的，所以物质只能吸收一定能量的光量子。两个能级间的能量差与吸收光的频率服从玻耳（Bohr）公式：

$$h\nu = E_2 - E_1$$

式中，E_1、E_2分别为低能态和高能态的能量；h为普朗克常数，6.626×10^{-34} J·s；ν为光波的频率。

由上式可知，若低能态与高能态之间的能量差越大，则所吸收光的频率越高；反之，所吸收光的频率越低。通常频率ν可以用波数σ来表示。

量子学认为，两个能级之间只有遵循一定的规律才能发生跃迁，即两个能级间的跃迁只能在电偶极改变等于零时才能发生。而分子运动可以分为平动、转动、振动及分子内电子的运动，每个运动状态都属于一定的能级。

当物质吸收红外区的光量子后，只能引起原子的振动和分子的转动，不会引起电子的跳动，所以红外光谱又称为振动转动光谱。

红外光谱图中吸收峰与分子及分子中各基团不同的振动形式相对应。分子偶极变化的振动形式可分为两类：伸缩振动和弯曲振动。伸缩振动是指原子沿着价键方向来回运动；弯曲振动是指原子垂直于价键方向的运动。

分子中每个原子在空间有 3 个自由度，由 N 个原子组成的分子在空间应有 $3N$ 自由度。对于非直线型分子，应减去 3 个平移自由度及 3 个转动自由度。所有原子核除彼此进行相对振动外，也能与整个分子进行相对振动，因此振动频率组很多。某些振动频率与分子中存在一定的基团有关。键能不同，吸收的振动能也不同。因此，每种基团、化学键都有特殊的吸收频率组，能够利用红外吸收光谱进行结构分析，但同一基团在不同分子中产生特征频率会略有改变，因此应用时要注意各种因素的影响。

在分子振动过程中，同一类型化学键的振动频率非常接近。它们总是出现自在某一范围内，但是相互又有区别，即所谓特征频率或基团频率。

分子中原子以平衡点为中心，以非常小的振幅（与原子核间距离相比）进行周期性的振动，即所谓简谐振动。根据这种分子振动模型，把化学键相连的 2 个原子近似地看为谐振子，则分子中每个谐振子（化学键）的振动频率 ν（基本振动频率）可用经典力学中胡克定律导出的简谐振动公式（也称振动方程）计算：

$$\nu = \frac{1}{2\pi}\sqrt{\frac{K}{\mu}}$$

式中，振动频率 ν 用波数 σ 表示，则：

$$\sigma = \frac{\nu}{c} = \frac{1}{2\pi c}\sqrt{\frac{K}{\mu}}$$

式中，c 为光速；K 为化学键力常数（即化学键强度）；μ 为 2 个原子的折合质量，即 $\mu = m_1 m_2 / (m_1 + m_2)$。

根据原子折合质量和原子量的关系，上式可改写为：

$$\sigma = \frac{\sqrt{N}}{2\pi c}\sqrt{\frac{K}{M}}$$

式中，N 为阿伏伽德罗常数，6.024×10^{23}；M 为 2 个原子的折合原子量，即 $M = M_1 M_2 / (M_1 + M_2)$。当化学键力常数 K 的单位以 $10^{-2} \mathrm{N/m}$ 表示，则上式简化为：

$$\sigma = 1307\sqrt{\frac{K}{M}}$$

上式为分子振动方程，可用于计算双原子分子或复杂分子中化学键的振动频率。测得单键、双键、叁键的键力常数分别为 $K_单 = (4 \sim 6) \times 10^{-5} \mathrm{N/m}$，$K_双 = (8 \sim 12) \times 10^{-5} \mathrm{N/m}$，$K_叁 = (12 \sim 18) \times 10^{-5} \mathrm{N/m}$。这样由已知的化学键强度就可求得相应化学键的振动频率。

分子吸收光谱的吸收峰强度可用摩尔吸光系数 ε 表示。由于红外吸收带的强度比紫外线、可见光弱得多，即使是强极性基团振动产生的吸收带，其强度也比紫外线、可见光低 2～3 个数量级；并且红外辐射源的强度也较弱。红外吸收峰的强度通常粗略地用以下 5 个级别表示。

VS	S	m	W	VW
极强峰	强峰	中强峰	弱峰	极弱峰
$\varepsilon > 100$	$\varepsilon = 20 \sim 100$	$\varepsilon = 10 \sim 20$	$\varepsilon = 1 \sim 10$	$\varepsilon < 1$

峰强与分子跃迁的概率有关。跃迁概率是指激发态分子所占分子总数的百分数，基频峰的跃迁概率大，倍频峰的跃迁概率小，组频峰的跃迁概率更小。

峰强与分子偶极矩有关，而分子的偶极矩又与分子的极性、对称性和基团的振动方式等因素有关。一般极性较强的分子或基团，它的吸收峰也较强。分子的对称性越低，则所产生的吸收峰越强；基团的振动方式不同时，电荷分布也不同，其吸收峰的强度一般为：$\nu_{as} > \nu_s > \delta$。红外光谱图通常是以吸收光带的波长或波数为横坐标，而以透过百分率为纵坐标表示吸收强度。

6.1.3　拉曼（Raman）光谱研究

拉曼光谱法是利用激光束照射试样时发生散射现象而产生与入射光频率不同的散射光谱所进行的分析方法。频率为 ν_0 的入射光可以看成是具有能量 $h\nu_0$ 的光子，当光子与物质分子相碰撞时，可能产生能量保持不变，故产生的散射光频率与入射光频率相同。只是光子的运动方向发生改变，这种弹性散射称为瑞利散射。在非弹性碰撞时，光子与分子间产生能量交换，光子把一部分能量给予分子或从分子获得一部分能量，光子能量就会减少或增加。在瑞利散射线两侧就可以看到一系列低于或高于入射光频率的散射线，这就是拉曼散射。如果分子原来处于低能级 E_1 状态，碰撞结果使分子跃迁至高能级 E_2 状态，则分子将获得能量 $E_2 - E_1$，光子则损失这部分能量，这时光子的频率变为：

$$\nu_- = \nu_0 - \frac{E_2 - E_1}{h} = \nu_0 - \frac{\Delta E}{h}$$

即斯托克斯线。如果分子原来处于高能级 E_2 状态，碰撞结果使分子跃迁到低能级 E_1 状态，则分子就要损失能量 $E_2 - E_1$；光子获得这部分能量，这时光子频率变为：

$$\nu_+ = \nu_0 + \frac{E_2 - E_1}{h} = \nu_0 + \frac{\Delta E}{h}$$

即为反斯托克斯线。

斯托克斯线的频率或反斯托克斯线的频率与入射光的频率之差，以 $\Delta \nu$ 表示，称为拉曼位移。相对应的斯托克斯线与反斯托克斯线的拉曼位移 $\Delta \nu$ 相等，即：

$$\Delta \nu = \nu_0 - \nu_- = \nu_+ - \nu_0 = \frac{E_2 - E_1}{h}$$

在常温下，根据玻耳兹曼分布定律，处于低能级 E_1 的分子数比处于高能级 E_2 的分子数多得多，所以斯托克斯线比反斯托克斯线强得多；而瑞利谱线强度又比拉曼谱线强度高几个数量级。

由上讨论可知，拉曼散射的频率位移 $\Delta \nu$ 与入射光频率 ν_0 无关（这样便于选择合适频率的入射光源，如选用可见光为拉曼光谱的入射光源），与分子结构有关。即拉曼位移 $\Delta\nu$ 就是分子的振动或转动频率。不同化合物的分子具有不同的拉曼位移 $\Delta\nu$、拉曼谱线数目和拉曼相对强度，这是对分子基团定性鉴别和分子结构分析的依据。而对于同一化合物，拉曼散射强度与其浓度成直线关系。

拉曼光谱出现在可见光区，而其拉曼位移一般为 $4000\sim25\,cm^{-1}$（最低可测至 $10\,cm^{-1}$），这相当于波长 $2.5\sim100\mu m$（最长 $1000\mu m$）的近红外到远红外的光谱频率，即拉曼效应对应于分子转动能级或振-转能级跃迁。当直接用吸收光谱法研究时，这种跃迁就出现在红外线区或远红外线区，得到的是红外光谱，拉曼光谱与红外光谱两者机理有本质不同。拉曼光谱是一种散射现象，它是由分子振动或转动时的极化率变化（即分子中电子云变化）引起的，而红外光谱是吸收现象，它是分子振动或转动时的偶极矩变化引起的。

拉曼光谱来源于分子极化率变化，是由具有对称电荷分布的键（此种键易极化）的对称振动引起，故适于研究同原子的非极性键。

激光拉曼光谱振动叠加效应较小，谱带较为清晰，倍频和组频很弱，易于进行偏振度测定以确定物质分子的对称性，因此比较容易确定谱带归宿。在谱图分布方面有一定方便之处。拉曼光谱可直接测定气体、液体和固体样品，并且可用水作为溶剂。可用于高聚物的立规性、结晶度和取向性等方面的研究，也是无机材料和金属有机化合物分析的有力工具。对于无机体系，它比红外光谱法优越得多。它不但可在水溶液中测定，而且可测振动频率处于 $1000\sim700\,cm^{-1}$ 范围的络合物中金属-配位键振动。

6.1.4 锂离子扩散

锂离子电池在充放电过程中，主要的电极反应是锂离子在正极或负极材料中的嵌入与脱出，因此锂离子在正、负极材料中的扩散系数是一个重要的指标。在电化学测试中，根据 Fick 第二定律，可用多种方法测定离子的扩散系数，如稳态循环伏安法、旋转圆盘电极法、暂态恒电位阶跃法、恒电流阶跃法、交流阻抗法等。对于锂离子电池来说，常用的电化学测试方法有电流脉冲弛豫法（CPR）、恒电流间歇滴定法（GITT）、交流阻抗法（AC）和电位阶跃法（PSCA）等。在锂离子电池研究中，上述这些方法有的涉及开路电压 OCV（open circuit voltage）与组成曲线斜率的确定，有的方法涉及电极有效表面积的确定，而这些参数的确定有时很困难，甚至将带来很大的误差，导致所测得的扩散系数值与实际相差较大有时达到几个数量级。

锂离子在晶体内部的电化学扩散系数可用 Weppner 和 Huggins 方法计算得出，化学扩散系数 $\widetilde{D}_i$ 表示为：

$$\widetilde{D}_i = \frac{4}{\pi}\left(\frac{jV_{\mathrm{m}}}{F}\right)^2\left(\frac{\mathrm{d}E/\mathrm{d}x}{\mathrm{d}E/\mathrm{d}t^{1/2}}\right)^2$$

式中，j 为电流密度；V_{m} 为试样摩尔体积；F 为法拉第常数；$\mathrm{d}E/\mathrm{d}x$ 由库仑

滴定曲线获得；$dE/dt^{1/2}$ 由恒流条件下电压与时间的变化关系求得。

几种扩散系数的测试方法简介如下。

(1) 电流脉冲弛豫法（CPR）

电流脉冲弛豫法是在电极上施加连续的恒电流扰动，记录和分析每个电流脉冲后电位的响应，采用这种方法可测定锂离子电池中锂离子的扩散系数。当施加到电池的每个脉冲电流终止时，电池的电压向脉冲开始前的电位恢复，其变化规律为：

$$U = f(t^{-1/2})$$

电池电压的变化可表示为：

$$\Delta U = \frac{V_m \dfrac{dU}{dx} I\tau}{FA \sqrt{\pi D_{Li}}} t^{-\frac{1}{2}}$$

根据 Fick 第二定律，对于半无限扩散条件下的平面电极（$t \leqslant l^2/D_{Li}$），其化学扩散系数可表示为：

$$D_{Li} = \frac{I\tau V_m}{AF\pi^{\frac{1}{2}}} \times \frac{dU}{dx} \times \frac{dU}{dt^{-\frac{1}{2}}}$$

式中，I 为脉冲电流，A；τ 为脉冲时间，s；V_m 为摩尔体积，cm^3/mol；A 为阴极或阳极表面积，cm^2；F 为法拉第常数；t 为时间，s；l 为电极厚度的 1/2；dU/dx 为放电电压-组成曲线上每点的斜率；$dU/dt^{-1/2}$ 为弛豫电位（dU 或 ΔU)-$t^{-1/2}$ 直线的斜率。

(2) 交流阻抗技术（AC）

交流阻抗技术是电化学研究中的一种重要方法，已在各类电池研究中获得了广泛应用。该技术的一个重要特点是可以根据阻抗谱图（Nyquist 图或 Body 图）准确地区分在不同频率范围内的电极过程速度决定步骤。

在半无限扩散条件下，Warburg 阻抗可表示为：

$$Z_W = \sigma\omega^{-1/2} - j\sigma\omega^{-1/2}$$

式中，σ 为 Warburg 系数；ω 为角频率；$j = \sqrt{-1}$。

当频率 $\gg 2D_{Li}/l^2$ 时，Warburg 系数为：

$$\sigma = -[V_m(\sqrt{2FA})]\left(\frac{dU}{dx}\right)\left(\frac{I}{D_{Li}^{\frac{1}{2}}}\right)$$

式中，l 是扩散厚度；V_m、F、A、dU/dx 的意义与电流脉冲弛豫法中的公式相同。

根据所测阻抗谱图的 Warburg 系数，结合放电电位-组成曲线所测的不同锂嵌入量下的 dU/dx，就可求出扩散系数 D_{Li}。

(3) 恒电流间歇滴定技术（GITT）

恒电流间歇滴定技术是稳态技术和暂态技术的综合，它消除了恒电位等技术中的欧姆电位降问题，所得数据准确。

图 6-5 中 ΔU_t 是施加恒电流 I_0 在时间 τ 内总的暂态电位变化，ΔU_s 是由于 I_0 的施加而引起的电池稳态电压变化。电池通过 I_0 的电流，在时间 τ 内，锂在电极中嵌入，因而引起电极中锂的浓度变化，根据 Fick 第二定律：

$$\frac{\partial C_{Li}(x,t)}{\partial t} = \frac{D_{Li} \partial^2 C_{Li}(x,t)}{\partial x^2}$$

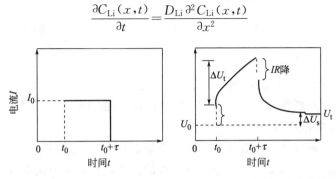

图 6-5 恒电流间隙滴定中电流（a），电压（b）随时间的变化曲线

初始条件和边界条件为：

$$C_{Li}(x,t=0) = C_0 \quad (0 \leqslant x \leqslant 1)$$

$$\frac{-D_{Li} \partial C_{Li}}{\partial x} = \frac{I_0}{AF} \quad (x=0, t \geqslant 0)$$

$$\frac{\partial C_{Li}}{\partial x} = 0 \quad (x=1, t \geqslant 0)$$

式中，$x=0$ 表示电极/溶液界面，其他参数同前所述。当 $t \leqslant l^2/D_{Li}$ 时，dU/dx 为开路电位-组成曲线的斜率，其他参数的意义亦与前同，根据恒电流下的 U-t 关系曲线，即可求出扩散系数 D_{Li}。

（4）电位阶跃技术（PSCA）

电位阶跃技术（PSCA）是电化学研究中常用的暂态研究方法，可根据阶跃后的 I-$t^{1/2}$ 关系曲线及 Cottrel 方程求扩散系数。

Kanamura 及 Uchina 等将该技术用于测定锂离子电池正、负极材料中嵌入过程的扩散系数，即在一定电位下、恒定时间内，使电极中的锂离子扩散达均匀状态，然后再从恒电位仪上给出一个电位阶跃信号，电池中就有暂态电流产生。记录这个电位阶跃过程中暂态电流随时间的变化，根据记录的电流-时间暂态曲线与理论计算的电流-时间暂态曲线可求出 D_{Li}。理论计算的时间-电流暂态曲线可由 Fick 第二定律来推导：

$$\frac{\partial C(x,t)}{\partial t} = D_{Li} \frac{\partial^2 C_{Li}(x,t)}{\partial x^2}$$

式中，D_{Li} 是锂离子在电极中的扩散系数。假定电极厚度为 l，则初始条件和边界条件分别为：

$$C(x,t) = C_0 \quad (0 < x < l, t=0)$$

$$C(x,t) = C^{\infty} \quad (x=l, t>0)$$

$$\partial C(x,t)/\partial x = 0 \quad (x=0)$$

由上述初始条件和边界条件，可解得理论时间-电流暂态曲线为：

$$I(\tau)/I_\infty = l/(\pi t)^{1/2} \left\{ \sum (-1)^n \exp\left(\frac{-n^2}{\tau}\right) + \sum (-l)^{n+1} \exp\left[\frac{-(n+1)^2}{\tau}\right] \right\}$$

$$I_\infty = \frac{nFAD(C_\infty - C_0)}{l}$$

$$\tau = Dt/l^2$$

式中，$I(\tau)/I_\infty$ 表示无量纲的电流；τ 是无量纲的时间。

利用恒电位阶跃技术测得的电流-时间暂态曲线的比较，即可求出 D_{Li}。

6.1.5　电化学阻抗技术

将一个小振幅（几个至几十个毫伏）低频正弦电压叠加在外加直流电压上面并作用于电解池，然后测量电解池中极化电极的交流阻抗，从而确定电解池中被测定物质的电化学特性，该方法为交流阻抗法。交流阻抗法主要是测量法拉第阻抗（Z）及其与被测定物质的电化学特性之间的关系，通常用电桥法来测定，也可以简称为电桥法。

该法是将极化电极上的电化学过程等效于电容和阻抗所组成的等效电路。交流电压使电极上发生电化学反应产生交流电流，将同一交流电压加到一个由电容及电阻元件所组成的等效电路上，可以产生同样大小的交流电流。因此，电极上的电化学行为相当于一个阻抗所产生的影响。由于这个阻抗来源于电极上的化学反应，所以称之为法拉第阻抗（Fradic impedance）如图 6-6 中的 Z 所示：图 6-6 中 C_L 表示电极表面双电层的电容，R_i 为电解池的内阻，R_c 为极化电极自身的电阻，R_0 为电解池外面线路中的电阻。通常 R_c 和 R_i 数值较小，可以忽略不计。

法拉第阻抗 Z 本身又可以用一个等效线路来代表。Z 可以看成是一个电阻 R_s 和一个电容 C_s 串联而成。这个电阻称为极化电阻（polarization resistance）。这个电容称为假电容（pesudo capacitor）。之所以要假定 Z 是由 R_s 和 C_s 串联而成，是因为通常用交流电桥来测定阻抗，交流电桥的可调元件就是相互串联的可变电阻和电容；也可以把 Z 看成是由电阻和电容并联而成，但其计算要比串联线路复杂得多。利用交流电桥测定与法拉第阻抗相当的极化电阻（R_s）和假电容（C_s）的装置如图 6-7 所示。电解池 CE 连接于电桥线路，作为电桥的第四臂。振荡器 O 供给的交流电压的振幅约为 5mV。直流电压 P 加于电解池的两个电极上，调节 C_m 与 R_m 使电桥达到平衡，用示波器指示平衡点。从电桥实验中求出 C_m 与 R_m，再用其他方法求出图 6-6 的 R_c、R_i 和 C_L 值，然后用作图法求出 R_s 和 C_s。

6.1.6　热力学函数与电池电动势

对于可逆电池，其电池电动势的数值是与电池反应的自由能变化相联系的。一个能自发进行的化学反应，若在电池中等温下可逆地进行，电池以无限小电流放电即可作最大有用电功 $-W_r'$（体系对外作功为负）。电功＝电压×电量，可逆条件下

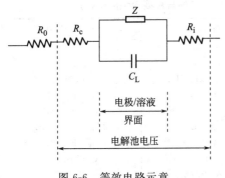

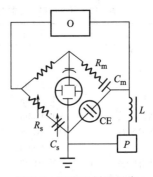

图 6-6　等效电路示意　　　　　　图 6-7　交流电桥法示意

的电压即电池电动势 E_r；电量可按电池反应计算。1mol 电子电量称为 1 法拉第（Faraday），以 F 表示。一个电子（e）的电量为 1.6021892×10^{-19}C；所以：

$$F=N_A e=6.022045\times10^{23}\text{mol}^{-1}\times1.6021892\times10^{-19}\text{C}=96487.56\text{C/mol}$$

在一般计算中，可取 $F=96500$C/mol。设 n 为电池反应的电荷数，则通过电池的电量为 nF，电池所作最大电功 $-W'_r=nFE_r$。在等温等压条件下：

$$\Delta G=-W'_r$$

即 $\Delta G=-nFE_r$。

在标准状态下：

$$\Delta G^{\ominus}=-nFE_r^{\ominus}$$

若已知 ΔG 和 $\Delta G^{\ominus}$，可计算 E 和 E_r 值；反之，若已知 E 和 E_r，可算出 ΔG 和 $\Delta G^{\ominus}$ 值。

6.2　电极材料的微观结构研究

锰氧化物及其嵌锂产物的晶体结构通常是由 MnO_6 八面体组成，Li-Mn 氧化物的结构是由通过共边和共顶点的 MnO_6 八面体形成不同大小的锂离子嵌入通道。表 6-2 列出了不同嵌锂锰氧化物的对称性及其拉曼光谱活性。所有的锂锰氧化物结构都可看成 Mn^{3+} 或 Mn^{4+} 填充在紧密堆积的网状氧原子间隙中。由于高自旋状态的 Mn^{3+}（$3d^4$）的存在，锂锰氧化物常常发生 Jahn-Teller 变形，结果降低了 MnO_6 的对称性，使其从立方 O_h（$Mn^{4+}O_6$）$^{2-}$ 对称转变为四方 D_{2h}（$Mn^{3+}O_6$）$^{3-}$ 对称。

典型的八面体配位 MnO_6 分子只有 3 个拉曼活性峰，即：$\nu_1(A_{1g})+\nu_2(E_g)+\nu_3(F_{2g})$。当其发生形变对称性降低时，产生更多的拉曼活性基谐波。如对应于立方晶系，正交晶系的拉曼活性声子如下：

立方晶系（O_h）　　　　　　　　正交晶系（D_{2h}）

A_{1g}　　　　　　　　　　　　　$\rightarrow A_g$

E_g　　　　　　　　　　　　　　$\rightarrow A_g+B_{1g}$

F_{2g}　　　　　　　　　　　　　$\rightarrow A_g+B_{2g}+B_{3g}$

表 6-2　不同结构类型的锂锰氧化物中，红外与拉曼活性频带数据

结构类型	空间群	红外活性	拉曼活性
层状六方岩盐	D_{3d}^5-R3m	$2A_{2u}+2E_u$	$A_{1g}+E_g$
层状单斜岩盐	C_{2h}^3-C2/m	$2A_u+4B_u$	$2A_g+B_g$
正交晶系	D_{2h}^{13}-Pmmn	$A_u+B_{1u}+2B_{2u}2B_{3u}$	$4A_{1g}+4B_{1g}+B_{2g}+2B_{3g}$
常规尖晶石	O_h^7-Fd3m	$4F_{1u}$	$A_{1g}+E_g+3F_{2g}$
改进尖晶石	O_h^7-Fd3m	$4F_{1u}$	$A_{1g}+E_g+3F_{2g}$
常规四方尖晶石	D_{4h}^{19}-I4$_1$/amd	$4A_u+6E_u$	$2A_{1g}+2B_{1g}+6E_g$
反尖晶石	O_h^7-Fd$\overline{3}$m	$4F_{1u}$	$A_{1g}+E_g+3F_{2g}$
有序尖晶石（Ⅰ）	O^7-P4$_1$32	$21F_1$	$6A_1+14E+20F_2$
有序尖晶石（Ⅱ）	D_4^3-P4$_1$22	$12A_2+21E$	$9A_1+10B_1+11B_2+21E$
有序尖晶石（Ⅲ）	T_d^2-F43m	$8F_2$	$3A_2+3E+8F_2$

6.2.1　化学计量尖晶石 $Li_{1+\delta}Mn_{2-\delta}O_4$（$0\leqslant\delta\leqslant0.33$）

化学计量尖晶石是指阳/阴离子的物质的量比即 n_M/n_O 为 3/4 的锂锰氧化物。在 $0\leqslant x\leqslant1$ 的范围内，锂在 3V 左右嵌入化合物中而生成 $Li_{1+x}(Mn_{2-\delta}Li_\delta)O_4$ 构型的物种。当锂离子嵌入 $LiMn_2O_4$ 时，由于 Jahn-Teller 效应，其电极材料的对称性下降为 $Li_2Mn_2O_4$（I4$_1$/amd 空间群）的四方对称；当 $\delta=0.33$ 即 $Li_4Mn_5O_{12}$ 时，处于立方尖晶石结构（Fd3m 空间群）中的所有锰离子均为 +4 价。在化合物中，伴随锰离子价态的升高，锂离子部分占据锰的八面体 16d 位，结果其立方晶格参数收缩为 $a=0.8137nm$。

图 6-8 分别给出了几种化学计量尖晶石如 $Li_4Mn_5O_{12}$、λ-$LiMn_2O_4$ 和 $Li_2Mn_2O_4$ 的拉曼散射光谱（RS）。对尖晶石性（O_h^7-Fd3m 空间群）化合物用群论处理，在布里渊区（Brillouin zone）得到 9 个光谱峰，其中 5 个（$A_{1g}+E_g+3F_{2g}$）为拉曼活性振动，4 个（$4F_{1u}$）为红外活性振动。由图 6-8 可见，$LiMn_2O_4$ 的拉曼活性较低，这主要是由于其极化特性引起的。拉曼频带的弱化是由于 d→d 跃迁引起在可见光区的强吸收。λ-$LiMn_2O_4$ 的拉曼光谱主要处在 625cm^{-1} 附近的宽峰和 583cm^{-1} 处的肩峰，由一个在 483cm^{-1} 附近的中强峰以及在 382cm^{-1} 和 295cm^{-1} 附近的两个低强度峰组成。625cm^{-1} 附近的峰可看作 Mn—O 伸缩振动引起的，这一频带在光谱学空间群中标记为 A_{1g} 对称。

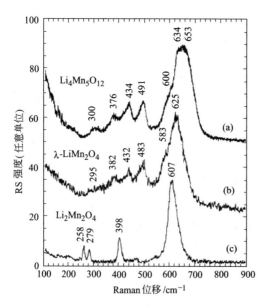

图 6-8　Li-Mn-O 化合物拉曼散射光谱

(a) $Li_4Mn_5O_{12}$；(b) λ-$LiMn_2O_4$；(c) $Li_2Mn_2O_4$

这一峰的位置和半峰宽几乎不随锂离子的脱出而发生变化。峰的宽化与阴-阳离子键长和发生在 $\lambda\text{-LiMn}_2\text{O}_4$ 中的多面体变形相关。583cm^{-1} 左右处肩峰的位置和强度都随着锂脱出量的增加而增加。锂脱出时这一肩峰的位置向高频方向移动，主要是由于 $\text{Mn}^{\text{IV}}\text{—O}$ 键收缩引起的。当锂完全脱出成为 $\lambda\text{-MnO}_2$（$a = 0.8029\text{nm}$）时，这个肩峰的位置移到 597cm^{-1}。295cm^{-1} 为 E_g 对称峰，382cm^{-1} 为 F_{2g} 对称峰。

如图 6-8(a) 所示，尖晶石 $\text{Li}_4\text{Mn}_5\text{O}_{12}$ 的拉曼散射光谱（RS）的主要频带中心区域在 $630\sim650\text{cm}^{-1}$，对应于 Mn—O 键的伸缩振动。仔细区分，这一区域有两个峰。分别位于 634cm^{-1} 和 653cm^{-1}。与 $\lambda\text{-LiMn}_2\text{O}_4$ 比较，伸缩振动频率增加是由于 Mn—O 键收缩引起的。除在 300cm^{-1} 峰的强度有明显增加外，$\text{Li}_4\text{Mn}_5\text{O}_{12}$ 在低频范围内的谱图与 $\lambda\text{-LiMn}_2\text{O}_4$ 相似。这个频带峰的出现与锂离子处于八面体配位位置有一定的联系，因为随着锂占据 $16d$ 位，这一峰强度增加。

LiMn_2O_4 进一步锂化会引起 Jahn-Teller 变形使晶体的对称性由立方向四方转变。这在图 6-9 中某些 X 射线衍射峰的分裂峰可见。四方 $\text{Li}_2\text{Mn}_2\text{O}_4$ 是变形的尖晶石，其锰原子占据 $8d$ 位，锂原子占据四面体 $8a$ 和八面体 $8c$ 位。四方结构中的 $4a$、$8c$、$8d$ 和 $16h$ 位对应于立方结构中的 $8a$、$16c$、$16d$ 和 $32e$ 位。如图 6-8(c) 所示，四方晶系 $\text{Li}_2\text{Mn}_2\text{O}_4$ 的拉曼光谱主要包括位于 607cm^{-1}、398cm^{-1}、279cm^{-1} 和 258cm^{-1} 处的四个峰。第一个峰最强，其半峰宽为 42cm^{-1}，是由 Mn—O 伸缩振动

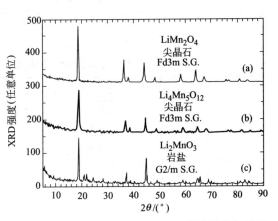

图 6-9　几种 Li-Mn-O 化合物的 X 射线粉末衍射图

(a) 尖晶石 LiMn_2O_4；(b) 尖晶石 $\text{Li}_4\text{Mn}_5\text{O}_{12}$；

(c) 岩盐 Li_2MnO_3

引起，这与 X 射线衍射和电化学数据相一致。四方 $\text{Li}_2\text{Mn}_2\text{O}_4$ 属 $\text{I4}_1/\text{amd}(\text{D}_{4h}^{19})$ 空间群，其中 Mn^{3+} 占据 $8d$ 位，O^{2-} 在 $16h$ 位，嵌入的锂离子占据 $8c$ 位。很容易从拉曼光谱区分四方 $\text{Li}_2\text{Mn}_2\text{O}_4$ 和立方 LiMn_2O_4，前者有四条光谱线，同时由于电子导电性能的差异，前者的峰更锐且强。由于缺乏单晶衍射图数据，很难确定其在拉曼光谱中的活性频带，可将 607cm^{-1} 的频带看作 $\text{A}_{1g}\text{O—Mn—O}$ 伸缩振动。相对较强的 398cm^{-1} 的低波数频带归为 Li—O 伸缩。

在尖晶石型 LiMn_2O_4 中掺锂，则其低频区拉曼光谱主峰位于 258cm^{-1} 附近，主要由 B_{2g} 对称的 Li—O 键引起。这一峰的出现与锂离子占据 $16c$ 位的改进尖晶石得到的四方锂锰氧化物相吻合。

图 6-10 给出了尖晶石型 LiMn_2O_4 的室温拉曼和红外吸收光谱。尖晶石型 LiMn_2O_4 的拉曼光谱由 625cm^{-1} 附近的宽、强峰（在 580cm^{-1} 附近有一肩峰），

311

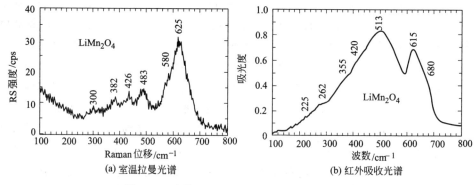

图 6-10 尖晶石型 $LiMn_2O_4$ 的室温振动光谱

$483cm^{-1}$ 附近的宽的中强峰，分别处于 $426cm^{-1}$、$382cm^{-1}$ 和 $300cm^{-1}$ 附近的 3 个强度较弱的峰组成。其红外光谱由处于 $615cm^{-1}$ 和 $513cm^{-1}$ 附近的两个宽的强吸收峰、位于 $420cm^{-1}$、$355cm^{-1}$、$262cm^{-1}$ 和 $225cm^{-1}$ 附近的 4 个低频弱吸收峰组成。其光谱峰的归属列入表 6-3。

表 6-3 尖晶石型 $LiMn_2O_4$ 的拉曼、红外光谱位置与归属

拉曼 ω/cm^{-1}	红外 ω/cm^{-1}	对称形式	归属
300(w)	225(w)	E_u	$\delta(Mn-O)$
	262(w)	$F_{1u}^{(4)}$	$\delta(O-Mn-O)$
	355(w)	$F_{1u}^{(3)}$	$\delta(O-Mn-O)$
382(w)		$F_{2g}^{(3)}$	$\delta(Li-O)$
	420(w)	F_{2u}	$\nu_s(Li-O)$
426(w)		E_g	$\nu_s(Li-O)+\nu_s(Mn-O)$
483(m)		$F_{2g}^{(2)}$	$\nu(Mn-O)$
	513(S)	$F_{1u}^{(2)}$	$\nu(Mn-O)$
583(sh)		$F_{2g}^{(1)}$	$\nu_s(Mn-O)$
	615(S)	$F_{1u}^{(1)}$	$\nu_{as}(Mn-O)$
625(S)		A_{1g}	$\nu_s(Mn-O)$
	680(sh)	A_{2u}	$\nu(Mn-O)$

注：w 表示弱，m 表示中强，S 表示强，sh 表示肩峰。

根据晶格动力学计算和尖晶石氧化物的一般光谱特征，归属如下，$625cm^{-1}$ 附近的光谱频带属于 MnO_6 的对称伸缩振动，高波数频带属于 O_h^7 光谱对称中的 A_{1g} 型。宽化是由于阴-阳离子键长和尖晶石 $LiMn_2O_4$ 中的多形变形引起的。由于尖晶石 $LiMn_2O_4$ 中的锰阳离子电荷不均匀，如 $LiMn^{3+}Mn^{4+}O_4$，有各向同性的 $Mn^{4+}O_6$ 八面体和由于 Jahn-Teller 效应引起的局部变形的 $Mn^{3+}O_6$ 八面体。因此，可以观测到 MnO_6^{9-} 和 MnO_6^{8-} 伸缩振动，从而引起 A_{1g} 波形的宽化。由于其强度很弱，$583cm^{-1}$ 附近的肩峰无法分离。定域振动法推测，肩峰的强度与尖晶石中锰的平均氧化态密切相关。由于肩峰的强度对锂的化学计量值很敏感，因此可认为该峰是由 $Mn^{4+}-O$ 伸缩振动引起的。

$LiMn_2O_4$ 的电性能降低了其拉曼光谱效率。$LiMn_2O_4$ 是一种小极化子半导体，电子在两种不同氧化态的锰离子之间跃迁。导电性能的增加意味着更高浓度的载流子，使得可见光区入射激光吸收强度增加，结果降低了拉曼光谱的强度。位于

483cm^{-1}附近的中等强度峰和位于426cm^{-1}、382cm^{-1}附近的低强度峰分别对应于 $F_{2g}^{(2)}$、E_g 和 $F_{2g}^{(3)}$ 对称，位于300cm^{-1}附近的低波数频带可能是阳离子的无序性引起的。在理想的立方尖晶石结构中，通常将 Mn^{3+}、Mn^{4+} 看成结晶学上等同的，都位于16d位，即两种离子在16d位的占据率分别为1:1，这也与X射线衍射数据相吻合。但实际上由于 Mn^{3+} 的 Jahn-Teller 效应使局部范围内的晶格变形，同时，Mn^{3+} 较 Mn^{4+} 具有更大的离子半径，这种平衡被破坏。结果，在红外光谱图上可观测到比预期更多的振动峰。

所有的红外光谱频带都是 F_{1u} 对称。位于615cm^{-1}和513cm^{-1}附近的尖晶石高频红外吸收光谱是由 MnO$_6$ 群的反对称伸缩引起的，而位于225cm^{-1}、262cm^{-1}、355cm^{-1}和420cm^{-1}附近的低频频带是由 O-Mn-O 的弯曲和 LiO$_4$ 群振动引起的。由于红外波对阳离子的氧化态很敏感，在锂离子脱出 λ-LiMn$_2$O$_4$ 时，高波数频带发生显著的迁移。实验研究表明，锰离子为 +4 价的 λ-MnO$_2$ 的高频频带迁移到610cm^{-1}（λ-LiMn$_2$O$_4$ 的对应峰在615cm^{-1}）。

6.2.2 层状结构 Li-Mn-O

Li$_2$MnO$_3$ 是由锂-锰-锂（锂锰比例为2:1）交替填充在紧密堆积的氧平面。紧密堆积的氧阵列稍稍偏离了理想的立方紧密堆积。Li$_2$MnO$_3$ 的结构与层状 LiCoO$_2$ 以及 LiNiO$_2$ 很相近，可以看成 [Li]$_{3a}$(Li$_{0.33}$Mn$_{0.67}$)$_{3b}$O$_2$，其中3a、3b指三角晶格中的八面体位。Li$_2$MnO$_3$ 中阳离子的排列使晶体的对称性从岩盐结构的典型立方对称降为单斜对称。

单斜 Li$_2$MnO$_3$ 的拉曼散射光谱图上有9个清晰可辨的峰，分别位于248cm^{-1}、308cm^{-1}、332cm^{-1}、369cm^{-1}、413cm^{-1}、438cm^{-1}、493cm^{-1}、568cm^{-1} 以及612cm^{-1}处。与尖晶石型 LiMn$_2$O$_4$ 相比，其光谱峰向低能量方向移动，这主要是由于二者的化学键环境差异引起的。

图6-9为岩盐结构的 Li$_2$MnO$_3$ 与尖晶石型化合物 LiMn$_2$O$_4$、Li$_4$Mn$_5$O$_{12}$ 的X射线衍射图。从该图可见，这几种化合物的衍射图很相似。只不过 Li$_2$MnO$_3$ 的（135）与（$\bar{2}$06）面叠加 Bragg 峰以及（060）峰分别出现在粉末衍射图的 2θ 值为64.6°和65.2°，而尖晶石型 LiMn$_2$O$_4$ 在 2θ 为64°～66°区间内只有一个（440）面衍射峰。

图6-11为几种 Li-Mn-O 材料

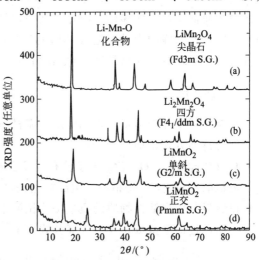

图6-11　几种 Li-Mn-O 化合物的 X 射线粉末衍射图

(a) 尖晶石 LiMn$_2$O$_4$；(b) 四方 Li$_2$Mn$_2$O$_4$；

(c) 单斜 LiMnO$_2$；(d) 正交 LiMnO$_2$

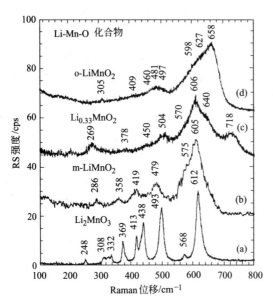

图 6-12 几种 Li-Mn-O 化合物的拉曼光谱图
(a) Li_2MnO_3；(b) 单斜 $LiMnO_2$；
(c) $Li_{0.33}MnO_2$；(d) 正交 $LiMnO_2$

如尖晶石 $LiMn_2O_4$、四方 $Li_2Mn_2O_4$、单斜 $LiMnO_2$ 和正交 $LiMnO_2$ 的 X 射线粉末衍射图。可见单斜层状 $LiMnO_2$ 与四方尖晶石 $Li_2Mn_2O_4$ 的图谱很相似，单采用 X 射线衍射法很难将两者区分开来。这主要是由于 Mn^{3+} 存在严重的 Jahn-Teller 效应，降低了尖晶石型锂锰氧化物的对称性，从而使得锂化尖晶石 $Li_2[Mn^{3+}]_2O_4$ 成为 $I4_1/amd$ 空间群的四方尖晶石结构。而四方尖晶石结构中的阳离子序与单斜层状 $LiMnO_2$ 中的很相似的缘故。

单斜 $LiMnO_2$ 中 Li^+ 和 Mn^{3+} 处于 C2/m 空间群中的 2d 位，而氧阴离子处于 4i 位上。群理论计算表明，单斜 $LiMnO_2$ 有 3 个拉曼活性峰和 6 个红外活性峰，而实验观测到的峰数高于理论预测值。观测到单斜 $LiMnO_2$ 有 3 个主要拉曼光谱峰，分别位于 419cm^{-1}、479cm^{-1} 和 605cm^{-1} 处，见图 6-12（b）。在 575（肩峰）cm^{-1}、358cm^{-1} 和 286cm^{-1} 处检测到 3 个弱的拉曼光谱峰。与尖晶石型 $LiMn_2O_4$ 相比，其光谱峰向低能量方向移动。因此，利用拉曼光谱很容易将在 200~650cm^{-1} 范围内只有四个光谱峰的尖晶石型 $Li_2Mn_2O_4$ 与单斜 $LiMnO_2$ 区分开来。对于结构相似的锂锰氧化物，拉曼光谱是区分它们的有效手段。

6.3 离子分布式

功能材料设计的前提是首先确定所需材料的微观结构，要研究其中材料的原子在空间的排列方式，即离子分布式。

6.3.1 $LiCr_xMn_{2-x}O_{4-y}A_y$ 离子分布式及容量计算

电池的容量（C）是指在一定的放电条件下，可以从电池中获得的电量。电池的理论容量是根据活性物质的质量按法拉第定律计算而得的，即电极上参加反应的物质量与通过的电量成正比，计算公式如下：

$$C = 6.023 \times 10^{23} \times 1.6022 \times 10^{-19} n \times \frac{m}{FW} \div 3600 = 26.8 n \frac{m}{FW}$$

式中，m 为完全反应的活性物质的质量；FW 为活性物质的分子量；n 为成流反应时的得失电子数。从上式可以看出，当电池中活性物质的量确定时，其理论容量与活性物质的分子量成反比，与成流反应时的得失电子数成正比。

对于尖晶石型锂锰氧正极材料，其分子量 FW 几乎为一定值，成流反应时的得失电子数也已固定为 1。对于化学计量的尖晶石 $LiMn_2O_4$，其离子分布式可以表示为：$[Li]_{8a}[Mn(III)_pMn(IV)_q]_{16d}O_4$。$Li^+$ 位于 8a 位，$Mn(III)$ 和 $Mn(IV)$ 各占一半，位于 16d 位，O^{2-} 位于 32e 位。其理论容量的计算公式为：

$$C = 26.8 \times 10^3 p/180.81 \ (mA \cdot h/g)$$

如果 $Mn(III)$ 和 $Mn(IV)$ 离子各占总锰量的一半，在这种情况下，$p=1$，可计算得其理论容量为 $148.22mA \cdot h/g$。如果 Li、Mn 的含量偏低，则有可能形成缺金属型锂锰氧化物，离子分布式可以表示为：$[Li_x\square_{1-x}]_{8a}[Mn(III)_pMn(IV)_q\square_s]_{16d}O_4$，$\square$ 表示空穴。在这种情况下：Li/Mn 表示为 $x/(p+q)=n$；电中性表示为 $3p+4q+x=8$；Mn 的平均价态表示为 $(3p+4q)/(p+q)=m$；16d 位的位置总数表示为 $p+q+s=2$。

用化学分析法得到 m 和 n，联立以上四个四元一次方程式求得 p。再代入 $C=26.8 \times 10^3 p/180.81(mA \cdot h/g)$ 可计算出理论容量。

下面以掺 Cr 后形成的固溶体为例，讨论其离子分布式的建立及理论容量计算。为了简便起见，假设位于 8a 位的 Li 量与化学计量的一致，所掺杂的 Cr 进入 16d 位。

先考虑阳离子掺杂型锂锰氧化物 $LiCr_rMn_{2-r}O_4$，其离子分布式可以表示为：

$$[Li]_{8a}[Mn(III)_pMn(IV)_qCr(III)_r]_{16d}O_4$$

p 值由以下三式进行计算。

16d 位的位置总数表示为：$p+q+r=2$

按电中性原则有：$3p+4q+3r=7$

Mn 的平均价态可表示为：$(3p+4q)/(p+q)=m$

计算得 p 后，再代入式 $C=26.8 \times 10^3 p/180.81(mA \cdot h/g)$ 可计算出理论容量。

同样，对于一价阴离子 $A(I)$ 和阳离子 $Cr(III)$ 掺杂形成的锂锰氧化物 $Li_xCr_yMn_{2-y}O_{4-z}A_z$，离子分布式表示为：

$$[Li]_{8a}[Mn(III)_pMn(IV)_qCr(III)_r]_{16d}[O(II)_sA(I)_t]_{32e}$$

p 值可由以下各式进行计算。

根据电中性原则有：$3p+4q+3r+1=2s+t$

16d 位的位置总数可表示为：$p+q+r=2$

32e 位的位置总数表示为：$s+t=4$

Mn 的平均价态表示为：$(3p+4q)/(p+q)=m$

计算得 p 值后代入式 $C=26.8 \times 10^3 p/180.8(mA \cdot h/g)$ 可以计算得 $Li_xCr_yMn_{2-y}O_{4-z}A_z$ 的理论容量。

表 6-4 列出了化学分析法测得 $Li_xCr_yMn_{2-y}O_{4-z}A_z$ 中的元素含量及 Mn 的平均价态以及按前述的方法计算的各样品的离子分布式。

表 6-4 $Li_xCr_yMn_{2-y}O_{4-z}A_z$ 中 Li、Cr、A 含量及 Mn 平均氧化态及其离子分布式

样品编号	Li 含量/%	Mn 平均氧化态	Cr 含量/%	A 含量/%	离子分布式
1	3.81	3.51	—	—	$[Li_{0.992}\square_{0.008}]_{8a}[Mn(III)_{0.978}Mn(IV)_{1.022}]_{16d}O_4$
2	3.74	3.53	2.65	—	$[Li_{0.985}\square_{0.015}]_{8a}[Mn(III)_{0.900}Mn(IV)_{1.015}Cr_{0.085}]_{16d}O_4$
3	3.76	3.49	2.59	0.84	$[Li_{0.988}\square_{0.012}]_{8a}[Mn(III)_{0.976}Mn(IV)_{0.932}Cr_{0.092}]_{16d}[O_{3.92}A_{0.08}]_{32e}$

将表 6-4 的计算结果代入式 $C=26.8\times10^3 p/180.81(mA\cdot h/g)$，可计算得表 6-4 中所列样品编号 1、2、3 的理论容量分别为 144.9mA·h/g、133.4mA·h/g 和 144.6mA·h/g。

6.3.2 Mn_3O_4 离子分布式与晶格常数计算

尖晶石型晶体中各种阳离子的分布决定于：①离子键能；②离子半径；③共价键的空间配位性；④晶体场对 d 电子的能级和空间分布的影响。可通过 XRD、磁性测量、Mossbauer 光谱、XPS、IR 及热分析（ATG、DTA、DTG）等手段来研究各种离子在 A、B 位上的分布方式和晶格常数的计算。

尖晶石 Mn_3O_4 的晶格常数 $a=0.8363nm$。事实上，这种 Mn_3O_4 是一种扭曲的尖晶石型，属于立方结构。从立方到四方转变时，晶格常数的关系为：$a_T=\sqrt{2}a_C$，$c_T=a_C$。同时，这种相变还造成 $a_T 3\%$ 的收缩率及 $c_T 12\%$ 的膨胀率。根据以上关系，求出这种四方的尖晶石型 Mn_3O_4 的晶格常数 $a_T=0.57356nm$，$c_T=0.93643nm$，与 PFD 卡片上的值基本吻合（$a_T=0.57621nm$，$c_T=0.94696nm$）。可以看出，随着氧化程度的增加，尖晶石型产物中 B 位的 Mn^{3+}、Mn^{4+} 的含量逐渐增加，Jahn-Teller 效应也更加明显，即越来越趋向于生成四方晶构的产物，最终全部转变为四方的 $\beta-MnO_2$。

6.4 动力学、热力学和相平衡研究

6.4.1 动力学

（1）$LiCoO_2$ 中锂离子的扩散系数

以用球状电极模型处理多孔 $LiCoO_2$ 电极中的锂离子扩散情况为例，假设：

① $LiCoO_2$ 电极中每个活性物质颗粒均为球状电极处理；

② 电极过程为恒电位阶跃所控制，且阶跃电位很高，因此阶跃后电极表面锂离子浓度可设为 0；

③ 由于 $LiCoO_2$ 电极固相中的锂离子扩散速度远小于液相扩散速度，因此整个电极过程受固相中的锂离子扩散速度所控制；

④ 以球心作为坐标原点，在半径为 r 的球面上各点的径向流量为：

$$J_{r=r}=-D_{Li^+}\left(\frac{\partial c}{\partial r}\right)_{r=r}$$

$r=r+dr$ 球面上各点的径向流量为：

$$J_{r=r+\mathrm{d}r}=-D_{\mathrm{Li}^+}\left[\left(\frac{\partial c}{\partial r}\right)_{r=r}+\frac{\partial}{\partial r}\left(\frac{\partial c}{\partial r}\right)\mathrm{d}r\right]$$

式中，c 为 $LiCoO_2$ 固相中半径为 r 处的锂离子浓度；D_{Li^+} 为 $LiCoO_2$ 颗粒中锂离子的扩散系数，见图 6-13、图 6-14。

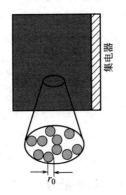

图 6-13　$LiCoO_2$ 颗粒作球形处理的电极示意

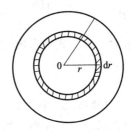

图 6-14　球面扩散示意

在 2 个球面之间的极薄球壳中，反应粒子的浓度变化速度为：

$$\frac{\partial c}{\partial t}=\frac{4\pi r^2 J_{r=r}-4\pi(r+\mathrm{d}r)^2 J_{r=r+\mathrm{d}r}}{4\pi r^2\,\mathrm{d}r}$$

将以上三式联立，可得球坐标中 Fick 第二定律的表示式：

$$\frac{\partial c}{\partial t}=D_{\mathrm{Li}^+}\frac{\partial^2 c}{\partial r^2}+2\frac{D_{\mathrm{Li}^+}}{r}\times\frac{\partial c}{\partial r}$$

初始条件：当 $t=0$，$0<r<r_0$ 时，$c(r,0)=c_0$。

式中，r_0 为 $LiCoO_2$ 颗粒半径；c_0 为阶跃开始前 $LiCoO_2$ 颗粒中锂离子的浓度。

边界条件：当 $t>0$，$r=r_0$ 时，$c(r_0,t)=0$；当 $0<t<\tau$，$r=0$ 时，$c(r,0)=c_0$。

式中，τ 为扩散发生后扩散层边界延伸到 $LiCoO_2$ 颗粒中心的时间。

在上述初始与边界条件下，求解方程式 $\dfrac{\partial c}{\partial t}=D_{\mathrm{Li}^+}\dfrac{\partial^2 c}{\partial r^2}+2\dfrac{D_{\mathrm{Li}^+}}{r}\times\dfrac{\partial c}{\partial r}$，得到 $LiCoO_2$ 电极中锂离子浓度表达式：

$$c=c_0\left[1-\frac{r_0}{r}+\frac{r_0}{r}\mathrm{erf}\left(\frac{r_0-r}{2D_{\mathrm{Li}^+}^{1/2}\,t^{1/2}}\right)\right]$$

将上述方程式对 r 微分得：

$$\frac{\partial c}{\partial r}=c_0\left[\frac{r_0}{r^2}-\frac{r_0}{r^2}\mathrm{erf}\left(\frac{r_0-r}{2D_{\mathrm{Li}^+}^{1/2}\,t^{1/2}}\right)+\frac{r_0}{r}\times\frac{1}{(\pi D_{\mathrm{Li}^+})^{1/2}}\exp\left(\frac{(r_0-r)^2}{4D_{\mathrm{Li}^+}\,t}\right)\right]$$

将 $r=r_0$ 代入上式，可得：

$$\left(\frac{\partial c}{\partial r}\right)_{r=r_0}=\frac{c_0}{r_0}+\frac{c_0}{(\pi D_{\mathrm{Li}^+}\,t)^{1/2}}$$

由此求解电势阶跃后得电流响应：

$$I = nFAD_{Li^+}\left(\frac{\partial c}{\partial r}\right)_{r=r_0} = \frac{nFAD_{Li^+}c_0}{r_0} + \frac{nFAD_{Li^+}^{1/2}c_0}{\pi^{1/2}t^{1/2}}$$

式中，n 为得失电子数；F 为法拉第常数；A 为电极面积。

上式表明，测试工作电极的电流 I 与 $t^{-1/2}$ 之间呈线性关系，利用这一特点，可求出 $LiCoO_2$ 颗粒中锂离子的扩散系数。将上式改写成 $I = B + Kt^{-1/2}$。

其中，$B = \dfrac{nFAD_{Li^+}c_0}{r_0}$；$K = \dfrac{nFAD_{Li^+}^{1/2}c_0}{\pi^{1/2}}$。

由 B、K 二式可求出锂离子扩散系数 D_{Li^+}：

$$D_{Li^+} = \frac{B^2 r_0^2}{\pi K^2}$$

（2）$LiMn_2O_4$ 中锂离子的扩散系数

根据球形扩散模型，恒压-恒流充电容量比值可以表示为：

$$q = \frac{\xi}{15} - \frac{2\xi}{3}\sum_{j=1}^{\infty}\frac{1}{\alpha_j^2}\exp\left(-\frac{\alpha_j^2}{\xi}\right)$$

式中，$\xi = R^2/Dt$，无量纲，R 为颗粒半径，cm；t 为恒流充电时间，s；D 为固相扩散系数，cm^2/s；α_j 为常数数列，由方程 $\tan\alpha = \alpha$ 解得。将上述方程在不同 q 值范围内通过最小二乘法对 ξ 进行线性拟合，最终得到 $D = f(q)$ 的系列方程，见表 6-5。根据表 6-5，只要测出颗粒半径 R、恒压-恒流充电容量比值 q 和恒流充电时间 t，即可得到扩散系数 D。

表 6-5　不同 q 值范围内通过最小二乘法进行线性拟合的方程

q	$D = f(q)$	相　关　系　数
0.03～0.51	$D = \dfrac{R^2}{15.36qt}$	0.9998
0.51～0.82	$D = \dfrac{5.15 \times 10^{-2}R^2}{(q-0.10)t}$	0.9996
0.82～1.51	$D = \dfrac{3.73 \times 10^{-2}R^2}{(q-0.33)t}$	0.9991
1.51～2.28	$D = \dfrac{2.75 \times 10^{-2}R^2}{(q-0.65)t}$	0.9991
2.28～6.90	$D = \dfrac{1.37 \times 10^{-2}R^2}{(q-1.64)t}$	0.9953
$\geqslant 6.90$	$D = \dfrac{0.69 \times 10^{-2}R^2}{(q-4.96)t}$	0.9999

图 6-15 为第一次循环测得的容量间隙滴定（CITT）曲线。由图 6-15(a) 的电压对时间或者电流对时间的曲线可以得到 t 值，由图 6-15(b) 的电压对容量曲线可以得到 q 值。因此只需测定颗粒半径 R 这一个辅助参数就可以通过 CITT 曲线获得的数据，由表 6-5 的方程计算出扩散系数值。图 6-16 为尖晶石 $LiMn_2O_4/Li$ 电池测

锂离子电池原理与关键技术

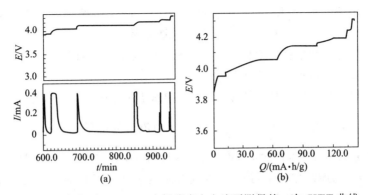

图 6-15　尖晶石 $LiMn_2O_4$ 在恒流充电电流下测得的一次 CITT 曲线

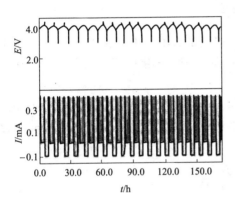

图 6-16　尖晶石 $LiMn_2O_4$ 的前 20 次 CITT 曲线

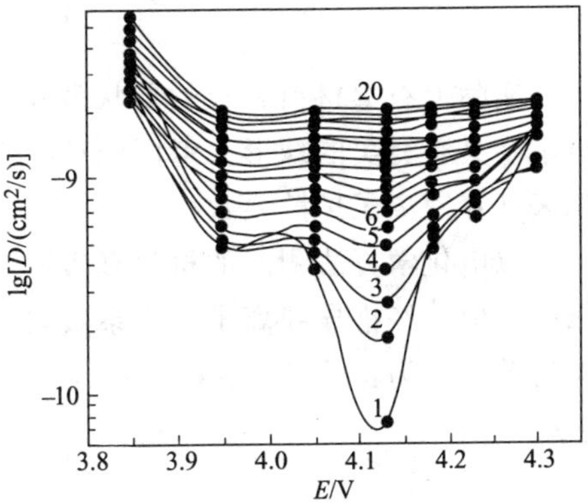

图 6-17　锂离子在 $LiMn_2O_4$ 中前 20 次 lgD-E 曲线

得的前 20 次循环的 CITT 曲线，具有很好的稳定性。根据图 6-16 计算得到前 20 次充放电过程中锂离子在 $LiMn_2O_4$ 中的扩散系数见图 6-17，由图 6-17 可知，锂离子在 $LiMn_2O_4$ 中的固相扩散系数不但与电压或锂离子在 Mn_2O_4 晶格中的浓度或充电深度（DOC）有关，而且在充电循环中，扩散系数值也发生明显的变化。随着电压的变化，在 3.95V 和 4.12V 左右存在两个极小峰，整个扩散系数-电压的曲线呈扭曲的"W"形。

采用容量间歇滴定技术可以非常方便地检测不同电压、不同充放电循环次数下嵌入离子在电极材料中的扩散系数。

（3）石墨中锂离子的扩散系数

在电位阶跃区间内，假定锂离子扩散系数不随其在电极材料中浓度的变化而变化，电位阶跃后，锂离子在球形电极材料中扩散符合 Fick 第二定律，经推导可得到响应电流 i 随时间 t 的变化关系：

$$i(t) = \frac{SF\sqrt{D}(c_a - c_0)}{\sqrt{\pi}}t^{-\frac{1}{2}} - \frac{SFD(c_a - c_0)}{R}$$

该式适用条件是 $t \ll R^2/D$。其中 $i(t)$ 为电位阶跃后的响应电流；S 为球形颗粒表面积；F 为法拉第常数；D 为锂离子扩散系数；c_0 和 c_a 为电位阶跃前后的锂离子浓度；R 为颗粒半径。根据上式，短时间内响应电流 $i(t)$ 与 $t^{-1/2}$ 之间满足线性关系。由此关系可得到锂离子扩散系数。

假定石墨材料的摩尔体积为 V_m，不随锂离子浓度的变化而变化。1mol 材料表面积和体积之间满足关系 $S_m = \dfrac{3V_m}{4R}$。阶跃区间流过的电量 $\Delta Q(mA \cdot h)$ 与锂离子浓度变化关系为 $\Delta Q = 0.2778 n_c F V_m (c_a - c_0)$，$n_c$ 为极片中石墨的物质的量。假定 $m(mA \cdot s^{1/2})$ 为响应电流 i 与 $t^{-1/2}$ 直线关系的斜率。经推导，半径为 $R(cm)$ 的石墨负极材料中锂离子扩散系数的计算表达式为：

$$D = \left(\frac{Rm \sqrt{\pi}}{10800 \Delta Q} \right)^2$$

实际上石墨材料颗粒的形状多种多样，即使是石墨化中间相碳微球（MCMB）也不会具有完美的球形。考虑颗粒的实际形状，一般采用 BET 方法测定的比表面积来计算锂离子扩散系数。

以电化学方法测定的材料真实比表面积 S_e 计算锂离子扩散系数，可得到更可靠的数值。经推导锂离子扩散系数与真实比表面积 $S_e(cm^2/g)$、密度 $\rho(g/cm^3)$ 之间的关系式为：

$$D = \left(\frac{m \sqrt{\pi}}{3600 S_e \rho \Delta Q} \right)^2$$

6.4.2 热力学

（1）锂嵌入热力学

$Li/Li_x Mn_2 O_4 (0 < x < 2)$ 电池的放电机理是锂在 $[Mn_2 O_4]$ 中的电化学嵌入反应，总的电池反应表述为：

$$x Li + [Mn_2 O_4] \Longleftrightarrow Li_x Mn_2 O_4$$

在嵌入反应中，电池的电动势随嵌入深度 x 而变，所以电池反应自由能变化应取电动势的积分形式：

$$\Delta G_{in} = -nF \int_0^x E(x) \, dx$$

嵌入偏摩尔熵 $\Delta \tilde{S}_{in}$ 和偏摩尔焓 $\Delta \tilde{H}_{in}$ 分别为：

$$\Delta \tilde{S}_{in} = F \left(\frac{\partial E}{\partial T} \right)_x$$

$$\Delta \tilde{H}_{in} = F \left[\left(\frac{\partial E}{\partial T} \right)_x - E \right]$$

（2）锂嵌入反应过程中自由能变化

图 6-18 为 30℃时 $Li/Li_x Mn_2 O_4$ 电池的库仑滴定曲线 [EMF(x)]。在 $1 < x < 2$ 的区间内，其电压分别在 4.1V、3.95V 和 2.97V，表现为三个平台，均高于按常

规的氧化还原反应计算出来的电池电动势。

以［Mn_2O_4］为正极材料，$Li/Li_xMn_2O_4$ 电池充分放电，正极的终极产物将是 Mn 和 Li_2O，整个反应可表达为：

$$8Li+[Mn_2O_4] \longrightarrow 4Li_2O+2Mn$$

按传统氧化还原反应热力学计算，反应的自由能变为 $-1313kJ/mol$；若这一反应以电化学方式实现，其反应自由能可通过 $EMF(x)$ 曲线在整个放电区间进行积分得到，计算值为 $-1248kJ/mol$。这一变化值与上式的计算结果相当吻合，因此可认为锂在

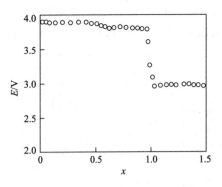

图 6-18 30℃时 $Li/Li_xMn_2O_4$
电池的 $EMF(x)$ 曲线

［Mn_2O_4］中的嵌入反应是整个反应的一个中间过程，即在 $x<2$ 时的高电动势是按上式反应的总能量在反应各个历程中重新分配的结果，这是因为如反应按上式进行，就必然涉及［Mn_2O_4］晶格的破坏和 Li_2O 晶格的形成，需要吸收能量，而锂在［Mn_2O_4］中的嵌入反应因不涉及晶格的破坏与形成，也就避免了晶格能的损失。

（3）锂嵌入的偏摩尔熵与偏摩尔熵

图 6-19 为不同嵌入深度的 $Li/Li_xMn_2O_4$ 电池在 20～45℃范围内不同温度下的 $EMF(x)$ 曲线，可见，随着温度升高，开路电压线性增加。

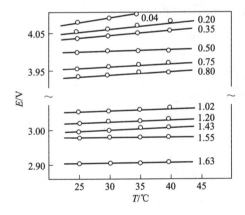

图 6-19 不同嵌入深度 $Li/Li_xMn_2O_4$
电池在不同温度下的 $EMF(x)$ 曲线

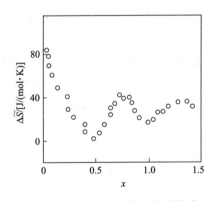

图 6-20 偏摩尔熵与嵌入深度关系

按式 $\Delta \widetilde{H}_{in}=F\left[\left(\dfrac{\partial E}{\partial T}\right)_x-E\right]$ 计算的不同嵌入深度下的偏摩尔熵如图 6-20 所示。

有文献报道，当嵌入深度比较小（$x<0.1$）时，嵌入反应的偏摩尔熵很大，约为 $60\sim100J/(mol \cdot K)$。反映了锂在［Mn_2O_4］晶格中有大的自由度和高的流动性。而当 x 增大时，偏摩尔熵变小。另外，在 $x=1/2$ 和 $x=1$ 两处出现两个极小值，说明在 $x=1$ 和 $x=1/2$ 时，嵌入过程有所改变。由 $Li_xMn_2O_4(0<x<2)$ 的结构分

析可知，在 $x=1$ 时，四面体位置 8a 已被占满，这时若再有锂嵌入，就必然进入八面体的 16c 位置。这时［Mn_2O_4］的晶体结构由立方晶体转变为四方晶体，空间群由 Fd3m 转变为 F4₁/ddm，这就导致了嵌入偏摩尔熵的巨大改变，而 $x=1/2$ 时的极小值和［Mn_2O_4］晶格的超结构有关，即存在亚晶格问题，此时整个晶体表现为长程有序而不再处于短程有序状态，正好是一个亚晶格全满而另一个全空，宏观表现为在 $x=1/2$ 时，晶胞参数有一突跃。

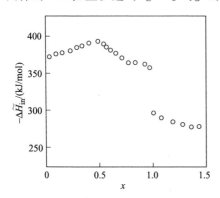

图 6-21　嵌入偏摩尔焓与嵌入深度关系

根据 $\mathrm{EMF}(x)$ 曲线以及偏摩尔熵的数据，可得到锂在［Mn_2O_4］中嵌入反应的偏摩尔焓与嵌入深度之间的关系，见图 6-21。可见，锂与［Mn_2O_4］晶格的键和力很强，且在 $x=1/2$ 和 $x=1$ 时偏摩尔焓有极大值。$x<1$ 时的偏摩尔焓数值与 $x>1$ 时的相差很大，反映出锂进入了两种不同的晶格位置。

6.4.3　电极电位与电极反应

（1）基本反应方程

以锂金属作为负极的锂离子电池的开路电压（OCV）表示如下：

$$FE = -\{\mu(\mathrm{Li},正极) - \mu(\mathrm{Li},负极)\}$$
$$= -\{\mu(\mathrm{Li},正极) - \mu^0(\mathrm{Li})\}$$
$$= -2.303RT\lg[a(\mathrm{Li},正极)] \tag{6-1}$$

如果以 LiMO_n 为正极，则电池反应可表示如下：

$$\mathrm{Li}^+(电解液) + \mathrm{e}(电极) =\!=\!= \mathrm{Li}(电极) \tag{6-2}$$
$$\mathrm{Li}^+(电解液) + \mathrm{e}(电极) + \mathrm{MO}_n =\!=\!= \mathrm{LiMO}_n \tag{6-2'}$$

上述反应的锂化学势可用下式表示：

$$\mu(\mathrm{Li},正极) + \mu^0(\mathrm{MO}_n) = \mu^0(\mathrm{LiMO}_n) \tag{6-3}$$
$$\{\mu(\mathrm{Li}) - \mu^0(\mathrm{Li})\} = \{\mu^0(\mathrm{LiMO}_n) - \mu^0(\mathrm{Li}) - \mu^0(\mathrm{M}) - n\mu^0(\mathrm{O})\}$$
$$- \{\mu^0(\mathrm{MO}_n) - \mu^0(\mathrm{M}) - n\mu^0(\mathrm{O})\}$$
$$= \Delta_f G^0(\mathrm{LiMO}_n) - \Delta_f G^0(\mathrm{MO}_n) \tag{6-3'}$$

如果得到 LiMO_n 和 MO_n 的 Gibbs 生成自由能的变化值，则可以计算出其开路电压（OCV）值。反之，从 OCV 值可以计算出 LiMO_n 的 Gibbs 生成自由能变化。

（2）价态及稳定化能

伴随电极反应的发生，过渡金属离子发生氧化还原反应，如方程式（6-2'）中过渡金属离子的价态从 $2n^+$ 变成（$2n-1$）$^+$，所以方程式（6-3）不能直接解释反应的 Gibbs 自由能变化。如果设计一个中间态，热力学状态函数值的变化就可解释这一过程。

图 6-22 中，与正极反应有关的三种化合物，$LiMO_n$ 和 MO_n 分别位于 Li-M-O 三元体系三角形中，这三种化合物处于一条直线上，即 $Li-MO_n$ 假二元系统。

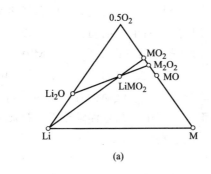

(a)

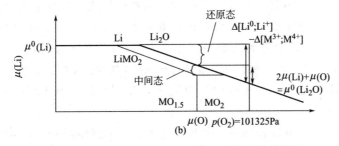

(b)

图 6-22 三元 Li-M-O 系统（a）Li-M-O 系统的化学势图（b）

为了从化学的概念给出一个合理的解释，用 Li_2O、M_2O_{2n-1} 作为上面描述的中间态比较恰当。因此，从 $Li+MO_n$ 合成 $LiMO_n$ 的反应可以用下面假设的三步反应说明。

$$Li+\frac{1}{4}O_2 =\!=\!= \frac{1}{2}Li_2O \tag{6-4}$$

$$MO_n =\!=\!= \frac{1}{2}M_2O_{2n-1}+\frac{1}{4}O_2 \tag{6-5}$$

$$\frac{1}{2}Li_2O+\frac{1}{2}M_2O_{2n-1} =\!=\!= LiMO_n \tag{6-6}$$

上述的三个反应都是基本化学反应，它们的热力学过程可简单地描述为 Li 被氧化，MO_n 被还原，两种单元氧化物生成二元氧化物。

另一方面，过渡金属氧化物价态稳定性 $\Delta[M^{(2n-1)+}；M^{2n+}]$ 和二元氧化物 $\delta(LiMO_n)$ 的稳定能可以定义为：

$$\Delta[M^{(2n-1)+}；M^{2n+}]=\Delta_f G^0(MO_n)-0.5\Delta_f G^0(M_2O_{2n-1})-0.25\Delta_f G^0(O_2) \tag{6-7}$$

$$\Delta(LiMO_n)=\Delta_f G^0(LiMO_n)-0.5\{\Delta_f G^0(M_2O_{2n-1})+\Delta_f G^0(Li_2O)\} \tag{6-8}$$

将式(6-7)、式(6-8) 代入方程式(6-3′)，得：

$$\{\mu(Li)-\mu^0(Li)\}=\Delta[Li^0；Li^+]-\Delta[M^{(2n-1)+}；M^{2n+}]+\delta(LiMO_n) \tag{6-9}$$

上式右边的三项对应于反应式(6-4)～反应式(6-6) 的三个过程。因为第一个过程在任何电极中都是相同的，所以正极电动势取决于过渡金属及其化学价的氧化还原过程和锂与发生氧化还原反应的过渡金属氧化物之间的相互作用这两个因素。

通常情况下，可用平衡氧分压 $[p(O_2)^{redox}]$ 来表征氧化物的氧化还原反应。利用这一特性，可将氧化还原反应对电极电动势的作用以下式表示：

$$\{\mu(Li) - \mu^0(Li)\}^{redox} = \Delta[Li^0;Li^+] - \Delta[M^{(2n-1)+};M^{2n+}]$$

$$= \Delta[Li^0;Li^+] - 0.25[RT\ln p(O_2)^{redox}] \qquad (6-10)$$

从上式看，似乎平衡氧分压对电极电动势有较大的影响，但实际上它对电极反应不起任何作用，然而在正极反应中，总是伴随着发生过渡金属离子的氧化还原发应，氧化还原反应是电极反应的特性。

（3）化学势图

图 6-22(a) 所示的任何三元体系的相关系都可用化学势图来表示。如前所述，氧化还原反应中平衡氧分压对电极电位的确定起重要作用，Li-M-O 系统的化学势图可以用 Li 和氧的化学势为轴的坐标体系表示。Li-M-O 拟二元系的示意见图 6-22(b)。图 6-22(b) 的几何形貌与前章表述的热力学性质相关。

当锂金属用作负极时，电极中的锂化学势为 $\mu^0(Li)$，图 6-22(b) 用金属锂的水平线表示。

方程式(6-4) 和方程式(6-6) 中的关键化合物 Li_2O 在图 6-22(b) 中表示为一条斜率为 $-1/2$ 的直线。

由包含 $LiMO_n$ 和 MO_n 之间 Gibbs 能变之差的等式(6-3) 确定的正极锂的化学势用 $LiMO_n$ 和 MO_n 稳定区域之间的水平线表示，两条水平线的差异用 FE 值表示。

过渡金属氧化物发生氧化还原反应的氧平衡分压用 MO_n 和 M_2O_{2n-1} 之间的垂直线来表示，$\mu(Li)$ 可用代表氧化还原反应平衡氧分压的垂直线和代表 Li_2O 的线的交点来表示。

方程式(6-10) 的第一种表达式 $\Delta[Li^0;Li^+] - \Delta[M^{(2n-1)+};M^{2n+}]$ 代表 $p(O_2) = 101325Pa$ 时价态稳定性差。

相互作用对应于 $LiMO_n$ 稳定区域的垂直宽度。

（4）影响 OCV 的其他因素

当在 Li-MO 系统中出现拟二元系稳定化合物时，必须对前述的反应式进行修正，电极反应考虑如下。

$$Li(电解液) + e(电极) + M_2O_{2n} \rlap{=}{=} LiM_2O_{2n} \qquad (6-11)$$

$$Li(电解液) + e(电极) + LiM_2O_{2n} \rlap{=}{=} 2LiMO_n \qquad (6-12)$$

锂的化学势表示如下：

$$\{\mu(Li) - \mu^0(Li)\} = \Delta_f G^0(LiM_2O_n) - \Delta_f G^0(M_2O_n)$$

$$= \Delta[Li^0;Li^+] - \Delta[M^{(2n-1)+};M^{2n+}] + \delta(LiM_2O_n) \qquad (6-13)$$

$$\{\mu(\text{Li})-\mu^0(\text{Li})\}=2\Delta_f G^0(\text{LiMO}_n)-\Delta_f G^0(\text{LiM}_2 O_n)$$

$$=\Delta[\text{Li}^0;\text{Li}^+]-\Delta[M^{(2n-1)+};M^{2n+}]+2\delta(\text{LiMO}_n)-\delta(\text{LiM}_2 O_n)$$

$$(6\text{-}14)$$

必须注意：在任何电极反应中，氧化还原过程总是相同的，这对应于 1mol 锂嵌入/脱嵌时，则有 1mol 过渡金属改变化合价。

当 $\text{LiM}_2 O_{2n}$ 稳定而不发生分解成 LiMO_n 和 $M_2 O_{2n}$ 的反应时，下列关系式成立：

$$\text{LiM}_2 O_{2n}=\!=\!=0.5M_2 O_{2n}+\text{LiMO}_n \qquad (6\text{-}15)$$

$$\Delta_r G^0=\delta(\text{LiMO}_n)-\delta(\text{LiM}_2 O_{2n})>0 \qquad (6\text{-}16)$$

从这个关系式，可以比较三种不同电极反应中锂化学势的大小，如下面的关系式所示，等式 (6-13) 的锂化学势最低。

$$\{\mu(\text{Li})-\mu^0(\text{Li})\}(\text{等式 6-13})<\{\mu(\text{Li})-\mu^0(\text{Li})\}(\text{等式 6-3})$$

$$<\{\mu(\text{Li})-\mu^0(\text{Li})\}(\text{等式 6-14}) \qquad (6\text{-}17)$$

随着 $\delta(\text{LiMO}_n)$ 与 $\delta(\text{LiM}_2 O_{2n})$ 的差值变大，锂化学势也变得越负。

当每摩尔锂的能量密度表示成 $\{\mu(\text{Li})-\mu^0(\text{Li})\}dn$（$dn$ 为锂计量数的变化）时，等式 (6-3′)、式 (6-13)、式 (6-14) 表明 Li 从 LiMO_n 脱出生成 MO_n 的总能量密度是一个常数，不依赖于是否生成 $\text{LiM}_2 O_{2n}$。这意味着尽管 $\text{LiM}_2 O_{2n}$ 有较高的开路电压（OCV），但其能量密度不会提高。

6.4.4 三元 Li-M-O 体系的热力学

在实际三元 Li-M-O（M 为过渡金属）体系中，正极材料的晶相变化更复杂，通过对观测到的 OCV 值比较，可以得出下列性质特征。

如表 6-6 所示，对于不同的过渡金属氧化物，稳定能的贡献都在 0.3～0.8V 范围内，随着过渡金属价态的提高，稳定能的贡献增大。与其他碱金属二元氧化物相比，锂二元氧化物的稳定性较差，这是 Li-M-O 系统的主要特征之一。

表 6-6　300K 下锂过渡金属氧化物 Gibbs 生成自由能变化与稳定能数据

$\text{LiM}_m O_n$	$\Delta_f G^0(\text{LiM}_m O_n)$ /(kJ/mol)	$\delta(\text{LiM}_m O_n)$ /(kJ/mol)	$\delta(\text{LiM}_m O_n)/F$ /V	备　注
LiVO_2	−875.85	−26.125	0.271	
LiCrO_2	−871.45	−62.168	0.644	
LiMnO_2	−792.85	−72.053	0.747	2.6V
LiFeO_2	−694.16	−42.824	0.444	
LiCoO_2	−619.65			3.9V
LiNiO_2	−514.96			
LiNbO_2	−911.36	−71.550	0.742	
$\text{LiTi}_2 O_4$	−1962.4	−75.9	0.787	
$\text{LiMn}_2 O_4$	−1315.61	−129.98	1.347	4.0V
$0.5\text{Li}_2 \text{ZrO}_3$	−824.4	−22.693	0.235	
$0.5\text{Li}_2 \text{HfO}_3$	−854.51	−30.099	0.312	

LiM_mO_n	$\Delta_f G^0(LiM_mO_n)$ /(kJ/mol)	$\delta(LiM_mO_n)$ /(kJ/mol)	$\delta(LiM_mO_n)/F$ /V	备 注
$LiVO_3$	−1083.6	−93.718	0.971	
$LiNbO_3$	−1278.67	−115.546	1.198	
$LiTaO_3$	−1332.75	−97.03	1.006	
$1/3Li_3VO_4$	−586.36	−69.301	0.715	
$1/3Li_3NbO_4$	−644.29	−69.467	0.720	
$0.5Li_2CrO_4$	−642.38	−105.882	1.097	
$0.5Li_2MoO_4$	−704.46	−90.225	0.935	
$0.5Li_2WO_4$	−745.26	−82.971	0.860	
$0.5Li_2Mo_2O_7$	−1048.54	−100.558	1.0422	

氧化还原项可以通过 Li_2O、MO_n 和 M_nO_{2n+1} 热力学数据计算出来，而不需要任何三元化合物的信息。计算结果绘制于图 6-23 中，并可与大量的文献值进行比较。氧化还原项可为具有不同价态的过渡金属具有不同的 OCV 提供理论解释。在 $LiMO_2$ 电极中，当 M 从 Ti 变化到 Co，过渡金属从四价变为三价，其平衡氧分压和 OCV 增大。

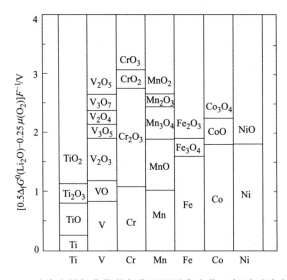

图 6-23 过渡金属氧化物的氧化还原平衡电位（相对过渡金属）

过渡金属相同，OCV 随其化合价的增加而提高，典型的例子是 Li-M-O 系统，这可以很合理地解释氧化还原项。

若 $LiMO_n$ 拟二元系中存在多种 Li-M-O 二元氧化物如 Li-Mn-O 体系，随着锂含量的减少，稳定能的贡献会更显著。

6.4.5　Li-M-X-O 四元系统的热力学

用锂过渡金属含氧酸盐取代氧化物正极材料的正极反应可以表示如下：

$$Li^+（电解液）+e（电极）+M(XO_m)_k \Longrightarrow MLi(XO_m)_k \qquad (6\text{-}18)$$

过渡金属 M 是氧化还原元素，随着锂的嵌入/脱出其化合价发生变化，XO_m 是主体含氧酸根，在 $LiNiVO_4$ 电极中为 VO_4，$(FeLi)_2(SO_4)_3$ 电极中为 SO_4，这些电极的电极反应如下：

$$Li^+(电解液) + e(电极) + NiVO_4 \Longleftrightarrow LiNiVO_4 \tag{6-19}$$

$$Li^+(电解液) + e(电极) + 0.5Fe_2(SO_4)_3 \Longleftrightarrow 0.5(FeLi)_2(SO_4)_3 \tag{6-20}$$

按等式(6-3′) 相似的方法，方程(6-18) 的锂化学势可表示为：

$$\begin{aligned}
\mu(Li) - \mu^0(Li) &= \Delta_f G^0\{LiM(XO_m)_k\} - \Delta_f G^0\{M(XO_m)_k\} \\
&= \Delta_f G^0\{Li(XO_m)_n\} - [\Delta_f G^0\{M(XO_m)_k\} - \\
&\quad \Delta_f G^0\{M(XO_m)_{k-n}\}] + \Delta_f G^0\{LiM(XO_m)_k\} - \\
&\quad [\Delta_f G^0\{Li(XO_m)_n\} + \Delta_f G^0\{M(XO_m)_{k-n}\}]
\end{aligned} \tag{6-21}$$

采用氧化物体系中相同的概念，上面的方程可以写成：

$$\mu(Li) - \mu^0(Li) = \{\mu(Li) - \mu^0(Li)\}^{redox} + \delta_{XO_m}\{(LiM)(XO_m)_k\} \tag{6-22}$$

$$\begin{aligned}
\{\mu(Li) - \mu^0(Li)\}^{redox} &= \Delta_f G^0\{Li(XO_m)_n\} - [\Delta_f G^0\{M(XO_m)_k\} - \\
&\quad \Delta_f G^0\{M(XO_m)_{k-n}\}] \\
&= \Delta[Li^0; Li^+] + \delta\{Li(XO_m)_n\} - \Delta[M^{(2n-1)+}; M^{2n+}] - \\
&\quad [\delta\{M(XO_m)_k\} - \delta\{M(XO_m)_{k-n}\}]
\end{aligned} \tag{6-23}$$

$$\delta_{XO_m}\{(LiM)(XO_m)_k\} = \Delta_f G^0\{MLi(XO_m)_k\} - [\Delta_f G^0\{Li(XO_m)_n\} - \Delta_f G^0\{M(XO_m)_{k-n}\}] \tag{6-24}$$

第一项 $\{\mu(Li) - \mu^0(Li)\}^{redox}$ 源于含氧盐晶格中 Li 和 M 之间的价态稳定性差异，第二项 $\delta_{XO_m}\{(LiM)(XO_m)_k\}$ 是主体物质 XO_m 中具有固定价态的锂离子和 M 离子之间的相互作用项，期望这一值很小，并不依赖于氧化还原元素。

拟三元 Li-M-XO_m 系统的化学势图中，这两项可以用与三元系统相似的方式表示，如图 6-24 所示。其与三元体系不同的性质特征总结如下。

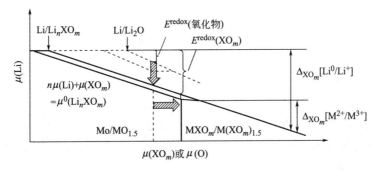

图 6-24　Li-M-XO_m 系统（实线）与 Li-M-O 系统（虚线）的电极电位

相互作用项 $\delta_{XO_m}\{(LiM)(XO_m)_k\}$ 的值要比三元系统中 $\delta\{LiMO_n\}$ 的值小得多。这是因为 M 的化合价通常为 +2，因此 Li^+ 和 M^{2+} 的混合不会引起静电能的剧烈变化。如下所述，混合前，生成氧化盐时具有较大的稳定性。

氧化还原项的变化受两方面的影响，一是 $\delta\{Li(XO_m)_n\}$ 的稳定化能，另一项是由于含氧酸盐中过渡金属处于不同价态而具有不同的稳定化能从而引起的氧化还原平衡迁移，$\delta\{M(XO_m)_k\} - \delta\{M(XO_m)_{k-n}\}$。

　　引入外来元素 X 可获得更高的工作电压，元素 X 应能与 Li_2O 具有较高的反应活性，可生成稳定二元氧化物。Li_2O 是碱性氧化物，酸性氧化物可以与 Li_2O 反应生成稳定的二元氧化物。为了获得更大的氧化还原平衡迁移，应保持低价态稳定的晶体结构。

　　如表 6-6 和表 6-7 所示，前一项能用数字计算出来，可在多种体系中进行比较。但是计算第二项的热力学数据不很充分，表中仅给出了部分数据。表 6-7 列出了 Fe^{2+}/Fe^{3+} 体系的某些数据。

表 6-7　锂-金属氧化物的稳定能和 Fe^{2+}/Fe^{3+} 氧化还原估计电位

Li_nXO_m	$\delta(Li_nXO_m)/n$ /(kJ/mol)	$\delta(Li_nXO_m)/nF$ /V	$E(Fe^{2+}/Fe^{3+})$ [2] /V	$\delta[Fe^{2+}(XO_m)_k]$ /(kJ/mol)	$\delta[Fe^{3+}(XO_m)_l]$ /(kJ/mol)	$E(Fe^{2+}/Fe^{3+})^{redox}$ /V
Li_2O	0		1.603 [3]			1.603
$LiBO_2$	−98.321	1.019	2.622			
$LiAlO_2$	−59.567	0.617	2.220			
Li_2CO_3	−88.127	0.913	2.516	−27.261		
Li_2SiO_3	−69.665	0.722	2.325			
$Li_2Si_2O_5$	−70.031	0.726	2.329			
Li_4SiO_4	−56.046	0.581	2.184	−25.818		
$LiNO_3$	−157.903	1.637	3.240			
$LiPO_3$	−210.03	2.177				
Li_3PO_4	−150.905 [1]	1.564	3.167			
$Li_4P_2O_7$	−167.03	1.732				
Li_3AsO_4	−120.707	1.251	2.854	−82.926	−10.471	3.606
$LiVO_3$	−93.718	0.971	2.574	−81.398		
Li_2SO_4	−194.58	2.017	3.620	−201.879	−195.164	3.676

① 由于缺乏 Gibbs 自由能的数据，本数据依据焓变估算得到。

② $FE(Fe^{2+}/Fe^{3+}) = \Delta[Li^0 ; Li^+] - \Delta[Fe^{2+} ; Fe^{3+}] + \delta(Li_nXO_m)/n$。

③ $\Delta[Li^0;Li^+]/F - \Delta[Fe^{2+};Fe^{3+}]/F = 1.603V$。

　　由于缺少热力学数据，很难与观测到的数据进行全面比较，但还是可以将观测数据用于一些现象的解释。

　　对于 Nasicon 类型的 $Fe_2(XO_4)_3$，可将实验值与 X 的电负性进行比较，发现某些内在的关联，如 Li^0/Li^+ 和 Fe^{2+}/Fe^{3+} 的氧化还原电位与前面给出的热力学数据满足如下关系式。

$$FE(Li)^{redox} = \Delta_{XO_m}[Li^0 ; Li^+] - \Delta_{XO_m}[M^{n+} ; M^{(n+1)+}] \tag{6-25}$$

$$\Delta_{XO_m}[Li^0 ; Li^+] = \Delta_f G^0\{Li(XO_m)_n\} - \Delta_f G^0(Li) - n\Delta_f G^0(XO_m) \tag{6-26}$$

$$\Delta_{XO_m}[M^{n+} ; M^{(n+1)+}] = \Delta_f G^0\{M(XO_m)_k\} - \Delta_f G^0\{M(XO_m)_{k-n}\} - n\Delta_f G^0(XO_m)$$

$$\tag{6-27}$$

采用上述方法计算的 $Fe_2(SO_4)_3$ 值为 3.676V，与实际值 3.6V 相吻合，这主要归因于方程式（6-23）中的稳定能，即 $\Delta\{Li(SO_4)_{1/2}\}$，氧化还原平衡的迁移较小。尽管在无迁移状态下的氧化还原平衡计算值（2.854V）与实测值（2.9V）相吻合，但采用该方法计算的 $Fe_2(AsO_4)_3$ 的电位（3.606V）远高于实测值。Okada 等报道了 Nasicon 类型化合物中一系列物质的值如：S（3.6V），W（3.0V），Mo（3.0V），As（2.9V），P（2.8V），不考虑迁移的值分别为 S（3.62V），W（2.46V），Mo（2.54V），As（2.85V）和 P（3.17V）。尽管在数量级上保持吻合，但仍然存在一些差异。

对于 Co^{2+}/Co^{3+} 氧化还原体系，氧化物的氧化还原项 $\{\Delta[Li^0；Li^+]-\Delta[Co^{2+}；Co^{3+}]\}$ 的计算结果为 2.23V。在反尖晶石或橄榄石结构中，在不考虑迁移的情况下，得到的计算值分别为 $LiCoVO_3$ 3.20V 和 $LiCoPO_4$ 4.41V。Fey 等人和 Okada 等人分别报道为 3.8V 和 4.5V，两者有 0.5V 的差异。

上述两个例子都显示在 ±0.5V 范围内，可以获得较高的吻合。氧化物体系的变化可以通过 $LiXO_m$ 的稳定能和氧化还原平衡迁移这两项进行计算，单独使用第一项不能很好地说明其一般趋势时，就要适当地考虑迁移项的作用。

6.5　交流阻抗谱法在材料中的研究

6.5.1　负极材料的研究

交流阻抗法可应用为测定负极材料的表面膜阻抗和锂离子在其中的扩散系数。

锂离子嵌入碳电极，首先在电极表面形成 SEI 钝化膜，因而锂嵌入的等效电路可用图 6-25 所示。等效电路由两部分组成：一部分反映 SEI 钝化膜；另一部分反映碳电极的电化学反应和电极中锂离子的扩散。R_0 是溶液的电阻，R_c 和 R_f 分别是法拉第阻抗和 SEI 膜阻抗。W 是 Warburg 阻抗，即碳电极中锂离子扩散引起的阻抗；C_d 和 C_f 分别是 R_c 和 R_f 相对应的电容。

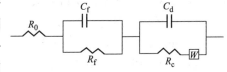

图 6-25　锂离子插入碳负极
材料的等效电路图

由于 W 是频率函数，而 R_c 不是，因而电极的反应速率在低频率（长时间）由锂离子在电极中的扩散控制，在高频率（短时间）由电化学反应控制。研究表明：只有在比相应于电化学反应控制更低的频率（更短时间）时，电极反应速率才由钝化膜 SEI 的传递控制。

对于半无限扩散和有限扩散，Warburg 阻抗 W 由下式确定：

$$W = \sigma\omega^{-\frac{1}{2}} - j\sigma\omega^{-\frac{1}{2}}$$

式中，ω 为交流电角频率；σ 为 Warburg 系数。

在电极上施加小交流电压时，假设电极是平板电极，碳电极中锂离子的扩散是一维、电极厚度范围内的扩散，扩散满足 Fick 第二定律。经一系列的数学推导，

329

得出电流与电压的相位差为 45°，与角频率无关，于是 Warburg 系数如下：

$$\sigma=\frac{V_{\mathrm{m}}(\mathrm{d}E/\mathrm{d}y)}{\sqrt{2}Z_{\mathrm{Li}}FSD^{\frac{1}{2}}}\left(\omega\gg\frac{2D}{L^{2}}\right)$$

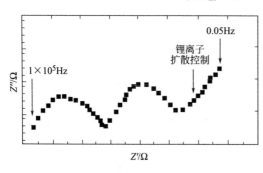

图 6-26　锂离子电池负极阻抗的复数平面图

式中，V_{m} 为碳电极 Li_yC_6 化学计算 $y=0$ 的摩尔体积；Z_{Li} 为锂离子传输电子数，1；S 为电解液与电极之间的横截面积；F 为法拉第常数；D 为电极中锂离子的化学扩散系数；$\mathrm{d}E/\mathrm{d}y$ 为 Li_yC_6 电量滴定曲线化学计量 y 处的斜率；ω 为交流电角频率；L 为电极厚度。

锂离子浓度扩散反映在电极阻抗复数平面图上是一条 45° 的直线，如图 6-26 所示。

锂嵌入碳材料，特别是石墨等，在电量滴定曲线上会出现一些电压平台，使得 $\mathrm{d}E/\mathrm{d}y$ 不易准确得到。为避免利用 $\mathrm{d}E/\mathrm{d}y$ 值，对上式进行一定的变换处理，得到如下的 Warburg 系数等式：

$$\sigma=\frac{RT}{\sqrt{2}Z_{\mathrm{Li}}^{2}F^{2}S}\times\frac{1}{\sqrt{DC}}\quad\left(\omega\gg\frac{2D}{L^{2}}\right)$$

式中，C 为电极中锂的浓度，即碳电极 Li_yC_6 化学计量 y 摩尔体积 V_{m}（碳电极 Li_yC_6 化学计量 $y=0$ 的摩尔体积）；Z_{Li} 为锂离子传输电子数，1；S 为电解液与电极之间的横截面积；F 为法拉第常数；R 为气体常数；T 为热力学温度。可用上式计算碳电极中锂离子的扩散系数。

上式的适用范围是 $\omega\gg2D/L^{2}$。通常电极厚度 L 为 10^{-2} cm 数量级，扩散系数 $D>10^{-6}$ cm^2/s 数量级，ω 应远大于 10^{-2} Hz，实际测量 ω 都能满足此要求。假定：

电极表面的电位是锂活性的量度，因此电极应当以电子导体为主；

扩散的推动力仅是化学梯度，电场忽略不计，因此电极应具有高电导率；

体系是线性的，即在施加的交流电压范围内，扩散系数与浓度无关。另外，对式 $\sigma=\dfrac{V_{\mathrm{m}}(\mathrm{d}E/\mathrm{d}y)}{\sqrt{2}Z_{\mathrm{Li}}FSD^{\frac{1}{2}}}\left(\omega\gg\dfrac{2D}{L^{2}}\right)$ 的处理是假定体系没有浓差极化，因此实际施加的电压应当很小，被测量的阻抗与电压振幅无关。

除了上面的假设之外，同样也存在电极摩尔体积和电解液与电极界面面积的近似处理以及电极制作方法的影响问题。

处理后 Warburg 系数公式部需要 $\mathrm{d}E/\mathrm{d}y$ 值，因而交流阻抗法能测量所有的碳材料中锂离子的扩散系数。交流阻抗法应用复数平面图法可以提供更多的电极信息。图 6-25 反映了锂嵌入碳电极的整个电极过程，可以获得的有关参数：如溶液的电阻、法拉第阻抗、SEI 膜阻抗以及相对应的电容。

6.5.2 正极材料的研究

利用 EIS 谱图可对尖晶石 $LiMn_2O_4$ 电极的嵌锂过程进行分析。根据 Voigt-type、Frumkin 与 Mckik Gaykazyan（FMG）模型、EIS 谱图设计的等效电路图，以及不同阶段元件所代表的意义如图 6-27 所示。

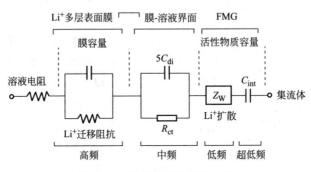

图 6-27　嵌锂过程的等效电路

Voigt-type 部分是由 RC 电路串联起来的，它代表了锂离子在多层表面膜的迁移和界面电荷的传递；而 FMG 代表了固态扩散（一个特定的线性 Warburg 阻抗）和嵌入量的积累（C_{int} 和 Warburg 型阻抗相串联的嵌入容量）。

从 2.0V 到 4.0V，其谱图逐渐发生变化。嵌锂过程根据电位不同而划分为三个不同的阶段。从 2.00V 到 2.70V 之前为第一阶段［图 6-28(a)］，只在高频部分呈现出圆弧的一部分，而在低频部分则无法测量到，随着电位的增加，阻抗值在减小，不是平常所认为的化学反应电阻，而应该是在活性物质中嵌入和脱出时所要克服的结构作用力，因为此时 $LiMn_2O_4$ 的尖晶石结构由于 Jahn-Teller 效应导致晶体发生了扭曲，这种结构的转变导致锂离子在晶体中的嵌入和脱出所要克服的阻力急剧增大，电位越低，锂离子嵌入脱出的阻力越大，这可能是因为电位越低，$LiMn_2O_4$ 的结构扭曲得越厉害。

从 2.70V 开始到充放电平台区之前为第二阶段［图 6-28(a) 和图 6-28(b)］，即非充放电平台区。

随着电位增加，电化学反应电阻开始减小，在这个阶段电解液中的自由锂离子和锂离子的络合物基团都在正极附近的电解液和电极的界面上形成了双电层，但由于锂离子体积比较小，比较容易从电极表面嵌入和脱出；而锂离子络合基团由于体积比较大，则不容易在电极表面层中进出，从而在电极表面吸附，随着电位的逐渐升高，锂离子嵌入和脱出的阻力越来越小，所以电化学反应电阻越来越小。3.47V 时在高频区的半圆对应于模型中的 R_{ct}，因为此时界面双电层尚未完全形成，因此电化学反应电阻非常小，在低频区时 Warburg 阻抗代表了锂离子在电极活性物质的表层中的扩散。

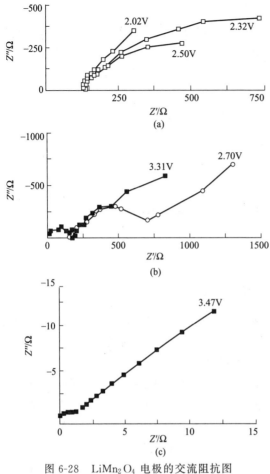

从进入平台区开始为第三阶段
（图 6-29 和图 6-30），随着电位的
逐渐增加，交流阻抗谱图发生了比
较明显的变化，进入充电平台区以
后在高频出现的半圆仍然是电化学
反应电阻，它对应于模型中的 R_{ct}，
但是此时因为界面双电层已经形
成，所以与图 6-28 相比电化学反
应电阻要大，而在进入充放电平台
区以后，锂离子进入活性物质表
层，在接近电极表面的区域就出现
了电子贫乏区，从电解液中进入活
性物质中的锂离子和从集流体传送
过来的电子达到一个平衡，所以在
低频区出现了一个容抗，随着电位
的升高，有机基团则从电极表面脱
附，从而在中频区出现了一个感
抗，在低频部分的半圆依赖于所处
的电位，所处的电位越大则电子的
驱动力就越大，电子在颗粒中传输
就越容易；第二个半圆代表了电子
经过到达活性物质的通道的阻抗，
而在超低频区则开始出现了 War-

图 6-28　LiMn₂O₄ 电极的交流阻抗图

burg 阻抗，这是锂离子在活性物质中的扩散。

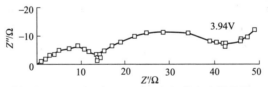

图 6-29　3.94V 时 LiMn₂O₄ 电极的交流阻抗图

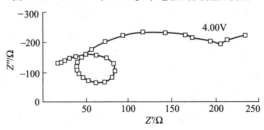

图 6-30　4.0V 时 LiMn₂O₄ 电极的交流阻抗图

通过上述对尖晶石 $LiMn_2O_4$ 的阻抗谱的解析并结合等效电路，可以认为尖晶石型 $LiMn_2O_4$ 电极在不同电位下有不同的电化学行为，可分为三个阶段：结构坍塌区，非充放电平台区和充放电平台区。当电极电位不处于充放电的平台区时，阻抗谱表现为一个容抗和线性的 Warburg 阻抗，当电极电位处在充放电平台区时，第一个半圆仍然是锂离子在覆盖于 $LiMn_2O_4$ 电极表面膜中的迁移，第二个半圆则代表了电子经过到达活性物质的通道的阻抗，而中频半圆则可能是因为锂离子络合基团发生了吸脱附行为而引起的。

6.6　锂离子嵌脱的交流阻抗模型

锂离子在正负极中按如下步骤嵌入：锂离子在溶液中的传递；锂离子从溶液中向界面中的扩散；锂离子通过表面膜的迁移；电荷传递；锂离子在固相中的扩散；锂离子在固相中的积累（电容行为）。脱嵌则相反。描述这些过程的等效电路是代表这些步骤的元件串联。

建立模型时，从最简单的 Randles 电路开始考虑。Randles 等效电路如图 6-31 所示。R_s 为溶液电阻，C_{dl} 为双电层电容，R_{ct} 为电荷传递电阻，Z_W 为反应扩散过程的 Warburg 阻抗。

在复阻抗图中可以方便地分辨出不同的过程：高频为原点在实轴的半圆，由此可得到 R_s、C_{dl} 和 R_{ct}，低频部分为与实轴成 $45°$ 的直线，由此可以得到扩散系数。对于有限长度的扩散，相角随着频率的降低不断增加，电阻达到一个极限值。实际结果难以得到半圆和 $45°$ 的直线。为此可引入如图 6-32 所示的恒相位角元件 CPE。

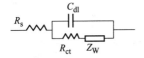

图 6-31　Randles 等效电路 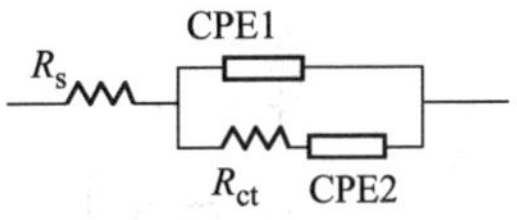　　　　　图 6-32　含恒相位角元件的等效电路

应用此模型可得到锂离子在锂锰氧化物中的交换电流密度、扩散系数等动力学参数。很显然，由于恒相位角元件的物理意义极不明确，恒相位角元件模型难以清楚地描述锂离子嵌脱的电极过程。

K. Dokko 等研究了单个 $LiCoO_2$ 颗粒嵌脱锂离子的交流阻抗图谱，发现大多数情况下，其阻抗平面图非常类似 Randles 模型的结果，只是在低频时有所差别。所得的交流阻抗谱分三个区：高频区半圆、低频区的 Warburg 行为以及更低频的电容行为，提出了修正的 Randles 模型（图 6-33）。

图 6-33 中 C_{int} 为 Li^+ 在活性物质中的嵌脱电容，其他元件的物理意义同图 6-31。由图 6-33 所示的模型拟合实验结果得到了 Li^+ 在 $LiCoO_2$ 中嵌脱的 R_{ct}、C_{dl}、C_{int} 等参数。有人在拟合过程中无法拟合 $3.40\sim3.80V$ 时所得的结果，所得阻抗图谱未能说明活性物质的表面膜存在与否。

333

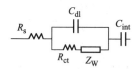

图 6-33 修正的 Randles 模型

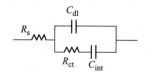

图 6-34 吸附等效电路

M. D. Levi 等在寻求合适的锂离子在负极碳上嵌脱阻抗模型时借用了如图 6-34 所示的吸附模型的等效电路。得到的阻抗图谱是高频区动力学控制的变形半圆及低频区热力学控制的垂直于实轴的直线（图中的各元件物理意义同图 6-33）。

无论是负极碳还是正极过渡金属氧化物，活性物质表面均存在表面膜。这种表面膜可能是电解液分解形成的 Li_2CO_3 或 LiF。碳负极表面形成的表面膜与金属锂表面形成的表面膜性质相似，阻抗图谱表现为 100kHz 到几赫兹频率范围内压扁的

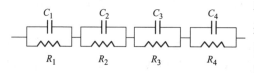

图 6-35 Voigt 型等效电路

半圆。该谱反映了锂离子在膜中的迁移过程，由于表面层可能结构和组成不同，其等效电路为图 6-35 所示的多个 R 和 C 的串联。用图 6-35 模拟实验结果，实验谱图与拟合谱图相当吻合。

图 6-36 所示是描述有机分子在汞电极上吸附的等效电路，称 FMG 模型（Frumkin and Mckik Gaykazyan）。R_a 为描述吸附过程的电阻。M. D. Levi 等据此提出了描述锂离子在正、负极嵌脱的等效电路（图 6-37）。因扩散发生在界面电子交换之后的固体里面，反映扩散的 Warburg 阻抗应放在与 C_{dl}/R_{ct} 串联的位置。

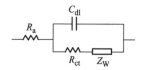

图 6-36 FMG 等效电路

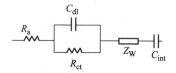

图 6-37 修正的 FMG 等效电路

锂离子在正、负极中的嵌入和脱出的每个步骤都可用相应的电子元件来描述。同时进行的步骤其等效电子元件为并联，先后发生的为串联。因锂离子在溶液中的扩散要比在固体中的扩散容易得多，可忽略溶液中的扩散步骤，溶液的导电性用溶液电阻 R_s 表示，锂离子在表面膜中的迁移用 $C /\!/ R$ 描述，锂离子在表面膜与活性物质界面的电荷传递用 $C_{dl} /\!/ R_{ct}$ 描述，离子在固体中的扩散用 Z_W 描述，锂离子在固体中的累积和消耗用 C_{int} 描述。锂离子在锂离子电池正、负极活性物质中嵌脱过程可以用图 6-38 所示的等效电路作完整的描述，$C_i /\!/ R_i$ 表示多层膜。

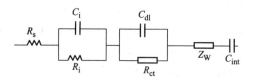

图 6-38 修正的 Voigt-FMG 等效电路

用图 6-38 所示的等效电路能有效地拟合实验结果。阻抗谱表现出三个区域：反映锂离子在表面膜中扩散的高频区；反应膜和活性物界面传递的中高频区和反应锂离子在活性物质内积累和消耗的低频区。利用完全反应锂离子在锂离子电池正、负极嵌脱的修正的 Voigt-FMG 模型，可以方便研究影响电池性能的各个因素，寻找电池容降和失效的原因，筛选优质的电池材料。

6.7 高温电化学研究方法

6.7.1 尖晶石 $LiMn_2O_4$ 高温研究

尖晶石 $LiMn_2O_4$ 常温下其电化学性能已趋向于工业化应用，其初始可逆容量可达到 $130mA \cdot h/g$，循环 200 次后，容量保持率在 80% 以上，但在高于 45℃ 条件下其可逆容量衰减剧烈，阻碍了其应用。要实现它的大规模工业化，如用作电动汽车的能源，必须克服它高温环境下稳定性差、容量衰减快的缺点。

（1）锰的溶解和溶解机理

锰的溶解是导致高温下可逆容量衰减的直接原因。M. Oh Seung 领导的小组发现锰的溶解引起正极活性材料损失，导致了可逆容量的下降，并且锰的溶解量与温度和材料的比表面积密切相关。常温下，锰的溶解引起的容量损失占整个容量损失的 23%，随着温度的升高，在 55℃ 时，锰的溶解引起的容量损失急剧升高，占总容量损失的 34%。通过对循环过程中 H^+ 的测量，发现 H^+ 是导致锰溶解的直接原因，氢离子的含量与温度的关系和锰的溶解量与温度关系基本一致。在此基础上，提出了如下溶解机理，其反应式如下：

$$2LiMn_2O_4 + 4H^+ \longrightarrow 2Li^+ + 3\lambda\text{-}MnO_2 + Mn^{2+} + 2H_2O$$

H^+ 主要来自于溶剂的 α-H，并且提出氢离子形成的反应机理：

该机理可以较好地解释醚类溶剂的氧化，而不能解析酯类溶剂的氧化过程。有人发现，氢离子另一个来源是电解液引起。以 $LiPF_6$ 为例，由于电解液中微量水的存在，发生了下面的反应，因而生成了大量的 HF。

$$LiPF_6 + H_2O \longrightarrow 2HF + LiF + POF_3$$

G. G. Amatuccdi 和 J. M. Tarascon 对锰的溶解进行了进一步的研究，他们提出了由于 H^+ 引起锰的溶解，最后生成了没有电化学活性的质子化的 λ-MnO_2 的溶解机理。其反应式如下：

$$LiMn_2O_4 - yMn^{2+} + 2yLi^+ \longrightarrow Li_{1+2y}Mn_{2-y}O_4$$

335

$$\text{Li}_{1+2y}\text{Mn}_{2-y}\text{O}_4 \xrightarrow{\text{在 H}^+\text{存在下}} \text{Li}_x\text{H}_z\text{Mn}_{2-y}\text{O}_4 + \text{Li}^+$$

$$\text{H}_z\text{Mn}_{2-y}\text{O}_4 \xrightarrow{+\text{Li}^+} \text{Li}_x\text{H}_{z-x}\text{Mn}_{2-y}\text{O}_4$$

综上所述，锰的溶解引起的容量衰减主要是因为电解液氧化产生微量氢离子，其与 LiMn_2O_4 反应导致锰的溶解，最后生成了没有电化学活性的质子化的 $\lambda\text{-}\text{MnO}_2$ 所致。

（2）电解液的氧化

电解液的氧化主要从两个方面引起材料的可逆容量衰减。首先，它是氢离子产生的主要来源，如前所述，电解质氧化产生自由电子，引起电解液的氧化，电解液在较高的电压时氧化生成氢离子。如以高氯酸锂为电解质，其主要发生下面的反应，生成大量的 H^+，加快了锰的溶解。

$$\text{ClO}_4 \longrightarrow \cdot\text{ClO}_4 + e$$
$$\cdot\text{ClO}_4 + \text{RH} \longrightarrow \text{HClO}_4 + \cdot\text{R}$$

另一方面，电解液直接和正极材料发生反应，生成没有电化学活性的有机化合物。有人研究发现，电解液氧化生成了自由电子，进一步发生如下反应：

$$\text{Li}_y\text{Mn}_2\text{O}_4 + 2\delta\text{EI} \longrightarrow \text{Li}_y\text{Mn}_2\text{O}_{4-\delta} + \delta\text{（氧化 EI）}_2\text{O}$$

由于电解液和材料的反应，引起正极材料和电解液的损失，同时在电极表面形成一层钝化膜，阻止了电子传送，导致材料的可逆容量衰减。

（3）电极的极化

M. Oh S. 研究了电极极化和可逆容量衰减的关系。通过对不同导电剂含量的材料的循环性能进行对比，并用交流阻抗对电极的极化进行测定。研究表明，锰的溶解、氢离子的浓度随着导电剂含量的增加而增加。尽管如此，含量较高的样品却表现出较好的循环性能。阻抗分析表明导电剂含量高的电极虽然引起溶剂的氧化程度较高，锰的溶解量较大，但其极化较小，含量少的电极由于表面材料的溶解，影响了导电剂和材料的接触，极化严重。这表明可逆容量衰减主要是由电极的极化引起。

（4）Jahn-Teller 效应

放电结束时，锰的平均价态接近 3.5，其三价锰离子的含量增加，晶体结构扭曲加剧，破坏了尖晶石的三维隧道结构，阻碍了锂离子的嵌入，因而导致可逆容量损失。

在循环过程中，材料结构发生了不可逆的变化。在较高的电压平台，其充放电曲线的形状发生改变，由常温的 L 形改变成 S 形，这种曲线的形状改变表明，在高温下，材料由两态共存转变成更稳定的一态结构。这种更稳定的一态结构不利于锂离子的嵌入和可逆脱出，最后导致了容量的衰减。有人对一相-两相进行研究认为，富锂的材料在常温下进行充放电循环，其曲线表明为一相结构，但其具有良好的锂离子嵌入和脱出能力，且循环性能较好；相反，具有两态结构曲线的样品却表现较差。由此可见，一相-两相结构的改变不能说明高温下锂离子嵌入和脱出能力是好是坏。因此，结构变化虽然被认为是高温下材料可逆容量衰减的主要原因之一，但材料结构是怎样影响材料的循环性能尚没有定论。

6.7.2　改进方法

（1）减小材料表面积

降低锰的溶解最直接的方法就是减少正极材料和电解液的接触。有人对不同比表面积的材料的高温循环性能进行了比较，结果表明磨细后的材料容量衰减严重，这是因为电解液在较高电压时被电极表面催化。Masaki Yoshio 等研究认为，固定材料的比表面积，在 50℃ 循环 100 次后，其容量衰减率仅为 12%，可逆容量为 105mA·h/g。M. Oh Seung 等对比表面与衰减率进行了研究，发现当表面积从 3.64m^2/g 改变为 21.2m^2/g 时，循环 60 次后，其初始容量保持率从 83% 下降为 50%。掺铬的锂锰氧化合物颗粒小于 35μm 时，其可逆容量循环 20 次后迅速从 127.5mA·h/g 衰减到 97.5mA·h/g。由此可见，控制材料的比表面积是提高高温下材料循环性能的有效途径，但材料表面积太小，也会影响锂离子的扩散，破坏导电剂和材料的充分接触，降低部分可逆容量，影响材料的循环性能。

（2）添加其他离子

通过添加其他离子合成 $LiM_xMn_{2-x}O_4$ 来提高锰的平均化合价，降低高温下的容量衰减一直是人们研究的热点和采用的方法。采用柠檬酸络合法添加适量的 Ni^{3+}、Co^{3+}，发现引入阳离子后的化合物的循环曲线发生变化，由原来的两态结构改变为一态结构。当掺杂量为 0.04 时，材料表现较为理想的循环性能，其初始容量在 130mA·h/g 左右，循环 50 次后，可逆容量仍有 115mA·h/g 左右。R. E. White 等也对添加钴离子的锂锰氧化合物的性能进行了研究，发现添加钴离子可增大交换电流密度，减小阻抗，材料的比表面可降低近 50%。考察不同添加量的影响，发现当添加量为 0.16 时，材料表现最好的循环性能，其循环 85 次后可逆容量仍有 100mA·h/g。有人采用溶胶-凝胶法合成了一系列加镍的化合物，并用 XRD 测定了它们的晶胞参数，发现随着镍含量的增加，其晶胞参数变小，当其含量为 0.5 时，材料具有较好的循环性能，初始容量达 118mA·h/g 左右，循环 30 次后，几乎没有容量衰减。Robertson 等对不同阳离子添加进行了研究，发现添加 Cr^{3+}、Ga^{3+} 的样品具有较好的稳定性，能有效地阻止容量的衰减，当其添加量为 0.02 时，在 55℃ 表现出较好的循环性能，循环 100 次后，可逆容量为 110mA·h/g。Wakihara 等将镁引入锂锰氧化合物，该材料循环 100 次后，其容量仍有 100mA·h/g 左右。通过将氟和铝同时引入锂锰氧化合物，可获得高达 140mA·h/g 的首次可逆容量，在 55℃ 循环 300 次后，容量衰减率为 15%。以部分锂取代锰，合成非整比化合物，该材料在循环 300 次后，其可逆容量仍有 105mA·h/g，容量衰减率为 12.5%。将硫和铝引入锂锰氧化合物，发现硫的添加能有效地抑制 Jahn-Teller 效应，放电截止电压为 2.4V 时，依然能保持结构稳定，其 3V 和 4V 平台总的可逆容量高达 196mA·h/g，循环 30 次后几乎没有容量衰减。有研究报道，采用超声波分散热解法合成了添加镁离子的锂锰氧化合物，该材料在循环过程中表现出优异的稳定性，当添加量为 0.015 时，首次可逆容量为 135mA·h/g，循环 100 次后仍保持在 130mA·h/g 左右。通过添加少量的锂离子合成富锂的尖晶石锂锰氧化合物，也获得了满意的结果，该材料在 55℃ 循环 100 次后可逆容量仍有 100mA·h/g 以上。通过把少量的氟引入尖晶石锂锰氧化合物也获得了较好的结果，循环 60 次后，可逆容量几乎没有任何衰减，仍保持在 110mA·h/g 左右。

（3）表面修饰

在尖晶石的表面，锰具有未成对的单电子，存在大量的催化活性中心，能催化电解液的氧化，引起氢离子的产生，加快锰的溶解，导致材料的可逆容量衰减。在材料表面包裹一定的导电材料，能降低它的催化活性，减少材料的比表面积，有效地降低材料的容量衰减。如采用聚吡啶进行表面包裹，该材料在 55℃ 循环 120 次后，其可逆容量仍有 95mA·h/g 左右。有人采用乙酰丙酮和硼酸盐对材料进行表面修饰后，其比表面积和催化活性减小，在 55℃ 循环 150 次，其可逆容量为 95mA·h/g 左右。采用聚苯胺对材料进行表面修饰，大大提高了该材料 50℃ 下的循环稳定性，循环 20 次后，可逆容量仍有 110mA·h/g。

（4）修饰电解液

电解液中微量水、痕量酸是氢离子的产生来源，因此除去电解液中微量水和痕量酸是降低锰的溶解的有效方法。Hamamoto 等采用分子筛来吸收电解液中微量水和 HF，处理后的电解液中水和 HF 含量都小于 30mg/kg，处理后循环 100 次后容量保持率高达 90%。另外，添加适量的路易斯碱是破坏氢离子活性的有效途径。通过在电解液中添加一定量的路易斯碱，大大提高了 $LiMn_2O_4$ 的高温循环稳定性，在 55℃ 循环 100 次后，可逆容量仍保持在 100mA·h/g 以上。

综上所述，引起 $LiMn_2O_4$ 在高温下容量衰减的原因主要可归纳为：锰的溶解；电解液氧化；电极极化；Jahn-Teller 效应；结构变化。针对上述原因，研究者们采取添加不同离子，优化导电剂的含量，减少材料比表面积，对材料进行表面包裹，纯化电解液的方法来抑制 $LiMn_2O_4$ 在高温下的容量衰减，并且取得了良好的进展。

参 考 文 献

[1] Julien C M, Massot M. Materials Science and Engineering, 2003，B97：217-230.

[2] Julien C M, Massot M. Materials Science and Engineering, 2003，B100：69-78.

[3] Ohzuku T, Kitagawa M, Hirai T. J Electrochem Soc, 1990，137：769.

[4] Tom A Eriksson, Marca M Doeff. Journal of Power Sources, 2003，(119-121)：145-149.

[5] 左晓希，黄可龙，刘素琴等. 材料研究学报, 2000，14（6）：657-660.

[6] 唐新村，黄伯云，贺跃辉. 物理化学学报, 2005，21（9）：957-960.

[7] 唐致远，薛建军，刘春燕，庄新国. 物理化学学报, 2001，17（5）：385-388.

[8] 余爱水，吴浩青. 化学学报, 1994，52：763-766.

[9] Yokokawa H, Sakai N, Yamaji K. Solid State Ionic, 1998，(113-115)：1-9.

[10] Fong R, Sacken U, Dahn J R. J Electrochem Soc, 1995, 142: 2009.

[11] Ho C, Raistrick I D, Huggrins R A. J Electrochem Soc, 1982, 127: 343.

[12] Takami N, Satoh A, Hara M, Ohsaki T. J Electrochem Soc, 1995, 142: 371.

[13] 刘烈炜, 赵新强, 聂进, 辛富动. 华中科技大学学报, 2002, 30 (5): 108-110.

[14] Aurbach D, Levi M D. J Phys Chem B, 1997, 101 (23): 4630-4640.

[15] Aurbach D, Markovsky B, Schechter A, et al. J Electrochem Soc, 1996, 14 (12): 3809-3819.

[16] Aurbach D, Zaban A, Zinigrad E. J Phys Chem, 1996, 100 (8): 3089-3101.

[17] Raistrick I D, Huggins R A. J Electrochem Soc, 1980, 127 (2): 343.

[18] Boukamp B A. Solid State Ionics, 1986, 20 (1): 31-44.

[19] Kanoh H, Feng Q, Hirotsu T, et al. J Electrochem Soc, 1996, 143 (8): 2610-2615.

[20] Dokko K, Mohamedi M, Fujita Y, et al. J Electrochem Soc, 2001, 148 (5): A422-A426.

[21] 陈召勇, 刘兴泉, 高利珍, 于作龙. 无机化学学报, 2001, 17 (3): 325-330.

[22] Tarascon J M, Mickinnon W R, Coowar F. J Electrochem Soc, 1994, 141: 1421.

[23] Yongyao X, Yunhong Z, Yoshio M. J Electrochem Soc, 1997, 144: 2593.

[24] Yongyao X, Yoshio M. J Power Sources, 1997, 66: 129.

[25] Hu Xiaohong, Yang Hanxi, Ai Xinping, Li Shengxian, Hong Xinlin. Dian Huaxue, 1999, 5: 224.

[26] Dong H J, Seung M O. J Electrochem Soc, 1997, 144: 3342.

[27] Pasquier A D, Blyr A, Courjal P, Larcher D, Amatucci G, Gerand B, Tarascon J M. J Electrochem Soc, 1999, 146: 428.

[28] Yuan G, Dahn J R. Solid State Ionics, 1996, 84: 33.

[29] Jang D H, Shin Y J, Seung M O. J Electrochem Soc, 1996, 143: 2204.

[30] Amatucci G G, Schmutz C N, Blyr A, Sigala C, Gozsa A S, Larcher D, Tarascon J M. J Power Sources, 1997, 69: 11.

[31] Yongjao X, Yasufumi H, Kumada N, Masamitsu N. J Power Sources, 1998, 74: 24.

[32] Amatucci G G, Tarascon J M. US, 5705291. 1998.

[33] Amatucci G G, Blyr A, Tarascon J M. US, 5695887. 1997.

[34] Robertson A D, Lu S H, Averill W F, Howard W F. J Electrochem Soc, 1997, 144: 3500.

[35] L Zhaolin, Y Aishui, Lee J Y. J Power Sources, 1998, 74: 228.

[36] Liu W, Kowal K, Farrington G C. J Electrochem Soc, 1996, 143: 3590.

[37] Arora P, Popov B N, White R E. J Electrochem Soc, 1998, 145: 807.

[38] Qiming Z, Arman B, Meijie Z, Yuan G, Dahn J R. J Electrochem Soc, 1997, 144: 205.

[39] Robertson A D, Lu S H, Howard W F. J Electrochem Soc, 1997, 144: 3505.

[40] Hayashi N, Ikuta H, Wakihara M. J Electrochem Soc, 1999, 146: 1351.

[41] Amatucci G G, Ereira N P, Zheng T, Tarascon J M. J Power Sources, 1999, 81-82: 39.

[42] Haitao H, Vincent C A, Bruce P G. J Electrochem Soc, 1999, 146: 3649.

[43] Sang H P, Park K S, Yang K S, Nahm K S. J Electrochem Soc, 2000, 147: 2116.

[44] Takashi O, Nobo O, Keiichi K, Nobuyasu M. Electrochemistry (in Japanese), 2000, 68: 162.

[45] Chen Yanbin, Zhao Yujuan, Du Cuiwei, Liu Qinguo. Harbin: Proceedings of 24th Chinese Chemistry and Physics Power Sources Conference, 2000: 259.

[46] C Zhaoyong, L Xingquan, Y Zuolong. Chinese Chemical Letters, 2000, 11: 455.

[47] Pasquier A D, Orsini F, Gozdz A S, Tarascon J M. J Power Sources, 1999, 81-82: 607.

[48] Masaru S, Hideyuki N, Yoshio M. Electrochemistry (in Japanese), 2000, 68: 587.

[49] Hmammoto, Toshikazu, Hitaka A, Noriyuki O, Masahilo W. US, 6045945. 2000.

339

第7章　锂离子电池的应用与展望

在当今能源危机和能源革命的时代，二次化学电源扮演着十分重要的角色。被广泛应用的二次电源的发展经历了铅酸电池、镍镉电池、镍氢电池、锂离子电池（聚合物锂离子电池）等几个阶段。几种不同类型的二次电池性能比较见表7-1。

表7-1　不同类型二次电池的性能参数比较

电池种类	功率密度 /(W/kg)	能量密度 /(W·h/kg)	单元电压 /V	循环寿命 /次	成本 /[$/(kW·h)]	环境保护
铅酸电池	200～300	35～40	2.0	300～500	75～150	污染
镍镉电池	150～350	40～60	1.2	500～1000	100～200	严重污染
镍氢电池	150～300	60～80	1.2	500～1000	230～500	无污染
锂离子电池	250～450	90～160	3.6	600～1200	120～200	无污染
钒液流电池[①]	150～300	16～33[②]	1.2	13000	150～450	无污染

① 钒液流电池正处于研发中。②单位为 W·h/L。

从表7-1的数据可见，铅酸电池工艺成熟，性能稳定，价格低廉，其在目前的市场中仍占有很大比重，但铅酸电池比能量太低、循环寿命短、铅对环境有污染等因素的影响，使其在今后的二次电源竞争中处于劣势；镍镉蓄电池比功率大、寿命长，有较强的耐深度放电能力，但其中的金属镉有剧毒，在许多国家镍镉电池的生产已经被禁止，现在逐渐被金属氢化物镍蓄电池所代替；MH-Ni 电池是 20 世纪90 年代发展起来的一种新型绿色电池，其比能量较大，过充电和过放电性能好，并且与镍镉电池有很好的互换性，但其单体电池电压低，电池的制作成本太高。

钒液流电池概念的提出始于 1986 年澳大利亚新南威尔士大学申报的专利。它是一种利用元素钒存在有 V^{5+}、V^{4+}、V^{3+} 和 V^{2+} 多种价态，且它们的化学行为很活泼，可形成相邻价态的电对的特点，以溶液中不同价态的钒离子为正、负极活性物质的一类电池，因此钒电池的正、负电解液均采用相同的元素——钒，避免了一般电池正、负极电解液在充放电过程中的交叉污染问题，可保证电池的长效运行。该电池具有结构简单、循环寿命长、响应时间短、快速充放电、无环境污染等优势，但是全钒液流电池对离子交换膜的性能要求苛刻，其规模化、商品化仍为膜研制的瓶颈问题所困扰。此外，如何获得稳定性好、电阻率低、电化学活性好的电极以及稳定的电解液等关键材料也是制约全钒液流电池发展的主要因素。目前全钒液流电池正处于研发阶段。

锂离子电池相对于前述的其他电池具有更高的比能量、比功率等突出优势，自从 20 世纪 90 年代初开发成功以来，已成为目前综合性能最好的电池体系。尤其是聚合物锂离子电池技术的开发，由于其具有轻、薄，可将电池设计成任意形状及安全性好的优点，使得锂离子电池的应用领域进一步拓宽。锂离子电池的产量和销售额始终保持高速的增长。1994年以后产量显著上升，如表7-2所示。从表7-2可见，锂离子电池每年以两位数增长，发展相当迅速。

表7-2 1996～2005年锂离子电池产量的增长率

年份	1996	1997	1998	1999	2000	2001	2002	2003	2004	2005
产量/亿块	1.2	1.96	2.95	4.08	5.46	5.73	8.31	13.93	19.9	23.5
增产率/%	264	63.3	50.5	38.3	33.8	4.9	45.0	67.6	42.9	18.1

注：数据来源于新材料在线，2006，3。

20世纪90年代锂离子电池趋向于研究各种便携式电子产品上的广泛应用。随着电池设计技术的改进以及新材料的出现，锂离子电池的应用范围不断被拓展。民用已从信息产品［移动电话、手掌电脑（PDA）、笔记本电脑等］扩展到能源交通（电动汽车、电网调峰、太阳能、风能蓄电站），军用则涵盖了海（潜艇、水下机器人）、陆（陆军士兵系统、机器战士）、天（无人飞机）、空（卫星、飞船）等。锂离子电池技术已不是一个单纯一项产业技术，与之相关的信息产业的发展更是新能源产业发展的基础之一，并成为现代和未来生活和军事装备不可缺少的重要"粮食"之一。

7.1 电子产品方面的应用

我国已成为电池行业最大的生产国和消费国。据中国化学与物理电源行业协会提供的资料，目前我国内地的电池产量达100亿只，已成为世界顶级电池制造国。该行业年均产值超过40亿美元。随着镍镉电池的萎缩，手机、数码相机和游戏机对电池的要求，以及3G移动电话业务的推出，再加上手提电脑、数码相机以及其他个人数码电子设备的日益普及，锂离子电池市场未来几年仍将保持快速增长，并且市场潜力庞大。锂离子电池商品化发展速度很快。锂离子电池首先应用于电子产品，主要包括手机、笔记本电脑、数码相机、移动DVD、摄像机、MP3等。

图7-1是2005年各类小型二次电池的市场情况。由图7-1中可以看出，锂离子电池在电子产品方面的销售额和市场份额逐年扩大，而镍镉和镍氢电池的销售额及市场份额逐年在减少，除电动工具、无绳电话、音响设备及1.5V零售市场外，其他领域已基本被锂离子电池占据。随着锂离子电池的大电流充放电性能的改善，锂离子电池还将在无绳电话和电动工具的领域中扩大份额。

同时，通过图7-1可以看出，手机是锂离子电池在电子产品最主要的应用领域之一。以手机为例，以平均一部手机配备1.8只电池计算，2005年就需要5.76亿只电池，对应的产值为174.24亿元人民币。手机电池是消耗品，保用循环寿命300～500次，比手机使用寿命短得多。此外，全球每年生产的手机数量大约在6亿部，需要配套手机电池至少6亿只，年销售额可达到200多亿元人民币。因此，锂离子电池的市场不但巨大而且既长期又稳定，极具持久力和潜力。

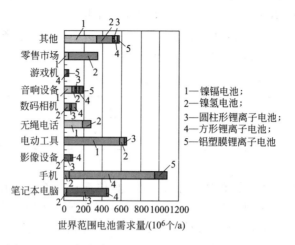

图 7-1 2005 年各类小型二次电池在电子产品市场份额

其次，笔记本电脑电池是锂离子电池在电子产品方面的又一大领域。世界锂离子电池市场 2004 年需求量达到 60.3 亿美元，笔记本电脑电池的年需求量达到 12 亿美元；预计未来每年全球对笔记本电脑配套电池的需求量大约在 9000 万～12000 万块之间，年均增长 15%。国内对锂电池的需求会随着笔记本电脑产能的急剧增长而增长，2005 年仅北京市的笔记本电脑用锂离子电池的需求量就为 70 万块，近几年内，国内每年对笔记本电脑配套电池的需求量大约在 1500 万块以上，年均增长 35% 左右（表 7-3）。

表 7-3　2005～2008 年我国笔记本电脑锂离子电池市场需求情况及预测

年　　份	2005	2006	2007	2008
我国笔记本电脑销量/万	260	340	435	530
我国笔记本锂离子电池块售价/元	353.5	328.8	305.7	284.3
我国笔记本锂离子电池块销售额/万元	91910	111792	132979.5	150679

由于 3G 手机的多功能应用，笔记本电脑的小型化和薄形化的趋势，当前的锂离子电池已无法满足这些电器的要求，有评论将此形容为"能量的饥渴"。为满足这些需求，锂离子电池生产商一直致力于提高电池的体积比容量。以 18650 型电池为例，1995 年时容量为 1.3A·h，而 2005 年容量已达 2.6A·h。随着锂离子电池正极材料的发展，松下公司（MDI）在 2006 年公布已成功开发出 3.0A·h 的 18650 型电池。为进一步提高容量，目前一些厂商正在开发 4.4V 电池和新型负极技术，估计 Si_2C 负极将在今后 2～3 年内成熟，届时还会有更高容量的电池出现。

7.2　交通工具方面的应用

7.2.1　电动自行车

"公共交通"作为未来城市交通的主要发展模式，已被各界所认同，但"公共交通"只能形成广泛的网络，很难满足不同"点"对"点"的服务，更难满足"健身"等特殊要求。而电动自行车等短距离代步工具正是"公共交通"这种不足的补充，既方便、省力、快捷、无污染，又操作简单，不需要考照，还能锻炼身体。在城市区域扩展、市民出行距离增加的今天，电动自行车作为一种新型的廉价代步或"过渡"交通工具已受到广大市民的青睐，特别受到了中老年和妇女的喜爱。电动自行车的研制始于 20 世纪 60 年代，日本、美国、德国、英国、意大利等国家的许多自行车或汽车制造商均有产品相继问世。尤其是近年来，随着石油资源短缺与环境污染的加剧，为解决能源和污染问题，全球性的开发热潮再度兴起，电动自行车已成为各国政府积极推动的新兴"绿色产业"。

电动自行车的动力锂电池采用镍钴锰酸锂作为正极材料，镍带作为负极导电板，使电池放电表面升温不明显，可以极大地降低电解液的燃烧性，解决了锂电池使用过程中可能出现的安全问题。

动力锂电池还具有轻便小巧的特点，重量只有同等电量铅酸蓄电池的 1/3。铅酸蓄电池使用寿命一般在 1～2 年，为提高电池寿命，设计锂离子电池充放电连接转换装置，可实现电池充电时并联、放电时串联，解决了电池因单个放电不同引起的整体储能值下降问题，提高了电池组的整体性能和使用寿命，锂电池使用寿命已达到 3～5 年。

我国的电动自行车的发展十分迅猛，从 1998 年的 4 万辆增加到 2006 年月（1500～1800）万辆。目前我国流行的电动自行车主要包括两种模式，见图 7-2，一种是传统自行车式设计，一种是踏板式设计。后者的容量要高于前者，但在速度上也做了限制，以满足法律上的要求。

图 7-2　自行车式和踏板式电动车示意

电动自行车的迅速发展给动力电池的发展带来了良好的机遇，就像汽车工业带动电池工业一样，出现了一派生机勃勃的局面，电动车的发展一定程度上取决于动力电池的进展。随着人们生活质量的提高，对动力电池的性能要求也会越来越高。电动自行车作为一种交通工具，其主要技术指标如下：整车质量 30～40kg，功率 150～180W，电池容量 12A·h，电压 36V，电流 5A 左右，行驶速度 20km/h 左右。

表 7-4 为 36V 电动自行车用的各种蓄电池的容量、重量和价格等指标的对比一览。通过比较可以看出，锂离子蓄电池突出的特点是：重量轻、储能优、无污染、无记忆效应、自放电低、使用寿命长。锂离子单体电池工作电压高，是镍镉蓄电池和镍氢蓄电池的 3 倍；蓄电能力是镍氢蓄电池的 1.6 倍，是镍镉蓄电池的 4 倍，在容量相同的情况下，是 4 种电池中最轻的；其体积小，比镍氢蓄电池体积小 30%；目前只开发利用了其理论电量的 20%～30%，是大力发展的开发前景非常光明的理想绿色环保能源。一组 36V 锂离子动力电池质量约为 1.8～2.8kg，整车质量小于 20kg。电池组循环寿命为 1000 次，使用寿命为 3～5 年。充电时间为 2～5h。锂电池补充电时间为 6～10 个月。缺点是价格贵。

表 7-4　36V 电动自行车的各种蓄电池的容量、重量和价格比较表

电池种类	额定容量/A·h	续驶里程/km	相对重量比	比能量/(W·h/kg)	比功率/(W·h/kg)	循环寿命/次	充电电流/A	充电时间/h	相对价格比
铅酸电池组	10	35	5	35	150	400	1	11	1
镍镉电池组	10	40	3	50	160	500	2	7	3
镍氢电池组	10	45	2	70	200	600	2	6	5
锂离子电池组	10	50	1	120	340	1000	2	5	10

对电动自行车的几项基本要求为：

① 重量轻；

② 价格低；

③ 时速大于 20km；

④ 充电一次行程大于 50km；

⑤ 充电时间小于 8h；

⑥ 充电一次耗电小于 1 度；

⑦ 液密电池不漏酸，易维护；

⑧ 大电流放电及低温性能较好；

⑨ 自放电小、寿命长。

从上述要求可以看出，锂离子电池是最理想的动力电源，但是受到其价格因素的限制，目前国内仍已廉价的铅酸电池为主。现在锂离子电池要想进入电动自行车市场，可以考虑以下几个方面的措施。第一，充分发挥锂离子电池的特点，设计性能更高的轻型电动自行车。比如，装同样质量的电池，增大车的能力（充一次电的行驶里程、爬坡能力、载重能力）。第二，研究提高车的质量，降低电池价格。第三，加强销售措施，增加销售渠道，使其进入边远地区，走向乡村。第四，要让锂离子电池电动自行车及早进入市场，经受市场的锻炼。发挥锂离子电池的优势，弥补其不足。因此锂离子电池取代铅酸电池势在必行。

7.2.2　电动汽车

全球性的石油资源持续紧缺与以都市为中心的大气环境不断恶化使现代人类社会的发展面临着极大的挑战，致使近年来局部战争、经济危机、自然灾害以及异常

疾病等频频发生。能源是人类赖以生存和社会发展的重要物质基础，是国民经济、国家安全和实现可持续发展的重要基石。随着我国国民经济持续高速发展，能源资源缺乏、结构不合理、环境污染严重等问题日益突出。伴随着十多年经济的高速发展，目前我国同样面临着严重的能源资源与环境问题，而今后的发展趋势则更受人们的关注。如 2004 年我国每天消耗石油已高达 600 万桶，全年进口 1 亿吨石油（相当于美国石油进口总量的 1/4），预计到 2020 年时我国石油的对外依存度将高达 60%，届时国家经济的能源支撑体系会变得非常脆弱。大量石化产品的使用已经导致了严重的城市大气环境污染，一些研究报告表明城市大气污染物的 70% 来自于汽车尾气的排放。

交通工具的能量消耗量占世界总能源消费的 40%，汽车的能源消耗量约占其中的 1/4。目前我国汽车年增长速度达到了 25% 以上。据预测，到 2010 年和 2020 年，我国汽车的燃油需求分别为当年全国石油总需求的 43% 和 57%，汽车将要"吃"掉一半左右的自产、进口石油。长期以来，人们从多方面做了不懈努力试图减缓由能源与环境问题带来的压力。发展省能源与无废物排放的混合电动汽车（HEV）和纯电动汽车（PEV）被认为是解决这些问题的最有效的方法之一。

电动汽车的研究与开发是目前能源危机和环保最现实、最有效的途径，电动汽车的推行和普及不仅可以缓解国家进口石油的压力，而且消除或减轻了汽车尾气给环境带来的污染问题。在能源和环境保护压力不断增大的情况下，零（低）污染、低噪声、能源来源广的电动汽车市场份额将会不断扩大。进入 21 世纪，汽车工业开始面临由传统内燃机汽车向电动汽车转型的关键时期。专家预言，这不仅为汽车工业带来一次技术革命和产业突破，迎来第二次发展浪潮，而且带动电子机械、精密加工、新材料等相关产业实现一次飞跃和大发展，其市场规模将可以和目前的燃油汽车相比较。过去，大型电池始终被铅酸电池垄断，尽管铅酸电池的价格低廉，但由于铅酸电池对环境带来的负面影响以及其偏低的质量比能量和体积能量，加之其自身充放电特性的局限，使得铅酸电池在电动车辆方面的应用始终受到制约，只能在一些特定领域的车辆上使用。实际上，电动汽车早在 20 世纪 30 年代就已经有所尝试，但因使用铅酸电池，始终未能得以大规模应用。锂离子电池的出现给电动车的发展带来了强劲动力。

（1）混合电动汽车（HEV）

我国汽车的能源消耗量约占能源消耗总量的 10%，为确保我国的能源有效利用和供给，低能耗与新能源汽车的发展势在必行。因此，在高效利用我国煤炭资源的同时，寻求新的清洁高效能源，特别是机动车车用能源，降低污染，保护生态环境，是我国科技界和工业界面临的一个重大课题。

低能耗与新能源汽车主要包括：纯电动汽车（EV）、混合动力电动汽车（HEV）和燃料电池电动车（FCV）。表 7-5 列出了燃油汽车和不同类型的电动汽车的有关性能比较。

表 7-5　燃油汽车与不同类型电动汽车性能参数比较

车型	百公里能耗	续驶里程/km	总里程/×10⁴km	制作成本	能源	尾气排放
EV	21.25kW·h (耗电)	100～250	10～20(按循环500～1000次计)	100～400 \$/(kW·h)(电池)	电能	无
FCV	1.12kg(纯氢)	200～400	≥6	500～600 \$/(kW·h)(电池)	氢能	水等
燃油汽车	7～9L(汽油)	643 (按45L算)	40	18万¥ (宝来1.8L)	汽油、柴油	CO_2、CO、CH、NO_x、Pb 等

混合型电力推进系统通常有两个相互分立的动力源。其中的一次动力源为热机，也可以是燃料电池，它应当尽可能长时间地工作在最高效率区，是恒功率输出，这样它的有害气体或颗粒的排放量最小，燃料利用率最高，这就意味着一次性运行距离得到延长；另外一个是二次动力源，它可以是蓄电池、超级电容器或储能飞轮。当车辆上坡或加速时，需要的功率就要加大，此时二次动力源就会根据指令提供额外的功率输出，使热机仍然工作在（或接近）最佳输出功率状态；当车辆下坡或减速时，车子的动能将立即转化为电能储存在蓄电池中，回收了能量，从而提高了动力系统的能量利用率，延长行驶距离。

在纯电动车不能完全推向市场的情况下，作为过渡产品，混合电动车正在形成新一轮的技术开发热点。混合电动车可以大幅度提高燃油的经济性，并且可以降低排放。与燃油车相比，CO_2 排放量可以降低 50%，CH、NO_x 等排放量可以降低 90%，缺点是不能达到零排放，但成本比纯电动车要低得多。即便在以后纯电动车成为主导的情况下，混合电动车也会占据应有的位置。预计 2010 年，混合电动车的发展将更为迅猛。

20 世纪 90 年代以来，作为一项新技术，混合动力汽车的开发得到了美国、日本及西欧等许多发达国家和地区的高度重视，并取得了一些重大的成果和进展。美国能源部 1994 年对用于 HEV 中的储能装置提出了近期和远期要求（如表 7-6 所示）。

日本丰田汽车公司率先于 1997 年 12 月将混合动力 Prius 轿车投放本国市场，2000 年初又开始投放北美市场，并将月产由 1000 辆调升到月产 2000 辆，三年内销售了 4.5 万辆。2005 年，丰田公司混合动力汽车达到年产 30 辆。有国外专家认为在未来的十年内，可能有 40% 的汽车均将采用混合动力技术。

美国能源部与三大汽车公司签订了混合动力汽车开发合同，其中通用汽车公司投入 1.48 亿美元，克莱斯勒投入 8084 万美元，进行为期 5 年的研制开发工作，三大公司于 1998 年在北美国际汽车展上分别展出了混合动力汽车样车。美国报刊评论："混合动力汽车预示了未来汽车的发展方向"。

在欧洲，各大汽车厂商争先恐后地推出了本公司研制的混合动力汽车。最近欧洲六大汽车公司联合就混合动力汽车技术进行了研讨和综合评述，认为其技术成果

表 7-6　储能装置近期和远期的有关要求技术指标

项　　目	近　　期	远　　期
脉冲放电功率(恒定 18s)/kW	25	40
峰值再生脉冲功率(给定脉冲能量时 10s 不规则脉冲)/kW	30(50W·h 脉冲)	60～100(150W·h 脉冲)
可利用的总能量(放电＋再生)/kW·h	0.3	0.5～0.7
指定渐进荷电程度下的循环寿命①/次	200(25W·h),50(100W·h)	300(35W·h),100(100W·h)
最小循环效率/%	90	95
使用寿命/年	10	10
最大重量($E>3$kW·h)/[kg/(kW·h)]	40	35
最大体积($E>3$kW·h)/[L/(kW·h)]	32	25
最大包装高度/mm	150	150
工作电压范围/V	300～400	300～400
允许的最大自放电速度/(W·h/d)	50	50
工作温度范围/℃	40～52	40～52
价格/[＄/(kW·h)]	300	200

① HEV 电池循环寿命远远高于 EV 电池,一般要求循环寿命指标达 30 万次(指启动次数)。

有望使混合动力汽车的成本接近于传统汽车,使用户买得起,生产厂商也有利可图。专家普遍评价:混合动力汽车是 21 世纪初汽车产业界的一场革命,只有混合动力汽车才能满足世纪之初对汽车的环保与节能要求。

混合动力商用车也得到了快速发展,特别是混合动力公交客车。其中最具代表性的是在纽约投入示范运行的 OrionBus Ⅵ 客车、NovaBus 客车、日野 HIMB 客车以及 HAE 公司开发的低地板串联混合动力客车。国际上混合动力汽车已完成商业化进程,正进入快速增长的阶段。我国的混合动力公交车也开始了试营阶段 (图 7-3)。

图 7-3　中通混合动力客车在聊城公交线路上示范运营

近年来发展出一种新型的 HEV,车辆带有电池和汽油发电机,行驶时,通常利用电池所带的能量,在电池能量接近枯竭时,汽油发电机对其充电,使其可以行驶至可以充电的地方。这种车辆称之为"插入型"(plugin) HEV。法国达索公司下属的 SVE 公司已开发出样车。这种车辆非常适合于家庭和"上班族"使用。它要求使用容量功率兼顾型电池。

目前,国际上普遍采用、适合于混合电动汽车的电池有两种,即:镍氢电池(Ni-MH)和锂离子电池 (LIB)。综合诸因素加以考虑,首先,锂离子电池优于镍

347

氢电池是业界人尽皆知的事实。如日本野村综合研究所分析，1999～2005年以镍氢电池为主（95%），锂离子电池为辅（5%）。随着时间的推移，后者将占主导地位。至2006～2010年，镍氢电池占50%，锂离子电池占50%。因为锂离子电池可承受大电流充放电，10s内的功率密度可达1500W/kg；其次，锂离子电池用于混合电动汽车，有效利用率则可达90%，远高于镍氢电池的50%，在2005年以后将具有更优的性能价格比。国际上现已形成混合电动汽车用锂离子电池及其专用材料的开发热潮。表7-7为不同类型电池的性能比较。

表7-7　不同类型电池的性能参数比较

电池种类	功率密度/(W/kg)	能量密度/(W·h/kg)	循环寿命/次
铅酸电池	200～300	35～40	400～600
镍镉电池	150～350	40～60	600～1200
镍氢电池	150～300	60～80	600～1200
锂离子电池	250～450	90～150	800～1200
超级电容器	>1000	1～20	100000
燃料电池	60	500	—

据报道，日本铁路公司研制了一种新型能源列车——NE列车（图7-4），该列车采用锂离子电池储能混合系统，既利于环保，又提高了能量效率。通过运行实验，确认了这种混合系统的功能对车辆性能和能量效率等方面的影响几乎与设计的完全一样。可见，锂离子电池在混合电动车领域逐步成为主角已经势不可挡。

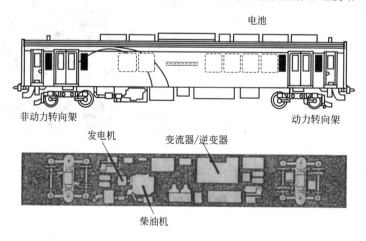

图7-4　NE列车的外观示意

（2）纯电动汽车（PEV）

纯电动汽车是以电池为储能单元，以电机为驱动系统的车辆。纯电动车的特点是结构相对简单，生产工艺相对成熟；其缺点是充电速度较慢。因此纯电动汽车是适合于行驶路线相对固定、有条件进行较长时间充电的车辆，如：公交车、机场摆渡车、小型送货车等，但是在充电站尚不能像加油站一样普及，电池更换、出租等

锂离子电池原理与关键技术

商业机制还不成熟的情况下，纯电动轿车及长途汽车还不可能大规模地应用。

与燃油汽车相比，电动车显示出了十分显著的节油与环保效果。计算结果表明仅北京市的 2 万多辆公交车及 7 万辆出租车改为电动车后，每年就可以少用 300 万吨燃油，少排放近千万吨二氧化碳气体。发展电动车对有效地利用电力资源也具有重要的意义。2002 年以来，我国缺电形势日益严重，拉闸限电的省级电网由 2002 年的 12 个在 2003 年和 2004 年分别增至 23 个与 26 个。北京"九五"以来用电负荷也是增长迅速，2004 年北京共用电约 500 亿千瓦·小时，电力对外依存度超过 60%。北京用电的最大负荷高峰在夏季，办公空调负荷占了总负荷的 40% 以上，在晚上用电低谷时有约一半的电被闲置。目前的这种状况使得电力资源浪费十分严重。可充分利用晚上多余的电力来满足电动公交车和出租车充电的需要。此外，利用大容量的动力电池制作的家庭和办公室的储能装置来储藏晚上的廉价电力供白天使用，也会在很大程度上缓和昼夜电力资源的使用不平衡问题。

2004 年我国已经超过德国成为世界第三汽车大国，估计今后 3~5 年内我国会一跃成为世界第二汽车大国，如果不采取措施，随之而来的我国的能源问题、环境问题、交通问题以及健康问题将比现在要严重得多。因此，不断完善动力锂离子电池与电动车技术对缓解我国以及全球的能源与环境问题都将具有重要的社会与战略意义。

动力电池技术是电动汽车的关键技术之一，各大汽车公司都在全力开发电动汽车的核心技术——电池新技术。美国三大汽车公司成立了先进电池联合会（USABC），并制定了中长期研究开发先进电池技术性能指标（表 7-8）。中期目标是使电动汽车用动力电池在各项性能上有明显提高，在 2000 年前实现动力电池的商业化；中长期目标是动力电池在性能和价格上最终使电动汽车与燃油汽车具有竞争性。我国"十一五"国家 863 计划（计划书对锂离子的要求见表 7-9）节能与新能

表 7-8　USABC 制定的电池中长期发展目标（美国先进电池联合会，USABC）

指　　标	中期	长期
质量比能量(C/3 放电)/(W·h/kg)	80~100	200
体积比能量(C/3 放电)/(W·h/L)	135	300
质量比功率(C/3 放电,80%放电深度/30s)/(W/kg)	150~200	400
体积比功率(C/3 放电,80%放电深度/30s)/(W/L)	250	600
使用寿命/a	5	10
循环寿命(80%放电深度)	600	1000
销售价格/[美元/(kW·h)]	<150	<100
使用温度/℃	-30~65	-40~85
正常充电时间/h	<6	3~6
快速充电时间	<15min(40%)	<20min(60%)
效率(C/3 放电率,6h 充电)/%	75	80
自放电	48h(<1.5%)	1 个月(<1.5%)
热损耗(高温电池)	48h 内 3.2W/(kW·h);15%额定容量	
维护方式	免维护,极小的车载控制	

源汽车重大项目计划到 2010 年，混合动力汽车将在掌握产品开发技术的基础上实现产业规模的突破，纯电动汽车技术满足产业化需求，并将实现商业应用的市场开拓。电动汽车将成为 21 世纪重要的交通工具。

表 7-9　锂离子电池作为电动汽车动力应达到的性能指标

性　　能	参数
质量比能量/(W·h/kg)	>130
功率密度/(W/kg)	>16000
循环次数/次	>500
行驶里程/万公里	>10
电池工作温度/℃	-20～55

注：实用的电动汽车动力电池要求其容量为 $10～10^3$ kW·h。

迄今为止，电动汽车车用动力（储能）蓄电池经过了从阀控式铅酸电池到镍镉、镍氢等碱性电池再到锂离子电池（含聚合物锂离子电池）。锂离子电池相对于其他电池具有更高的比能量、比功率和循环寿命，成为电动汽车首选动力电池之一。1997 年 7 月 Nissan Altra EV 配备了 SonyLA 4 LIB，1998 年 1 月推向美国加利福尼亚州市场；1997 年 10 月，法国启动了 VEDELIC 电动汽车新技术项目，配备了 LIB 的 Peugeot 106 EV 是欧洲第一辆使用锂离子电池为动力源的电动汽车。我国在锂离子电池方面的研究水平已有多数指标超过了 USABC 提出的 2010 年长期指标所规定的目标。中信国安盟固利电源技术有限公司为北京市奥运电动车项目提供的 100A·h 大容量锰酸锂动力电池装车试验已经完成（图 7-5），已经运行了 5 万多公里，电池工作状态良好。据悉，这种电动公交车充电时间短，3h 充电量即可达到 95%，每充电一次即可运行 200～400km，每充 500 次电池容量才会衰减 8.3%，其运行成本仅为燃油车的 1/5。目前在动力电池 LIB 研制方面领先的厂商有日本的 Sony，德

图 7-5　已运行 5 万多公里的 100A·h
锂离子电池的电动公交车

国的 Varta 和法国的 Saft。此外，聚合物锂离子电池（PLB）比 LIB 具有更高的比能量，被美国先进电池联合会（USABC）确定为实现 2010 年远期目标的电动汽车用动力电池。

虽然我国传统汽车的开发水平与国外先进水平有三十多年的差距，但由于电动汽车国外开发年限短，关键零部件技术平台相同，我国电动汽车研发水平几乎与发达国家站在同一起跑线上，最大差距不超过 5 年，因此，电动汽车成为我国赶超世界先进水平的一个突破口，但我国电动汽车要实现产业化，尚需突破三大瓶颈。

一是政策。政府对生产和使用环保节能以及新能源汽车的支持力度将影响到发

锂离子电池原理与关键技术

展的进度。要尽快制定相关政策与法规鼓励消费者购买节能汽车，并对制造厂商给予一定的政策倾斜。日本、法国等国家都对国民购买环保汽车实行税费减免，我国新汽车产业政策虽体现了这一愿望，但这只是纲领性文件，应尽快落实细化。此外，新能源汽车立法标准空白的问题亟待解决。电动车的报牌手续、安全标准、维修标准等应尽快出台。

二是成本。新能源汽车的制造成本和使用成本依然偏高。一辆普通型纯电动轿车平均制造成本达二三十万元，而燃油普通型车市价不到 10 万元。新动力汽车上路后，由于产品的结构与普通燃油汽车不同，厂商需要重新建立一套维修、养护的服务体系，投入巨大，而且目前传统的燃油汽车利润颇好，厂家缺乏推广替代性产品的积极性。

三是技术。电动车目前只是"手工"生产，处于试运行阶段，真正投入商业化运营还需要在技术性上进一步提升，以降低电池成本、提高电池的使用效率等。目前电动车充电时间长，续驰里程有限，只能在城市、风景名胜区等特定场合部分取代传统汽车。

作为高比能量型锂离子动力电池，从基础材料角度讲除隔膜外，其他关键材料均已实现国产化，且无论规模程度和产品的稳定性均可满足锂离子动力电池产业化的技术要求，但在新型材料研究领域明显落后于国外，从长远角度此将制约锂电行业的长远发展。从产业化角度，各企业应下大力量解决好两大关键技术：其一为电池安全性能，必须确保电源系统在短路、碰撞挤压变形情况下的安全性；现今采用的正极材料均存在一定的安全问题，各公司是采用综合体系的方法（功能电解液、电池预处理工艺、电源管理系统等）以确保电源系统的安全性，而磷酸铁锂正极材料的兴起为上述问题的解决提供了可靠的保障，虽然其密度和导电性能较其他正极材料低，但从电源类型角度看，其与铅酸和镍氢相比仍然优势明显；其二为循环寿命，电池性能应能够达到充放电 1200 次，一般家庭用车行驶 15 年报废，锂离子电池一次充电可以行驶 150km，充电 1200 次，计入容量衰减，完全可以使用 15 年。上述两大关键技术的解决将为纯电动车产业化奠定坚实的基础。

（3）其他电动交通工具

除了电动汽车、混合电动车、电动自行车以外，电动交通工具还包括电动摩托车、高尔夫球车、电动轮椅、电动（残疾）代步车、电动搬运车、电动滑板甚至电动儿童游乐车等。电动车是新型的交通工具，具有清洁无污染、动力源多样化、能量转换率高、结构简单、使用和维护方便等优点，在以可持续发展、生态环保为主题的 21 世纪，必将有广阔的发展空间，而作为环保型高比能量的锂离子电池，亦将大有用武之地。

7.3 在国防军事方面的应用

应用锂离子电池不仅节约了空间，降低了成本，同时又可解决电池串联组合时各电池容量必须相互匹配的问题，从而增加了能量密度，提高了其使用可靠性；而且锂离子电池无记忆效应，无环境污染。作为一种新型的二次电池，随着其性能的不断改进，例如其循环性能、低温性能、储存寿命及安全性等，在军事装备领域必有广泛的应用。

20世纪70年代末，锂一次电池已开始用于军事装备和太空装备中。美军通信装备中，目前使用的一次电池主要有碱性锌锰电池、镁锰电池等。蓄电池主要有密封镉/镍电池、阀控式密封铅酸电池、MH/Ni电池和锂离子电池。与商用普通碱锰电池相比，锂/亚硫酰氯一次锂电池性能优良，但制造成本较高，其高功率型由于热失控可能造成爆炸的安全性问题也没有彻底解决，因此未得到广泛应用。铅酸电池比能量低，体积大，对环境有污染。锌锰电池比能量低，储存性能较差。镍镉电池比能量不高，又有记忆效应。热电池因为辅助的加热系统使电池的体积和质量增大。相比之下，锂离子电池具有更多的优势，所以开发出高性能的锂离子电池用于各种军事装备及航空航天领域是极为迫切的。目前，国外锂离子电池在军事上主要用于便携式通信设备、自动武器、空间能源与导航定位仪（GPS）等。美国Rayovac公司和Covalent公司等研究开发了用于水下无人探测装置的锂离子电池技术。这种电池的循环寿命比锂金属负极电池长得多。Rayovac公司与美国海军签订了合同，正在开发大容量锂离子电池的负极材料，随后将开发容量为20A·h的单体电池。美国国防部对发展低温性能良好的锂离子电池十分感兴趣，还与各著名大学和研究所建立了合作关系，以适应空间站和便携式军事装备的开发需要。

海陆空尤其是陆军地面作战使用的便携式武器将需要高比能量、高低温性能优良、质量轻、小型化、后勤供应简便、成本低的二次电池；军事通信和航天应用的锂离子电池也趋向高安全可靠性、超长的循环寿命、高比能量和轻量化。因此，环境适应性好、高比能、高安全性和小型轻量化的锂离子电池的研究是目前国内外的研究热点和未来发展方向。

锂离子电池是军用通信电池发展的重点，目前其重量比能量已达150W·h/kg，下一目标是提高到170～200W·h/kg。在通信装备上使用锂离子电池，同样首先要解决使用中的安全问题。因为这种电池重量轻、容量高、电性能与荷电保持性能十分优异，但安全问题也很突出。近年来，在提高电池比能量的同时，加强了对电池安全性与低温放电性能的研究。安全性实验除了进行短路、过充、过放、穿刺、挤压、温度冲击、燃烧试验外，还增加了枪击实验的内容，以保证电池在战时及恶劣环境下使用也不发生燃烧与爆炸。

在锂离子蓄电池安全技术研究上，要注重其综合性能最优化的研究，即在保证电池使用安全的前提下，进一步提高电池的性能。即通过控制电池的正、负极活性物质的用量与比例，采用具有热闭合功能的隔膜材料，在电解液中添加能抗过充过放的添加剂，严格控制工艺与生产环境，在单体电池上设置防爆盖，电池组加短路、过充、过放保护线路与PTC保护元件等安全措施，安全问题得到了较好的解决。避免在各种实验中没有发生爆炸、燃烧现象。以18650型电池为例，-40℃下以0.2C、5A放电至2.75V，可放出常温额定容量30％以上的容量。14.4V、1.9A·h锂离子蓄电池组在-35℃下以0.2C、5A放电至10V，可放出常温额定容量70％以上的容量。这表明军用通信锂离子蓄电池在提高其低温放电性能方面已取得很好的进展。月荷电保持能力现提高到92％～96％，与国际先进水平相当。

新型研制的鱼雷无论是轻型（如MU90鱼雷）还是重型（如"黑鲨"）鱼雷，其航速都要达到50kn以上，因此轻型鱼雷所需功率大于100kW，重型鱼雷所需功率约250～300kW。鱼雷对储能电池提供的长度是有限的，一般外径为320mm的轻型鱼雷提供电池的长度为650mm左右；外径为530mm的重型鱼雷提供电池的长度为1800mm左右。战用鱼雷电池一般为铝/氧化银电池。由于锌/氧化银二次电池与铝/氧化银电池性能上的差别，若用锌/氧化银电池作"黑鲨"鱼雷用蓄电池，采用1400g/65A·h/1.32V的单体电池，需37×8=296个单体，电池组长度为174cm，共410kg，但不能满足高速发射时的要求。这种情况下，通常要满足航速对功率的要求，缩短航行时间，但航行时间太短仍然影响操练效果。为了满足新型高速电雷的要求，法国沙伏特公司及美国雅德纳公司对锂离子电池用于操雷的可行性进行了研究，为了提高高倍率放电性能，采用电导型更好的电解质，降低电池内阻，同时提高电池的耐冲击振动能力，使电池满足适于雷用的环境实验要求。

随着锂离子电池大电流放电性能的不断提高，对锂离子电池单独作战雷电池的研究也在开展。美国位于罗得岛（Rhoad Island）东南城市纽波特（Newport）的美国海军水下战研究中心开发的一种新型轻型鱼雷以锂离子电池和铝/氧化银电池构成混合电源，以电机和螺旋桨集成在一起的新型推进装置为推进系统，将化学电源方面的新技术和动力推进方面的新技术结合在一起，使整个动力部分的比能提高，鱼雷整体性能提高。采用锂离子电池，利用其可充电特性在训练中可反复使用，允许不拆卸载体进行充电，降低全寿命周期费用，并满足部队有足够的训练次数的要求。

法国沙伏特公司针对海军装备进行了应用研究，主要目标是将锂离子电池用于潜艇（包括核潜艇和常规潜艇）、全电船AES及水下无人航行装置UUV等。

目前各国潜艇仍主要采用铅酸电池作为动力推进电源。据NAVAL FORCES评论法国SAFT公司针对潜艇研制的锂离子电池与潜艇用铅酸电池相比，有以下优越性：容量是铅酸电池的3倍；循环寿命是铅酸电池的3倍；免维护；无记忆效应。同时，对安全性进行了全面分析，由于采用了多种类型的温度传感器和电压传感器，将数据集中于包括安全措施的电池管理系统，可以有效避免过充、短路、过热或类似情况。SAFT公司2003年就已推出了用于潜艇的锂离子电池。其用于"Dauphin"系统的Dauphin模块，能量为9kW·h，平均电压3.5V，质量120kg，体积60L。

锂离子电池在全电船中（all electric ship，AES）的应用也同样显示出竞争优势。全电船除综合电力推进外，还包括先进的原动机和辅助设备的全面电器化。全电船的发展对某些蓄电池的发展提供了巨大的市场。锂离子电池用于全电船的优越性在于：提供高的工作电压，无论卷绕的还是块状的锂离子电池在所需工作周期内可提供高于 700V 的电压；可将能量分散储存在足够多的电池内，保证足够航行能量；由于比能高，电池组质量小，不存在析氢、析氧，安全可靠性好；工作寿命长。

水下无人航行装置大致有三类。①以水下机器人为主体的各类水下形状如同某种海底生物的，能自动执行某种特定任务的水下智能装置；②能执行对水雷搜索、干扰，对潜艇进行跟踪尾随等具有目标识别能力、环境数据检测能力和通讯能力的水下自航体，通称 AUVs（autonomous underwater vehicles）；③具有攻击能力，与潜艇类似的一种未来水中兵器。20 世纪末美国水下武器研究中心和电力船公司联合制定了 MANTA 计划主要开发这类新装备，它是 UUVs（unmanned undersea vehicles）研究的主要组成部分。水下航行装备对动力的需求是水下动力电池竞争的焦点。目前水下航行装置多用锌/氧化银电池、锂/亚硫酰氯电池或铅酸电池。不少锂电池研究单位正在为 UUV 和 AUV 设计研制相应的锂离子电池。如美国雅德纳公司为 UUV 设计的锂离子电池组由 90 只 8A·h 的单体组取代 10kW·h、423V 的锌/氧化银电池组，配有监控及均化充电装置。

在其他方面的潜在用途如下所述。

（1）电热被服

用碳纤维做成的电热被服可以大大减轻被服的重量，还具有传统被服不可比拟的保温性能，据了解，荷兰、瑞典等高纬度国家计划为其军队配备电热被服。美军还计划在军服上安装特制空调，用以改善官兵在热带地区的作战条件。如果配以锂离子电池，将大大降低被服的质量和体积。

（2）机载、车载和舰载通信设备电源

目前，机载、车载和舰载通信设备所用的电源或 UPS 一般多采用铅酸电池，若改用锂离子电池，将大大减轻设备质量，延长通信时间。

（3）便携式或小型供电电源

部队在野外宿营时，要靠发电机来供电，但发电机的声音、辐射热将降低其隐蔽性，若采用锂离子电池做成的电源为指挥所、战地医院供电，则可以提高隐蔽性。

现代战争主要是高科技条件下的战争，军事装备的高科技化水平是一个国家国防实力的重要标志。海陆空军的各种装备尤其是陆军地面作战使用的便携式武器将需要高比能量、高低温性能优良、轻量化、小型化、后勤供应简便、成本低的二次电池；军事通信和航天应用的锂离子电池也趋向高安全可靠性、超长的循环寿命、高比能量和轻量化。因此，环境适应性好、高比能、高安全性和小型轻量化的锂离子电池的研究是目前国内外的研究热点和未来的发展方向。在石油资源日益匮乏的今天，锂离子电池在军事装备上的广泛应用将使军事装备的小型化、轻量化和节能化得以实现。

7.4 在航空航天方面的应用

7.4.1 在航空领域中的应用

目前锂离子电池在航空领域主要应用于无人小/微型侦察机。20 世纪 90 年代，美国国防部高级计划局（DARPR）决定研究小/微型无人机，用来执行战场侦察。至 2000 年左右，几种小型无人侦察机开始试飞，并在阿富汗战争和伊拉克战争中投入使用，经过两次战争的检验，反映很好，其中最为有名的是航空环境（Aero Vironment）公司研制的"龙眼"（dragoneye）无人机（图 7-6）。"龙眼"无人机重 2.3kg，升限 90～150m，使用锂离子电池作为动力源，以 76km/h 速度飞行时，可飞行 60min。具有全自动、可返回和手持发射等特点。据报道，美海军陆战队计划为每个连队配备"龙眼"小型无人侦察机。继小型无人机成功以后，又有微型无人侦察机试飞成功，如：Aero Virohment 公司推出的"黄蜂"无人机。美军方发言人宣布，"黄蜂"已具备实战能力。另外，还有一些微型无人机正在开发，如：桑德斯公司开发的"微星"（Microstar）无人机。这些微型无人机均使用锂离子电池作为动力源，见图 7-7。

(a) 手持发射　　　　(b) "龙眼" 无人机及操控装置　　　　(c) "龙眼" 无人机照片

图 7-6　"龙眼" 无人侦察机

(a) "黄峰" 无人侦察机　　　　(b) "微星" 无人机　　　　(c) μ PR-Ⅱ无人机照片

图 7-7　微型无人机

7.4.2 在航天领域的应用

应用于航天领域的蓄电池必须可靠性高，低温工作性能好，循环寿命长，能量密度高，体积和质量小，以降低发射成本。从目前锂离子电池具有的性能特性看（如自放电率小、无记忆效应、比能量大、循环寿命长、低温性能好等），锂离子电池比原用 Cd-Ni 电池或 Zn/Ag_2O 电池组成的联合供电电源要优越得多。特别是从小型化、轻量化角度看，对航天器件是相当重要的。因为航天器件的质量指标往往不是按千克计算的，而是按克计算的。而且 Zn/Ag_2O 电池有限的循环和湿储存寿命，必须在 12～18 个月更换一次，而锂离子电池的寿命则较之长十几倍。

许多公司和著名的研究机构对在卫星上使用的锂离子电池表现出极大的兴趣和关注。最早由美国的 Lawrence LiVermore 国家实验室于 1993 年 9 月对日本 SONY 公司的 20500 型锂离子电池进行了全面的技术分析，考察了其用于卫星的可能性。1996 年，美国航空航天署的 JPL 考察了商品 18650 型电池在空间应用的可能性；加拿大 Blue-Star 公司在美国空军和加拿大国防部的积极参加下，也集中力量开展航天用锂离子电池的研究。

国际上锂离子电池在空间电源领域的应用已进入工程化应用阶段。目前已经有十几颗航天器采用了锂离子电池作为储能电源。锂离子电池在航天领域的发展势头非常强劲。以下为收集到的部分资料。

2000 年 11 月 16 日发射的 STRV-1d 航天器首次采用了锂离子电池，该航天器采用的锂离子电池的比能量为 100W·h/kg。

2001 年 10 月 22 日发射升空的卫星也使用锂离子电池作为其储能电源。这颗带有 3 件科学仪器的航天器质量只有 95kg，采用 6 节 9A·h 的锂离子电池组，质量为 1.87kg，比能量为 104W·h/kg。每月进行 400 次充放电循环，放电深度为 8%～15%。地面实验按 30%DOD 低轨制度进行了 16000 次循环寿命考核，电池组的放电电压从 23V 下降到 22.2V，表现出优异的循环寿命性能。

2003 年欧空局（ESA）发射的 ROSETTA 平台项目也采用了锂离子电池组，电池组的能量为 1070W·h，分为 3 个模块，质量为 9.9kg，比能量为 107 W·h/kg。ROSETTA 平台的着陆器也采用了锂离子电池作为储能电源，电池组的质量为 1.46kg，比能量为 103W·h/kg，如图 7-8 所示。

2003 年欧空局（ESA）在 2003 年发射的火星快车项目的储能电源也采用了锂离子电池，电池组的能量为 1554W·h，电池组的质量为 13.5kg，比能量为 115 W·h/kg。地面模拟实验进行了 9280 次循环，放电深度为 5%～67.55%。火星着陆器——猎犬 2 也采用了锂离子电池。此外，美国航天局（NASA）2003 年发射的勇气号和机遇号火星探测器也采用了锂离子电池（图 7-9），欧空局（ESA）计划还有 18 颗航天器采用锂离子电池作为储能电源。表 7-10 为 SAFT 电池在卫星型号上的应用情况。

图 7-8　"罗塞塔"（ROSETTA）彗星探测器模拟图

(a) "勇气"号火星车

(b) 火星快车

图 7-9　火星探测器

表 7-10　SAFT 电池在卫星型号上的应用

发射年	卫星型号	轨道	最终用户	电池型号	状态
2005 年	Otbird8	GEO	EUTELSAT	VES140	已交付
2005 年	Skynet 5A	GEO	Mod	VES140	已交付
2005 年	Skynet 5B	GEO	Mod	VES140	已交付
2005 年	Syracuse Ⅲ A	GEO	Mod	VES140	已交付
2005 年	Syracuse Ⅲ B	GEO	Mod	VES140	已交付
2005 年	Calypso	LEO	CNES/NASA	VES100	已交付
2005 年	Corot	LEO	CNES	VES100	已交付
2005 年	Jason2	LEO	NASA	VES100	已交付
2005 年	Gstb V2(Galileo)	MEO	Galileo	VES100	已交付

7.5　在储能方面的应用

用电的峰谷调节是个难题，通常为保证高峰用电，则需多建电厂。这样，在用电低谷时，发电机还需运转，既造成加大投资的负担，又造成能源浪费。近年来，国外一些企业转换思路，将用于投资电厂的资金采购中大型能源储备装备，用电低谷时充电，而在高峰时使用装备中所存的电能，分时收费，形成了双赢的局面。图 7-10 和图 7-11 是日本应用锂离子电池作为能源储备装置的实例。以往能源储备装置多采用铅酸电池，一是铅酸电池价格较低，二是铅酸电池可以浮充电。锂离子电池以往在搁置寿命和浮充电方面不尽如人意，近年来，由于 $LiNi_xCo_{1-x-y}M_yO_2$ 的成熟和 $LiFePO_4$ 的出现，这些问题将逐步得以解决。

图 7-10　锂离子电池用于储能装置实例

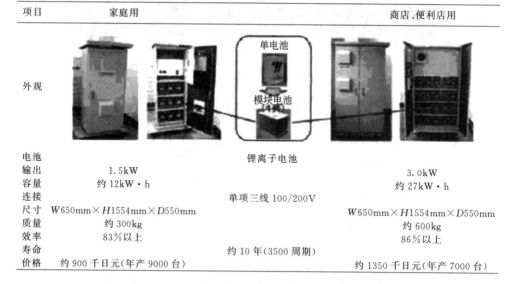

项目	家庭用		商店、便利店用
外观		单电池 模块电池 锂离子电池	
电池 输出	1.5kW		3.0kW
容量	约 12kW·h		约 27kW·h
连接		单项三线 100/200V	
尺寸	$W650mm\times H1554mm\times D550mm$		$W650mm\times H1554mm\times D550mm$
质量	约 300kg		约 600kg
效率	83% 以上		86% 以上
寿命		约 10 年(3500 周期)	
价格	约 900 千日元(年产 9000 台)		约 1350 千日元(年产 7000 台)

图 7-11　锂离子电池用于能源储备装置和参数

法国 SAFT 公司报道，其 G3 型电池（正极为 $LiNi_{0.75}Co_{0.2}Al_{0.05}O_2$）经 1400 多天浮充，容量、内阻变化很小，其测试结果见图 7-12。

能源储备装置在另外的领域亦有广阔应用，即与太阳能、风能联用，构成"全绿色"新能源系统。能源是当今经济建设和社会发展的重要方面，如何调节能源供应紧张和充足时的负担始终是各国研究的课题。而太阳能、风能的利用则是途径之一。目前，许多地方和部队已装备了太阳能、风能发电装置，如：新疆军区为其 68 个边防连队安装太阳能、风能发电装置，结束了"五难"（用电难、洗澡难、吃水难、取暖难和住房难）的历史。相当一批在海岛驻防的部队也已安装了这类发电装置，但是由于目前

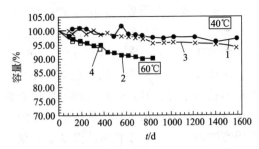

图 7-12　G3 锂离子电池浮充测试结果

1—3.8V，40℃；2—3.8V，60℃；

3—3.9V，40℃；4—3.9V，60℃

这些装置的蓄电池部分大多采用铅酸电池，对当地的环境和生态还是有很大的影响的。通常，这些哨所的生态环境恶劣而脆弱，对有害物质的降解能力较低，一旦发生破坏，则很难恢复，而且还将对驻防官兵的身心造成长久的伤害。锂离子电池自 20 世纪 90 年代初问世以来，锂离子电池是绿色电池，因其高能量密度、良好的循环性能及高的荷电保持性能，被认为是高容量大功率电池的理想之选。作为理想的储能蓄电系统的关键材料，磷酸铁锂和三元 Li-Ni-Mn-Co-O 两种正极材料显示出很好的性能。磷酸铁锂具有价格低廉、无毒无污染、安全性好等特点；层状三元 Li-Ni-Mn-Co-O 正极材料具有容量高（140mA·h/g 以上），热稳定性、化学稳定性、大电流放电性能、安全性好等优点。因此，锂离子电池在动力电池上有很好的应用前景。用它来代替铅酸电池将会大大有利于环境保护。

7.6　在其他方面的应用

7.6.1　电动工具

由于锂离子电池的电解质采用有机溶剂，其电导率较低，锂离子电池的功率密度较低，过去一直被认为是其缺点，所以电动工具和混合动力车的领域长期被镍镉和镍氢电池占据。近年来，随着 $LiMn_2O_4$ 等正极材料的发展、纳米碳纤维的应用及电池制作技术的改进，锂离子电池的功率特性大幅度改善。近一年来，多种高功率电池体系不断涌现，促使其循环性能和耐过充性能不断改善。由于高功率锂离子电池的逐渐成熟，使得锂离子电池在电动工具上的应用成为可能。目前，世界有名的厂商均已推出锂离子电池的电动工具产品。据权威机构日本信息技术综合研究所预测，电动工具在未来几年将成为小型锂离子电池增长最快的领域，并成为锂离子电池第三大应用领域。

7.6.2　矿产和石油开采

采矿需要广泛地使用矿灯。目前矿灯主要以铅酸电池为主。由于铅酸电池较重，使用起来很不方便，同时铅对环境有污染，因此锂离子电池取代矿灯成为大势所趋。目前矿灯用锂离子电池有两种形式：一是单体蓄电池；一种是几个容量相等

的个体串联而成。对于后者,电池的一致性要求较高,否则,单个容量下降将会直接影响到整个产品的循环寿命。锂电池使用轻便,易携带。以 8A·h 单体矿灯为例,工作电压 2.2～4.25V,额定电压 3.6V,电灯照明时间 15～16h,正常使用可达 600 次循环。蓄电池部分质量仅有 430g,是铅酸蓄电池的 1/4 左右。由于锂离子电池的独特优势,其在矿灯方面的应用必将越来越广。

地下采油的温度高,一般的电池不可能达到要求。如果采用聚合物电解质生产的全固态锂离子电池,在较高的温度下,聚合物的电导率提高,从而能有效地提供动力,这也是有应用前景的一个主要领域。

7.6.3　医学和微型机电系统

锂离子电池在医学方面主要应用于助听器、心脏起搏器和其他一些非生命维持器件等。使用锂离子电池代替助听器中的原电池,可解决成本高、环境污染、电压下降引起的助听效果下降等问题,具有广泛的应用潜力。

近几十年来,电子工业迅猛发展,电子产品小型化、微型化、集成化成为当今世界技术发展的焦点。微型机电系统如微型传感器、微型传动装置等,传统的蓄电池已不能满足微型机电系统对小型化、集成化日益增长的要求,因此高能质轻的锂离子电池成为理想的候选者。

7.7　展望

低成本、高性能、大功率、高安全、绿环境是锂离子电池的发展方向。如前所述,锂离子电池作为一种新型能源的典型代表,有十分明显的优势,但同时有一些缺点需要改进。近年来,锂离子电池中正负极活性材料、功能电解液的研究和开发应用在国际上相当活跃,并已取得很大进展。锂离子电池的研究是一类不断更新的电池体系,涉及物理学和化学的许多新的研究成果会对锂离子电池产生重大影响,如纳米固体电极有可能使锂离子电池有更高的能量密度和功率密度,从而大大增加锂离子电池的应用范围。

锂离子电池的研究是一个涉及化学、物理、材料、能源、电子学等众多学科的交叉领域。目前该领域的进展已引起化学电源界和产业界的极大兴趣。可以预料,随着研究的深入,从分子水平上设计出来的各种规整结构或掺杂复合结构的正、负极材料以及相配套的功能电解液将有力地推动锂离子电池的研究和应用。锂离子电池将会是继镍镉、镍氢电池之后,在今后相当长一段时间内,市场前景最好、发展最快的一种二次电池。锂离子电池将进一步取代铅酸、Ni/MH 电池,继续扩大其应用领域和市场份额。锂离子电池已经创造了辉煌,而未来必将有更大的辉煌。

参 考 文 献

[1] 刘素琴,黄可龙,刘又年,李林德,陈立泉. 储能钒液流电池研发热点及前景. 电池,2005,135
　　(15):356.

锂离子电池原理与关键技术

[2] 陈立泉．锂离子电池最新动态和进展．电池，1998，28（6）：255．

[3] Yoshio Nish. Lithium ion secondary batteries：past 10 years and the future. J Power Sources，2001，100：101．

[4] Alessandrini M Conte，Passerini S，Prosini P P. Overview of ENEA's Projects on lithium battery. J Power Sources，2001，97-98：768．

[5] 王福鸾（编译）．索尼公司的锂离子蓄电池先进技术．电源技术，2006，30（10）：789．

[6] Masaharu Satoh，Kentaro Nakahara. Film packed lithium-ion battery with poly merstabilizer. Electrochimica Acta，2004，50：561．

[7] Jonathan X Weinert，Andrew F Burke，Wei Xuezhe. Lead-acid and lithium-ion batteries for the Chinese electric bike market and implications on future technology advancement. J Power Sources，2007，172.938．

[8] 李诚芳．电动自行车及其电池．电池工业，2004，9：125．

[9] 商国华，当代电动车用电池的希望．世界汽车，2001，3：6．

[10] Horiba T，Hironaka K，Matsumura T，Kaia T，Muranaka Y. Manganese-based lithium batteries for hybrid electric vehicle applications. J Power Sources，2003，119-121：893．

[11] SaidAl-Hallaj，Selman J R. Thermal modeling of secondary lithium batteries for electric vehicle/hybrid electric vehicle applications. J Power Sources，2002，110：341．

[12] Takei K，Ishihara K，Kumai K，Iwahori T，Miyake K，Nakatsu T，Terada N，Arai N. Performance of large-scale secondary lithium batteries for electric vehicles and home-use load-leveling systems. J Power Sources，2003，119-121：887．

[13] Kazuo Onda，Takamasa Ohshima，Masato Nakayama，Kenichi Fukuda，Takuto Araki. Thermal behavior of small lithium-ion battery during rapid charge and discharge cycles. J Power Sources，2006，158：535．

[14] Terrill B A，Peter J C，Fee C L. Man portable needs of the 21st century. J Power Sources，2000，91（1）：27．

[15] Ian R Hill，Andrukaitis Ed E. Lithium-ion polymer cells for military applications. J Power Sources，2004，129：20．

[16] Ehrlich G M，Marsh C. Low-cost，light weight rechargeable lithium ion batteries. J Power Sources.1998，73：224．

[17] Marc Juzkow. Development of a BB-2590U rechargeable lithium-ion battery. J Power Sources，1999，80：286．

[18] James Griffin，Steve Oliver，Nail Dubois，Eric Dow，Geraid Stovenss，Kenneth Loster. An Innovative Electric Lightweight Torpedo Tested-bed for Technology Development and Insertion. Naval Forces，2001．

[19] Sohrab Hossain，Andrew T，et al. Li-ion cells for aerospace applications. Proceedings of the 32th IECEC，1997，1：35．

[20] Chad O，Dwayne H，Robert Higgins. Li-ion satellite cell development：past，present and future. Proceedings of the 33th IECEC，1998，4：335．

[21] Gregg Bruce，Pamella Madikian，Lynn Marcoux. 50 to 100 A·h lithium ion cells for aircraft and spacecraft applications. J Power Sources，1997，65：149．

[22] Spurrtt R，Thawaite C，Slimm M，et al. Lithium-ion batteries for space. Porto，Portugal：Proceedings of the 6th European Space Power Conference，2002：477．

[23] 安平，其鲁．锂离子二次电池的应用和发展．北京大学学报：自然科学版（增刊），2006，42：1．

[24] Broussely M, Biensan Ph, Bonhommeb F, et al. Main aging mechanisms in Li ion batteries. J Power Sources, 2005, 146: 90.

[25] Tanaka T, Ohra K, Arai N. J Power Sources, 2001, 97-98: 2; Terada T, Yanagi T, Arai S, Yoshikawa M, Ohta K, Nakajima N, Yanai A, Arai N. J Power Sources, 2001, 100: 80.

[26] Amatucci G G, Pereira N, Zheng T, et al. Failure mechanism and improvement of the elevated temperature cycling of $LiMn_2O_4$ compounds through the use of the $LiAl_xMn_{2-x}O_{4-z}F_z$ solid solution. J Electrochem Soc, 2001, 148 (2): A1712.

[27] Deng B H, Nakamura H, Zhang Q, et al. Greatly improved elevated-temperature cycling behavior of $Li_{1+x}Mg_yMn_{2-x-y}O_{4+\delta}$ spinels with controlled oxygen stoichiometry. Electrochim Acta, 2004, 49 (11): 1823.

[28] Schmidt C L, Skarstad P M. The Future of Lithium and Lithium ion Batteries in Implantable Medical Devices. J Power Sources, 2001, 97-98: 742.

[29] 杜柯，谢晶莹，张宏. 薄膜锂电池制备工艺现状，电源技术，2002，26：239.